2016
中国海洋年鉴
CHINA OCEAN YEARBOOK

《中国海洋年鉴》编纂委员会 编

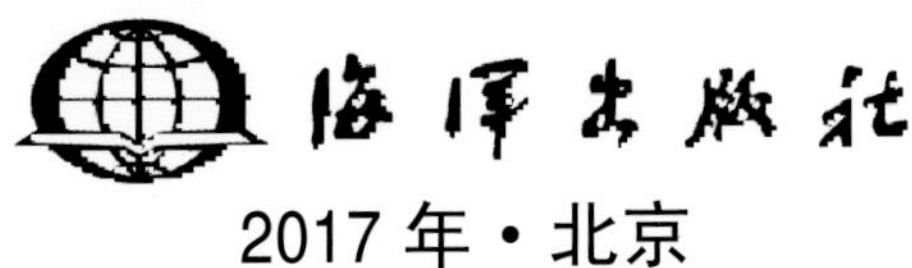

2017 年 · 北京

2015年2月9日，全国海洋工作会议在北京召开

2015年3月28日，博鳌亚洲论坛期间，国家海洋局与外交部、海南省人民政府共同举办“共建21世纪海上丝绸之路分论坛暨中国东盟海洋合作年启动仪式”

2015年8月20日，国家海洋局党组书记、局长王宏赶赴天津，视察天津港“8·12”特别重大火灾爆炸事故海洋应急工作

海洋战略规划与经济

国家海洋局战略规划与经济司副司长沈君、广西壮族自治区海洋局副局长刘斌、北海市市委常委、副市长赵连增、国家海洋信息中心主任、第一次全国海洋经济调查办公室副主任何广顺联合启动北海试点

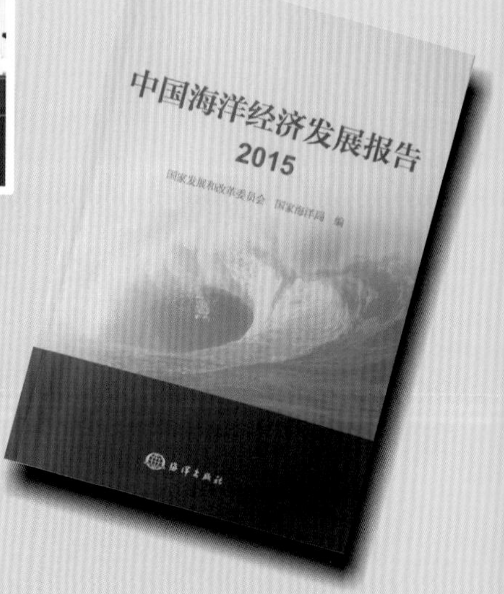

2015年12月29日，国家海洋局新闻办组织召开新闻发布会，国家发展改革委、国家海洋局联合发布《中国海洋经济发展报告2015》

海域使用管理

2015年青岛国际产权交易中心揭牌

2015年广西海砂开采海域使用权挂牌出让现场

海域使用管理

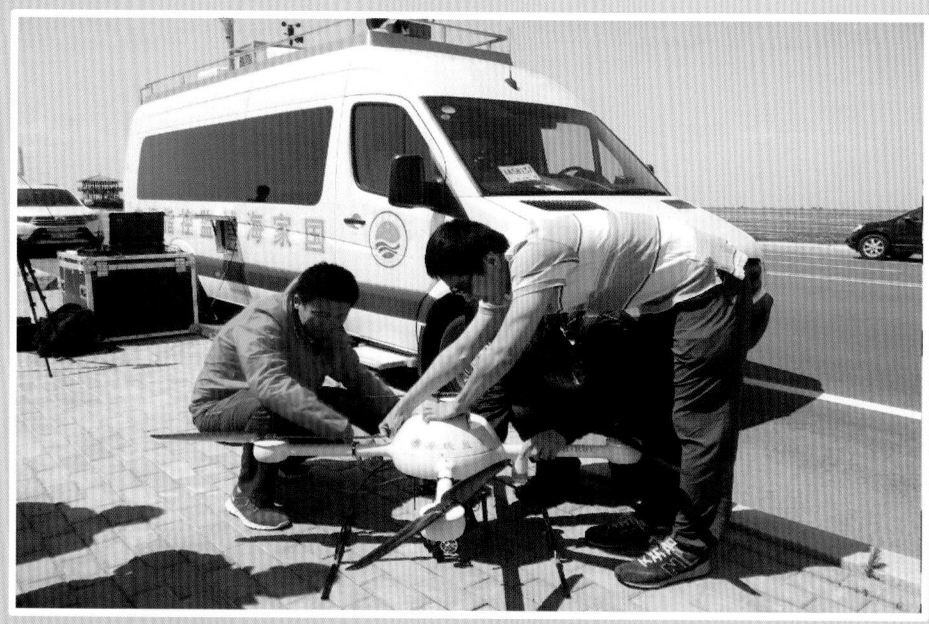

2015年辽宁省海域无人机移动监视监测平台在营口白沙湾无人机基地进行应用测试

整治前

整治后

竹岔岛整治修复成果

整治前

整治后

灵山岛一期、竹岔岛一期整治修复项目全面完工

海洋科学与技术

青岛国际海洋产权交易中心建成运营

国家海洋技术中心科技成果亮相中国（天津）国际海工装备和港口机械交易博览会

海洋科学与技术

2015年7月31日，海洋三所“向阳红03”海洋综合科考船在武汉下水

2015年8月，国家海洋局天津海水淡化与综合利用研究所技术人员在新疆轮台中石化西北局托甫台生活基地项目现场进行装置的调试运行

海洋国际交流与合作

2015年3月28日，国家海洋局局长王宏出席博鳌亚洲论坛共建21世纪海上丝绸之路分论坛

2015年7月24日，中桑联合海洋研究中心在桑给巴尔揭幕

2015年11月12日，中韩海洋科学技术合作联委会第13次会议在釜山召开，双方签署了《中华人民共和国国家海洋局与大韩民国海洋水产部海洋领域合作规划（2016-2020年）》

极地考察

2015年11月7日，中国第32次南极科学考察队乘坐“雪龙”号极地考察船驶离上海，奔赴南极执行科考任务。图为“雪龙”船穿越赤道

2015年12月15日，中国第32次南极考察队内陆队正式出征，图为出征仪式

2015年12月25～28日 由外交部部长助理孔铉佑率领的中国代表团，先后对俄罗斯、韩国、乌拉圭和智利四国在南极乔治王岛上的相关站点进行了视察。这是自1990年以来，我国时隔25年再次开展南极视察。图为中国政府视察团视察长城站

极地考察

中国南极考察队员在中国南极昆仑站举行元旦升国旗仪式

“雪鹰601”飞越中国南极昆仑站

大洋考察

2015年7月13~24日，第21届国际海底管理局会议在牙买加首都金斯敦举行，这是出席会议的中国代表团合影

2015年11月10日“海洋六号”科考船完成中国大洋科学考察第36航次任务胜利返航

大洋考察

2015 年 3 月 17 日，“蛟龙”号载人潜水器试验性应用航次（中国大洋35航次）第二、三航段科考顺利完成，这是“蛟龙”号首次返航青岛，入驻国家深海基地

蛟龙号载人潜水器试验性应用航次（中国大洋35航次）富钴结壳矿区，蛟龙号拍摄到海绵上附着海百合、海葵、海绵等生物

蛟龙号载人潜水器试验性应用航次（中国大洋35航次），蛟龙号拍摄到的正在喷发的低温热液口和热液口附近的海葵、贻贝、腹足类螃蟹等生物

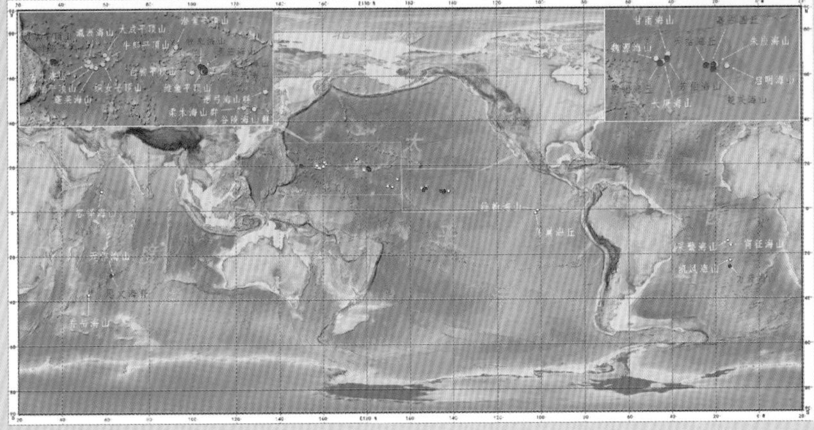

2016 年 10 月 9 日，中国大洋协会通过新闻发布会向社会公布了 124 个国家海底地理实体名称，其中太平洋 101 个、印度洋 15 个、大西洋8 个。上述名称是经国务院批准向社会公布使用

海洋船舶工业

2015年2月5日,中国船舶重工集团公司大船集团建造的 9250TEU 集装箱船“达飞·卢瓦尔河”号交工

2015年2月6日，中国船舶重工集团公司武船集团为尼日利亚海军建造的“世纪号F91”巡逻舰抵达尼日利亚拉各斯的维多利亚岛海军码头

2015年4月16日,中国船舶重工集团公司武船集团为尼日利亚海军建造的近海巡逻舰“团结号”离厂

2015年4月，由中国船舶重工集团公司南京船舶雷达研究所鹏力科技公司研制的国内首条工业4.0概念压缩机生产线投产

海洋船舶工业

沪东中华造船（集团）有限公司建造的
世界首制 4.5 万吨 G4 型集装箱滚装船

烟台中集来福士海洋工程有限公司建造的我国
首座北极深水半潜式钻井平台“维京龙”号

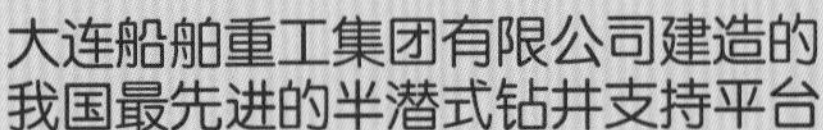

大连船舶重工集团有限公司建造的
我国最先进的半潜式钻井支持平台

中船黄埔文冲船舶有限公司建造的
国内首艘深水环保船“海洋石油257”

海洋军事

海军4支救援分队搜救“东方之星”失事客轮

第二十批护航编队访问瑞典、波兰

海军在东海某海空域举行实兵对抗演练

海军护航编队在亚丁湾上补给

中俄“海上联合—2015（Ⅰ）”军事演习

中俄“海上联合—2015（Ⅱ）”军事演习

海军在南海某海空域举行实兵对抗演练

南海舰队舰艇展开一检拿捕演练

《2016 中国海洋年鉴》编委会

（按姓氏笔画排序）

《中国海洋年鉴》编辑部

编 辑 说 明

《中国海洋年鉴》是我国海洋界唯一的综合性、资料性、史册性工具书，于 1982 年首次出版,到 2016 年已连续出版了 23 卷。本年鉴旨在客观记载、全面反映我国海洋事业发展状况以及国家涉海各部门、各行业、各地区每年度的最新进展和主要成就，可为国内外全面了解我国海洋事业的发展提供翔实的史料。本年鉴由国家海洋局主办，国务院涉海各部、委、局与沿海省、自治区、市协办，《中国海洋年鉴》编辑部编辑，海洋出版社出版。

《2016 中国海洋年鉴》所刊载的内容，主要是 2015 年度我国海洋事业的进展情况，少数资料由于事件的连续性而在时间上有所跨越。

《2016 中国海洋年鉴》分设九大部分：①综合信息；②海洋经济；③海洋管理；④沿海海洋管理和海洋经济；⑤海洋公益服务；⑥海洋科技、教育与文化；⑦极地与国际海底；⑧海洋国际交流与合作；⑨附录。

《2016 中国海洋年鉴》所刊载的内容分别由国家涉海各部、委、局和沿海地区海洋主管部门和单位提供。资料未包括香港特别行政区、澳门特别行政区和台湾省。

《中国海洋年鉴》的编辑出版得到了国家涉海各部门、各行业、各地区的大力支持和热情帮助，得到了海洋界众多领导和专家的指导和鼓励。在此，我们对所有为本年鉴编辑出版工作做出贡献的单位和个人表示衷心感谢。

本年鉴刊载的内容涉及国家涉海有关部门、行业和地区，如在框架安排、资料搜集和处理等方面有疏漏或不妥之处，恳请各位领导、各界专家和广大读者批评指正并提出宝贵建议。

《中国海洋年鉴》编辑部

2016 年 11 月

目 次

海洋药物和生物制品业

海洋电力业

海水利用业

海洋船舶工业

海洋工程建筑业

海洋交通运输业

海洋旅游业

海洋管理

海洋规划与法制建设

海域使用管理

海岛管理

海洋环境保护

海洋观测预报和防灾减灾

海洋权益维护与执法监察

海洋交通管理

沿海海洋管理和海洋经济

辽宁省

大连市

河北省

天津市

山东省

青岛市

江苏省

上海市

浙江省

宁波市

福建省

厦门市

广东省

深圳市

广西壮族自治区

海南省

海洋公益服务

海洋环境监测

海洋灾害与海洋环境预报服务

海洋信息管理与服务

海洋标准计量和质量监督工作

海洋咨询服务

海上救助打捞

海洋科技、教育与文化

海洋科学研究

海洋教育

海洋文化和体育

海洋军事

极地与国际海域

极地工作

国际海域

海洋国际交流与合作

海洋国际交流与合作

附　录

2015 年我国海洋工作综述

2015 年是“十二五”规划实施的收官之年。全国海洋系统广大干部职工努力推动海洋强国建设，全面履行海洋综合管理职能，取得了令人瞩目的成就。

一、制定海洋战略规划

编制印发《全国海洋主体功能区规划》；组织开展 21 世纪海上丝绸之路建设重大问题研究，落实战略任务分工；启动编制《全国海洋经济发展“十三五”规划》《全国科技兴海规划（2016–2020 年）》《全国海洋标准化“十三五”发展规划》《全国海洋计量“十三五”发展规划》、海水利用和海洋可再生能源等专项规划；编制《全国海岛保护工作“十三五”规划大纲》以及海洋生态建设等专项规划；编制海洋科技创新总体规划战略研究报告；启动编制《国家极地考察事业“十三五”发展与改革规划纲要》；国家海洋局与江苏、上海、广西、海南等沿海地方政府签署合作协议，支持地方海洋强省强市建设；沿海省区市政府的海洋规划工作扎实推进。

二、促进海洋经济发展

首次发布《中国海洋经济发展报告2015》；全面推进开发性金融促进海洋经济发展试点工作；与工业与信息化部就《促进海洋经济发展的战略合作协议》达成共识；继续联合财政部实施“十二五”海洋经济创新发展区域示范工作，完成 2014 年度考核工作，推动海洋战略性新兴产业集聚发展；提升海洋经济运行监测与评估能力，拓展基础数据来源，开展监测指标、指数和评估方法的研究工作；启动首次全国海洋经济调查，编制管理办法和 11 项配套技术规范，并分别在广西北海、江苏南通和河北石家庄开展调查试点工作；国家海洋局与沿海部分省区市针对重大项目用海，专门建立工作机制，加快海洋功能区划修改方案审查进度，提高海洋环评、海域使用论证评审工作效率，促进项目投资尽快落地、落海，助推经济发展；沿海各地还陆续出台了促进海洋经济发展的政策措施。据初步核算，2015 年我国海洋生产总值 6.47 万亿元，同比增长 7%，占国内生产总值比重 9.6%。其中，海洋产业增加值 3.9 万亿元，海洋相关产业增加值 2.57 万亿元。海洋第一、二、三产业增加值分别为 3292 亿元、27492 亿元和 33885 亿元，占海洋生产总值的比重分别为 5.1%、42.5%和 52.4%。据测算，2015 年全国涉海就业人员 3589 万人。全国海水产品产量 3409.61 万吨，海水养殖产量逾 1875.63 万吨，国内海洋捕捞产量逾 1314.78 万吨；海洋油气产量保持增长态势，中国海洋石油公司、中国石油天然气集团公司、中国石油化工集团公司合计生产海洋原油逾 5000 万吨，天然气逾 130 亿立方米；全国海盐产量逾 3352 万吨；海洋化工业实现增加值 985 亿元；海洋生物医药产业实现增加值 302 亿元；海上风电累计装机容量占全球总装机容量的 8.4%，跃至第四位；海洋船舶工业企业综合实力持续提升，全国规模以上船舶工业企业共 1521 家，主营业务收入 8365 亿元，截至年底已投产的 1 万吨以上船坞（台）共计 583 座，中国船舶工业集团公司和中国船舶重工集团公司合计造船完工量 1762.9 万载重吨，新接订单量 1265.2 万载重吨，手持订单量约 5000 万载重吨；海洋交通运输业发展速度放缓，全国远洋运输完成货运量 7.47 亿吨，货物周转量 54236.09 亿吨千米；滨海旅游产业规模持续增长，海滨旅游景点达 1500 多处，滨海沙滩 100 多处，全国共接待邮轮

629 艘次，邮轮旅客入境 248 万人次。

三、构建依法治海新格局

国家海洋局党组作出了《关于全面推进依法行政加快建设法治海洋的决定》，并明确了主要任务分工方案，确立了法治海洋建设的总目标和路线图。《深海海底区域资源勘探开发法（草案)》已提交全国人大常委会审议。《中华人民共和国海洋环境保护法》《海洋石油勘探开发环境保护管理条例》修订草案送审稿已提请国务院审查。《海洋基本法》《海洋石油天然气管道保护条例》起草工作有序推进。印发《国家海洋局规范性文件制定程序管理规定》。开展海洋督察制度研究。行政复议、应诉和政府信息公开工作扎实开展，探索建立了权责一致的应诉工作机制。积极开展海洋法制宣传培训，完成海洋系统“六五”普法验收。

四、推动海洋生态文明建设

印发《海洋生态文明建设实施方案》，将生态文明建设贯穿于海洋事业发展各方面以及海洋管理、执法全过程。扩大海洋生态红线制度实施范围，以莱州湾为案例落实海洋环境质量通报制度，完成 20 个县级单元的资源环境承载能力监测预警试点。印发《关于推进海洋生态环境监测网络建设的意见》，试点装备 49 套在线监测设备，推进全国海岛监视监测建设与运行，编制年度监测评价报告。加大沿海地区海洋生态修复力度。建立国家级海洋生态文明建设示范区 12 个，国家级海洋公园 3 处，评审通过国家级海洋公园 9 处。

五、夯实海洋综合管理

制定《区域建设用海规划管理办法（试行)》，将依法用海、生态用海贯穿于规划编制与实施全过程，优化生产、生活、生态空间布局，促进海域资源集约节约利用。圆满完成澳门习惯水域管理范围划定技术工作，与澳门特区政府签署了用海合作安排，积极支持澳门经济适度多元发展。开展海域使用管理专项调研和危化品用海专项调研，全面摸清围填海造地和危化品用海基本情况。开展海岛生态红线技术路线研究。指导完成浙江扁鳗屿公益用岛确权和佘山岛、牛山岛、大柑山等 11 个领海基点保护范围选划，清理无居民海岛开发利用用岛审批中介服务，修订印发《海岛统计报表制度》，对海域使用、海底电缆管道保护、海洋工程、海洋倾废、海岛保护等领域的 48260 个项目实施了 143757 次执法检查，发现违法行为 1531 起，作出行政处罚决定 1023 件，收缴罚款 40.18 亿元。其中，“海盾 2015”专项执法行动共立案 55 件，结案 63 件，收缴罚款 36.55 亿元；“碧海 2015”专项执法行动立案 561 件，结案 516 件，收缴罚款 4407.4 万元。

六、强化海洋科技创新

强化各类海洋科研专项管理，“海洋环境安全保障”和“深海关键技术与装备”成为在国家新的科技管理体制下首批获准立项的重点专项，推动海水利用纳入水资源高效开发利用重点专项。2015 年度国家自然科学基金批准资助海洋科学项目 461 项，总经费 42272 万元。“863”计划海洋技术领域开展研究项目 39 个，课题 151 个，借助“863”项目成果，成功中标国外多个项目，经济潜力达数十亿元。完成“海洋一号 C/D”卫星和“海洋二号 B/C”卫星等 4 颗业务卫星及配套地面系统建设项目可行性论证，完成新一代海洋水色卫星和海洋盐度探测卫星 2 颗科研卫星预研。4500 米级深海资源自主勘查系统“潜龙二号”顺利完成湖试和海试。推进建造 4500 吨级海洋综合科考船“向阳红 01”船和“向阳红 03”船。推进新极地科学考察船的设计工作。添置首架极地固定翼飞机，并已投入试飞。全面实施全球变化与海气相互作用专项。组织开展海水淡化水纳入水资源配置及试点研究。推进威海浅海等海洋能试验场、海洋能支撑平台建设，新增投资 1 亿元开展海洋可再生能源示范。海洋行业标准立项 66 项，海洋国家标准申请立项 15 项；发布了 8 项海洋国家标准和 16 项海洋行业标准，组织新建 6 项海洋计量标准。国家海洋局与国家测绘地理信息局、中国地质调查局签署协同发展合作协议，推进资源和信息共享。加大实施海洋区域地质调查力度，持续开展重点海岸带综合地质调查与监测、海域油气资源调查、海域天然气水合物资源勘查与试采、深海资源调查与大洋科学考察，为海洋矿产资源调查、海洋地学研究提供一手数据，为维护国家海洋权益提供基础资料。2015 年，我国设置海洋相关专业的高校有 98 所，专业布点数共 209 个，毕业生 12644 人，招收新生 14569 人，在校生 57552 人。2014–2015 学年度，我国海洋相关学科共授予博士学位 480 多人，授予硕士学位 2600 多人。

七、提升海洋公益服务能力

新建 12 个海况视频监控点，精细化预报试点重点保障目标增加至 70 多个。成功应对“杜鹃”“彩虹”等 6 次台风风暴潮、20 余次温带风暴潮和海浪灾害。中国气象局密切跟踪台风变化趋势、及时发布定位定强信息和预警信息，共计发布《台风公报》464 期；《台风预警》102 期；《海事天气公报》1460 期；《海洋天气公报》1095 期。为中国海警船舶提供西北太平洋巡航保障服务，共制作 44 期服务专报。推进海洋灾害重点防御区划定试点和减灾综合示范区建设。中国南海区域海啸系统 25 个宽频地震台实现业务化运行。海洋渔业生产安全和海上搜救环境保障服务系统投入试运行。省级海洋预警报能力升级改造项目全面实施。

八、维护国家海洋利益

开展管辖海域巡航执法；举办南海问题国际研讨会、中英海洋法专家对话、东盟地区论坛海上溢油应急响应与处置国际研讨会。举办 7 场钓鱼岛主权展览，将钓鱼岛网站升级为 7 个语种版本。

九、深化极地大洋科考

完成第 31 次南极科学考察和 2015 年度北极黄河站科学考察，第 32 次南极科学考察顺利实施。深入开展极地专项并圆满完成一级集成工作。完成大洋科考第 34、35、36 航次调查任务，“蛟龙”号首次在西南印度洋海底热液区下潜取得重大突破。向社会公布 124 个国家海洋局编制的国际海底地理实体命名，向国际海底地名委员会提交 10 个海底地名提案获审议通过。

十、拓展国际交流合作

国家海洋局局长王宏首次担任国家主席习近平的特使，出席密克罗尼西亚联邦总统就职典礼，为双边关系和拓展两国海洋领域合作开启新篇章。成功举办第七轮中美战略与经济对话“保护海洋”特别会议，取得的 13 项成果写入习近平主席访美成果清单。首次举办中国与希腊海洋合作年、中国与南欧国家海洋合作论坛、中国与欧盟海洋事务高级别对话。成功主办中国—东盟海洋合作年系列活动、北太平洋海洋科学组织 2015 年年会和第二届中非海洋科技论坛等重大国际交流活动。积极参与国际海洋合作进程，顺利完成《生物多样性公约》东亚海区域具有重要生态或生物意义的海区选划工作；参与完成联合国全球安全海洋评估报告编写；成功连任联合国教科文组织政府间海洋学委员会执行理事国，并推动该组织成立全球海洋和海洋气候资料中心中国中心；与外交部共同成功举办了冰岛北极圈论坛中国专场系列活动。深化 21 世纪海上丝绸之路沿线国家务实合作，与巴基斯坦、印度签署海洋合作协议。推动将海洋议题纳入博鳌亚洲论坛正式议程。在国家海洋局支持下，山东、福建和广西以中国—东盟海洋合作年为契机，推动建立东亚海洋合作平台、中国东盟海洋合作中心，并举办了系列政治、经贸和人文交流活动。

综合信息

特　载

国家海洋局党组书记王宏致电祝贺“蛟龙”号第 100 次下潜成功

（2015 年 2 月 4 日）

大洋 35 航次全体参航人员：

欣闻“蛟龙”号载人潜水器在西南印度洋龙旂热液区成功实现第 100 次下潜，特向你们表示最热烈的祝贺！

在航次现场指挥部的精心组织下，全体参航队员抗风斗浪，精诚协作，使我国的深潜技术实现了历史性跨越。“蛟龙”号在热液区的开创性应用实现了预期目标，技术优势得到充分验证，人才队伍迅速成长，现场保障能力不断增强，所获得的高精度数据和样品，为多学科综合研究提供了有效支撑，标志着我国载人深潜事业迈上了更高的台阶。这些成果的取得离不开你们的拼搏与奉献，全体海洋工作者为你们感到骄傲和自豪。

面对“蛟龙”号下潜回收过程中突发故障，全体参航人员在航次现场指挥部、临时党委的领导下，群策群力，不畏艰难，果断采取应急措施，确保了潜航员和设备的安全，再次用实际行动诠释了中国载人深潜精神，为我们树立了学习的榜样。

请你们在后续工作中严密组织、精心配合，确保本航次工作的安全。祝你们取得更丰硕的科考成果，为实现海洋强国战略目标做出新的更大的贡献！

王宏代表国家海洋局党组致慰问电向南极考察队员致以新春祝福和节日问候

（2015 年 2 月 15 日）

在新春佳节即将来临之际，国家海洋局党组书记王宏代表局党组，致电正在执行南极考察任务的中国第 31 次南极科学考察队、南极长城站和中山站全体考察队员，向远离祖国和亲人、奋战在艰苦条件下的科考队员致以新春祝福和节日问候。

慰问电全文如下：

值此 2015 年新春佳节即将来临之际，我谨代表国家海洋局党组和全局干部职工，并以我个人名义，向战斗在极地考察一线的你们致以节日的祝福和诚挚的问候！

2014 年是国家海洋局成立 50 周年，也是我国极地科学考察30周年。30年来，党中央、国务院始终高度重视极地事业的发展。2014年11月18日，习近平总书记在访问澳大利亚期间登上“雪龙”船，亲切慰问第31次南极科考队员，并对极地工作做出重要指示。这必将进一步激励广大极地工作者，为实现海洋强国战略不懈努力！

新春的钟声即将敲响，2015年是全面深化改革的关键之年，是全面推进依法治国的开局之年。希望考察队全体队员在临时党委、党支部的领导下，同心同德，协同一致，继续发扬“爱国、求实、创新、拼搏”的极地精神，圆满完成长城站、中山站、昆仑站、泰山站、罗斯海新站选址地和南大洋科学考察任务，不辜负祖国和人民对大家的殷切期望。

最后，祝大家春节快乐，身体健康，工作顺利。

国家主席习近平在博鳌亚洲论坛2015年年会上发表主旨演讲时指出 加强海上互联互通 推进海洋合作机制建设

（2015年3月28日）

博鳌亚洲论坛2015年年会3月28日在海南省博鳌开幕，国家主席习近平在发表主旨演讲时说，要加强海上互联互通建设，推进亚洲海洋合作机制建设，促进海洋经济、环保、灾害管理、渔业等各领域合作，使海洋成为连接亚洲国家的和平、友好、合作之海。

习近平指出，我们要积极推动构建地区金融合作体系，探讨搭建亚洲金融机构交流合作平台，推动亚洲基础设施投资银行同亚洲开发银行、世界银行等多边金融机构互补共进、协调发展。要加强在货币稳定、投融资、信用评级等领域务实合作，推进清迈倡议多边化机制建设，建设地区金融安全网。要推动建设亚洲能源资源合作机制，保障能源资源安全。

习近平强调，中方倡议加快制定东亚和亚洲互联互通规划，促进基础设施、政策规制、人员往来全面融合。要加强海上互联互通建设，推进亚洲海洋合作机制建设，促进海洋经济、环保、灾害管理、渔业等各领域合作，使海洋成为连接亚洲国家的和平、友好、合作之海。

王宏在海洋日主场活动启动仪式上的致辞

（2015年6月8日）

各位领导、各位来宾，女士们、先生们、朋友们：

非常高兴与大家相聚在美丽的海南三亚，共同庆祝2015年世界海洋日暨全国海洋宣传日系列活动隆重开幕。在此，我谨代表国家海洋局对罗富和副主席、海南省委省政府、三亚市委市政府和相关部委对本次活动的大力支持表示衷心的感谢！对即将获得年度海洋人物称号的个人和团体表示热烈的祝贺！并借此机会，向长期以来关心和支持海洋事业发展的各界朋友致以深深的敬意！

联合国将每年的6月8日确定为世界海洋日，旨在提示我们“海洋事关人类的福祉和地球的未来，各国政府和社会各界应携起手来，妥善保护海洋”。多年来，国家海洋局与中央有关部门、沿海地方政府、涉海企业务实合作，围绕不同主题开展世界海洋日暨全国海洋宣传日活动，呼唤全社会“与海为善、与海为伴”，号召公众身体力行保护海洋，积极营造“人海和谐”的社会氛围。

今年的海洋日活动以依法治海、建设海洋生态文明为主题，主旨就是推动社会各界进一步提高法治观念和生态意识，以实际行动进一步加强海洋生态保护和合理利用。海洋生态文明是国家生态文明建设的重要组成部分，美丽中国离不开美丽海洋，国家海洋局将与沿海各级政府坚决贯彻依法治海理念，全力推动海洋生态文明建设。

贯彻依法治海，关键在于自觉运用法治思维和法治方式实施海洋综合管理。要积极建立权责一致的海洋依法行政工作机制，规范透明的行政权力运行体制，监督有力的海洋督察体系，形成完备、高效、严密的海洋依法行政体系，努力实现海洋工作的科学决策、严格执法、依法监督。

建设海洋生态文明，核心是处理好经济社会发展和海洋生态环境保护的关系。要把生态环保理念作为顶层设计的重要元素，加强对海洋资源开发利用的宏观把握。要严守海洋生态红线，科学编制区域发展规划和海洋功能区划；要完善海洋资源有偿使用制度，合理调控海洋开发利用强度；要严格控制陆源污染物排海，建立并实施重点海域排污总量控制制度；要健全海洋生态保护机制，严格实施海洋生态补偿和损害赔偿制度。同时，我们也要积极推动区域、部门间的统筹协调，进一步构建基于生态系统的海洋综合管理体系。我们诚恳呼吁，大家都行动起来，从我做起，自觉保护海洋生态，让“关心海洋、爱护海洋”的意识深入人心。

各位来宾，建设海洋强国是中国特色社会主义事业的重要组成部分。2015 年是全面深化改革的关键之年，是全面推进依法治国的开局之年，也是总结“十二五”、谋划“十三五”的关键之年。我们要以习近平总书记系列重要讲话精神为指导，促进海洋经济发展和 21 世纪海上丝绸之路的建设，全面提升依法治海水平，加快推进海洋生态文明，为把我国早日建设成为海洋强国而努力奋斗。

最后，预祝 2015 年世界海洋日暨全国海洋宣传日各项活动圆满成功。谢谢大家！

依法治海推动海洋强国建设实现新跨越

国家海洋局党组书记、局长　王　宏

(2015 年 6 月 8 日)

党的十八大明确提出全面推进依法治国，加快建设社会主义法治国家。党的十八届四中全会又做出了全面推进依法治国的重要决定，对深入推进依法行政、加快建设法治政府做出战略部署，吹响了加快法治建设的新号角，开启了全面推进依法治国的新征程。

在海洋领域全面推进依法治海、加快建设法治海洋，是全面贯彻依法治国的应有之义，是建设海洋强国的根本保证。

全面推进依法治海意义重大

全面推进依法治海是深入开展依法行政、加快建设法治政府的重要组成部分。海洋主管部门作为海洋领域建设法治政府的行政主体，负有对海洋资源环境、海洋权益、海洋经济等开展行政管理的职能，一方面要在法治化轨道上行使行政权力，防止权力任意扩张；另一方面要将经济调节、市场监管、社会管理和公共服务等方面法定职能履行到位。

全面推进依法治海是保证海洋法律实施的重要举措。法律的生命力在于实施，法律的权威也在于实施。海洋主管部门是海洋领域法律法规的主要执行者，依法治海是保证海洋法律法规实施的重中之重。要切实做到严格执法，自觉运用法治思维和法治方式配置海洋资源，发展海洋经济，保护海洋生态环境，加强海洋综合管理，提高海洋科技水平，维护海洋权益。

全面推进依法治海是提高政府公信力和执行力的迫切需要。建设法治政府的公信力，提升广大行政管理者的执行力，是党中央和国务院对各级行政管理部门提出的基本要求，也是人民群众的关切和期望所在。当前，部分地方和部门还存在政令不畅、执行不力等问题，一些海洋主管部门也不同程度地存在这些情况，这迫切要求我们与时俱进、改进作风，自觉在法律框架下行使海洋管理的法定职权，遵循法定程序，承担法定责任，真正提高公信力和执行力。

坚持“四大原则”构建海洋依法行政体系

全面推进依法治海的总体目标，就是要在以习近平同志为总书记的党中央的坚强领导下，深入贯彻中央决策部署，切实建立权责一致、高效权威的海洋依法行政工作机制、规范透明的行政权力运行制度、监督有力的海洋督察体系，实现海洋领域科学决策、严格执法、依法监督，形成完备、高效、严密的海洋依法行政体系。要实现这个总体目标，必须坚持以下原则：

一是坚持职权法定，法无授权不可为，不得法外设定权力。没有法律法规依据不得作出减损公民、法人和其他组织合法权益或者增加其义务的决定。

二是坚持全面履职，法定职责必须为，全面落实行政执法责任制。按照简政放权、放管结合的要求，明确职能、权限、程序和责任，坚决纠正不作为、乱作为，坚决克服懒政、怠政，坚决惩处失职、渎职。

三是坚持权责统一，依法做到有权必有责、用权受监督、违法受追究、侵权须赔偿，切实解决海洋领域中的权责交叉、权责不清等问题。要对法律赋予的各项权利和义务负责，承担因自身行政行为违法或不当产生的法律责任，实现权力与责任的统一。

四是坚持依法划分事权，按照十八届四中全会决定“强化中央政府宏观管理、制度设定职责和必要的执法权，强化省级政府统筹推进区域内基本公共服务均等化职责，强化市县政府执行职责”的要求，进一步厘清中央和地方海洋领域事权，明确专有事权、共有事权和委托事权，分级落实管理责任。

“五大举措”推进依法治海

全面推进依法治海是一个系统工程，落实好这项海洋管理领域的重大任务，需要从多层次着手、分步骤践行，需要广大海洋工作者挑起重担，付出艰巨努力。

一是加强和改进制度建设，完善海洋立法工作机制。要结合海洋管理实际情况，研究建立相应的法律框架体系。重点围绕海洋资源环境安全和海洋权益维护，完善海域、海岛自然资源保护和利用的配套法律制度，健全保护海洋生态环境的制度体系。科学制定实施海洋立法规划、计划，完善法制部门和业务部门协调配合的立法工作机制。健全公众参与立法机制，广泛听取各方面意见。严格依照法定权限和程序行使法规规章的起草权和规范性文件的制定权，健全规范性文件制定程序。

二是严格依法履行职责，推进简政放权、转变职能工作。制定并发布责任清单和权力清单，向社会全面公开海洋综合管理的职能、法律依据、实施主体、职责范围、管理流程、监督方式等事项；根据法律法规规章立、改、废情况，及时调整、梳理海上执法依据，明确执法职权、机构、岗位和责任，并向社会公布。要主动适应当前行政管理的新形态，管理职责要从针对行政相对人的行政许可，转变为面向全社会海洋资源、环境、公益服务的监督管理，坚持放管并重，加强宏观监测、事中事后监督，督促指导。

三是完善行政执法体制和机制，依法科学民主决策。要继续推进行政执法体制改革，合理界定中央和地方事权及执法权限，消除重复执法、多头执法。积极探索海域海岛、海洋环境、海洋渔业等领域综合执法。要制定完善海上执法规范和流程，明确执法环节、步骤和责任，严格海上执法程序。建立行政裁量权基准制度。各级海洋主管部门要制定执法人员持证上岗和资格管理制度。严格落实行政执法责任制，按照法定权限实施行政处罚。建立海上执法全过程记录制度。完善海上执法检查和取证规则。要健全科学民主决策制度，明确界定海洋领域重大决策事项，海洋领域的规划、立法、重大政策、重大项目行政许可、重大执法决定等都应列入重大决策事项范畴。要把公众参与、专家论证、风险评估、合法性审查和集体讨论决定作为重大决策的法定程序。要按照权责一致的原则，明确不同层级、环节、岗位的行政责任。

四是加大信息公开力度,推进行政执法公示制度。要加大主动公开力度，重点推进海洋行政许可、海洋生态环境、海洋公益服务、财政预决算等领域的政府信息公开。信息公开要及时、准确、具体。对人民群众申请公开政府信息的，要依法在规定时限内予以答复，并做好相应服务工作。依法公开实施行政许可、行政处罚、行政强制、行政收费、行政征收、行政检查等执法活动的执法依据和执法程序。对影响公民、法人或者其他组织权利和义务的行政执法行为，各级海洋主管部门应当依法履行告知程序，保障其依照法定途径获得权利救济的权力。

五是自觉接受监督,加强政府内部层级监督和专项监督。各级海洋主管部门要自觉接受党内监督、人大监督、民主监督、行政监督、司法监督、审计监督、社会监督、舆论监督。要建立覆盖沿海各地区、海洋全系统的常态化海洋督察工作机制，对重大决策部署的贯彻落实情况进行督促检查，对各级海洋主管部门和海洋执法队伍依法履职情况进行监督检查。

各级海洋主管部门要以党的十八届四中全会精神为统领，不断增强法治意识，弘扬法治精神，运用法治思维，提升法治水平，扎实工作，锐意进取，在有力的法治保障基础上为实现海洋强国建设新跨越做出更大贡献！

积极贯彻标准化改革精神，主动服务一带一路建设

——2015 年世界标准日祝词

国家海洋局副局长　陈连增

（2015 年 10 月 14 日）

2015 年 10 月 14 日是第 47 届世界标准日，是全世界标准化工作者共同的节日，同时我们也即将迎来全国海洋标准化技术委员会（SAC/TC 283）成立十周年的日子。值此佳节来临之际，我谨代表国家海洋局，向全国海洋标准化工作者致以诚挚的节日问候，向关心、支持海洋标准化事业发展的各级领导和社会各界表示衷心感谢！今年，国际标准化组织（ISO）、国际电工委员会（IEC）、国际电信联盟（ITU）将世界标准日主题确定为“标准是世界的通用语言”，意在凸显标准的互联互通作用。今年世界标准日中国主题确定为“标准联通一带一路，人才筑就标准未来”，旨在充分发挥标准化在国家战略中的基

础性、战略性作用，突出人才对标准化事业可持续发展的支撑和保障作用。

今年3月，国务院印发《深化标准化工作改革方案》。全国海洋标准化工作者积极贯彻国家标准化改革的精神和要求，紧跟国家标准化发展形势，准确把握海洋标准化工作的特点，科学部署和实施海洋标准化工作，不断满足海洋事业发展对标准的重要需求。通过各方共同努力，海洋标准化体制机制和规章制度不断健全，海洋标准化技术组织更加壮大，今年在全国海洋标准化技术委员会及其6个分委会的基础上，又成立了海水淡化及综合利用分技术委员会。《海洋标准化贯彻实施〈深化标准化工作改革方案〉行动计划（2015—2016年）》进展顺利，近期将组织发布。《全国海洋标准化"十三五"发展规划》编制工作已经启动。广大海洋标准化工作者扎扎实实、默默奉献，海洋国家标准和行业标准数量和质量不断提高，基本实现了海洋各领域的全覆盖。国际标准化组织船舶与海洋技术委员会海洋技术分委会（ISO/TC8/SC13）的工作取得新进展。总体来说，海洋标准化工作积极进取，对海洋事业和海洋经济可持续发展的支撑保障作用进一步增强。

今年是"十二五"收官之年，也是"十三五"谋划之年。海洋强国、一带一路和生态文明建设等战略的实施，都为海洋标准化工作提出了更高要求。我们要认真贯彻落实《深化标准化工作改革方案》，以前瞻眼光谋划海洋标准化工作，不断强化海洋标准化意识，做好海洋标准与法律、政策的有机衔接，加快海洋标准与科技融合发展，优化海洋标准体系，加强海洋标准制修订和宣贯实施，积极推动我国海洋标准"走出去"，努力培养一支高水平的海洋标准化人才队伍，打造政府引导、市场驱动、社会参与、协同推进的海洋标准化工作新格局，以标准来提升海洋综合管理水平，更好发挥海洋标准化在提高我国依法治海能力、促进海洋经济向质量效益型转变中的基础性、战略性作用，为海洋强国建设和"一带一路"建设提供更加坚实的保障。

实施海洋主体功能区规划 推动海洋事业健康持续发展

国家海洋局党组书记、局长　王　宏

（2015年11月17日）

我国是海洋大国，海洋是我国国土空间的重要组成部分。

随着沿海地区产业和人口集聚，用海规模不断扩大，用海强度不断提高，海洋生态环境承载压力不断加大，海洋灾害和安全生产风险日益突出，亟待统筹协调海洋生产、生活和生态，优化海洋空间开发格局。

2015年8月，国务院印发实施《全国海洋主体功能区规划》（以下简称《规划》），为科学谋划海洋空间开发，规范开发秩序，提高开发能力和效率，构建陆海协调、人海和谐的海洋空间开发格局，提供了基本依据和重要遵循。

制定实施全国海洋主体功能区规划是建设海洋强国的战略举措

贯彻落实党的十八大关于建设海洋强国的重大战略决策，必须用科学的规划来协调推进海洋开发、利用和保护。根据不同海域的资源环境承载力、现有发展强度和开发潜力，制定主体功能区规划，明确开发方向，控制开发强度，规范开发秩序，完善开发政策，对于形成经济社会发展与海洋资源、海洋生态环境相协调的海洋空间开发格局，对于海洋资源环境的永续利用，具有十分重要的战略意义。

第一，实施海洋主体功能区规划是拓展海洋开发空间、调整海洋经济布局的迫切需要。一方面，我国绝大部分海洋开发利用活动发生在近岸海域，专属经济区和大陆架区域及其他管辖海域除渔业外其他资源开发几近空白，需要在优化调整近岸海域开发模式的同时，促进深远海海洋资源勘探开发和边远岛礁及其周边海域开发。另一方面，海洋产业在滨海地区快速集聚，能源、重化工产业和城市发展布局重叠交错，“工业滨海化”“滨海重工化”趋势明显，安全生产隐患和重大环境灾害问题突出，需要严格实施海洋功能区划制度，完善城市规划功能区定位。

第二，实施海洋主体功能区规划是加快海洋经济发展方式转变、促进产业结构优化升级的迫切需要。我国海洋产业多以资源开发和初级产品生产为主，“重规模，轻质量”的海洋经济发展方式，导致我国海洋产业结构失调，海洋经济布局趋同。高消耗、高排放产业在滨海过度集聚，造成围填海规模和入海污染物总量不断扩大，对海洋生态环境压力日益增加。落实国家转变海洋经济发展方式和结构调整的总体要求，必须坚决摒弃粗放开发模式，明确不同海洋区域的主体功能定位。

第三，实施海洋主体功能区规划是全面推进海洋生态文明建设、增强海洋可持续发展能力的迫切需要。当前，我国近海捕捞过度，渔业资源已近枯竭；围填海开发规模过大，一些地区存在“围而不填，填而不用”的现象；入海污染物持续增加，近岸海域水污染形势严峻；近岸海域海岛生态功能退化，生物多样性降低。有效解决这些问题，必须以海洋主体功能区规划为统领，引导海洋开发活动向资源环境承载能力较高的区域适度集聚，限制或禁止生态环境脆弱区和超载区开发活动，强化海洋资源节约集约利用，促进海洋生态文明建设。

第四，实施海洋主体功能区规划是确立以生态系统为基础的海洋管理理念、全面推进海洋综合管理改革创新的迫切需要。面对新常态下生产、生活、生态用海需求日趋多样化对传统海洋资源供给方式提出的新挑战，亟须更新海洋管理理念，实施以生态系统为基础的海洋综合管理，根据海洋资源环境承载力明确主体功能区定位，实现海洋资源供给由生产要素向消费要素转变，海洋综合管理对海洋经济的支撑和保障作用向引导与调节转变，通过海洋资源环境保护引导沿海地区经济社会可持续发展。

全国海洋主体功能区规划是组织实施海洋空间开发管理的基本依据

作为《全国主体功能区规划》的重要组成部分，《规划》的颁布与实施，标志着我国主体功能区战略实现了陆海统筹和国土空间全覆盖。《规划》基于对我国内水和领海，专属经济区和大陆架及其他管辖海域内资源、环境、经济、社会、人口等基本要素的综合评价，明确界定各类海洋主体功能区及其开发方向与原则，是制定各类与海洋空间开发有关的法规、政策和规划必须贯彻遵循的基础性、约束性规划，也是实现海洋治理能力和治理体系现代化的重要抓手。

《规划》着眼推动海洋开发方式向循环利用型转变，遵循海洋自然生态和经济社会发展规律，贯穿和体现了具有时代特征、符合海情实际、国际广泛公认的涵盖海洋资源环境承载力、海域主体功能、海洋空间布局、海洋开发强度、海洋生态功能等海洋管理基本理念。

实施海洋主体功能区规划，实质上就是针对不同海域的特点，明确主要功能定位，实行分类分区指导和管理。《规划》将我国海洋空间区分为四类开发区域，分别是：优化开发区域、重点开发区域、限制开发区域和禁止开发区域。其中，优化开发区域主要集中在海岸带地区，承载了绝大部分的海洋开发活动，海洋生态环境问题突出，海洋资源供给压力较大，必须要优化海洋开发活动，加快海洋经济发展方式的转变。禁止开发区域包括海洋自然保护区、领海基点所在岛屿等，该区域除法律法规允许的活动外，禁止其他开发活动。

贯彻实施海洋主体功能区规划是全国海洋工作领域的重要任务

《规划》在全国海洋工作中具有全局性、纲领性指导作用。贯彻落实好《规划》，是提高海洋综合管理能力和水平，推动海洋事业健康持续发展的现实要求和紧迫任务。

第一，广泛宣传，营造氛围。把《规划》学习宣传，纳入海洋法制教育、海洋意识教育，充分利用各种媒体平台、宣传渠道，组织开展形式多样的宣传教育活动，切实让《规划》的精神实质和主要内容深入人心、广为人知，为有效贯彻落实《规划》营造良好的舆论氛围和社会环境。

第二，向下延伸，衔接配套。沿海地区按照全国的总体规划，结合本地区海洋工作实际，组织研究编制本地区海洋主体功能区规划，形成上下贯通、总分结合、衔接配套、全域覆盖的海洋主体功能区规划体系。

第三，细化政策，以细求实。根据《规划》关于政策保障的总体部署，研究制定财税、投资、产业、海域和环境等支持政策的实施细则和具体措施，完善海洋主体功能区政策支撑体系，形成与海洋主体功能定位与发展方向相适应的利益导向机制。

第四，加强监督，务求落实。周密组织规划实施与绩效评价，加快监测评估系统建设，对各类海洋主体功能区的功能定位、发展方向、开发和管制原则等落实情况和实施效果进行全面监测分析。

2015年大事记

1月2—3日 “蛟龙”号载人潜水器在西南印度洋龙旂热液区圆满完成第89次和90次下潜科考任务。第89次下潜是“蛟龙”号首次在西南印度洋中国多金属硫化物勘探合同区执行热液区下潜科考任务，也是我国第二批潜航员学员首次实艇下潜。

1月14日 国家海洋局党组成员、副局长王飞一行到国家深海基地项目建设现场进行调研并召开座谈会。

1月20日 国家海洋局副局长陈连增在北京会见美国国务院副助理国务卿大卫·博尔顿一行，双方就继续加强海洋科技、海洋渔业等领域的合作进行交流。

1月30日 中共中央组织部王尔乘副部长到国家海洋局宣布王宏同志任中共国家海洋局党组书记的决定。

2月9日 全国海洋工作会议在北京召开。会议传达了中共中央政治局常委、国务院副总理张高丽的重要批示。国土资源部党组书记、部长姜大明出席会议并讲话。国家海洋局党组书记王宏作了题为《深化改革，依法治海，推动海洋强国建设实现新跨越》的工作报告。国家海洋局党组成员、纪委书记吕滨作了题为《深化改革，落实责任，构建党风廉政建设新常态》的工作报告。国家海洋局党组成员、副局长陈连增、张宏声、王飞，局党组成员、人事司司长房建孟，局总工程师孙书贤出席会议。

2月17日 国务院任命王宏为国家海洋局局长、中国海警局政委。

2月27日 国家海洋局、国家发改委、教育部、科技部、财政部、中国科学院、国家自然科学基金委员会联合发布《关于加强海洋调查工作的指导意见》，推动海洋调查资料管理和共享应用，加强海洋调查保障能力建设。

2月28日 国家海洋局对外发布《2014年中国海洋灾害公报》和《2014年中国海平面公报》。

3月2日 国土资源部党组书记、部长姜大明在山东省青岛市调研，先后实地考察了青岛海洋科学与技术国家实验室、国家深海基地管理中心、山东大学青岛校区等地。

3月2—3日 国家海洋局党组书记、局长王宏，国家海洋局党组成员、副局长王飞一行先后到国家深海基地管理中心、国家海洋局第一海洋研究所、胶州湾岸线整治修复现场、国家海洋局北海分局，就坚持海洋生态文明理念、加强海洋科技创新、促进海洋经济发展进行深入调研。

3月6日 国家海洋局党组书记、局长王宏会见了国际海底管理局秘书长尼·奥敦通，国家海洋局副局长、中国大洋协会理事长王飞参加会见。双方就新矿区申请、深海采矿技术交流、勘探合同延期、履行承担的义务和责任等进行了磋商。

同日国家海洋局党组书记、局长王宏在北京会见新加坡驻华大使罗家良。

3月11日 国家海洋局发布《2014年中国海洋环境状况公报》。

3月12日 国家海洋局党组书记、局长王宏在北京会见葡萄牙驻华大使若热·托雷斯·佩雷拉，双方就加强中葡两国在海洋领域的合作进行了交流。

3月17日 “向阳红09”号船圆满完成2014—2015年试验性应用航次（中国大洋第35航次），搭载“蛟龙”号载人潜水器抵达国家深海基地管理中心码头。国家海洋局党组成员、副局长王飞，青岛市委常委、副市长王晓方等到码头欢迎，并考察主体建筑竣工的国家深海基地管理中心。

3 月 18 日 国家海洋局发布《2014 年中国海洋经济统计公报》。

3 月 20 日 北太平洋海洋科学组织（简称PICES）中国委员会成立大会暨第一次全体会议在北京召开。会议审议通过了《PICES 中国委员会章程》，标志着 PICES 中国委员会正式成立。国家海洋局副局长陈连增出任该委员会主任并作重要讲话。

3 月 26 日 国内首家海洋专业数字出版平台——中国海洋数字出版网（www.codp.cn）在京正式发布上线。国家海洋局党组成员、副局长陈连增出席发布活动并致辞。国家新闻出版广电总局、国家海洋局有关部门和直属单位的有关负责人及代表参加发布活动。

3 月 27 日 国务院副总理马凯在钓鱼台国宾馆与来华进行正式访问的希腊副总理兹拉加萨基斯举行会谈。两国副总理共同出席主题为“深化海洋合作，共建蓝色文明”的“中希海洋合作年”启动仪式。

3 月 28 日 共建 21 世纪海上丝绸之路分论坛暨中国—东盟海洋合作年启动仪式在海南博鳌举行。中国国务委员杨洁篪、泰国副总理兼外长塔纳萨发表演讲，菲律宾前总统拉莫斯、澳大利亚前总理陆克文、柬埔寨公共工程与运输部大臣陈尤德、中国国务院侨务办公室主任裘援平、海南省省长刘赐贵、博鳌亚洲论坛秘书长周文重、国家海洋局局长王宏、中国外交部部长助理刘建超出席论坛，国家海洋局副局长陈连增主持分论坛暨启动仪式。

3 月 31 日 国家海洋局党组书记、局长王宏在北京会见澳大利亚塔斯马尼亚州州长威尔·霍奇曼一行，双方就进一步加强在南极考察领域的合作进行了深入交流。

4 月 10 日 中国第 31 次南极科学考察队圆满完成各项考察任务，乘雪龙船返回上海，历时 163 天，总航程约 3 万海里。国家海洋局党组书记、局长王宏，上海市副市长蒋卓庆，国家海洋局党组成员、副局长陈连增等到码头迎接。

4 月 23—27 日 国家海洋局副局长陈连增率团访问孟加拉国和缅甸两国，就构建双边海洋合作机制，推动海洋领域务实合作，共建 21 世纪海上丝绸之路进行了沟通与交流，达成重要共识。

4 月 27 日 《深海海底区域资源勘探开发法（草案）》部门征求意见会在北京召开。会议由全国人大环资委主任委员陆浩主持，环资委相关委员和国家海洋局副局长王飞出席了会议，全国人大常委会法工委、海权办、中编办、外交部条法司、发展改革委地区司、科技部社发司、财政部经建司、国土资源部开发司、法制办农林司、基金委地学部、地调局基础部、有色金属工业协会、国家海洋局法制与岛屿司、中国大洋协会办公室的相关领导和人员参加会议，并提出意见建议。

5 月 4 日 国土资源部直属机关青年五四奖章评选表彰座谈会在北京召开。中国极地研究中心魏福海、国家海洋局北海分局崔运璐、国家基础地理信息中心黄蔚、国家测绘地理信息局卫星测绘应用中心王华斌等 15 位青年获“国土资源部直属机关青年五四奖章”。

5 月 7—8 日 全国人大环资委专题调研组在河北省继续开展海洋生态环境保护的调研。国家海洋局党组书记、局长王宏陪同调研并表示，将进一步加强海洋生态文明建设，从严治理海洋环境污染，国家海洋局将积极配合全国人大环资委开展相关工作，进一步做好海洋领域相关法律法规的制修订等相关工作，以便促使各级海洋行政管理部门能更好地履行海洋综合管理职责。

5 月 15 日 在国务院总理李克强与印度总理莫迪的见证下，国家海洋局局长王宏与印度驻华大使康特共同签署了《中华人民共和国国家海洋局和印度共和国地球科学部关于加强海洋科学、海洋技术、气候变化、极地科学与冰冻圈领域合作的谅解备忘录》。

5 月 19 日　国家海洋局“三严三实”专题教育在京正式启动。国家海洋局党组书记、局长王宏作了专题党课报告，传达学习领会中央精神，并结合海洋工作实际和国家海洋局党员干部状况，就如何开展“三严三实”专题教育做出安排部署。

5 月 20 日　国务院办公厅印发了《国家民用空间基础设施中长期发展规划（2015—2025 年）》，根据规划，2025 年前，我国将研制发射 17 颗海洋卫星。

5 月 21 日　海洋科学技术奖第三次会议在北京召开。会议审核通过了 2014 年度海洋科学技术奖 28 个获奖项目，其中基于自主卫星的大洋渔场信息获取、服务及集成应用等 6 个项目获一等奖。本次会议还推选国家海洋局党组书记、局长王宏担任奖励委员会主任。国家海洋局党组成员、副局长、奖励委员会常务副主任陈连增主持会议，奖励委员会 30 余名院士专家委员出席会议。

5 月 25—27 日　中共中央总书记、国家主席习近平在浙江考察我国最大的岛陆联络工程——舟山跨海大桥、长宏国际船舶修造有限公司和岙山国家战略石油储备基地。

5 月 28 日　第四届中国海洋可再生能源发展年会暨论坛在山东威海举行。年会以“规划布局、提升规模、催生蓝色能源亮点”为主题，并设立海洋能战略及规划、海洋能技术及装备、海洋能支撑平台及标准化 3 个分论坛。国家海洋局党组成员、副局长陈连增出席会议并讲话，威海市市长张惠致辞。

6 月 1 日　国家海洋局党组成员、人事司司长房建孟访问了国际海洋学院总部、马耳他大学和国际海事法学院，与上述机构负责人就开展海洋人才培养合作进行了深入交流。

6 月 3 日　国家海洋局党组成员、人事司司长房建孟率团访问葡萄牙亚速尔自治区海洋科技部、亚速尔大学，并参观了蓬塔德尔加达港、水产品加工企业和渔港设施。5 日，出席葡萄牙“蓝色周”海洋部长级会议和葡萄牙总统午宴，会见葡萄牙农业与海洋部长阿桑乔·克莉丝塔丝，参观蓝色周海洋展览会，并与中国驻葡萄牙大使黄松甫及使馆有关官员进行了座谈。

6 月 8 日　2015 世界海洋日暨全国海洋宣传日开幕式及 2014 年度海洋人物颁奖仪式在海南省三亚市举行，全国政协副主席罗富和出席开幕式及颁奖仪式。海南省省长刘赐贵，国家海洋局党组书记、局长王宏出席活动并致辞。中国海洋石油总公司董事长杨华，海南省委常委、三亚市委书记张琦，海南省副省长王路、陆俊华，国家海洋局党组成员、副局长张宏声等出席活动。

6 月 15 日　2015 中国—希腊海洋合作年重要组成部分——中国·舟山—希腊·莱夫卡达海洋文明对话活动在浙江舟山举行。

6 月 16 日　以“蓝色文明，互融互通”为主题的 2015 舟山群岛·中国海洋文化节在浙江岱山鹿栏晴沙海坛拉开帷幕。浙江省副省长郑继伟出席开幕式，国家海洋局党组成员、副局长陈连增出席开幕式并致辞。

6 月 17 日　国家海洋局党组书记、局长王宏在京会见了澳门特别行政区行政长官崔世安一行。双方就发展海洋经济、共同推动“一带一路”建设等方面进行了交流。国家海洋局党组成员、副局长张宏声参加会见。

6 月 18 日　“大洋一号”船历时 215 天，航程 28125 海里，圆满完成中国大洋第 34 航次科考任务返回山东青岛。国家海洋局党组成员、副局长、中国大洋矿产资源研究开发协会理事长王飞，青岛市政府副市长徐振溪，以及有关参航单位领导和科考队员亲友代表到码头迎接。

6 月 19 日　国家海洋局党组书记、局长王宏向中国第 31 次南极科学考察队长城站、中山站全体越冬队员发去慰问电，代表国家海洋局党组和全局广大职工向他们致以诚挚的问候和良好的祝愿。

同日，国家海洋局印发《国家海洋局海洋生态文明建设实施方案》（2015—2020 年），强化海洋生态文明建设的整体谋划和细致部署，提出31项主要任务和20项重大项目工程。

6月22—24日 第七轮中美战略与经济对话在美国华盛顿举行，国家海洋局党组书记、局长王宏与美国国务院副国务卿诺维莉）Novelli）共同主持了“保护海洋”特别会议。南极罗斯海海洋保护区及海洋法和极地事务合作分别列入对话成果清单第90和91项。

6月24日 第七轮中美战略与经济对话“保护海洋”特别会议在美国华盛顿举行。国务委员杨洁篪和美国务卿克里出席会议闭幕式。国家海洋局局长王宏与美国国务院副助理国务卿诺维莉共同主持会议，来自国家海洋局、外交部、农业部，以及美国国务院、海洋大气局、环保署、海岸警卫队、内政部野生动物保护署等部门的30多位高级别代表参加会议。

6月30日 国土资源部在北京召开大会，隆重表彰2013—2014年度部直属机关优秀共产党员、优秀党务工作者和先进党支部。国土资源部党组书记、部长姜大明出席会议并发表重要讲话。国家海洋局党组书记、局长王宏出席会议。

7月1日 全国人大常委会第十五次会议通过的《中华人民共和国国家安全法》将极地安全领域纳入其中，在和平探索、安全进出、科学考察、开发利用、国际合作等方面对维护我国在极地的活动、资产和其他利益的安全进行了规定。这是我国首次将极地纳入国家安全领域。

7月2日 国家海洋局在京召开2015年海洋领域优秀科技青年评审会，在国家海洋局局属单位、沿海地方海洋厅（局）及共建高校范围内，各选出10名海洋领域优秀科技青年。国家海洋局党组成员、人事司司长房建孟出席会议并讲话。

7月6日 巴西的南极费拉兹司令考察站进行重建，新的考察站将由中国电子信息产业集团有限公司所属的中国电子进出口总公司负责建造，这是中国企业首次承担国外南极考察站建设任务。

7月10日 国家海洋预报台发布第9号超强台风“灿鸿”海浪红色预警和风暴潮红色预警，这是该年度我国首次同时发布海浪和台风风暴潮红色警报。同日,国家海洋环境预报中心在京召开应急会商会。国家海洋局党组成员、副局长王飞出席会议，对“灿鸿”防御工作进行动员部署。

7月17日 中泰海洋领域合作联委会第四次会议在泰国攀牙府举行。国家海洋局副局长陈连增与泰国自然资源环境部副常秘韦嘉共同主持了本次会议。

7月22日 国家海洋局副局长张宏声率团访问肯尼亚气象局，与肯尼亚气象局局长詹姆士·孔格提就推动中肯海洋及气候领域合作、加强双方在海洋观测预报、防灾减灾、海洋科学研究、人员互换与交流等方面的合作深入交换了意见。

7月30日 国家海洋局副局长陈连增在京会见了以杨思育为团长的菲律宾菲华联谊总会代表团，并就“一带一路”建设及促进中菲关系等话题进行座谈。

7月31日 国家海洋调查船队之一的“向阳红03”船在武汉武昌船舶重工集团有限公司2号码头正式下水。该船是目前我国装备最先进的科考船，也是国家海洋局第三海洋研究所首艘综合性、大吨位科考船。国家海洋局党组成员、副局长陈连增以及来自国家海洋局和中国船舶重工集团公司等单位的有关负责人为“向阳红03”船下水剪彩。

8月1日 国务院以国发［2015］42号印发《全国海洋主体功能区规划》。

8月6日 国家海洋局在北京召开台风“苏迪罗”风暴潮、海浪灾害防御工作部署会。会议宣布国家海洋局启动海洋灾害二级应急响应，并对台风风暴潮和海浪灾害防御工作进行了动员部署。

8月12日 天津滨海新区天津港国际物流中心区域内危险品仓库发生爆炸。在收到事故信息后，国家海洋局高度重视，立即研究部署应对工作。国家海洋局北海分局和天津市海洋局于 8 月 13 日派出监测人员对事故周边海域海洋生态环境实施应急监视监测，布设监测断面 3 条，站位 17 个，采集样品 177 个。

8 月 20 日　国家海洋局党组书记、局长王宏赶赴天津，视察天津港“8·12”瑞海公司危险品仓库特别重大火灾爆炸事故海洋应急工作，看望慰问一线海洋工作人员，并就下一步应急工作做出部署。

8 月 24 日 国家海洋局在北京召开安全生产视频会议。会议传达了习近平总书记、李克强总理等中央领导同志的重要批示和马凯副总理在全国安全生产电视电话会议上的讲话精神。国家海洋局党组成员、副局长、局安委会主任张宏声出席会议。

8 月 26 日　国家海洋局和国家开发银行在北京联合召开开发性金融促进海洋经济发展试点工作动员会。国家海洋局党组书记、局长王宏，国家开发银行行长郑之杰出席会议并讲话。国家海洋局党组成员、人事司司长房建孟，国家开发银行首席风险官、风险管理局局长杨文歧，国家开发银行首席经济学家、业务发展局局长刘勇出席会议。

8 月 31 日　国家海洋局科学技术司发布了《2014 年全国海水利用报告》，为海水利用相关管理决策和社会公众、科研院所、企事业单位提供数据信息服务。

9 月 22 日　我国装备最先进的海洋科考船之一——“向阳红 01”船在湖北省武汉市武昌船舶重工集团有限公司码头正式下水。

9 月 24 日　以“未来 10 年的极地研究”为主题的第 11 届中国极地科学学术年会在上海开幕。

9 月 26 日　国家海洋局在北京召开会议，对台风“杜鹃”风暴潮和海浪灾害防御工作进行动员部署。国家海洋局党组成员、副局长王飞出席会议。

10 月 6 日　时任国家海洋局党组成员、人事司司长房建孟率团继续参加于智利瓦尔帕莱索市召开的第二次“我们的海洋”大会，并在会议期间与智利外交部南极司司长和美国代表团有关成员分别就中智南极合作以及中美海洋合作等问题进行了双边会谈。

10 月 9 日　国家海洋局召开新闻发布会，向社会公开了我国勘测命名的 124 个国际海底地理实体名称，其中太平洋 101 个，印度洋 15 个，大西洋 8 个。

10 月 11 日　第一次全国海洋经济调查试点启动会在广西北海市召开，标志着该调查工作进入实战阶段，涉海单位清查将全面展开。来自国家海洋局战略规划与经济司、国家海洋局北海分局、国家海洋局东海分局、国家海洋局南海分局、第一次全国海洋经济调查领导小组办公室、国家海洋信息中心、北海市政府以及河北省海洋局、江苏省海洋与渔业局、广西壮族自治区海洋局等单位有关人员近 300 人参加了启动会。

10 月 17 日　中国太平洋学会第五次全国会员代表大会在北京召开。国家海洋局党组书记、局长王宏出席并作重要讲话，局党组成员、副局长张宏声，原局长、中国太平洋学会第四届理事会会长张登义出席。

10 月 19 日　北太平洋海洋科学组织第 24 届年会开幕式及欢迎仪式在青岛举行。本届年会由国家海洋局与北太平洋海洋科学组织共同主办，主题为“北太平洋的变化和可持续性”。国家海洋局党组书记、局长王宏出席欢迎仪式并致辞。

10 月 23 日　国家海洋局局长王宏在北京会见联合国教科文组织政府间海洋学委员会执秘弗拉基米尔·拉宾宁。双方就进一步加强在海洋领域的沟通与合作进行了交流。

10 月 24 日　全国（海南）海洋意识教育教师培训及交流活动在海南省海口市举行。

10 月 25 日　中国海洋学会第八次全国会员代表大会在北京召开。国家海洋局党组书记、局长王宏,中国科学技术协会党组成员、书记处书记王春法出席开幕式并讲话。

10 月 26—27 日　中国海洋学会 2015 年

学术会议暨海洋科学技术奖颁奖仪式在北京举行。国家海洋局党组成员、副局长、中国海洋学会理事长陈连增出席会议并致辞。经奖励委员会讨论审定，基于自主卫星的大洋渔场信息获取、服务及集成应用等6个项目获2014年海洋科学技术奖一等奖，海岸带区域综合承载力评估与决策技术集成及示范研究等22个项目获二等奖，《中国海岸工程进展》等6本图书被评为年度优秀海洋科技图书。

10月28日 科技部、环境保护部、住房城乡建设部、水利部、国家海洋局联合印发《国家水安全创新工程实施方案（2015—2020年）》。

10月30日 2015中国·青岛海洋国际高峰论坛在青岛鳌山蓝色硅谷举行。国家海洋局党组成员、副局长张宏声，新华社副社长于绍良，山东省委常委、青岛市委书记李群等出席并讲话。

11月2日 第十二届全国人大常委会第十七次会议对《深海海底区域资源勘探开发法（草案）》及立法说明进行了分组审议，国家海洋局副局长王飞带队与会，列席听取了分组审议意见，并对相关问题进行了答复。常委对草案基本肯定，认为草案框架、内容和文字比较成熟；要求深海立法应该注意国际国内衔接，注意国际义务和国内利益的平衡；鉴于深海立法的特殊性，条文规定要原则，留有余地，要体现政府积极促进深海勘探开发活动。

11月6日 以“共建21世纪海上丝绸之路：中国与海丝沿线国家的海洋合作”为主题的2015厦门国际海洋周在厦门正式开幕。国家海洋局党组书记、局长王宏，福建省委常委、常务副省长张志南，中国—东盟中心秘书长杨秀萍出席开幕式并致辞。厦门市副市长林文生主持开幕式。

11月6日 国家海洋局将706宗国务院批准项目用海用岛登记电子数据正式移交给国土资源部。国土资源部党组成员、副部长王广华，国家海洋局党组成员、纪委书记吕滨等出席了当天在京举行的登记数据移交暨网络开通仪式。

11月7日 中国极地考察船“雪龙”号从上海中国极地考察国内基地码头起航，执行中国第32次南极考察任务。国家海洋局党组成员、副局长陈连增，上海市政府副秘书长黄融出席欢送仪式，社会各界人士及考察队员家属等到码头送行。

11月7日 中国与南欧国家海洋合作论坛在福建省厦门市举行，国家海洋局党组书记、局长王宏出席论坛并作主旨发言，外交部部长助理钱洪山、厦门市市长裴金佳致辞。

11月10日 “海洋六号”船圆满完成各项科考任务，返回广州海洋地质专用码头。国家海洋局副局长、中国大洋矿产资源研究开发协会理事长王飞和中国地质调查局副局长王学龙前去迎接。

11月16日 国家海洋局发布了关于修改《关于颁发〈海洋石油勘探开发化学消油剂使用规定〉的通知》《关于印发〈进一步加强海洋石油勘探开发环境保护工作意见〉的通知》《关于进一步加强自然保护区海域使用管理工作的意见》3份规范性文件决定的公告，修改后的文件自公布之日起施行。

11月17日 人力资源和社会保障部、国家海洋局下发《关于表彰全国海洋系统先进集体和先进工作者的决定》，授予“中国海警1112”舰等35个单位“全国海洋系统先进集体”荣誉称号，授予周德山等29人“全国海洋系统先进工作者”荣誉称号。

11月26日 2015年中国海洋经济博览会在广东省湛江市开幕。广东省副省长邓海光宣布开幕，国家海洋局副局长张宏声、国家电力投资集团公司总经理孟振平、湛江市市长王中丙出席开幕活动并致辞，沿海有关省份和涉海机构负责人、国内外参展商代表参加活动。

11月26日 国家海洋局与国家测绘地理信息局、中国地质调查局在京分别签署合作协议，标志着海洋和测绘、地质调查3项业务领域进入了全面深化合作的新阶段。国土资源部党组书记、部长姜大明出席签署仪式并讲话。国家海洋局党组书记、局长王宏分别与国家测绘地理信息局局长库热西·买合苏提、中国地质调查局局长钟自然签署《国家海洋局　国家测绘地理信息局协同发展合作协议》和《国家海洋局　中国地质调查局协同发展合作协议》。

11 月 29 日　中国海洋发展基金会第一次理事会会议在北京召开。国家海洋局党组书记、局长王宏，中国海洋发展基金会第一届理事长、国家海洋局原局长孙志辉出席会议并讲话。国家海洋局党组成员、人事司司长房建孟主持会议。

12 月 4 日　南海及其周边海洋国际合作框架计划领导小组会议在北京召开。

同日，国家海洋局印发《关于推进海洋生态环境监测网络建设的意见》，根据《国务院办公厅关于印发生态环境监测网络建设方案的通知》有关要求，研究提出海洋领域落实措施，明确海洋生态环境监测网络运行管理机制。

12 月 12 日　我国远洋科考功勋船“大洋一号”船从青岛起航，赴西南印度洋执行中国大洋第 39 航次科学考察任务。国家海洋局副局长、中国大洋矿产资源研究开发协会理事长王飞等前往码头送行。

12 月 15 日　第 32 次南极考察队内陆队正式出征，11 辆雪地车搭载着 38 名内陆队队员，向南极腹地的昆仑站和格罗夫山进发。

12 月 16 日　执行中国大洋第 40 航次科考任务的“向阳红 10”船从海南三亚扬帆起航。国家海洋局副局长、中国大洋矿产资源研究开发协会理事长王飞等前往三亚凤凰岛国际邮轮码头，为科考队员送行。

12 月 17 日　东亚海洋合作平台领导小组成立暨第一次会议在北京举行。国家海洋局党组成员、副局长陈连增，山东省副省长赵润田出席会议并讲话，来自外交部和国家发展改革委相关部门的有关负责人出席会议。

12 月 21 日　国家海洋局党组扩大会议在北京召开，国家海洋局党组书记、局长王宏主持会议并通报中央经济工作会议和中央城市工作会议的有关情况，传达会议精神。国家海洋局党组成员、副局长陈连增、张宏声、王飞，局党组成员、纪委书记吕滨，局党组成员、人事司司长房建孟出席会议。

12 月 24 日　国家海洋局局长王宏在北京会见斯里兰卡渔业与水生资源开发部部长马欣达·阿玛拉维拉，并共同见证国家海洋局第一海洋研究所与斯里兰卡渔业与水生资源研究开发局签署《关于开展海平面观测与灾害预报系统项目的实施协议》。

12 月 25—28 日　中国外交部部长助理孔铉佑率领由外交部、国家海洋局和中央外办组成的中国代表团，先后对俄罗斯、韩国、乌拉圭和智利四国在南极乔治王岛上的相关站点进行了视察。这是自 1990 年以来，我国时隔 25 年再次开展南极视察。

12 月 29 日　国家海洋局在北京召开新闻发布会，发布由国家发改委、国家海洋局联合编制的《中国海洋经济发展报告 2015》。这是我国政府首次发布白皮书性质的海洋经济发展报告，也是对《全国海洋经济发展“十二五”规划》实施情况开展评估的公开化和业务化。

海 洋 经 济

海洋经济概况

【综述】 2015年，各级海洋行政主管部门认真贯彻落实党中央、国务院建设海洋强国和壮大海洋经济的战略部署，全面推进《全国海洋经济发展“十二五”规划》实施，海洋产业结构调整步伐加快，海洋经济在新常态下总体保持平稳的增长态势。

据初步核算，2015年全国海洋生产总值64669亿元，比上年增长7.0%，海洋生产总值占国内生产总值的9.6%。其中，海洋产业增加值38991亿元，海洋相关产业增加值25678亿元。海洋第一产业增加值3292亿元，第二产业增加值27492亿元，第三产业增加值33885亿元，海洋第一、第二、第三产业增加值占海洋生产总值的比重分别为5.1%、42.5%和52.4%。据测算，2015年全国涉海就业人员3589万人。

【主要海洋产业发展情况】 2015年，我国海洋产业总体保持稳步增长。其中，主要海洋产业增加值26791亿元，比上年增长8.0%；海洋科研教育管理服务业增加值12199亿元，比上年增长8.7%。

海洋渔业 海洋渔业保持平稳发展态势，海水养殖和远洋渔业产量稳步增长。全年实现增加值4352亿元，比上年增长2.8%。

海洋油气业 海洋油气产量保持增长，其中海洋原油产量5416万吨，比上年增长17.4%，海洋天然气产量136亿立方米，比上年增长3.9%。受国际原油价格持续走低影响，全年实现增加值939亿元，比上年下降2.0%。

海洋矿业 海洋矿业快速增长，全年实现增加值67亿元，比上年增长15.6%。

海洋盐业 海洋盐业平稳发展，全年实现增加值69亿元，比上年增长3.1%。

海洋化工业 海洋化工业较快增长，全年实现增加值985亿元，比上年增长14.8%。

海洋生物医药业 海洋生物医药业持续快速增长，全年实现增加值302亿元，比上年增长16.3%。

海洋电力业 海洋电力业发展平稳，海上风电场建设稳步推进。全年实现增加值116亿元，比上年增长9.1%。

海水利用业 海水利用业保持平稳的增长态势，发展环境持续向好，全年实现增加值14亿元，比上年增长7.8%。

海洋船舶工业 海洋船舶工业加速淘汰落后产能，转型升级成效明显，但仍面临较为严峻的形势。全年实现增加值1441亿元，比上年增长3.4%。

海洋工程建筑业 海洋工程建筑业快速发展，重大海洋工程稳步推进。全年实现增加值2092亿元，比上年增长15.4%。

海洋交通运输业 沿海港口生产总体放缓，航运市场持续低迷。全年实现增加值5541亿元，比上年增长5.6%。

滨海旅游业 滨海旅游继续保持较快增长，邮轮游艇等新兴海洋旅游业态蓬勃发展。全年实现增加值10874亿元，比上年增长11.4%。

【区域海洋经济发展情况】 2015年，环渤海地区海洋生产总值23437亿元，占全国海洋生产总值的比重为36.2%，比上年回落了0.5

个百分点；长江三角洲地区海洋生产总值18439亿元，占全国海洋生产总值的比重为28.5%，与2014年基本持平；珠江三角洲地区海洋生产总值13796亿元，占全国海洋生产总值的比重为21.3%，比上年回落了0.5个百分点。

海 洋 渔 业

【概况】 2015年，海洋渔业克服自然灾害频发、国内外经济环境复杂多变的不利因素，保持稳步发展态势。海洋渔业加速推进产业结构升级、发展动力转换，近海捕捞保持稳定，海水养殖业稳步增长，增殖渔业蓬勃发展，远洋渔船标准化体系不断完善，远洋作业海域拓展。海洋渔业安全形势总体向好，基础设施条件提升，科技创新力度增强，渔业资源保护修复持续推进。国家有关部门和沿海各地积极出台政策法规促进海洋渔业发展。

【海洋渔业生产】 2015年全国水产品总产量6699.65万吨，比上年增长3.69%。其中：养殖产量4937.90万吨，同比增长3.99%，捕捞产量1761.75万吨，同比增长2.84%，养殖产品与捕捞产品的产量比例为2.80:1；海水产品产量3409.61万吨，同比增长3.44%，淡水产品产量3290.04万吨，同比增长3.94%，海水产品与淡水产品的产量比例为1.04：1。

【海水养殖】 2015年，全国海水养殖产量1875.63万吨，占海水产品产量的55.01%，比上年增加62.98万吨、同比增长3.47%。其中，鱼类产量130.76万吨，同比增长9.92%；甲壳类产量143.49万吨，同比增长0.08%；贝类产量1358.38万吨，同比增长3.18%；藻类产量208.92万吨，同比增长4.22%。

2015年，全国水产养殖面积846.5万公顷，同比增长0.94%。其中，海水养殖面积231.776万公顷，同比增长0.53%；淡水养殖面积614.724万公顷，同比增长1.09%；海水养殖与淡水养殖的面积比例为0.38:1。

【海洋捕捞】 2015年，国内海洋捕捞产量1314.78万吨，占海水产品产量的38.56%，同比增加2.65%。其中，鱼类产量905.37万吨，同比增加2.79%；甲壳类产量242.79万吨，同比增长1.34%；贝类产量55.60万吨，同比增加0.79%；藻类产量2.58万吨，同比增加6.22%；头足类产量69.98万吨，同比增加3.42%。

【远洋渔业】 2015年，远洋渔业产量219.20万吨，同比增长8.12%，占水产品总产量的3.27%。

【渔民人均纯收入】 据对全国1万户渔民家庭当年收支情况抽样调查，全国渔民人均纯收入15594.83元，比上年增加1168.57元、增长8.10%。

【水产品人均占有量】 全国水产品人均占有量47.74千克（人口137462万人），比上年增加1.50千克、增长3.18%。

【渔船拥有量】 年末渔船总数104.25万艘、总吨位1086.33万吨。其中，机动渔船67.24万艘、总吨位1040.64万吨、总功率2256.99万千瓦；非机动渔船37.01万艘、总吨位为45.68万吨。机动渔船中，生产渔船64.48万艘、总吨位938.62万吨、总功率2044.84万千瓦。海洋渔业机动渔船27.00万艘、总吨位879.69万吨、总功率1732.28千瓦。

【水产品进出口】 据海关统计，2015年我国水产品进出口总量814.15万吨、进出口总额293.14亿美元，同比分别降低3.59%和5.08%。其中，出口量406.03万吨、出口额203.33亿美元，同比分别降低2.48%和6.29%；进口量408.13万吨、进口额89.82亿美元，同比分别下降4.66%和2.22%。

【渔业从业人员】 渔业人口2016.96万人，比上年减少18.08万人，降低0.89%。渔业人口中传统渔民为678.46万人，比上年减少7.94

万人，降低 1.16%。渔业从业人员 1414.85 万人，比上年减少 14.17 万人，降低 0.99%。

【渔业灾情】 2015 年由于渔业灾情造成水产品产量损失 99.91 万吨，受灾养殖面积 69.081 万公顷，沉船 3122 艘，死亡、失踪和重伤人数 33 人，直接经济损失 200.16 亿元。

海洋油气业

综　述

【中国海洋石油总公司概况】 中国海洋石油总公司（以下简称“中国海油”）是国务院国有资产监督管理委员会直属的特大型国有企业，是中国最大的海上油气生产商，公司成立于 1982 年，总部设在北京。自成立以来，中国海油保持良好的发展态势，由一家单纯从事油气开采的上游公司，发展成为主业突出、产业链完整的综合型能源公司，用工规模 11 万余人。2015 年，公司全年共生产原油 7967 万吨、天然气 250.6 亿立方米，油气产量首次突破 1 亿吨油当量大关。公司全年实现营业收入 4261 亿元，利润总额 451 亿元，在实际实现油价比年初预算油价大幅降低的情况下，实现比预期要好的经营业绩。缴纳利税费 821 亿元，总资产达到 11624 亿元。2015 年，公司在《财富》“世界 500 强企业”中的排名升至 72 位，以良好的发展业绩赢得社会的尊重，回馈市场的期盼。

（中国海洋石油总公司）

【中国石油天然气集团公司概况】 中国石油天然气集团公司（以下简称“中国石油”）是国有重要骨干企业和国内主要油气生产商和供应商之一，是集油气勘探开发、炼油化工、销售贸易、管道储运、工程技术、工程建设、装备制造、金融服务于一体的综合性国际能源公司，在国内油气勘探开发中居主导地位，在全球 38 个国家和地区开展 94 个油气合作项目。在《美国石油情报周刊》公布的世界 50 家大石油公司综合排名中位居第 3，在《财富》杂志公布的全球 500 家大公司排名中位居第 4。

中国石油海上矿区主要包括环渤海浅海矿区和南海深海矿区两部分。浅海矿区主要位于辽河、冀东、大港油田的滩浅海区域，自然条件恶劣且环境敏感程度高，如水浅、流急、潮差大、河流入海口密布、冬季冰情严重、工程地质复杂、附近渔业和海上航运发达、毗邻多个自然保护区，进行石油勘探开发时存在安全环保风险。在滩浅海勘探开发工作中注重“环保优先、安全第一”的理念，已形成滩浅海年产原油 200 多万吨的产能规模。

（中国石油天然气集团公司）

【中国石油化工集团公司概况】 中国石油化工股份有限公司胜利海上油田（以下简称“胜利海上油田”）位于山东省北部渤海湾南部的极浅海海域。中国石化集团公司是上下游、内外贸、产销一体化的特大型石油石化企业集团，主要业务包括油气勘探开发、石油炼制、成品油营销及分销、化工产品生产及销售、国际化经营等，在 2015 年《财富》全球 500 强企业中排名第 2 位。探区西起四女寺河口，东至潍河口，海岸线长 414 千米，有利勘探面积 4000 平方千米。截至 2015 年底，共有各类海上采油平台 109 座，开发井 737 口、开井数 642；海底输油管线 94 条，总长 207 千米；海底输气管线 2 条，总长 15.01 千米；海底注水管线 57 条，总长 92.55 千米；海底电缆 122 条，总长 304 千米。油气接转站 2 座，联合站 3 座，石油专用码头 2 座。

中国石油化工股份有限公司上海海洋油气分公司（简称“上海海洋油气分公司”）是中国石化专业从事海洋油气勘探和开发的油田企业，拥有丰富的海洋油气勘探和开发经验。该公司主要有三大主体业务：一是代表中国石化参与东海西湖和平湖两个油气田开发项目的管理；二是在东海、南海、黄海等海域开展自营勘探；三是承担中国石化海外海域油气资源勘探开发项目的评价研究。

（中国石油化工集团公司）

海洋油气资源

【中国海油海洋油气资源】 中国海油以油气勘探开发为龙头，以“寻找大中型油气田”为指导，实施积极的勘探战略，不断创新开发思路，有效保障油气资源的持续供应。截至 2015 年底，公司共有净证实储量约 43.2 亿桶油当量（含权益法核算的储量约 3 亿桶油当量），其中约 53.9%净证实储量位于中国海域，储量替代率 67%。

（中国海洋石油总公司）

【中国石油海洋油气资源】 截至 2015 年底，中国石油环渤海辽河、冀东和大港三个滩浅海油区登记矿权面积 9131 平方千米，累计探明石油地质储量 7.62 亿吨，探明天然气地质储量 117.03 亿立方米。

（中国石油天然气集团公司）

【中国石化海洋油气资源】 截至 2015 年底，胜利油田在浅海探区共发现明化镇、馆陶组、东营组、沙河街组、中生界、古生界、太古界七套含油层系，累计探明含油面积 197 平方千米、探明石油地质储量 46220 万吨。

上海海洋油气分公司拥有海域勘查面积 10.29 万平方千米。其中，自营勘探区块面积 6.51 万平方千米，分布在东海陆架盆地和南海琼东南盆地、北部湾盆地以及南黄海南部盆地，拥有石油资源量 6.91 亿吨，天然气资源量 5.03 万亿立方米；与中海油共同持有勘查区块面积 3.78 万平方千米，分布在东海陆架盆地西湖凹陷，拥有三级地质储量 8534 亿立方米气当量。（中国石油化工集团公司）

海洋油气勘探

【中国海油海洋油气勘探】 2015 年，中国海油在国内新增探明石油地质储量 2.5 亿吨、天然气地质储量 1730 亿立方米。国内自营勘探共获得 29 个商业和潜在商业发现，成功评价曹妃甸 6–4、渤中 34–9 等 21 个含油气构造，流花 20–2、陵水 18–1 等 5 个含油气构造有望成为中型以上规模油气田。（中国海洋石油总公司）

【中国石油海洋油气勘探】 2015 年秦皇岛滩海东升 4 井钻探获得工业油气流，表明该区古近系东营组油气富集。

（中国石油天然气集团公司）

【中国石化海洋油气勘探】 2015 年，胜利油田在浅海探区部署探井 9 口，完钻 5 口，均钻遇油层，试油测试 5 口 11 层段，获工业油气流 5 口 7 层段，在埕岛油田第三系取得良好勘探成果，上报控制储量 1916.93 万吨，预测储量 1712.2 万吨。

上海海洋油气分公司自营勘探首获重大油气发现。南海北部湾涠西探区部署的涠 4 井在涠洲组两层含油层测试分别试获日产 1458 立方米和 1349 立方米的高产油流，创中国石化海域油气勘探单井产量最高纪录，为国内近十年来罕见的高产探井，展现该探区良好的勘探前景。（中国石油化工集团公司）

海洋油气开发工程

【中国海油海洋油气开发工程】 2015 年，中国海油国内上游在建项目 23 个，其中投产项目 9 个，投产项目平均提前 49 天；持续深化“二次优快”，探井作业效率显著提升，全年钻完井工作量超年度计划；深水工程技术能力稳步提升，全年完成 10 口深水井作业。“海洋石油 981”顺利完成首次海外深水作业。我国首口超深水井陵水 18–1–1 井成功实施测试作业，公司具备海上超深水井钻井和测试全套能力。（中国海洋石油总公司）

【中国石油海洋油气开发工程】 中国石油具备浅海钻井、完井、固井、试采作业、井下作业、海洋工程设计和施工、船舶服务等综合一体化海上石油生产保障能力，拥有海上钻井及作业平台 16 座、各类船舶 25 艘。2015 年钻井平台动用率 56.4%，作业平台动用率 85%，7 座平台钻井进尺过万米；动用自有船舶 4217 航天，4000 匹以上船舶动用率 79.3%。

2015年中国石油集团海洋工程有限公司在渤海、黄海等多个海域开展服务，完成钻井进尺13.1万米。其中，开钻59口、完井33口；完成井下作业28井次，酸化压裂及防砂81层次，试油测试6层。公司青岛海工建造基地和唐山生产支持基地的生产保障作用进一步增强。2015年1月承建的俄罗斯亚马尔项目MWP4、FWP5工程包在青岛海工建造基地开工建造。目前，FWP5工程包已经实现完工，MWP4工程包进展顺利。在此基础上，中标亚马尔MWP10A、FWP1D工程包，承揽MWP8卷管、MWP1喷涂等工作量，成为全球参与亚马尔工程包数量最多的分包商。

（中国石油天然气集团公司）

【中国石化海洋油气开发工程】 2015年，胜利油田对浅海区块持续实施老区综合调整，全年实施调整新井50口，老井配套归位8口；完成水井投转注28口，实施水井检修32口，注采井网进一步完善，日注水量较年初增加7694立方米；加强单元目标化管理，优化注采调整，加大注水调配和解堵攻欠力度，调整区注水层段合格率同比提高4.4%，增加水驱动用储量881万吨；大力推进油井精细管理，强化扶停治理和日常维护，躺井率仅为0.64%；完成油水井老井作业94口次，恢复日油能力286吨，措施增加日油能力412吨；CB4E采修一体化平台、CB243A-CB4E-中心三号海底输油管线建成投产，有力保障浅海产能建设。

平湖油气田是上海海洋油气分公司（前身为上海海洋石油局）于1983年在东海发现的第一个油气田，由中国石化、中国海油和上海申能按照3∶3∶4的股比合资开发。2015年，在三家股东方的共同努力下，克服种种困难，全年生产原油商品量7万吨，天然气商品量2亿立方米，均超计划完成。

（中国石油化工集团公司）

海洋油气生产

【中国海油海洋油气生产】 2015年，中国海油在国内生产原油4773万吨、天然气143.5亿立方米（含煤层气抽采量10.27亿立方米），连续6年保持国内5000万吨级的油气产量水平。全年实现节能量30.2万吨标准煤，万元产值综合能耗0.2781吨标准煤，主要污染物排放量总体保持下降趋势，安全生产形势总体平稳。

（中国海洋石油总公司）

【中国石油海洋油气生产】 截至2015年底，中国石油在环渤海滩浅海矿区内共建设人工岛16座、固定钢平台10座以及海底管道82.617千米、海底电缆25.17千米、海底光缆4.8千米等海上油气生产设施。2015年生产原油247.94万吨、天然气7.25亿立方米。其中冀东南堡滩浅海油田生产原油94.6万吨，天然气6.19亿立方米；大港滩浅海油田生产原油100.14万吨，天然气1.01亿立方米；辽河滩浅海油田生产原油53.2万吨，天然气570万立方米。

赵东原油项目位于渤海湾盆地滩海地区，合作区块面积77平方千米，与新路安中国有限公司、澳大利亚洛克石油（渤海）公司合作开发。2015年4月中国石油接管作业权，成为第一个由中方接管作业权的滩海合作项目，实现安全生产平稳过度，5口新投产井取得新井高产的好效果。（中国石油天然气集团公司）

【中国石化海洋油气生产】 2015年，胜利油田浅海区块生产原油310.5万吨，天然气交气量1.29亿立方米；油田注水1333.4万立方米。自然递减率7.8%，含水上升率2.0%；新建产能25.8万吨，新增可采储量269.73万吨。

（中国石油化工集团公司）

海洋油气科技

【中国海油海洋油气科技】 中国海油持续加强科技创新能力培养，深入推进“一个整体、两个层次”科技创新体系建设，坚持自主研发和对外合作相结合，紧紧围绕制约企业发展的关键技术瓶颈开展攻关，在深水、高温高压、稠油、低孔低渗油气藏的勘探开发、中下游核心产品工艺等方面取得一系列新突破，科技创新对生产经营的支撑和促进作用进一步增强。2015 年，全年取得省部级以上获奖成果 59 项，授权专利 999 件（其中发明专利 365 件），发布技术标准 135 项。中国海油“海上稠油聚合物驱提高采收率关键技术应用”获国家科技进步二等奖；形成旋转导向钻井、稠油化学驱技术等 12 项关键核心技术；取得复合海底软管、LNG 大型储罐技术等一批应用成果。　（中国海洋石油总公司）

【中国石油海洋油气科技】　中国石油集团海洋工程有限公司坚持科技研发和应用创新相结合，依托生产实际和重点项目，攻克技术难题，完善产业链，推进技术系列化和一体化，海上工程技术服务能力不断提升。2015 年获省部级科技成果奖励（北京市、天津市、集团公司）7 项，局级二等奖以上科技成果 5 项。获得授权专利 14 项，其中发明专利 4 项。在深水钻井设计、深水海工配套工艺技术、海底管道设计施工、耐恶劣海洋大气环境涂层体系等方面取得阶段成果。海上高含硫油气藏安全钻井配套技术、海上油气井水力压裂工艺技术、低温环境沿海 LNG 输送撬装技术等 50 余项新技术成果转化应用，有力支撑中国石油海上业务发展。

（中国石油天然气集团公司）

【中国石化海洋油气科技】　胜利油田浅海油藏开发技术取得新突破。一是精细分层注水工艺取得显著成效。胜利油田首口分六段注水井埕北 25GA-1 井顺利完井投注，该井地质配注 300 立方米/天，实注 300 立方米/天，且各层根据配注量测调显示均合格，井口注水压力 1.5 兆帕。该井成功完井标志着胜利油田海上分注技术无论在技术水平、细分程度还是应用规模上都达到较高水平。二是海上疏松砂岩油藏精细注水工艺技术取得新突破。CB20A-9 井采用一趟管柱分七段酸化解堵作业，完井后注水压力从 7.9 兆帕降为 3.0 兆帕，全井日注水量由 205 立方米上调为 270 立方米，创下水井单次酸化施工层数最多纪录，而且整趟工艺实施“分得准、酸得进”。该工艺技术成功应用为海上高效开发提供强力技术支撑。三是生物酶+土酸复合解堵体系在海上水平井投产时实现规模应用，见到良好效果。

上海海洋油气分公司科技研究取得新成果。《东海深层低渗储层伤害评价与防治技术》获中国石化 2015 年度科技进步三等奖；《深水井场地质灾害调查技术与评价方法》获中石化石油工程技术服务有限公司科技进步二等奖。　（中国石油化工集团公司）

海洋油气国际合作

【中国海油海洋油气国际合作】　积极开展对外务实合作是中国海油长期以来始终坚持的一项重要发展方针。2015 年，公司海外合作项目共生产油气 4078 万吨油当量，占公司油气总产量的 40%；海外勘探取得历史性突破，共获得 3 个商业发现和 2 个潜在商业发现，与合作伙伴在圭亚那深水区块获得 Liza 油田重大发现；所属专业服务公司海外市场拓展取得长足进步，中海油服和海油工程海外收入均占到 1/3 以上，与业务伙伴的合作不断深化和拓展。在国内，公司近海合作油气田产量达 2342 万吨油当量，占公司油气总产量的 38.3%；公司全年新签石油合同 5 个，吸收外资 4.2 亿美元；与壳牌集团签署协议，在大亚湾石化项目的合作取得重要进展。同时，LNG 业务的国际合作也在不断深化和拓展。

（中国海洋石油总公司）

【中国石油海洋油气国际合作】　深海勘探业务加大市场开发力度，多用户业务稳步发展，先后完成澳大利亚 Numbat 及 Quoll 区块、Bilby 区块、墨西哥湾 Yucatan 区块等多个海上拖缆采集项目。海上勘探领域重点实施关键探井，巴西 Libra 项目深水盐下首口探井两层测试均获高产油流，基本证实巴西里贝拉西部构造 5 亿吨级整装油田。波斯湾钻井项目取得新突破，新增 1 座钻井平台，项目实现进尺 43917 米，综合日费收获率 99%以上，生产稳定、运行平稳，确保安全环保“三零”目标，无人员伤害停工时间，打响中国石油品牌，实现中东市场的巩固和拓展。

（中国石油天然气集团公司）

【中国石化海洋油气国际合作】 胜利海上油田埕岛西合作A区块，目前由中国石化集团公司与云顶埕岛西新加坡私人有限公司（简称云顶公司）合作开发。该区块位于渤海湾南部极浅海海域的胜利埕岛油田西部，目前A区块面积29平方千米。

（中国石油化工集团公司）

海洋矿业

【综述】 2015年海洋矿业较快发展，海洋矿产资源开采秩序进一步规范有序。全年实现增加值67.1亿元，比上年同期增长15.6%。

【海域采砂用海管理】 **辽宁省** 绥中县海域是海砂资源富集区，也是非法采砂活动频繁区域。近期，绥中县政府多次组织公安局、海洋与渔业局、海监执法大队、渔港监督处等部门，开展打击非法采砂联合执法行动，取得良好成效。

江苏省 中国海监江苏省连云港市支队联合当地县、区海监大队、公安边防，开展打击非法采砂专项行动，集中清查徐圩港区海域非法采砂活动，查获3艘安徽滁州籍非法采砂船。执法部门依据《江苏省海域使用管理条例》有关规定，作出每艘船罚款7万元的决定。

福建省 7月21至23日，中国海监福建省泉州市支队联合晋江大队、南安大队，在围头湾海域开展整治海上违法违规行为联合执法行动，严防采砂船等船舶越界到金门海域非法作业，查获非法采砂船1艘，收缴罚款10万元。

晋江市对海上非法采砂一直保持严打态势，随着执法力度的不断加大，非法采砂者开始选择在夜间行动。8月3日，福建省晋江市海监和海警执法队员在所辖海域查获两艘非法采砂船。

厦门市翔安区检察院针对该市首例盗采海砂案提起公诉，5名盗采者因涉嫌非法采矿罪被起诉。根据记账内容，截至案发，这艘采砂船非法开采海砂210船次，共计10万多立方米。经鉴定，该采砂船非法开采的海砂矿种为建筑用砂，因非法开采造成矿产资源破坏价值共计102万多元。

广西壮族自治区 中国海监北海市支队会同银海区海洋、城建等部门组织80多名执法队员在银海区横路山、大山村附近海域开展打击违法采砂联合执法行动。行动中，执法队员对执法巡查中发现的两个违法采砂场进行拆除，清理一批采砂筛、抽砂架、抽砂管道和砂场供电设备，销毁1艘铁壳抽砂船，整治海域面积5亩，有效打击该区域内的违法采砂行为。

【政策法规】 自2015年4月1日起，国土资源部开通由国土资源部审批登记（除油气和放射性矿产）的矿业权延续项目提醒服务。为提高便民服务水平，提醒督促矿业权人及时办理矿业权延续登记手续，根据国土资源部要求，部矿产开发管理司、信息中心经过认真研究，制订对国土资源部发证矿业权到期延续提醒服务方案。

2015年11月，全国人大常委会法制工作委员会副主任郎胜一行前往广州海洋地质调查局，就《深海海底区域资源勘探开发法（草案）》展开立法调研。该法草案旨在规范深海海底区域资源勘探、开发活动，保护海洋环境，保障人身和财产安全，提升深海科学技术研究和资源调查能力，促进深海海底区域资源可持续利用。

2015年1月20日，福建省国土资源厅印发《矿业权退出实施方案》（以下简称《方案》），要求对到期未申请延续的矿业权、不符合延续条件的矿业权、位于规划禁采区的矿业权、地方政府及有关部门关闭的矿山予以退出。

为引导资源节约集约利用，更好地保护国际旅游岛海洋生态环境，海南省决定从2015年8月1日起，调整部分资源税税率并开征海砂资源税。海南省政府办公厅印发《关于调整部分资源税税率及开征海砂资源税的通知》要求，对海南省行政区域内开采海砂的单位和个人征收资源税，税率为3元/立方米。

【海底矿产资源研究】 2015年7月底，国土资源部海底矿产资源重点实验室通过专家现场验收。验收组组长、中国工程院院士陈毓川，中国地质调查局广州海洋地质调查局局长温宁等为实验室揭牌。

海底矿产资源重点实验室是国土资源部建设的第三批46个重点实验室之一。该实验室紧紧围绕海洋权益、资源开发、持续发展等国家重大需求，开展海域天然气水合物、深水油气和大洋矿产等海底矿产资源的成矿理论研究、海洋勘察高技术和前沿基础地质研究，并在海域天然气水合物基础研究理论、富钴结壳资源评价研究、4500米级深海无人遥控潜水器“海马”号研制等方面取得一批创新性成果，承担各类国家科技项目49项，已建设成为在国内外具有一定影响力的海底矿产资源创新研究平台和人才培养基地。

海 洋 盐 业

【综述】 2015 年全国原盐产量为 9004.84 万吨，其中：海盐产量 3351.46 万吨，占全部原盐产量的 37.22%；井矿盐产量 4320.11 万吨，占全部原盐产量的 47.99%；湖盐产量 1330.28 万吨，占全部原盐产量的 14.78%。

2015 年全年原盐产量比上一年略有减少，绝对量减少 177.41 万吨。主要是井矿盐限产压产措施造成。

制盐属于我国产能过剩产业，特别是近年来井矿盐生产能力的无序快速增长与下游需求的缓慢增长幅度形成巨大矛盾，已经形成的产能被严重压制，库存积压成为制盐企业的普遍现象，2015 年井矿盐企业的开工率只有 85%，企业经济效益持续下滑，而海盐和湖盐产量均有小幅度的增长。盐业最主要的消费来自两大领域，第一是食盐消费，食盐包括直接入口食盐以及食品加工用盐。人口的小幅度增长决定食盐的恒定消费总量。我国食盐的消费量最近三年基本稳定在 1000 万吨左右，预计未来在全民减盐行动的健康消费理念引导下，入口食盐会小幅度减少；第二是工业盐消费，通常的工业盐是指纯碱和烧碱所消费的工业用原料盐。其消费量是我国盐业的主要支撑。而纯碱和烧碱产业也处于产能过剩阶段，处于国家要求去库存、淘汰落后设备、升级换代的范围。工业用盐的需求增长缓慢，并且部分纯碱和烧碱企业还基于原料盐的性价比采取进口盐的采购措施，2015 全年进口工业用盐约 620 万吨，对于国内原盐供大于求局势起到雪上加霜的作用，增加市场竞争压力，低于成本销售工业盐现象频繁出现。

纵观 2015 年全国盐业市场，食盐市场保证充分供应，工业盐市场价格持续下降，企业的经济效益全面下滑，原盐库存严重，出现结构性产能过剩倾向，整体产业处于升级换代的关键时期。

【海盐生产】 2015 年我国海盐产量 3351.46 万吨，比上一年增产 266.23 万吨，增长幅度为 7.92%。海盐产量占全部原盐产量的比重由上一年的 33.59%上升到 37.23%。全年海盐产量的绝对数量和相对比重均有所提升，其主要原因是 2015 年的气象条件对海盐生产极为有利，全年的降雨比较集中，海盐产量最大省份山东省的主要产区潍坊地区的蒸发量比常年高 6.2%，为海盐的丰产奠定气象条件的基础。

我国海盐生产具有明显的地域特征，沿海 10 个省份具备海盐生产的滩涂条件，其中浙江、福建、广东、广西、海南历史以来称之为南方海盐区。南方海盐区的特点是降雨量较大，蒸发量较小，沿海的滩涂面积多集中在城镇或者具备开发条件的城市周边，盐田面积集中，走水路线单一；北方海盐区分布在黄海、渤海区域，主要省份有：辽宁、山东、河北、天津和江苏。北方海盐区的主要特征是降水量比南方小，沿海滩涂面积广阔，适于盐田布局，蒸发量大于南方海盐区且降雨集中，蒸发量是南方海盐区的 200%以上，盐田面积集中，规模大。基于气象条件和滩涂利用率的差异，我国历史以来形成南方海盐和北方海盐不同的生产工艺。南方海盐是短期结晶法生产，常年生产，随时结晶随时收盐；而北方海盐生产则是春季纳潮，常年制卤，长期结晶，春秋两季收盐。由于南方和北方不同气象条件和滩涂条件形成的海盐生产工艺造成海盐产量的巨大差异。2015 年全国海盐产量 3351.46 万吨，其中南方海盐区的产量只有 56.19 万吨，占全部海盐产量的 1.67%。南方海盐区呈现出盐田面积逐年减少，产量和生产能力逐年下降的趋势。特别是广西自治区的海盐生产成本居高不下，滩田面积靠近城镇和市区，沿海滩涂用于开发的利益大于海盐生产的效益，各地政府为获得土地收益，不断收储盐田作为政府土地储备资源，用于房地产开发和城市建设。

山东省仍然是我国原盐生产的主要产区，2015 年全省的海盐产量达到 2345.66 万吨，占北方海盐产量的 76.09%，占全国海盐产量的 69.98%。山东海盐生产的优势在于两点，一是具有丰富的浅层地下卤水资源分布在莱州湾畔，浅层地下卤水埋藏深度 30~100 米，易于开采，浓度约为 3.5~5.5 波美度，比海水的含盐量高出 20%~30%。浅层地下卤水用于制盐，节约制卤工艺流程，提高盐田面积的使用效率，减低海盐生产成本；二是山东的沿海滩涂资源丰富，可供用于大面积用于开发盐田。山东得天独厚的海盐生产优势还会得到持续发展。

2015 年我国沿海地区受到 4 次较大规模的热带风暴袭击，主要有：莲花、灿鸿和苏迪罗。分别在福建省、广东省、江苏省、山东省、海南省等地沿海地区登陆，台风带来阵性强降雨，给海盐生产造成不利影响。各制盐企业根据多年的抗击风暴潮经验，全力组织灾后自求，把损失降低到最低限度。

海盐生产是露天作业靠天吃饭，依赖天气因素。按照传统的国民经济行业分类盐业包括海盐被整体纳入工业范畴，但海盐生产的特征更接近农业，海盐生产的丰欠程度 70%取决于气象因素。

【国家重大盐业改革政策不断推出对盐行业产生深远影响】 2015 年 5 月 14 日，国务院公布《关于取消非行政许可审批事项的决定》，取消 49 项行政审批事项，其中包括食盐生产年度计划审批，即不再审批食盐定点生产企业的食盐年度生产计划和调出计划。自 2016 年起，全国各食盐生产企业可根据企业的生产条件和食盐市场供求关系等因素自行决定食盐生产加工进度和产量。

2015 年 9 月 22 日，国家卫生和计划生育委员会发布 GB2721—2015《食品安全国家标准—食用盐》。新标准将替代原 GB2721—2003《国家标准—食用盐卫生标准》，新标准于 2016 年 9 月 22 日实施。新标准对接国家食品安全标准，对规范食盐生产企业和食盐批发销售企业的关系、切实维护人民群众的利益、保证食盐安全具有重大作用。盐业生产企业和批发销售企业都有要认真宣传贯彻，深刻领会新标准，同时做好新旧标准的过度和衔接。

2015 年 9 月 1 日，国务院食品安全委员会以“食安办（2015）15 号文件”下发通知，要求各省、自治区、直辖市食品安全办公室要高度关注 2015 年以来一些地方制售假食盐问题。含有有毒物质、重金属超标的假食盐流入市场，带来严重的安全隐患，引起国务院领导的高度重视。要求严厉打击制贩假食盐的行为，确保食盐安全，维护人民群众的利益。并做出协调指导食盐监管的具体工作指导意见。各地食品安全办公室高度重视，采取多项措施，积极配合盐务管理部门加大执法力度，对制贩假盐行为依法严惩重罚违法犯罪分子，为净化食盐市场起到积极作用。

2015 年 10 月 21 日，国家发展和改革委员会（2015 第 29 号令）公布经国务院批准重新修订的《中央定价目录》，新版目录于 2016 年 1 月 1 日起实行。其中明确，食盐价格暂时按现行价格形成机制，视盐业体制改革进展适时放开。食盐价格仍然实行国家定价。盐业企业依然要严格遵循国家规定的食盐价格形成机制。

【各地盐业积极参与 22 个防治碘缺乏病宣传活动】 每年的 5 月 15 日是全国防治碘缺乏病日，2015 年 5 月 15 日是我国举行的第 22 个宣传日活动。由国家卫生计生委、国家发展和改革委员会、教育部、工业和信息化部、新闻出版广电总局、食品药品监管总局、全国妇联、中国残联、国务院妇儿工委会和中国关工委联合发出通知。当年的宣传主题是“科学补碘，重在生命最初1000天”，要求各地各部门要充分认识碘缺乏病防治工作的是长期性、艰巨性和复杂性。各地盐业公司积极参与当地的碘缺乏病防治的宣传活动。

【加强盐政执法力度维护食盐市场安全】 2015年上半年，公安部破获江苏省销往北京等7省市2万吨假盐大案。4月份在公安部的统一指挥部署下，江苏警方、北京警方联合出动数百名警力，成功捣毁假盐源头，18名犯罪嫌疑人就擒。公安部的“利剑行动”取得重大突破。盐业部门为维护食盐市场的安全，不断加大盐政执法力度，全年各地盐政部门配合公安部门联合行动，查处假盐案件14000多起，查获12万吨假冒伪劣食盐。为净化食盐市场，保护广大消费者利益做出贡献。

【盐业企业主动转型升级不断调整产业结构适应新经济的发展方向】 面对产能过剩、生产方式落后产品单一、抗风险能力不足等困局，盐业企业采取主动转型升级，利用国家优惠政策，积极联合各类民营和国际资本，以求得企业的生存和发展。广东盐业与中山市达成战略合作关系，在海洋经济开发、医药健康产业等领域共同开发；江苏盐业抓住机遇，在物流、临港及盐化工下游产业开始优化布局；天津盐业与新兴产业结伴，在高分子和化学产品方面共同研发投资，利用天津自贸区的区位优势，与国内外著名运输企业开展广泛。盐业企业的多元化发展是今后的必然趋势。山东盐业与金融机构合作，提升资本的利用效率，发挥各自的优势，在海水淡化以及浓海水综合利用方面形成利益共同体，为摆脱单一模式、创造多元化发展空间迈出探索性步伐。　（中国盐业总公司）

表1　2015年全国海洋制盐工业企业产值、收入情况

单位：万元

企业	现价工业总产值	工业增加值	工业销售产值	产品销售收入	
				合计	其中:盐主业
全国合计	3 664 854	1 058 925	3 525 537	3 823 604	2 078 561
海盐区	2 165 187	582 224	2 037 836	2 240 484	1 051 401
北方海盐	2 106 724	567 336	1 972 033	2 179 496	991 286
辽宁	60 419	22 054	48 564	76 330	37 704
山东	1 393 697	280 357	1 332 521	1 457 625	323802
河北	80 055	52 959	68 535	71 508	55 747
天津	123 579	78 732	115 325	99 957	99 957
江苏	448 974	133 234	407 088	474 076	474 076
南方海盐	58 463	14 888	65 803	60 988	60 115
浙江	2 524	1 553	3 406	3 377	3 377
福建	41 371	8 012	51 074	52 264	51 739
广东	9 856	1 823	8 013	2 118	2 118
广西	522	308	609	609	561
海南	4 190	3 192	2 701	2 620	2 320

表 2 2015 年全国海洋制盐工业企业利润税收情况

单位：万元

企业	利润总额	净利润	应交所得税	应交增值税
全国合计	136 382	102 650	76 834	225 177
海盐区	114 814	92 391	25 639	97 605
北方海盐	117 339	95 692	24 957	94 922
辽宁	2 139	1 650	726	2 138
山东	103 237	86 162	18 866	55 756
河北	–4 675	–5 123	388	7 354
天津	7 343	6 649	694	6 995
江苏	9 295	6 354	4 283	22 679
南方海盐	–2 525	–3 301	682	2 683
浙江	–139	–140	0	10
福建	3 313	2 181	682	2 044
广东	–327	–327	0	209
广西	–2 712	–2 712	0	180
海南	–2 660	–2 303	0	240

表 3 2015 年全国原盐分品种产量

单位：万吨

产区	合计	海盐	井矿盐		湖盐
			合计	其中:液体盐	
全国合计	9 001.84	3 351.46	4 320.10	614.07	1 330.28
海盐区	5 062.20	3 138.93	1 923.27	471.53	
北方海盐	4 906.01	3 082.74	1 823.27	371.53	
辽宁	139.53	139.53			
山东	2 801.73	2 345.66	456.07	44.39	
河北	344.73	344.73			
天津	168.72	168.72			
江苏	1 451.30	84.10	1 367.20	327.14	
南方海盐	156.19	56.19	100.00	100.00	
浙江	7.56	7.56			
福建	26.50	26.50			
广东	112.27	12.27	100.00	100.00	
广西	0.80	0.80			
海南	9.06	9.06			

表 4　2015 年全国原盐生产能力

单位：万吨

产区	合计	其中		
		海盐	井矿盐	湖盐
全国合计	10 316.97	3 471.92	5 465.80	1 280.95
海盐区	5 563.22	3 471.92	1 993.00	0.00
北方海盐	5 500.60	3 409.30	1 993.00	0.00
辽宁	180.00	180.00		
山东	3 290.00	2 580.00	710.00	
河北	419.30	419.30		
天津	160.00	160.00		
江苏	1 451.30	70.00	1 283.00	
南方海盐	62.62	62.62	0.00	0.00
浙江	8.68	8.68		
福建	27.42	27.42		
广东	14.02	14.02		
广西	1.50	1.50		
海南	11.00	11.00		

表 5　全国海盐区盐田面积

单位：公顷

产区	盐田总面积	生产面积			养殖面积
		合计	其中:结晶面积	塑料苫盖面积	
全国合计	349 510	263 488	29 055	25 083	47 909
北方海盐区	330 477	250 114	27 136	24 880	45 284
辽宁	33 718	28 319	2 399	1 810	3 010
山东	166 391	125 646	19 290	18 690	24 902
河北	73 905	61 587	3 449	3 190	6 100
天津	26 907	26 221	1 261	1 129	0
江苏	29 556	8 341	737	61	11 272
南方海盐区	19 033	13 374	1 918	203	2 625
浙江	1 935	1 631	178	131	21
福建	3 998	3 711	823	11	74
广东	8 580	4 572	600	61	2 242
广西	1 031	685	68	0	206
海南	3 489	2 775	249	0	82

海洋化工业

【综述】 2015年，海洋化工业较快增长，全年实现增加值985亿元，比上年增长14.8%。

【化工行业】 2015年，化工行业增加值同比增长9.3%，增速同比回落1.1个百分点，降幅比一季度收窄1.8个百分点；1–11月，主营业务收入增长2.3%，比1–10月减缓0.3个百分点；主要化学品总产量增长4.9%，生产总体保持平稳；投资增长2.4%；主要化学品表观消费总量增长4.9%；利润总额增长6.8%；行业生产者出厂价降低6.9%。2015年，虽然化工行业面临较大压力，但也同时收获很多：一是生产结构有所优化，合成材料、专用化学品、精细化学品等附加值较高的行业引领增长；二是企业规模扩大竞争力提高，中国石油、中国石化、中国海油、中化集团、中国化工、延长石油在世界500强排名不断提升，大型地方企业的化工板块主营业务收入均超过500亿元。

【海藻化工】 **海藻制肥技术难题被攻克** 青岛海大生物集团有限公司利用创新的超声波辅助复合生物酶解法，开发出新一代海藻有机水溶肥。新工艺在高活性提取海藻多糖的同时提高产率。田间试验表明，该肥料可提高作物抗病、抗逆、抗旱、抗涝性能，增产明显。

我国首个海洋微生物农药实现产业化 华东理工大学生物反应器工程国家重点实验室海洋生化工程研究室等单位共同创制出国内外第一个获得田间试验批准证的海洋微生物农药——10×10^{8}cfu/g海洋芽孢杆菌可湿性粉剂，随后对海洋芽孢杆菌的培养工艺、制剂配方及加工工艺等进行优化与放大，并在此基础上建成年产200吨10×10^{8}cfu/g海洋芽孢杆菌可湿性粉剂的生产线，制定并备案10×10^{8}cfu/g海洋芽孢杆菌可湿性粉剂及其原药的企业标准。海洋芽孢杆菌可湿性粉剂及其原药的产业化不仅有望解决化学农药无法有效防治的土传病害防治问题，更可以解决陆地微生物农药由于不耐渗透压而无法有效防治盐渍地土传病害这一国际难题。

【政策文件】 **石化行业绿色可持续发展宣言发布** 2015中国国际石油化工大会上，中国石化联合会代表中国石化行业发布《中国石油和化学工业绿色可持续发展宣言》，宣言承诺：坚持“以人为本”发展理念，深入推进“责任关怀”，努力构建与社会和谐共生的发展环境；坚持安全第一、预防为主方针，努力提升全行业本质安全水平；坚持节约优先，全面提高综合利用效率；坚持绿色发展原则，实现污染物达标排放；坚持实施全面质量管理，追求卓越，争创品牌；为石油和化学工业的绿色可持续发展做出应有的贡献。

工业和信息化部印发《促进化工园区规范发展指导意见》 为推动化工行业发展和新型城镇化良性互动，实现行业安全、绿色和可持续发展，工信部印发《促进化工园区规范发展指导意见》。意见从科学布局、加强项目管理、强化安全管理、强化绿色发展、推进两化深度融合、完善配套服务、加强组织管理7个方面对化工园区规范发展提出要求。

2015 年我国沿海地区烧碱纯碱乙烯产量一览表

地区	烧碱产量	纯碱产量	乙烯产量
全国	3 028.1	2 591.7	1 714.5
天津	96.77	59.46	129.9
河北	119.08	347.82	—
辽宁	64.63	55.03	160.5
上海	68.78	—	210.8
江苏	360.62	279.86	154.3
浙江	153.19	29.35	135.1
福建	32.23	0.97	117.2
山东	747.4	446.67	102.4
广东	31.25	62.97	215.1
广西	43.76	6.12	—
海南	—	—	—

海洋药物和生物制品业

【综述】 随着国家对于海洋生物技术的日益重视，国家对海洋生物医药业政策扶持和投入力度的逐步加大，2015年，海洋生物医药产业整体保持较快增长。全年实现增加值302亿元，比2014年增长16.3%。其中，山东、福建、天津等沿海省市海洋生物医药产业发展取得显著成效。

【我国海洋生物领域首个企业国家重点实验室揭牌】 2015年12月29日，我国海洋生物领域首个获批建设的企业国家重点实验室—海藻活性物质国家重点实验室在青岛西海岸新区正式揭牌，并获得市区两级共500万元资金支持。该实验室旨在打造我国首个面向产业化的国家级海藻活性物质高效高值开发应用基础研究平台。力争到"十三五"末，建成海藻生物行业国际一流实验室、国内海藻活性物质结构与性能主要检测中心、海藻加工行业技术交流中心、海洋生物领域国际高端人才引进平台、海藻活性物质制备技术与应用研究领域国际学术交流中心，并发挥科技创新孵化器作用和促进行业进步助推器作用，探索建立海洋生物资源开发与利用新模式，提升我国海洋生物产业国际竞争力，推动我国由海洋生物产业大国向强国跨越。

【青岛高新区获批市海洋生物医药产业技术创新战略联盟】 2015年12月，高新区推荐的青岛市海洋生物医药产业技术创新战略联盟获批成立。联盟牵头单位为青岛蓝色生物科技园有限公司，首批联盟成员包括中国海洋大学、中科院海洋所、青岛海洋生物医药研究院等单位，涵盖产学研金介贸等海洋生物医药产业技术创新机构。联盟的成立，将探索建立以企业为主体、市场为导向、产学研结合的海洋生物医药产业技术创新机制，集成和共享技术创新资源，加强合作研发，突破产业发展战略及共性、关键技术瓶颈，搭建联合攻关研发平台，协同开展海洋生物医药技术辐射，培育海洋生物医药产业重大技术及产品创新的产业集群主体，加快重大科技成果产业化，带动产业技术进步，提升产业整体竞争力，成为海洋生物医药产业国家创新体系的重要组成部分。

【第二届福建海洋生物医药产业峰会聚焦创新与转化】 第二届福建海洋生物医药产业峰会于2015年6月18日在福州召开，主题为"海洋生物医药技术：创新与转化"。峰会由福建省海洋与渔业厅、国家海洋局第三海洋研究所、国家海洋局宣传教育中心主办。中国工程院院士陈冀胜、国家海洋局科技司副司长辛红梅作主旨报告，阐释我国海洋生物医药产业的发展现状，面临的国际形势和差距，并提出"十三五"期间的发展设想。随后，福建省海洋与渔业厅发布15项企业技术需求，国家海洋局海洋生物资源综合利用工程技术研究中心发布海洋科技成果，中国海洋大学医药学院的代表就疏通科技链条助推海洋生物医药产业发展建言献策。陈冀胜、朱蓓薇、桂建芳和中国海洋大学医药学院副院长吕志华，从医药化学创新、海洋食品研究、水产养殖发展、医药研发等方面，对福建海洋生物医药产业发展提出建议。与会的240位产学研界的嘉宾通过探讨世界及我国海洋生物医药技术最新发展趋势，交流技术成果，推介重点海洋生物医药技术企业的经验，实现科研技术单位与需求企业的项目对接与合作，为海洋生物医药技术的创新与转化带来全新思路。峰会后，"福建省重大海洋经济对接项目签约仪式"在主展厅举行，共有30个项目现场签约，投资总额达54.1亿元人民币。

【天津出台《海洋生物医药产业发展专项规划(2015—2020 年)》】 2015 年 6 月，天津市政府印发实施《天津市海洋生物医药产业发展专项规划（2015—2020 年)》。为推进天津海洋经济科学发展示范区建设，加快调整海洋产业结构，促进海洋经济转型升级，天津市海洋局组织协调天津市发改委、天津市工信委等单位，编制《天津市海洋生物医药产业发展专项规划》，并印发实施。《天津市海洋生物医药产业发展专项规划（2015—2020 年)》提出，到 2020 年天津将形成 200 亿元的产业规模，形成“一核三区”的总体发展格局。天津市将大力开拓海洋生物医药产业，着力做强科技研发和转化环节，增强自主创新能力。对重点、优势领域集中力量进行突破，实施一批符合天津特点的重大项目，开发一批具有天津特色的优势产品。

【广西壮族自治区教育厅与钦州共建海洋中药实验室】 2015 年 3 月 27 日，广西北部湾海洋中药应用技术与产品研发实验室（下称“海洋中药实验室”）揭牌仪式在钦州市中医医院举行。该实验室是广西壮族自治区教育厅牵手地方建立的首个海洋中药实验室，由广西中医药大学与钦州市中医医院、钦州市中医药研究所合作建立。海洋中药实验室将依托北部湾，致力于海洋中药资源保护和品质评价、研究药效评价的物质基础以及利用海洋生物资源，开发包括药品在内的相关健康产品等三方面工作。

海洋电力业

【综述】 2015年，随着国家对风电行业政策扶持与推动力度不断加大，风电企业对风电项目市场预期增强，风电行业发展态势趋好，江苏如东海上风电场、山东北海近海风电项目成功并网运行，江苏蒋家沙和东台四期、天津南港海上风电项目相继获得省市发改委的核准开工建设，海上风电场建设加速推进，新增装机容量进一步提高。

【海洋风电生产】 我国沿海地区海上风能资源丰富，特别是江苏、浙江、福建等沿海省份的滩涂区域以及近海、深远海海域，具备大规模开发海上风电的资源条件。根据中国气象科学研究院的估算结果，我国海上可开发利用的风能资源的约为7.5亿千瓦，发展海上风电的前景十分广阔。2015年，我国海上风电新增装机100台，容量360.5兆瓦，同比增长58.4%。其中，潮间带装机58台，容量181.5兆瓦，占海上风电新增装机总量的50.35%；近海项目装机42台，容量179兆瓦。截至2015年底，中国已建成的海上风电项目装机容量共计1014.68兆瓦，其中潮间带累计风电装机容量达到611.98兆瓦，占海上装机容量的60.31%，近海风电装机容量402.7兆瓦，占39.69%。

截至2015年底，在所有吊装的海上风电机组中，单机容量为4MW机组最多，累计装机容量达到352兆瓦，占海上装机容量的34.69%，其次是2.5兆瓦机组，装机容量占18.48%，3兆瓦装机容量占比为17.74%，其余不同功率风电机组装机容量占比不到10%。我国目前单机容量最大的是6兆瓦机组。

截至2015年底，海上风电机组供应商共10家，累计装机容量达到100兆瓦以上的机组制造商有上海电气、华锐风电、远景能源、金风科技，这四家企业海上风电机组装机量占海上风电装机总量的86.6%。

截至2015年底，中国海上风电累计装机容量占全球总装机容量占比由7.6%上升至8.4%，跃升至第4位，位列英国（占40%）、德国（占27%）、丹麦（占10.5%）之后，中国已成为欧洲之外最大的海上风电市场。

天津市 2015年7月17日，电建集团天津南港海上风电场一期项目通过天津市发改委核准。天津南港海上风电项目由新能源公司投资建设运营，预计总投资20亿元，总装机容量150兆瓦。该项目分两期建设，其中一期项目预计投资额11.58亿元，装机容量90兆瓦，计划安装18台5兆瓦风力发电机组，建成投产后预计年均发电量1.77亿度。

山东省 2015年7月，山东省昌邑市北海近海风电项目成功实现分布式接入，该项目用于沿海化工企业自发自用，余电上网，年发电量高达500万度电。该项目由山东瑞其能电气有限公司与当地企业合作建成，成为山东省内首个成功并网的风电分布式项目。

江苏省 2015年5月27日，中国广东核电集团如东150兆瓦海上风电场开建，也标志着全国首座近海风电场施工作业全面展开。中广核如东150兆瓦海上风电场项目是目前我国第一个满足“双十”规定（水深-10米以上、距岸10千米以上）的海上风电项目，项目将建成国内第一座海上升压站，且采用国内最大的三芯110千伏海缆，风机基础采用大直径管桩基础，该基础为我国桩径最大、壁厚最大、桩长最长的钢管桩基础。预计该风电场在2016年12月建成投产，预计每年上网电量超4亿度。

2015年6月9日，国电龙源江苏蒋家沙300兆瓦海上风电项目正式经江苏省发改委批复核准。蒋家沙300兆瓦海上风电项目位于江苏省省管蒋家沙海域，属农渔业与风电兼容区，拥有丰富的风能资源，具有建设海上风电场的良好条件，项目总装机容量为 300 兆瓦。该项目是目前国内核准的单个容量最大的海上风电项目。

2015 年 7 月，新能源公司江苏如东海上风电场（潮间带）示范工程是电建集团第一个海上风电项目，由中南勘测设计研究院设计、水电四局施工。该项目于 2012 年 12 月 21 日获得国家发改委核准，总装机容量为 100 兆瓦，配套建设一座 220 千伏升压站。项目分两期建设运营，一期工程设计 10 台 2.0 兆瓦的风力发电机组，2014 年 5 月，工程成功并网发电。二期工程设计 32 台 2.5 兆瓦的风力发电机组，4 月 3 日，工程首台风机吊装完成；7 月 31 日，机组获得调试批准，首批 22 台风机成功并网发电。

浙江省 国电舟山海上风电项目（普陀 6 号）动态投资共 46.7 亿元，2015 年计划投资 5.7 亿元，是国电电力以及浙江省首个海上风电项目。

福建省 2015 年 6 月 18 日，三峡集团与福建省人民政府、福州市人民政府、福能集团、金风科技在福州签订合作框架协议。根据相关协议，三峡集团将把福建省作为投资重点，积极参与福建省清洁能源开发；三峡集团与福州市人民政府和金风科技建立长期战略合作伙伴关系，三峡集团协同金风科技，在福州市打造福建省海上风电装备产业园区，并参与海上风电技术研发工作；三峡集团与福能集团建立全面战略合作伙伴关系，共同主导开发福建省海上风电资源。

【技术创新】 2015 年 2 月，南京理工大学机械工程学院和南通润邦重机有限公司合作承担的江苏省科技成果转化专项资金项目—“面向海上风电作业的超大型多功能吊装装备的研发及产业化”通过验收，标志着我国大型海上风力发电关键设备成功实现国产化。该装备吊臂全长 118 米，工作半径最长可达 73.5 米，起吊能力最大可达 800 吨，综合技术处于国内领先水平。

2015 年 5 月 18 日，江苏响水近海风电场 220 千伏升压站上部组块陆地建造工程在海油工程青岛场地开工建造，该升压站是国内首座大型海上风电场升压站。升压站作为风电场与电网实现联接的关键枢纽，对整个风电场起着电力传输、中转的重要作用。海油工程主要承担升压站上部组块的陆地建造、调试、称重、装船固定、海上运输及安装和部分材料的采办工作，计划于 2015 年 9 月 30 日实现陆地建造完工。

2015 年 6 月 8 日，舟山市定海岑港风电场功率预测信息系统与外界实现成功对接，我国首个“海岛风电精准预测系统”宣布进入全面运行。该系统由舟山供电公司与中国电科院联合研究开发，通过运用云计算联网、地理地貌智能化分析以及气象大数据整合，把测算精度从原先的 50%提高至 85%。不但满足电网与新能源协调发展的需求，而且为舟山群岛新区电网搭建解决大规模多种类新能源接入问题的智能化调度平台。

2015 年 10 月，由中国电建集团所属华东勘测设计研究院承担全阶段勘测设计任务的亚洲首座海上升压站—如东 150 兆瓦海上风电场 110 千伏海上升压站吊装完成，填补我国海上风电无高压海上升压站的空白。这也是该项目继 5 月 23 日首根单桩基础成功沉桩、9月5 日首台风机成功吊装之后又一里程碑式节点。

【政策规划】 2015 年 3 月 15 日，中共中央、国务院发布《关于进一步深化电力体制改革的若干意见》（中发 [2015] 9 号）。意见提出深化电力体制改革的重点和路径是：在进一步完善政企分开、厂网分开、主辅分开的基础上，按照管住中间、放开两头的体制架构，有序放开输配以外的竞争性环节电价，有序向社会资本开放配售电业务，有序放开公益性和调节性以外的发用电计划；推进交易机构相对独立，规范运行；继续深化对区域电网建设和适合我国国情的输配体制研究；

进一步强化政府监管，进一步强化电力统筹规划，进一步强化电力安全高效运行和可靠供应。

2015年3月20日，国家发展改革委、国家能源局发布《关于改善电力运行调节促进清洁能源多发满发的指导意见》。意见提出统筹年度电力电量平衡、积极促进清洁能源消纳，加强日常运行调节、充分运用利益补偿机制为清洁能源开拓市场空间，加强电力需求侧管理、通过移峰填谷为清洁能源多发满发创造有利条件等意见，将为海上风电等清洁能源提供政策保障。

2015年3月23日，国家能源局发布《关于做好2015年度风电并网消纳有关工作的通知》。通知要求，要高度重视风电市场消纳和有效利用工作，认真做好风电建设的前期工作，统筹做好“三北”地区风电的就地利用和外送基地的规划工作，加快中东部和南方地区风电的开发建设，积极开拓适应风能资源特点的风电消纳市场，加强风电场的建设和运行管理工作。

2015年6月29日，为鼓励利用风力发电，促进相关产业健康发展，财政部发布关于风力发电增值税政策的通知，提出自2015年7月1日起，对纳税人销售自产的利用风力生产的电力产品，实行增值税即征即退50%的政策。

2015年8月，国家发改委发布修改后的《产业结构调整指导目录（2011年本）》。与2011年公布的目录相比，此次公布的修改版目录对36个条目提出调整，涉及电力、轻工、纺织等多个行业。在调整的鼓励类中，新能源条目中增加“海上风电机组技术开发与设备制造”和“海上风电场建设与设备制造”。作为产业投资方面最重要的指导性文件，《产业结构调整指导目录》与信贷、融资、土地、电力等方面的优惠政策密切相关。这将对海上风电发展提供有力的政策支持。

2015年9月21日，国家能源局印发《关于海上风电项目进展有关情况的通报》（国能新能[2015] 343号），通报纳入《全国海上风电开发建设方案（2014—2016）》（国能新能[2014] 530号）项目建设进展。《通报》显示，截至2015年7月底，《建设方案》中已投产2个、装机容量6.1万千瓦，核准在建9个、装机容量170.2万千瓦，核准待建6个、装机容量154万千瓦，其余项目正在开展前期工作。同时，针对海上风电建设缓慢，国家能源局提出包括进度计划、配套补贴、审批流程与协调机制、配套电网建设、投资主体信息交流与决策、项目进展的监测与评估等六方面措施。

2015年12月，国家能源局起草《可再生能源发电全额保障性收购管理办法（征求意见稿）》。该办法是我国能源主管部门在新一轮的电力体制改革的背景下，进一步加大力度，落实《可再生能源法》等法律法规对可再生能源全额保障性收购的规定，保障非化石能源消费比重目标实现，推动能源生产和消费革命的重要举措。办法发布并实施后，将成为解决弃风弃光问题，促进风电、光伏等可再生能源行业有效发展的主要推动力。

海水利用业

【综述】 2015年海水利用业发展环境持续向好，产业规模继续扩大，并进入稳步发展阶段。各项政策规划、标准规范逐步细化完善，产学研融合进一步强化，技术创新实现新的突破，并积极策应国家"一带一路"战略，迈出国门、走向世界。

【沿海地区发展概况】 江苏省大丰港首套海水淡化装置即将出口服务印度尼西亚居民。2015年底，大丰港首套出口印度尼西亚海水淡化装置完成初步验收。该系统不依赖电网，可直接利用风能、太阳能等清洁能源发电制水，并可整体运输，快速组装，无需现场调试。

浙江省 5月23日，浙能台州第二发电厂工程1号海水冷却塔开始首次进水，澄清处理过的海水以每小时3100立方米速度从冷却塔边上阀门快速注入塔内，为台二发电工程1号机循环水系统的调试创造条件。这是亚洲最大的海水冷却塔，塔高172米。2015年6月，日产1.2万吨的国华舟山电厂海水淡化工程顺利投产。该项目可满足舟山电厂生产用淡水和对外供热后增加的淡水需求量。

海南省 永兴岛千吨海水淡化设备完工。2015年底，永兴岛1000吨海水淡化设备基本完工，永兴岛封井，如期停止提取地下水。2015年7月，三沙市海水淡化项目投产500吨/日。

河北省 MIGA担保海水淡化工厂为河北省提供稀缺淡水资源。美国东部时间2015年12月21日，世界银行集团从事政治风险担保和信用增级的分支部门—多边投资担保机构（MIGA）宣布提供990万美元担保，支持中国新渤海开发区（河北省）海水淡化工厂的建设与运营。

广东省 国内首套柴油机废热海水淡化系统成功出水。2015年底，由中国科学院深圳先进技术研究院广州先进技术研究所（筹）和南方海上风电联合开发有限公司在珠海桂山岛联合共建的柴油发电机组缸套冷却水废热驱动的海水淡化示范系统成功调试出水，水质达到国家饮用水卫生标准。该套海水淡化装置额定日产淡水60吨，为模块化紧凑设计，其技术达到国内领先、世界先进水平，对解决海岛淡水资源短缺问题具有重要意义。2015年9月24日，宝钢湛江钢铁基地海水淡化项目1号机正式竣工投运，海水淡化规模1.5万吨/日。

天津市 2015年2月5日，国家海洋局天津海水淡化所自主研发的3000吨/日、4500吨/日低温多效海水淡化成套技术国产化及应用成套技术装备日前荣获国家海洋科学技术一等奖。凭借该成果，天津海水淡化研究所完成印度尼西亚燃煤电站配套的英德拉玛尤2×4500吨/日、巴齐丹2×3000吨/日、龙湾2×3000吨/日等6套低温多效蒸馏海水淡化装置的设计、安装、调试及技术服务工作，并顺利通过第三方（HPTC）检验。该套海水淡化装置可达到10以上的造水比，吨水电耗1.24~1.43千瓦时，性价比优于国际领先的阿尔及利亚、沙特阿拉伯等国技术，这是我国低温多效海水淡化装置首次进军国际市场。

【海水利用技术】 **电渗析海水淡化有新"膜"法** 2015年2月5日，山东省海洋化工科学研究院研发的均相离子交换膜电渗析法海水淡化技术，生产1吨淡水仅耗电2.5千瓦时，电渗析法必高能耗的情况将被改变，目前已获5项发明专利。

利用太阳能光热实现海水淡化 来自上海的太阳能光热专家彭志刚和他的团队利用太阳能光热实现海水淡化，在东方市感城镇推进正式的商业项目，为加快推进海水淡化产业化进程做出良好的探索。这个工程于2013年9月投入运行，由上海骄英能源科技有限公司投资建成。工程年产蒸馏水约2000吨，由480平方米的太阳能集热阵、集热带、低温高效海水淡化装置等组成，可满足100至150人一年的饮用水需求。

天津膜技术应用万吨级卤水工程　提升浓海水利用水平 2015年05月13日天津工业大学膜天公司在山东海化集团成功建成1万吨/日精制卤水示范工程，实现精制卤水在制碱工业中的直接应用，这是中国内地首次将超滤膜过滤技术引入浓海水（卤水）精制化盐制碱领域。该重大关键技术的突破可提高膜法海水淡化关键设备国产化率，打破国外产品垄断，并可提升中国浓海水（卤水）综合利用技术水平，尤其将带动盐化制碱行业的升级改造，大大提高经济和环境效益。

首钢海水淡化国家科技支撑课题正式启动　2015年12月4日，由首钢国际工程公司及首钢京唐公司等单位参与的国家科技支撑计划《大中型海水淡化产业化技术研发及应用——5万吨/日水电联产与热膜耦合研发及示范》项目（课题）在首钢国际工程公司正式启动。该项目（课题）以首钢总公司为承担单位，由首钢国际工程公司、首钢京唐公司、北京赛诺膜技术公司、天津大学、华东理工大学共同完成，任务期限三年。首钢国际工程公司联合首钢京唐公司成功实施我国钢铁行业第一套、世界首例万吨级三工况低温多效海水淡化系统，编写《钢铁行业低温多效蒸馏海水淡化技术规范》等标准，申请多项海水淡化专利。首钢作为北京市最早开展海水淡化技术开发及项目实施的企业之一，拥有低温低压蒸汽海水淡化工艺发明专利，具有海水取水、热法及膜法海水淡化、浓盐水综合利用等全流程技术服务能力，在海水淡化设计与技术研发等方面走在行业前列。

国内首套柴油机废热海水淡化系统成功出水　2016年1月13日，由中国科学院深圳先进技术研究院广州先进技术研究所（筹）和南方海上风电联合开发有限公司在珠海桂山岛联合共建的柴油发电机组缸套冷却水废热驱动的海水淡化示范系统成功调试出水，水质达到国家饮用水卫生标准。该套海水淡化装置额定日产淡水60吨，为模块化紧凑设计，其技术达到国内领先、世界先进水平，对解决海岛淡水资源短缺问题具有重要意义。

【政策规划】　青岛西海岸新区力推海水淡化产业发展 2015年4月7日，青岛西海岸新区出台《推进海水淡化产业发展工作方案》（以下简称《方案》），加快海水淡化产业发展，推进产学研深度融合。《方案》提出，争取到2020年，青岛西海岸新区基本形成海水淡化产业链；到2020年青岛西海岸新区基本形成以海水淡化相关技术为核心，以设备制造、工程设计与安装、技术服务和淡化水产品提供为主的海水淡化产业链，并延伸带动上下游产业发展。打造国家级海水淡化装备制造产业化基地，争取年产值达30亿元，带动相关行业产值90亿元。海水淡化能耗和制水成本在现有基础上降低20%以上，关键设备国产化率达75%以上。全区海水淡化生产能力达14万立方米/日，占全区日均供水总量的16%，对工业供水量的贡献率达45%以上，对海岛饮用水的贡献率达60%以上。

天津出台海水资源利用发展规划　2015年6月23日，《天津市海水资源综合利用循环经济发展专项规划（2015—2020年）》发布，到2020年，滨海新区直接利用海水量每年20亿吨，其中海水淡化规模将达到每日60万吨。该规划还鼓励北疆电厂海水淡化产品水进入市政管网。该规划涉及的海水资源综合利用循环经济发展包括海水淡化、海水直接利用、海水化学资源利用及相关产业，重点是海水淡化。根据规划，未来5年内，新区北疆电厂二期海水淡化、汉沽盐场和海晶集团等19个单位的海水资源利用项目被列为重点建设项目，涉及生产淡化水、去离子水、精制盐、硫酸钙、氯化钾、硫酸镁、溴素和氯化镁等产品。海水淡化和供水管网建设工程将成为重点建设工程之一，具体包括南港工业区先达海水淡化及综合利用一体化工程，一期工程形成淡化水 13.5 万吨/日；建设临港工业区海水淡化工程，规划产水能力 6 万吨/日；扩建新泉海水淡化工程，规划产水能力 4 万吨/日。

海水淡化成果汇编发布，促进海水淡化技术成果转化应用　2015 年 12 月 4 日，科技部联合国家海洋局共同编制的《海水淡化与综合利用关键技术与装备成果汇编》（以下简称《汇编》）正式对外发布。该项科技成果目录可为供需双方搭建有效对接的桥梁，加快海水淡化技术成果向现实生产力的转化应用。《汇编》包括海水淡化关键技术和装备成果 33 项，涵盖反渗透海水淡化技术、低温多效蒸馏海水淡化技术、海水淡化新技术和海水综合利用技术等 4 个方面。为便于使用者查阅和掌握整体情况，《汇编》分为技术目录和技术简介两部分。其中，技术目录由技术名称、简要技术内容和使用范围 3 部分组成，技术简介主要包括技术名称、技术内容、技术指标、应用的典型案例、技术咨询单位信息等。

《钢铁行业海水淡化技术规范》国家标准通过审定　2015 年 12 月 16 日，由首钢国际工程公司、首钢京唐公司等单位联合起草编制的《钢铁行业海水淡化技术规范第 1 部分：低温多效蒸馏法》国家标准审定会在北京召开，经过与会专家的仔细审核和编制人员的认真答辩，该国家标准通过审定，进入后续的实施发布准备环节。该国家标准于 2014 年 11 月 20 日经全国钢标委确认立项编制；2015 年 1 月完成市场调研和资料收集；2015 年 5 月完成标准验证；同年 9 月向全国钢标委提交标准征求意见稿及编制说明；2015 年 10 月向全国钢标委提交送审稿。该国家标准以行业标准为基础，对原行业标准中低温多效蒸馏法海水淡化的范围、规范性引用文件、术语和定义、介质要求、系统要求、材料及设备要求、运行、维护与监测、检验方法等进行全面、系统的修订和补充。该国家标准是我国第一个全面、系统对低温多效蒸馏法海水淡化在钢铁行业及类似行业的建设、应用等进行规范化、标准化的国家级标准，对于推动海水淡化在我国的健康、有序发展具有积极作用。

【国外发展情况】　美国 WaterFX 推广光热海水淡化技术应用 WaterFX 是美国一家专注于利用太阳能技术进行海水淡化的公司，其开发的核心装备为 Aqua4™ 聚光太阳能蒸馏器，即利用槽式集热技术进行海水淡化。工作原理是利用槽式集热器加热导热油，导热油再与水换热进行蒸馏获得淡水。目前，WaterFX 已经与加州 Panoche 供水区合作花费 6 个月时间成功建成一个占地 6500 平方英尺的光热海水淡化示范系统，即一个 Aqua4 模块。每小时可生产清洁淡水 5000 加仑。WaterFX 创始人 Aaron Mandell 称，基于该示范项目的成功，Panoche 供水区目前已经同意与其合作扩大该示范项目至 2200 亩尺（2714800 立方米）每年的产水规模。

芬兰研发出利用海浪能的低成本海水淡化系统　芬兰阿尔托大学研究人员新近研发出一种新型海水淡化系统，该系统直接利用海浪能，实现使用新能源低成本淡化海水的目标。该系统主要包括一个海浪能量转换器和一个反渗透设备。其工作原理是：安装在海水中的能量转换器对海水加压，使海水通过管道输送到陆地上的反渗透设备中，反渗透作用将盐分从海水中去除，进一步后续处理则确保生产的淡水适于饮用。阿尔托大学的可行性研究结果表明，该套系统的最大淡水日产量约为 3700 立方米，每立方米淡水生产成本可低至 0.60 欧元（1 欧元约合 1.36 美元），成本与目前利用其他能源的海水淡化方法几乎持平。

日本两研究机构开发出海水淡化与污水处理膜集成系统　2015 年 2 月 5 日，日本新能源产业技术综合开发机构（NEDO）与全球水循环回收和再利用解决方案技术研究协会

(GWSTA) 日前宣布，开发出一种新的水处理系统，可将海水淡化与来自污水处理厂的循环水集成在一起。在设置于日本北九州市水处理场的设施中，该系统节约能源30%。该工艺的脱盐过程部分采用来自污水处理过程回收的水，减少海水撤回，从而降低环境负荷。该组织称，对于水稀缺的地区，该系统是一个最佳的水处理方案。在验证装置中，污水首先通过膜生物反应器（MBR）进行预处理，流量为1500万立方米/日；然后水在低压反渗透（RO）膜系统中进行处理，使水可用于工业应用。来自反渗透过程的低浓度盐水然后与海水混合，通过超滤进行预处理，然后用作中压反渗透膜系统的给水。

阿本戈将建全球最大太阳能海水淡化厂 2015年2月13日，西班牙能源和环境集团阿本戈（Abengoa）正在创造“光”与“海”的结合之作。彭博社报道，阿本戈将斥资1.3亿美元投建全球最大太阳能供电海水淡化厂，其将与沙特本土一家水技术公司合作，充分利用沙特日照充足的优势，帮助该国尽快走出缺水的困境。阿本戈在一份声明中表示，这座海水淡化厂将建在沙特东北部的Al Khafji市，预计海水淡化处理能力约6万立方米/日，能保证该市全年饮用水的稳定供应。这并非沙特首座利用光伏运营的海水淡化厂，但规模却是最大。沙特首个太阳能海水淡化厂于2013年底投入运营，日产淡水3万立方米。

美国二硫化钼薄膜可大幅提高海水淡化效率 美国伊利诺伊州立大学研究人员在《自然·通讯》杂志上发表论文称，他们发现二硫化钼高能材料可更高效地去除海水中的盐分，通过计算机模拟各种薄膜的海水淡化效率并进行对比后发现，二硫化钼薄膜的效率最高，比石墨烯膜还要高出70%。据物理学家组织网报道，这种材料只有一个纳米厚，布满纳米孔，能够渗漏大量的海水，留下盐分和其他成分，达到淡化海水的目的。寻找高效的海水淡化材料一直是个重要问题，该研究论文第一作者、伊利诺伊州立大学贝克曼先进科技研究院的机械科学与工程学教授那拉亚娜·阿鲁鲁说：“这项研究为下一代材料的发展奠定基础。”

新加坡胜科工业在阿联酋海水淡化厂投入运作 2015年12月9日，胜科工业（Sembcorp Industries）的独资子公司胜科公用事业（Sembcorp Utilities），与阿联酋的阿布扎比水电局（Abu Dhabi Water and Electricity Authority，ADWEA）已完成兴建一个新的海水淡化厂，并且投入运作。这个新的海水淡化厂是对现有Fujairah 1独立水电厂（IWPP）的扩建，总值2亿美元（28000万新元）。该厂将采用反向渗透（reverse osmosis）技术，每天可生产约3000万英制加仑的饮用水，将总海水淡化产能提高30%。根据一项20年的购水协议，该厂将把扩建海水淡化厂生产的3000万英制加仑饮用水售卖给阿布扎比水电公司（Abu Dhabi Water and Electricity Company，ADWEC）。这将能够迎合阿联酋（UAE）增长中的水源需求，并为淡化厂带来额外收入。

阿联酋用太阳能和海水淡化满足水电需求 2015年12月23日，阿拉伯联合酋长国中的酋长国Ras Al Khaimah的公共事业公司Utico决定在阿联酋境内投资12亿阿联酋迪拉姆（折合3.267亿美元）建设一批项目，用于满足阿联酋日益增长的用电需求和用水需求。Utico方面表示，上述项目将包括一座位于Ras Al Khaimah的海水淡化项目和一座位于Ras Al Khaimah和Sharjah之间的输水和水存储项目。目前，总投资4.1亿阿联酋迪拉姆（折合1.116亿美元）的Ras Al Khaimah-Sharjah输水和水储存项目已经开始施工，该项目投运后每天可以运输20万立方米水。一旦运行，该项目最终的存储容量达到40万立方米。Utico表示，该项目将分为两个阶段实施，总工期约为18~32个月，管道预计将于2017年6月正式投运。

丹佛斯高压泵完美亮相2015世界海水淡化大会 （IDA）两年一届的世界海水淡化大会（IDA）是该领域最知名的年度盛会，2015

年度大会在美国圣地亚哥隆重举行。圣地亚哥是反渗透技术的发源地，该技术目前已广泛运用在海水淡化与净化回收水。本届大会为丹佛斯提供一个展示高压泵产品的绝佳机会，包括专为中型海淡厂所打造的大型APP高压泵和 iSave 能源回收装置，此两款产品的能效比在目前市面上同级产品中独占鳌头。

浮动核电站用于海水淡化　俄罗斯原子能专家拟将浮动核电站用于海水淡化，按照设计理念，使用热技术的海水淡化系统与核反应堆位于同一厂区内，核电站在为海水淡化系统提供工作热量的同时，还可向电网供电。这种核能淡化装置将大幅提高浮动核电站的综合使用效率。

海洋船舶工业

【全国船舶工业发展概况】 2015年是船舶工业"十二五"发展的收官之年，面对航运市场低迷远超预期、新船市场需求跌至低位等情况，中国船舶工业国际接单份额大幅下滑，行业经济效益出现下降，行业发展依然面临较大困难。与此同时，行业内部资源重组和调整步伐加快，骨干企业加快转型升级，在技术进步等方面取得新的成绩，综合实力持续提升，世界造船大国地位得到巩固。

船舶工业基本情况 2015年，全国规模以上船舶工业企业共1521家，分布在全国26个省市区。其中船舶制造企业712家，船舶配套设备制造企业556家，船舶改装及拆除企业69家，船舶修理企业120家，海洋工程专用设备制造企业59家，其他企业5家。按企业规模分，大型企业148家，中型企业300家，小型企业1073家。

截至2015年底，我国已投产的1万吨以上的船坞（台）共计583座，其中，造船用船坞（台）522座，修船用船坞61座。大型船坞（台）中，50万吨级造船坞7座，30万吨级造船坞33座，10万~25万吨级造船坞（台）20座；万吨级以上修船干船坞26座，其中30万吨级8座，10万~20万吨级12座；万吨级以上修船浮船坞35座，其中3万吨以上举力21座，最大举力达8.5万吨。

经济规模与效益 2015年，全国规模以上船舶工业企业实现主营业务收入8365亿元，比上年增长1.4%；利润总额179.9亿元，比上年下降49.1%。

(1) 分专业情况。船舶制造业实现主营业务收入5532.5亿元，比上年增长3.9%；利润总额140.4亿元，比上年下降29.3%。船舶配套业实现主营业务收入1605.7亿元，比上年下降1.2%；利润总额31.9亿元，比上年下降69%。船舶修理业实现主营业务收入227.4亿元，比上年下降13.9%；利润总额10.2亿元，比上年大幅增长。船舶改装与拆除业实现主营业务收入298.5亿元，比上年下降4.1%；利润总额12.2亿元，比上年下降44%。海洋工程专业装备制造实现主营业务收入698.3亿元，比上年下降3.8%；利润亏损15亿元。

(2) 分地区情况。江苏、山东、上海和广东四省市船舶企业实现主营业务收入5216.7亿元，占全国船舶工业主营业务收入的62.4%。其中，江苏省继续位居全国首位，实现主营业务收入2555.5亿元，比上年下降3%；利润总额154.4亿元，比上年下降7%。山东省实现主营业务收入1031.2亿元，比上年增长8.8%。；利润总额34亿元，比上年下降10.5%。上海市实现主营业务收入860.7亿元，比上年增长10%。；利润亏损11亿元，比上年有所扩大。广东省实现主营业务收入769.2亿元，比上年增长26.6%；利润总额27.5亿元，比上年下降21.7%。

生产经营情况 (1) 船舶制造业。2015年，全国造船完工量4318.2万载重吨，比上年增长7.8%；新承接船舶订单量3356.8万载重吨，比上年下降47%；年末手持船舶订单量1.36亿载重吨，比上年下降14.5%。据英国克拉克松公司统计数据，按载重吨计，中国造船完工量、新接订单量、手持订单量分别占世界市场份额的44.7%、30.6%、43%。

主要造船集团：2015年，中国船舶工业集团公司和中国船舶重工集团公司造船完工量合计1762.9万载重吨，占全国造船完工总量的40.8%。其中中国船舶工业集团公司造船完工1172.6万载重吨，中国船舶重工集团公司造船完工590.3万载重吨，分别位居世界造船企业集团第二位和第四位。2015 年，两大集团新接订单量合计 1265.2 万载重吨，占全国新接订单总量的 37.7%。其中中国船舶工业集团公司新接订单 668.8 万载重吨，中国船舶重工集团公司新接订单 596.5 万载重吨，分别位居世界造船企业集团第四位和第五位。2015 年年末，两大集团手持订单量合计 4992.6 万载重吨，占全国新接订单总量的 36.8%。其中中国船舶工业集团公司手持订单 3188.5 万载重吨，中国船舶重工集团公司手持订单 1804.1 万载重吨，分别位居世界造船企业集团第二位和第五位。

主要造船企业：2015 年，中国造船完工量排名前十的企业造船完工量 2235.6 万载重吨，占全国完工总量的 51.8%，其中上海外高桥有限公司完工 488 万载重吨，居全国首位；扬子江船业（控股）有限公司 352.7 万载重吨，位居全国第二位；大连船舶重工集团有限公司 308.1 万载重吨，位居全国第三位。中国造船完工量突破 100 万载重吨的企业达到 13 家。新承接船舶订单排名前十位的企业新接订单量 2208.1 万载重吨，占全国的 65.8%，其中大连船舶重工集团有限公司新接订单 502.7 万载重吨，居全国之首；上海外高桥造船有限公司新接订单 365.8 万载重吨，位居全国第二位；扬子江船业（控股）有限公司和南通中远川崎船舶工程有限公司新接订单均超过 200 万载重吨，分别位居第三和第四位。年末手持订单量排名前十名的企业订单合计 7499.9 万载重吨，占全国的 55.3%。其中上海外高桥造船有限公司年末手持订单 1356.8 万载重吨，位居全国首位；大连船舶重工集团有限公司手持订单 975.0 万载重吨，位居国内第二。

主要造船地区：2015 年，江苏省造船完工量 1705.8 万载重吨，比 2014 年增长 29.8%；上海市造船完工量 738.2 万载重吨，比 2014 年下降 15.2%；浙江省造船完工量 553.5 万载重吨，比 2014 年略有下降；辽宁省造船完工量 415.3 万载重吨，比 2014 年下降 6.5%。四省（市）造船完工量合计 3412.8 万载重吨，占全国总量的 79%。2015 年，江苏省新接订单量 1210.3 万载重吨，比 2014 年下降 51.6%；辽宁省新接订单量 612.3 万载重吨，比 2014 年下降 3.2%；浙江省新接订单量590.3 万载重吨，比 2014 年下降 24%；上海市新接订单量 516.5 万载重吨，比 2014 年下降 47.3%。四省（市）新接订单量合计 2929.4 万载重吨，占全国总量的 87.3%。2015 年年末，江苏省手持订单量 5708.2 万载重吨，比 2014 年下降 19.7%；上海市手持订单量 2017 万载重吨，比 2014 年下降 14%；浙江省手持订单量 1854.4 万载重吨，比 2014 年下降 12.7%；辽宁省手持订单量 1577.3 万载重吨，比 2014 年增长 12.6%。四省（市）手持订单量合计 11156.9 万载重吨，占全国总量的 82.3%。

（2）船舶配套业。2015 年，我国开工船舶持续增长，加上随着一批新公约实施，节能减排设备等细分市场需求增加。全年船舶配套业实现主营业务收入 1605.7 亿元，比 2014 年下降 1.2%；利润总额 31.9 亿元，比 2014 年下降 69%。2015 年，我国船舶配套新产品研发取得突破，关键设备和零部件国产化取得进展。我国成功交付 WinGD RT-flex50DF 双燃料发动机，自主研发的 6EX340EF 多缸机完成总装，并推出 12MV390 大功率中速柴油机、DE-18 柴油机等自主研发产品；自主研制的船用柴油机曲轴、压载水处理系统、船舶电力推进系统等成功打入海外高端市场；自主研发的大功率智能低速柴油机液压气缸单元、500 吨桅杆吊、30 吨深海下主动波浪补偿甲板起重机、透平货油系统桅杆式起重机等新产品填补国内空白。

（3）船舶修理业。2015 年，受益于低油价影响，推进绿色修船产业联盟，骨干修船厂努力承接高端改装工程，努力使修船业务保持平稳发展，尽管全年完成实现主营业务收入 227.4 亿元，比 2014 年下降 13.9%，但修船前 15 家企业完成产值比上年增长 9.6%，修理完工船舶比上年增长 12.8%。全行业利润总额10.2亿元，比2014年大幅增长。但分析认为，短期之内航运业仍将处于低谷，在劳动力成本上升、产能过剩、低价竞争等不利因素影响下，中国船舶修理业向技术主导型的绿色修船企业转型依然面临一定挑战。

(4) 船舶拆解业。2015年，全国共拆解废钢船179艘，162.6万轻吨，轻吨量比2014年下降15.8%。其中国内老旧船舶拆解量出现明显下降，但依然超过进口废钢船。全年成交国内废船102艘、91万轻吨，艘数比2014年下降28.1%，轻吨量比2014年下降17%。受航运市场等因素影响，废钢船资产贬值，全年成交均价呈明显下降态势。受国内废钢价格持续下跌影响，拆船企业生产经营愈发困难，废钢等库存物资持续大量滞销积压。加上融资成本较高以及人工、环保、税收成本增加等因素影响，2015年拆船企业陷入全面亏损，国内拆船业后续继续面临严峻考验。

(5) 海洋工程装备制造业。2015年，受石油价格大幅下跌影响，全球海工市场陷入低迷，我国承接海工订单国际份额虽稳居全球第一，但新单规模大幅萎缩。此外受上游市场极度低迷影响，我国海工企业在建装备推迟交付和撤单情况频发，行业发展面临风险加剧。据统计，海洋工程装备制造实现主营业务收入698.3亿元，比2014年下降3.8%；利润亏损15亿元。另一方面，我国海工企业加快转型升级，积极投标浮式生产储油卸油装置（FPSO）、浮式液化天然气(FLNG)和浮式储存气化装置(FSRU)等浮式生产平台项目，并加大自航自升式多功能服务平台(Liftboat)、水下施工船、风电安装船、居住船等特种船舶接单力度，成功交付Tiger系列钻井船等自主设计的高端海洋工程装备，产品结构得到进一步优化。

(6) 船艇制造业。2015年，国内外游艇市场需求逐步复苏，我国船艇进出口规模出现大幅反弹。2015年四类船艇出口总数同比增长为549%，出口总额比2014年增长185%；进口总数比2014年增长132%，进口总额比2014年增长91%。在全球船市需求低迷的大背景下，船艇业发展获得更多关注。2015年《关于促进旅游装备制造业发展的实施意见》等相关政策出台为中国船艇制造业发展注入了新的动力。海南、山东、浙江温州、厦门、江门、深圳等地区加强对游艇制造相关支持，国内游艇制造基地建设步伐加快。资本对游艇制造业发展驱动进一步增强，国内骨干游艇企业通过兼并重组、新三板上市等措施进一步推动业务做大做强，游艇贷款的探索应用进一步利好游艇市场。此外，受游艇市场消费正在回归理性影响，游艇制造企业也趋向中小和大众产品游艇的研发和制造，绿色环保节能新技术在游艇行业加快应用。

船舶进出口 2015年，全国完工出口船3788.8万载重吨，比2014年增长12.6%；新承接出口船订单2953.2万载重吨，比2014年下降49.2%；年末手持出口船订单12700万载重吨，比2014年下降14.9%。出口船舶分别占全国造船完工量、新接订单量、手持订单量的87.7%、88%、93.7%。

2015年，我国船舶出口金额为280.2亿美元，比2014年增长11.2%。出口船舶产品中散货船、油船和集装箱船仍占主导地位，其出口额合计为157.1亿美元，占出口总额的56.1%。其中，散货船出口总额90.9亿美元，占比32.4%；集装箱船出口额43.5亿美元，占比15.5%；油船出口总额22.6亿美元，占比8.1%。我国船舶产品出口到188个国家和地区，亚洲仍然是我国船舶出口的主要地区。其中，向亚洲出口船舶的金额为164.5亿美元，占比58.7%；向欧洲出口船舶的金额为35.7亿美元，占比12.7%；向拉丁美洲出口船舶的金额为33.4亿美元，占比11.9%；向大洋洲出口船舶的金额为31.6亿美元，占比11.3%。

2015年，我国进口船舶10亿美元，比2014年下降24.2%，部分进口船舶产品降幅显著，其中，供拆卸的船舶及其他浮动结构体的进口降幅达40.5%。我国从亚洲进口5.5

亿美元，占比 54.8%，比 2014 年下降 38.9%。从欧洲进口 3.8 亿美元，占比 38%，比 2014 年增长 6.8%。从北美洲进口 6773 万美元，占比 6.8%，比上年增长 44.7%。

科技开发与技术进步　(1) 主流船型节能环保研发。2015 年，我国推出了一系列综合技术经济指标优秀的节能环保主流船型，同时结合智能技术的最新发展推出了智能船舶设计，主流船型的国际竞争力进一步提高。我国推出多型绿色节能环保船型，大部分船型船舶能效设计指数（EEDI）低于基线值 20%以上，并提前完成协调共同结构规范（HCSR）要求下的设计更新。自主研发的新一代 40 万吨矿砂船（VLOC）获得市场广泛认可，3.88 万吨 i-DOLPHIN 智能散货船研发取得进展。新一代 11.3 万吨阿芙拉型成品油船船舶能效设计指数（EEDI）低于基线值近 30%。

(2) 高新技术船舶和特种船舶研制。2015 年，我国在超大型集装箱船、液化气体运输船、双燃料动力船舶等船型的研发建造方面取得了较大进展，同时我国首艘国产豪华邮轮的设计建造也已启动。

我国首制的 18000TEU 超大型集装箱船实现提前交付，且建造周期接近韩国水平。20000TEU 超大型集装箱船获得市场广泛认可，首批订单已经正式开工建造。成功承接 21000TEU 集装箱船批量订单，这是目前世界上载箱量最大的集装箱船。8500 车世界最大汽车滚装船“礼诺·目标”号、全球首艘 G4 型 45000 吨集装箱滚装船“大西洋之星”号等高端滚装船成功交付。

首艘出口 17.2 万立方米大型液化天然气（LNG）船“巴布亚”号成功交付。全球最大的 3 万方 C 型液舱 LNG 船“海洋石油 301”号实现交付。8.3 万立方米超大型气体船（VLGC）实现批量交付，这是目前世界容量最大的液化石油气运输船。此外自主研发的 8.4 万立方米 VLGC 首次获得欧洲主流液化气船船东订单。

全球首制的 8.5 万立方米超大型乙烷乙炔运输船获得市场认可，全球首制 3800 车位双燃料汽车运输船开工建造。世界装车量最大的汽车滚装船 8000 车汽车滚装船成功交付瑞典船东。

高端型、经济型 2 型 7 万总吨级自主知识产权豪华邮轮研发取得进展，新型游览客船、海事执法船等船艇产品取得突破。自主研发的 RC850 无人测量艇搭乘“雪龙”号科考船赴南极圆满完成科考任务。

(3) 海洋工程装备自主研发与建造。2015 年，我国在海洋工程装备领域继续加强研发，进一步丰富了海洋工程装备的产品系列，部分自主设计的高端海洋工程装备实现了建造。

我国首座适合北极海域作业的深水半潜式钻井平台“维京龙”实现成功交付，该平台满足挪威海事局和挪威海上工业标准要求，最低服务温度为零下 20℃；半潜式海洋生活平台“高德 2 号”成功交付，该平台是全球可居住人数最多的半潜式海洋生活平台；500 英尺自升式钻井平台 DSJ-500、SJ350 自升式钻井平台、全球首制 R550-D 自升式钻井平台等自主研发产品获得国际认可。

国内载重吨最大的 5 万吨级半潜打捞工程船“华洋龙”号实现成功交付；自主研发的我国首艘深水环保工作船“海洋石油 257”号实现交付；9000 马力深水供应船（PSV）首制船成功交付，这是目前亚洲最先进的多功能深水供应船；国内自主研发的多功能电动自升式海工辅助平台正式开工建造。

(4) 重点配套设备品牌建设与国产化。2015 年，我国船舶配套业重点针对当前的空白和薄弱领域加强研发，推动船舶配套产业能力持续提升。

自主成功研发 CHD622V20CR 高速大功率柴油机，该机型单机最大功率为 3800 千瓦，填补了 3500 千瓦以上国内高速柴油机动力的空白；智能型高速柴油机 CHD622V20 CR 通过各项性能试验并获得中国船级社型式认可；

日本大发 DE-18 柴油机实现国产化，首台样机已经亮相；双燃料发动机研制取得进展，世界首台投入商业运营的 WinGD 5RT-flex50DF 双燃料发动机成功交付；L28/32DF 和 L23/30DF 等中速双燃料发动机研制取得突破。

全球首台 WinGD 柴油机 SCR 系统成功研制并实现实船使用；国内首台透平货油系统、30 吨深海下主动波浪补偿甲板起重机、1000 立方米/小时级液压潜液泵系统等产品自主研发成功，填补国内空白，打破国外厂家的长期垄断；我国首支世界最长全冲程曼恩系列 6G80ME-C 曲轴成功下线；6UEC33LSE-C2 型曲轴获得海外订单，实现我国船用柴油机曲轴首次进入日本造船业；国内首台 9S90ME 电控智能主机液压气缸单元总成的装配工作完成，填补了我国在超大功率智能低速柴油机液压气缸单元生产制造的空白；我国首套伸缩式全回转舵桨研制成功并通过中国船级社船检。

重大建设及技改项目 广州广船国际有限公司重型分段堆场及平台项目水平船台陆域结构部分已完成，900T 吊机安装完成。

大连中远川崎船舶工程有限公司投资 18 亿元，正在实施 30 万吨舾装码头建设项目。

渤船重工舰船及海洋工程模块配套中心建设项目 2015 年完工，在建项目有海洋工程装备制造基地项目。

武汉重工的船用中速柴油机曲轴生产线建设项目和船用大型螺旋桨加工建设项目加快建设；双柳基地船艇生产线、48 米跨室内船台、2# 室外船台、2# 码头等开工建设；青岛基地环评通过验收，坞区研发中心主体工程完工；大悟一期工程已投产，二期工程有序推进；海工院未来城项目开工建设。

太阳鸟大型双体多混材料高端船舶建设项目 2015 年开工建设，该项目总投资 7800 万元，建设期两年，预计投产年可实现生产各种规格的双体多混材料高端游览船 20 艘，年新增销售收入 2.02 亿元。

（中国船舶工业行业协会）

【中国船舶工业集团公司发展概况】 中国船舶工业集团公司（简称“中船集团”）组建于 1999 年 7 月 1 日，是在原中国船舶工业总公司所属部门企事业单位基础上组建的中央直属特大型国有企业，是国家授权投资机构，由中央直接管理。

截至 2015 年底，中船集团拥有近 50 家下属单位，分布在北京、上海、广东、江苏、江西、安徽、广西、香港等地，拥有中国船舶工业股份有限公司、中船海洋与防务装备股份有限公司、中船钢构工程股份有限公司 3 家上市公司，现有员工 7 万人，年用工总量逾 17 万人。中船集团公司在中国香港及美国、俄罗斯、泰国等 8 个国家和地区设有驻外机构。

中船集团公司旗下聚集了一批实力雄厚的造修船企业和船舶配套企业，包括江南造船（集团）有限责任公司、沪东中华（造船）集团有限公司、上海外高桥造船有限公司、上海江南长兴造船有限公司、广船国际股份有限公司、广州中船黄埔文冲船舶有限公司等，还拥有中国船舶及海洋工程设计研究院、上海船舶研究设计院、广州船舶与海洋工程设计研究院 3 家船舶研究设计机构，以及中船第九设计研究院工程有限公司等知名工程咨询、设计、总包单位。

通过近年来的转型发展，中船集团在业务上已经形成了以军工为主线，贯穿船舶造修、海洋工程、动力装备、机电设备、信息与控制、生产性现代服务业六大产业板块协调发展的产业格局，在海洋安全装备、海洋科考装备、海洋运输装备和海洋资源开发四大领域拥有雄厚实力。中船集团能够设计、建造符合世界上任何一家船级社规范、满足国际通用技术标准和安全公约要求、适航于任一海区的现代船舶，以及具有国际先进水平的大型海洋工程装备产品，产品种类从普通油船、散货船到具有当代国际先进水平的超大型油船（VLCC）、液化天然气（LNG）船、大型集装箱船、液化石油气（LPG）船、液化乙烯（LEG）运输船、自卸船、化学品船、客滚船及超深水半潜式钻井平台、自升式钻井平台、大型海上浮式生产储油船（FPSO）、多缆物探船、深水工程勘察船、大型半潜船等，形成了多品种、多档次的产品系列，产品已出口到150多个国家和地区。

生产经营　2015年，中船集团面对错综复杂的国内外经济环境和震荡下行的行业市场，坚持稳中求进，深化改革创新，牢牢掌握经济运行主动权，产业产品结构深度优化，规模经济效益大幅上扬，公司治理体系不断健全，现代企业制度日趋完善，多点攻坚能力全面提升，全面实现了“十二五”任务目标：全年实现营业收入逾1900亿元，同比增长近37.5%，较“十一五”末增长111%，创历史新高；实现利润达36.7亿元，同比增长54.4%，圆满完成“保增长”任务目标；造船市场份额稳居国内首位，造船完工首次超486万修正总吨，同比增长25%，高端产品占比首次跨过50%大关。

2015年，中船集团强化创新驱动和管理提升，加快实施多元发展和产融结合，造船主业有效升级、迈向高端，现代服务业格局明晰、增长稳定，非船装备业瞄准需求、特色鲜明，科技创新产业厚积薄发、前景光明。一年来，伴随国际船市深度调整，中船集团加强前瞻预判，加大科研投入，造船皇冠上的两颗明珠——7万总吨自主知识产权豪华邮轮完成方案设计，自主设计大型LNG船实现批量建造；FDPSO、半潜式生产平台、LNG海工装备、新型极地自破冰科考船、万车级汽车滚装船、超大型乙烯运输船、3.88万吨智能示范船等高端产品研制工作基本完成。集团加快商业模式创新，有效推进产品升级，1.8万箱集装箱船、40万吨VLOC、32万吨VLCC等主流商船实现技术引领、受到市场青睐；豪华客滚船、大型气体运输船、极地甲板运输船、集装箱滚装船等高端特种船舶，及浮式生产储油船、自升式钻井平台、高性能物探船等高端海工装备实现自主研制。小缸径低速机、大缸径中速机、舰用高速机、双燃料中速机和气体中速机等一批自主品牌动力装备研发经营多点突破。2015年，中船集团深度优化业务结构，努力实现多元产业有效联动，在做强做优船舶主业的基础上，现代服务业总量效益稳步增长，国际贸易、物流仓储、金融服务、工程总包齐头并进，全年实现业务收入逾1100亿元，较“十一五”末增长逾8倍，实现利润同比大增；非船装备业逐步形成特色，盾构机、钢结构、医疗器械、陆用环保产品、光伏风电装备形成品牌，市场影响力不断增强。

企业改制与资产运营　2015年，中船集团深化改革稳步实施。一是深入领会中央要求和部署，加快完善现代企业制度，在国务院国资委统一部署下，集团公司董事会正式成立，外部董事正式履职，董事会基本制度完成制订，第一届董事会第一次会议顺利召开。稳妥推动企业搬迁重组，积极发展混合所有制经济，以制度创新持续增强企业活力。二是改革工作稳步推进。认真学习贯彻《关于深化国有企业改革的指导意见》以及相关配套政策，加强研究，积极谋划集团公司全面深化改革总体实施方案。改革集中采购管理模式，强化集中采购顶层设计，修订集中采购管理制度，改进供应商管理、实施阳光采购。改革固定资产投资招标管理。三是不断优化上市公司业务结构，将华南军工资产成功注入中船防务，启动中船钢构资产重组，利用资本市场促进企业发展；进行了土地资产处置，盘活了存量资产，实现了资产效益挖掘。四是大力推进长三角、珠三角及广西北部湾地区资源优化配置，统筹安排广船搬迁、动力研究院瓦锡兰中速机生产、沪东重机低速机业务搬迁等项目股权投资和固定资产投资，着力打造北京海洋装备创新园、南京海洋装备机电产业园、九江机电设备产业园、无锡海洋探测技术产业园等重点产业园区，整体布局结构更趋优化。

产品开发和技术进步　2015年，中船集团不断完善创新体系，强化产品研发，引领产业发展。一是一批新产品研发取得突破。三大主力船型全面升级换代，推出30余型绿色节能环保船型，大部分船型EEDI指数低于基线值20%以上，并提前完成协调共同结构规范（HCSR）要求下的设计更新。20000TEU集装箱船研发成功，新一代40万吨VLOC等高新船型持续受到市场青睐，6EX34/160小缸径低速柴油机和12MV390大缸径中速柴油机等船用配套产品完成研发并投入市场。二是战略性产品和前瞻性技术研发稳步推进。高端型、经济型2型7万总吨级自主知识产权豪华邮轮、3.88万吨智能示范船、半潜式生产平台、LNG-FSRU、LNG-FPSO、新型极地自破冰科考船、10000车级超大型汽车滚装船、超大型乙烷运输船（VLEC）等船型研发取得积极进展。双燃料中速机、气体中速机以及高压共轨系统、电控系统等一批自主品牌动力装备研发取得突破。一批前瞻性技术研发取得积极成果，LNG-FPSO深海系泊分析及设计技术、海上天然气预处理、FDPSO突破油气处理系统设计技术等关键技术、钻井系统集成技术等关键技术取得突破。三是科技成果和知识产权工作有新进展。全年获得国家科技进步奖一等奖1项、国防科学技术奖11项。集团公司科学技术奖获奖项目62项，同比增长19%。全年专利申请量1731件，其中发明专利申请量908件，同比分别增长56%和81%；专利授权量878件，其中发明专利授权量127件，同比分别增长49%和21%。

国际交流与合作 2015年，中船集团强化战略互融与需求共鸣，积极融入地方经济发展，加快走出去步伐，与地方政府、跨国集团、行业企业、科研院所开展了多领域、多层次合作。在中英两国领导人的见证下，中船集团与中投、嘉年华签署合作协议，为突破豪华邮轮自主研制迈出了里程碑式的重要步伐；进一步强化了与瓦锡兰、MDT、MTU、西门子、TTS、卡特彼勒等跨国公司的深度合作，快速提升核心技术研发能力；巩固了与中国远洋海运、中外运、招商局、中海油等行业企业及中科院、哈工程等科研院校的紧密合作，实现了多方共举、协同发展的良性互促。（中国船舶工业集团公司）

【中国船舶重工集团公司发展概况】 中国船舶重工集团公司（简称“中船重工”）成立于1999年7月1日，是在原中国船舶工业总公司所属部分企事业单位基础上形成的中央直属特大型国有企业，是国家授权投资的机构和资产经营主体。2015年中船重工连续第五次进入世界500强，排名逐年上升，实现了新的发展。

中船重工 现有总资产4430亿元，员工16万人。成员单位中除中国船舶重工股份有限公司、风帆股份有限公司2个上市股份制公司外其余均为国有独资或国有控股单位。成员单位分布在辽宁、重庆、湖北、陕西、山西等19个省、市。

中船重工是中国最大的造修船集团之一，拥有我国目前最大的造修船基地，11座30万吨级以上造船大坞，年造船能力1500万吨；中船重工集中了我国舰船研究、设计的主要力量，有5万多名科技人员，7个国家级研发平台，9个国家级重点实验室，12个国家级企业技术中心，具有较强的自主创新和产品开发能力。

主要产品 中船重工集中了中国舰船研究、设计的主要力量，能够按照世界知名船级社的规范和各种国际公约，设计、建造和坞修各种油船、化学品船、散货船、集装箱船、滚装船、LPG船、LNG船、工程船舶及海洋工程装备等，拥有齐全的船舶配套能力，形成了各种系列的船舶主机、辅机、仪表等设备的综合配套能力。船舶及船舶配套产品除满足国内需要外，主要出口到世界五大洲等60多个国家和地区。

中船重工凭借雄厚的大型成套设备研发设计和系统集成能力，强力推进非船产业发展，形成了能源装备、交通运输、电子信息、特种装备、物流服务五大非船业务板块，涵盖了风电、核电、石油石化、煤炭机械、蓄电池、轨道交通、港口机械、自动化物流、节能环保、医药医疗、电子元器件和信息技术产品等 10 多个领域，形成了一批具有一定影响力的知名品牌。

生产经营情况　2015 年中船重工紧盯全年目标，把握市场大势，狠抓经营生产，加强经济运行分析监控，努力掌握经济运行主动权，经济总量增幅逐月提高，承接合同金额同比增幅由负转正，生产经营总体上保持平稳运行。主要经济指标均超额完成年度任务，再创历史新高。2015 年中船重工营业收入 2263 亿元，同比增长 12.2%。利润总额 105.5 亿元，同比增长 2.4%；承接合同金额同比增长 10.8%。

2015 年中船重工大力开发民船市场，调整产品结构争取最大效益。船舶经营积极寻求细分市场的新订单、大力推介新船型和优化升级船型，同时加强民用船舶和海洋工程市场风险管控，不承接边际利润小于零或项目现金流为负的订单，成功承接了一批订单。节能环保船舶、高技术高附加值船舶经营取得批量订单，承接 12000HP 深水工作船 3 艘，VLCC 共 7 艘，5 万吨半潜船 2 艘。新开发的 11.3 万吨成品油船，EEDI 低于基线值近 30%，批量接单 4 艘。新开发的 7.2 万吨成品/原油船成功批量接单 5 艘。

2015 年中船重工精心组织生产，化解风险确保船舶顺利交付。船舶生产紧密结合现代造船模式建设，积极解决总量大、新船型多、低价船多、技术含量高等带给生产组织的难题，围绕“保节点、保交船”，加强技术准备，优化资源配置，强化精细管理，进一步提高生产效率，努力化解各种风险。25 万吨矿砂船、18 万吨散货船、BT4000 半潜式修井平台、12000HP 深水工作船、8000 车汽车滚装船等重点船舶陆续开工，生产进度和质量可控。民用船舶交工 96 艘/590.3 万吨，吨位同比下降 2.4%。顺利交付了 VLCC、三用工作船、化学品船、自升式作业平台等。

修船产业积极拓展船舶改装、海洋工程修改、拆船业务和海外业务，努力克服修船产业更大幅度的下滑。修理船舶 654 艘，同比增长 2.4%。

民船配套产业完成经济总量 308.5 亿元，同比增长 22.7%。民用柴油机、锚绞机、舵机、吊机、增压器、螺旋桨、阀门等产品同比保持增长。世界首台双燃料机、国内首台 V 型燃气动力/压缩一体机、10MW 级船舶电力推进系统、海洋平台升降系统等一批新产品研制成功，具备接单条件。

2015 年中船重工强化产业结构调整，加快发展非船产业。2015 年非船产业实现经济总量 1581.3 亿元，同比增长 23.6%，占集团公司经济总量的比重为 59.2%，比 2014 年同期的比重提高 3.3 个百分点。呈现快速发展态势，对中船重工处于国际船市深度调整中仍然保持较快增长发挥了重要支撑作用。其中，生产性现代服务业快速增长。

强化模式创新、科技创新，优势产业持续发展。蓄电池、烟草机械、齿轮箱、小径流增压器、特种工业涂料、海绵钛、液压启闭机、液压油缸、风电整机、金属波纹管等产品产量同比实现增长。积极落实“一带一路”国家战略，成功承接第一单合同—巴基斯坦 50 兆瓦风电项目 1.3 亿美元；125 千瓦光伏发电示范项目顺利实现并网发电。自主研发的直流牵引供电系统在武汉地铁成功投入使用，使地铁线供电系统全部实现“中国制造”；双护盾硬岩隧道盾构机（TBM）顺利交付 4 台，首台复合式土压平衡盾构机（EPB）在青岛地铁 2 号线投入使用；机场物流系统中标安哥拉罗安达新国际机场项目 1.2 亿元。

产品开发与技术进步　2015 年，中船重工把技术创新摆在发展全局的重要位置，强化基础研究和前沿技术研发，加强科研攻关，增厚技术储备，在船舶、海工、配套等领域突破了一批核心、关键技术，推出系列具有自主知识产权的产品，并储备了一批前沿、基础和共性技术，科技创新能力进一步提升。

（1）重大科研项目进展顺利。双体高速客货运输船完成研发，具有完全自主知识产权并国内首次研制成功航行自控系统。变水层大型拖网渔船完成研发，开创性地在渔船设计领域与西班牙知名设计公司SENER进行联合设计。3000米深水钻井船和深远海多功能工程船完成设计。岛礁中型浮式结构物生产生活平台基本设计通过中国船级社审查。4500米载人潜水器完成本体设计和全自主钛合金耐压球壳研制，使用自主研制的Ti80钛合金材料，是目前我国规格最大、加工工艺技术集成度最高的钛合金标志性装备。大功率中速气体机开始整机装配，智能型高速柴油机CHD622V20 CR通过各项性能试验并获得中国船级社型式认可。1000立方米/小时级液压潜液泵系统实现成功研制，为国内首次自主研发，填补国内空白，打破国外厂家的长期垄断；2000立方米/小时货油泵完成研制，并在6万吨级油船“定河号”完成实船验证各项指标达到国际先进水平。国内首套伸缩式全回转舵桨装置成功自主研发设计，顺利通过CCS船检。国内首制“自行走式小型智能焊接机器人”，填补国内船舶分段制造小型智能焊接机器人装备的空白，为船舶分段制造机器人自动焊接和数字化车间示范项目打下了坚实基础。

（2）新产品研制成功并陆续推向市场。“三沙一号”交通补给船首航三沙永兴岛。国内首艘大型溢油回收船“德瀛”号交付。国内最先进、功率最大、自主设计建造的16000千瓦海洋平台工作船“华虎”号顺利交付。3000米水下机器人支持船（RSV）首获订单。新研制成功的机械版CHD622V20高速柴油机取得8台套的国外小批量订单。具有自主知识产权的船舶电力推进系统核心技术实现突破，获得10艘船的供货合同。首套自研货油透平驱动系统成功签单。压载水系统获得CCS、NK、ABS、DNV-GL、BV、LR认可，已签订近百艘船的合同。

国内最大吨位鲨鱼钳（500吨）成功自主研制，突破我国海洋工程装备产业实现全船甲板机械自主配套的瓶颈。自主研制的“水深—地形快速测量系统”（多波束海洋环境测深仪）填补了国内空白；深海环境模拟测试装置成功研制，是加快推进船舶与海洋工程产业发展研制的一款新产品。可在地面全面模拟深海作业环境（1000米以上），包括压力、环境温度、介质温度等。

（3）加强科研攻关，增厚技术储备。2015年，中船重工获国家科学技术进步奖2项，申请专利3449件，其中，发明专利2180件，实用新型专利1271项，外观设计专利45项。获得专利授权2531项，其中发明专利1381项，实用新型专利1105项，外观设计专利45项。

风帆技术示范应用开发列入国家高技术船舶科研计划，为打造新一代风能利用VLCC创造了有利条件。国内首次成功完成了10兆瓦等级大功率船用电力推进系统及关键设备的产品研制，突破10兆瓦级及以上多项船用电力推进系统关键技术，大幅度提升我国船用电力推进系统的技术水平。整舱应急逃逸关键技术研究历经两年技术攻关，突破逃逸舱应急解脱、应急上浮姿态控制等关键技术，形成了逃逸舱总体技术方案，完成应急逃逸舱的实尺度样机研制和水池试验验证。海上浮动核电站三维设计平台经过近半年的设计、软件硬件安装调试、软硬件使用培训后正式上线运行，为海上浮动核电站研发设计高效优质进行打下坚实基础。船舶第二代完整稳性衡准技术研究取得重要研究成果，向国际海事组织提交提案16份，在第二代完整稳性衡准制定中发挥重要作用。

对外贸易与合资 合作 2015年，实现进出口总额65亿美元，完成各类船舶出口48艘、536万载重吨，占造船完工总量的90%。产品主要出口到美国、德国、新加坡、俄罗斯、比利时、希腊、挪威、荷兰、英国、澳大利亚、加拿大、印度、印度尼西亚、韩国、中国香港等国家和地区。

不断深化与地方政府和中央企业的战略合作，签署了与湖北省、河北省等战略合作协议。积极推进合作协议有关领域、重点项目落实，取得较好成效。

资本运营 2015年，按照党建工作会议有关资本运作的精神，“抓住资本市场机遇，切实用好“中”字头这个招牌，军工和军民融合这个题材，科学组合十大军民融合产业板块业务，形成宜大则大、宜小则小、大小适配的若干专业化资本运作平台”的工作思路，积极推进四大产业方向、十大军民融合板块重组上市，以及创业板、新三板上市。

以风帆股份为动力资产运作平台，注入涉5家科研院所的七大类动力业务资产，中国重工的动力类资产亦注入其中，打造全球技术门类最全、国内最大的动力装备上市公司，资产重组方案已获证监会受理。久之洋、华舟重工创业板上市已通过发审会审核。

（中国船舶重工集团公司）

海洋工程建筑业

【跨海大桥工程】 港珠澳大桥海底桥海底隧道建设进度过半，首座钢索塔成功吊装 2015年7月25日，港珠澳大桥海底隧道E19沉管安装成功，标志着总长度5664米的海底沉管隧道已建长度达3285米，建设进程过半。据悉，港珠澳大桥是在建的世界上最长的跨海大桥，该桥建成之后，从香港到珠江西岸的车程将从3个小时缩短至半个小时。港珠澳大桥主体工程包括桥、人工岛和总长5664米的海底沉管隧道，其中海底沉管隧道由33节巨型沉管对接而成，先后穿越伶仃航道和龙鼓西航道。2015年8月，港珠澳大桥江海直达船航道桥第一座钢索塔140号墩钢塔成功实现吊装。据悉，此次吊装的钢塔高度达105米，吊装总重量约3100吨。类似大型钢塔整体吊装在国内外尚属首次。

港珠澳大桥208座墩台全线完工，建设进入冲刺阶段 2015年9月，在海上撑起港珠澳大桥的208座墩台全部完工。这标志着这座连接香港大屿山、澳门半岛和广东省珠海市的跨海大桥，已全面转入钢箱梁吊装的施工工序。该桥建设进入工程冲刺阶段。据大桥施工方有关负责人介绍，港珠澳大桥的墩台安装工程施工标准均超过现有国家规范。所用的高精度沉桩技术、装配式钻孔平台应用、超长嵌岩灌注桩施工、大型埋置式墩台钢圆筒围堰干法安装、大节段钢箱梁吊装等新工艺均为国内首创。

我国首座跨海公铁两用大桥主塔全面开建 我国首座跨海公铁两用大桥——平潭海峡公铁两用大桥是新建的福州——平潭铁路、长乐——平潭高速公路的关键性控制工程，从福州长乐岸跨越1个航道（元洪航道）、3个水道及4个海上岛屿，与平潭岛相连。其中，元洪航道桥是该桥的重点控制性工程，含N03、N04两个主塔，主塔为H型混凝土结构，塔高199米。近日，N03、N04两个主塔正式开工建设，这也标志着平潭海峡公铁两用大桥的6个主塔全面开建。

浙江乐清湾大桥1号桥进入节段梁架设阶段 2015年7月，浙江乐清湾大桥1号桥进入节段梁架设施工阶段。据悉，乐清湾大桥工程包括1号桥、2号桥和接线工程，其中1号桥全长4.3千米，是国内首座主桥主跨采用3.6~9米变高变截面节段梁预制悬拼施工的桥梁。乐清湾大桥建成后，将极大地缓解玉环县陆域交通压力，改善该县大麦屿港的集疏运条件。

海南规模最大独立跨海桥梁工程水上施工启动 2015年9月，海南省规模最大的独立跨海桥梁工程——铺前大桥项目打下第一根钢管桩，标志着该项目水上施工正式启动。据悉，铺前大桥全长5600米，桥长4050米，横跨铺前港至海口东寨港海域，建成后海口市区与文昌铺前镇之间的车程仅为20多分钟。

平潭公铁两用大桥海中桥梁固定式施工平台建成投产 2015年10月11日，福建平潭海峡公铁两用大桥海中固定施工平台建成投产。该平台集生活区、办公区、海上混凝土工厂、砂石料存放区、钢筋加工区、淡水制备站、配电供电站、钻孔平台、起重码头等功能于一体，总面积5.9万平方米，可以容纳约500名作业人员生活与工作。该大桥于2013年11月动工建设，全长16.45千米，总投资约240亿元，预计在2019年建成通车。

江苏首座跨海大桥顺利合龙 2015年12月，江苏连云港跨海大桥主通航孔桥左幅中跨顺利浇筑最后一方混凝土后实现合龙，大桥主体工程贯通。连云港跨海大桥起点为连云区高公岛，终点至海滨大道徐圩段，全长

4.482 千米，计划 2016 年 5 月建成通车。

【陆域吹填工程】　我国在南沙群岛部分驻守岛礁上的建设已完成陆域吹填工程　2015 年 6 月 30 日外交部发言人华春莹在外交部例行记者会上表示，中国在南沙群岛部分驻守岛礁上的建设已完成陆域吹填工程，下阶段将开展满足相关功能的设施建设。她表示，这些建设主要是为各类民事需求服务，以更好地履行中国在海上搜救、防灾减灾、海洋科研、气象观察、生态环境保护、航行安全、渔业生产服务等方面承担的国际责任和义务，也包括满足必要的军事防卫需求。

【海底隧道工程】　深圳首条海底隧道规划设计方案出炉　2015 年 7 月，深圳市交通运输委员会发布《妈湾跨海通道交通规划设计初步方案》。该方案显示，妈湾跨海通道全长约 7.3 千米，其中跨海段约 1.1 千米，为深圳首条海底隧道。据悉，妈湾跨海通道南端与现有妈湾大道高架桥对接，北端接沿江高速大铲湾收费站，分为前海段、海域段和大铲湾段。该通道建成后，将主要承担深圳南山港区（赤湾、妈湾、蛇口）疏港货运交通，并兼顾承担妈湾、赤湾等片区与大铲湾等片区之间的客运交通联系，逐步实现前海交通的客货分离。

【海上大型灯塔建设工程】　南海两座大型灯塔建成　2015 年 10 月 9 日，我国南沙海域华阳灯塔和赤瓜灯塔两座大型多功能灯塔正式发光并投入使用。这两座灯塔的建成，填补南沙水域民用导助航设施的空白，可为航经该水域的各国船舶提供航路指引、安全信息等公益服务，降低船舶航行风险，减少海损事故发生。

【供水项目工程】　福建向金门供水项目正式开工　2015 年 10 月 12 日，福建向金门地区供水工程项目在福建省晋江市龙湖镇正式开工，长期缺乏淡水的金门地区同胞期盼整整 20 年的自大陆引水计划将变成现实。据悉，福建向金门地区供水水源来自晋江流域，由晋江金鸡拦河闸引水至晋江市龙湖水库，上游有山美水库作为调节，经龙湖抽水泵站抽水输水至围头入海点，再经海底管道输送至金门。工程设计流量为每日 3.4 万立方米，远期预留可扩大至每日 5.5 万立方米。输水管道线路总长 27.62 千米，其中福建方面陆地管道 11.68 千米，海底管道 15.74 千米。项目施工期为 1 年，2016 年 10 月完成福建部分的建设，并具备通水条件。

【人工鱼礁工程】　辽宁葫芦岛人工鱼礁示范区建示范工程启动启动　2015 年 6 月，辽宁省海洋牧场建设项目——葫芦岛人工鱼礁示范区建造工程正式启动。该工程礁区面积 200 公顷（3000 亩），项目选址在觉华岛海域，将制作、运输和投放构件人工鱼礁礁体 1310 个。

【海洋工程技术】　宁波首用无人机“沙漠鹰”监视海洋工程项目　2015 年 3 月 19 日，中国海监宁波市支队会同中国科学院遥感所，利用“沙漠鹰”智能电动无人机，对宁波梅山水道抗超强台风渔业避风锚地项目南堤工程进行航摄及定位测试，取得良好效果。这是宁波支队利用无人机对海洋（涉海）工程建设项目进行监视监管的首次尝试。据悉，宁波支队本次使用的无人机采用遥感测量技术，能根据预先设定的航道飞到指定海域，获取与海洋工程相关的高分辨率遥感影像。该无人机还可通过单频 GPS 记录传感器曝光时刻定位信息，用于事后数据分析。

我国实现海底油气软管自主研发　2015 年 6 月，天津海王星海上工程技术股份有限公司自主研发的浅海小口径钢带塑料复合油气软管已在渤海、南海和东海等油气开发海域推广使用，结束我国海底软管完全依赖进口的历史。我国海洋油气资源开发多采用金属管线对石油和天然气进行输送，金属管线具有防腐性能差、海上敷设困难、费用高，接头多、漏点多、隐患多等缺点。柔性管道是传统钢质管道的升级产品。此次研发的浅海小口径钢带塑料复合油气软管，突破介质腐蚀、海水侵蚀、承压拉力和外力挤压四大关键技术，具有更高的可靠性、安全性和耐腐蚀性，且施工时间短、使用寿命长、维护运行成本低。

海洋交通运输业

【综述】 2015年水运行业积极贯彻落实国家“三大战略”和海运发展战略，围绕“四个交通”发展出，统筹推进稳增长、促改革、调结构、惠民生、抓安全、转作风等各项工作，圆满完成了2015年交通运输工作会议确定的各项任务。全国完成水路货运量61.36亿吨、货物周转量91772.45亿吨千米，分别比2014年增长2.6%和减少1.1%；完成水路客运量2.71亿人、旅客周转量73.08亿人千米，分别比2014年增长3.0%和减少1.7%。全国港口完成货物吞吐量127.50亿吨，比2014年增长2.4%；完成旅客吞吐时1.85亿人，比2014年增长1.3%。

海洋交通运输

【国际航运情况】 2015年我国远洋运输完成货运量7.47亿吨、货物周转量54236.09亿吨千米，比2014年分别增长-0.06%和-3.04%。国际航运业依旧承担我国绝大多数进出口物资的运输，大宗商品进口量继续保持增长，贸易条件进一步改善，其中，进口铁矿石9.53亿吨，增长2.2%；原油3.34亿吨，增长8.8%；煤炭2.04亿吨同比下降29.9%；铁矿石、原油、煤炭海上进口量分别占世界海运贸易量的68.7%、16.4%和14.3%。2015年我国国际航行船队规模继续保持稳中有增，为对外贸易提供运力保障。截至2015年底，我国拥有远洋运输船舶2689艘、7892.29万载重吨，比2014年底分别增加86艘和302.7万载重吨；拥有集装箱箱位180.01万标准箱，比2014年底增加21.14万标准箱。

2015年，整个国际航运市场仍处于结构调整之中。国际干散货运输市场运力增幅继续减小，但海运量几乎与2014年持平，低于运力增幅，全球干散货运力共计7.76亿载重吨，比年初增长2.7%，市场仍处于供需失衡状况，全年BDI指数平均值为718点，较2014年下降35%，指数年中创30年以来的新低。受经济放缓的影响，集装箱航运市场仍较低迷，主干航线海运量增速缓慢，运力依然供大于求，特别是超大型集装箱船陆续投运，导致船舶舱位利用率一定程度下滑。受油价低迷影响，主要进口国加大储油力度，石油海运量和海运周转量增幅均有所扩大，市场运价高位运行，我国进口原油运输市场运价全年呈现大幅波动，全年呈现震荡走高态势，中国进口原油综合运价指数（CTFI）平均值为1278.38点，比2014年上涨27.0%，全球油轮船队运力增幅扩大，全球万吨级以上油轮为6085艘、5.25亿载重吨，比2014年底增长3.3%，增幅较2014年底增加1.9个百分点。总体来看，国际航运市场运力过剩的局面并没有很大改观，市场发展整体形势依然严峻。

【国内航运情况】 2015年，国内水路运输发展平稳，服务水平不断提升，行业管理进一步加强。2015年，全国内河运输完成货运量34.59亿吨、货物周转量13312.41亿吨千米，分别比2014年增长3.47%和4.13%；沿海运输完成货运量19.30亿吨、货物周转量24223.94亿吨千米，分别比2014年增加2.01%和0.70%。在客运方面，2015年全国完成水路客运量2.71亿人、旅客周转量73.08亿人千米，分别比2014年增长3.04%和减少1.69%。截至2015年，全国共有国内水路运输企业7125家，较2014年增加25家。其中沿海运输企业2135家，较2014年减少112家；内河运输企业4990家，较2014年增加137家；从事个体运输的经营者24384户，较2014年减少2351户。全国拥有内河运输船舶

15.25 万艘，净载重吨 12494.01 万吨，载客量 78.27 万客位，集装箱位 27.05 万标准箱，分别比 2014 年末增长-3.7%、10.8%、-3.1%和 4.9%；全国拥有沿海运输船舶 10721 艘，净载重吨 6857.99 万吨，载客量 20.91 万客位，集装箱位 53.33 万标准箱，分别比 2014 年末增长-3.0%、-0.9%、5.2%和 12.9%。

【两岸海上运输】 2015 年，两岸进出口贸易额 1885.6 亿美元，比 2014 年下降 4.9%。两岸海上运输完成货运量 5451 万吨，比 2014 年下降 0.2%；完成客运量 189.4 万人次，比 2014 年增长 9.0%。大陆至台湾货运量 3356 万吨，比 2014 年下降 2.7%，客运量 94.8 万人次，比 2014 年增长 9.7%；台湾至大陆货运量 2095 万吨，比 2014 年增长 4.2%，客运量 94.6 万人次，比 2014 年增长 8.4%。截至 2015 年底，两岸直航的航运企业增加至 133 家，直航船舶 327 艘、298 万载重吨。直航船舶中，集装箱班轮 51 艘、载箱量 6.0 万标准箱；散杂货船 166 艘、220 万载重吨；液体化学品、液化气、油品运输船合计 93 艘、88.8 万载重吨；客船（含客滚船、客货船）24 艘、总客位 6800 人，其中福建沿海至台湾金门、马祖、澎湖客运船舶 21 艘、总客位 4500 人。

2015 年，海峡两岸海上运输主要呈现以下特点：

一是旅客运输量保持较快增长。受惠于 2015 年 1 月起大陆居民赴台湾金门、马祖、澎湖实行落地签证及台湾最大免税店落户金门，海峡两岸间海上客运量继续较快增长，其中福建沿海至台湾金门、马祖、澎湖的客运量完成 174 万人次，比 2014 年增长 11.0%。二是集装箱运输量首次现负增长。两岸集装箱运输量完成 224.3 万标准箱，比 2014 年下降 0.2%，是 2008 年两岸直航以来出现的首次负增长，其中中转集装箱运量完成 87.8 万标准箱，比 2014 年下降 1.1%。受两岸贸易额下降以及全球航运市场不景气的影响，两岸集装箱运输市场运价稳中有降。2015 年 12 月 30 日，上海航运交易所与厦门航运交易所联合发布的台湾海峡两岸间集装箱运价指数（TWFI）为 1011.92 点，较 2014 年底下降 3.9%。三普通散杂货运输量小幅下滑。两岸普通散杂货完成 2061 万吨，比 2014 年下降 1.2%；液体化工品、液化气运输量继续保持增长，分别完成 538 万吨和 94 万吨，分别比 2014 年增长 4.4%和 7.4%。

【双边海运合作交流】 2015 年，交通运输部继续推进双边海运磋商。与欧盟、美国、韩国、加拿大举行定期海运磋商及政策交流。结合国际航运形势特点，双边海运磋商及政策交流主要围绕市场竞争秩序监管、危险货物水路运输、节能环保技术应用等热点议题进行讨论。

中欧会谈中，双方对中欧海运关系发展表示满意，对双边海运合作给予高度评价，并针对海运立法、国际海运安全管理、海运节能减排等议题进行深入交流。中美会谈交流两国海运管理与政策的最新动态。美方介绍“国家海运战略”“建设美国运输投资中心”“强大港口”以及“交通刺激经济复苏”等政策执行情况。双方还就无船承运业务、水路危险货物运输管理、《鹿特丹规则》、中国船员赴美签证、海员个税等问题进行讨论。双方同意今后加强国际海运市场监管、危险品水上运管管理以及无船承运业务司法协助解决法律赔偿继续保持交流和磋商。中韩会谈重点就客货班轮航线安全监管、危险货物水路运输、装卸和仓储管理、竞争秩序监管等问题进行讨论。另外，双方还相互通报各自海运管理和政策制定的最新动态，韩方介绍韩国拟实行的班轮运价申报制的情况。中加会谈主要就环保领域合作、海运市场监管、亚太门户和走廊计划等具体议题交换意见，双方业界在加拿大铁路费率、集装箱称重验证以及加拿大防止吉普赛飞蛾入侵项目等进行交流。

沿海港口建设与生产

资1457.17亿元，其中，沿海港口完成投资910.63亿元。沿海港口新建及改（扩）建码头泊位130个，新增吞吐能力42026万吨，其中万吨级及以上泊位新增吞吐能力30381万吨。沿海港口重点建设项目有序推进，宁波—舟山港梅山港区6号至10号集装箱码头工程、锦州港煤炭码头一期工程、防城港钢铁基地项目专用码头工程、宝钢广东湛江钢铁基地项目码头工程、日照港岚山港区30万吨级原油码头二期工程、大连港大窑湾港区四期工程等17个国家重点水运工程初步设计获得部批复。截至2015年底，全国港口拥有生产用码头泊位31259个，其中沿海港口生产用码头泊位5899个，比2014年末增加65个。全国港口拥有万吨级及以上泊位2221个，其中沿海港口万吨级及以上泊位1807个，比2014年末增加103个。

【港口生产】 2015年全国港口生产运行态势平稳，主要生产指标继续保持平稳增长，增速同比有所放缓。全国港口完成货物吞吐量127.50亿吨，比2014年增长2.4%，其中沿海港口完成81.47亿吨，内河港口完成46.03亿吨，分别增长1.4%和4.2%。完成外贸货物吞吐量36.64亿吨，比2014年增长2.0%，增速较2014年回落4.9个百分点。其中，沿海港口完成33.01亿吨，增长1.0%；内河港口完成3.63亿吨，增长12.2%。完成集装箱吞吐量2.12亿TEU，比2014年增长4.5%，增速较2014年回落1.9个百分点，总体上保持平稳增长。其中，沿海港口完成1.89亿TEU，内河港口完成2249万TEU，比2014年分别增长4.0%和8.9%。完成旅客吞吐量1.85亿人，比2014年增长1.3%。其中，沿海港口完成0.82亿人，内河港口完成1.04亿人，各增长1.3%。完成干散货吞吐量73.61亿吨，比2014年增长1.6%；集装箱吞吐量（按重量计算）24.55亿吨，增长4.5%；件杂货吞吐量12.42亿吨，减少0.8%；液体散货吞吐量10.81亿吨，增长8.5%；滚装汽车吞吐量（按重量计算）6.11亿吨，增长0.3%。干散货、集装箱、件杂货、液体散货和滚装汽车在港口货物吞吐量中所占比重分别为57.7%、19.3%、9.7%、8.5%和4.8%。

【海洋交通科技】 水运工程标准制修订围绕服务“三大战略”实施和水运发展结构转型升级，大力推进行业标准编制，新发布《水运工程结构耐久性设计标准》《港口与航道水文规范》《水运工程水文观测规范》《煤炭矿石码头粉尘控制设计规范》《邮轮码头设计规范》《水运工程混凝土结构实体检测技术规程》《水运工程施工监理规范》，进一步强化水运工程建设耐久性、安全、质量、环保等方面的标准保障。积极推动《航道法》贯彻实施，新发布《长江干线通航标准》《长江干线桥区和航道整治建筑物助航标志》等。根据特大型散货码头发展急需，及时组织编写，发布《40万吨散货船的设计船型标准》。完善标准局部修订机制，发布《船闸总体设计规范》（JTJ305—2001）局部修订“船闸附属设施设计”部分、《水运工程质量检验标准》（JTS257—2008）局部修订“航道整治工程质量检验”部分。

推动水运标准“走出去”，组织开展标准翻译工作，完成《水运工程抗震设计规范》等10项标准的英文翻译稿。认真做好标准立项工作，新立项《水运工程设计信息模型应用标准》等11个项目。大力推进在编标准编写进度管理，完成7项工作大纲批复、19项标准成果技术审查；加大对进度滞后项目的督办力度，加强对水运工程标准主编单位的信用管理。

水运工程新技术推广情况积极推进新技术在水运行业的应用，组织开展水运行业应用BIM技术专项调研，协调组织有关专家就BIM技术发展等到部讲座。按照建设创新型国家要求，根据水运技术发展水平和需求，认真谋划“十三五”期重大科技研发方向，贯彻落实《交通运输重大技术方向和技术政策》，将BIM技术、船舶与港口污染防控技术、高坝通航技术列为部重大技术方向，并组织做好工作方案的研究编制。按照12部委"老科学家学术成长资料采集工程"工作要求，组织做好刘济舟院士学术成长资料采集，梳理我国水运工程建设技术发展历程，树立水运行业尊重科学、尊重老科学家的良好形象。

持续推动水运行业高端领军人才培养，根据《全国水运工程建造大师选拔办法》，印发《交通运输部办公厅关于做好2015届全国水运工程勘察设计建造大师选拔申报工作的通知》，组织做好申请受理、材料符合性审查、有效候选人公示、选拔委员会评审、提名人选公示等一系列工作，经部领导同意后，印发《交通运输部关于授予吴今权等4名同志全国水运工程勘察设计建造大师称号的决定》。在选拔工作中坚持公平、公正原则，坚持突出技术引领主题。围绕大师选拔工作，组织在交通报等媒体上进行系列宣传报道，进一步在水运行业从业人员中营造重视人才、科学发展的良好氛围，产生积极反响。

【水运节能环保工作】 发布《船舶与港口污染防治专项行动实施方案（2015—2020年）》（以下简称《行动方案》）。为贯彻落实《关于加快推进生态文明建设的意见》《大气污染防治行动计划》和《水污染防治行动计划》，加快推进绿色交通发展、全面推进交通运输现代化，2015年8月27日，交通运输部印发《行动方案》。《行动方案》确立2020年前我国船舶与港口污染防治工作的指导思想和基本原则，明确具体工作目标，提出制修订法律法规标准规范、设立船舶大气污染物排放控制区、开展港口作业污染专项治理、推进船舶污染物接收处置设施建设、推进LNG燃料应用、推动靠港船舶使用岸电、加强污染物排放监测和监管、提升污染防治科技水平、优化水路运输组织和提升污染事故应急处置能力等11个方向72项重点任务。方案实施后，船舶与港口污染防治政策法规标准体系将进一步完善，船舶与港口大气污染物、水污染物得到有效防控和科学治理，排放强度明显降低，清洁能源得到推广应用，船舶和港口污染防治水平与我国生态文明建设水平、全面建成小康社会目标相适应。

印发《原油成品油码头油气回收试点工作实施方案》。为贯彻落实《大气污染防治行动计划》"在原油成品油码头加强油气回收治理工作"的相关要求，科学有序开展试点工作，7月7日印发《原油成品油码头油气回收试点工作实施方案》（交办水函[2015] 474号，以下简称《实施方案》）。《实施方案》提出将利用3年左右时间，选择环渤海地区、长江三角洲地区、东南沿海、珠江三角洲地区、长江干线等区域的原油、成品油码头，分批次开展油气回收的试点工作，探索积累经验，总结关键技术，完善标准体系，研究相关政策，为码头油气回收技术的推广应用奠定基础。

（交通运输部水运局）

海洋旅游业

综 述

海洋旅游是我国旅游业的重要组成部分。随着国民生活水平的不断提高和旅游产业要素的不断完善，在各项政策措施的激励下，海洋旅游逐渐成为带动海洋经济的重要增长点，发展潜力巨大，市场前景广阔。

【我国海洋旅游业发展现状】 **海洋旅游发展初具规模** 一是旅游业在我国沿海地区日益形成完整的战略体系中具有重要的支撑作用。辽宁沿海经济带、河北沿海地区、天津滨海新区、山东半岛蓝色经济区、江苏沿海经济带、“长三角”经济区、浙江海洋经济发展示范区、福建海峡西岸经济区、“珠三角”经济区、广东海洋经济综合试验区、广西北部湾经济区、海南国际旅游岛等一系列沿海经济板块的政策和规划，都把旅游业发展作为重要内容，在国家战略层面上实现对全国大陆海岸线、所有沿海区域覆盖的过程中，旅游业的带动与支撑作用凸显。二是产品体系逐步完善，基本形成以滨海观光休闲为主，康体疗养、海滨度假、海上特色项目为辅，兼及新业态产品和高端产品的产品体系。三是形成一批具有特色的滨海城市旅游目的地和海洋旅游岛屿目的地。四是邮轮旅游、近海游艇旅游、海上垂钓旅游等发展迅速，日渐成为消费增长点。

海洋旅游目的地发展规模进一步拓展 我国海洋旅游资源丰富，海滨旅游景点1500多处，滨海沙滩100多处，特色滨海城市旅游目的地发展进一步连片化、深入化、精细化。通过对沿海旅游资源的全面整合，构建合理的地域分工体系，推进旅游产业结构优化升级，滨海旅游目的地已经从基础设施建设扩展至旅游服务要素配套，基于本土文化特色的海洋旅游目的地已显现雏形，滨海旅游经济发展迈入一个崭新阶段。

海岛旅游渐成旅游热点 目前，我国沿海岸线自北向南已经形成一个遍布各个海域的海岛旅游纵向空间格局，涌现出一批知名度较高、配套设施齐全、具备上升空间的热点旅游海岛，相邻地域的岛屿休闲度假设施建设也已经开始形成体系。

邮轮旅游发展持续走热 我国各地邮轮港口、码头建设速度不断加快，邮轮旅游市场规模日益扩大，邮轮游艇等新兴海洋旅游业态蓬勃发展。2015年全国共接待邮轮629艘次，同比增长35%，邮轮旅客出入境248万人次，同比增长44%，中国船舶工业集团、中国交通建设集团、中国港中旅集团等中资集团纷纷涉足邮轮产业。

【我国海洋旅游发展面临的主要问题】 我国海洋旅游发展仍处于初级阶段，面临着不少困难和问题。一是产业政策缺失，国家层面引导和促进发展的力度不够；二是基础设施和旅游服务设施建设相对落后，海洋旅游人才缺乏，服务体系不健全；三是国内邮轮游艇装备制造业自主研发能力不足，本土邮轮企业培育和扶持方面的投入尤为匮乏；四是海洋旅游产品形式、内容单一，缺少高端海洋旅游产品，且消费引导不够，市场培育不足。

滨海旅游

滨海旅游在我国旅游业发展中占有重要的地位。我国旅游业较为发达的省市区，有相当一部分分布于沿海地区。2015年我国滨海旅游产业规模持续增大，已成为中国旅游产业持续增长的主要动力之一。

【环渤海湾滨海旅游带】 经过多年的融合发展，环渤海区域海陆空立体交通网络体系初步建成，基础设施和旅游服务设施日臻完善，产业关联性和依存度不断增强，已经发展成为我国城市聚集、创新能力和综合实力最强的区域之一。辽宁以大连为龙头，整合葫芦岛、丹东、营口、锦州、盘锦等滨海旅游目的地，将沿海旅游带打造成东北亚最具吸引力、中国最具竞争力、全国最佳的综合型滨海旅游带，全力打造“国家北方海岸”品牌。河北秦皇岛、唐山等地区通过大力实施滨海旅游项目、加快旅游业标准化建设、完善配套服务，着力推动滨海观光旅游向休闲度假旅游转变，全面提升旅游资源附加值，打造滨海旅游休闲度假城市。天津在国家旅游局于2013年批复同意在滨海新区设立中国邮轮旅游发展实验区后，通过立足时尚滨海旅游核心和休闲都市旅游核心，滨海新区沿东部地区海岸线，在空间上采取“北延南拓”的战略，初步形成“沿海蓝色旅游走廊”的空间布局，包括中心渔港、滨海航母主题公园、天津邮轮母港、极地海洋世界等多个景区坐落其中，海洋旅游业的发展速度进一步加快。山东青岛、威海等地区积极编制海洋旅游相关规划、制定海洋旅游发展意见，探索建立广泛融合相关行业的滨海旅游产业体系；加快海洋旅游基础设施建设，推进青岛国际邮轮母港，烟台、威海、日照等国际邮轮停靠港和国内区域性邮轮港以及省内邮轮停靠港建设，不断开辟以青岛、烟台、威海、日照为始发港的区域性国际航线和国内航线；通过打造青岛国际啤酒节等知名旅游节庆展会，培育高品质滨海旅游产品，建设滨海旅游度假区，不断提升山东海洋旅游业的影响力和竞争力。

【“长三角”滨海旅游带】　“长三角”地区区域旅游合作日益紧密。苏、浙、皖、沪三省一市于2014年签署《“长三角”地区率先实现旅游一体化行动纲领》，标志着三省一市的旅游合作进入到一个新阶段，“长三角”将进一步集聚各方力量，创新区域旅游合作模式，打造一体化的世界著名旅游城市群。

【海峡西岸滨海旅游带】　海峡西岸围绕“海峡旅游”品牌，整合优势资源，不断加强旅游景区及配套设施建设，加快形成东部蓝色滨海旅游带和西部绿色生态旅游带。2015年福建重点推进15个滨海旅游项目，厦门邮轮母港综合体和福清东壁岛滨海旅游度假区建设进展顺利，漳浦六鳌翡翠湾度假景区完成沙雕艺术节沙雕园建设。成功举办首届“海上丝绸之路（福州）国际旅游节”和“境外旅行商（福建）采购大会”，加强“海丝”旅游国际联合推广。特别是东部蓝色滨海旅游带将以福州昙石山文化遗址、三坊七巷、莆田妈祖文化、屏南白水洋、福鼎太姥山、雁荡山等为重点，积极发展滨海旅游和文化旅游，打造以福州为中心的海峡西岸东北翼旅游产业集群；以厦门鼓浪屿、海上丝绸之路泉州史迹、潮州历史文化名城、漳州滨海火山、南澳国际生态海岛等为重点，积极发展滨海旅游和文化旅游，打造以厦门为中心的海峡西岸南翼旅游产业集群。

【“珠三角”滨海旅游带】　推动汕头、汕尾、阳江、湛江、茂名等省级滨海旅游产业园区和珠海长隆海洋王国、汕头南澳岛东海岸国际旅游度假区等省级高端旅游项目开发建设；深圳太子港国际邮轮母港、华侨城佛山顺德欢乐海岸等旅游重大项目进展顺利；珠海长隆国际海洋度假区顺利开业，阳江海陵岛大角湾成功创建国家5A级旅游景区。召开广东省海岛旅游发展大会，举办广东邮轮游艇旅游文化论坛暨2015年南沙湾游艇博览会、2015中国（广东）国际旅游产业博览会、2015广东国际旅游文化节以及广东21世纪海上丝绸之路国际博览会旅游展区，积极推进海洋旅游合作与发展。

【海南省国际旅游岛】　海南省国际旅游岛建设进一步提速，推进国内岛屿的开发建设。海南邮轮游艇业、高尔夫休闲旅游业等旅游新业态不断发展，为海南旅游创新发展奠定基础。亚龙湾、三亚湾、大东海等旅游度假区发展较为成熟，海棠湾、香水湾、清水湾、棋子湾、龙沐湾等高端滨海旅游度假区基础设施处于建设和完善中，并陆续投入运营。海洋旅游发展形成滨海度假、环岛观光、环岛游船游艇旅游、西沙旅游、环南海国家和地区豪华邮轮旅游“五环”空间结构。

海岛旅游

【辽宁省】 重点依托长山群岛、大鹿岛、菊花岛等岛屿，打造海岛度假旅游基地，并逐步带动周边一批具有开发潜力的岛屿开发。借鉴国外海岛旅游开发的成功经验，深度挖掘海洋、海岛文化内涵，实施差异化发展，实现一岛一特色，重点打造宜居、宜业、宜游的海岛旅游度假区，逐步培育成为北国海岛旅游的典范。

【山东省】 烟台长岛开发渔家风情、文化古迹、妈祖香缘、和谐生态、地质观光五大产品，荣获“2015 年最受中国游客喜爱的世界海岛旅游目的地”、“2015 年中国年度美丽休闲小城”和“最具文化创意旅游海岛”称号。威海刘公岛已成为国家 5A 级旅游景区，积极拓展旅游新业态，重点打造发展文化观光、休闲度假等旅游产品。乳山的宫家岛和环翠区的褚岛已被列入全国首批开发的无人岛名录，并已确定为旅游用岛，正在进行高标准招商。

【浙江省】 舟山市突出“海”“佛”主题，加快推进和提升大众海钓游、海鲜美食游、度假会展游、海洋文化游、舟山群岛海上游、农（渔）家乐游、禅修体验游、佛教文化旅游等海洋“八大游”项目建设，打造海洋旅游精品产品。舟山作为全国首批旅游综合改革试点城市，舟山群岛海洋旅游综合改革试验区积极打造邮轮、游艇、禅修、运动、养生和海钓基地，加快推进舟山在旅游体制机制创新、新产品开发、标准化体系研究、生态文明建设、营销模式创新、产业政策探索等六个方面先行先试。

【福建省】 旅游部门与海洋部门联合，共同签署《共同推出首批 20 个无居民海岛旅游开发合作框架协议》，出台《关于共同推进无居民海岛旅游开发的指导意见》，鼓励有条件和有开发实力的海内外投资商前来参与海岛旅游的开发。加快推进湄洲岛建设，围绕“朝圣岛、度假岛、生态岛”和世界妈祖文化中心的建设目标，充分发挥妈祖文化、滨海旅游资源和对台优势，不断完善度假区功能，促进湄台交流与合作。着力建设平潭国际旅游岛，编制《平潭国际旅游岛建设方案》和《平潭国际旅游岛发展规划》，推动引进海坛古城等旅游项目落地平潭。

【广东省】 旅游部门联合海洋渔业部门，出台《关于切实加强海岛保护有序发展海岛旅游的意见》，印发《广东省海上丝绸之路旅游合作发展规划》，推动海岛旅游专项规划编制工作。阳江海陵岛围绕建设海上丝绸之路良机，成功创建成为滨海旅游类的国家 5A 级旅游景区。加快建设汕尾市红海湾遮浪半岛滨海旅游度假区、湛江市五岛一湾等一批滨海旅游产业园区。

【海南省】 蜈支洲岛、西岛已成为国家4A 级旅游景区，分界洲岛已成功创建为国家 5A 级旅游景区，推出具备市场吸引力的海岛度假旅游产品。国家旅游局已正式批准海南三亚创建“中国国际热带滨海度假目的地”，通过持续创建，将使海岛旅游成为海南海洋旅游发展的重要支撑。

（国家旅游局）

海洋管理

海洋规划与法制建设

综 述

在我国经济增长进入“新常态”的宏观背景下，2015 年海洋经济工作坚持稳增长、促发展、调结构、惠民生的政策取向，加快推动海洋经济向质量效益型转变，促进海洋经济平稳、健康、持续发展，使海洋经济成为推动国民经济发展的新动力。为海洋强国建立夯实经济基础。

海 洋 规 划

【《全国海洋主体功能区规划》印发】 2015 年 8 月 1 日，国务院批准实施《全国海洋主体功能区规划》。该规划提出，要针对内水和领海、专属经济区和大陆架及其他管辖海域等的不同特点，根据不同海域资源环境承载能力、现有开发强度和发展潜力，合理确定不同海域主体功能，科学谋划海洋开发，调整开发内容，规范开发秩序，提高开发能力和效率，着力推动海洋开发方式向循环利用型转变，实现可持续开发利用，构建陆海协调、人海和谐的海洋空间开发格局。《全国海洋主体功能区规划》的出台实施，标志着国家主体功能区战略实现陆域空间和海域空间的全覆盖，对于推动形成陆海统筹、高效协调、可持续发展的国家空间开发格局具有重要促进作用，对于实施海洋强国战略、提高海洋开发能力、转变海洋经济发展方式、保护海洋生态环境、维护国家海洋权益等具有重要战略意义。

海 洋 政 策

【《关于加强海洋调查工作的指导意见》印发】 2015 年 2 月 27 日，国家海洋局、国家发展和改革委员会、教育部、科技部、财政部、中国科学院、国家自然科学基金委员会 7 部委联合印发《关于加强海洋调查工作的指导意见》。该意见就海洋调查规划和法规建设、海洋调查活动规范、海洋调查资料管理和共享应用、海洋调查保障能力建设、组织实施等提出建议。该意见的出台，对于推动海洋调查资料管理和共享应用，加强海洋调查保障能力建设具有重要意义。

【《水污染防治行动计划》印发】 2015 年 4 月 2 日，国务院印发《水污染防治行动计划》，计划提出到 2020 年，全国水环境质量得到阶段性改善，污染严重水体较大幅度减少，饮用水安全保障水平持续提升，地下水超采得到严格控制，地下水污染加剧趋势得到初步遏制，近岸海域环境质量稳中趋好，京津冀、“长三角”“珠三角”等区域水生态环境状况有所好转。《水污染防治行动计划》从全面控制污染物排放、推动经济结构转型升级、着力节约保护水资源、强化科技支撑、充分发挥市场机制作用、严格环境执法监管、切实加强水环境管理、全力保障水生态环境安全、明确和落实各方责任、强化公众参与和社会监督十个方面开展防治行动。

【《风暴潮、海浪、海啸和海冰灾害应急预案》修订】 2015 年 5 月 28 日，国家海洋局修订印发《风暴潮、海浪、海啸和海冰灾害应急预案》。此次修订内容主要体现在八个方面：一是调整适用范围。二是应急响应级别与警报级别不再自动逐一对应。三是增加应急响应级别研判和领导签发环节。四是将行政部署环节提前。五是丰富应急观测和数据传输相关内容。六是调整警报制作的发布形式。七是规范并丰富应急决策服务和灾害调查评估的内容。八是增加了应急工作情况公开等内容。同时，修订后的《风暴潮、海浪、海啸和海冰灾害应急预案》还增加了应急响应启动标准简表、应急响应程序简表等内容，方便海洋灾害应急工作者使用。

【《关于推进海洋生态环境监测网络建设的意见》印发】 2015年12月4日，国家海洋局印发《关于推进海洋生态环境监测网络建设的意见》。该意见提出海洋生态环境监测网络建设目标是：到2020年，基本实现全国海洋生态环境监测网络的科学布局，监测预警能力、信息化和保障水平显著提升，监测数据信息互联共享、高效利用，监测与监管协同联动。全面建成协调统一、信息共享、测管协同的全国海洋生态环境监测网络。该意见围绕健全海洋生态环境监测网络运行管理机制、优化完善海洋生态环境监测网络布局、推进监测信息集成共享和信息公开、提升海洋综合管理和服务支撑效能、健全海洋生态环境监测评价标准规范体系、加强海洋生态环境综合监测能力建设等方面，进一步部署推进海洋生态环境监测网络建设相关工作。该意见的出台，将为海洋生态文明建设和基于生态系统的海洋综合管理提供重要保障。

海洋法制建设

【国家海洋局印发《关于贯彻实施〈中华人民共和国行政诉讼法〉的通知》】 2015年6月15日，国家海洋局印发《关于贯彻实施〈中华人民共和国行政诉讼法〉的通知》。《通知》从充分认识贯彻实施《行政诉讼法》的重大意义、严格落实《行政诉讼法》对海洋综合管理的新要求、加强组织领导三个方面对海洋系统贯彻实施《行政诉讼法》提出要求，并明确各级海洋主管部门要按照“权责一致、谁行为谁负责”的原则建立分工明确、运转协调的内部行政应诉工作机制。

【中共国家海洋局党组审议通过《关于全面推进依法行政加快建设法治海洋的决定》】 2015年7月20日，中共国家海洋局党组审议通过《关于全面推进依法行政加快建设法治海洋的决定》。根据《决定》，全面推进海洋领域依法行政的总目标是建成法治海洋。到2020年，建成法制完备、职能科学、权责统一的海洋管理体系，建设廉洁勤政、权威高效、执法严明的海洋管理队伍，构建法治统筹、公正文明、守法诚信的海洋管理秩序。

【国家海洋局修订印发《国家海洋局规范性文件制定程序管理规定》】 2015年10月22日，国家海洋局修订印发《国家海洋局规范性文件制定程序管理规定》，进一步完善规范性文件的制定程序，加强规范性文件管理。

【国家海洋局印发《国家海洋局推广随机抽查规范事中事后监管实施方案》】 2015年11月23日，国家海洋局印发《国家海洋局推广随机抽查规范事中事后监管实施方案》。该方案提出在海域使用、海洋生态环境保护、无居民海岛开发与保护、海底电缆管道路由调查勘测铺设施工、伏季休渔海上执法监管活动等领域推广实施随机抽查，规范事中事后监管。

【《中华人民共和国海上海事行政处罚规定》出台】 2015年5月29日，中华人民共和国交通运输部令2015年第8号公布《中华人民共和国海上海事行政处罚规定》。该规定分总则、海事行政处罚的适用、海事行政违法行为和行政处罚、海事行政处罚程序、附则共五章一百一十八条，自2015年7月1日起施行。2003年7月10日以交通部令2003年第8号公布的《中华人民共和国海上海事行政处罚规定》同时废止。

【《中华人民共和国国家安全法》颁布】 2015年7月1日，第十二届全国人大常委会第十五次会议表决通过新的《国家安全法》。该法于2015年7月1日起施行，共分七章八十四条，对维护国家安全的任务与职责，国家安全制度，国家安全保障，公民、组织的义务和权利等方面进行规定。该法对政治安全、国土安全、军事安全、文化安全、科技安全等传统安全领域的国家安全任务进行明确，同时也对外层空间安全、国际海底区域安全和极地安全等新型领域的国家安全任务作出规定：国家坚持和平探索和利用外层空间、国际海底区域和极地，增强安全进出、科学考察、开发利用的能力，加强国际合作，维护我国在外层空间、国际海底区域和极地的活动、资产和其他利益的安全。

【《海洋可再生能源资金项目验收细则》(试行)印发】 2015年8月12日，国家海洋局印发《海洋可再生能源资金项目验收细则》(试行)。该细则主要内容包括总则、验收组织、验收准备、正式验收、相关责任和附则6个部分，不仅明确国家海洋局有关部门、省级海洋行政主管部门、海洋能管理中心、验收专家组和项目承担单位的义务和责任，还明确专项资金项目通过验收的基本条件、通过验收或结题的最低条件和项目完成不同情况的奖励与处罚，以底线思维倒逼项目任务完成。该细则的发布与实施，是全面贯彻落实中央关于建设海洋强国和“一带一路”战略部署的重要举措，将进一步指导和推动今后一段时间我国海洋能技术工程化和产业化发展。

【《中华人民共和国大气污染防治法》修订颁布】 2015年8月29日，第十二届全国人民代表大会常务委员会第十六次会议表决通过修订后的《中华人民共和国大气污染防治法》。该法共八章一百二十九条，除总则、法律责任和附则外，分别对大气污染防治标准和限期达标规划、大气污染防治的监督管理、大气污染防治措施、重点区域大气污染联合防治、重污染天气应对等内容作规定。该法规定，海洋工程的大气污染防治，依照《中华人民共和国海洋环境保护法》的有关规定执行。

（国家海洋局政策法制与岛屿权益司）

海 域 使 用 管 理

综 述

2015年全国各级海洋行政管理部门认真落实习近平总书记对海洋工作的“四个转变”重要指示，坚持依法治海，扎实推进海域综合管理体系和能力现代化建设，不断提升海洋资源开发利用效率、效益和管控能力，为我国国民经济与社会发展和海洋强国建设做出积极贡献。2015年，全国共新增确权用海项目3468个，颁发海域使用权证书8480本，新增确权海域面积25.36万公顷，征收海域使用金82.06亿元。

【海域综合管理政策法规】 各级海洋行政主管部门不断深化海域管理配套制度建设与政策研究，进一步完善海域管理法律法规体系。

国家海洋局印发《推广随机抽查规范事中事后监管实施方案》，落实简政放权、放管结合、优化服务的要求，推进海洋领域采取随机抽查方式开展执法检查工作，强化事中事后监管。会同财政部联合印发《中央海岛和海域保护资金使用管理办法》，提高财政资金效益，优化海洋经济发展。印发《重点区域海域使用权属核查总体方案》《重点区域海域使用权属核查技术规程》和《重点区域海域使用权属核查验收办法》，准确掌握区域内海域使用权属数据和海域使用现状，为依法科学配置海域资源，提高海域使用行政审批效率等奠定基础。印发《县级海域动态监管能力建设项目管理办法》，加强县级海域动态监管能力建设项目管理，确保项目实施质量和效果。

沿海省、自治区、直辖市结合地方实际，出台各类海域综合管理政策文件22个。

【海洋功能区划】 启动《海洋功能区划管理规定》的修订工作。组织审查辽宁、山东、江苏、浙江、福建、广东和海南7省省级海洋功能区划修改方案，征求发改委、国土部、环保部、农业部等相关部门的意见。开展基于海洋生态系统的海洋功能区划研究，统筹考虑海洋生态系统结构功能的稳定性及海洋资源可持续利用的需求，探索建立基于生态系统的海洋功能区划理论方法体系。

【海域权属管理】 2015年，落实国家宏观调控和产业政策，规范海域使用申请审批，依法推进海域使用权招标拍卖挂牌，提高海域资源配置和保障能力。全年报国务院批准重大项目用海32个，用海面积合计3311公顷，项目投资总规模达1643亿元，分别同比增长52%、27%、9.4%。全年新增确权用海项目3468个，颁发海域使用权证书8480本，新增确权海域面积25.36万公顷。全国办理海域使用权抵押登记944个，涉及海域面积12.19万公顷，抵押金额344.78亿元。

【海域有偿使用】 2015年，各级海洋部门进一步加强海域使用金征收管理，严格按程序开展海域使用金减免审查，实现海域国有资源性资产的保值增值。全国原有项目征收海域使用金11.46亿元，新增项目征收海域使用金70.60亿元，总计征收82.06亿元。其中，缴入中央国库23.25亿元，缴入地方国库58.81亿元。

【围填海管理】 2015年，按照海洋生态文明建设要求，加强围填海管控，全国填海确权面积11055.29公顷。依托围填海计划台账系统对全国围填海计划执行情况实施监督管理，严格控制围填海项目总量，全年共安排建设用围填海计划指标10595公顷，农业用围填海计划指标1225公顷。开展《围填海计划管理办法》修订前期研究，起草相关配套文件。按照依法治海、生态管海的要求，严格区域用海规划审查，全年批准区域建设用海规划 3 个，规划用海面积 2224.24 公顷，规划填海面积 2183.53 公顷。

【海底电缆管道管理】 推进海洋石油天然气管道保护条例立法工作，加强海底电缆管道保护与管理。2015 年，国家海洋局批准新跨太平洋（NCP）国际海底光缆工程上海段等 3 个海底电缆管道路由调查勘测，长度约 3350 千米，批准亚太直达国际光缆（APG）中国南海海域段海底电缆管道铺设施工，长度约 3000 千米。国家海洋局北海分局、东海分局和南海分局共批准海底电缆管道路由调查 37.9 千米；批准海底电缆管道铺设施工 29 条，其中，电缆 10 条，长度 158.98 千米，管道 19 条，长度 185.64 千米，铺设完工注册备案 33 条，废弃海底电缆管道 2 条。

联合工信部采取有力措施加强中国人民抗日战争暨世界反法西斯战争胜利 70 周年纪念活动期间海底光缆保护，保障纪念活动期间海底光缆安全通畅。

【海域动态监视监测】 海域动态监管水平不断提升，基本完成国家海域动态监视监测管理系统升级改造，全面开展县级海域动态监管能力建设，组织各地开展机构队伍建设和相关软硬件设备的招标采购，依托海域动态专网实现与中央投资项目审批监管平台的横向联通和国家、省、市、县各级海洋管理部门的纵向贯通。2015 年，扎实推进海域动态监视监测业务，完成三期全国低精遥感监测、一期高精遥感监测。组织开展重点用海项目和区域用海规划现场监测 1642 次，完成无人机遥感监测面积 4500 平方千米；开展疑点疑区遥感监测，监测发现新增较大规模围填海 345 处，其中疑点疑区 89 处。组织省级、市级海域动态监管中心对全国 1497 个用海项目进行 1466 次现场监测，累计监测面积 8.1 万公顷，出具监测报告 1175 份；对 82 个区域用海规划实施状况进行 176 次现场监测，累计监测面积 18.9 万公顷，出具监测报告 108 份。

【海域使用论证评估】 开展海域使用论证制度建设和监管模式、海域使用论证报告内审与质控体系、海域使用论证与动态监测报告对比分析等制度研究工作。制订海域使用论证改革方案。组织开展海域使用论证从业人员考试、资质认定和论证报告检查等工作。开发考试网络报名系统，颁发2500 余本岗位证书。启动海域使用论证资质认定工作，共计 25 家单位取得资质或晋级，推进海域使用论证技术服务市场的培育。加强对海域使用论证报告质量的监督，组织开展海域使用论证报告检查工作，对 16 家资质单位进行通报处理。加强海域评估管理。在《海域评价技术指引》基础上，组织编制《海域评估技术规范》，开展海域基准价格试点研究，起草《海域评估及相关评估行业发展研究报告》。

（国家海洋局海域综合管理司）

各海区海域使用管理

【北海区海域使用管理】 组织开展北海区海域使用权属核查，选取河北省沧州市渤海新区和山东省日照市岚山区作为重点区域开展海域使用权属核查，组织协调河北省海洋局和山东省海洋与渔业厅及相关技术单位核查重点区域内 249 宗用海的权属信息，现场核查测量 57 宗用海。组织开展北海区国家海域使用管理专项调研工作，对辽宁省、河北省、天津市和山东省制定的海域使用管理相关 4 部地方法规和 69 部规范性文件进行审查，对 2011—2015 年安排围填海指标的 1278 个项目的核减情况进行核实，对北海区区域用海规划内用海项目落实情况和确权发证情况进行统计，对北海区 1051 宗围填海项目的实施情况进行梳理，对 94 个用海疑点疑区进行核查，对 2011—2015 年北海区海域执法检查情况进行计。组织开展北海区“三省一市”危化品设施项目用海情况摸底调查。完成黄骅港三期工程等 7 个项目的填海竣工验收工作。办理 57 个石油勘探项目的临时用海备案，审查 3 宗胜利油田临时用海申请。完成海域使用论证从业人员考试青岛考点的考试组织工作。

海底电缆管道管理完善海底电缆管道路由调查勘测、铺设施工、注册备案工作程序，加强海底电缆管道铺设事中事后监督管理。批复6个项目的路由调查申请和5个项目的海底电缆管道铺设施工申请。办理3项油气管道维修备案。办理18条海底电缆管道注册备案和2条海底电缆管道的废弃注销。

航空巡查和遥感数据获取组织完成青岛董家口港口物流产业聚集区区域建设用海项目等3个区块的海域使用航空遥感正射影像数据获取工作，组织开展海域使用航空巡航监视工作。（国家海洋局北海分局）

【东海区海域使用管理】 **监管职责研究** 研究和起草东海分局海域监管的职责定位，根据国家海洋局简政放权职责事项清单，针对分局涉及的4条海域管理事项进行认真研究，形成东海分局承担放权事项的工作思路和方案。

研究上报构建分局与省市海域监管工作机制以及分局开展海区海域使用全过程监管的工作设想，强化分局作为海区监管机构的作用。

专项任务开展情况 组织完成东海区“三省一市”海域使用管理情况的专项调研，制定实施方案，组织开展外业核查和内业查阅，编制并上报调研报告。

组织实施2015年上海考区海域使用论证从业人员考试，落实考场，制订考务细则，落实座位分配、监考巡考安保等各项考务工作。

组织开展东海区海域使用权属核查任务。选定海区核查的重点区域，组织编制核查“工作方案”和“实施方案”，按进度推进内业核查、外业调查测量、数据整理、成果编制等各阶段核查任务，并顺利通过东海分局自验收会议。

开展海区危化品设施项目用海情况摸底调查和汇总上报。

国管用海项目和区域用海规划监督管理组织开展苍南县江南海涂围垦工程中心渔港配套设施建设、洋山四期和东侧配套区等填海工程竣工海域使用验收。

组织开展对浙江三门核电一期工程、浙江台州第二发电厂“上大压小”工程、福建福清核电、莆田罗屿作业区9-10#泊位等国管项目的监视监测。

开展对温州市瓯飞淤涨型高涂围垦养殖用海规划、如东洋口旅游经济开发区、宁德三屿工业区、莆田市涵江临港产业园、国投湄洲湾石门澳产业园、福建莆头作业区等区域用海规划实施情况的监视监测。

对新批用海项目下发监管文件。对海区国管项目开展年度问卷调查。

海底电缆管道管理 组织召开新跨太平洋（NCP）国际海底光缆工程上海崇明段和上海南汇段预选路由、宁波气田群（一期）开发工程预选路由的协调暨桌面研究报告审查会。

编制上报《外国船舶进入中国领海、内海进行海底电缆管道维修、改造和拆除批准审批事项服务指南》和《外国船舶进入中国领海、内海进行海底电缆管道维修、改造和拆除批准审查工作细则》。

按照《国务院办公厅关于清理规范国务院部门行政审批中介服务的通知》要求，对海底电缆管道审批管理中涉及的中介服务事项进行梳理，上报分局对清理规范工作的意见。

开展“中国人民抗日战争暨世界反法西斯战争胜利70周年纪念活动”期间东海海底光缆和管道的保护工作。

2015年1—12月份，共受理审批36件海底电缆管道铺设施工、路由调查、维修施工等许可申请，发布管理公告27期。

课题研究工作组织开展“东海区海域综合管理政策和油气管道保护立法调研”、“国管项目填海海域使用竣工验收审查工作规则研究”和“闲置海域处置管理办法研究”等3项课题的研究。（国家海洋局东海分局）

【南海区海域使用管理】 **澳门特别行政区习惯水域管理范围划定调查与论证** 根据国家

海洋局要求，南海分局负责完成澳门特别行政区习惯水域管理范围划定调查与论证工作，具体技术工作由国家海洋局南海规划与环境研究院承担。南海分局积极开展相关资料收集和调查研究工作，组织召开由广州军区、南海舰队、广东边防总队、广东海事、交通、水利、港澳流动渔民协会等 17 家单位参加的“明确澳门习惯水域管理范围调研座谈会”，收集相关资料，并形成会议纪要；成立调研组，先后对广东、珠海、澳门等部门进行走访和调研，收集双方相关的诉求，并按照技术方案的要求，启动各项专题研究，开展外业测量工作，完成《澳门习惯水域管理范围技术性建议方案》并提交国家海洋局。国务院常务会议于 2015 年 12 月 16 日通过澳门特别行政区行政区域图（草案），明确澳门水域管理范围。

开展南海区海域使用管理专项调研　根据《国家海洋局办公室关于开展国家海域使用管理专项调研工作的通知》（海办管字 [2015] 454 号）文件精神，南海分局于 2015 年 7 月 28 日至8 月 31 日期间，成立调研组，对广东、广西、海南三省（区）海域使用管理情况进行深入调研，与各省（区）海域使用管理部门和单位召开座谈会，听取汇报和现场交流，调阅用海项目的审批档案资料和查处案件卷宗，对相关用海项目及疑点疑区进行现场踏勘，并形成南海区海域使用管理专项调研报告上报国家海洋局。

部署实施南海区海域权属核查　2015 年，南海分局选取湛江市霞山区作为 2015 年度权属核查区，对该区域所有涉海项目实施权属核查，完成该区域的《权属核查工作报告》和《权属核查技术成果报告》以及相关成果图件。

填海项目竣工海域使用验收工作　受国家海洋局委托，南海分局按照相关法律法规要求开展南海区填海项目海域使用竣工验收工作。对各类竣工填海项目，实地测量阶段派人现场监督，确保测量数据取得方式真实有效；资料审查阶段严格细致，确保资料数据翔实可靠；验收会前认真部署，加强沟通，会中充分听取各方意见，会后及时完成验收情况报告，确保验收结论客观准确。2015 年分别组织开展惠州港国际集装箱码头工程项目、中海油荔湾 3-1 陆上终端项目、广西液化天然气（LNG）项目、港珠澳大桥项目珠澳人工岛、华厦阳西电厂一期工程等 5 个填海工程竣工海域使用验收工作。

常态化开展南海区海域综合管理业务监督工作　2015 年南海分局将国管用海项目的日常监督管理工作分解到各中心站，由其对辖区内的国管用海项目进行跟进解、掌握。海区下属各中心站先后走访陆丰核电项目、中委石化项目、湛江东海岛附近海域、北海铁山港区域用海规划、海南儋州海花岛区域用海规划、前海湾和大鹏湾海域、中海油 LNG 项目、湛江钢铁项目、北海铁山港区域用海、海口如意岛区域用海规划等国管用海项目及相关利益者，了解项目海域使用情况、相关海域管理对策落实情况，并为项目建设提供技术咨询服务。2015 年 5 月至 11 月，对陆丰核电项目、防城港钢铁基地项目、防城港核电项目、海口如意岛区域建设用海规划、海口南海明珠区域建设用海规划、海南炼化 100 万吨乙烯项目、海南儋州区域建设用海规划、海南昌江核电项目进行监督检查，掌握目前项目进展、相关利益者协调、海域使用和海洋环境保护对策措施的落实等相关情况，并针对检查中出现的重点问题，印发“监督检查工作反馈意见”。

组织开展海底电缆管道日常管理　2015 年南海分局继续本着依法用海和服务用海相结合的原则，对各类铺设海底电缆管道项目规范审批程序、严格遵守审批时限，确保海底电缆管道路由设置合理，协调方案和补偿措施落实到位。2015 年共完成 12 宗电缆紧急维修、石油平台间 16 条海底电缆管道铺设施工以及 13 条海底电缆管道铺设完工的备案工作，并及时将管线铺设情况通报中国海监南海总队，以便进行有效监管。受国家海洋局委托，2月完成对AAE-1海底通讯光缆的桌面报告审查。

组织海域使用论证从业人员考试 根据国家海洋局海域司的工作安排，南海分局负责2015年度海域使用论证从业人员考试广州考区的组织协调工作。南海分局认真组织人力物力开展布场、监考等工作，保证广州考区近850余人次考试工作的顺利实施。

（国家海洋局南海分局）

海岛管理

综 述

【海岛保护管理制度建设】 完善海岛统计调查制度。2015年12月22日，为进一步提高海岛统计调查制度的科学性、合理性和针对性，经国家统计局批准同意，国家海洋局对《海岛统计报表制度》进行修订，对海岛生态保护、海岛开发利用、海岛人居环境、特殊用途海岛保护和海岛管理等方面进行统计。

沿海各省、自治区、直辖市海洋主管部门积极推进省级海岛保护与利用法律制度建设，山东省出台《山东省无居民海岛使用审批管理暂行办法》和《山东省无居民海岛使用权招标拍卖挂牌出让管理暂行办法》。

【海岛生态保护】 编制《全国海岛保护“十三五”工作规划大纲》，落实十八大以来中央大政方针，特别是海洋强国战略、生态文明建设和海洋主体功能区划的内容，提出基于生态系统的海岛综合管理具体措施，形成“十三五”期间海岛保护工作的主要思路。

完善海岛生态保护制度体系，组织开展海岛资源环境承载力监测预警制度研究，初步完成指标体系框架设计，并以河北省为试点完成试评估工作；研究制定海岛生态红线的相关政策。

推进海岛整治修复，利用2015年中央海岛和海域保护资金投入9.46亿元支持沿海地区开展海岛生态修复，改善海岛生态环境，提高居民生活水平。

推进领海基点等特殊用途海岛保护与管理，山东、上海、福建等省市完成11个领海基点保护范围选划并在部分领海基点保护范围设置标志。目前全国共有22个领海基点保护范围经省政府批准对外公布。

【无居民海岛有偿使用管理】 无居民海岛开发利用确权发证工作有序推进。2015年，沿海各省共颁发无居民海岛使用权证书3个，其中，浙江省扁鳗屿成为首个确权发证的公益性用岛。

2015年6月30日，国家海洋局印发《国家海洋局关于取消无居民海岛使用论证、海岛保护规划等推荐单位名单（名录）的通知》，对海岛行政审批中介服务事项进行清理。

（国家海洋局政策法制与岛屿权益司）

【海洋公益科研专项—海岛旅游海滩管理技术研究与应用示范】 该项目获得2014年海洋公益性行业专项资助，由海岛中心牵头负责实施，项目通过对我国海岛海滩相关资料的收集与自然、社会属性补充调查，掌握不同类型海岛旅游海滩资源特征、开发管理现状，研究建立海岛旅游海滩选划标准与质量评估技术体系；建立海岛旅游海滩环境立体监测技术体系；开发海岛旅游海滩安全调控与环境保护技术；建立海岛旅游海滩生态开发利用模式；开发海岛旅游海滩开发管理决策服务信息系统；并选择4个示范区加以应用示范。为我国制定海岛开发与保护管理提供理论与技术支持，促进海岛资源的可持续利用。2015年，项目已完成全国42个代表性海岛海滩一年周期冬夏两季补充调查，开展建立示范区立体监视监测体系的前期工作等。

【第一次全国海洋经济调查—海岛地区小康社会标准及评价指标研究】 2015年，认真开展海岛地区小康社会建设现状的调查与分析，建立海岛地区小康社会评价指标体系，分析样本海岛地区的小康社会实现程度。该研究结果对于客观评价海岛地区小康社会建设现状，有针对性地促进我国海岛地区的小康社会建设提供借鉴与学习。

【涉岛建设项目用海管理政策研究】 2015

年，项目开展我国海域使用过程涉及海岛开发管理政策研究，统计全国涉岛用海情况，提交涉岛建设项目用海管理政策建议报告1份。

【海岛信息集成与应用研究】 2015年，项目开展典型海岛的调研、资料收集和科普资源挖掘工作，编制海岛科学展示大纲，经海岛展览展示的概念设计、深化设计和布展建设，初步构建海岛综合展示系统，包括完成典型海岛形成与演化模型与数字内容、全球海岛分布特征模型与数字软件、海岛价值与权益系列视频等内容的制作与展示。该系统有助于搭建海岛业务与科研成果交流平台，为下一步海岛科学博物馆及海岛文化宣传教育基地建设奠定基础。此外，海岛中心还建设完成海岛管理信息系统结点，并开展数据中心与网络总体规划，实现海岛中心海域专网与数字海洋专网的终端融合。

（国家海洋局海岛研究中心）

各海区海岛管理

【北海区海岛管理】 海岛监视监测示范组织开展北海区三省一市县级以上常态化海岛监视监测体系建设情况调研和评估工作。组织开展大长山、湖平岛、海驴岛、千里岩、达山岛5个海岛及周边海域的人为活动监视；开展8.6千米岛体岸线监测；采用遥感监测结合现场验证的方法开展海岛地形监测，绘制海岛地形图15幅；开展48个站次的水质、沉积物和生物现场调查；开展海岛物种登记调查，共获取250份植物标本，制作5本海岛物种登记图集；获取海岛监视监测照片1500张，填写海岛监视监测成果表50余份。

海岛生态实验基地示范选取菜坨子、湖平岛、海驴岛、千里岩4个海岛开展北海区海岛生态实验基地示范，已完成海岛周边海域生态环境调查，开展湖平岛智能视频和雷达监控系统安装选址、地质基础及配套设施可行性调研和视频和雷达监控系统的设计工作，千里岩岛上高清视频监控实现成功运行，组织开展海驴岛鸟类摄影展。

海岛监督管理对北海区34个海岛整治修复项目进行监督检查并对祥云岛等3个海岛进行现场检查。组织开展北海区领海基点海岛保护情况监督检查。组织开展2014年度北海区海岛统计工作，为编制《2014年海岛统计调查公报》提供数据支持。协调推进千里岩公益性用岛确权工作。

海岛监视和遥感数据获取组织完成8个领海基点所在海岛、10个省际争议海岛及其他35个海岛的航空遥感监视工作，组织完成千里岩、大公岛等7个区块24个海岛的真三维数据获取工作。 （国家海洋局北海分局）

【东海区海岛管理】 **完善分局海岛监视监测业务化运行体系** 通过编制《2016年东海分局海岛监视监测工作方案》，进一步完善分局海岛监视监测业务化运行体系，落实2016年度海岛监视监测工作任务，为2016年海岛监管提供有效的技术支撑。

无居民海岛上的海洋观测站确权发证 经过两年的努力，2015年9月浙江扁鳗屿海洋站的用岛确权工作终于完成，成为全国首个公益性用岛项目，为海洋局沿海台站规范性用岛创造范例。

东海区海岛总体变化情况的卫星遥感监视监测 重点对省际间争议海岛（七星列岛）、部分有重要生态价值和已开发利用的无居民海岛、部分有居民海岛等30个海岛进行卫星遥感监测试点，完成相关遥感监视监测报告编制。

东海区示范性海岛监视监测 重点对13个领海基点所在海岛、1个有居民海岛和4个无居民海岛进行示范性监视监测，目前正在进行成果汇总和项目总报告编制。

东海区海岛管理信息系统建设建设 基于东海分局综合信息平台的海岛管理信息节点，已上线试运行。

东海区“3省1市”无居民海岛保护与利用情况监督检查 完成2处的现场监督检查，编制完成2015年东海区无居民海岛保护与利用情况监督检查报告。

东海区海岛整治修复项目和中央海岛保护专项资金监督检查　共完成现场监督检查10个项目（覆盖3省1市，含1个中央海岛保护专项），形成10份现场检查意见，完成对其余35个项目的执行情况报告审查，编制完成2015年度监督检查意见。

海岛生态建设实验基地研究　完成资料收集，深化5个生态建设实验基地试点工作的实施方案，编制国家海岛生态建设实验基地研究报告1份，海岛生态建设实验基地试点论证报告5份。

海岛统计工作　承办第二期海岛统计培训班，培训学员约100人次。开展2014年度东海分局海岛工作统计，编制调查统计报表1套。组织开展2015年度东海区海岛统计报表和公报（初稿）的统计、编制工作。

生态区划研究　开展生态评价运行机制、东海区海岛岛群划分法及海岛生态功能区划系统的研究；开展典型海岛生态区划试点。编制完成相关成果报告。

第二次全国海岛资源综合调查　组织开展第二次全国海岛资源综合调查项目—东海区远岸岛调查工作。对3个重点区块开展7个航次的调查，完成水文气象、水质、生物生态、底栖生物、多波束、浅地层剖面等调查内容。

800吨和300吨调查船重大维修改造已开工，中国海监50船重大维修改造已完成招投标、合同签订；大型仪器采购已完成招投标和合同签订，大部分已到货验收。

（国家海洋局东海分局）

【南海区海岛管理】　海洋综合公益性服务海岛建设　公益用岛是将海岛确权与公益性服务功能相结合的用岛项目，南海分局在2014年海洋综合公益性服务海岛建设选址工作的基础上，2015年明确将广东省汕头市南澳县平屿、惠州市许洲、广西壮族自治区钦州市大红沙岛列为开展南海区公益性用岛项目目标海岛，着重推进公益用岛的申报确权工作。三个海岛均已通过海岛保护与利用规划的专家评审，正式进入申请审批程序。

南海区县级以上海岛常态化监视监测　南海分局于2015年初，组织所属各相关单位部署安排各项工作，建立由分局统一领导、相关单位共同参与的业务管理协调机制。通过在南海三省（区）实施海岛日常定期巡查和航空巡视巡查，完成南海区海岛常规巡查和重点海岛的核查工作，并形成相关成果。2015年3月下旬至4月上旬，先后赴海南省、广西壮族自治区、广东省调研，通过与辖区内各省（区）、计划单列市和部分市县的海洋管理部门现场座谈、收集书面资料等方式，基本解地方各级海洋管理部门2014年以来海岛动态监视监测工作开展情况，并将调研情况整理形成《2014年度南海区县级以上常态化海岛监视监测体系建设情况评估报告》上报国家海洋局。

示范性海岛监视监测工作　2015年南海分局正式启动示范性海岛监视监测工作。所辖海区共选择6个海岛开展示范性海岛监视监测工作，分别是3个无居民海岛：广东汕头市平屿、广东惠州市许洲、广西钦州市大红沙；1个领海基点海岛——海南峻壁角；1个有居民海岛——海南赵述岛。对上述6个海岛，通过日常巡查、航空巡视以及现场监测等方式，掌握岛陆和周边海域全要素变化情况并形成相关成果。

领海基点保护配套制度研究　领海基点海岛属于特殊用途海岛，事关国家权益、国防安全，“十二五”规划和“全国海岛保护规划”均明确提出对领海基点海岛加强保护。2015年，南海分局承担领海基点保护配套制度研究工作。自2015年3月起，通过调研、收集资料、专家咨询及审查等方式，编制完成《领海基点保护范围内工程建设管理办法》等政策文件建议稿。（国家海洋局南海分局）

海 洋 环 境 保 护

综　述

2015年，国家海洋局根据党中央、国务院关于加强生态文明建设的战略部署，以强化海洋生态文明建设为主题，以顶层谋划为先导，深化制度与能力建设，强化事中事后监管，推动海洋生态环境保护工作简政增效、提速快行，切实做好海洋生态环境监督管理、监测评价、生态保护、应急响应等各项工作。

【中国海洋环境状况】 近岸局部海域海水环境污染依然严重。2015年，冬季、春季、夏季和秋季劣于第四类海水水质标准的海域面积分别为6.7万平方千米、5.2万平方千米、4.0万平方千米和6.3万平方千米，主要分布在辽东湾、渤海湾、莱州湾、江苏沿岸、长江口、杭州湾、珠江口等近岸海域，主要污染物为无机氮、活性磷酸盐和石油类。夏季重度富营养化海域面积约2万平方千米，主要集中在辽东湾、长江口、杭州湾、珠江口等近岸区域。面积大于100平方千米的44个海湾中，21个海湾四季均出现劣于四类海水水质标准的海域，主要污染物为无机氮、活性磷酸盐和石油类。

典型海洋生态系统健康状况不容乐观。实施监测的河口、海湾、滩涂湿地、珊瑚礁等典型海洋生态系统86%处于亚健康和不健康状态。其中杭州湾、锦州湾持续处于不健康状态；雷州半岛西南沿岸、广西北海的珊瑚礁生态系统健康状况下降。

陆源入海污染居高不下。监测的77条主要河流携带入海的污染物总量约1750万吨。在枯水期、丰水期、平水期，入海监测断面水质劣于第Ⅴ类地表水水质标准的河流比例分别为58%、56%和45%。陆源入海排污口达标排放率仍然较低，监测的445个入海排污口全年达标排放次数占监测总次数的50%，较上年下降2%。入海排污口临近海域环境质量总体较差，88%的排污口临近海域水质不能满足所在海洋功能区环境质量要求。

海洋功能区环境基本满足使用要求。海洋倾倒区环境状况稳定，海洋油气田区水质和沉积物质量基本符合海洋功能区环境保护要求，未对周边海域生态环境及其他海上活动产生明显影响；重点监测的海水浴场、滨海旅游度假区水质状况总体良好，海水增养殖区环境质量状况稳中趋好，基本满足沿海生产生活用海需求。

海洋环境风险仍然突出。2015年全海域发现赤潮共计35次，累计面积2809平方千米，分别较上年减少21次和4481平方千米。东海依然为赤潮高发海域，赤潮发现次数占总数的43%；渤海赤潮累计面积最大，占总面积的54%。黄海绿潮灾害规模为5年来最大，其中最大分布面积约52700平方千米、最大覆盖面积约594平方千米。渤海、黄海和东海局部滨海地区海水入侵和土壤盐渍化加重，砂质和粉砂淤泥质海岸侵蚀严重。

【海洋环境监测评价】 2015年，国家海洋局组织各级海洋行政主管部门对我国管辖海域海洋环境实施监测工作。各级海洋环境监测机构共布设监测站位约11000个，派出监测人员约56200人次，船舶监测约9200艘次，获得监测数据约200万个。贯彻落实《水污染防治行动计划》，研究提出近岸海域污染防治措施。推动海洋垃圾防治，提出中美海洋垃圾防治“姊妹城市”建设思路。继续以海洋站为重点推进基层监测机构能力建设，出台《海洋环境监测站监测能力建设指南》。出台《关于规范海洋生态环境监测数据管理工作的意见》《关于推进海洋生态环境监测网络建设的意见》《海洋环境监测信息公开方案》等文件，印发《海水质量状况评价技术规程》等 10 项暂行技术规程，成立全国海洋生态环境监测质量管理办公室，进一步建立健全海洋环境监测管理制度和技术标准体系。继续推进西太平洋海洋放射性监测预警体系建设，完成 2 个西太平洋海域和 6 个管辖海域监测航次工作。

【海洋生态文明建设】 强化海洋生态文明建设顶层谋划与示范推进。编制实施《国家海洋局海洋生态文明建设实施方案》，提出 31 项主要任务和 20 项重大项目工程，明确“十三五”期间海洋生态文明建设的“时间表”和“路线图”。深入推进海洋生态文明示范区建设，组织开展第二批国家级海洋生态文明建设示范区评选，批准建立深圳大鹏新区等 12 个国家级示范区。

深化海洋生态环境保护制度建设。推进海洋生态红线制度建设，组织制订《关于加快建立全国海洋生态红线制度的意见》及技术指南。制定海洋生态环境质量通报制度，督促沿海地方政府落实高海洋环保责任。推进资源环境承载能力监测预警制度建设，构建海洋领域评估指标体系和方法，完成 20 个县级单元的试点工作和河北省试评估。

强化保护区管理和能力建设。批准建立辽宁团山等 3 处国家级海洋公园，组织开展 10 个国家级海洋特别保护区选划申报工作，批复韭山列岛等 5 个国家级海洋保护区总体规划。健全完善保护区管理制度，印发《国家级海洋保护区监督检查办法》，组织开展国家级海洋保护区监督检查。

深入推进海洋生态修复和污染防治。积极开展重大生态修复项目的谋划设计工作，“蓝色海湾”“南红北柳”等重大生态修复项目写入“十三五”规划纲要。沿海各地也积极推进生态修复和污染防治工作，江苏以省政府名义出台《关于加强近岸海域污染防治工作的意见》，厦门印发《厦门近岸海域水环境污染治理方案》，青岛推动胶州湾环境综合整治取得初步成效，宁波持续开展象山港综合治理工作，广东启动惠州市考洲洋等首批 3 处美丽海湾建设试点。

【海洋环境保护监督管理】 加强法律法规和规章制度建设。推进《海洋环境保护法》和《海洋石油勘探开发环境保护管理条例》修订工作，配合做好《防治海洋工程建设项目污染损害海洋环境管理条例》等法律法规修订工作。开展《海洋工程环评管理规定》《海洋倾废管理条例实施办法》《海洋核应急监测预报预案》等规范性文件修订工作。

积极推进海洋行政许可事项简政增效工作。落实国务院关于简政放权的相关部署，编制海洋工程项目环境影响评价等 9 项行政许可事项的服务指南和审查细则，完成编制海洋工程建设项目环境影响报告书等 8 项中介服务事项的规范清理，山东、浙江、福建将海洋工程环评报告书核准下放到市级海洋行政主管部门，将工作重心转向事中事后监管。多措并举提升海洋行政审批办理效率和水平，优化海洋环评报告书审查程序，将征求部门意见等四步程序由“串联”办理改为“并联”办理，同时实施行政许可质量年活动，组织开展全国海洋环评报告书报告质量抽检和临时性海洋倾倒区选划报告评审。

严格海洋倾废监督管理。加强倾倒区使用的监督检查和跟踪监测，严格把好海洋倾废许可证审核签发关口。2015 年全国海洋倾倒量 13616 万立方米，较上年减少 6%，倾倒物质主要为清洁疏浚物。监测结果显示：2015 年所使用的倾倒区及其周边海域水深保持稳定，满足倾倒使用需求；海水水质和沉积物质量均满足海洋功能区环境保护要求；倾倒区海水水质和沉积物质量基本保持稳定；本年度倾倒区的倾倒活动未对周边海域生态环境及其他海上活动产生明显影响。

【海洋环境突发事件应急】 科学应对海洋环境突发事件。积极做好天津“8.12”特大火灾爆炸事故应急管理工作，第一时间启动应急机制，成立现场指挥部，制定海上应急工作方案，扎实有序开展监视监测、预测预报和信息发布等工作，采集分析各类样品4000余个，报送值班信息41期，发布新闻稿60余篇，得到中央领导和社会公众的广泛认可。此外，还积极应对福建漳州古雷石化基地事故和黄海绿潮灾害处置相关工作。

（国家海洋局生态环境保护司）

各海区海洋环境保护

【北海区海洋环境保护】 **海洋环境监测与生态保护管理** 全面组织开展北海区海洋生态环境监测，加强海洋环境监测质量控制，完善监测工作月报制度。会同“三省一市”海洋厅（局）开展北海区排污口样品比测和质控样考核，进行监测质量飞行检查、现场检查。组织完成鲅鱼圈、葫芦岛、曹妃甸、滨州、蓬莱、东港、温坨子、小长山、芷锚湾、成山头等10个海洋站监测能力建设。对环渤海三省一市蓬莱“19-3”油田溢油事故专项海洋生态修复和保护区规范化能力建设开展监督指导。青岛市、烟台市、大连市旅顺口区、盘锦市获批第二批国家级海洋生态文明建设示范区。

海洋应急管理 （1）积极应对浒苔绿潮灾害。完善浒苔绿潮应急常态化的工作机制，利用卫星、飞机、船舶、岸站为一体的立体化、全天候的浒苔绿潮监测预警体系，全面监控浒苔绿潮发生、发展，进行漂移预测；通过“北海区黄海绿潮灾害应对沟通协调及信息通报机制”，及时向国家海洋局、沿海地方政府及社会公众通报浒苔绿潮信息25期；2015年5月16日卫星首次在黄海南部海域发现浒苔绿潮，6月10日，启动浒苔绿潮灾害三级应急响应，6月23日，启动浒苔绿潮灾害二级应急响应，7月起，浒苔绿潮逐渐消退，8月17日，终止浒苔绿潮应急响应。（2）开展赤潮预报预警和跟踪监测。2015年北海区共发现赤潮8起，其中渤海共发现7次赤潮、面积约1522平方千米，黄海中北部发现1次赤潮、面积约48平方千米。（3）利用“全国海洋突发事件应急管理系统溢油应急管理子系统”。2015年12月18日，北海分局组织渤海海洋石油勘探开发溢油应急桌面演习。开展渤海溢油卫星遥感监测，发布卫星遥感监测快报18期，各类卫星溢油信息通报7期。开展黄渤海海上无主漂油应急监视监测6起，岸滩油污染应急监视监测5起，船舶溢油应急监测1起，及时向海事、地方海洋部门通报相关溢油信息。（4）圆满完成天津港“8.12”瑞海公司危险品仓库特别重大火灾爆炸事故海上应急和环境损害评估。

石油勘探开发监管 印发《北海分局关于海洋石油开发工程环境影响后评价报告备案工作程序》等文件，规范行政管理工作。继续组织开展海洋石油勘探开发溢油风险防范年度检查工作，2015年3月约谈6家石油公司提出整改要求，重点对各公司落实情况进行监督检查，有效防范重大海洋环境污染事故发生。完成6份环评报告书公示，23个溢油应急计划的备案，13个海洋油气开发工程的环保设施“三同时”检查，16个工程环保设施竣工验收。严格限制排海物质种类和总量，2015年共批准泥浆钻屑排放申请148份，共批准排放泥浆30961立方米，钻屑69975立方米。参与石油勘探开发环境保护行政许可办事指南编制和《海洋石油勘探开发环境保护条例》修订工作。

海洋倾废管理 组织海洋倾倒区选划，完成2个正式海洋倾倒区、3个临时倾倒区选划和3个临时倾倒区延期使用报告的审查。审查并批复设立天津港10万吨级大沽沙航道工程临时储泥坑。组织编制《北海区海洋倾废记录仪通用技术标准》，为规范倾废记录仪提供技术依据。加强与各涉海部门的联系，建立倾倒区水深资料通报机制。全年在用海洋倾倒区17个，共批准许可证正本23份，批准疏浚物倾倒量2372万立方米。审查地方签发倾倒许可证18份，同意倾倒8083.9万立方米，骨灰7480盒。

海洋工程环境监管 在开展广泛调研基础

上，编制完成《海洋工程环境影响评价公众参与办法》初稿。编制《北海分局海岸工程建设项目环境影响报告书征求意见办理程序》，规范行政管理工作。做好海洋工程等日常监管工作，从“重事前审批”逐渐向“重事中事后监管”转变。组织 7 个围填海海洋工程环评听证工作，充分考虑社会公众合理利益诉求，使各类涉海矛盾与纠纷得到提前防范和妥善化解。对 3 个填海工程提出细化各种环评批复要求及监管措施，并结合新上线的分局海洋工程环保行政管理信息系统，对北海区国管海洋工程建设项目的进展以及年度海洋环境跟踪监测情况开展全面统计与上报备案。开展管理和技术培训，提高依法治海能力。邀请全国人大权威专家围绕新修订的《中华人民共和国环境保护法》、海洋生态文明建设等法律法规和国家政策进行专题培训，并举办海洋工程跟踪监测、海洋工程监管信息系统交流培训，全面提升北海区海洋工程管理及技术人员的依法管理、技术服务水平，提高海洋工程环境影响跟踪监测与环保设施竣工验收监测报告整体编制质量，推进海区海洋工程监管信息化建设。

应对气候变化和海洋节能减排继续推进黄渤海近海二氧化碳海气交换通量的业务化监测工作，开展北黄海二氧化碳连续监测和 5 月、11 月的黄渤海海—气二氧化碳交换通量断面监测。通过二氧化碳监测，基本掌握黄渤海海域碳源汇情况，为海洋领域应对气候变化决策部署提供基础依据。　（国家海洋局北海分局）

【东海区海洋环境保护】　海洋环境保护监管　围绕“法治海洋”建设目标，规范废弃物海洋倾倒许可证审批流程，编制临时性海洋倾倒区审批事项服务指南及审查工作细则，加快审批速度，提高行政效能；印发《海洋倾废记录仪管理细则》，加强事中、事后监管力度，提升管控海洋能力和水平。受理并批准海洋倾倒申请 38（包括 18 份加船或延期）起批准倾倒疏浚物 10224.98 万立方米；审查海区省级海洋行政主管部门初审意见 283 份；组织 21 个倾倒区选划、申报、论证工作；备案溢油应急计划 6 份，批复试油申请 5 份，对油气平台和终端进行 1 次环保登检；组织 6 个海洋工程环保设施“三同时”及竣工验收检查，1 个海洋工程的环评听证。利用海洋倾废仪、油气平台监控系统，推进行政、执法与技术联动监管，对倾倒区、疏浚工程区域、倾废船舶及各类海洋（涉海）工程实施 1300 余次监视监测与执法监察。对 28 个实际使用的倾倒区、2 个油气区及 22 个国管工程实施跟踪监测与评估工作。

海洋环境监测与评价　围绕着分区分级责任制，全面落实国控点监测制度，进一步健全海区中心—中心站—海洋站的三级监视监测和监管体系，推进海洋生态环境监测工作重心前移和海洋生态环境在线监测的应用。组织完成东海区 378 个国控站点 4 个航次的监测，2 个航次二氧化碳断面调查，长江口入海通量、6 个重点排污口的监督监测，新增连云港、北礵 2 个海洋大气监测站，开展南通启东、长江口及宁德三都澳等 3 个区域水质在线监测，滨海湿地、海洋资源环境承载力试点监测，以及长江口生态监控区、倾倒区、国管工程、电厂温排水等监测工作，获取各类监测数据约 30 万组，编制并发布《2015 年东海区海洋环境公报》，并定期在分局网站上公开 6 期长江口入海污染通量监测信息。

海洋环境灾害和突发事件风险管理　东海分局不断强化海洋环境风险管理，提升海洋环境突发事件应急监测预警能力。积极推进“国家核应急救援海洋辐射监测东海分队”组建工作；开展 2 个航次台湾东北海域和管辖海域的放射性监测预警工作，在台湾海峡北口增设 1 套放射性在线监测浮标，初步建成西太放射性监测预警业务化运行体系。利用船舶、岸基站、航空和卫星遥感、浮标等开展赤潮（绿潮）应急监测预警，不断深化南黄海绿潮调查防控研究工作；有效组织福建漳州古雷 PX 项目爆燃事故海域应急监测工作；进一步拓展了排污口有机污染风险研究。

海洋生态保护与建设 国家海洋局东海分局认真贯彻《国家海洋局海洋生态文明建设实施方案》，积极推进东海区海洋生态文明建设。以浙江省乐清市为试点区域，开展海洋资源环境承载力监测预警试点评估，初步建立资源环境承载力的评价和监测方法，为进一步在县级尺度开展承载力监测评估进行技术示范；以南麂、厦门珍稀物种保护区为试点，扎实推进国家级海洋保护区生态监控体系建设，并对海区18个国家级保护区进行全面的监督检查；积极参与海洋生态红线划定，提出东海区所辖“三省一市”的生态红线区面积、自然岸线保有率等生态红线控制指标和管理成效考核指标。

海洋环境监测质量保证 组织编制并实施《2015年东海区海洋生态环境监测质量保工作方案》，以“现场盲样考核”为重点对海区8家监测机构开展实验室全过程监督监测，对东海区范围内承担海洋监测任务的28家监测机构外控样考核；首次对南通、上海中心站重点排污口外业监测进行现场质量监督检查；首次对实施海水监测的7个重点海洋站开展盐度外控样考核，举办2次海洋站监测人员培训，取得良好效果。同时，根据国家海洋局的要求，圆满完成2015年全国沉积物样品比测工作。

海洋环境监测能力建设 2015年，东海分局深入贯彻《生态环境监测网络建设方案》和《推进海洋生态环境监测网络建设的意见》，切实提升海洋生态环境监测能力和水平。以崇武海洋示范站为抓手，重点推进10个海洋站监测能力建设，从人员能力、实验室建设、装备水平等方面全面提升一线海洋站监测水平；制定《东海分局海洋潮位站在线监测系统建设三年行动计划》，并试点开展舟山海洋潮位站在线监测系统建设；积极推进海洋生态环境监测智能平台（无人监测船）和生态监测浮标的技术研发工作；联合浙江、上海、江苏两省一市，积极推动“长三角”海域陆源污染物监测和动态评估工作，开展“长三角”海洋生态环境立体监测网建设。

（国家海洋局东海分局）

【南海区海洋环境保护】 **南海区海洋倾废监督管理** 按照海洋倾废管理相关法律法规以及年度工作任务，南海分局严把倾废许可证审批关，强化申请材料审查，年度共签发废弃物海洋倾倒许可证41份，批准倾倒量约8007万立方米，实际倾倒量约3981万立方米；做好临时性海洋倾倒区选划和增量论证，加强与相关部门的沟通和协调，年度共受理临时性海洋倾倒区选划和增量申请共11项，组织开展临时性海洋倾倒区选划2项、增量论证4项，审批吹填蓄泥坑7个；应用倾废记录仪管理系统以及倾废监管信息系统对倾废活动进行监管，加强与执法部门合作，及时通报许可证签发以及违法违规信息。

南海区海洋废弃物倾倒管理工作调研座谈会 为进一步加强和改进海洋倾废物倾倒管理工作，2015年9月16日，南海分局协助国家海洋局召开南海区海洋废弃物倾倒管理工作调研座谈会，听取倾倒单位的倾倒需求、海洋倾倒区布局、选划、监测评估、倾倒许可证办理意见和建议，以及技术单位关于做好倾倒区选划、废弃物成分检验和跟踪监测等技术服务的建议。调研结束后，对调研对象提出的问题进行改进，并将倾倒单位提出的需求，纳入到下一批正式倾倒区规划中。

修改完善《倾倒区管理暂行规定》 为贯彻落实国务院关于清理规范中介服务事项要求，经与国家海洋局环保司、北海分局和东海分局探讨研究，南海分局以中介服务转变为技术性服务事项为主线，理顺修改倾倒区选划程序，同时制定以定期评估灵活确定倾倒区使用期限替代限定使用期限的规定。《倾倒区管理暂行规定》修订稿及编制说明于7月上报国家局环保司。

开展海洋工程日常全过程监管 根据国家局委托，南海分局认真开展文昌13-1/13-2油田调整改造工程、东方1-1气田一期调整项目和涠洲12-2油田群及涠洲11-4N油田二期开发工程环保设施现场检查，组织开展番禺10-2/5/8油田开发工程、西江23-1油田调整项目和文昌13-1/13-2油田调整改造工程文昌13-1平台环保设施竣工验收，并对《东方气田1-1应急计划》等7个溢油应急计划开展备案登记工作。

梳理规范海洋石油勘探开发钻井泥浆钻屑排放管理程序 在2015年3月召开的海洋石油勘探开发钻井泥浆和钻屑排放审批工作审批事项服务指南、审查工作细则修订会上，南海分局对海洋石油勘探开发钻井泥浆钻屑排放管理程序提出具体的修订意见。同时，结合9月国家海洋局政务公开网的更新内容，更新分局政务公开网在该行政审批事项的办事指南，对南海区各油气作业公司进行新要求的宣贯。2015年度南海区共许可202个钻井泥浆钻屑排放申请。

开展南海区石油勘探开发原油样品采集及建库 南海分局于2015年6月初完成《2015年南海海区石油勘探开发原油样品采集及建库任务实施方案》的编制工作，对整个采样建库行动进行详细的规划，包括待更新设施/油井情况统计、平台原油采样方式、要求和进度安排等，明确各个阶段的时间表和分工。同月，组织对南海区海上油气作业公司的采样范围和油井进行筛选，确定对43个油田，8个储油轮，211口油井数的采样目标。至9月底，已圆满完成51个油田/设施共291个原油样品的采样工作，实现南海区海洋石油平台典型原油的全覆盖采样。

南海区海洋石油勘探开发含油污水监测化验员考核 为了进一步提高南海区海洋石油勘探开发含油污水监测化验员的业务水平，南海分局于11月中旬组织开展第十期南海区海洋石油勘探开发含油污水监测化验员考核工作。考核分为笔试和实验室操作两部分内容，笔试采用闭卷形式，并区分AB卷，实验室操作采用独立操作的形式。

首次开展南海区国家级海洋保护区监督检查工作 根据国家海洋局要求，南海分局于2015年10月26日—12月3日组织相关人员，协同保护区所在地省级海洋行政主管部门，对南海区13个国家级海洋保护区开展监督检查工作。开展监督检查工作前期，对《国家级海洋保护区监督检查赋分标准》的各项评分细则进行讨论和分工，确定专项专人负责评定，确保现场监督检查能够有效科学针对性开展。结合13个保护区的现场监督检查情况，对保护区的各项评分事项进行横向比对，统一评分标准，针对各自分工事项提出评分建议，讨论确定各保护区的得分，并针对性提出问题与建议，形成各保护区监督检查情况报告以及本次监督检查工作情况总结。同时针对各保护区根据《赋分标准》所提供的检查材料以及现场检查情况，开展南海区国家级海洋保护区资料建档工作。

参与“神盾-2015”国家核应急联合演习 南海分局为落实国家核应急委的相关部署，组织编制《国家核应急救援海洋辐射监测南海分队组建方案》。6月26日，南海分局首次以国家核应急救援海洋辐射监测南海分队和广东省核应急委成员单位双重身份，组织参加“神盾-2015”国家核应急联合演习，并参加海上放射性应急监测工作。

规范改进行政审批工作 为进一步规范行政审批行为，从3月至5月，南海分局全面开展完善行政审批事项服务指南，加强政务公开的工作。南海分局承担国家局海洋石油勘探开发钻井泥浆和钻屑排放审批、海洋工程建设项目环境影响报告书核准两项审批事项服务指南、审查工作细则的起草工作。另外，还对南海区海洋工程、废弃物倾倒审批、行政性收费等事项进行全面的梳理，完善行政审批事项服务指南，于8月在分局网站全面更新公开事项。

（国家海洋局南海分局）

海洋观测预报和防灾减灾

综 述

2015 年，在国家海洋局党组的正确领导和沿海各地海洋部门和局属各有关单位、机关各部门的大力支持下，海洋观测预报和防灾减灾工作战线上的全体同志们团结协作，奋力拼搏，全面履行海洋观测预报和防灾减灾职责，创新思路、团结协作、扎实工作、攻坚克难，各项工作都取得显著成效。

海洋观测预报

【发展规划】 组织完成《“十三五”专项规划编制工作方案（预报减灾领域）》以及“十三五”规划基本思路“三重大”中的《国家全球海洋立体观（监）测系统》《提升公共服务能力》《提升海洋灾害防范能力政策》等研究报告编写上报工作。积极配合局有关部门开展《国家深海战略》和《国土安全战略》等海洋领域重大战略规划编制工作。并启动海洋灾害防御立法研究工作。

【管理制度和标准规范建设】 开展《海洋观测预报管理条例》配套制度建设工作，完成《海洋观测资料管理办法》和《海洋观测站点管理办法》的修改工作；组织修订并印发《海洋预警报会商管理规定》，组织编制《海洋数值预报业务发展指导意见》，编制《GPS 观测网管理与运维工作方案》，强化数据传输故障报备制度；编制完成海洋灾害重点防御区划定管理规定。

组织制修订、审核 43 项标准及技术文件，其中《风暴潮、海浪、海冰、海啸、海平面上升风险评估和区划技术导则》《基准潮位核定技术指南》等 2 项行业标准正式获批发布；编制印发《近海预报海区划分》《海啸警报发布》《海洋预报术语》《风暴潮、海浪灾害现场调查技术规程》《海洋灾害承灾体调查技术规程》和 7 项省级海洋预警报能力升级改造项目配套技术文件；《海洋观测预报与防灾减灾标准体系》等 6 项标准已完成报批终稿；《海洋观测分类与代码》等 4 项标准获得立项。

【基准潮位核定】 完成 124 个海洋站的基准潮位核定信息采集。在 2014 年的基础上，2015 年完成 83 个海洋站的水准连测工作，建立海洋站水准信息管理系统。为期 2 年的全国海洋站基准潮位核定工作基本完成。

【海洋观测能力】 2015 年，进一步部署海洋观测仪器设备备品备件库管理信息系统，组织开展海洋站巡检、计量检定和比测工作。2015 年浮标数据到报率为 97%以上，海洋站正点报文到报率达到 99%以上，分钟级报文率达到 98.6%，较 2014 年提高 0.57 个百分点，比“十二五”初期提高 8 个百分点。

海啸预警观测台二期建设通过验收，包括一期在内的全部 25 个海啸预警观测台正式纳入海洋观测网运行。新增 7 个站点，其中地方 2 个；8 个浮标站位，其中地方 5 个；12 个海况视频监控点等常规观（监）测设施设备。在卫星遥感领域，开展海洋卫星地面应用系统为主体的海冰监测和台风监测工作。

【海洋灾害应急工作】 全国各级海洋部门高度重视海洋灾害应对工作，严格执行应急预案，认真做好汛前隐患排查、应急观测预警、灾情调查报送等工作。各级预报机构密切关注海洋灾害动态，及时开展分析研判，通过电视、广播网站微博和微信等各种渠道滚动发灾害预警信息，及时开展分析研判，共组织应急视频会商 165 次，制作发布 198 期海洋灾害警报。

【突发应急工作】 天津“8.12”爆炸事件发生

后，国家海洋局组织有关单位开展危化品入海后的漂移预测工作，为污染物扩展处置工作提供决策支持。应交通运输部请求，国家海洋局组织有关单位就马航“MH370”搜寻工作出现的新线索开展溯源分析和漂流预测，在搜索区域位置确定方面提供技术支持，为中、马、澳三方部长级会议奠定共识基础。

【海洋预报】 各级海洋预报机构全年共发布海洋预报产品 300 余种，服务范围涉及旅游、渔业、交通运输、海洋工程建设等各个涉海行业。

2015 年间，海洋预报更加精细化。多点出击改进工作。以浙江、福建两省为试点，整合国家、海区、省和中心站四级预报力量，将原有的城市预报单元从地市细化到县。将目标精细化预报的对象聚焦在旅游度假区、海水浴场、客运航线、中心渔港等人口密集区，在已有 24 个重点保障目标试点基础上，新纳入 50 个保障目标。强化国家海洋局属中心站的预报职能，针对邻近的重点保障目标开展精细化预报工作。启动中国近海海面风 0.5°分辨率的网格化预报试点工作。

【海洋环境保障】 加强海洋数据传输管理工作。针对海洋观测数据传输与质量控制问题，研究落实整改措施和承担单位。梳理数据传输网运行管理现状，对照国家有关网络安全的有关要求，组织开展调研和安全检查工作。积极开展海洋观测数据服务工作，将延时数据分发频率由每年一次提升到每季度一次，分发方式由人工刻录光盘改进为通过资料服务平台进行自动远程分发，并为港珠澳大桥岛隧、南沙岛礁建设等海上重大工程建设制作海洋专题服务保障产品。

为提高海洋环境专题服务保障能力，拓展渔业生产安全环境保障服务系统功能，将沿海部分中心渔港纳入保障对象，扩充港内天文潮、港外浪等预报要素，预报时效也延长到 72 小时。建成海上搜救环境保障服务系统，组织各单位对原有的大面预报模式进行优化升级，开发精细化的海难事故易发区数值预报模式，在黄海、东海和南海海域各开展一次海上漂移实验，研发系统的服务平台，并已投入业务化试运行。开展海上战略通道环境保障服务系统顶层设计，编制完成《海上战略通道环境安全保障服务体工作设想》。

（国家海洋局预报减灾司）

海洋防灾减灾

【海洋灾害风险防范】 开展海洋灾害重点防御区划定试点工作。编制完成重点防御区划定技术导则和管理规定；根据划定技术导则，在浙江省开展试点建设。完成国家、省、市、县四级海洋灾害风险评估和区划试点工作，形成一批区划成果，并开展成果集成和应用。继续开展沿海大型工程海洋灾害风险排查试点工作。启动海洋灾害承灾体调查工作。全面推进警戒潮位核定工作。

【海洋减灾综合示范区建设】 制定示范区建设进度定期上报制度，开展示范区建设监督检查，召开经验交流会，总结交流各示范区“可复制、可推广、可持续”的经验。目前，山东寿光、浙江温州、福建连江、广东大亚湾已形成一批亮点较为突出，具有示范作用的成果。

【海洋灾情统计和现场调查评估】 编制完成 2015 年《中国海洋灾害公报》和《海平面公报》。进一步完善灾情统计和上报制度，以及灾害现场调查工作机制，编制印发《风暴潮、海浪灾害现场调查技术规程》，开展灾情信息员技术培训。组织开展“灿鸿”“苏迪罗”、“杜鹃”“彩虹”等重大海洋灾害现场调查工作，创新性开展灾情研判试点工作。通过研发海洋灾害现场调查手持终端、采购无人机等方式进一步推进灾害调查装备研发、配备和使用。

2015 年，我国海洋灾情总体偏轻，各类海洋灾害共造成直接经济损失 72.74 亿元，死亡（含失踪）30 人。其中，造成直接经济损失最严重的是风暴潮灾害，占总直接经济损失的 99.8%；造成死亡（含失踪）人数最多的是海浪灾害，占总死亡（含失踪）人数的77%。

【警戒潮位核定】 2015年，浙江省7个沿海市共52个岸段和山东省3个沿海市共11个岸段的警戒潮位核定技术报告通过警戒潮位核定技术指导组审查。开展警戒潮位标识设置方法研究，编制完成《警戒潮位标识设置技术指南》（初稿）。完成河北、天津、山东、江苏、浙江、上海和福建7个省（市）沿海四色警戒潮位值及其代表岸段和参考验潮站信息的数据入库，结合业务系统建设对四色警戒潮位值和核定数据成果进行空间化处理，为应急工作提供支持。

【防灾减灾宣传教育】 海洋减灾网实现业务化运行；在广西北海成功举办“5·12”海洋防灾减灾宣传周启动活动，全国各地开展形式多样的海洋防灾减灾宣传；为提高观测预报人员的业务素质，组织开展海洋观测预报技术、应急观测业务、备品备件信息管理系统业务应用、海啸预警宽频地震监测技术、海洋预报员业务培训等一系列培训，培训人员600人次。《海洋观测业务培训教材》也出版发行。

【区域海洋减灾能力综合评估】 为掌握我国沿海地区海洋减灾能力现状，摸清海洋减灾能力底数，2015年，初步建立了区域海洋减灾能力评价指标体系，完成区域减灾能力综合评估方法研究；在山东潍坊、浙江台州、广东惠州开展了市级海洋减灾能力综合评估试点。启动了浙江省、山东省省级海洋减灾能力综合评估试点，从评估技术体系和工作机制方面进一步开展试验。

（国家海洋局预报减灾中心）

海洋权益维护与执法监察

综　述

2015 年，中国海警按照中央统一部署，进一步加强我国管辖海域维权巡航执法，对钓鱼岛、黄岩岛等重点岛礁及海域进行值守监管，对我国海域、海岛开展海域执法、渔业执法、海岛保护和资源环境执法工作，有效维护海洋权益，保障海洋管理工作秩序。

海洋权益维护

2015 年，中国海警继续对我国全部管辖海域开展定期维权巡航执法，重点对包括钓鱼岛、黄岩岛以及南沙重点岛礁海域加强值守监管，进一步强化西沙、北部湾海域常态化管控。全年共出动海警舰船 18000 余艘次，16000 余航次，航程 140 万海里；派出飞机 800 余架次，航时 3308 小时，航程 73 万千米。钓鱼岛海域，共组织 24 个编队执行常态化巡航任务，巡航时长245 天，进入领海内巡航 33 次，保持我在钓鱼岛海域的常态化管控优势。黄岩岛等重点值守岛礁海域，全天候保持海警舰船值守，共出动舰船 80 余航次，有力震慑外方侵权活动，进一步巩固我方管控优势，挫败外方侵权图谋。　（中国海警局）

各海区海洋权益维护

【北海区海洋权益维护】　黄海定期维权巡航执法 国家海洋局北海分局强化对黄海我国管辖海域的管控，派出维权船机海空配合，对美、韩等外籍目标实施了有效地维权执法。2015 年，维权船舶巡航 33 航次、500 天、航程 5.5 万海里，海监飞机维权飞行 88 架次、航时 409 小时 45 分、航程 9 万千米。

南海专项维权执法　2015 年，派出维权船舶 11 艘次赴南海执行专项维权任务，累计巡航 1116 天、航程 5.7 万海里。

涉外海洋科研活动监管　2015 年 9 至 10 月，开展了对北海区中方单位 2015 年度涉外海洋科研活动监督检查，共派出执法人员 80 人次，对 51 个单位的 61 个海洋科研项目逐一进行了了解、调查和检查。

国际海底光缆巡护　2015 年，组织 33 艘次维权船舶开展了常态化光缆巡护工作，执行了“中国人民抗日战争暨世界反法西斯战争胜利 70 周年纪念活动”期间北海区专项护揽执法行动。

水下文物保护巡航执法　2015 年，组织执行了 32 航次北海区近海水下文物保护巡航执法工作，有效保护了水下文化遗产安全。

涉外渔业执法 加强涉朝韩敏感水域管控和伏季休渔执法工作，共派出维权船舶 23 艘次、航时 3558 小时、航程 2.7 万海里，海监飞机飞行 51 架次、航时 238 小时、航程 5.2 万千米。　（国家海洋局北海分局）

【东海区海洋权益维护】　2015 年，国家海洋局东海分局组织开展了钓鱼岛海域常态化维权巡航、东海定期维权巡航和重大专项维权行动，维护了国家的海洋权益和国防安全。

（国家海洋局东海分局）

海洋执法监察

【海域使用执法】　2015 年，全国各级海洋行政执法机构共检查各类用海项目 24519 个，检查 71766 次，依法查处海域使用违法行为，作出处罚决定 359 件，收缴罚款 395217 万元。连续第 13 年开展“海盾”专项执法行动，全年共立案 55 起，结案 63 起，收缴罚款 36 亿元，同比增加 189%，创历年新高。

【海洋渔业执法】　2015 年，中国海警在海洋渔业执法行动中，查处违法违规渔船 1233 艘次，其中非法采捕红珊瑚、砗磲、海龟等珍稀、濒危野生动物船舶45艘，“三无”船舶131艘；以非法猎捕、杀害珍贵、濒危野生动物罪和非法捕捞水产品罪立案22起。海洋伏季休渔执法监管行动中，查处违法违规渔船558艘，以非法捕捞水产品罪立案16起，没收渔获物158.2吨，抓获犯罪嫌疑人54人、查扣涉案船舶16艘。

2015年全国共发生渔船海上生产安全事故205起、死亡（失踪）148人，中国海警共组织或参与调查海上渔船安全事故40起，参与渔船海上事故救助104起。共处置海上渔事纠纷196起，主要由船体碰撞、网具纠缠、渔船在养殖水域航行及跨界交叉水域捕鱼船争议等原因引起。

【海岛保护执法】 2015年各海洋行政执法机构及时发现和查处违法行为，有效保护我国海岛及其周边海域生态环境。全年共对451个重点海岛（北海144个、东海240个，南海67个）逐一进行执法检查；首次组织开展无居民海岛专项执法，掌握我国领海基点保护范围内的保护情况和已开发利用无居民海岛的使用情况，督促合法开发利用无居民海岛，并重点查处非法填海连岛、炸岛、炸礁等严重破坏无居民海岛地形地貌、甚至导致海岛灭失的违法行为；首次开展海岛航空执法预警，开展海岛航空巡视并发出执法预警，引导执法船舶和人员有针对性地登岛检查。

全年共检查海岛14834个次，检查海岛16259次。发现违法行为39起，立案25件，作出行政处罚决定20件，收缴罚款307万余元。已查处的案件主要集中在山东、浙江、福建、广东和海南地区，违法类型主要包括非法采石采砂、违法建设、改变海岛岸线及改变海岛地形地貌等。

【海洋资源环境执法】 2015年，中国海警按照国务院关于加快推进生态文明建设和加强环境监管执法的总体要求，组织各海警分局、总队和各省（区、市）海监机构开展专项执法行动，共开展资源环境监督检查45430次，检查项目9024个，发现违法行为694起，作出行政处罚决定642起，决定罚款额6255.72万元，收缴罚款额6155.33万元。

组织开展“碧海2015”专项执法行动，严厉打击海洋工程环评未核准擅自开工建设、海洋石油勘探污染损害海洋环境、在海洋自然保护区核心区和缓冲区建设生产经营设施、无证倾倒废弃物、非法开采海砂等重大违法行为。全国“碧海”案件共立案561件，结案516件，收缴罚款4407.4万元。

【石油勘探开发定期巡航执法】 2015年，中国海警组织海区分局开展全海域石油勘探开发定期巡航执法工作，重点加大对石油平台的登检力度，深化检查细化内容，防范溢油风险。三个海区共开展9个航次的巡航执法检查工作，海上航程约3万海里、航时2472小时；登检石油平台及人工岛412座次，开展溢油应急核查15次，发现海面油膜6次，立案查处违法案件12起，收缴罚款114万元。高频次的海上巡查和细致的执法检查，有效防止海洋石油勘探开发违法行为的发生，全年未发生重大溢油污染事故。

【海洋工程环境保护和海洋保护区执法示范建设】 2015年，中国海警选取16个地方海监机构开展海洋工程环境保护执法示范，选取5个保护区海监机构开展海洋保护区执法示范。各示范单位根据工作要求建立健全巡查监管、执法办案、监督考核等方面的规章制度，基本建成保护区动态监控系统，实现保护区关键区域的实时监控。同时各单位还与审批、监测部门建立协调配合机制，利用审批信息和监测数据提高执法针对性和时效性。各示范单位全年共立案查处各类违法案件153起。

【海洋濒危野生动物保护执法】 2015年，中国海警部署开展打击非法采捕红珊瑚专项执法行动、“眼镜蛇三号”行动和“GC”（砗磲英文首字母）专项执法行动，各级海警队伍共查获野生动植物案件27起，抓扣涉案人员146人，查扣涉案船舶47艘，涉案车辆4辆，红珊瑚76.15千克，砗磲贝800余吨。经过专项整治行动，大规模猎捕海洋濒危野生动物违法犯罪活动的势头得到遏制。2015 年 5 月 25 日，中国海警局召开新闻发布会，通报连续破获特大非法猎捕红珊瑚案件情况，取得较好的社会效果和法律宣传效应。

【海上缉私执法】 2015 年，中国海警充分发挥海上综合执法优势，不断加大海上打私力度，共查获涉嫌走私案件 623 起，同比上升 14.2%；案值 19.8 亿元，同比上升 268%；查扣涉案船舶 344 艘，同比上升 26.5%；抓获涉案嫌疑人 1775 人，同比上升 18.1%；打掉走私犯罪团伙 15 个，同比上升 25%，各项指标较去年同期均大幅上升，有力打击和遏制海上走私违法犯罪活动，为维护国家进出口贸易秩序和保护人民群众生命健康发挥应有作用。　　　　　　　　　　（中国海警局）

海 洋 交 通 管 理

海洋交通政策和法规

【国际航运管理】 2015年，交通运输部围绕行业发展的形势和要求，贯彻落实中央关于进一步简政放权的要求，积极推进自贸区建设，强化行业管理。一是积极推进自贸区航运政策推广复制。落实上海自贸区扩区以及上海自贸区海运政策复制推广到广东、福建、天津自贸区工作。开展“自贸区航运政策创新调研”工作，加强试点政策研究评估，做好航运创新政策储备。二是应对严峻行业形势，加快培育世界一流航运企业。指导推动中远集团与中国海运、招商局集团和中国外运长航集团实施重组，加强航运企业与货主之间合作，签署长期合同，国企实现交叉持股，初步呈现出产业链上下游企业的深度协同。三是继续加强国际航运市场监管。先后在上海、深圳、青岛、宁波等口岸开展三批次国际班轮运价备案检查，查处违规企业29家，累计行政罚款535万元。开展规范国际班轮公司收取海运附加费专项督查，发布《关于开展清理和规范海运附加费收费专项督查的通知》，督促相关企业取消不合理海运附加费，下调明显过高的附加费。总结并对外通报开展的中韩客货班轮运输专项整治工作，建立中韩客货班轮运输安全管理长效机制。出台加强港澳航线安全管理的措施，督促相关企业加强安全管理体系建设。

【国内航运管理】 一是促进国内船舶运力结构调整。组织实施老旧运输船舶和单壳油轮提前报废更新政策、内河船型标准化补助政策和农村老旧渡船更新奖励政策，采用经济鼓励政策，促进运输船舶报废更新。延续老旧运输船舶和单壳油轮提前报废更新政策至2017年底，继续实施国内沿海客船和危险品船运输市场宏观调控政策，定期发布沿海货运船舶运力分析报告，引导市场有序发展。印发《关于贯彻实施内河船型标准化管理规定有关工作的通知》。开展岛际和农村水路客运成品油价格补助核实和政策实施情况检查工作。二是积极转变管理职能。将外商投资企业经营国内水路运输审批权下放至省级交通运输主管部门，发布《交通运输部关于做好外商投资企业经营国内水路运输审批下放有关工作的通知》，保障下放工作平稳实施。三是加强市场监管。组织开展2015年国内水路运输及辅助业年度核查工作，对不符合经营资质条件的水路运输企业进行调查处理。以渤海湾、琼州海峡和三峡库区等水域为重点，加强客运管理。组织发布《关于推进琼州海峡客滚运输文明服务的意见》，推进渤海湾水路旅客运输实名制工作，开展长江三峡库区水上客运专项检查。

【贯彻落实《航道法》】 《航道法》自2015年3月1日实施后，从两个方面开展工作。一是宣传贯彻，统一认识。组织交通运输系统宣贯电视电话会议，杨传堂部长亲自参会，就各级交通运输主管部门和负责航道管理的机构如何认真贯彻《航道法》，切实履行航道规划、建设、养护、保护、管理职责，确保各项航道管理制度落实提出明确具体要求，发布三年宣贯目标计划。启动全国航道管理机构执法人员三年全员培训，特别是2015年在各级交通运输系统开展集中宣传和培训，通过多种方式开展法律宣传，加快法律人才培养。2015年度开展15期全国航道干部培训，10期长江航道干部培训，总计受训3560人次。二是开展《航道法》释义工作，推进配套立法。组织完成“《航道法》条纹释义”起草工作，2015年3月1日由法律出版社出版

《中华人民共和国航道法释义》，为《航道法》的正确理解实施提供指南。开展《航道法》配套法规体系建设方案的研究工作，组织开展《航道通航条件影响评价审核管理办法》《通航建筑物运行方案管理办法》等规章的研究起草工作，推动《航道法》确立的一些重要管理制度落到实处。

【进一步推动行政审批制度改革】　按照《国务院关于取消和调整一批行政审批项目等事项的决定》（国发 [2015] 11 号），下放水运工程监理甲级企业资质认定、外资企业、中外合资经营企业、中外合作经营企业经营中华人民共和国沿海、江河、湖泊及其他通航水域水路运输审批和危险化学品水路运输人员资格认可等 3 项行政审批事项。配合以上行政审批事项的下放改革，先后完成部门规章《公路水运工程监理企业资质管理规定》《国内水路运输管理规定》的修订工作。印发《交通运输部关于做好外商投资企业经营国内水路运输审批下放有关工作的通知》（交水发 [2015] 86 号），确保下放工作平稳衔接，地方承接到位。

【海事法制工作情况】　**海事立法工作**　一是加快推进《海上交通安全法》修订进程，落实国务院法制办和交通运输部法制司交办专项调研、专题论证等工作。二是开展海事规章的研究起草工作，组织完成《内河船舶船员适任考试和发证规则》等 4 个部一类规章立法计划项目的起草送审工作。三是结合海事执法工作的实际需要，完成《海事法规体系框架》的修订工作。四是出台《关于推进法治海事建设的意见》，提出近期海事法治工作的总体要求和主要任务，提升海事依法行政能力，为海事“三化”建设提供更加有力的法治保障。五是建立海事规范性文件动态更新制度，修订《海事规范性文件合法性审查及备案办法》，加强对直属局规范性文件的备案管理。六是发布《中华人民共和国海事局关于公布现行有效规范性文件的公告》，对现行有效海事规范性文件目录清单进行动态更新，截至 2015 年 9 月 30 日，中华人民共和国海事局发布的现行有效规范性文件共387 件，直属海事局备案的现行有效规范性文件共 478 件。

规范执法行为　一是完善并发布海事管理权力清单，在全国直属海事系统全面建立并推行权力清单制度，共 60 项具体事项。二是持续推进海事行政审批制度改革，印发《关于深化海事行政审批制度改革的指导意见》，对贯彻落实国务院简政放权和转变政府职能的要求，深化海事行政审批制度改革工作进行全面部署。三是完善行政裁量基准制度，规范自由裁量标准，修订《海事违法行为行政处罚裁量基准》，共涵盖 87 项海上违法行为和 100 项内河违法行为，全面规范和控制基层执法人员处罚自由裁量权。

强化执法监督　一是制定统一的直属海事系统行政执法考评标准，完成 2015 年海事行政执法考核评议工作，首次依托计算机平台完成 910 名执法人员的法律基础知识测试。二是严格履行海事行政执法资格管理和执法责任追究制度，吊销海事行政执法证 43 件。三是完成系统行政复议、行政应诉人员及甲级督察人员培训。四是完成海事行政执法责任追究制度研究，积极调整行政复议和行政应诉工作机制，今后由部海事局直接办理直属海事局行政复议案件。

海上交通管理

【航海保障】　2015 年，航海保障部门切实履行机构职责，进一步强化海洋强国战略举措，航标、测绘、通信业务深化发展，科技创新能力稳步加强，社会服务满意度持续提升。

航标管理 2015 年，中国沿海设置各类航标 14095 座，比 2014 年增加 1408 座。中国海事局负责管理维护的公用航标 7773 座，比 2014 年增加 326 座。其中，船舶自动识别系统（AIS）岸台 430 座，船舶交通服务系统（VTS）中心 41 个，雷达站 158 个，无线电指向标-差分全球定位系统（RBN/DGPS）台站

22 座。全年巡检维护航标 1301965 座次，其中北海航海保障中心冬季换标更换或临时撤除灯浮标 1015 座。全年航标正常率 99.95%，航标维护正常率 99.99%，DGPS 信号可利用率 99.79%。开展公用标效能评估和维护质量专项检查，以及专用标和桥涵标效能评估检查，航标正常率和维护正常率均超过部颁标准，助航效能得到充分保证。规范专用航标设置申报的技术审查工作，全年共完成航标设置行政、技术审查 166 宗，涉及航标 1162 座；接收地方标 75 座；及时、准确发布一类航标动态 1123 期，二类航标动态 365 期。

海域测量 2015 年，完成海域测量 30727.2 换算平方千米，编绘、更新出版各种比例尺港口航道纸海图 210 幅，制作电子海图 206 幅，覆盖我国沿海 41 个港口，印制纸海图 239090 张，累计发行纸海图 260127 张，电子海图发行 582520 幅次，制作各类专题图 422 幅，发布中、英文《改正通告》各 52 期。由中国海事局、香港海事处、澳门海事及水务局联合制作的“珠三角”电子海图于 2015 年 2 月 12 日正式面向全球发行。此外，完成《马六甲海峡至亚丁湾航行指南》《北极航行指南（西北航道）》编制工作，编制出版《环南海航海图集》《北极航海地图集》《东莞水域航行图集》《北江清远水域航行图集》《2016 年上海港杭州湾潮汐表》《2015 烟台港西港区潮汐表》等系列航海图书。2015 年 5 月，组织开展海事测绘生产和产品质量检查，对上一年度 47 项测量工程、53 幅纸海图、53 幅电子海图进行质量抽检，港口航道图质量总体优良。

海上通信与服务 2015 年，中国海事局共发布航行警告 326100 次，播发安全信息 518584 条，播发中英文气象预报 41910 次，公益通信总量达 1276987 次，公众通信总量达 60965 份次。安全信息播发准确率达 100%，通信事故、无线电报和无线电话差错率为零，机线完好率和设备维护率分别为 99.34%和 100%。2015 年 1 月 1 日起，根据国家及交通运输部相关要求，全国海事通信中心正式停止收取海上移动船舶通信业务识别码（MMSI）证书和船舶电台执照工本费，成为为船舶减负的又一惠民便民措施。

【通航管理】 **通航环境管理** 深入落实中国沿海航路规划和船舶定线制规划。国际海事组织海上安全委员会第 94 次会议通过经修订的《成山角水域船舶定线制》《成山角水域强制性船舶报告制》，交通运输部发布公告于 2015 年 6 月 1 日试行两制，并于 2015 年 12 月 1 日正式实施。修订《珠江口水域船舶定线制》《珠江口水域船舶报告制》，并以部公告的形式于 2015 年 7 月 1 日起正式实施。2015 年 7 月 1 日，海事局以公告形式正式实施《厦门水域船舶定线制》《厦门水域船舶报告制》；批复同意浙江海事局关于宁波舟山核心港区深水航路船舶定线制和报告制修订方案。落实部《京津冀交通一体化率先突破工作方案》，研究制定渤海中西部海域航道、锚地规范方案，研究建立新的津冀沿海航区海事综合监管机制。修订通航安全影响论证和评估管理办法，规范审批行为，加强水上水下活动通航安全监管工作。承担国家发展改革委员会国家投资项目在线审批平台的相关审批工作。组织开展 2 期水上水下活动通航安全管理业务培训，共培训直属和地方海事管理机构水工管理人员 100 人。开展桥区水域通航安全隐患排查工作，加强桥区水域安全监管。

通航秩序管理 深入推进内河砂石船违法参加海上运输治理工作。建立动态管理数据库，进一步建立健全监管和查处协作机制，加大对典型案例的查处力度，探索推动实施内河船籍港召回制度，安排大型海事执法船和航标船在重点水域值守和设卡拦截。全年共查处违法参加海上运输的内河砂石船舶共计 1455 艘次，成功召回或遣返 412 艘内河船回到内河水域，专项治理工作取得一定成效。年内组织召开内河船舶参与海上运输专项整治专题会议，印发《交通运输部关于开展船舶非法从事海上运输专项整治的通知》

（交海函［2015］811号）和《交通运输部办公厅关于严肃查处内河船舶从事海上运输经营行为的通知》（交办海函〔2015〕849号），协调部内相关司局共同参与开展整治行动，突出协调联动，形成监管合力。整治工作也逐步向航运公司、码头和装卸点、大型涉水工程等领域延伸。

巡航管理　大力推进电子巡航。研究制定《开展海事电子巡航工作指导意见》《电子巡航工作指南》等规范性文件，要求相关单位结合基层执法模式改革不断完善制度、增配人员、改善条件，为今后推广积累经验打好基础。有序推进巡航执法维权。与中央海权办、外交部、军方和地方政府沟通协作，组织开展3次南海维权巡航执法行动，并开展西沙旅游航线安全保障活动，彰显主权；充分发挥大中型海事执法船作用，全面加强专属经济区巡航监管，主动开展对中越海上水域、北部湾海域、东海油气开采作业水域的安全监管，组织对外国籍船舶在苏岩礁水域沉船打捞作业等活动进行监管，开展渤海冰冻水域巡视，扩大巡航范围，增加巡航时间，强化巡航督查，切实提高海事巡航监管的社会影响力和执法威慑力，维护国家海洋权益。按照中央海权办的工作部署,积极做好中建南项目护航保障工作。派出“海巡01”等大型执法船艇赴南沙配合执行灯塔发光任务。推进巡航救助一体化工作。起草《内河巡航救助一体化指导意见》，研究制定海事使用救助直升飞机开展巡航执法实施方案，与救捞局协商利用救助直升机参与海事巡航，救助飞行队与海事巡航执法联动机制建立事宜，完成长江干线巡航救助一体化评估和总结；继续跟踪马航搜救工作进展，协调派员参加前方搜救协调工作组工作，配合搜救中心完成东方之星搜救工作总结和大事记；派员参加中国和马来西亚共同主办的大规模综合救灾演练海上搜救演练方案准备会，研究参演力量和任务分工等。

VTS（船舶交通）管理　2015年全国海事VTS中心共跟踪船舶6125990艘次，提供信息服务4403151次，交通组织1037824次，纠正处置违法15376次，避免险情10880次。目前共有45个VTS中心，其中41个正式对外提供服务，4个试运行。一是推动开展VTS覆盖区零事故试点行动。根据海事系统“革命化、正规化、现代化”建设要求，部海事局于2015年3月发布《交通运输部海事局关于开展VTS覆盖区零事故行动的指导意见》（海通航［2015］122号），在直属海事系统内开展VTS覆盖区零事故行动试点工作，进一步推动各单位VTS人才队伍“革命化”、运行管理“正规化”、装备与理念“现代化”建设，进一步健全VTS运行综合保障机制，指导VTS中心全面实施质量管理体系和值班标准，普及VTS“五班三运转”值班模式。二是组织VTS人员培训。交通部海事局举办4期VTS值班员适任培训班，2期VTS值班长资格培训班，1期VTS中心负责人知识更新培训班，共351名VTS人员获得培训证书。应江苏、上海、浙江、山东海事局申请，分别为各单位培训VTS值班员，共培训人员195人。

【危险品与防污染管理】　危险货物管理2015年，共监管进出港危险货物256025万吨，其中，包装危险货物4704万吨，散装固体危险货物137587万吨，散装液体危险货物113734万吨（其中油类89596万吨），监管载运危险货物船舶500401艘次。现场检查危险货物集装箱69896箱，其中，现场开箱17562箱，查处谎报瞒报435箱，缺陷箱数1787个，缺陷数2775个。与2014年相比，现场开箱数量提升1.04%。

船舶防污染监督管理　2015年，直属海事系统共实施船舶防污染检查89135艘次，船舶洗舱、清舱、驱气审批3613次，舷外拷铲及油漆作业审批724次，拆船作业审批76次，船舶污染应急计划审批2050艘次，船舶垃圾管理计划审批2288艘次，《程序与布置手册》的审批38艘次，签发《油类记录簿》《垃圾记录簿》和《货物记录簿》11352艘次，签发《油污损害民事责任保险或其他财务保证证书》9616艘次，船舶油污水接收处理69412艘次，船舶垃圾接收处理306579艘次，船舶其他污染物接收处理22998艘次，压载水排放或接收29749艘次。与上年相比，签发《油污损害民事责任保险或其他财务保证证书》、舷外拷铲及油漆作业、压载水排放或接收等监督业务有小幅增长，其他作业均有一定程度的下降。全年，共对1023艘船舶排污设备实施铅封，减排船舶残油、污油水近20.7万吨。

履约情况 2015年，继续做好MARPOL公约和SOLAS公约修正案、压载水公约、香港拆船公约等危防国际公约研究和生效前的准备工作，跟踪参与压载水公约G8导则修订的制定工作；推进CCC分委会履约平台建设，开展国际危规、国际固体散货规则、国际液化气规则等国际规则修正案的履约工作，着手研究船载货物质量体系、集装箱重量验证等新机制；继续做好西北太平洋行动计划、中俄界河、粤港澳区域联动等双边、多边国际间的合作；充分利用全球动议中国项目等平台，继续开展溢油应急技术研讨推进技术进步，促进政府与企业、企业与企业之间的深度合作；作为示范国之一，启动国际海事组织（IMO）、联合国开发计划署（UNDP）和全球环境基金（GEF）共同建立的“全球海运能效伙伴”（GloMEEP）项目，推动我国绿色循环低碳海运发展。

海上交通安全

【船舶管理】 船舶安全检查推进海事监管模式改革，推进制定《船舶安全监督规则》，重点提升船舶安全检查质量，强化现场监督管理。持续加强对方便旗船舶的安全监管，有效遏制低标准船舶在中国水域的营运，推进中韩客货班轮专项整治，开展东京备忘录关于船员进入封闭处所的集中检查会战。推进船舶监督“三化”示范点建设。联合中国海员建设工会共同举办2015年直属海事系统船舶安全检查技能大比武，推动直属海事系统职工岗位练兵活动。创新船舶安全检查人才培养模式，推动多样化的船舶安全检查培训基地建设，注重对拔尖技术人才的培养。深化与日本、韩国、俄罗斯、丹麦等海事主管机关的港口国监督双边交流合作，加强同船级社、航运公司的业务交流。推荐优秀人才担任东京备忘录技术工作组副主席，推动《东京备忘录港口国能效检查导则》在东京备忘录成员国实施，实现中国海事由学习规则、执行规则到制订规则的跨越。

船舶登记工作 为加强船舶登记管理，规范船舶登记行为，提高船舶登记效率，便利和服务航运企业，修订并印发《船舶登记工作规程》。推进国际船舶登记制度创新工作，积极研究、多方协调，向上级部门呈报《关于在上海自贸区建立国际船舶登记制度的报告》，研究制定自贸区国际船舶登记创新规定，优化船舶登记条件和审批程序，推动高效率船舶登记制度的建立。完成二类立法计划《船舶登记办法》的制定和征求意见，并将自贸区国际船舶登记的创新规定作为单独的一章纳入，推进落实船舶登记工作法制化、规范化和国际船舶登记制度的改革创新。适应航运经济发展，依据全国各地对港澳航线船舶登记的实际需求，完成船舶登记机关港澳航线登记权限的调整工作。

便利运输及口岸建设 对5个水运口岸正式或扩大对外开放进行国家验收，办理国际航行船舶临时进出非开放水域审批75件次，办结67件次。指导和协调直属海事系统做好国际贸易“单一窗口”建设工作，除黑龙江以外的直属海事局全部完成“单一窗口”中船舶进出口岸审批电子化和口岸联检联放功能建设。推进以船舶为核心的便利运输电子口岸信息平台建设，完成项目建议书的编制上报工作。推动开展粤港澳游艇自由行工作，积极与口岸联检部门及地方政府进行沟通协调，研究制定广东自贸区粤港澳游艇自由行指导意见。

保安及进出港管理　进一步理顺国内航行船舶保安管理机制，印发《私人武装保安在船护航证明签发管理办法》，规范私人武装保安在船护航证明签发工作。落实《取消船舶进出港签证及海事监管模式改革实施方案》要求，从远程签证、动态监控；强化现场、优化机构；完善责任、诚信管理和优化规费征收机制、加强信息化基础保障等全方位着力，推进做好签证取消后的监管模式改革准备工作。推进国内航行海船全面电子签证，在珠江水域试点开展内河船舶电子签证，将珠江内河航行客船、客滚船、高速客船和旅游船纳入电子签证实施范围，便利船舶进出港口，节约船舶运营成本。推进地方海事全面应用船舶动态管理系统，为水网地区地方海事局实现电子签证和电子报告做好准备工作。

【船员管理】　截至 2015 年底，全国注册海船船员 638990 人，其中国际海船船员 470512 人，沿海海船船员 168478 人；注册内河船舶船员 710502 人。船员培训开班 19429 期，培训 434614 人次，其中，专业培训225761 人次、特殊培训 45965 人次、适任培训 66934 人次、其他培训（过渡期、补差、知识更新、海进江培训）95954 人次。内河船舶船员考试 114529 人次，海船船海船船员适任证书 533549 本，内河船舶船员适任证书443071 本，海员证 376034 本，健康证书410832 本。2015 年签发海船船员适任证书142257 本、海船船员服务簿 32759 本，健康证书 281479 本，海船船员培训合格证 254289 本、海员证 91689 本；签发内河船舶船员适任证书 42764 本，内河船舶船员服务簿 45147 本，内河船舶船员培训合格证 72823 本。2015 年引航员考试 11 期，参加考试人员 283 人，发证 421 本，截至年底，持有有效引航员适任证书 1904 人。船员培训机构 296 家，海员外派机构 202 家，甲级船员服务机构 217 家，乙级船员服务机构 497 家。年外派海员 13.3 万余人次。

（交通运输部水运局）

沿海海洋管理和海洋经济

辽 宁 省

综　述

2015 年，辽宁海洋系统认真落实国家及省重大决策部署，以建设海洋强省为目标，以转变发展方式为主线，推进改革创新，强化生态文明建设，推动海洋资源科学利用，切实加强海洋依法管控力度，全面促进全省海洋事业平稳健康发展。

海洋经济与海洋资源开发

【海洋经济稳步增长】 2015 年，全省海洋经济在复杂严峻的形势下，实现持续稳步增长。其中，海洋交通运输业、滨海旅游业等第三产业的拉动和引领作用日益突出，港口货物吞吐量预计可达 10 亿吨以上；海洋电力、海水综合利用等新兴产业稳步发展；临海新能源、石化产业、海洋装备制造等产业集聚集约发展。

海洋立法与规划

【海洋规划】 科学谋划，统筹安排，突出重点，精心组织，在深入调查研究、广泛听取意见的基础上，编制完成辽宁省海洋与渔业发展"十三五"规划、海洋经济与海洋事业发展规划、海洋主体功能区规划、海洋生态环境保护、海洋与渔业科技发展等多项规划，为未来五年发展明确了方向。

海域使用管理

【概况】 2015 年，海域使用管理工作坚持"五个用海"原则，严把项目审批关，严格执行围填海指标计划管理。健全海洋功能区划体系，完善海域管理各项基础性工作，指导服务前移，保障重点用海需求，促进重大用海项目落实。克服困难全面完成海域使用金征缴征收任务，实现应收尽收的目标。除国家、省重点项目外，重点支持发展海洋高端服务业，推进高品位的滨海城镇化建设，全力打造美丽海洋。

【全省重点用海项目实施】 全面落实国务院国发 28 号文件精神，重点支持七大涉海项目，上下合力，积极推动，恒力、华锦石化，长海机场，红沿河、徐大堡核电 5 个项目取得重大进展，为中石油 1500 万吨俄油项目预留发展空间，大连新机场用海项目完成总量的 60%。沿海六大港口建设项目用海全面推进，东北亚航运中心已初步形成。全年共审批港口用海 778 公顷，丹东港批量用海得到全面保障，庄河港建设步伐加快。

【规范用海审批】 2015 年国家下达辽宁省建设用围填海计划指标 2100 公顷。辽宁省不断优化海域审批流程，加强项目用海"五性"审查，优化海域资源配置。通过对海洋功能符合性、项目真实性、建设必要性、规划合理性、利益相关者协调性审查，提高海域使用精准效益。从项目选址、平面设计、用海规模和占用自然岸线等环节严格审查把关，禁止项目用海占用基岩和砂质自然岸线，禁止产能过剩、高污染、高能耗的项目用海。全年实现基岩、砂质岸线零占用。

【海洋功能区划体系】 积极推进市级海洋功能区划编制工作。组织完成辽宁省沿海六市及绥中县海洋功能区划成果评审、社会公示及省级审查工作，于2015年12月底前提交省政府。本轮辽宁省市（县）级海洋功能区划编制工作，依据国家海洋局有关规定，对二级类海洋功能区的划分和自然岸线保有率增长的问题进行深入研究；着力解决海域使用管理与发展需求存在的主要矛盾，着力加强海洋功能区管控和海洋生态环境保护建设。

【海域管理基础工作】 开展养殖用海规划编制工作。于2015年组织编制完成辽宁省沿海六市及绥中县养殖用海规划，并于年底前全部通过专家评审。养殖用海规划的编制，对于科学合理利用海域从事养殖生产，加强养殖用海规范化管理，促进近岸海域资源可持续利用将起到积极作用。

【海域使用动态监视监测体系建设】 辽宁省海域动态监视监测实现新突破。辽宁省海域无人机移动监视监测平台交付验收，并在营口白沙湾无人机基地和盘锦双台子河口滨海湿地完成应用测试，达到技术要求。两名技术人员参加无人机驾驶培训并取得中国航空器拥有者及驾驶员协会（AOPA）认证，与沈空大连航管处签署自盘锦双台子河口至丹东空域的无人机飞行保障协议。辽宁省海域动态监控指挥车在全国首次应用于海域使用论证专家评审现场踏勘。

海岛管理

【概况】 认真贯彻落实国家海洋局海岛管理工作要点有关要求，以制度建设为重点，以业务体系建设为支撑，以生态整治修复为导向，海岛资源保护与开发利用管控能力不断提升。海岛保护及管理进展实施效果符合全国海岛保护规划确定的预期发展速度，基本完成规划中提出的“海岛生态保护显著加强、海岛开发秩序逐步规范、海岛人居环境明显改善、特殊用途海岛保护力度增强”的目标。

【海岛整治修复】 强化海岛整治修复项目的监督管理，加快项目建设进度，严格管理制度，对重点工程实行督查。下发《关于进一步加强海岛整治修复与保护项目管理工作的函》，加强指导，协调各项目所在市（区）海洋主管部门、项目建设单位建立完善项目领导小组和项目管理机构。每半年1次，对海岛整治修复项目制度落实、财务管理、工程质量进行大检查。每月1次深入各海岛整治修复项目实施现场进行指导监督。每季度下发工程建设管理进度情况简报。2015年，共有4个海岛整治修复项目工程建设竣工。启动杨家山岛保护与开发利用工程示范项目，截至2015年底，杨家山岛保护与开发利用工程示范项目可行性研究成果已经全部完成并通过专家评审。

【海岛名称标志巡视与维护】 制定并下发《关于进一步加强海岛名称标志管理工作的通知》，要求各市、县海洋行政主管部门加大海岛名称标志的巡视和维护工作力度。制定海岛名称标志修复实施方案，申请资金对部分受损的海岛名称标志进行维修和更换。

【海岛监视监测系统】 制定2015年辽宁省重点监视监测海岛名录，明确海岛监视监测工作重点。根据《国家海洋局关于印发〈2015年县级以上常态化海岛监视监测工作任务〉的通知》要求，省、市、县各级海洋行政主管部门根据事权划分、权责一致的原则制定各级海岛监视监测年度工作方案，对全省年度监视监测工作做出安排。积极推进海岛监视监测技术创新，采用三维全景技术对大连市部分海岛开展监视监测工作。

【积极参加“美丽海岛”评选】 组织辖区内海岛积极参加国家海洋局组织的“美丽海岛”评选活动，并以此为契机加大宣传力度，努力打造辽宁省海岛旅游知名品牌。经过地区推荐、材料审查和网络投票评选，辽宁省觉华岛、大长山岛、蚂蚁岛、葫芦岛、哈仙岛5个海岛进入全国前20名，其中觉华岛网络投票排名全国第一。

海洋执法监察

【日常执法】 认真制定全年执法工作计划，全面开展海域使用、海洋环境保护和海岛保护执法。全年共检查18636次，派出执法人员22835人次，执法车辆6075车次，行程53.8万千米，出动执法船（艇）593艘次。共办结案件67起，收缴罚款139213.17万元，案件数量和罚款数额在全国各沿海省（市、区）、三个海区均排在前列。省总队直接派出执法人员数量、直接调查案件数量以及督办案件数量大幅上升。

【“海盾2015”】 一是对全省海域进行全方位、全覆盖执法检查，严厉打击违法用海行为，遏止非法围填海活动。二是对全省168处疑点疑区进行实地现场核查，派员1260人次，派出执法车辆360余车次，完成汇报材料和详细图册。三是重点对群众举报的12处涉嫌违法围填海行为进行现场检查，实施分类处理。并对比较严重的地区政府及海监机构发出公函，严厉指出问题，严格督办处理。全省“海盾2015”专项执法行动共查处案件15起，处罚力度在全国沿海11个省、市、区，国家海洋局3个分局中排名第二位。

【“碧海2015”】 一是打击破坏海洋环境违法行为，全年纳入碧海专项执法行动处理案件23起，案件数量和罚款数量在全国沿海11个省、市、区，国家海洋局3个分局中位列第四位，个案处罚力度位列第一，受到国家海警局通报表扬。二是根据国务院有关文件精神，与公安部门联合开展陆源入海排污口执法检查，初步探索与公安联合执法机制，使海洋环境执法更具震慑力。

【海岛保护执法】 对全省80多个岛屿进行检查，进一步完善“一岛一档”，对辽宁省灭失岛屿、重点岛屿进行巡查。共调动执法船艇60余艘次，航程2100余海里，获取照片320余张，视频资料100分钟。办结辽宁省本级查处的第一起海岛案件，通过法院强制执行，有力维护法律的严肃性。

【海砂监管执法】 共派出执法船艇120余艘次，航程2万余海里，出动执法车辆230余台次，行程4万余千米，派出执法人员1200余人次，抓获非法盗采海砂船25艘。全部依法定程序进行严肃处理，收缴罚款1169.2万元。其中省海监渔政局队直接办理8起。

海洋环境保护

【环境保护工作取得重要进展】 组织制定辽宁省海洋生态文明建设行动计划，确定未来五年重点任务。海洋生态文明建设的布局和实施取得明显进展，盘锦市和大连旅顺口区被批准为国家级示范区。蓬莱19–3油田溢油事故确定的25个生态修复项目主体工程全部完成，修复湿地2000余公顷，取得阶段性效果，得到国家局多次表扬。大连仙浴湾、星海公园通过国家级海洋特别保护区评审。丹东市海域环境清洁度居全省最佳水平。锦州市开展专项整治“九大工程”，建设生态文明海岸带。盘锦市“退养还滩”创新举措得到国家海洋局充分肯定。

【环境监测任务圆满完成】 2015年海洋环境监测工作首次列入省政府对各市政府绩效考核。全省设置监测站位达716个，沿海各市开展四大类22项监测任务，动态掌握海域环境质量状况。发布监测通报6期，为地方政府加强海洋环保提供政策依据。投资8700万元改造提升监测设备和水平，重点推进市级监测机构计量认证工作，继省总站，大连、营口、葫芦岛市站后，锦州市站又通过计量认证。

海洋观测预报有效开展。每天发布全省24小时海洋预报，重点开展锦州中心渔港精细化预报。完成沿海 19 个警戒潮位核定岸段的外业调查。开展海平面变化影响调查与评估。加强汛期和冬季海冰期间的海洋灾害预报警报，发布警报 16 期。省预报减灾能力升级改造项目推进顺利。

海洋生态文明

【海洋生态文明建设行动计划】 制定辽宁省未来五年的海洋生态文明建设行动计划。认真贯彻国家海洋局 8 号文件的有关部署和要求，7 月 13 日，辽宁省海洋与渔业厅召开关于贯彻落实《国家海洋局海洋生态文明建设实施方案》启动会议。将《实施方案》的重大项目和主要内容进行详细分解，以厅文件形式印发给各责任处室，强化协作力量，与国家海洋环境监测中心规划室进行业务对接。经过审查，辽宁省海洋与渔业厅确定未来五年 26 项重点工作任务，确定 25 项重点修复整治重点工程，明确总体工作进度和责任单位。按规定的时间报送国家海洋局，11 月初《行动计划》正式印发给沿海各市、重点县及有关厅直单位，为今后五年海洋生态文明建设创造条件。

【海洋生态文明示范区建设】 开展国家级生态文明示范区建设的申报工作。2015 年 5 月，国家海洋局部署第二批海洋生态文明示范区建设申报工作，辽宁省海洋与渔业厅及时转发有关文件，组织动员各市、县进行申报工作。及时协调大连市、盘锦市局的有关领导，并委托国家海洋环境监测中心生态室编制申报材料；编写示范区的申报书、建设规划、建设达标自评估报告和指标辅证材料。6 月 30 日完成上报材料的送审稿，辽宁省是全国第一家按时报送的地区。为进一步创造示范区建设条件，通过当地政府进一步协调有关部门参加到这项工作，逐步统一思想、理顺关系，启动各方面资源。国家海洋局 11 月中旬召开示范区的评审会。12 月正式批准辽宁盘锦和大连旅顺为全国海洋生态文明示范区。

【海洋生态修复】 组织开展蓬莱 19-3 生态修复项目的实施。全省共承担 25 个项目，共批复项目 25 个，总资金 4.12 亿元，项目包括 8 个生物种群修复项目、4 个滨海湿地植被修复项目、3 个岸滩修复项目、6 个保护区能力建设、1 个监测能力建设、1 个监测评估项目、1 个宣传项目和 1 个科研项目。累计修复滨海湿地 2026 公顷，整治修复沙滩 12 千米，投入人工渔礁 93822 空方，放流生物 19 亿粒(尾、条)。

【海洋保护区】 积极申报海洋特别保护区（海洋公园）的建设。根据国家海洋局《海洋特别保护区管理办法》的要求，结合《辽宁省海洋环境保护规划》，组织选划大连仙浴湾国家级海洋公园、大连星海湾国家级海洋公园及大连旅顺老铁山国家级海洋公园，并于 3 月底上报国家海洋局。按照国家海洋局的部署安排，10 月底完成上述 3 个保护区总体规划编制工作，并提交国家海洋局等待审批。

海洋科技

【科技兴海】 2015 年，辽宁省海洋与渔业科技项目荣获国家科技进步二等奖 1 项，省科技进步一等奖 1 项、二等奖 2 项，辽宁海洋与渔业科技贡献奖 6 项。由省海科院主持的“刺参健康养殖综合技术研究及产业化应用”被评为国家科技进步二等奖，这是辽宁省海洋与渔业科技战线近年来获得的最高荣誉。省海科院荣获“全国海洋系统先进集体”称号。

海洋文化

【海洋宣传】 注重全厅及我省海洋与渔业重点工作的宣传，与中央电视台、辽宁电视台、中国海洋报社、中国渔业报社、辽宁日报社等重要新闻媒体保持沟通联系，海洋增殖放流活动得到中央电视台连续第三年报道，辽宁电视台播多次播报海洋与渔业新闻。《中国海洋报》刊登报道 60 余篇，《辽宁日报》

刊登报道40余篇，被辽宁省委省政府采用政务信息430条。制发辽宁省海洋与渔业厅新闻发布制度，召开“辽宁省海洋牧场建设稳步推进”新闻发布会。

【“6·8”海洋日】 以6·8海洋日为契机，举办以“关爱海洋 永续蔚蓝”为主题，以图片展、大学生看海洋、摄影大赛、绘画大赛、网络推广为主要形式的专项宣传活动。

（辽宁省海洋与渔业厅）

大连市

综　述

大连市海岸线长 2211 千米，其中大陆岸线 1371 千米，海岛岸线 840 千米；海域管辖面积 2.9 万平方千米，其中滩涂面积约 1100 平方千米，0–20 米等深线海域面积约 6000 平方千米，20 米等深线以上海域面积约 2.19 万平方千米；海岛 541 个，其中有居民海岛 40 个，无居民海岛 501 个；海湾 39 处，总面积 1870 平方千米；深水岸线近 300 千米。海洋自然景观 100 余处，天然海水浴场 83 处。

【海洋经济引导服务】 2015 年，大连市海洋与渔业局完成《大连市海洋功能区划(2013—2020 年)》编制及报批工作；编制《大连市海洋渔业发展“十三五”规划》，完成规划征求意见稿；编制《大连市养殖用海规划（2015—2020 年)》，完成征求意见稿。全市主要海洋经济实现总产值约 2555.2 亿元，按可比口径计算比 2014 年增长 5.5%；海洋经济增加值 1083.43 亿元，按可比口径计算比上年增长 6.7%。

【海域海岛使用审批管理】 全市获批用海项目 636 宗，确权用海面积 5.8 万公顷，其中辽宁省人民政府批准大连地区用海项目 8 宗 178 公顷。全年征收海域使用金 3.8 亿元。无居民海岛确权 1 个，待批 1 个。

【海洋生态环境保护与修复】 组织编制并报送《大连市海洋生态文明建设行动计划(2015—2020 年)》。推进庄河湾河口海域整治修复工作。加强海洋保护区建设，组织开展大连仙浴湾和星海湾国家级海洋公园的申报工作。完成长山群岛国家级海洋公园规划和总体规划编报工作。推进市级海洋自然保护区调整，开展海王九岛海洋景观市级自然保护区的调整工作。旅顺口区获批为大连市首个国家级海洋生态文明建设示范区。推进蓬莱 19–3 油田溢油事故生态修复项目、大连银沙滩海岸生态修复与保护项目和大连滨海东路石槽岸段综合整治及修复项目的实施。

【海洋预报减灾能力提高】 大连市海洋与渔业局继续加强全市海洋灾害应急管理体系建设，投入 1455 万元，启动市海洋预报台海洋预警报能力升级改造项目，提升海洋灾害观测和预警报能力。不断提升海洋灾害应对能力。全年开展应急演练 13 次，提高全市海洋灾害应急反应能力。加强风险防范，全年累计发布海浪和风暴潮警报 24 次，有效地预防风暴潮和海浪的危害。

【海洋行政执法监管】 大连市海洋与渔业局继续加强涉海施工监管和海洋倾倒废弃物执法检查，确保倾废船依法作业；投入 871 万元管理经费，加强伏季休渔管理，坚决制止非法越界捕捞，扎实开展“三无”（无有效的渔业捕捞许可证、无渔业船舶检验证书、无渔业船舶登记证书）渔船检查，排查“三无”船舶 891 艘；加强渔船年检和港航登记，年审渔船 22625 艘次，检验渔船 2560 艘次；加强海洋执法检查，完成国家海洋维权执法、200 海里专属经济区和黄海北部联合巡航检查任务；加强海砂开采执法管理，对全市各大港口、装卸海砂的码头进行常态化检查，严格实施海砂装卸上报制度。

海洋经济与海洋资源开发

【海洋功能区划编制】 2015 年，大连市海洋与渔业局完成《大连市海洋功能区划(2013—2020 年)》编制及意见征求工作，区划成果通过省级专家评审，经市政府同意，上报省政府审批。《辽宁省海洋功能区划(2011—2020 年)》长兴岛海域区划修改方案经省、市政府同意上报国务院，通过国家海洋局专家评审。开展《大连市养殖用海规划(2015—2020年)》编制工作，完成征求意见稿编制，征求各区市县海洋管理部门意见；12月中旬，规划通过辽宁省海洋与渔业厅组织的专家评审，进入修改完善阶段。

【海洋牧场管理】 2015年，大连市通过规划引领、目标牵引、政策扶持、科技支撑等措施，扶强做大现代海洋牧场，推进现代海洋牧场建设。编制完成《大连现代海牧场建设总体规划（2016—2025)》(初稿)，明确全市海洋牧场建设总体思路，布局重点任务和保障措施，逐步建立现代管理体系、金融服务体系、智力平台体系、科技支撑体系和风险防范体系，助推大连现代海洋牧场健康持续发展。加大指导力度，印发《大连市人民政府办公厅关于推进大连市现代海洋牧场长海示范区建设的指导意见》，全市建设海洋牧场7000公顷，新增大连市獐子岛海域、大连市海洋岛海域2个国家级海洋牧场示范区。落实国家资金支持的大连金州新区瀛海海洋牧场示范区和大连市南部海域海洋牧场示范区2个海洋牧场示范区建设项目。其中，大连金州新区瀛海海洋牧场示范区项目由大连市金州新区海洋与渔业局承担，中央投入资金400万元，投入堆石礁36500立方米，改造海域面积26.67公顷，年内已完成；大连市南部海域海洋牧场示范区（一期）建设项目由大连市水产研究所承担，中央投入资金400万元，投放不同类型预制构件鱼礁10000余立方米，改造海域面积13.33公顷，恢复及重建海洋生物栖息地，构建海洋牧场示范区。

海域使用管理

2015年，大连市获批用海项目636宗，确权用海面积5.8万公顷。其中，辽宁省人民政府批准用海项目8宗，批准围填海面积178公顷；市县两级批准用海项目628宗，批准用海面积5.78万公顷。全年征收海域使用金3.8亿元，比上年下降51.9%，其中市本级财政入库0.9亿元。

【重点用海项目管理】 全力推进渤海大道、滨海大桥、新机场等重大建设用海项目。审查上报普湾新区“三馆”(大连市图书馆、大连市科技馆、大连市博物馆)、大连普湾新区十六号跨海大桥、大连湾海底隧道建设工程、大连地铁五号线海底隧道工程、长海县大长山岛陆岛交通杨家港基础设施等38宗建设用海项目。庄河港总部经济区、普湾新区十四号路跨海桥梁、大连富谷水产有限公司水产品集散中心、大连杏树国家中心渔港远洋捕捞船和冷藏船后方堆场等8宗建设用海项目经省政府批准实施。恒力石化2000万吨/年炼化一体化、西中岛石化区起步区2#排洪渠工程、长海县大长山岛镇哈仙岛客货滚装码头建设工程、普湾新区大商蓝色港湾填海工程等17宗用海项目通过国家和省级专家评审。新港港区9#原油罐组工程、大连市金州污水处理工程、庄河港将军石作业区配套服务区等13宗用海项目通过填海项目海域使用竣工验收。征收建设用海项目海域使用金2.1亿元。

【海域海岸带整治与修复】 组织编制并报送《大连市海洋生态文明建设行动计划（2015—2020年)》，明确未来5年大连市海洋生态文明建设的工作目标和重点任务。大连东海公园海岸带生态修复与示范工程项目年末竣工，完成换沙量1.35亿立方米，修筑防浪堤630米，大大提升棒锤岛旅游度假区海水浴场的质量。积极推进蓬莱19-3油田溢油事故生态修复项目、大连银沙滩海岸生态修复与保护项目和大连滨海东路石槽岸段综合整治及修复项目。指导旅顺口区开展世界和平公园海岸侵蚀治理与海滩养护项目申报工作。

【海域信息化管理】 贯彻执行海域使用权证书统一配号，全市完成权属数据统一配号项目2136个，发放证书2140本，累计入库权属数据13234宗。大连市海域使用动态监管中心全年现场监测用海项目88次，完成动态监测报告88份。其中，大连金州新区红星滨海公园工程、大连港大窑湾北岸汽车物流中心配套码头工程、大连市普兰店皮口一级渔港建设项目、花园口总部经济园区及研发配套工程、长兴岛公共港区东区 1~6 号泊位工程等 13 个 2014 年重点项目现场监测 31 次，完成动态监视监测报告 31 份；大连港皮口港区西港池陆岛交通码头、大连铭洋投资有限公司精制盐及淡化水深加工项目填海工程、大连隆翔松辽游艇有限公司游艇制造项目、大连港大窑湾北岸汽车物流中心配套码头二期工程等 12 个 2015 年重点项目现场监测 22 次，完成动态监视监测报告 22 份；完成相关管理部门下达任务 26 个，现场监测 35 次，完成动态监视监测报告 35 份。全年共为海域管理部门提供意向分析报告 53 份。加强远程视频监控建设，海域使用动态监管中心 4 处远程视频监控站点纳入国家远程视频监控系统；根据县级远程视频监控能力建设项目要求，开展远程视频监控新建站位选址工作，现场调研选址 18 处，上报国家 12 处，覆盖长海、庄河、长兴岛、旅顺、普兰店、金州、高新园区 7 个县区（先导区）。完成普湾、金州、老虎滩、庄河岸线修复项目现场踏勘，向辽宁省海域使用动态监管中心上报矢量数据、现场影像等基本情况。完成大连市所辖海岛普查工作，登岛踏勘 30 余座，提供岛屿坐标和影像数据，完成重点岛屿落图工作。开展“大连市海域使用管理信息系统”建设工作。该系统建设以用海审批程序为依据，以项目信息管理为核心，以实现海域使用全过程管理为目标，设置信息填报、数据统计、文件传输、查询检索、档案管理五大功能模块，涵盖项目预审、项目审批、竣工验收等重要审查审批环节，提高用海项目全过程监管能力，规范海域使用管理工作。

海岛管理

2015 年，大连市海洋与渔业局有序推动海岛管理工作。市海洋与渔业局采用船载水上三维移动测量系统，监视监测蛇岛、大半江岛。踏勘监视全市 76 个海岛，其中无居民海岛 62 个，有居民海岛 14 个；监测 22 个海岛，其中无居民海岛 20 个，有居民海岛 2 个。所有监视监测数据汇总后逐级上报国家海洋局北海分局。组织开展无居民海岛项目申报工作，审核金州新区空坨子岛、南坨子岛 2 宗无居民岛用岛申请，经市政府同意上报省海洋与渔业厅，省政府确权空坨子岛，南坨子岛待批复。构建全市海岛管理信息系统，由于国家海洋局开发的海域管理信息系统和海岛管理信息系统不兼容，确权数据不能共享，为使全市海域、海岛确权数据能在一个平面上使用，经与辽宁省海域和海岛使用动态监视监测中心协调，梳理在超图 7 软件基础上导入海岛卫星遥感影像数据的技术路线，全市海域、海岛已确权数据和即将报批项目确权的数据可在超图的平面上共享，为合理开发海域、海岛资源奠定技术基础。

海岛生态修复和保护与开发利用项目成效显著。市海洋与渔业局审查、批复大王家岛（二期）、长山群岛（二期）和广鹿岛（二期）项目工程初步设计报告，年内 3 个项目竣工并投入使用；圆岛绿化工程施工完成，于 10 月 20 日通过专家验收；按计划开展獐子岛及马坨子海岛保护与开发利用项目施工前期工作，9 月，獐子岛及马坨子海岛保护与开发利用项目实施方案、工程初步设计报告分别通过专家评审，11 月 11 日，獐子岛及马坨子海岛保护与开发利用项目实施方案通过市海洋与渔业局批复，12 月 14 日，獐子岛及马坨子海岛保护与开发利用项目工程初步设计报告通过市海洋与渔业局批复。

海洋环境保护

【海洋环境监管】 2015 年，大连市海洋与渔业局加强海洋环境监管，编制印发《关于加强涉海施工环保监管的通知》《关于落实〈大连市加强环境监管执法责任分工方案〉的意见》，进一步规范涉海工程施工行为，明确涉海环境监管责任，加强涉海工程全过程监管。

针对大连市人民检察院关于旅顺海猫岛海域触礁搁浅轮船“光明”轮可能引发生态环境污染事件的“检察建议书”，向旅顺口区海洋与渔业局下发《关于按时落实“检察建议书”要求的意见》，提出要求并进行跟踪。审理辽宁省军区码头管理处大连黑嘴子码头二区泊位改造工程、大连船舶重工集团有限公司一工场4区和5区码头及船台港池疏竣工程、辽宁红沿河核电厂一期工程取水口区域维护疏竣工程、辽宁省大连海洋渔业集团公司港池维护疏竣工程、中国船舶重工集团公司第七六〇研究所南码头扩建工程、长海县小长山乡蚆蛸岛陆岛运输码头工程6个项目海洋倾倒许可证申请，对大连黑嘴子码头二区泊位改造工程等倾废活动实施现场检查，组织审查长兴岛石油化工园区西中岛北部公用工程能源中心污水处理厂排污口设置环评报告。

【海洋环境监测】 2015年，大连市海洋与渔业局组织国家海洋环境监测中心、大连海洋环境监测中心站、大连市海洋与渔业环境监测中心和金州新区海洋与渔业环境监测站完成近岸生物多样性、近岸海水、赤潮监控区、3个重点海水养殖区、“7·16”输油管道爆炸溢油事故跟踪、9个海水浴场、金石滩滨海旅游度假区、陆源入海排污口、入海河流、海洋垃圾等监测任务。监测结果显示：近岸海域海水质量状况良好。其中，符合第一类海水水质标准的海域面积18274平方千米，占全市管辖海域总面积2.9万平方千米的63%；符合第二类海水水质标准的海域面积8659平方千米，占29.9%；符合第三类海水水质标准的海域面积1182平方千米，占4.1%；符合第四类海水水质标准的海域面积503平方千米，占1.7%；劣于第四类海水水质标准的海域面积382平方千米，占1.3%。针对金石滩南大桥不明油污、大黑石荧光海、大连湾赤潮等突发事件，组织实施10余次应急监视监测，及时发布信息，满足公众知情权，为领导决策提供技术支撑。创新监测信息传递方式，组织监测机构为在大连市举行的全国性会议提供海洋环境信息服务，开展棒棰岛浴场高频次监测，并首次应用微信群方式，做到实时监测、实时出监测结果、实时发送数据，实现10分钟内完成全流程的高效率成果。

海洋生态文明

2015年，大连市海洋与渔业局海洋生态保护与建设工作再上新台阶。旅顺口区被国家海洋局授予国家级生态文明建设示范区。落实大连空港建设发展有限公司和大连港太平湾港区有限公司保护区损害补偿费3275万元。实施渤海海洋环境保护公益宣传项目，于9月至11月中旬在大连市内主要公交线路的500辆公交车上投放海洋生态环境保护公益宣传广告，提高全社会海洋生态环境保护意识。加强大连国家级斑海豹自然保护区的管理工作，全年出动执法人员350人次，出动警力30人次，出动执法车辆200余辆次，检查渔船3000余艘次，检查水族馆等经营利用场所34家次，逐一核查合法驯养的117头斑海豹。联合查处“1·23”特大偷捕、猎杀斑海豹违法案件，涉案13头斑海豹经全力救治存活3头，涉案4名违法犯罪分子均被追究刑事责任。全年实施动物救助行动22次，成功救助斑海豹7头，处理死亡动物27头。积极参与辽宁省首届保护斑海豹宣传月活动和农业部2015年水生野生动物保护科普宣传月活动，全年张贴标语、通告2000余张，发放宣传资料2万余份。至年末，大连市海洋与渔业局负责管理的国家级海洋自然保护区1个，即大连斑海豹自然保护区，总面积67.2万公顷；负责管理的国家级海洋特别保护区（海洋公园）2个，即大连长山群岛国家级海洋公园和大连金石滩国家级海洋公园，总面积6.3万公顷，其中大连长山群岛国家级海洋公园5.2万公顷，大连金石滩国家级海洋公园1.1万公顷；市级海洋自然保护区4个，总面积7013.8公顷，其中大连市老偏岛—玉皇顶海洋生态自然保护区面积2352.8公顷，大连海王九岛海洋景观自然保护区2143公顷，大连长山列岛珍贵海洋生物自然保护区 433 公顷，大连三山岛海珍品资源增殖自然保护区面积 2085 公顷。

海洋环境预报与防灾减灾

2015 年，大连市海洋与渔业局进一步提升海洋自然灾害应急管理能力。国家海洋局投入 1455 万元，升级改造大连市海洋预报台，提升全市海洋预警报能力与海岸观测能力。全年开展海洋灾害应急演练 13 次，其中在甘井子区、长海县开展海洋自然灾害（风暴潮和海浪灾害）综合应急演练 2 次，指导和督导区市县开展应急演练 11 次，总计参演人数 200 多人，动用各类船只 10 余艘，提高全市海洋灾害应急反应能力。做好海洋灾害预警报，有效应对突发性海洋灾害，全年接收各类海洋灾害预警报信息 24 期，发布风暴潮、海浪、海冰预警报信息 24 期。其中，黄色警报 4 次，应急预警会商 3 次，有效地预防台风“灿鸿”和冷空气影响造成的风暴潮和海浪危害。大连海洋预报台每日通过大连广播电视台、政府官方网站、《大连晚报》《半岛晨报》向公众发布海浪、水温、潮汐信息。

海洋执法监察

2015 年，大连市各级海洋与渔业执法部门强化行政执法责任制，严格规范公正文明执法。全年组织市级海洋工程项目海洋环境影响评价听证 2 个，配合辽宁省海洋与渔业厅举行用海项目海洋环境影响评价听证 10 个。利用动态监测网络视频监控系统，加强对重点海域、重点岸线、重点区域的监管，岸线检查覆盖率 100%。开展全市海岛执法检查工作，重点检查填海连岛、无居民海岛开展旅游，无居民海岛周边围海养殖业户的登记备案，无居民海岛建育苗室和看海房等，全年未发现违法违规使用海岛行为。继续加强海砂开采执法管理，常态化检查全市各大港口、装卸海砂的码头，检查砂子的种类、来源、采砂手续、装卸协议等相关情况，严格施行海砂装卸上报制度。不间断或突击检查重点码头，查获非法采砂船 2 艘，查获运输海砂船 2 艘。以伏季休渔管理为重点，严格渔业生产监管。加强领导，落实责任，多措并举，综合治理，确保全市伏季休渔管理秩序稳定，同时加强思想宣传教育，严密筑牢渔民不越界捕捞的思想防线。伏季休渔期间，全市投入管理经费 871 万元，出动执法人员 1.96 万人次，出动执法船艇 2700 航次，航程 5.2 万海里，出动执法车辆 4507 辆次，行程 22.9 万千米，登临检查渔船 11156 艘次，查处违规渔船 583 艘，没收渔具 31492 件，收缴罚款 666.6 万元。摸底排查全市 3000 余艘 40 马力以上渔船，突出重点港口、重点船只、重点区域，加强重要时间节点的渔船监管。开展各类巡航和专项执法行动，全年组织 200 海里专属经济区巡航 2 次，历时 15 天；组织斑海豹保护区巡航 2 次，累计 22 天；组织庄河市滩涂清理执法巡航 1 次，历时 38 天；组织海砂资源保护巡航 27 次，累计 180 余天。集中开展清理海洋涉外渔业“三无”（无有效的渔业捕捞许可证、渔业船舶检验证书、渔业船舶登记证书）船舶专项行动，摸底排查全市海洋涉渔“三无”船舶 891 艘，拆解 28 艘，待拆解 35 艘。参与中国海监北海总队、中国海监辽宁省总队联合执法 3 次，历时 20 天。全年派出执法人员 7500 人次，执法行程 12 万千米，检查项目 320 个，开展海洋倾倒废弃物检查 25 次，登检海岛 40 个，收缴罚款 20 万元。多次圆满完成部队重大军事演习扫海警戒护航任务。

（大连市海洋与渔业局）

河北省

综　述

河北省海岸线长487千米，管辖海域面积7000多平方千米。海岛13个，海岛面积36.30平方千米。河北省沿海地区处于环渤海经济圈的中心地带，海洋生物、港口、原盐、石油、旅游等海洋资源丰富，气候环境适宜，海洋灾害少，是发展海水养殖、盐和盐化工、港口运输、滨海旅游等产业的优良地带，适合进行各种形式的综合开发，具有发展海洋经济的巨大潜力。目前主要海洋产业有滨海旅游业、海洋交通运输业、海洋渔业、海洋化工业以及海洋盐业等。

海洋经济与海洋资源开发

【海洋经济统计工作】 规范统计数据采集、汇总、审核和上报流程，在政务专网安装部署全省海洋经济运行监测、评估、展示和发布系统，核查410家重点监测涉海企业基本信息，更新补充涉海企业名录和基本信息。修订《河北省涉海企业统计调查制度》，将监测频率全部调整为年报；组织全省重点监测涉海企业使用数据采集网络系统，系统建设（二期）任务全面完成，通过省级自验收；开展省级海洋生产总值核算体系研究。学习借鉴国家和外省海洋生产总值核算方法，综合比对数据来源的稳定性和准确性，初步确定全省海洋生产总值核算流程和方法。

【第一次全国海洋经济调查】 编制全省调查《实施方案》（讨论稿），初步明确各项调查任务的责任主体、时间节点和具体要求，细化部门职责分工、单位清查、专题调查、调查培训等相关内容，制定调查工作流程，组建省级调查队伍，申请海洋经济调查2016年度经费；配合国家海洋局在石家庄市栾城区启动第一次全国海洋经济调查试点工作，成立试点工作组，完善试点工作方案，12月22日召开试点启动部署会，开展涉海单位清查和产业调查培训；指导栾城区全面开展涉海企业清查和产业调查。

海洋立法与规划

【依法依规管海用海】 优化用海产业结构升级，服务疏解北京非首都功能产业转移，抓好《河北省海洋功能区划》《河北省海岸线保护与利用规划》《河北省海域海岛海岸带整治修复保护规划》和曹妃甸等四个区域建设用海总体规划的实施，督导秦皇岛、沧州市完成区划规划编报；组织省辖海域航道、锚地用海情况调研，开展省辖海域危化品设施项目用海情况调查，掌握各级政府批准的危化品设施项目情况，摸清危化品设施的数量、位置、规模及拟建情况上报国家海洋局；组织唐山港丰南港区基础设施工程等22宗用海海域使用论证工作，坚持从项目用海的可行性、用海面积的合理性、与区划规划和国家产业政策的符合性、相关利益者关系处理以及对周边海洋环境的影响等方面严格把关，力争海域使用科学、合理。

海域使用管理

【完善海域管理相关政策】 深入开展全省海域使用出让收入制度与机制、全省海域定级和基准价格评估、河北省海域使用权招拍挂基础地理信息平台建设等研究，河北省海域使用权出让收入管理办法、省市县海域级别与基准价格建议、海域使用权招拍挂基础地理信息平台等研究基本完成；配合全省整体推进不动产登记，做好海域使用权与土地使用权的登记发证衔接，会同政法处向省法制办提交了《河北省海域使用管理条例》修正草案和说明；对省局制发的《关于进一步加强海洋管理工作的意见》《关于加强建设用海管理的若干意见》《河北省建设项目用海预审管理暂行办法》和《关于做好围填海造地管理中用海与用地衔接工作的意见》四个规范性文件提出修改建议；结合工作实践对国家海洋局《重点区域海域使用权属核查验收管理办法（征求意见稿）》《海洋功能区划管理规定（修订征求意见稿）》《填海项目竣工海域使用验收管理办法（修订意见稿）》和《关于进一步规范海域使用项目审批工作的意见等 3 个规范性文件修订意见》等规范性文件，反馈修改意见。

【服务重点项目重点区域用海】 积极盯办首钢二期、海兴核电等重大用海项目，协调国家海洋局开展首钢二期、海兴核电项目海域使用论证，完成首钢二期、三友化工氨碱废液与氯碱电石、京唐港区 25 万吨级航道等 29 宗项目的用海预审，总面积 3128.6299 公顷，安排省内围填海计划指标 499.2715 公顷，使用国家围填海计划指标 867.8299 公顷。对水曹铁路等列入京津冀协同发展战略的重大建设项目、交通基础设施项目、民生项目，及时了解进展情况，积极做好用海服务，协助国家海洋局对渤西油气田、海兴核电等国家立项项目出具用海初审意见，为中核河北抚宁（秦绥）核电、秦皇岛核电等项目出具同意开展取水口用海选址前期工作的意见。省本级共为 32 个项目办理用海手续，批准用海面积 817.8645 公顷，其中填海造地 354.3284 公顷；完成项目填海造地海域使用竣工验收 33 个，面积 272.6316 公顷；办理初始登记 6 个，变更登记 33 个，注销登记 25 个，抵押登记 29 个，涉及抵押贷款金额 44.0705 亿元；全省共征缴海域使用金 9602.5658（不含国家 27776.8483 万元）。

【海域资源集约节约利用】 严格控制围填海规模，强化主要项目用海控制指标落实，在海域使用论证、用海预审、招拍挂方案审查、用海审批等环节中，严格执行填海造地建设项目投资强度、容积率等控制标准，限制盲目圈占海域行为，严把行业准入关，多数项目投资强度达到 4000 万元/公顷以上；积极引导用海项目向园区聚集，坚持区域用海规划和围填海计划相衔接，通过差别化海域供给管理，引导并调控项目向曹妃甸、渤海新区等区域用海规划范围内已填成陆区聚集，批准的 32 个项目中有 90%位于曹妃甸区和渤海新区的区域用海规划范围内。

【海域使用权市场化建设】 规范有序地开展经营性用海招拍挂出让工作，完善海域使用权招拍挂出让程序，做好出让方案审查。省本级进行 25 宗招拍挂方案审核，拟出让海域总面积 322.5 公顷，其中填海造地 311.9 公顷；完成招拍挂出让海域使用权 10 宗，出让面积 69.5 公顷，出让总收入 1.51 多亿元，是海域使用金收缴标准的 4.84 倍。通过市场化出让的海域面积占总出让面积的 80%以上，新上项目平均投资强度达到每公顷 4000 万元以上。

【海域动态监管系统运行管理】 强化海域动态监管系统对海域管理的技术支撑，通过遥感调查、远程视频监视和实地测量等手段，加强事中及事后监督。按照制定的 2015 年度河北省海域动态监视监测工作方案，对区域用海规划实施、年度建设项目用海、发现的疑点疑区按季度进行现场核查，并将违法用海线索及时移交省海监总队。对 2010 年以来全省海域法律法规执行、区域用海规划实施、围填海计划执行、围填海用海项目审批、海域使用金征缴和减免、海域使用执法检查等情况进行清查并上报，对省市两级海域动态监视监测系统进行升级改造，完成国家海域动管系统升级改造设备接收，投入运行。

【海域海岸带整治修复】 加强海域海岸带整治修复项目督导管理，提升海域资源价值和海洋环境质量。以北戴河及相邻地区近岸海域环境综合整治为重点，对全省海域海岸带整治项目进展进行实地督导检查。滦南嘴东双龙河河口海岸带综合整治修复工程、北戴河老虎石浴场及周边岬湾海岸修复项目、北戴河新区洋河—葡萄岛、岸线整治修复项目顺利完工。协调秦皇岛市政府向国家上报涉及资金1.5亿元的北戴河及相邻地区近岸海域环境综合整治项目实施方案，并通过国家审查。

海岛管理

【海岛使用管理】 完善全省海岛保护规划体系，指导曹妃甸区、山海关区编制完成龙岛、石河南岛保护利用规划；完成海岛使用情况变更调查，更新用岛项目数据库，制作全省13个海岛真正射影像和祥云岛、月岛、菩提岛三维实景模型；推进海岛监视监测，全面开展海岛地形地貌、开发使用和周边海域生态环境等监视监测，建立全省海岛监视监测数据库，无人机航飞120平方千米，拍摄照片12858张，调绘建筑物和设施1730个；开展菩提岛、祥云岛和月岛及周边海域岸滩演变、水动力条件和海洋环境质量跟踪监测，科学评价海岛综合整治修复成果；摸清全省海岛岸线、沙滩、植被、淡水和周边海域生态环境现状，建立海岛整治修复项目库；加强海岛宣传，组织菩提岛积极参加全国“美丽海岛”评选。

【海岛整治保护】 积极争取2015年中央海岛与海域保护资金9400万元，支持山海关区政府实施石河南岛生态保护与修复工程，改善石河南岛周边海域淤塞和岛体受损状况，提高海岛稳定性，计划修复岛体37.5公顷、海域清淤98万立方米、建设生态护岸2300米、护堤路3500米、构建植被7.5公顷；严格拟建项目审查。组织专家评审龙岛西段保护与开发利用示范、龙岛沙滩修复、祥云岛岸滩修复保护等5个拟建项目实施方案，确定修复沙滩3.5千米、整治岸线6797米、植被构建1公顷，建设码头和港池120米、航道1800米；加强唐山湾海域海岸带综合整治修复、祥云岛及周边海域综合整治修复、菩提岛景观生态修复示范、祥云岛岸滩修复保护工程等在建项目实施进展和资金使用等情况检查，督促地方尽快落实配套资金，推进项目顺利实施。全年共完成海域清淤25万立方米、沙滩修复27万立方米、植被构建5000平方米。

海洋环境保护

【推进规划建设】 6月25日，报经省政府批准，发布实施《河北省海洋观测网规划(2015—2020年)》。完成《河北省海洋环境保护规划（2016—2020年)》（初稿），征求省发改委9个省直部门和秦唐沧沿海三市政府意见。

【暑期海洋环境保护】 制定下发《2015年暑期秦皇岛海洋环境保护工作方案》，全面贯彻“暑期工作无小事”的指导方针，增加暑期前对秦皇岛重点浴场、港口、入海河口等区域进行的检查，查找问题隐患，督导相关部门限期整改。组织省地理信息局首次利用无人机先进技术，对秦皇岛8条重点入海河流和滨海湿地的环境状况进行实时航拍，航拍面积237.3平方千米，流域面积32平方千米。合理布设监测站位，加密监测频率。实行专家会商制度，每天将监测分析结果以快报形式报送国家海洋局、国家海洋局北海分局和各级政府及有关部门。暑期共获取监测数据8000余组，编制快报53期、浴场监视监测周报7期、暑期工作情况报告15期。

海洋生态文明

【海洋生态环境保护】 按照环保部等10部门联合印发的《关于进一步加强设计自然保护区开发建设活动监督管理的通知》（环发[2015] 57号）要求，对自然保护区存在的开发建设活动进行全面检查，通过保护区巡护，及时发现和制止违法违规活动。对检查发现的违法建设活动进行专项整治，昌黎保护区管理处对核心区内的停车场、道路及旅游设施全部进行拆除。11月19日，国务院办公厅

以国办函 [2015] 138 号文件批复同意昌黎黄金海岸国家级自然保护区范围调整事宜。

【北戴河海洋环境综合整治】 通过采用卫星、浮标、岸基、船载等高技术监测手段，对北戴河近岸海域生态环境及生态灾害状况开展动态监视监测，完成 12 条主要入海河流每月一次的水质水量监测，开展北戴河西海滩浴场等 5 个岸滩整治修复工程。通过综合整治工作的实施，北戴河沿岸入海河流水质有所好转，海水环境恶化趋势初步遏制，沙滩整治修复成效显著，浴场使用功能有效恢复。

海洋环境预报与防灾减灾

【海洋监测预报减灾】 制定《2015 年河北省海洋生态环境监测工作实施方案》，对各项监测任务逐月分解，按月实施，做到工作落实到日，任务安排到人。全年共实施监测站位 260 多个，获取数据 20000 余个，及时发布《2014 年河北省海洋环境状况公报》和《河北省 2015 年上半年海洋环境状况通报》；按照《2015 年河北省海洋预报减灾工作方案》要求，对全省海洋预报减灾工作进行全面部署，全年上报观测月报资料 600 余份,全部通过国家海洋信息中心的台站资料质量评估，资料良好率 100%，通过质量控制率 100%。汛期应急期间，严格实行主要领导负责制和值班制度，应急值班电话 24 小时值守，船舶、车辆和有关执法装备随时处于待命状态。遇有突发事件或紧急情况，各级海洋预报部门第一时间向地方政府和有关部门发布海洋预警报信息，连续滚动发布灾害变化趋势和有关防范措施信息，全年共发布海洋环境预报 1670 份，通过网络发布海洋环境预报 668 份，通过电子邮件发布精细化预报 396 份，为沿海各级政府减灾决策和用海单位防灾提供技术支持。

海洋执法监察

【海洋执法】 按照中国海警局、国家海洋局北海分局要求，先后开展“碧海 2015”“海盾 2015”“护岛 2015”、暑期秦皇岛海洋环境保护执法、无居民海岛专项行动等多项海洋执法行动，严厉打击违法用海违法行为，震慑违法行为的作用日益强化。

（河北省国土资源厅）

天津市

综 述

2015年天津海洋系统认真贯彻党中央、国务院建设海洋强国和拓展蓝色经济空间的战略部署，在市委、市政府领导下，在国家海洋局指导帮助下，抓住五大历史机遇叠加优势，紧紧围绕海洋事业科学发展的主题，以服务和促进滨海新区新一轮开发开放为中心，以建设海洋经济科学发展示范区为龙头，推动海洋经济科学发展示范区建设成效显著，海域管理水平全面提升，海洋生态环境保护和海洋防灾减灾能力稳步提高，海洋依法行政不断强化，海洋重大基础设施项目建设进展顺利，为“十二五”规划的圆满收官奠定坚实的基础。

海洋经济与海洋资源开发

【海洋经济总体运行良好】 2015年，天津市以建设海洋经济科学发展示范区为龙头，主动适应经济发展新常态，抢抓五大战略机遇，积极应对各种挑战，全市海洋经济运行总体平稳。

海洋渔业 海洋渔业实现快速增长，远洋渔业发展势头良好。

海洋油气业 海洋油气业产量保持增长，但受国际原油价格持续走低的不良影响，全年实现增加值较去年有所下降。

海洋盐业 海洋盐业平稳发展。

海洋化工业 海洋化工业稳定增长。

海洋生物医药业 海洋生物医药业保持稳定，但受市场需求结构调整影响，产品产量出现小幅下滑。

海洋电力业 海洋电力业发展势头良好，天津大神堂风电场、大港马棚口风电场三期陆续投产发电。

海水利用业 推进海水淡化与综合利用产业链建设，促进产学研深度融合，海水利用业保持稳定增长。

海洋船舶工业 海洋船舶工业淘汰落后产能，高技术和高附加值船舶订单形成新的产能，产业结构优化效果显现，但市场形势依然严峻。

海洋工程建筑业 国家海洋博物馆、大港港区深水航道等重大海洋工程项目稳步推进，各涉海功能区一批重大项目启动建设，海洋工程建筑业快速发展。

海洋交通运输业 海洋交通运输业产业发展稳中有进，海洋装卸、仓储、物流等方面发展向好。天津港航道达到30万吨级，港口货物吞吐量5.4亿吨，集装箱吞吐量1411.1万标准箱。

滨海旅游业 滨海旅游基础设施不断完善，邮轮、游艇、休闲渔业等新兴旅游业态规模不断壮大，海洋文化节庆活动丰富多彩，滨海旅游市场持续升温。天津国际邮轮母港首次实现全年运营，接待到港邮轮97艘次。滨海旅游业保持快速增长。

【海洋经济管理取得成效】 国家海洋局印发的《国家海洋局支持天津建设海洋强市的若干意见》，从9个方面对天津市提出30条支持政策。海水资源综合利用循环经济、海洋工程装备产业、海洋服务业和海洋生物医药产业4个专项规划以天津海洋经济科学发展示范区建设领导小组名义印发实施。天津市海洋局、财政局、发展改革委、科委、教委、人力社保局、金融局、国土房管局8家单位共同出台实施财政、产业、科技、教育人才、金融、土地和用海7方面促进海洋经济发展的支持政策。加快实施海洋经济创新发展区域示范专项项目，编制《天津市海洋经济创新发展区域示范“十三五”实施方案》，广泛征集涉海项目，整理形成 2015 年涉海项目库。积极申报中央支持资金，获得中央区域示范专项资金支持 2.28 亿元，是天津市海洋经济项目争取国家支持最多的一年。天津市区域示范专项工作和项目进展在国家财政部和国家海洋局组织的考核中被评为优秀。积极推动海洋金融创新，鼓励金融机构加大对海洋经济的支持力度，探索建立天津市海洋经济发展引导基金，编制《天津市海洋经济发展引导基金设立构想》《天津市海洋经济发展引导基金设立方案》，经领导小组会审议通过。海洋经济运行监测与评估系统一期运行良好，正在推进系统二期建设。

海洋立法与规划

【法治机关建设有序推进】 2015 年是天津海洋系统制度规范年，为贯彻落实中央和天津市委依法治国、依法治市、建设法治政府的部署要求，研究出台《法治机关建设实施方案》，明确天津市海洋局坚持依法行政、建设法治机关的分工表和路线图。组织完成局系统 275 项行政管理依据的梳理规范，制度“立、改、废”取得初步成果。组织完成权责清单梳理，形成《权责梳理目录》《权责梳理表》，并在局政务网予以公布。出台《天津市海洋局行政执法监督规定》《天津市海洋局重大行政处罚决定法制审核办法》。实现与天津市执法监督平台联网运行，完成天津市海洋局行政执法综合管理平台研发工作。《天津市海洋观测预报管理办法》已列入市人民政府 2015 年度立法计划市政府规章提请审议项目。

【“十二五”规划圆满收官】 “十二五”期间，天津市认真落实国家海洋发展战略部署，扎实推进海洋经济科学发展示范区工作，海洋经济和海洋事业发展取得长足进步。海洋经济规模不断壮大，提前一年完成 5000 亿元的“十二五”规划目标，继续位居全国前列。海洋先进制造业和新兴产业竞争力不断提升。海洋工程装备制造业和海洋船舶修造业走向国际市场。国家石油化工基地和原油战略储备基地初具规模。海洋工程建筑业市场扩展到五大洲。海水淡化产能达到 31.7 万吨/日，继续保持国内领先。沿海风电区域布局基本成型，风电项目建设稳步推进。海洋服务业加快发展。2015 年天津港货物吞吐量 5.4 亿吨，集装箱吞吐量超过 1411 万标准箱。邮轮游艇等高端滨海旅游业快速起步，成为我国北方最大的国际邮轮出入境口岸。2015 年邮轮停靠艘次较 2010 年翻一番，达到 97 艘次。海洋信息服务、海洋科技服务和海洋金融服务保持较快发展态势。海洋环境保护取得成效。近岸海域一、二类海水水质海域面积平均占比为 5.9%。实施海洋生态红线制度，海洋生态环境整治和生态修复有序开展，天津大神堂牡蛎礁国家级海洋特别保护区建设、管理取得成效。海洋环境监测网络基本形成，监测时段不断扩展，监测频率逐步增加。海洋科技创新能力不断提升。海洋工程装备制造、海水淡化等领域的科技创新水平保持全国领先，海洋化工、海洋盐业等传统海洋产业的高新技术含量逐步增加。打造一批海洋科技自主创新平台和海洋科技成果产业化基地，被国家确定为海洋高技术产业基地试点城市，省部级以上海洋重点实验室达到 15 个，海洋研发中心、工程技术中心和海洋仪器装备质量检测中心达到 13 个。海洋公共服务能力不断提高。海洋观测预报和防灾减灾能力建设稳步推进，海洋灾害预警报信息发布渠道进一步拓展。海上重大事件应急处置能力显著提高，有效应对蓬莱 19-3 油田溢油事故、大沽口航道“对二甲苯”泄漏等环境污染事件。渤海湾生态监控区监视监测工作扎实开展。海洋社会事业繁荣发展。国家海洋博物馆开工建设，妈祖文化园等海洋文化场馆建设取得积极进展，海洋文化旅游高地初步成型。成功举办“世界海洋日暨全国海洋宣传日”等海洋宣传活动，社会公众海洋文化意识逐步提高。海洋高等教育、职业教育和继续教育蓬勃发展。海洋治理体系和治理能力逐步完善和提升。修订完成《天津古海岸与湿地国家级自然保护区管理办法》，制定出台《天津市海洋环境保护条例》，行政执法监察扎实规范开展，海洋执法装备建造和队伍建设成效显著，维权执法能力不断提高。渤海监测监视管理基地一期建成并投入使用，海洋管理业务支撑能力进一步增强。

【“十三五”规划编制基本完成】 经天津市政府批准，《天津市海洋经济和海洋事业发展“十三五”规划》（以下简称《规划》）被列入全市重点专项规划，由天津市海洋局牵头组织编制。共计完成9项规划预研专题研究，召开9场规划座谈会，听取66个部门和单位的建议，在此基础上形成编写大纲，并按计划起草完成“十三五”《规划》草稿，向全市97个单位征求意见，3次召开各专业海洋专家咨询会，2次登门拜访有关专家单独咨询，多次与天津市发改委沟通，并专程前往国家海洋局汇报《规划》工作，先后征集到意见300余条，对《规划》做了完善。6月10日，尹海林副市长听取《规划》汇报。按照市领导指示，进一步强化数字支撑，调整发展原则，充实“三个重大”内容。7月中旬，赴滨海新区发改委和六大功能区实地调研，同时，向全市73家单位印发了征集“三个重大”内容建议的函。10月与全市规划纲要和相关专项规划（征求意见稿）进行对接，将党的十八届五中全会和天津市委十届八次全会精神融入《规划》之中。《规划》编制工作基本完成。

海域使用管理

【海域管理规范化水平提升】 海域资源市场化配置体制机制创新取得进展，海域使用权直通车制度纳入《滨海新区条例》。制定出台《天津市海洋局关于进一步加强海域使用审批工作中廉政风险防控建设的实施意见》。对《天津市海洋局海域使用权续期内部管理规程》《天津市临时海域使用内部管理规程》和《关于及时办理区域用海规划内填海项目验收手续的通知》等海域使用管理制度进行修订，制度建设规范化程度不断提高。

【海域动态监视监测系统升级改造和管理取得成效】 推进国家海域动态监视监测管理系统升级改造，顺利完成网络和设备的安装调试工作。区级动态能力建设项目稳步推进，成立三个基层海域动态监管业务机构，塘沽海洋管理处、汉沽海洋管理处、大港海洋管理处分别加挂“塘沽国家海域动态监管中心”“汉沽国家海域动态监管中心”“大港国家海域动态监管中心”牌子。

【完成海域使用权登记向不动产登记过渡】 按照全市开展不动产统一登记相关工作的要求，完成相关海域使用权登记资料、电子数据的移交工作，顺利完成海域使用权登记向不动产登记工作的过渡。

【项目管理取得进展】 大沽排污河综合整治工程进入实施阶段，永定新河口海岸修复与综合整治项目第一阶段工作完成。申报2015年中央海岛和海域保护资金支持项目2个，获得财政部和国家海洋局批复的项目资金863万元。

海岛管理

【加强海岛监视监测与管理】 制定并严格执行《2015年天津市海岛常态化监视监测工作实施方案》。新增无居民海岛采集生物和非生物样本的审批事项，加强海岛管理。

海洋环境保护

【完成海洋环境监测常规任务】 组织开展2015年度海洋环境监测与评价，累计获得各类监测数据18000余个。发布《天津近岸海域赤潮监控预测简报》11期，《天津近岸海域赤潮监视监测通报》10期，编制发布《2014年天津市海洋环境状况公报》和《2015年上半年海洋生态环境质量通报》。完成天津港“8.12”危化品应急监测任务，报送海洋环境应急监测及跟踪监测快报176期次，为管理决策提供信息支持。

【保护区建设与管理不断加强】《天津大神堂牡蛎礁国家级海洋特别保护区总体规划》通过国家海洋局组织的专家评审，启动编制《天津大神堂牡蛎礁国家级海洋特别保护区管理办法》。完成天津大港滨海湿地国家级海洋特别保护区（暂名）选划自然资源与环境综合考察报告编制工作。完成天津古海岸与湿地国家级自然保护区地下水调查和综合科学考察工作。

海洋生态文明

【推进海洋生态红线区管控体系建设】编制完成海洋生态红线区管理规定初稿。编制《红线区管理信息系统设计报告书》，基本完成管理信息系统研发。加快推进红线区边界标识布设。继续推进总量控制体系建设，优化完善关键专题研究成果，为提出总量控制试点方案奠定基础。

【加强生态整治修复项目管理】加快推进中央分成海域使用金支出项目（环保类）实施，目前已完成10个子课题的任务并通过省级自验收，两个项目整体进度整体已完成90%。

海洋环境预报与防灾减灾

【夯实灾害应急管理基础】编制并印发《天津市海洋局海洋灾害应急保障预案》。为保证应急信息及时传递，与天津市应急管理信息平台实现对接，6月份实现互联互通。

【开展常规海洋观测预报】按照《2015年天津市海洋预报减灾工作实施方案》，5月份开展汛前自查，排除安全隐患，保障汛期海洋灾害应急管理工作顺利开展。全年累计发布天津市近海海浪、水温、海面能见度、潮汐等常规海洋环境预报信息3000余期。

【做好重点保障目标预报服务】向重点保障目标天津临港经济区提供精细化预报服务，发布24小时、48小时以及72小时的海温、浪高、潮汐等海洋环境要素预报信息730期。发布海冰监测预报简报14期，发布风暴潮、海浪预警报13期，为企业和公众生产生活做好服务保障。

【加强海洋观测预报能力建设】《天津市海洋预警报能力升级改造项目实施方案》通过国家海洋局审查，9月底正式启动项目。

海洋执法监察

【海域使用执法】开展“海盾2015”、“养殖用海”等专项执法行动，加大对各类违法用海行为的执法力度，全年共检查各类海域使用项目510宗，出动船舶127航次，航程6440海里，派出执法车辆621车次，行程48112千米，执法人员1610人次。查处一批海域违法行为，收缴罚款2850.05万元，结案率100%。有效打击遏制海域使用违法行为，维护辖区海域使用秩序。

【海洋环境保护执法】开展“碧海2015”专项执法行动，以查处海洋环境违法大案、要案为重点，全年检查海洋工程项目313个，海洋环境违法案件执结率100%，收缴罚款20万元。“8·12”爆炸事故发生后，立即启动海上应急监测，共派出人员89人次，执法艇39航次，执法车辆42车次，圆满完成应急监视执法任务。

【海岛执法】加强对天津市唯一一个无居民海岛保护，严格按照《天津市海岛定期巡查工作制度》，开展海岛定期巡查工作，做好海岛开发、保护工作的跟踪监测。

【保护区执法】开展保护区日常巡护，共派出人员875人次，陆上行驶34906千米，海上航行200海里。组织参加天津市环境大检查、春秋季鸟类保护等专项执法检查，累计巡查5861多千米，拆除鸟网2480多米，放飞鸟类476余只，遏止保护区核心区的违规开发旅游活动。开展海洋特别保护区巡航和海上联合执法。

【治理临时卸砂点】参与“打击内河船舶非法参与海上运输百日专项治理行动”，全方位整治海上非法运输船舶和非法卸砂点，取得积极效果。

【维权执法】 中国海监“3015”船完成国家南海重大维权执法任务并顺利返航，被授予集体二等功。

海洋行政审批

【概况】 优化海域审批程序，严格落实围填海指标管理，全年共批准用海项目38宗，批准用海面积989.0984公顷，收缴海域使用金10.18亿元，办理用海抵押登记9宗，帮助用海单位融资17.8亿元，注销抵押登记6宗，涉及金额9亿元，有效缓解企业的资金压力。

【推动重大用海审批进展】 天津液化天然气(LNG)接收站项目获得国家海洋局正式批复。临港经济区北部区域三期、南港工业区二期、临港产业区区域建设用海规划修改完善后再次上报国家海洋局。

海洋科技

【国家海洋公益性项目】 积极争取2015年度公益性项目，“海水淡化水处理药剂国产化技术研究与工程示范”项目获得国家公益性立项支持，获得国家资金支持1040万元。2013年度公益性项目通过国家检查。完成2011年度海洋能“液压浮子式波浪发电装置的研发”项目验收。

【科技兴海项目】 征集2015年科技兴海项目，筛选立项11项，累计投入专项资金680万元，带动企业配套资金2500万元。编制完成《天津市科技兴海行动计划（2016—2020年)》并征求相关单位意见。

海洋宣传

【宣传日活动】 组织开展2015年“防灾减灾日”科普宣教活动，分别在天津滨海新区金街、汉沽体育场和天津国土资源和房屋职业学院开展海洋防灾减灾科普宣教活动，设立海洋灾害科普知识宣传展牌90块，发放《天津市海洋灾害应急预案》《天津市海洋防灾减灾知识手册》各类宣传册3000余份，宣传书签1000余份，宣传扇子800个，手提袋1000个。联合国家海洋局下属单位共同举办2015年全国海洋宣传日主题宣传活动。

【公益宣传活动】 联合市科协、新蕾出版社、天津海昌极地海洋世界等单位举办“科普心·创津彩”科普艺术展演活动。在中国海监“3011”船组织开展海上自救应急培训演练。组织中国海监“3015”船、大港贝壳堤博物馆“开放日”活动。

【媒体宣传报道】 在门户网站刊发工作信息31篇，较为全面地反映领导干部活动、重要会议和工作情况；与中国海洋报社、天津日报社、天津电视台等媒体积极联络，刊发各类消息、通讯等数十篇，头版十余条，取得较好的社会反响。

海洋文化

【国家海洋博物馆建设】 国家海洋博物馆项目主体工程3月31日如期开工，钢结构主体工程已基本完成。藏品征集及典藏工作成效明显，新征集藏品5600件，累计藏品总量增至4.8万件，新增符合上展要求展品2030件，其中人文类拟上展展品1120件、自然类拟上展展品910件。9月初全面启动现生生物标本征集；与国家文物信息中心签订展藏品复、仿制协议，面向国内150余家博物馆组织复仿制展陈大纲中涉及的重要展品。在渤海监测监视基地建设临时精品库房，于10月中旬安全实现10093件藏品的整体搬迁。按照首期开馆布展方案，根据建筑空间初步设计及展藏品征集情况，组织开展“海洋自然”、“海洋人文”布展方案征集招标。

（天津市海洋局）

山东省

综 述

2015年，山东省海洋经济发展速度优于全省经济，也高于全国海洋经济增速，海洋经济总产值继续位居全国第2位。其中海洋渔业、海洋盐业、海洋生物医药业、海洋交通运输业位居全国首位，海洋油气、海洋矿业、海洋化工、海洋工程建筑、滨海旅游等产业也均居于全国前列。

海洋经济与海洋资源开发

【海洋渔业】 2015年，山东省海水产品总产量774.7万吨，同比增长3.8%。其中，因近海资源持续衰退，海洋捕捞228.2万吨，同比下降0.6%；海水养殖499.6万吨，增长4.1%。远洋渔业发展迅猛，产量达到46.9万吨，同比增长28.5%。

“海上粮仓”建设 “海上粮仓”建设起步良好、成效显著。编制实施《山东省“海上粮仓”建设规划》，构建“三区三带、一极一网”的空间发展框架。2015年，省政府明确将海洋牧场建设纳入“粮食安全省长责任制”，设立3.2亿元“海上粮仓”建设投资基金，启动渔业资源修复等43个重点项目，高起点规划建设了10处陆基生态型标准化渔业基地、10处集中连片海洋牧场“生态方”、25处育繁推一体化遗传种业基地、15处省级休闲海钓示范基地和10处省级休闲渔业公园。创建了离岸自然发展、近岸融合发展、陆基标准化发展、内陆生态发展等四种模式，总结推广了泽潭、明波、海益等多个发展模板。在全国率先实施海洋牧场观测网建设，“透明海洋牧场”初见成效。中央政治局委员、国务院副总理汪洋视察山东省海洋渔业建设时，给予充分肯定，并就深耕海洋、建设海洋牧场、发展现代渔业等做出重要指示。

海洋牧场建设 2015年，山东省围绕“海上粮仓”建设总体目标，积极推进海洋牧场建设，重点打造生态型人工鱼礁，全年共扶持建设海洋牧场项目47个，投放构件礁21.32万空方，石块礁36万空方，共投入海洋牧场建设资金20318万元，其中企业自筹资金17220万元，财政资金扶持资金7800万元，涉及海域面积2209公顷。2015年，山东省在全国首推海洋牧场信息化，开启“互联网+海洋牧场”模式。委托中国海洋大学技术团队在全省22处海洋牧场建设水下在线观测系统，实现海水温盐深、叶绿素、溶解氧和水下高清视频等海洋要素原位、实时在线观测，保障海洋牧场生态、生产安全，为海洋牧场科学管理和决策提供技术依据。10月19日，汪洋同志在莱州“蓝色海洋”海洋牧场观看观测网运行展示后，对这项创新工作给予高度评价，并强调要“深耕海洋，发展现代海洋渔业”。加快海洋牧场科研成果转化工作，搭建“科研单位+管理单位+建设单位”合创平台，组织中国海洋大学、中科院海洋研究所、中科院烟台海岸带研究所、山东省海洋生物研究院等科研院所联合开展“山东半岛近岸海域生态模拟试验”，综合开展生态型人工鱼礁研发、人工海藻场构建技术及应用模式研究、海洋牧场资源评估及可持续利用模式研究、立体生态方岸线冲淤影响试验等，初步构建针对不同海域特点的典型海洋牧场建设技术，引领行业健康持续发展。2015年底，山东省正式将人工鱼礁建造纳入行政许可管理，行政许可审批在省政府网上政务大厅上线运行，人工鱼礁建设者足不出户即可办理人工鱼礁建设相关手续，标志着山东省人工鱼礁建设步入法制化管理轨道。

增殖放流 2015年放流数量再创新高，山东省共投入海洋增殖放流资金1.73亿元，其中省级以上放流资金1.45亿元（省财政资金8000万元，省海洋生态修复放流资金2000万元，中央转产转业资金1240万元，渤海种群恢复项目3292万元），计划放流各类海洋水产苗种63.6亿单位，同比增加7.2亿单位，实际放流69.7亿单位，同比增加17.1%，首次突破60亿大关。山东省大力实施"放鱼养水"工程，2015年，全省各级财政计划累计投入淡水增殖资金1960万元，其中中央财政投入资金1510万元，省级以上财政投入资金450万元。

休闲渔业 2015年，山东省休闲渔业产值达100多亿元。临沂市、威海市、高唐县分别荣获"中国休闲垂钓之都"、"中国休闲渔业之都"和"中国锦鲤第一县"称号。在全国垂钓协会组织的"2015中国海钓盛典"评比中，山东省有6个省级休闲海钓基地获得"全国十大优秀海洋牧场和路亚基地"称号。认定省级休闲海钓基地7处、休闲渔业公园1处。"渔夫垂钓"休闲渔业品牌内容不断丰富，"渔夫垂钓"微博、微信双微平台上线运行。通过"生态礁+恋礁鱼"模式打造优质钓场已初见成效，"到山东，有鱼钓"成为山东旅游新热点。2015年全年，15处省级休闲海钓基地共接待游客25.08万人，收入6073.2万元，同比增长66.6%和55.4%，钓得渔获量47.9万千克，拉动相关消费7.62亿元。

远洋渔业 2015年，山东省将远洋渔业作为"海上粮仓"建设的重要增长点，编制《山东省远洋渔业提质增效转型升级实施方案》。全省具有农业部远洋渔业资格企业36家，专业远洋渔船450艘、总吨位27.9万吨、总功率49.2万千瓦，全年实现产量46.9万吨，同比增长29%；产值50.9亿元，同比增长58%，创历史最高水平。青岛市远洋捕捞公司首次赴南极海域开展磷虾捕捞，实现产量3264吨；在所罗门、塞拉利昂、俄罗斯和纳米比亚4国管辖海域实施新的过洋性远洋项目，朝东捕捞合作项目顺利实施，加纳、乌拉圭等海外渔业基地建设进展顺利；远洋渔船及关键设备研发与制造基地研发20多个世界先进水平的远洋渔船船型，远洋渔业船员培训基地培训远洋渔业职务船员735名，加强"渔超"对接，推动远洋渔业产品进超市，省内外各大超市累计销售近1万吨。海峡两岸渔业合作交流示范区建设取得新进展，有力推动双方在远洋渔船建造、装备技术、资源开发等方面的深度合作。

【海洋油气业】 2015年，海洋油气产量稳定产值下降。由于国际油价大跌，海洋油气产值大幅下滑，其中增加值同比下降45.6%。受油价持续低迷影响，海洋油气业短期难以走出低谷。

【海洋矿业】 2015年，海洋矿业增加值约为22亿元，同比增长近15.7%。2015年莱州又发现两处大型海底金矿，金矿资源储量近800吨，若能有效开发，预计"十三五"期间海洋矿业产值、增加值有望超越福建，占全国首位。

【海洋盐业】 受近年来低钠盐、不含碘盐等新品种盐的需求增加，2015年，山东省海洋盐业大幅领先于其他各省、市、区。但受海洋盐业整体低迷，盐价整体较低，盐田面积不断减少影响，盐业发展仍然压力较大，须进一步推动制盐工作结构调整，规范产销秩序，合理开发、综合利用盐业资源，推进山东盐业的健康和可持续发展。

【海洋化工业】 受化工行业整体低迷影响，加上环保硬约束压力加大，2015年，山东省海洋化工增加值有所下降。

【海洋电力】 2015年，受全省电网并网调电能力限制及地方生态环保因素的考虑，山东省海洋电力进入发展瓶颈期。

【海洋船舶工业】 受国际经济大形势低迷影响，2015年，山东省海洋船舶制造业持续低迷，新接修造船订单大幅减少，交船难度加大，融资也陷入困境。

【海洋交通运输业】 受国际经济形势整体较

弱影响，2015 年，山东省海洋交通运输业增幅渐缓。

【滨海旅游业】 2015 年，山东省滨海旅游业保持快速增长。

海洋立法与规划

【海洋立法】 2015 年 1 月，山东省人民政府令（第 284 号）公布《山东省渔业船舶管理办法》，自 2015 年 4 月 1 日起施行。2015 年 7 月，山东省第十二届人民代表大会常务委员会第十五次会议通过《关于修改〈山东省农村可再生能源条例〉等十二件地方性法规的决定》，对《山东省海域使用管理条例》进行修订，新增和修改关于闲置海域和海域使用权收回等方面的内容。

【海洋规划】 2015 年 2 月，山东省发展和改革委员会、山东省海洋与渔业厅联合印发《山东省海洋事业发展规划（2015—2020 年）》（鲁发改区域［2015］119 号），这是山东省首个海洋事业发展规划，在海洋经济宏观调控、海域海岛综合管理、海洋生态文明建设、海洋科学技术、海洋公共服务、海洋防灾减灾、海洋综合执法等 10 个方面进行顶层设计。

海域使用管理

【概况】 2015 年，山东省各级海洋行政主管部门坚持依法管海、生态用海，适应经济发展新常态，突出重点，定向发力，深化改革，简政放权，合理配置海域资源，推进集中集约用海，不断提高海洋综合管控能力，服务“蓝黄”两区建设，有力地促进海洋经济平稳较快发展。2015 年，山东省海域海岛管理工作取得丰硕成果。完成市级海洋功能区划审批，统一组织编制县级海域使用规划，构建横纵联合的全海域区划规划体系。加大简政放权，提高海域使用审批效能。加强重点海域重点项目的动态监视监测工作，进行航空监测、现场监测等海域全过程监管；开展“数字海域”工程，丰富海域综合管理方式；开展海洋规划进馆工作，搭建海域综合管理、海洋规划展示新平台；编辑完成《海岸整治修复》画册，推动海洋生态文明建设工作；主导、协调成立青岛、烟台两大海洋产权交易平台，为市场化出让海域资源提供重要载体。

【海洋功能区划规划与制度建设】 为全面推进青岛西海岸新区国家战略实施和保障“北煤南运”国家能源通道建设，在基于生态系统的海洋功能区划研究的基础上，启动《山东省海洋功能区划（2011—2020 年）》局部修改工作，编制《山东省海洋功能区划（2011—2020 年）》局部修改方案，经过专家论证、社会公示、公开听证、征求部门意见等程序后，上报国务院审批。

完成地市级海洋功能区划审批工作。2015 年 4 月，威海市海洋功能区划（2013—2020 年）率先获得山东省人民政府批复。随后，潍坊、日照、烟台、滨州、东营等的市级海洋功能区划顺利获批。

加快县级海域使用规划审批工作。县级海域使用规划是市县人民政府统筹海域使用、保护海洋环境的法定依据，也是山东省探索海域综合管理的有益尝试。印发《山东省海洋与渔业厅关于进一步规范县级海域使用规划编写有关事项的通知》《山东省海洋与渔业厅关于加快推进市级海洋功能区划和县级海域使用规划编制工作的通知》。山东省统一组织编制县级海域使用规划，将沿海县级的海洋经济规划、城乡规划、海上交通规划、滨海旅游规划、渔业规划等全面落实到县级海域使用规划一张图上来，积极探索海域空间管理走向“多规合一”。东营、威海、潍坊、烟台、滨州、日照等地的县级海域使用规划全部通过专家评审，为全面构建省、市、县三级海洋功能区划和海域使用规划管理体系奠定重要基础。

【围填海项目管理】 针对山东省各个行业用海的不同需求，为确保单体项目用海面积的合理性、科学性，坚持集约节约原则，开展不同行业用海指标体系研究，编制《山东省项目用海控制指标》。控制指标体系的建设将进一步推动山东省海域资源管理走向精细化、科学化、制度化，进一步提高山东省海域综合管理科学化水平。

实施差别化的围填海计划指标供给政策。围填海指标优先用于海洋优势产业、生态保护的建设，重点安排国家产业政策鼓励类产业、战略产业和社会公益项目用海，并向产能过剩行业安排指标，严格执行《山东省关于贯彻国发［2013］41号文件化解过剩产能的实施意见》。2015年，山东省累计安排围填海计划指标874.0394公顷。

【海域动态监视监测】 重点抓好县级海域动态监视监测项目实施。山东省县级海域监视监测能力建设项目首批获得国家海洋局批复实施，为推进全海域监视监测体系奠定坚实基础。成立山东省海洋与渔业厅县级海域监视监测能力建设项目工作领导小组，完成相关数值研究、设备采购等工作，实现时间过半任务过半。

加强重点海域重点项目的动态监视监测工作。研究全过程海域监视监测意见，重在解决重审批轻监管的问题。充分利用布设在全省重点港口区、重点岸线、重点海湾的80多个视频监控点、无人机、地面监测车辆等多种手段进行航空监测、现场监测，加强重点区域、重点项目的监视监测，全面提高山东省海域全过程监管力度。其中，山东省海域动管中心组织开展区域用海规划监测，共编制5份报告。

【海域资源配置情况】

（1）截至2015年底海域使用管理情况

截至2015年底，山东省共确权海域面积866400.91公顷，其中经营性项目849225.1公顷，公益性项目17175.79公顷；发放海域使用权证书15077本，其中经营性项目14734本，公益性项目343本。山东省主要用海类型及其确权海域面积分别为：渔业用海809916.59公顷，工业用海16941.95公顷，交通运输用海17276.44公顷，旅游娱乐用海5584.25公顷，海底工程用海2261.04公顷，排污倾倒用海1228.32公顷，造地工程用海5549.93公顷，特殊用海6549.80公顷，其他用海1092.59公顷。

（2）2015年海域使用管理情况

2015年，山东省共确权海域面积74343.6公顷，其中经营性项目73830.19顷，公益性项目964.62公顷；发放海域使用权证书680本，其中经营性项目652本，公益性项目28本。山东省主要用海类型及其确权海域面积分别为：渔业用海68066.44公顷，工业用海1421.99公顷，交通运输用海1452.29公顷，旅游娱乐用海2067.31公顷，海底工程用海115.00公顷，排污倾倒用海58.75公顷，造地工程用海76.93公顷，特殊用海282.61公顷，其他用海136.86公顷。2015年，山东省共征收海域使用金106383.42万元。其中，山东省政府批准的用海项目缴纳海域使用金88761.85万元。

【海洋规划进馆】 在全国首个开展“海洋规划进馆”工作，印发《关于推进海洋规划等内容纳入城市规划展览馆工作的通知》，对海洋规划进驻城市规划展览馆这项工作做全面部署安排，明确提出将海洋功能区划、海域使用规划、海洋经济、海洋文化等海洋规划纳入沿海城市规划展览馆，把城市规划展览馆作为展示海域综合管理、海洋规划的新窗口、新平台。选取烟台、日照两个市作为试点，共划拨1000万元专项经费。

【数字海域工程】 创造性开展“数字海域”工程。结合前期海域管理探索研究，首次提出利用现代化信息技术手段，在山东省海洋与渔业“一张图”基础上，实施“数字海域”工程，探索以数字化全景式展示山东省管辖海域的过去、现状和未来，进一步拓展山东省海域综合管理理念、丰富海域综合管理方式。经过一年努力，“数字海域”工程从无到有，从概念雏形到方案编制定稿、到基础数据收集完结、再到系统研发逐项启动等，取得一系列成果，圆满完成年初既定目标。

【海岸整治修复】 印发《海岸整治修复》画

册，这是山东省首次全面系统总结海域整治修复成果，全方位收集自2008年以来国家、省、地方各级政府及社会各方力量实施的76个海域、海岛、海岸带整治修复项目，对部分区域利用无人机航拍等手段补充图片资料，经筛选、评审、汇总，选取20个优秀项目编辑完成山东省首部海域整治成果。成果编辑完成后，利用“6.8海洋日”等宣传活动，向社会免费分发，让全社会感受海岸修复的巨大变化，共享生态整治的修复成果，有力推动山东省海洋生态文明建设工作。

【海洋产权交易】 根据当前海域资源管理的趋势，研究起草《山东省招标挂牌拍卖出让海域使用权管理办法》，青岛、威海、烟台、潍坊等地市勇于探索，先行出台符合地方实际的招标挂牌拍卖出让海域使用权管理办法，形成以省级的海域使用权权招标拍卖挂牌出让管理办法为总则、市县级市场化出让办法为细则的全体系海洋产权交易管理办法。主导、协调成立以海域资源交易为主的两大海洋产权交易平台。3月27日青岛国际海洋产权交易中心挂牌成立，9月16日烟台海洋产权交易中心相继挂牌成立，山东省成为全国首个拥有国家、地方两大海洋产权交易平台的省份，为进一步推进市场化出让海域资源提供重要载体。

海岛管理

人民政府批复同意山东高角(1)、山东高角(2)、苏山岛等领海基点保护范围，山东省管辖海域范围内所有领海基点的保护范围选划工作已全部完成。领海基点所在海岛岛体及周边海底地形地貌的稳定涉及领海基点安全，划定领海基点保护范围对维护国家海洋权益、保护海防安全、开发利用海洋资源有着重要的战略意义和价值。

【海岛生态保护】 2015年10月，国家海洋局、财政部联合印发《关于批复2015年中央海岛和海域保护资金工作实施方案的通知》批复山东省开展海岛生态修复与保护工作，针对威海市海驴岛、威海市刘公岛、烟台市长岛县庙岛，投入5700万元用于恢复各海岛生态原貌，既保护暗滩生态环境，保证岸线不被侵蚀，保障居民生命财产安全，又兼顾生态旅游。

【无居民海岛开发利用管理与制度建设】 根据新形势下海岛管理的新情况，结合市场化发展需求，以海洋生态文明理念为指导，制定《山东省无居民海岛使用审批管理办法》和《山东省无居民海岛使用权招标拍卖挂牌出让管理暂行办法》，有针对性地解决无居民海岛申请、审查、审批、招拍挂等方面的问题，进一步完善无居民海岛开发利用管理制度体系。

海洋环境保护

省政府的统一部署，认真履行职责，加强海洋生态环境监管，开展海洋生态环境监测、海洋生态环境监管监测、公益服务监测、海洋生态环境风险监测和专项监测等五大类24项工作，布设监测站位928个，获取各类监测数据近40万组，并依据相关标准和技术规范对监测结果进行评价，基本掌握全省海洋环境现状及变化趋势，为推动全省海洋生态文明建设和“海上粮仓”建设提供决策依据和环境服务保障。

2015年，山东省海洋环境质量状况总体较好，冬季、春季、夏季和秋季全省符合第一类海水水质标准的海域面积分别为139892平方千米、140981平方千米、139973平方千米和146444平方千米，约占全省海域面积的87.7%、88.4%、87.8%和91.8%；海洋沉积物质量总体良好。海洋生物群落结构基本稳定；海洋保护区生态状况基本保持稳定。海水增养殖区环境状况总体能够满足养殖活动要求。海水浴场和滨海旅游度假区环境状况良好。入海排污口邻近海域环境质量状况总体较差。绿潮灾害影响面积较上年有所增大。渤海局部滨海地区海水入侵和土壤盐渍化程度加重。

“十二五”期间，全省海洋环境质量总体基本稳定，符合第一类海水水质标准的海域面积整体上占全省海域面积的85%以上。海洋生态状况基本稳定。海水增养殖区、旅游休闲娱乐区环境状况良好。但绿潮影响范围有所增大。

【海洋生态红线制度】 2015年，山东省在严格落实渤海海洋生态红线制度基础上，按照国家海洋局有关工作部署和技术要求，编制完成《山东省黄海海洋生态红线划定方案(2016—2020年)》。2015年12月31日，该方案经山东省人民政府第69次常务会议审议通过。山东省划定黄海海洋生态红线，分区分类制定管控措施，对科学管控黄海开发活动，保障海洋生态安全、促进人海和谐、建设海洋生态文明，推动全省海洋经济和社会可持续发展具有重要意义。山东省黄海海洋生态红线划定后，连同之前划定的渤海海洋生态红线，标志着山东省已率先完成全海域海洋生态红线划定工作。

【海洋生态补偿制度】 2015年，山东省努力推进海洋生态补偿制度，编制完成《山东省海洋生态补偿管理办法》及其配套技术导则；由原来的生态损失补偿，扩展到生态保护、生态损失全面补偿，提升生态补偿法律效力。2015年12月22日，山东省质监局发布《用海建设项目海洋生态损失补偿评估技术导则》(DB37/T1448—2015)，作为《山东省海洋生态补偿管理办法》配套标准，在国内第一次把生态服务评估制度用于管理决策，是海洋生态文明建设的重要制度创新。

【海洋环境监测评价体系】 目前，山东省共建成34个海洋环境监测机构，初步形成以省监测中心，沿海7市海洋监测中心（站）和26个县（区）级监测机构组成的三级海洋环境监测业务体系。2015年，出台《关于进一步加强全省海洋环境监测评价体系建设的意见》以及海洋生态环境监测质量管理办法、持证上岗管理办法、数据管理办法和绩效考评管理办法等4个配套制度；制定全省海洋环境监测机构分级管理办法，稳步推进海洋环境监测机构分级管理。加强监测评价质量控制和标准化管理，全年举办3轮技术培训，累计培训全省26家监测机构技术人员340人次。加强评价产品制作，全年发布海洋环境状况月报、季报、半年报、年报、信息专报、通报等多样化信息产品，通过政务网站向社会公众发布137期全省15个海水浴场和15个养殖区的环境质量状况。

【海洋工程监管】 2015年，按照简化程序、提高效能的要求，根据审批权限和管理责任的不同将部分海洋工程环评审批权限下放到市级，把环评工作重心转移到加强海洋工程建设项目受理的事前监管、项目核准过程的事中监管、项目实施的事后监管以及报备核准材料的审查上来。同时与中国海监山东省总队协调将海洋工程环境监管执法充分结合到年度巡查任务中。部分环评审批权限的下放，使责权更加清晰、具体，有效提高海洋工程环境监管的效能。在用海项目大幅减少的情况下，2015年共征收海洋生态损失补偿费1.4228亿元。

海洋生态文明建设

步加快推进海洋生态文明建设，提出全省海洋生态文明建设的“8573”行动计划，推动全省海洋生态文明建设上升到省委、省政府重要决策部署。经省政府同意，七部门联合印发《关于加快推进全省海洋生态文明建设的意见》，编制《山东省海洋生态文明建设规划（2016—2020年)》，组织整理建立全省海洋生态文明建设重点项目库。

【海洋生态文明建设示范区及保护区建设】 2015年，山东省大力推进海洋生态文明示范区创建与海洋保护区管理创新。2015年，青岛市、烟台市获批为第二批国家级海洋生态文明建设示范区，日照市获批全国海洋系统唯一市级国家生态保护与建设示范区，新建1处省级海洋特别保护区，申报 2 处国家级海洋保护区。截至 2015 年底，山东省共创建国家级和省级海洋生态文明示范区 16 处，各级海洋部门主管自然和特别保护区 38 处（其中国家级 27 处），成为海洋生态文明示范区、海洋保护区最多的沿海省份。针对海洋保护区重建轻管的问题，组织对全省省级和国家级海洋保护区进行深入调研，并在此基础上制定《关于实施全省海洋保护区分类管理的意见》，将海洋保护区分为三类，并制定检查赋分分类标准，实行奖惩激励机制，指导保护区提档升级。

海洋环境预报与防灾减灾

制，提高海洋灾害的综合管控能力，2015 年 6 月，山东省海洋与渔业厅制定下发《山东省海洋预报减灾体系建设方案（2015—2017 年)》，计划通过三年左右的努力，构建省、市、县三级分工明确、协作有序、运行规范的海洋预报减灾体制，实现山东省海洋预报减灾工作的业务化运行；建成以海洋站和浮标为主，雷达、志愿船、应急观测系统为辅的立体、实时、全覆盖的业务化观测网和观测动态监控平台，海洋预报减灾能力明显提升，满足全省海洋经济社会发展、海洋防灾减灾的需求；编制观测预报和防灾减灾管理标准规范，建立健全海洋观测管理、数据传输、预报产品发布、灾情调查评估报告等制度，逐步形成科学高效的海洋预报减灾运行管理机制。2015 年 6 月 19 日，山东省在东营召开全省会议进行动员部署，全面启动海洋预报减灾体系建设。2015 年 12 月，山东省编委会办公室正式批复设立“山东省海洋预报减灾中心”，核定事业编制 20 名，为正处级公益一类事业单位。起步较早的东营市、潍坊市海洋主管部门进一步完善海洋预报减灾业务机构，基本实现业务化运行；2015 年下半年，烟台市、滨州市海洋主管部门相继成立海洋预报减灾业务机构，长岛、文登、寿光、沾化等试点县海洋主管部门也都根据编委的批复，采取加挂牌子、增加职责的方法承担任务、开展工作，全省海洋预报减灾体系基本框架已经建立，且初具规模，取得阶段性成果。

海洋执法监察

和“旬巡（督）查、旬报告”制度，开展 3 次“护航蓝区建设”及交叉执法专项督查行动，开展“海盾 2015”专项执法行动，对全省海域岸线实现全覆盖督查，全省非法占用海域类案件由去年的 50 起下降为 15 起，大规模非法占用海域行为明显减少。严厉打击盗挖海砂行为，认真开展“碧海 2015”专项执法行动，开展无居民海岛执法调研和无居民海岛专项执法行动，为“蓝黄”两大战略实施和“海上粮仓”建设提供强有力的执法保障。2015 年，山东省海监机构共查处海洋违法案件 31 起，其中海域类案件 15 起（“海盾案件”2 起），环保类案件 13 起（“碧海案件”8 起），海岛类案件 3 起；做出行政处罚决定 3265.2042 万元，实际收缴罚款 2983.9176 万元。组织举办海洋工程环保执法、海岛保护执法和海洋维权执法研讨会和培训班，开展管辖海域内文化遗产联合执法工作，推进海洋执法监察信息化进程。

海洋科技

年底，海洋经济创新发展区域示范共争取中央财政资金 11.34 亿元，省级配套资金 13.17 亿元，引导社会投入 193 亿元，组织实施项目 239 项，2015 年海洋生物等战略新兴产业实现新增产值 643 亿元，新增销售收入 457 亿元，新增税金 61 亿元。同比分别增长 95.4%，105.8%和 72.8%。培育 4 家年产值过 30 亿元的大型企业集团、年产值过 10 亿元的 7 家、年产值过亿元的 23 家，上市和新三板挂牌企业 14 家，成功转化“海洋生物酶制品的产业化开发”等“863”“973”、国家海洋公益性行业科研专项技术成果234项，申请（授权）专利1133项，建设产业示范基地/园区86个。区域发展特色显著，在青岛西海岸新区、潍坊滨海海洋经济新区、威海南海海洋经济新区和烟台东部高技术海洋经济新区四个区域内，18家省级海洋特色产业园区聚集企业2100余家，工程技术研究中心、企业技术中心等省级以上科技平台超过200个。

【海洋高技术产业基地试点】 青岛、烟台、威海国家海洋高技术产业基地试点城市建设工作稳步推进。三地累计参与实施500余项省部级以上科研项目，取得23项国家级科技奖励，形成“原材料生产-高值化利用-配套体系建设”的产业链条培育体系和“单个企业培育-同类企业集聚-产业链条培育-产业园区建设”的园区发展模式，培育明月海藻、东方海洋、贝尔特、好当家、中远造船等一批行业重点高技术企业，产业结构不断优化，二、三产占比超90%。

【科技创新能力建设】 启动山东省海洋工程技术协同创新中心建设工作，制定《山东省海洋工程技术协同创新中心管理暂行办法》，与省发改委联合认定第一批16家省级海洋工程技术协同创新中心，推动科技与产业的深度融合。区域示范支持建设的“山东省海水健康养殖工程技术创新示范平台”等9个平台，支撑服务海洋生物产业发展的效应正逐步显现。山东半岛蓝色经济区海洋装备联盟、山东海洋牧场工程与技术研究院等平台相继设立，对建立产学研长效合作机制，提升企业自主创新能力将发挥积极作用。成立中俄海洋地质与海洋环境合作研究中心等6个国际科技合作平台。共有100余家企业与省内外30余家科研教学机构确定长期合作关系。截至目前，山东省省部级以上海洋科技创新平台已达144个。海洋科技人员10000多名，两院院士24名，建成院士工作站28个。泰山学者蓝色产业领军人才团队专项资金3.05亿元，累计支持国内外高层次人才455人、蓝色产业领军人才团队19个。

【海洋科技成果】 2015年，培育半滑舌鳎、魁蚶、刺参、龙须菜等高产、抗逆、适养自主创新品系167个。综合利用陆海资源的“陆海接力”养殖新模式填补国内空白。探索出“泽潭模式”“明波模式”和“海益模式”三个可复制的全生态链海洋牧场建设模式。研发藻糖蛋白、氨基寡糖素水剂、植物源免疫增强剂等新产品，自主研发的海藻酸盐、甲壳胺等天然高分子加工纤维材料和医用敷料核心技术，让海带身价提升240倍；研发的“壳聚糖基生物传感器奠基芯片核心材料”，性能更稳定、灵敏度更高，市场潜力巨大。首次筛选海洋动物肠道发生炎症的关键基因和生物高效表达反应器，成功研发海水养殖用“抗肠炎功能蛋白”并入选国家重点新产品。通过实施“我国典型人工岸段生态化建设技术集成与示范”等海洋公益性行业科研专项项目，取得一系列海洋科技成果。创建海岸带生态系统恢复与景观构建技术模式、人工海岸生态化建设理论与技术体系、突发性聚集绿潮藻工程化快速处置及高值化利用技术；完善生态系统快速诊断与评估技术、蓝区资源与产业空间分布及耦合建议、海岛综合承载力评价技术指标体系等多项成果。2010—2015年，山东省海洋领域获省部级以上奖项209项，其中国家级63项，省级146项。

海洋文化

追踪重点工作，主动沟通上级主管部门和媒体，对“推进海上粮仓建设”新闻发布会等20多项重点工作做了大量深入宣传报道。加强全省海洋与渔业重点工作宣传，与大众日报社、山东电视台（农科频道）等省级主要媒体签署战略合作协议，全面建立起海洋与渔业常态化新闻宣传机制。政务信息工作取得长足的进步和突破，得到上级各部门的充分肯定和表扬，一批优质信息进入决策参考。

省级以上主流媒体及重要网络媒体积极刊发涉海涉渔报道，为山东省海洋与渔业营造健康的舆论环境。

【渤海海洋环境公益宣传教育】 制作完成宣传片《渤海家园》，在山东电视台公共频道播出2次，并在山东省海洋与渔业厅政务网站、政务微博、微信进行展播。与山东省资管中心一起，策划制作《好客山东，休闲海钓》宣传片渔夫垂钓宣传画册。制作完成《山东海洋与渔业》宣传片、《蔚蓝山东》宣传画册。

【全国海洋宣传日活动】 6月8日"世界海洋日暨全国海洋宣传日"期间，在山东电视台和山东广播电台播放渤海海洋环境保护公益广告，在大众日报刊登海洋生态文明知识竞赛，共收到问卷4000多份，社会参与程度高。海洋日前后，山东省各级海洋系统以电视、广播、报纸和网络媒介为载体，开展系列宣传活动，努力提高公众参与度，积极营造关注海洋的舆论氛围。

组织申报全国海洋意识教育基地，由各市推荐上报基地候选海洋馆、文化馆、中小学等35家共建单位。

【防灾减灾日活动】 5月12日，山东省海洋与渔业厅联合省减灾委相关成员单位在济南市泉城广场联合主办"山东省暨济南市第七个防灾减灾日宣传活动"。沿海市、县海洋与渔业主管部门也开展形式多样的宣教活动，通过制作宣传展板和知识手册、组织志愿者现场讲解和介绍海洋防灾减灾知识，提高公众海洋防灾减灾意识。

（山东省海洋与渔业厅）

青岛市

综 述

2015年，青岛市生产总值9300.07亿元，增长8.1%。其中，第一产业增加值363.98亿元，增长3.2%；第二产业增加值4026.46，增长7.1%；第三产业增加值4909.63亿元，增长9.4%。三次产业比例为3.9∶43.3∶52.8。一般公共预算收入完成1006.3亿元，增长12.4%；规模以上工业企业利润和利税分别增长15.3%和15%，实际利用内外资分别增长9.8%和10%。全年财政总收入实现2713.7亿元，下降4.3%。实现对外贸易进出口总额4361.3亿元，下降11.1%。

海洋经济与海洋资源开发

【概况】 青岛市健全蓝色经济运行调度体系，每季度开展调度分析，编发蓝色经济运行手册。研究热点难点问题，形成《新常态下青岛市海洋经济拉动作用分析》等调研报告15篇，制订出台青岛市“海洋+”行动方案。推动海洋产业结构调整转型，优化调整产业结构，提升产业层级，构建比较完备的现代海洋产业体系，全市蓝色经济实现快速增长。“十二五”期间，年均增长近1.3个百分点；海洋生产总值与“十一五”时期相比实现翻一番，在整体经济增长速度放缓的情况下，海洋经济助推全市经济发展。青岛市海洋三次产业比重由2012年底的7.5∶45.5∶47，调整为4.6∶49.3∶46.1。

【海洋渔业】 2015年，青岛市全面落实市政府加快建设蓝色粮仓实施意见，全力打造全国一流的水产良种繁育基地、水产健康养殖基地、渔业资源养护基地、远洋渔业生产基地、水产加工出口基地、水产冷链物流基地等现代渔业六大基地。全市完成水产品产量（含远洋渔业）122.7万吨，实现产值152亿元，分别增长5.6%和10.5%。完成渔业总产值490亿元，增长5.8%。渔民人均收入22000元，增长6.9%。将加快发展远洋渔业作为主动融入“一带一路”战略的重要举措，全面落实市政府《关于加快远洋渔业发展的意见》，在国家出台宏观调控政策的情况下，多层次、多渠道推进远洋渔船及项目审批。2015年底，全市注册远洋渔业公司27家，已批远洋渔船133艘，其中，作业渔船91艘、在建渔船26艘、待建渔船16艘。全年远洋产量实现13.6万吨、产值12.8亿元，产量比上年翻一番，产值大幅度提高，分别是“十二五”初的45倍和10倍多。全市远洋渔船平均功率1222千瓦，平均吨位801吨，平均功率、平均吨位、远洋产量增幅皆居全国第一，总产量位居全国城市第四、计划单列市第一。积极推进远洋渔业开发合作，8家企业与9个国家、地区建立合作项目，其中，鲁海丰公司获建20平方千米的马来西亚北方渔业国际港和产业园项目，荣昌公司的全国首个刚果（布）捕捞项目获农业部批准，远洋捕捞公司的亚洲最大的拖网加工船赴南极完成捕捞磷虾首航作业，新获批9814吨位世界最大拖网加工船，南极磷虾产业实现从捕捞到加工全产业链拓展。高标准规划建设投资总额100亿元的中国北方（青岛）国际水产品交易中心和冷链物流基地，一期工程开工建设。调整养殖结构，优化区域布局，重点推进集中连片、设施配套、集约高效的标准化健康养殖园区建设。完成池塘标准化改造280公顷（4200余亩），全市70%池塘完成标准化改造，总面积达到4666公顷（7万亩）。引进国内首套多层立体循环水养殖系统。新增工厂化养殖3.3万平方米、深水网箱60个、藻类养殖 40.02 公顷（600 亩），全市建成工厂化养殖车间 110 万平方米，发展深水抗风浪网箱 470 个、大型藻类养殖 206 公顷（3200亩）。

【海洋交通运输业】 2015 年，交通运输部首次明确董家口港区可接靠 40 万吨矿石船；前湾港区迪拜集装箱码头启动建设。全年新增万吨级以上生产性泊位 6 个，新增通过能力 948 万吨，全市港口生产性泊位达到 128 个（含万吨级泊位 90 个），通过能力 3.1 亿吨，世界大港地位更加巩固。其中，青岛港老港区（大港）生产性泊位 31 个（含万吨级泊位 21 个），通过能力 0.17 亿吨；青岛港黄岛港区生产性泊位 17 个（含万吨级泊位 11 个），通过能力 0.59 亿吨；青岛港前湾港区生产性泊位 40 个（含万吨级泊位 39 个），通过能力 1.73 亿吨；青岛港董家口港区生产性泊位 19 个（全部为万吨级泊位），通过能力 0.89 亿吨；地方小型港站生产性泊位 21 个，通过能力 289 万吨。有海上旅游、客运码头（站点）36 个。其中，青岛国际邮轮母港泊位 1 个，设计年通过能力 60 万人次；市区内旅游、客运码头（站点）18 个，各区（市）旅游、客运码头（站点）17 个。2015 年，全市完成港口吞吐量 4.97 亿吨，增长 4.3%；外贸吞吐量 3.29 亿吨，增长 3.6%；集装箱吞吐量 1743.56 万标箱，增长 5.1%。完成水路客运量 288 万人次，下降 11.0%；完成水路运输客运周转量 3106 万人千米，下降 9.6%；完成货运量 1406 万吨，下降 1.9%；完成货运周转量 555.7 亿吨千米，增长 30.1%。

【滨海旅游业】 2015 年，青岛市全年接待游客 7268 万人次，同比增长 7%；实现旅游总收入 1199 亿元，增长 13%。青岛市被国家旅游局批准为首批国家级旅游业改革创新先行区，市旅游产业发展工作领导小组升格为市旅游工作领导小组，市旅游委组建报告进入山东省编委办批复日程。市政府印发《关于加快海洋休闲旅游改革创新发展的意见》，从拓展发展空间、优化服务体系、完善政策措施等方面提出旅游业改革创新发展的目标性、方向性和指导实施性意见。各类市场主体培育初见成效，成立青岛旅游集团（市直企业），引导旅游企业并购重组、规模发展，中旅总社等 5 家旅行社进入全国百强；青岛西海岸凤凰岛度假区升级为首批国家级旅游度假区。以“蓝色、高端、新兴”为指导，推动规划总投资 3000 亿元的 80 余个旅游大项目建设，重点实施“千万平方米”旅游休闲度假及会展设施工程，推进全市确定的 80 余个重点旅游项目建设，开工建设 58 个、建成运营 6 个、待建、续建项目 12 个。截至 2015 年底，完成投资 300 亿元；“千万平方米工程”旅游休闲度假及会展实施确认 19 个支撑项目，完成投资 50 亿元，竣工面积近 90 万平方米。青岛邮轮母港正式开港运营并实现首航，截至 2015 年底，接待邮轮 35 个航次 3.89 万人。举办“东北亚邮轮产业国际合作论坛暨第三届中国（青岛）国际邮轮峰会”并达成多项合作协议。世界旅游联合会同意由青岛市发起成立秘书处拟常设青岛的世界旅游联合会邮轮分会。

【海洋生物医药产业】 2015 年，青岛市海洋生物医药逐渐发展壮大，青岛黄海制药有限责任公司、青岛华仁药业股份有限公司、青岛正大海尔制药有限公司等产值超过 5 亿元的海洋生物骨干企业，青岛正大海尔制药有限公司的“海洋生物医药研发及生产项目”、青岛玛斯特生物技术有限公司的“绿色海洋健康养殖生物技术产品开发及产业化示范项目”等转型升级项目加快建设。重点开展生物活性物质、海洋药物及医用敷料产业化，推广海洋药物、功能食品、化妆品等高附加值精细海洋化工和新型海洋生物制品成果。全市有海洋药物、海洋保健品以及海洋生化制品企业 30 余家，有 9 个海洋类新药取得一类新药证书，其他类别的药物有近 20 个。国内首创的生物工程眼角膜完成中试，实现产业化生产后，每年可为 10 万名眼病患者解除痛苦。

【船舶和海工装备产业】 船舶海工产业向海

工及特种船舶转型，北船重工首次承接海洋石油平台订单，武船重工签订希腊多用途海洋施工及无人潜艇支援船建造计划，海洋设备制造业保持高速增长，完成增加值331.4亿元，同比增长21.9%。涉海产品及材料制造业分别完成增加值249.4亿元，同比增长1.8%。海洋石油工程（青岛）有限公司实现自升式钻井船建造重大技术突破，世界首艘具备3000米级深水铺管能力、4000吨级起重能力的“海洋石油201号”深水铺管起重船交付使用。青岛武船重工有限公司建造国内首艘300米饱和潜水母船“深潜号”并投入使用。青岛双瑞海洋环境工程股份有限公司成为拥有腐蚀控制、电解制氯、船舶压载水、海水淡化等四大产业的国内领先、国际一流的高新技术企业，双瑞船舶压载水管理系统市场占有率居世界前列，电解制氯产品在核电领域国内市场占有率90%，腐蚀控制产品国内市场占有率30%。中船重工七一二所成功研制200千瓦电动螺旋桨和配套驱动控制器系统，完成690伏/500~2800千瓦和3300伏/2800~10000千瓦综合电力推进系统关键设备设计的实验验证和技术固化，在船用电力推进系统研发领域处于国际先进水平。青岛海西船舶柴油机有限公司同时持有国际著名的曼恩、瓦锡兰和三菱等3种柴油机专利技术，能生产480~980毫米缸径的国际先进水平的二冲程低速大功率柴油机，为中国极地科考船“雪龙”号提供主动力机。山东省海洋仪器仪表所在海洋环境监测设备、深海大洋探测设备等海洋监测和海洋军工技术领域研发成功一系列海洋仪器装备成果，被科技部批准为国家海洋监测设备工程技术研究中心。青岛高新区被科技部认定为青岛国家海洋装备高新技术产业化基地。

【盐业】 2015年，全市销售各类盐产品100695吨，比2014年减少19887吨、下降16.5%。其中，销售小包装食盐21829吨，减少4614吨，下降17%，完成年度计划的80.8%；销售大包装食盐56300吨，减少9252吨，下降14.1%；销售小工业盐22566吨，减少6020吨，下降21%。

海洋立法与规划

2015年10月，青岛市委、市政府印发《青岛市“海洋+”发展规划（2015—2020）》，提出产业融合、创新发展、集聚发展、开放合作四大发展目标和海洋+新模式、新业态、新产业、新技术、新空间、新载体六大重点任务。通过实施“海洋+”发展规划，青岛市将加快建设蓝色经济领军城市，力争到2020年全市海洋生产总值占国民经济生产总值比重达到30%左右，形成规模较大、技术先进的现代海洋产业集群，海洋科技创新和对外开放合作能力达到新水平。同年，加快青岛市海洋功能区划调整审批，协调推进《山东省海洋功能区划》青岛海域局部调整，年前省政府将区划修改方案正式行文上报国务院。海洋规划成果进入城市规划展览馆向社会展示。

海域使用管理

全力支持西海岸新区海域使用管理创新，青岛国际海洋产权交易中心建成运营，海域资源市场化配置取得突破，青岛市海域使用权首次公开招拍挂出让并在全国首次实现网上公开出让，两宗海域使用权互联网上挂牌交易，实现增值率600%。对蓝色高端新兴产业、重大民生工程、重大生态项目全程跟踪、高效服务，做好董家口港区、蓝色硅谷滨海景观工程、地铁过海隧道等15宗项目用海保障，征收海域使用金2.26亿元。积极帮助企业解决融资难题，开展海域抵押贷款登记，贷款总额10.37亿元。积极推进海域使用权不动产统一登记。实施海域动态监视监测系统提升工程，全面推进县级海域动态监管能力建设项目。加快推进东亚海洋合作平台建设，北太平洋海洋科学组织第24届年会在青岛市成功举办。

海岛管理

坚持“保护优先、适度利用”的原则，编制完成《青岛市海岛保护规划》和大公岛、灵山岛、竹岔岛和斋堂岛 4 个单岛规划并经市城规委审议通过。《青岛市海岛保护规划》坚持“保护优先、陆岛统筹、有序利用、以人为本、还岛于民”的原则，综合考虑近岸陆域功能和海岛资源禀赋，形成“(海) 陆岛统筹、保护优先、有序利用、组团布局、岛群发展”的海岛保护利用规划策略，构筑“一带两区六组团”的海岛空间总体布局，力求实现海岛保护目标的全方位有效保护。该《规划》是全国首个市级海岛保护规划，已纳入《青岛市城市总体规划》。加快海岛生态保护修复和无居民海岛开发试点，总投资 1 亿元的大公岛保护与开发利用示范项目全面启动，推进大公岛生态监视监测实验站建设。灵山岛生态整治修复项目一期工程和竹岔岛生态整治修复项目一期工程全面完工，海岛景观和生活宜居性得到有效改善。斋堂岛、竹岔岛二期生态修复与保护项目获批，获国家扶持资金 2590 万元。

海洋环境保护

2015 年，在继续开展青岛市近岸海域海水环境、沉积物环境、生物多样性监测的基础上，重点对胶州湾、临海工业工程用海区、海水浴场与滨海旅游度假区、增养殖区等海域开展生态环境监测，同时推进海洋保护区生态环境监测和海湾生态文明示范区环境监测与评价，共完成全市海域 410 个监测站位的监测工作，获取各类海洋环境监测数据 3.5 万余组。2015 年，青岛市近岸海域海水环境质量状况总体良好，98.4%的海域符合第一、二类海水水质标准，较 2014 年增加 0.6%。污染较重的第四类和劣四类水质海域面积约占青岛市近岸海域面积的 0.7%，与 2014 年基本持平，主要分布在胶州湾顶部和丁字湾。青岛市近岸海域主要海洋功能区环境状况总体良好，主要监测指标基本满足功能区环境质量要求。重点海水浴场和滨海旅游度假区环境状况良好，部分时段因浒苔绿潮、水母等因素对游泳、海上休闲娱乐活动有一定影响；海洋保护区环境状况总体良好，生物多样性指数较高，群落结构较稳定，生物栖息环境较好；重点海水增养殖区环境质量优良，适宜开展海水养殖；主要临海工业区邻近海域环境状况较好，未发现用海活动对周边海域环境质量产生明显影响；倾倒区及周边海域环境状况总体良好，未发现倾倒活动对邻近海域环境敏感区及其他海上活动造成明显影响。

海洋生态文明

【概况】 将生态文明理念贯穿于海洋综合管理工作的全过程和各方面，助力海洋要素引领经济社会发展，2015 年 12 月，青岛市成功获批国家级海洋生态文明建设示范区，在 12 个获批市、县（区）名单中，是唯一的副省级城市。2015 年 7 月，山东省批复建立“即墨大小管岛岛群生态系统省级海洋特别保护区”，该保护区位于崂山湾，包括大管岛和小管岛岛群，总面积 3538 公顷。至此，全市海洋保护区总数达到 6 个，面积 635 多平方千米，占全市海域面积 5.2%。加强海洋牧场建设，年内完成投资 8070 万元，投放人工鱼礁 13.8 万空方，累计完成投资 3.5 亿元，投放礁体 144 多万空方，建成王哥庄海域、五丁礁海域等 7 处增殖休闲型海洋牧场和青岛市首个公益性海洋牧场—崂山湾公益性海洋牧场，其中两处入选首批国家级海洋牧场示范区。安排各级资金 3800 多万元，放流水产苗种 16.4 亿单位，再创历史新高。35 家单位联合开展海洋生物资源增殖放流公益活动，引导市民科学放流，公益活动的社会影响力和参与度进一步扩大，经济效益、生态效益和社会效益进一步提升。

【胶州湾保护与管理】 青岛市委、市政府研究下发健全胶州湾保护管理体制机制方案，成立以市长为主任的胶州湾保护委员会，召开第一次全体会议，研究谋划胶州湾保护重点工作，将《胶州湾保护条例》贯彻落实情况向市人大常委会进行汇报，四级政协委员视察胶州湾保护工作并建言献策，协同推进污染治理、生态修复、环湾河道整治、环湾绿道建设等工作。全面启动胶州湾海域养殖设施二期清理整治工作，科学确定奖补标准，依法规范清理程序，积极稳妥开展调查摸底、宣传发动、清查登记、集中拆除等工作，清理恢复海域面积1万余亩。严守胶州湾保护控制线，严禁胶州湾围填海，全面梳理胶州湾内各类填海项目，组织胶州湾底部清淤可行性论证调研，开展湾内养殖池塘清理收回，共收回、拆迁虾池206公顷（4000余亩）。深化胶州湾生态保护和修复成果，启动胶州湾国家级海洋公园申建，总规划面积230平方千米，编制完成选划论证报告和总体规划并按程序上报，申建各项工作加快推进。城阳白沙河下游、红岛、市北小港湾等岸线整治工程获批，获国家扶持资金1亿元。胶州湾保护工作成效显著，水域面积不减反增（实际水域面积比2010年增加近25平方千米），水质状况持续向好（胶州湾一类、二类优良水质面积比例由2010年的46.4%上升到目前的65%），生物多样性有效恢复，景观品质不断提升。中共中央政治局常委、全国政协主席俞正声对青岛市胶州湾保护工作做出重要批示。国家海洋局、党组书记、局长王宏视察胶州湾保护工作时给予充分肯定。山东省政府在青岛市召开胶州湾海洋生态综合整治现场会，总结推广胶州湾海洋生态整治修复经验。

海洋环境预报与防灾减灾

组织实施青岛市海洋预警报能力升级改造项目，提升海洋预警处置能力。修订完成风暴潮、海浪、海冰、赤潮、大型藻类灾害应急预案。开展海冰、海浪、风暴潮等海洋灾害预警预报和风暴潮风险区划、警戒潮位核定工作，多平台扩大海洋灾害预警信息发布范围。海平面变化影响调查成果在国家海洋局验收考核中获得优秀等级。2015年5月中旬，在黄海南部海域发现漂浮浒苔，其后漂浮浒苔逐渐向北移动。6月初浒苔绿潮开始进入青岛管辖海域，8月初浒苔绿潮开始消亡。2015年浒苔绿潮形势是历史较重的一年，仅次于2008年。绿潮发生期间，青岛管辖海域漂浮浒苔最大分布面积12200平方千米，最大覆盖面积182平方千米。浒苔绿潮对青岛滨海旅游和城市形象造成一定负面影响，但未对海水环境造成明显影响，海水pH、溶解氧、化学需氧量、无机氮、活性磷酸盐等指标在绿潮爆发期间基本符合第一类海水水质标准。绿潮发生后，青岛市积极做好浒苔应急处置工作。强化监测预警、巡航巡视、岸上巡查和定点实时监控，准确掌握浒苔分布和发展态势。坚持立足海上，主动出击，海陆统筹，动态布防，科学设置“海上挡网拦截线、海上打捞线、岸上清洁线”三道防线。在2014年的基础上，创新处置模式，建设海上打捞指挥平台，实施可视化实时指挥调度，依托“海状元”号浒苔海上综合处置平台，全面实施海上“1+X”打捞模式和重点区域网格化管理模式，改进处置平台自行打捞设备，创新研制“对船浮拖网”打捞浒苔技术，显著提高浒苔打捞效率。2015年全市打捞浒苔12.74万吨，超过2012—2014年打捞量总和；陆域清理浒苔30.8万吨，是2014年清理量的4.8倍；海上打捞量和陆域清理量为近七年最高，仅次于2008年。市管海域海上打捞量与陆上清理量比例由2014年的1.4∶1提高到2015年的4.2∶1，海上拦截浒苔效率是2014年的3倍。

海洋执法监察

强化海洋执法监察，做好海域使用、海洋环境监管、海岛管理等海上执法保障任务，确保海洋生态安全，共查处海洋违法案件9起、行政罚款87余万元。以集中集约用海项目监管为重点开展“海盾 2015”专项执法行动，采取定期巡查、适时监控等方式，检查海洋工程用海项目 160 余个次；以落实用海项目环保措施为监管途径开展“碧海 2015”专项执法行动，加大海上倾倒废弃物监管力度，提高对倾废船的巡航监视频率，查处违法倾废行为 1 起；以自然保护区监管为重点开展“护岛 2015”专项执法行动，全市共检查海岛 170 个次，查处擅自开发海岛行为 1 起。强化伏季休渔管理，严厉打击绝户网，坚决制止在禁渔期、禁渔区捕捞行为，实施海陆联动，加大海上、港口检查力度，共查获违规渔船 319 艘，清理收缴禁用渔具 3300 余套。全年查处渔业违法案件 336 起、行政罚款 155 余万元。加强海洋执法装备设施建设，建成海监维权执法基地维修改造项目。

海洋行政审批

2015 年，积极推进办理青岛港董家口港区北三突堤通用泊位工程、青岛港董家口港区孚宝港务（青岛）有限公司码头工程、青岛港董家口港区西护岸及堆场回填二期工程疏港一路路基回填区工程等海域使用权证书。审查、审批办理青岛昕长虹养殖基地项目、杂交扇贝良种及大型褐藻繁育基地项目、海洋牧场项目三期、崂山湾公益性海洋牧场 B 区、青岛华润博达海洋生态科技有限公司人工鱼礁等 15 宗项目用海确权证书，确权面积约 1908 公顷。加强董家口海域的动态监测管理，全面实现海域施工全程动态管理。加强相关利益者协调工作，严格落实区域用海规划范围，制定海域补偿方案和利益协调方案，保证规划内相关利益方的合法权益，保障区域用海规划的有效实施。至年底前，董家口港区办理海域证 48 宗，确权面积 2064 公顷，其中填海面积 660 公顷，非透水构筑物用海 114 公顷，透水构筑物用海约 13 公顷，港池用海约 481 公顷，航道、锚地用海约 793 公顷，取、排水口用海 3 公顷。年内完成青岛西海岸海洋文化展示及研发中心填海项目填海造地工程项目等海域使用竣工验收。根据市委、市政府工作部署和要求，加强丁字湾区域用海管控。同时，强化集中集约用海管理，《中国海洋报》对青岛市集中集约用海助推经济发展进行头版头条报道。

海洋科技和教育

【科研机构与人才资源】 截至 2015 年底，青岛市有中国海洋大学、中国科学院海洋研究所、农业部中国水产科学院黄海水产研究所、国家海洋局第一海洋研究所、国土资源部青岛海洋地质研究所等 31 家驻青海洋科研与教育机构；建设国家、省级重点实验室、工程中心 53 家。有各类海洋人才 4.3 万人。其中，中国科学院院士和中国工程院院士 18 人、外聘院士 3 人，国家“千人计划”专家 28 人，国家杰出青年科学基金获得者 26 人，“长江学者”17 人，“泰山学者”20 人，博士生导师 364 人，享受国务院政府津贴者 144 人。有博士学位一、二级学科授予点各 7 个、42 个，博士后流动站 8 个，国家级重点学科 5 个。有海洋科学观测台站 11 个，其中国家级 1 个、部委级 6 个。有各类海洋科学考察船 20 余艘，其中 1000 吨级以上现役大型科学考察船 7 艘。建有科学数据库 12 个、种质资源库 5 个、样品标本馆（库、室）6 个。中科院海洋所建成全市海洋科研领域首个 10 万亿次高性能计算平台。

【海洋科学研究项目及成果】 2015 年，围绕提升船舶和海洋深海工程装备、海洋生物产业、海洋环境监测等自主创新能力，全市海洋领域入选山东省、青岛市自主创新重大专项 7 项，落实财政经费支持 2700 万元。青岛汉缆股份有限公司承担的 3000 米以下深海采油装备配套用海洋动态电缆项目、中科院海洋所承担的海洋牧场实时监测和食品安全追溯体系开发与应用项目、青岛中乌特种船舶研究设计院有限公司承担的极地甲板运输船设计与关键技术研究项目入选山东省自主创新及成果转化专项。青岛杰瑞工控技术有限公司承担的海洋平台钻井作业一体化智能系统装备项目、青岛海洋生物医药研究院股份有限公司承担的Ⅰ类抗肿瘤海洋新药MBRI-001及海洋糖类药物PSS抗肿瘤新适应症的开发项目、青岛海山海洋装备有限公司承担的150 KHz ADCP/DVL产业化项目、青岛海西船舶柴油机有限公司承担的双燃料低速船用柴油机关键技术研究和试验系统建设项目入选青岛市自主创新重大专项。2015年，全市有3项海洋科技成果获国家科学进步奖，8项成果获山东省科学技术奖。获奖项目中，技术发明奖2项，科技进步奖6项。

【海洋科技创新体系建设】 推进国家级重大平台建设，海洋国家实验室加快建设，项目占地42.67公顷，分东西两区，基础建设累计投资13亿元，建筑面积15万平方米，西区已投入使用。2015年10月30日，海洋国家实验室正式投入运行，启动建设海洋动力、海洋生态等8个功能实验室和高性能计算、海洋科考船队等公共科研平台。推进国家深海基地建设，项目总投资5亿元，占地26公顷，建筑面积9.5万平方米，是继俄罗斯、美国、法国和日本之后，世界第五个深海技术支撑保障基地，该基地是“蛟龙号”深潜器的母港，将服务于国家战略需求，具备水下勘查作业、装备研发及应用、水下监视与安全、水下运载器深潜作业、水下工程装置布放维护、水下救援打捞、海底观测网络建设维护以及海底空间站维护保障等具体业务能力，主要承担深海科学考察、资源勘查和环境观测、深海技术与装备研发和海试以及深海技术成果转化等任务，是中国目前唯一的国家级深海科学技术综合性研究机构和支撑保障平台。加快集聚海洋装备高端机构，中船重工海洋装备研究院及研发基地项目取得实质进展。青岛市政府与中船重工集团协调推进《中船重工与青岛市政府关于共建海洋装备研发及产业化基地合作协议》，中船重工海洋装备研究院项目于12月7日正式奠基入驻青岛西海岸新区。完善国家海洋经济创新发展区域示范项目储备和推进工作机制，支持海洋成果转化和公共服务平台建设，引领海洋生物、海洋医药、海洋装备等蓝色高端新兴产业加快发展，累计支持项目39项，争取国家补助资金3.69亿元。积极争创省海洋工程技术协同创新中心。建成国内首个海藻生物科技馆，被国家海洋局授牌为国家海洋科普教育基地。海洋公益性科研和海洋可再生能源专项项目获国家支持资金2702万元。

【蓝色硅谷核心区】 山东省发展改革委、省经济信息化委、省教育厅、省科技厅和省海洋与渔业厅联合印发实施青岛蓝色硅谷发展规划。加快科研机构、企业研发中心和高层次人才集聚，引进重大科研、产业及创新创业项目210余个，其中国家级科研机构14个、高等院校设立校区或研究院12个；引进两院院士、国家“千人计划”高层次人才等300余人。加快蓝色重点项目建设，国家深海基地、天津大学青岛海洋工程研究院、罗博飞水下机器人等项目投入运营，国家海洋设备质检中心、国家水下文化遗产保护基地等40余个项目加快建设。完善交通路网、景观建设等基础设施配套，蓝谷城际轨道交通土建工点接近完工，温泉河、南泊河景观整治工程竣工并对外开放。全年实现地区生产总值63.2亿元，增长15.2%；完成固定资产投资226.8亿元，增长51%。

海洋文化

【海洋宣传】 2015年6月6日，青岛市海洋与渔业局联合国家海洋局北海分局、山东省海洋与渔业厅、青岛市委宣传部等35家单位在奥帆中心举办2015年世界海洋日暨海洋生物资源增殖放流公益活动，市海洋与渔业局和青岛日报社向青岛市中小学生代表赠送图书《海上桃花源》，青岛市海洋公益形象大使“载人深潜英雄”傅文韬向岛城市民发出“关爱海洋，我们一起行动”的倡议，400余名各界代表参加增殖放流活动。通过举办公益活动，引导市民科学放流，进一步提高公众自觉保护海洋生物资源的意识，形成全社会关心海洋事业发展、建设海洋生态文明的合力。5月，组织开展“5·12国家防灾减灾日”系列宣传教育活动，分别在市南区中苑广场、胶州市九龙街道办事处少海小学、崂山区沙子口渔港、城阳区流亭街道双埠社区、即墨市田横社区和黄岛区灵山岛开展形式多样的宣教活动，向社会各界普及海洋防灾减灾知识。

【海洋节庆会展】 **举办第四届世界海洋大会** 2015年11月6—8日在青岛西海岸新区举行。由国家外国专家局国外人才信息研究中心、青岛西海岸新区管委、中国国际商会青岛商会等联合主办，国家外国专家局国外人才资源总库大连分库、百奥泰集团承办，中国海洋工程咨询协会、青岛市黄岛区会展办公室支持。以“21世纪海上丝绸之路——连接‘中国梦’与‘世界梦’”为主题，旨在汇聚全球专家学者、企业家，通过寻求国际交流与合作，以可持续发展理念为指导，搭建跨国合作平台，将学术成果与产业对接落到实处，推进先进技术成果产业化、市场化，实现海洋产业各国及地区之间的优势互补、互利双赢、共同发展，促进海洋经济的总体发展水平。来自30多个国家和地区的近300人参会。与会人员就提升海洋经济总体实力、加强海洋科技创新能力、增强海洋可持续发展能力、优化海洋产业结构、完善海洋经济调控体系等方面展开研讨。

举办第十三届中国国际航海博览会暨中国（青岛）国际船艇展览会 2015年5月22—25日在青岛奥帆中心举行。由中国贸促会、国家海洋局、国家体育总局水上运动管理中心、中国船舶重工集团、中国船舶工业集团和青岛市政府主办，中国国际贸易促进委员会青岛市分会承办。该届航博会以“助力蓝色经济、促进产业升级”为主题，对青岛市加快发展邮轮游艇经济，创建国际海滨旅游度假中心和国际海上体育运动中心，实现青岛邮轮游艇经济持续平稳发展，成为东北亚重要邮轮母港、国际游艇城、国际帆船之都和游艇帆船装备制造强市具有重要意义。展会设船艇及技术设备、水上运动器材及装备、水上休闲器材及装备、游艇码头装备与配套设施、俱乐部及服务机构、品质生活展等展区。展出形式水陆结合。总展出面积2.8万平方米，其中陆域面积2万平方米、水域面积8000平方米。有300多件船艇或水上运动器械参会。其间，还举行2015年“航博会杯”T25三体帆船赛、世界知名游艇品牌专场推介会、青岛首届“琴岛女神”全国模特大赛、青岛国际游艇文化交流会、船艇交接仪式、帆船运动普及系列活动、2015“航博会杯”摄影大赛、新船下水仪式、海上试乘、海上体验等活动。

举办首届东北亚邮轮产业国际合作论坛暨第三届中国（青岛）国际邮轮峰会 2015年5月28—29日在青岛万达艾美酒店举行。由中国港口协会、世界旅游城市联合会主办，青岛市旅游局、青岛市市北区政府、青岛市贸促会、青岛港（集团）有限公司等单位支持举办。主要活动有举行开幕式、国际邮轮公司与旅行社合作签约仪式、主题论坛、行业领导者论坛、邮轮港口城市国际合作论坛、邮轮旅游论坛、邮轮人才论坛、青岛邮轮母港开港暨天海“新世纪号”邮轮首航仪式等系列活动。中国旅游协会秘书长刘士军、山东省旅游局局长于凤贵、世界旅游城市联合会副秘书长严晗、青岛市副市长刘明君及美国、加拿大、德国、挪威、斯里兰卡、日本、韩国的国际知名邮轮公司、邮轮港口、旅游机构、邮轮院校、旅行社以及媒体等代表300余人参会。

举办第二十五届青岛国际啤酒节 2015年8月15—30日举行。由中国国际贸易促进委员会、中国国际商会、中国人民对外友好协会、国务院侨务办公室、中国轻工业联合会、青岛市政府主办，崂山区政府承办。本届啤酒节以“延续传统、突出庆典、热烈有序、简洁务实”为主旨，以“酿造欢乐”为目标，突出文化主题；吉祥物为“小啤仙”；由青岛啤酒激情广场、世界啤酒品牌广场、啤酒休闲广场以及嘉年华游乐场四大板块构成；办节场地总面积约20万平方米，主会场以世纪广场啤酒城为中心，辐射带动周边国际会展中心、青岛大剧院、市博物馆、金石博物馆、崂山美术馆、茶博物馆等重要文化休闲场地；在青岛西海岸新区积米崖渔人码头、城市阳台啤酒小镇设立分会场，形成“一主两分”3个会场和全城欢动格局。

举办2015年中国·青岛凤凰岛（金沙滩）文化旅游节 2015年7月24日—9月22日在青岛市黄岛区举行。由黄岛区政府主办，中国青岛凤凰岛（金沙滩）文化旅游节组委会承办。该届文旅节以“华彩文旅节，共筑新区梦”为主题，延续“政府主导、市场运作、社会参与、全民共享”的办节理念，坚持“为民办节、开放办节、节约办节”的原则，秉承新区“文化引领”战略，培育“新黄岛、新开放、新梦想”城市精神。共举办综艺文化、休闲旅游、群众文化、青春时尚等四大板块活动，包括2015年中国·青岛凤凰岛（金沙滩）文化旅游节开幕式文艺演出、国内知名城市文化艺术展演系列活动之天津专场、第二十五届青岛国际啤酒节西海岸会场、2015年首届青岛西海岸新区摄影节、2015年青岛麦香音乐节、2015青岛国际体育旅游飞行节、2015年青岛国际风筝节、“黄岛之夏”群星大舞台系列群众文化活动、2015年青岛西海岸瑜伽舞蹈文化盛会、2015年第十五届山东省东方丽人职业模特大赛、“唱响青春”西海岸大学生艺术展演活动、“文联之声”等12项主题系列休闲活动。文旅节期间，黄岛区接待市民和游客约300万人次，各星级酒店入住率接近90%。

（青岛市海洋与渔业局）

江苏省

综　述

2015 年，面对复杂多变的宏观经济环境，在江苏省委、省政府的领导下，江苏各地各有关部门认真贯彻落实党中央、国务院建设海洋强国和 21 世纪海上丝绸之路的战略部署，坚持陆海统筹、江海联动，加快推进沿海开发战略实施，沿海地区实现生产总值 12521.5 亿元，比上年增长 10.1%，对全省经济增长贡献率达 19.4%。着力推动海洋产业转型升级，海洋经济在新常态下保持平稳的增长态势，2015 年全省海洋生产总值 6096 亿元，比上年增长 9.0%，海洋生产总值占全省地区生产总值的 8.7%。全省海洋与渔业系统围绕建设海洋与渔业强省目标，解放思想、开拓创新，积极作为、争先创优，切实加强海洋综合管理，依法管海、科学用海、保护生态，海洋管理各项工作取得积极成效。2015 年 9 月 13 日，江苏省政府与国家海洋局在南京举行工作会商，并签署《关于实施“一带一路”战略、共同推进江苏海洋强省建设合作框架协议》。时任江苏省委书记罗志军会见国家海洋局局长王宏一行。时任江苏省省长李学勇与王宏出席会商并签署协议。江苏省委常委、秘书长樊金龙参加会见，江苏省委常委、副省长徐鸣主持会商并介绍江苏海洋工作情况。时任国家海洋局副局长王飞，江苏省政府秘书长张敬华等参加会商。

海洋经济与海洋资源开发

【“十二五”沿海地区发展】　一是综合实力持续攀升。经济总量连续跃上新台阶，2013 年突破万亿元大关，2015 年达到 12521.5 亿元，年均增长 11.5%，高出同期全省年均增幅 1.9 个百分点，占全省比重从 14.5% 提高到 17.86%。公共财政预算收入达 1394.91 亿元，年均增长 17.5%，高于全省 3 个百分点。

二是基础设施日臻完善。港口综合能级明显提升，连云港港 30 万吨级航道一期工程全面建成，以连云港港为核心的沿海港口群基本形成。沿海集疏运体系更趋完善，连盐、沪通铁路建设进展顺利，连淮扬镇、徐宿淮盐铁路开工建设；临海高等级公路建成通车，“三纵五横”干线公路网络基本建成；长江南京以下 -12.5 米深水航道延伸到南通，连申线、盐河、刘大线为骨架的“一纵两横”干线水运通道网络初步形成。水利保障能力不断增强，三河输水、三区供水的骨干工程体系基本形成，海堤达标、骨干排洪河道整治工程全面完成，沿海地区水资源供给、防洪减灾和水生态安全维护能力明显提高。能源建设取得新的突破，2009 年以来沿海地区发电装机增加近 800 万千瓦，占全省发电装机比重提高 5 个百分点以上，风电、光伏电站并网容量分别占全省 98%和 50%左右，海上风电并网容量全国第一。

三是产业转型步伐加快。三次产业结构不断优化，由 2009 年的 12.6 : 51.8 : 35.6 调整为 2015 年的 9.2 : 46.8 : 44.0，二、三产业占比提高 3.37 个百分点。现代农业加快发展，沿海三市粮食总产占全省 40%。先进制造业增加值由 3550.18 亿元增长到 5860 亿元，年均增长 15.5%，沿海新医药、新材料、新能源、海工装备、汽车、石化等新兴产业和临港产业集聚竞争优势明显。现代服务业增加值由 2618.53 亿元增长到 5505.42 亿元，年均增长 16.3%，现代物流、金融商务、滨海旅游、创意设计等新兴服务业发展势头良好，省级现代服务业集聚区增加到 18 家。

四是载体建设取得突破。连云港国家东

中西区域合作示范区建设总体方案获国务院批准实施，省政府出台贯彻实施意见，上合组织国际物流园规划建设全面启动，中哈（连云港）物流合作基地一期工程建成运营，“一带一路”核心区和战略先导区建设积极推进。盐城国家级可持续发展实验区建设开局良好，综合配套改革方案获省政府批准实施。南通陆海统筹综合配套改革试验区建设稳步推进，总体方案获省政府批准实施，通州湾江海联动开发示范区总体方案获国家发改委批准。

五是滩涂围垦科学稳步推进。编制实施滩涂围垦开发利用规划纲要，扎实推进重大围垦工程，东台条子泥匡围一期工程基本完成，二期匡围工程正在推进前期工作。2009年以来沿海地区新围滩涂3.3万公顷（50万亩），为沿海港口建设、临港工业、现代渔业和农业、城镇发展拓展新空间。

六是城乡统筹协调和生态文明建设成效明显。城镇化进程加快，临海城镇建设快速推进，对人口、产业支撑能力明显增强。社会事业加快发展，人民生活明显改善，城乡居民收入增长快于全省平均水平。环境保护和生态建设不断加强，节能减排、大气污染防治、入海河流水环境综合整治和沿海化工园区专项整治取得阶段性成效，国家规划的“四纵五横”生态廊道网络初步形成，重要生态功能区（生态红线区域）占沿海三市国土面积的21.1%。

【港口货物吞吐】 2015年江苏全省港口累计完成货物吞吐量23.3亿吨，同比增长3.1%。其中苏州港货物吞吐量居全省榜首，达5.4亿吨。沿江沿海港口在全省港口中继续发挥主体作用，累计完成货物吞吐量17.8亿吨，同比增长4.5%。南京港、南通港、连云港港均突破2亿吨，分别达到2.2亿吨、2.2亿吨、2.1亿吨；泰州港、镇江港则分别达到1.7亿吨、1.3亿吨。

【船舶工业】 2015年，江苏造船完工量为317艘、1658.0万载重吨，吨位同比增长33.8%，占世界市场份额的16.8%，占全国份额的39.6%。其中，出口船舶占全省总量的92.9%。2015年，江苏省新接订单量为241艘、1212.7万载重吨，吨位同比下降44.9%，占世界市场份额的12.3%，占全国份额的38.9%。其中，出口船舶占全省总量的86.7%。截至2015年年底，江苏省手持订单量为930艘、5665.8万载重吨，吨位同比下降18.8%，占世界市场份额的18.9%，占全国份额的46%。其中，出口船舶占全省总量的94.4%。江苏省18家定报企业手持订单量为720艘、5368.1万载重吨，吨位同比下降20.2%，占全省总量的94.7%。

【海上风电】 截至2015年年底，江苏省海上风电装机规模达到47万千瓦，居全国第一。根据国家能源局早前下发的《全国海上风电建设方案（2014—2016）》规划的44个项目中，江苏就占18个项目，总装机量达348.97万千瓦，约占全国三分之一。目前，江苏省在苏北沿海规划五座大型海上风电场，分别由中广核、中电投、龙源电力、大唐集团和鲁能集团承建。五座海上风电场全部遵循双十原则，即风机离岸距离不少于10千米、滩涂宽度超过10千米时海域水深不得少于10米的海域布局，在规避土地矛盾的同时，充分利用沿海风能。

【海洋经济创新发展区域示范】 继续组织实施海洋经济区域示范项目，2015年共立项支持21个项目，实现销售收入24.7亿元，利税2.7亿元，有力地推动苏中千亿元级海工配套产业基地、苏南海洋观测探测示范基地和盐城新能源淡化海水示范园建设。两年来，成功转化高新技术成果40余项，其中深海光电复合缆实现批量化、系列化生产能力；高频地波雷达、X波段测波黑达等海洋环境探测黑达突破技术瓶颈实现产业化；海工高性能涂层材料产品将替代现有产品；浮工LNG再气化装置项目消化吸收国外先进技术初步实现产业化。相关项目产品融入“一带一路”建设，大规格R5级海工系泊链及系列附件产品大量出口沿线国家，国际市场占有率近 40%；大功率海洋石油平台支援船出口东南亚、中东等地；深海石油钻采用钻杆、钻铤等产品抢占欧美市场取得成效。在财政部、国家海洋局组织的实施情况年度考核中，江苏省获得“优秀”等次。

【海水淡化技术】 2015 年 12 月 31 日，江苏丰海新能源淡化海水有限公司公司首台套出口印度尼西亚海水淡化装置初验交运仪式在丰海公司研发中心顺利签约。此次出口印度尼西亚的 JWD-100/150-F 型集装箱式微电网海水淡化集成系统由江苏丰海公司自主研发，由 1 台 100 千瓦和 1 台 30 千瓦永磁风力发电组提供清洁能源，风电机组、PCS 及锂电池储能系统、能源管理控制系统共同构成微电网供电系统，采用超滤及二级反渗透工艺，可日产淡水 100 吨，每小时供电 150 千瓦。该系统不依赖电网，可直接利用风能、太阳能等清洁能源发电制水，并可整体运输，快速组装，无需现场调试。

【海洋渔业】 2015 年，江苏全省水产品总产量 522 万吨，稳中有增；渔业产值 1545 亿元，同比增长 4.33%；渔业经济总产值 2736 亿元，增长 6.04%。在远洋渔业方面，江苏省政府办公厅印发《关于促进远洋渔业发展的意见》（苏政办发 [2015] 64 号），明确到 2020 年的发展目标、总体要求和主要任务等。2015 年，共有 48 艘远洋渔船分布在北太平洋、东南太平洋、西南太平洋、缅甸、文莱、几内亚、摩洛哥等海域作业，捕获各类远洋水产品 3.37 万吨，产值 2.99 亿元，同比分别增长 50%和 44%，自捕鱼运回 222 批次，共计 2.31 万吨，回运率 69%。

【海洋渔船更新改造】 从 2011 年开始，江苏实施海洋渔船标准化更新改造工程，省财政累计下达补助资金 2.67 亿元，支持 1054 艘海洋捕捞渔船更新改造，拆解老旧渔船 2645 艘，撬动渔船更新改造社会资本 30 亿元左右，淘汰一批老旧渔船，新造一批标准化渔船，到 2015 年底登记在册的海洋渔船降至 4819 艘，比 2011 年减少 5254 艘。

海洋立法与规划

【海洋法治建设】 2015 年 11 月 6 日，江苏省海洋与渔业局在南京召开全省海洋与渔业系统法治工作会议，回顾总结近年来法治工作取得的进展，研究部署今后一个时期的法治建设总体目标和重点工作任务。此次会议是 2000 年该省政府机构改革后首次召开的全省海洋与渔业系统法治工作会议。江苏省海洋与渔业局党组书记、局长汤建鸣作会议主旨报告。会前，专门邀请省法制办徐卫副主任作依法治国、依法行政讲座。近年来，江苏省海洋与渔业系统主动适应全面推进依法治省、努力建设法治江苏的新要求，着力加强海洋与渔业地方性法规和制度建设，先后颁布实施《江苏省海域使用管理条例》、《江苏省海洋环境保护条例》《江苏省渔业安全生产管理办法》等与海洋与渔业工作密切相关的地方性法规，明确海洋与渔业行政主管部门的相应工作职责，初步建立起较为完备的海洋与渔业地方性法规体系。在推进依法行政工作中，省海洋与渔业局按照深化行政审批制度改革要求，对本级实施的行政权力事项依法进行全面清理，建立本部门的权力清单与责任清单，行政权力事项明确为 307 项。全省海监和渔政机构切实加强行政执法。此次会议提出，到 2020 年全省海洋与渔业系统要全面落实法治建设各项目标任务，形成较为完备的海洋与渔业地方性法规体系，建立科学规范的行政决策、行政执法、行政监督体制，建设权责明晰、执法严格、公开公正、廉洁高效、守法诚信的法治政府机关，海洋综合管理和渔业行业管理的各个方面、各个环节基本实现制度化、规范化、程序化。

【“十二五”规划实施情况】 2011 年，江苏省海洋与渔业局会同省发改委研究制定《江苏省“十二五”海洋经济发展规划》，提出坚持陆海统筹、江海联动，构建以沿海为长轴、沿江为短轴“一带三区多节点”“L”形特色海洋经济带，实施海洋经济翻番的规划设想，被省政府列入重点专项规划。“十二五”期间，海洋部门重点加强以下工作：一是加强用海管理与服务。争取国家下达江苏建设用围填海指标8300公顷，农业用围填海指标2800公顷，确保东台条子泥一期围垦工程、连云港港30万吨航道等重点项目的建设，为沿海地区经济发展拓展空间。制定出台海域使用权抵押政策，几年间海域使用权抵押融资近200亿元。省级层面出台海域使用“直通车”制度，解决长期困扰的海域空间建筑物构筑物不能依法领证问题。二是成功实施国家海洋经济创新发展区域示范项目。2014年，江苏省被财政部、国家海洋局列入海洋经济创新发展区域示范省，2014年度国家下拨项目补助资金8000万元，2015年度下拨项目补助资金达2.1亿元，在国家有关部门组织的年度考核中获得优秀名次，有力地推进海水淡化、海洋装备等重点产业发展。三是编制印发《江苏省海洋产业发展指导目录》和《江苏省海洋经济创新示范园区认定管理办法》，旨在促进海洋产业结构转型升级和集聚发展。四是积极争取政策支持。2015年9月，国家海洋局和江苏省政府在南京签署《关于实施“一带一路”战略 共同推进江苏强省建设合作框架协议》，为服务沿海地区发展增添新动力。五是加强金融合作与支持。先后与省邮政银行、省农行、省国开行签署合作协议，为海洋产业链和渔业产业链上下游经营主体提供适度规模的综合授信和融资支持。省邮储银行2015年在海洋与渔业领域信贷投放规模达8.5亿元，省农行2015年在海洋与渔业领域信贷投放规模达573.1亿元，国开行江苏分行2012年以来在沿海三市的信贷投放超过540亿元。六是加强海洋经济运行与监测。在全国率先建成省级海洋经济运行监测与评估系统，成立省海洋经济运行监测与评估中心。七是成立省级海洋经济协会。协会的成员涵盖江苏省重点涉海企业、涉海科研部门和涉海高校等，为涉海企业和单位搭建合作平台。

海域和海岛管理

【海域使用管理】 2015年，国家共下达江苏省建设用围填海指标2000公顷，是国家实行围填海计划管理以来最多的一年。上报国家海洋局7宗区域建设用海规划，其中，南通滨海园区三夹沙临港工业区域建设用海规划获得批准。严格落实海洋功能区划制度，依法依规审批用海项目，新发放海域使用权证书160本，确权面积21950.8公顷。会同省发改委、住建厅、沿海办联合印发《江苏省海域使用权“直通车”制度的通知》，在省级层面首个出台海域使用权直通车制度。推进海域使用管理工作创新，优审批流程，对海域使用权申请许可等环节，调整为受理前置。启动《江苏省海洋功能区划（2011—2020年）》评估和海岸线修测工作。编撰《江苏省志·资源志》海洋专章，填补江苏省志书中海洋资源管理与保护的空白。

【海岛保护】 积极申报中央海岛和海域保护资金项目，获批连云港市连云新城临洪河岸线整治及海洋环境监测能力建设、滨海县海岸带综合整治与修复、射阳县海岸带综合整治工程和启东市启隆乡兴隆沙生态保护与修复、连云港连云区羊山岛生态保护与修复等5个项目，扶持资金共约2亿元。做好领海基点保护工作，外磕脚等3个基点保护标志碑立碑工作完成。

【海域使用动态监管】 在全国率先启动县级海域使用动态监管能力建设，响水县成为全省首家挂牌的国家海域动态监管中心单位。承担的“海域海岛无人机监视监测技术体系与应用”科技项目荣获2015年度国家测绘科技进步二等奖。强化岸线和海岛监视监测，岸线监测范围扩展到4个典型地区共9个岸段172个监测点。全面核查区域建设用海使用现状，及时将核查的数据反馈省海监总队立案查处。

海洋环境保护

【近岸海域环境】 江苏省海洋与渔业局组织省海洋环境监测预报中心等单位继续开展江苏管辖海域环境与生态状况、海洋功能区状况、陆源入海排污及邻近海域生态环境质量状况、苏北浅滩生态监控区状况、海洋环境灾害等调查、监测与评价工作。在江苏管辖海域共设监测站位 738 个，获得各类监测数据 68000 余个。结果显示：

海水环境质量江苏近岸海域符合一类、二类海水水质标准的面积 23571 平方千米，占全省海域面积的 62.9%；符合三类海水水质标准的海域面积为 6862 平方千米，占全省海域面积的 18.3%；符合四类海水水质标准的海域面积为 3540 平方千米，占全省海域面积的 9.4%；劣于四类海水水质标准的海域面积为 3527 平方千米，占全省海域面积的 9.4%。水质中 pH、溶解氧、化学需氧量、油类、重金属（铜、锌、铅、镉、铬、汞）和砷含量总体符合一类海水水质标准；主要超标物为无机氮。近海、远海海域环境状况总体良好。

海洋沉积物 海洋沉积物质量状况总体良好，石油类、总有机碳、硫化物、重金属（铜、锌、铅、镉、铬、汞）、砷、六六六、滴滴涕、多氯联苯均符合一类海洋沉积物质量标准。综合潜在生态风险较低。

海洋生物多样性 近岸海域共布设 26 个监测站位，于 3 月、5 月、8 月和 10 月开展四次调查监测。

浮游植物 共监测到 144 种，优势种为中肋骨条藻和旋链角毛藻，平均生物密度为 410.48×10^4 个/立方米。生物多样性指数全年平均为 3.06，物种丰富度较高，个体分布比较均匀，多样性指数较高。

浮游动物 共监测到 80 种，优势种为小拟哲水蚤、双刺纺锤水蚤、强额拟哲水蚤、中华哲水蚤、拟长腹剑水蚤和近缘大眼剑水蚤等，平均生物密度为 2725.38 个/立方米，平均生物量为 291.93 毫克/立方米。生物多样性指数全年平均为 2.42，物种丰富度较高，个体分布较均匀，多样性指数较高。

鱼卵和仔稚鱼 共监测到鱼卵 27 种，主要种类有焦氏舌鳎、多鳞鱚、蓝点马鲛等，平均密度为 0.35 个/立方米。监测到仔稚鱼 29 种，主要种类有蓝点马鲛、虾虎鱼科、鲮、方氏锦鳚等，平均密度为 0.39 个/立方米。鱼卵和仔稚鱼生物多样性指数分别为 1.63 和 1.24。密度总体较低，物种丰富度较低，个体分布较均匀。

底栖生物 共监测到 173 种，优势种为伶鼬榧螺、棘锚海参等，平均生物密度为 9.86 个/平方米，平均生物量为 11.27 克/平方米。生物多样性指数全年平均为 2.36，物种丰富度较高，个体分布较均匀，多样性指数较高。

潮间带生物 共监测到 110 种，优势种为褶牡蛎、光滑河蓝蛤、文蛤、短滨螺、四角蛤蜊等，平均生物密度为 152.76 个/平方米，平均生物量为 76.08 克/平方米。生物多样性指数全年平均为 1.86，潮间带生物物种丰富度较低，个体分布较均匀，多样性指数一般。

海洋环境放射性水平 田湾核电站邻近海域海水放射性水平处于核电站运营前本底范围内，海水中锶-90、铯-137 的放射性浓度均低于海水水质标准的要求；沉积物放射性水平处于所在海域本底范围内；生物体内镭-226、铯-137 的放射性浓度远低于《食品中放射性物质限制浓度标准》中放射性物质限制值。

【海洋功能区环境状况】 分别选择农渔业区、港口航运区、工业与城镇用海区、旅游休闲娱乐区、海洋保护区、特殊利用区各 9 个，保留区 6 个，实施海洋功能区环境监测。每个功能区布设 3 个站位，共 180 个监测站位，水质总体站位达标率为 66.1%。

【苏北浅滩生态监控区环境状况】 监测区域由盐城射阳至南通启东浅滩湿地及邻近海域（120°29′—122°10′E，31°41′—34°03′N），涉及南通、盐城两市，启东、海门、通州、如东、海安、东台、大丰、射阳八县（市、区），面积15400平方千米。监测内容包括环境质量状况、生物多样性、滩涂植被和滨海湿地空间分布。监测结果表明，苏北浅滩生态监控区仍处于亚健康状态。符合第一类、第二类、第三类、第四类和劣于第四类海水水质标准的站位分别占15.15%、45.45%、12.12%、18.18%和9.09%。主要污染物为无机氮、活性磷酸盐，水体呈富营养化状态。共鉴定浮游植物86种，中小型浮游动物60种，大型浮游动物59种，鱼卵7种，仔稚鱼16种，底栖生物66种，潮间带生物45种。苏北监控区浮游动植物、潮间带生物资源丰富，生物密度较高；底栖生物资源较丰富；鱼卵和仔、稚鱼生物密度较低。根据遥感影像解译，目前互花米草、碱蓬和芦苇是苏北浅滩湿地的主要植被类型。现有滩涂植被233平方千米，与2014年相比略有减少。目前较大面积植被主要分布在新洋港至斗龙港之间盐城国家级珍禽自然保护区核心区、川东港口南侧大丰麋鹿保护区核心区、新北凌闸至小洋口外闸东侧、如东东凌垦区北侧、腰沙根部滩涂；其他岸段存在部分较窄的沿海堤分布的植被带。

【海洋环境保护工作】 江苏省政府印发省环保厅、省海洋与渔业局联合编制的《关于加强近岸海域污染防治工作的意见》（苏政发[2015] 52号），提出近岸海域污染防治的工作目标、主要任务和保障措施，明确提出到2020年沿海地区主要污染物排放总量得到有效控制，近岸海域水质优良（一、二类）比例达到70%左右。加强涉海工程环境监督管理，严格海洋工程项目环评核准，杜绝不符合海洋功能区划、不符合生态红线管控要求和产业政策要求的建设项目，全年共完成环评核准意见46宗，区域用海规划环3宗。加强海洋环境质量监测，全省共布设各类海洋监测站位738个，获得各类数据68000多个。完善海洋环境监测体系，沿海县级海洋环境监测机构全部挂牌成立。

【海洋生态文明】 组织编制并印发《江苏省海洋生态文明建设行动方案（2016—2020年）》，提出到2020年，海洋生态文明制度体系基本完善，海洋管理保障能力显著提升，生态环境保护和资源节约利用取得重大进展。江苏省南通市、东台市获国家海洋局批复同意建设国家级海洋生态文明建设示范区。加强海洋生态修复保护，开展海洋渔业资源增殖放流，在连云港海州湾海域开展海洋牧场建设，人工鱼礁调控海域面积已达到150平方千米，近海黄鱼、对虾等资源明显得到恢复。建立健全生态补偿机制，“十二五”期间，先后落实连云港徐圩港区工程、长江南京以下12.5米深水航道二期工程等一批重大涉海涉渔工程生态补偿资金6.8亿元，全部用于生态建设。

海洋环境预报与防灾减灾

【海洋预报减灾】 加强海洋观测能力建设，2个10米大型海洋观测浮标投入运行，可有效获取连云港和盐城近海水文、气象及水质实况观测数据。强化海洋灾害预警预报，每日制作发布海洋环境常规预报，全年共发布风暴潮警报14份，海浪警报19份、风暴潮警报12份，及时提醒海上作业船只回港避险和涉海部门采取防御应对海洋灾害措施。省海洋与渔业局组织广泛开展海洋防灾减灾宣传，举办全省海洋防灾减灾管理及灾害统计等业务培训。

【海洋灾害概况】 2015年共计发生风暴潮灾害1次，直接经济损失5842.6万元；发生灾害性海浪过程4次，死亡1人，直接经济损失20万元；海州湾赤潮监控区监测未发现赤潮；南黄海浒苔绿潮持续时间为95天；江苏沿海海平面较2014年下降17毫米；海岸侵蚀、海水入侵也有不同程度发生；全年未发生海啸。全年海洋灾害直接经济损失5862.6万元。死亡1人。与2014年比较，直接经济损失和死亡（含失踪）人数均有所增加。

【风暴潮灾害】 2015 年沿海发生风暴潮灾害过程 1 次，没有发生温带风暴潮灾害。主要是 1509“灿鸿”台风风暴潮， 2015 年第 9 号台风“灿鸿”自 6 月 30 日生成至 7 月 13 日减弱消散，江苏沿海自南向北出现 30~127 厘米的风暴增水。本次台风风暴潮，造成我省沿海水产养殖受灾面积 20 公顷，损失水产养殖品数量 45 吨，淹没农田 3155 公顷；沿海地区受灾人口 5.3 余万人，紧急转移安置人口 3.2 万余人。直接经济损失 5842.6 万元。

【灾害性海浪】 2015 年江苏海域共发生灾害性海浪过程 4 次，累计天数 10 天，其中台风浪过程 1 次、冷空气和气旋浪过程 3 次，引发灾害事故 2 起，死亡 1 人，船只毁坏 1 艘，直接经济损失 20 万元。

【赤潮和绿潮】 **赤潮灾害**　海州湾赤潮监控区全年未发现赤潮。监控区内赤潮生物以硅藻和甲藻为主，主要优势种为中肋骨条藻、洛氏角毛藻、短角弯角藻、三角角藻等，细胞密度介于 9.53×10^2 个/升–9.08×10^5 个/升之间；全年富营养化指数（E）介于 0.07~5.00 之间，平均值为 1.37，仍处于富营养化状态，具有发生赤潮的潜在风险。

浒苔绿潮　4—10 月开展浒苔绿潮卫星遥感监视监测工作。5 月 12 日首次在蒋家沙、竹根沙海域发现浒苔绿潮，8 月 14 日最后一次在连云港近岸海域监测到零星漂浮浒苔，全年浒苔绿潮持续时间为 95 天。

【海平面变化】 1980 年以来，江苏沿海海平面变化呈现波动上升趋势，平均上升速率为 3.6 毫米/年，高于同期全国平均水平。2005 年江苏沿海海平面处于 2000 年以来最低位，2014 年处于 2000 年以来最高位，2015 年海平面较 2014 年下降 17 毫米。

【海岸侵蚀、海水入侵和土壤盐渍化】 海岸侵蚀：调查显示，2015 年江苏省受侵蚀海岸长度达 23.8 千米，造成土地流失，房屋、沿岸工程、旅游设施和养殖区域损毁，给沿海地区经济造成较大损失。

海水入侵　连云港赣榆部分地区海水入侵较为严重。盐城大丰沿岸部分地区轻度海水入侵。盐城大丰海水入侵距岸 7.55 千米，连云港赣榆海水入侵距岸 4.91 千米以内。与 2014 年相比，监测区域部分断面海水入侵范围有所减少。

土壤盐渍化　盐城大丰沿岸土壤盐渍化严重，有中盐渍化土分布。盐渍化范围距岸大于 10.56 千米，保持稳定，盐渍化类型为硫酸盐–氯化物型。

海洋执法监察

【海监执法】 全年海监执法共立案 73 宗，结案 70 宗，实际收缴罚款 5152.46 万元。突出抓好海洋资源环境保护执法，严查偷排超排，加强对沿海工业园区入海排污口的监视监测，采取不打招呼、“回头看”等方式，组织突击检查，对排污入海监管保持高压态势。将中国海监连云港支队、滨海县大队列为江苏省“海洋工程环保执法示范建设单位”，将徐圩海域列为“海砂开采重点监控区”，坚决打击非法采砂行为。组织“海盾”执法行动，重点加强南通滨海园区、连云港徐圩港区及盐城大丰、射阳、滨海港区等重点海域的执法巡查，全年“海盾”案件立案 9 起，结案 12 起，处罚金额 4795 万元。

海洋科技、教育与文化

【海洋科技】 认真实施国家海洋公益专项，一批在研项目取得进展。水下滑翔器项目开发 3 台样机，完成长航程海试试验，最大工作深度达到 503 米。贝类项目开发出仙贝素等高值化产品 11 个。耐盐植物项目初步启动建设滩涂耐盐植物示范基地。新获批“滨海盐碱地几种资源综合利用技术集成与示范”项目，扶持资金 1142 万元。

【海洋宣传】 重点组织 2015 年世界海洋日暨全国海洋宣传日江苏系列宣传活动，主要包括 6 月 5 日召开海洋日新闻发布会、6 月 8 日当天组织到南京玄武湖公园开展“世界海洋日”徒步环湖行公众宣传活动、举办局党组中心组“一带一路”战略专题学习（扩大）会、8月份举办海洋强国战略专题讲座、组织海洋增殖放流等活动。沿海市县也开展海洋广场宣传咨询、清洁海滩、发放宣传资料等活动。通过开展形式多样的各类宣传活动，努力营造关注海洋、热爱海洋、保护海洋的良好氛围。 （江苏省海洋与渔业局）

上海市

综　述

2015年，在上海市委、市政府的领导和国家海洋局的指导下，上海市海洋局紧紧围绕建设海洋强国和“一带一路”等国家战略以及推进“四个率先”、建设“四个中心”和科创中心的全市大局，以自贸区建设为契机，以服务经济社会发展和保障城市安全为主线，深入推进海洋经济发展、切实保护海洋生态环境、不断深化海洋综合管理，各方面工作取得良好进展。

海洋经济与海洋资源开发

【概述】 2015年上海市海洋经济保持持续增长，海洋船舶工业、海洋交通运输业、滨海旅游业等占据主导地位。

【海洋船舶工业及海工装备制造业】 上海市海洋船舶工业发力高端船型，转型升级取得一定成效。全市海洋船舶工业实现总产值673.41亿元，海洋造船完工量96艘、851.19万综合吨。外高桥造船交付两艘18000标准箱超大型集装箱船，承接20000标准箱和21000标准箱两艘集装箱船订单，填补我国超大型集装箱船设计制造的空白。沪东中华造船（集团）有限公司建造的17.2万立方米薄膜型液化天然气船已交付国际用户，标志着我国进入国际LNG船舶主流市场。外高桥造船启动豪华邮轮设计制造，将于2020年前交付第一艘国产豪华邮轮。

外高桥造船继“海洋石油981”后，承接6台（套）钻井平台订单；上海振华重工建造的12000吨全回转起重船是自主设计、建造的世界最大起重船；上海船厂是国内唯一有能力建造多缆物探船（海洋石油720、721号深水物探船）的船厂，生产的物探船深海勘探深度拓展至3000米；美钻集团成功研制我国首个自主研发的水下采油树，已和水下连接器等装备一起成功应用于中海油南海油田开采，是国内首个水下生产系统投入实际使用的案例。

【滨海旅游业】 海洋特色景区与邮轮旅游作为上海滨海旅游两大增长点，2015年总收入达3505亿元，实现增加值1478.32亿元。奉贤海湾旅游度假区以渔人码头为中心的“文化休闲一条街”初具雏形；金山嘴渔村景区成功创建为国家3A级旅游景区；国内旗舰式的大型海洋公园“上海海昌极地海洋公园”全面开工；“吴淞口国际邮轮港二期工程建设全面推进，建成后将拥有4个大型邮轮泊位，通关能力将达330万人次/年，有望成为亚太区域规模最大的专业邮轮码头。3月，首个自我国出发的环球邮轮——哥诗达大西洋号从吴淞口国际邮轮港起航，实现远洋邮轮航线的拓展。5月，我国首个本土豪华邮轮“天海新世纪号”在吴淞口国际邮轮码头首航，实现本土豪华邮轮零突破。72小时过境免签政策延伸至邮轮口岸、对邮轮团队游客试点入境免签等政策建议上报国务院。上海海关会同市口岸办、市财政局等部门推动扩大邮轮码头出境免税店经营范围，积极研究放开入境免税店经营业务的政策。

【海洋交通运输业】 面对全球经济复苏放缓和中国经济增速下降的负面影响，上海采取有效措施积极应对。2015年上海海洋交通运输业保持平稳增长，全市海洋交通运输业实现总产值1111.35亿元，港口集装箱吞吐量3.654万标准箱，领衔世界第一，货物吞吐量6.49亿吨，超额完成“十二五”规划发展目标。国内首个全自动化集装箱码头—洋山深水港四期工程建设全面推进，洋山港航道能见距离在200~500米时2000标准箱以上大型集装箱船通航试验成功，洋山港跻身全天候现代化港口之列；率先开展航运保险产品注册制改革，完成全球首次集装箱运力交收；上海清算所推出自贸区大宗商品现货清算业务；推动交通港航业扩大开放，扩大启运港退税政策试点范围。

【全市海洋工作会议】 2015年9月15日，市政府首次围绕海洋工作召开全市性海洋工作会议，国家海洋局局长王宏、副局长王飞、上海市副市长蒋卓庆等领导出席会议并讲话。会议总结回顾“十二五”以来海洋事业发展状况，分析海洋工作面临形势，确立下阶段海洋发展总体思路、发展目标和主要任务，为全市进一步统一思想，提高认识，加快海洋事业发展指明方向。

【签订部市战略合作协议】 2015年9月15日，杨雄市长和王宏局长出席《国家海洋局上海市人民政府关于推进上海海洋事业发展的战略合作框架协议》签约仪式。协议从加强海洋发展战略合作、共建海洋科技创新体系、共同推进海洋经济发展、共同加强海洋生态环境保护、共同提高海洋管理能力、共同提升海洋文化影响力等六个方面提出进一步加强“部市合作”，助力上海海洋事业发展。这次海洋工作会议的召开和“部市合作”协议的签署，将有力地推动上海海洋经济的发展。

【开发性金融支持海洋经济发展试点工作】 2015年，上海市海洋局初步确定浦东新区为国家开发性金融支持海洋经济发展试点区。根据国家海洋局工作要求和部署，上海市海洋局联合浦东新区海洋局，走访国开行上海市分行、中投保上海公司、浦东新区担保公司等相关金融机构以及相关涉海企业和项目，初步形成试点工作机制，甄选出首批符合条件的项目。

海洋立法与规划

【上海市政府批准《上海市海岛保护规划》】 3月15日，上海市政府以沪府[2015] 21号文批复同意《上海市海岛保护规划》（以下简称《规划》）。批复明确海岛是上海市保护海洋环境、维护生态平衡的重要平台，是捍卫国家权益、保障国防安全的战略前沿，也是适度拓展陆域发展空间的重要依托。批复同意将上海岛屿划分为2个一级类，5个二级类，10个三级类和对上海各岛屿的分类功能定位，要求各有关部门和区县根据《规划》确定的保护目标和海岛功能定位，加快推进实施海岛保护重点工程项目，维护海岛生态系统，改善海岛人居环境，提升海岛防灾减灾能力，服务于上海经济社会可持续发展的总体需求。批复同时要求将《规划》内容纳入上海新一轮城市总体规划。

【印发《关于上海加快发展海洋事业的行动方案（2015—2020年）》】 2015年10月22日，上海市海洋局、市发展改革委员会联合研究起草《关于上海加快发展海洋事业的行动方案（2015—2020年）》(以下简称《行动方案》)，经市政府同意由市政府办公厅转发。《行动方案》是落实国家海洋局、上海市政府“部市合作”框架协议的重要举措。它不仅确定上海海洋事业发展的方向，还为市涉海部门开展涉海相关工作提供科学、合理、可操作的抓手。

【完善“十三五”规划顶层设计】 对接国家战略和上海需求，上海市海洋局组织完成海洋资源保护与开发利用、海洋经济发展等10个海洋专项规划研究，编制完成城市总规配套海洋专项规划，形成《上海市海洋经济发展“十三五”规划》和《杭州湾北岸区域海洋经济发展规划》等专项规划，以及《上海市海洋发展“十三五”规划》初步成果，相关成果已纳入《上海市城市总体规划》和上海市“十三五”规划纲要文本。

【制定《上海市水务海洋行政审批听证办法》】 2015年12月21日上海市海洋局根据《中华人民共和国行政许可法》有关规定，制定《上海市水务海洋行政审批听证办法》（以下简称《办法》），自2016年2月1日起施行。

《办法》对适用听证的情形进行分类，并对听证工作的流程及要求进行细化规定，将进一步规范本市水务、海洋行政审批听证工作，保护公民、法人和其他组织的合法利益，维护公共利益和社会秩序，提高听证工作质量和效率。

【制定《上海市海洋工程建设项目环境保护设施验收管理办法》】 2015 年 12 月 21 日，上海市海洋局根据《中华人民共和国海洋环境保护法》《防治海洋工程建设项目污染损害海洋环境管理条例》等法律条例规定，制定《上海市海洋工程建设项目环境保护设施验收管理办法》（以下简称《办法》），自 2016 年 2 月 1 日起施行。《办法》对海洋工程建设项目环境保护设施验收工作的流程及要求进行细化规定，将进一步规范上海市海洋工程环境保护设施验收工作，切实提高海洋工程环保设施验收工作的质量和效率。

海域海岛管理

【上海市大陆岸线修测成果法定化】 按照国家海洋局有关技术规程，在充分考虑上海海岸带开发和管理现状的基础上，上海市以 2012 年 1 月 1 日作为基准时间，执行“平均大潮高潮时水陆分界痕迹线”的海岸线标准对大陆海岸线进行修测。2015 年 7 月，市政府正式审批通过大陆海岸线修测成果，确定上海大陆海岸线全长 213.05 千米，其中长江口南岸海岸线长度 122.43 千米，杭州湾北岸海岸线长度 90.62 千米。2015 年 10 月 23 日，上海市海洋局发布市政府审批通过的上海大陆海岸线位置图、修测成果报告和主要拐点坐标数据等成果。

【上海佘山岛领海基点保护范围获上海市政府批复同意】 按照国家海洋局的统一部署，上海市海洋局于 2014 年 4 月启动佘山岛领海基点保护范围选划工作。经资料搜集、现场调查、分析评价及意见征求等工作，于 2015 年 7 月完成全部选划任务，形成《佘山岛领海基点保护范围选划成果报告》。2015 年 8 月，上海市人民政府批准佘山岛领海基点保护范围。该保护范围以佘山岛领海基点为核心、南北向 1500 米、东西向 1550 米的矩形区域范围，面积为 232.5 公顷。佘山岛领海基点保护范围的划定有利于领海基点的切实保护，有效维护国家海洋权益。

【《上海市海岛保护规划》获上海市政府批准】 2015 年 3 月，上海市政府正式批准《上海市海岛保护规划》，规划期限至 2020 年，规划目标为改善海岛生态保护和人居环境、增强海岛综合管理能力、加强特殊用途海岛保护。规划同时确定上海市海岛资源综合调查评估、海岛典型生态系统和物种多样性保护、佘山岛领海基点保护、海岛整治修复、海岛淡水资源保护与利用、海岛可再生能源建设、海岛防灾减灾、海岛监视监测系统、海上人工岛前期研究九项重点工程。

【大金山岛保护与开发利用示范工程开工建设】 根据金山三岛海洋自然保护区总体规划，上海市海洋局启动大金山岛保护与开发利用示范项目。该项目的实施可有效防止岛体坍塌、珍稀物种生存环境变小等问题，保护金山三岛综合生态系统免遭退化、破坏和污染，保证其生态系统和各类生物资源永续利用。大金山岛码头修缮、防波堤和栈桥的修建以及上下山道路的修缮，对于提升大金山岛保护、保障守岛工作和管理工作的顺利开展具有重要的意义。

【完善无居民海岛基础资料】 上海市海洋局启动上海无居民海岛基础调查项目，计划用 3 年时间基本摸清上海海岛家底，掌握海岛基础信息、自然资源的保护与开发利用现状，主要内容包括上海海岛位置、类型、长度等相关自然地理要素调查，岸滩地貌类型及分布特征调查，水位和地形图测量，海岛及周边海域沉积物调查，海岛周边气候调查，海岛植被调查以及全景地图数据系统建设。2015 年已完成大金山岛、小金山岛、浮山岛、大金山北岛、浮山东岛、九段沙的测绘、勘探及生态环境资料搜集工作。

海洋环境保护

【发布《2014年上海市海洋环境质量公报》】 上海市海洋局会同上海市环保、海事、渔业和驻沪海军等部门，编制完成《2014年上海市海洋环境质量公报》（以下简称《公报》），于2015年5月发布。《公报》显示，2014年监测海域海水水质状况基本保持稳定，超过第四类海水水质标准的要素仍为无机氮和活性磷酸盐，沉积物环境质量状况良好，海洋生物种类变化不大，群落结构基本稳定；水源地邻近水域多数监测要素符合Ⅲ类地表水环境质量标准，总磷等个别要素超标；海洋自然保护区水体除无机氮和活性磷酸盐外，其他监测要素符合第一类海水水质标准，沉积物环境质量满足其功能区要求。金山城市沙滩滨海旅游度假区和奉贤碧海金沙滨海旅游度假区适宜开展休闲（观光）活动。

【海洋生态环境监督管理系统建设】 上海市海洋局完成海洋生态环境监督管理系统建设前期调研，完成《上海市海洋生态环境监督管理系统工作方案（初稿）》编制和报备工作，系统建设立项申报工作目前正在有序推进。

【生态修复工程】 2015年，上海市重点推进金山城市沙滩西侧湿地生态修复工程。该项目通过湿地基底修复、本地植被恢复、水体生态修复和景观造景技术，建设多样的湿地生态系统，进一步遏制海域海岸带环境退化的趋势，恢复滩涂湿地功能，改善水上休闲区的水质，提升区域海洋环境质量。

海洋生态文明

【启动海洋生态红线选划工作】 2015年，上海市海洋局根据国家海洋局要求，启动海洋红线选划研究工作，已完成红线选划前期工作。该项工作的推进，能够有效保护海洋生态环境，推进上海市海洋生态文明建设的进程。

【创建国家级海洋公园】 为贯彻上海市与国家海洋局签订的战略合作框架协议精神，落实上海市海洋生态文明建设要求，2015年金山区组织创建国家级海洋公园，前期工作具体包括制定工作方案、组织框架和计划安排。

海洋环境预报与防灾减灾

【组建海洋灾情信息员队伍】 上海市海洋局正式组建涵盖市、区（县）两级的海洋灾情信息员队伍，完成信息员登记备案，组织开展海洋灾害管理、灾情报送等培训，为做好海洋灾害预警信息的传递以及海洋灾情信息的调查和报送提供组织保障。

【开展海洋灾情信息调查统计评估】 2015年，在“灿鸿”风暴潮期间，上海市海洋局对金山、崇明等部分岸段组织现场调查，完成“灿鸿”风暴潮灾情专题调查与评估。开展2015年年度海洋灾害调查与评估工作，针对上海海洋灾害的主要类别，通过现场调查、从涉海部门收集等方式开展海洋灾害统计、重大海洋灾害灾情调查工作，对本年度上海海洋灾害进行全面评估。

【编制上海市海洋灾害公报】 上海市海洋局在年度海洋灾害调查与评估的基础上，会同上海海事局、市农委水产办等有关部门，首次编制上海市海洋灾害公报，对2015年海洋灾害情况进行梳理汇总，全面记录各项灾害情况。

【启动上海海洋灾害(风暴潮)调查评估技术研究及示范应用】 上海市海洋局启动“上海海洋灾害（风暴潮）调查评估技术研究及示范应用”课题，旨在国家海洋局海洋灾害调查工作要求的基础上，结合上海市海洋灾害调查评估工作现状，制订上海市风暴潮灾害调查统计指标体系和调查评估技术方法，编制指导风暴潮灾害调查评估业务的工作手册，为健全海洋防灾减灾业务体系提供技术支持。

【监测长江口咸潮入侵】 2015年，上海水源地共监测到咸潮入侵过程3次，对青草沙和陈行水源地造成3次影响，累计持续12天16小时。长江口青草沙水源地监测到咸潮入侵影响2次，取水口达到过程最高氯度839毫克/升；

陈行水源地监测到咸潮入侵影响 1 次，取水口达到过程最高氯度 826 毫克/升。

【观测海平面变化】 2015 年，上海沿海海平面比常年高 105 毫米，比 2014 年低 15 毫米。各月海平面均高于常年同期，7 月、11 月和 12 海平面较常年同期分别高 192 毫米、144 毫米和 182 毫米，均为 1980 年以来同期最高；与 2014 年同期相比，7 月和 12 月海平面分别高 113 毫米和 118 毫米，2 月和 10 月海平面分别低 133 毫米和 177 毫米。

【监测重点岸段海岸侵蚀】 2015 年，对上海崇明东滩粉砂淤泥质岸段海洋侵蚀进行监测。监测海岸长度 48 千米，侵蚀岸段长度 2.7 千米，最大侵蚀距离 24 米，平均侵蚀速度为 7.9 米/年，同 2014 年（4.4 米/年）相比有所增加；岸滩侵蚀总面积约为 2.14 万平方米。

海洋执法监察

【概述】 2015 年，中国海监上海市总队共开展海域使用监督检查 94 次共 33 个项目；开展海洋倾废监督检查 238 次 219 个项目；开展海岛保护监督检查 54 次；开展海底电缆管道巡护 14 航次 8 个项目；开展海洋工程建设项目环境保护监督检查 109 次 39 个项目；开展海洋生态保护监督检查 7 次 1 个项目。累计出动执法人员 1832 人次，组织空中巡视 1 架次，航时 4 小时，航程 80 千米；海上巡航 146 航次 135 天，航时 904 小时，航程 8467 海里；陆上巡视 424 车次，车程 40494 千米。查处破坏海洋生态环境案件 13 件，结案 11 件，执行罚款 41.15 万元，查处长江口水域违法采砂案件 9 件，结案 4 件，执行罚款 33 万元。

【海域使用执法】 上海市海洋局重点对金山城市沙滩西侧水上活动区和临港风电一期及二期等在建海洋工程实施全过程用海监督检查。加大对区域用海规划实施情况的监管力度，对临港奉贤物流园区区域用海项目开展跟踪检查。对已取得《海域使用权证书》的用海项目开展行政许可批后监督检查。专项执法中未发现违法行为。

【海岛保护执法】 上海市海洋局着力从海岛定期巡航制度化、基础台账规范化、工作协同常态化等方面开展全覆盖执法检查工作，重点对佘山岛、金山三岛及其附属岛屿、白茆沙、东风西沙等无居民海岛开展海岛保护专项执法。针对有居民海岛，锁定重点区域，重点检查违法行为易发岸段，不定期检查偏远岸段。

【海洋环境保护执法】 上海市海洋局在海洋倾废执法方面，对长江口疏浚物海洋倾倒区等重点区域、敏感区域开展密集巡查。通过加大对海洋倾倒区和非倾倒区巡航和航迹监视力度，进一步提高专项执法的效果。海洋工程环境影响执法方面，对芦潮港、外高桥、临港地区、金山石化等重点区域的海洋工程使用项目开展检查，全面掌握区域海洋工程现状，并进一步完善项目监管档案。采砂作业执法方面，针对外省流窜至上海非法采砂的情况，持续保持执法高压态势。重点加强对宝北锚地、吴淞口锚地等非法采砂高发区域的检查，联合海警、海事、航政、长航公安等水上执法单位，多次开展夜间蹲守专项整治行动，成效明显。2015 年，共查处海洋环境违法行为 22 件，结案 15 件（含2014 年遗留案件 3 件），执行罚款 74.15 万元。

【海底电缆管道保护执法】 2015 年，上海市海洋局定期组织开展海底电缆管道保护巡查，重点开展"两会"、纪念抗战胜利等重大活动期间海底电缆管道保护专项执法检查。共出动执法人员 64 人次，巡航里程 784 海里，驱离在电缆管道保护范围内抛锚、作业船只 5 艘次，监视航行作业船只 11 艘次，对部分往来船只进行必要的宣传和指导，有效地保护上海海底电缆管道安全。

【"海盾 2015"专项行动】 在"海盾 2015"专项执法中，上海市海洋局聚焦重点区域、重点项目，以点带面，对上海杭州湾北岸海域的用海项目分类分步开展监督检查。对海域内已经开工或者即将开工的海洋工程实行项目跟踪制，建立档案、及时更新其用海情况，防止违法用海情况的发生；对已经获得海域使用权的项目开展许可监督检查，检查其用海方式、面积和海域使用金缴纳情况，有力维护上海海域用海秩序。专项执法中未发现违法行为。

【"碧海 2015"专项行动】 在"碧海 2015"专项执法中，为提高海洋倾废执法的针对性和有效性，中国海监上海市总队结合倾废行业特点，加强对倾废敏感区域的执法监督检查，加大突击检查的工作频次和力度，以海上定巡与不定期海陆巡查，独立执法与联合执法，日常巡查与许可监督检查，书面检查与实地监视检查等多种工作方式相结合，有效利用科技信息手段，严厉查处一批海洋倾废违法行为。2015 年，"碧海"案件共立案 14 件(违法倾废和违法采砂各 7 件)，结案 6 件，收缴罚款 77.75 万元。

【无居民海岛保护专项行动】 上海市海洋局以特殊用途海岛巡查为重点，加大巡查力度，加强执法协同，采取海上、陆上巡查及登岛检查相结合的形式开展无居民海岛保护专项执法工作，完成上海管辖内 23 个无居民海岛全覆盖执法检查。同时，注重开展多种方式、内容丰富的执法宣传工作，通过宣传、指导，提高民众的护岛意识。专项执法中未发现违法行为。

海洋行政审批

2015 年共受理 258 件海洋行政审批事项。其中废弃物海洋倾倒普通许可证签发的审批事项为 236 项，许可倾倒疏浚物 567.24 万立方米，骨灰撒海共计 3131 盒；海洋工程建设项目环境影响报告书核准 3 项；海洋工程建设项目环境保护设施验收 1 项；在无居民海岛采集生物和非生物样本的审批 1 项；审核海域使用权 12 宗，确权海域面积 841.33 公顷，征收海域使用金 1346.66 万元。

海洋科技

【多项科研专项取得突破性成果】 由上海市海洋局推荐、上海交通大学牵头承担的国家海洋局 2011 年度海洋公益性行业科研专项项目"近岸及邻近海域海底实时长期观测网关键技术研发及应用示范"关键技术（设备）研发取得突破性进展，观测网实时系统示范应用稳定。上海海洋大学牵头承担的国家海洋局 2012 年度海洋公益性行业科研专项项目"黄海绿潮业务化预测预警关键技术研究与应用"研究成果在黄海海域生态灾害预报业务中得到成功运用。上海海事大学牵头承担的"深海石油钻采钻铤无磁钢国产化及防护技术"课题多项成果实现产业化应用。由上海海洋大学承担的 2011 年国家海洋再生能源专项项目"能源微藻规模化生产关键技术及装备研究"构建上千种的微藻种质资源库，建成一个示范生物反应器，并对筛选出的优良品种进行规模化培育，该研究成果对清洁能源和水污染处理处置提供有力的技术支撑。

【两项科研项目获奖】 上海市海洋局推荐的美钴能源科技（上海）有限公司、第二军医大学完成的"深海油气开采装备设计制造关键技术与工程应用""海洋无脊椎动物中活性物质的发现与关键技术"2 项科研项目，分别获得"2015 年度海洋科学技术奖"一等奖、二等奖。

【海洋信息化重点项目建设】 "数字海洋"上海示范区（地方配套）项目已完成招标工作，并于 2015 年 4 月启动实施。截至2015 年年底项目机房改造部分已完成第二次服务器搬迁，硬件系统和设备陆续上架调试，工程形象进度完成近 60%。海域动管系统（国家部分）完成海域动管专网改造工作；海域动管系统（上海地方配套部分）可研报告已通过上海市发改委审批。

海洋文化与教育

【2015 年上海市世界海洋日暨全国海洋宣传日系列活动】 6 月 8 日，上海市 2015 年"世界海洋日暨全国海洋宣传日""临港海洋节"开幕式及以"对接国家战略，发展海洋经济"

为主题的“2015·上海海洋论坛”在上海临港地区隆重举行。活动由上海市海洋局、浦东新区人民政府、上海市临港地区开发建设管理委员会主办，上海海事大学、上海海洋大学、中国航海博物馆、上海临港海洋高新技术产业发展有限公司、上海市海洋工程咨询协会等单位承办。“2015·上海海洋论坛”邀请全国政协常委、民建中央副主席、上海市政协副主席周汉民、同济大学国际与公共事务研究所所长夏立平教授等专家学者围绕“一带一路”国家战略与上海海洋经济发展的机遇进行深入阐述，邀请上海海事大学尹衍升教授、上海交通大学万德成教授、上海振华重工（集团）股份有限公司海洋工程研究院副院长王文涛、上海社科院海洋法研究中心金永明研究员围绕上海海洋科技创新发展路径展开多维度的探讨。活动旨在进一步弘扬海洋精神，传播海洋文化，为海洋产业、科研、学术交流搭建平台，形成全民关心海洋、认识海洋、经略海洋的良好社会氛围。

（上海市海洋管理事务中心）

浙江省

综　述

2015年，浙江省沿海各地各有关部门继续推进浙江海洋经济发展示范区和舟山群岛新区建设，加快海洋经济发展，加强海洋事务综合管理，推动海洋科技、教育和文化发展，取得重要的阶段性成果。

海洋经济与海洋资源开发

【海洋渔业】 2015年浙江省水产品总产量602万吨，同比增长4.70%。其中，国内海洋捕捞产量336.7万吨，同比增长3.8%；海水养殖产量93.3万吨，同比增长3.9%；远洋渔业产量61.2万吨，同比增长14.80%。2015年全省渔业经济总产出达到1937.4亿元，比2014年增长4.95%。2015年全省水产品出口数量46.9万吨，比2014年增加3.90%；水产品出口贸易额18.5亿美元，同比增长1.60%，其中水海产品出口额16.3亿美元、同比增长4.50%。规模以上水产品交易市场成交量362.6万吨，与2014年基本持平，成交额664.8亿元，比2014年增长5.30%。全省渔民人均纯收入21514元，同比增长9.01%。

【海洋盐业】 2015年浙江省保有盐田总面积1935.07公顷，盐田生产面积1630.7公顷；全省制盐企业19家，主要为岱山、象山、普陀等地的盐场，年均从业人员1107人；全省盐业企业89家，年末从业人数2418人，在编在岗1819人。全年共产盐7.56万吨，出场5.92万吨，省内食盐定点生产企业调运13.2万吨，省外盐产品调入59.36万吨；销售各类盐产品85.61万吨，其中食盐64.21万吨，工业用盐19.57万吨；年末全省盐产品库存总量31.03万吨；全省实现盐产品销售收入17.85万元。2015年全省各地“以工充食”案件呈多发态势，全省共查处盐业违法案件82件，办结案件70件，罚没款共计4.78万元，有效维护全省盐业市场的稳定。

【海洋船舶工业】 2015年，全省船舶工业共完成工业总产值1063.9亿元，同比增长8%。从生产情况看，全省船舶企业共完工船舶532.9万载重吨，同比下降3.74%；新接订单559.1万载重吨，同比下降28%；手持订单1786.3万载重吨，同比下降16.5%。2015年全省船舶工业集中度进一步提高，总产值前五位和前十位企业占全省比重分别比上年提高7%和6%，新接订单提高14%和8%。产品结构持续优化，散货船比重降至完工量的58%，新接订单量的30%，手持订单量的52.2%。船舶修理业务成为行业新增长点，修理艘数及完工吨数同比分别增长27.9%和38.5%。高端船舶领域取得突破，研发建造万箱级集装箱船、3万立方米LNG运输船、7800PCTC、30万吨级矿砂船、1.97万吨海工重吊船等。先进制造模式应用逐步推进，欧华造船、长宏国际、金海重工、扬帆集团一批“机器换人”、云计算、大数据、物联网的智能造船项目实施。

【临港钢铁工业】 2015年，全省重点临港钢铁工业企业实现主营业务收入502.61亿元，重点企业共完成钢、铁、钢材产量分别为829.07万吨、625.06万吨和893.33万吨。其中，不锈钢粗钢和不锈钢钢材产量分别为112.87万吨和172.18万吨。临港钢铁工业粗钢产量占全省钢铁工业的51.98%，其中不锈钢产量占全省不锈钢总量的87.17%。2015年杭钢重组宁钢，成为宁钢第一大股东，同时关停杭州半山钢铁基地400万吨炼钢产能，转型升级迈出关键一步。受钢铁产能过剩、钢材价格持续下跌影响，2015年全省钢铁企业生产经营面临较大困难，临港钢铁工业亏损 15.81 亿元。

【临港石化工业】 2015 年，全省临港石化工业完成销售收入 2200 亿元，同比下降 20%。全省已形成以炼油、有机化工原料、合成材料及下游化学品制造为主体的石油化工产业体系，PTA、ABS、PC、MDI、合成橡胶和氨纶等一批产品在国内外的影响力不断增强。宁波石化经济技术开发区、中国化工新材料（嘉兴）园区、杭州湾上虞经济开发区等石化发展专业园区均已晋升为国家级化工园区和基地。此外，绍兴滨海工业园、杭州萧山临江工业园、嘉兴平湖独山港工业园等临海临江地区也加快园区规划和建设，引进知名化工企业和特色产品，促进全省石化产业布局的优化和产业集聚。

【海水淡化业】 浙江省是中国最早开展反渗透海水淡化研究和应用的省份，民用海水淡化工程主要集中在舟山市的普陀区、岱山县、嵊泗县和温州市洞头区。截至 2015 年底，全省已建成的民用海水淡化厂 31 座，已建成海水淡化总生产能力 9.7 吨/日。2015 年，舟山市在建海水淡化工程 1 项（六横海水淡化三期），规模 20000 吨/日。2015 年，舟山市海水淡化利用量 829 万吨。

【海洋交通运输业】 2015 年全省港口累计完成货物吞吐量 138136.1 万吨，同比减少 0.7%。其中，沿海港口累计完成 109930.1 万吨，同比增长 1.6%。累计完成外贸货物吞吐量 44366.9 万吨，同比增长 0.4%。其中，沿海港口累计完成 44183.3 万吨，同比增长 0.3%。累计完成集装箱吞吐量 2294 万标箱，同比增长 6%。其中，沿海港口累计完成 2256.9 万标箱，同比增长 5.7%。2015 年全省港口累计完成旅客吞吐量 1149.6 万人，与上年持平。其中，沿海港口累计完成 697.6 万人，同比减少 1.1%。水路货物运输。2015 年全年共完成水运货运量 7.4801 亿吨，同比上升 2.7%，完成水运货物周转量 8152.1 亿吨千米，同比上升 3.2%。其中沿海运输 50336 万吨，增长 5.08%；远洋货物运输为 3876 万吨，下降 0.063%。

【滨海旅游业】 2015 年，全省在建海洋旅游项目 70 个，计划总投资 1051.46 亿元，实际完成有效投资 301.45 亿元。2015 年全省接待入境游客 1012 万人次，同比增长 8.8%，实现国际旅游（外汇）收入 67.9 亿美元，同比增长 13.7%；全省接待国内游客 5.4 亿人次，同比增长 9.7%，实现国内旅游收入 6720 亿元，同比增长 13%；实现旅游总收入 7139.1 亿元，同比增长 13%。全省 37 个沿海县（市、区）接待滨海旅游游客达到 3.84 亿人次，接待海洋入境旅游者 373 万人次，同比增长 10.5%，全年实现滨海旅游总收入超过 4620.49 亿元人民币，同比增长 28.5%。

【积极推进舟山群岛新区建设】 舟山港综合保税区新增注册企业逾 400 家，跨境贸易电子商务试点积极推进，保税燃料油直供量 94 万吨，同比增长 42%。绿色石化基地前期工作进展顺利，基地一期场地工程已于 6 月份开工。外钓岛光汇石油工程、黄泽山石油中转储运等一批重大项目建设加快推进。浙江石油化工交易中心、保税燃料油供应中心、海洋柔性管道生产项目等落户集聚区。舟山大宗商品交易中心上市交易品种达 37 个，实现电子交易额 1.4 万亿元。舟山群岛新区固定资产投资保持较快增长，达 1135 亿元，增长 19%。

【海洋经济重大项目建设】 2015 年度共安排项目 465 项，包括基础设施项目 119 项、港航物流服务体系项目 115 项、海洋能源项目 34 项、海洋产业转型升级项目 97 项、现代海洋服务业项目 57 项、海洋科教创新和生态保护项目 43 项。2015 年沿海七市完成海洋经济项目投资 2757 亿元。鼠浪湖矿石中转码头、大浦口集装箱码头、甬台温高速复线等一批重大基础设施项目建设扎实推进。

海洋立法与规划

【《浙江省海洋环境保护条例》修改】 《浙江省

人民代表大会常务委员会关于修改〈浙江省海洋环境保护条例〉的决定》于2015年12月4日经浙江省第十二届人民代表大会常务委员会第二十四次会议通过，于通过当日公布，自公布之日起施行。

【《浙江省水产种苗管理办法》《浙江省渔业捕捞许可办法》修改】 2015年12月24日，经浙江省人民政府第57次常务会议审议通过(浙江省人民政府省长李强于2015年12月28日签署第341号“浙江省人民政府令”)，《浙江省水产种苗管理办法》和《浙江省渔业捕捞许可办法》这两部政府规章的部分条款得到修改。

【《舟山群岛新区旅游产业发展规划》通过审查】 《舟山群岛新区旅游产业发展规划》经过多方征求意见，多次调整和修改，于2015年12月通过国家有关部门组织的专家审查。《舟山群岛新区旅游产业发展规划》进一步明确浙江省海洋经济和舟山群岛新区的发展方向和目标，全面体现“全域旅游”的理念和思路，研究舟山群岛新区旅游产业发展，在海洋旅游资源整合、海洋旅游产品开发、海洋旅游空间布局优化、海洋旅游市场拓展等方面实现新的突破。

海域使用管理

【概况】 2015年，全省新增确权登记用海面积3564.5公顷，核发海域使用权证书182本。全省注销海域使用权证书96本，面积2909.59公顷。全省变更登记海域使用权证书325本，面积4344.42公顷。全省办理海域使用权抵押登记证书105本，面积1343.72公顷，抵押金额54.65亿元。省政府批准同意海域使用权招拍挂出让方案26个，出让海域面积695.15公顷。全省征收海域使用金112005.6万元；减免海域使用金1985.73万元。

【海洋功能区划管理】 组织开展市县级海洋功能区划编制。根据国家关于省级海洋功能区划细化到市县，进一步明确功能区划分和管控的要求，组织开展沿海5市及其所属县海洋功能区划的编制及文本、登记表、图件审查，完成市县级海洋功能区划省级评审工作，已全部上报省政府审批。组织开展区域性海洋功能区划编制。开展跨行政区的杭州湾、三门湾、乐清湾区域性海洋功能区划编制工作。区域性功能区划通过专家评审，相关内容同时纳入市县级海洋功能区划，形成区域性管理要求。落实国家省级重大项目海洋功能区划修改工作。为确保舟山江海联运、舟山绿色石化、通用航空等国家和省级重大项目的实施，及时组织开展省级海洋功能区划局部调整工作，舟山、温州局部海域区划修改方案已经完成编制、评审、意见征求、公示、听证等规定程序，由省政府上报国务院审批。2015年累计开展45宗项目用海、52项出让使用权用海的区划符合性审查工作。

【围填海计划管理】 2015年新增填海项目用海109个，面积1724.18公顷，核发海域使用权证书110本。区域用海规划审批情况。2015年，经国家海洋局批准的区域建设用海规划2个，面积1231.9335公顷，分别为宁波北仑区梅山七姓涂区域建设用海规划，面积949.9335公顷；宁波市卫星城市（西店）区域建设用海规划，面积282公顷。

【海底工程管理】 2015年共批复7个项目12条海底电缆管道的路由，选划、协调18个项目28条海底电缆管道路由，批复6个项目9条海底电缆管道的维修及铺设施工；完成国家海洋局关于征求新跨太平洋（NCP）国际海底光缆工程上海南汇（S3）段项目浙江海域用海预审意见工作。做好纪念抗战胜利70周年和第二届世界互联网大会期间的海底光缆通信安全保障工作。

海岛管理

【启动省级海岛保护规划编制】 2015年上半年完成省级海岛保护规划招投标工作，同时开展省无居民海岛保护与利用规划终期评估工作，年底形成规划修编初稿。为进一步提升市县级海岛保护规划的编制质量，促进规划报批进度，组织主要技术人员对 5 个市、14 个县（市、区）的海岛保护规划文本、登记表、图件及研究报告进行全面审查，并提出审查意见。

【加快领海基点保护范围选划】 2015 年渔山列岛、两兄弟屿和稻挑山岛 3 个领海基点保护范围选划工作，经过内外业调查分析、综合分析和评价，完成选划报告与图件编制，并通过专家评审。

【完成海岛统计报表填报工作】 根据国家有关部门的部署，组织沿海市县海洋管理部门开展海岛统计工作。2015 年已完成沿海5 市 24 县（市、区）统计报表的汇总、审核和报送，及时、准确地掌握浙江省海岛生态保护、开发利用和海岛管理等方面的情况。

【参加全国美丽海岛网络评选】 2015 年上半年，组织沿海市县参加全国美丽海岛评选，共有 17 个海岛参加评选。浙江省 3 个海岛从全国 97 个海岛中脱颖而出，进入前 20 名，其中洞头岛获 36.5 万票，排名列全国第二、浙江第一，而南麂列岛、一江山岛则分别获第 8 名、第 10 名。

海洋环境保护

【概述】 2015 年，在全省近岸海域共布设各类监测站位 1941 个，共获取各类海洋环境监测数据逾 13 万个。据监测，全省近岸海域海水环境质量状况总体有所改善，夏季海水水质状况明显优于春、秋、冬三季，有 26%的海域水质符合第一、二类海水水质标准。海洋沉积物质量总体良好。海洋生物群落结构基本稳定。重点港湾、河口生态环境状况基本维持稳定，港湾水质状况有所改善，沉积物质量尚可。海水增养殖区、滨海旅游度假区、海洋保护区、海洋倾倒区和工程用海区等海洋功能区环境质量总体良好，基本满足海域功能使用要求。江河及主要入海排污口携带入海的污染物量有所减少。海洋垃圾总体处于较低水平。全省近岸海域水质富营养化状况依然明显，全年 66%以上的海域呈现富营养化状态。监测的入海排污口达标排放率仍然较低。全海域赤潮发生次数位居全国前列。杭州湾、乐清湾生态系统总体处于不健康和亚健康状态。

【近岸海域水环境状况】 2015 年，全省近岸海域水环境状况总体有所好转，海水中主要超标指标为无机氮和活性磷酸盐。夏季水质状况明显优于春、秋、冬三季。劣于第四类海水主要分布在沿岸区域。与 2014 年相比，春季水质状况基本持平；夏季符合第一、二类海水水质标准的海域面积增幅较大，增加 3115 平方千米，劣于第四类和符合第四类海水水质标准的海域面积基本持平，符合第三类海水水质标准的海域面积相应缩小；秋季各类水质分布状况略有浮动；冬季劣于第四类和符合第四类海水水质标准的海域面积缩减较大，减少 4406 平方千米，符合第二、三类海水水质标准的海域面积有不同程度的增加。多年监测结果显示，2015 年劣于第四类和符合第四类海水水质标准的海域面积比例与多年均值持平，较 2014 年下降 2 个百分点，符合第一、二类海水水质标准的海域面积较上年上升 7 个百分点，水质状况总体有所好转。

【海洋污染防治】 2015 年，各沿海市、县（市、区）认真实施《浙江省近岸海域污染防治规划》及杭州湾等 6 个重点区域的综合整治规划（方案），根据国务院《水污染防治行动计划》和省委、省政府“五水共治”部署，以河长制为抓手，实施全过程监管、全体系治理，不断改善入海河流水环境质量。与 2014 年相比，6 条主要入海江河携带入海的化学需氧量、氨氮、总磷、石油类和重金属总量均有不同程度的下降，其中总磷、氨氮下降幅度显著。严格贯彻执行《防治海洋工程建设项目污染损害海洋环境管理条例》，规范海洋工程建设项目环评报告核准管理，全年共核准 37 项项海洋工程建设项目环评报告书。严格海洋倾废审批，全年共办理海洋倾倒许可证 59 个，批准倾倒疏浚物 262 万立方米。完成疏浚倾废船只情况调查。推进省近岸海域浮标实时监测系统项目建设。完成舟山、宁波、台州、温州等5个生态浮标的投放与调试、试运行。在赤潮高发期开展全省浮标投放点赤潮预警报工作，制作21期《赤潮短期预警（试行)》，并通过发布平台在省局内网试行发布。

海洋生态文明建设

【海洋生态保护修复】 浙江渔场修复振兴工作取得阶段性成效。2015年全省取缔涉渔“三无”船舶5217艘，包括拆解3505艘，非拆解取缔1712艘，累计已取缔涉渔“三无”船舶14004艘。共完成5306艘“船证不符”渔船的初步整治，其中“套牌”渔船2120艘，“扩功”渔船3019艘，“扩尺度”渔船167艘。共清缴违禁渔具8.5万余顶/张（累计超16.6万顶/张)。组织开展入海污染源（排污口和入海江河等）核查，掌握856个入海污染源信息，在全国率先建立近岸海域环境季度监测通报和重点目标月度监测通报制度。推进近岸海域水产养殖污染整治，开展海洋生态修复，增殖放流各类水生生物苗种27.4亿尾（粒)。海洋生态系统建设。2015年，舟山市、象山县、苍南县、椒江区、玉环县等市、县（区）开展新建（升格）海洋保护区选划工作，其中象山花香岛国家级海洋公园已完成选划论证报告和总体规划，正式提出申报，舟山和苍南已完成选划论证报告的初稿。已建省级以上海洋保护区进一步推进规范化建设和管理，开展生境监测和日常管护工作，各保护区累计投入资金3600万元，保护区日常管护能力显著增强。

【海洋生态文明建设】 2015年，立足浙江省海洋资源环境条件、开发利用状况及未来发展需要，组织开展海洋生态红线制度试点研究，以重要海洋生态功能区、生态敏感区和生态脆弱区为保护重点，分区分类制定管控措施。贯彻落实国家局海洋生态文明建设实施方案，嵊泗县成功获批第二批国家级海洋生态文明建设示范区。试点探索。2015年，温州市洞头区作为全国首批海洋资源环境承载能力监测、评估和预警试点县，制定实施方案并积极开展监测、评估工作，为浙江省其他沿海县开展此项工作奠定基础。作为全国首批试点地区之一，宁波市在象山港实施陆源入海污染物总量控制试点，继续对各入海污染源进行监测和考核监督。

【海洋环保宣传】 2015年6月8日，世界海洋日暨全国海洋宣传日浙江主场活动在台州三门健跳渔港举行。海洋宣传日的主题是“依法建设生态文明海洋”，旨在向更多人传递“守法捕鱼、依法治渔”的观念和“关爱海洋、保护生态”的理念，为共同建设美丽海洋、创造美好生活贡献力量。海洋日活动，包括大型增殖放流，涵养海洋渔业资源，同时实施海陆空巡航执法，严打违法违规行为。

海洋环境预报和防灾减灾

【海洋环境预报】 2015年继续开展海洋常规预报服务，共发布浙江海域海浪预报730期，浙江渔场海浪预报730期，滨海旅游区海洋环境预报730期，港口海浪、潮汐、海温预报730期，海水浴场预报105期，浙江海域海温周预报52期，北太平洋鱿钓海域海洋环境预报199期。开展和发布宁波镇海炼化和温州洞头渔港两个重点保障目标附近海域潮汐、海浪预报730期。继续加强海洋灾害预警报工作，全年共发布风暴潮警报19期，海浪警报46期，渔船安全保障预警短信62期，积极参与各级应急会商52次。同时在台风影响过程中，在浙江卫视、浙江教育科技频道、浙江公共新闻频道完成14次直播连线采访工作。首次面对媒体尝试推出台风登陆24小时前后实况报，相关结果被多家央媒采用并滚动播报；同时利用公众微信号及时发布海浪、风暴潮预警信息6期。2015年1月，《浙江省城市近岸海域海洋预报试点工作方案》正式通过国家海洋局审定。2015年浙江省开始正式对外发布全省5个沿海市、28个沿海县的城市近岸海域海洋预报。

【重大海洋灾害】 2015 年浙江省共发生台风风暴潮灾害 3 次，发生灾害性海浪天数42 天，灾害性海浪引发事故 3 起，发现赤潮 12 次，其中有害赤潮 3 次，赤潮累计面积837.50 平方千米。海洋灾害造成直接经济损失 11.25 亿元，人员死亡（含失踪）22 人。直接经济损失最严重的是风暴潮灾害，为 11.20 亿元，占全部直接经济损失的 99.6%；人员死亡（含失踪）由海浪灾害和钱塘江涌潮造成，分别为 16 人和 6 人。1509 号“灿鸿”7 月 11 日 16 时 40 分在舟山朱家尖登陆。受“灿鸿”影响，浙江省沿海岸段出现 130~316 厘米的风暴增水，其中定海站、澉浦站最高潮位分别超当地警戒潮位 32 厘米和 31 厘米，达到风暴潮橙色预警级别；镇海站最高潮位超过当地警戒潮位 22 厘米，达到风暴潮黄色预警级别；海门、石浦、坎门站最高潮位分别低于当地警戒潮位 29 厘米、28 厘米和 9 厘米，达到风暴潮蓝色预警级别。

【海洋灾害防御行动】 推进温、台两地减灾试点建设。运用已有技术成果，创新海洋防灾减灾管理模式，选择在温州市域内受海洋灾害影响严重，海洋减灾基础较好的平阳县和苍南县，开展温州市海洋综合减灾示范区的试点工作；完成台州市的海洋减灾能力评估工作。推进海洋灾害应急指挥平台建设。浙江省海洋灾害应急指挥平台系统建设（一期）已全面铺开，平台以省应急管理地理信息系统为基础，有机融合现有海洋观测信息、预警信息、渔船动态和视频等辅助决策信息。一期工程 9 月底通过专家组验收，二期工程已进入政府采购进程。组织开展汛前检查与防台演练。组织全省海洋与渔业防台演习，抽查全省海洋与渔业防台信息 3 个数据库更新情况，检验各级海洋与渔业防灾减灾应急视指挥系统、应急响应流程、海上实时监控系统、海洋预警信息制作及三项数据库的真实完整性。

【标准渔港建设】 2015 年全省标准渔港建设进展顺利，截至 12 月底，全省全年有岱山县万良渔港、普陀区樟州渔港、普陀区蚂蚁渔港、象山县渔业避风锚地渔船执法所等 4 个建设项目开工建设，嵊泗中心渔港新港区工程，临海市红脚岩渔港扩建工程，苍南县巴艚中心渔港、大渔渔港、中墩渔港，洞头县鹿西渔港，象山县蟹钳港崇塆港避风锚地等 7 个项目完工，通过竣工验收 4 个项目（普陀区月岙渔港、桃花渔港、沈家门中心渔港二期工程、瑞安东山埠渔港），全年累计完成投资 3.5 亿元。完成年度计划的 140%。

【海塘建设和维护】 2015 年，全省共完成 18 千米海塘加固工程。加强标准海塘的维护，2015 年省级共下达约 3000 万元的海塘日常维护经费，地方积极落实配套资金，有效促进海塘工程日常维护工作，保障海塘工程总体安全。

海洋执法监察

【概括】 2015 年，浙江省共派出执法船艇 1385 航次、航程 58803 海里，派出车辆 1827 车次，行程 124128 千米，对渔业、交通、工矿、旅游、围填海等海域使用、海洋工程建设项目的环境保护、海洋倾废、海洋生态保护、无居民海岛等共组织各类检查 2510 次、参检人数 11229 人次，检查对象 5567 个，查处各类海洋违法案件 93 件，结案 90 件，收缴罚款 30285.5 万元。

【海域使用监督检查】 全省沿海各地严格落实海岸线分段定期巡查责任制度，重点加强对围填海、工业用海、交通运输用海等的日常执法监管，把以查处海域使用大案要案为主要任务的“海盾”专项执法行动与用海项目“回头看”自查自纠及疑点疑区排查、区域用海规划实施情况检查有机结合。2015 年对 5 个沿海市 37 个用海疑点疑区进行实地核查工作，共开展海域使用检查 1832 次，检查用海项目 1566 个，查处海域使用违法案件 53 起，收缴罚款 30398 万元；“海盾”案件 11 起（包括 2014 年遗留的案件），收缴罚款 30003 万元。

【海洋环境保护执法监察】 2015年全省共检查海洋环保项目622个，查处各类海洋环保违法案件43起，结案41起，收缴罚没款175.6万元，其中对个人处罚5000元以上、单位处罚5万元以上的“碧海”案件办结26起，收缴罚没款151.6万元。

【海岛保护执法监察】 2015年共开展各类海岛执法检查528次，检查海岛2984个次，其中无居民海岛2692个次，派出执法人员2145人次，派出执法船艇328次，航程2.6万海里，共查处“海岛”案件共计5起（其中2起为2014年立案，2015年结案），结案5起，罚款50.24万元。

【海底管线巡护工作】 2015年为加强“抗战胜利70周年纪念活动”“第二届世界互联网大会”期间浙江省管辖海域海底管线的保护和应急处置工作，分别于9月1~4日、12月12~20日，组织沿海各地开展海底通信光缆的巡护，并先后调集2艘海监艇、4艘渔政船重点加强对海底国际通信光缆的保护，保障在国家重大活动期间的通信畅通安全。

海洋科技

【海洋科教快速发展】 浙江大学海洋学院（舟山校区）、宁波诺丁汉国际海洋经济技术研究院、舟山海洋科学城、温州海洋科技创业园等科教平台正式启用。目前全省已拥有涉海类高校21所、涉海类省重点学科43个，涉海科研院所13家、国家级海洋研发中心（重点实验室）4家、海洋科技创新平台15家。加快提升海洋科技自主创新能力，膜法海水淡化技术和产业化、海产品育苗和养殖技术、海产品超低温加工技术、分段精度造船技术等全国领先。

【海洋经济创新发展区域示范全面实施】 浙江省2014年度海洋经济创新发展区域示范工作通过财政部、国家海洋局考核，获优秀等级。落实下达国家批准立项的《年产1000吨多藻型伞式温棚对虾健康养殖技术的集成与示范》等5个A类项目中央项目补助资金。

【国家海洋公益性科研专项顺利推进】 “岛群综合开发风险评估与景观生态保护技术及示范应用”“中国近岸重要生物毒素监测技术产品化及业务化应用示范”“外驱动转子式能量回收等海水淡化节能新装置研制”“浙江近岸海域海洋生态环境动态监测与服务平台技术研究及应用示范”等4个2013年立项的国家海洋公益性行业科研专项项目顺利通过国家海洋局组织的中期检查。2011年立项的公益项目“东海沿岸狭长型海湾综合整治集成技术及示范应用研究”完成自验收。启动2015年公益项目“岛群海域重要生物资源及环境智能监测及装备技术”。

【推进基层渔技推广补助项目实施】 2015年，组织40个渔业县实施基层渔技推广体系改革与建设补助项目。共确定南美白对虾、中华鳖、罗氏沼虾、乌鳢、梭子蟹、泥蚶、青蟹、青虾等主导品种158个（大部分相同），新型稻田综合种养模式与技术、虾鳖混养、底部增氧技术等主推模式与技术168项；40个县引进大学毕业生28名，培养在职农业推广硕士6人，培训渔技人员3090人次；建立示范基地111个，培育科技示范户3946户，示范面积46.5万亩，带动农户39876户，带动面积115万亩。同时，在原有“三位一体”推广体系的基础上，通过资源整合、加强服务条件及能力建设、组织和链接各类社会化服务资源等途径，建设一批乡镇基层农（渔）业公共服务中心。通过稳定乡镇渔技推广队伍，做好水产技术推广“最后一千米”。

海洋教育

【推动涉海类省重点建设高校发展】 遴选浙江工业大学、宁波大学、杭州电子科技大学等5所高校为第一批省重点建设高校。启动涉海类省一流学科建设。遴选产生“十三五”省一流学科（A类）98个，省一流学科（B类）202个。其中，涉海类省一流学科（A类）12个、涉海类省一流学科（B类）32个。加强涉海专业建设。浙江工业大学“海洋技术”、宁波大学“海洋资源与环境”“食品科学与工程”、浙江海洋学院的“海洋科学”等13个涉海类专业列入省新兴特色专业重点建设。

【推进涉海类创新人才培养】 2015年，全省涉海类专业研究生实际招生、在校生分别达到309人、871人，比上年增长6.6%、11.2%。全省涉海类专业本专科实际招生、在校生分别达到4600人、14009人，比上年增长25.3%、14.2%。浙江海洋学院和扬帆集团股份有限公司校企合作，面向船舶与海洋工程等8个专业建设国家级大学生校外实践教育基地。全省高校共有《海洋畸形波的可视化研究及其应用》《工程船舶新型四锚定位系统研究》等20余项涉海类项目获“国家级大学生创新创业训练计划”正式立项。

【大力推进协同创新】 完成第四批浙江省“2011协同创新中心”认定工作，宁波大学“海洋信息感知与通信协同创新中心”成功入选。该中心协同中国科学院上海技术物理研究所、中国科学院国家遥感应用工程技术研究中心和宁波中国科学院信息技术应用研究院等单位，充分发挥高校、科研院所在科研、人才、学科等方面的综合优势，通过有效推进高校、科研院所和企业在基础研究、涉海通信、传感等工程应用方面的深度融合，围绕国家和区域在海洋开发与保护的战略发展需求和重大科技任务，打造具有国内影响力的海洋信息感知与海洋通信的核心技术创新研发基地，实现若干基础和前沿领域的重大突破，取得一批国内领先，国际先进的标志性成果，给海洋的开发和保护提供相关的技术支撑，促进浙江省海洋经济发展。

【推动涉海类高校创新资源向涉海类企业集聚】 进一步发挥浙江高校产学研联盟中心作用。象山中心重点围绕象山现代农业、海水养殖、水产品加工、海洋生物工程等领域产业的发展需求，积极配合国家级“宁波象山国家农业科技园区”和国家级“海峡两岸渔业合作示范区”建设，加强科技攻关和成果转化，推动人才交流培养、入象就业创业等校地、校企产学研合作服务。2015年，先后助推重大项目立项2个，一般性项目立项11个，共计取得各类成果10余项，其中验收成果6项，促成进象地方服务团队3个、省市科技特派团队5个。宁波大学在“三疣梭子蟹人工育苗、养殖与加工技术”获得浙江省科学技术奖一等奖的基础上，与象山企业“宁波鑫亿鲜活水产有限公司”合作，取得国家海洋区域创新示范项目“梭子蟹框养产业化”立项，该项目总投入3500万元，其中财政资助600万元。

【注重海洋教育工作】 主办第二届浙江省大学生海洋知识竞赛，依托电视、报刊、新媒体互动传播，在全省高校青年中掀起关注海洋、学习海洋、认识海洋的热潮。加强中小学海洋教育，将海洋教育纳入课程，在高中地理，省中小学德育教材等中设置海洋相关内容。鼓励各市结合当地特色，将海洋教育纳入当地地方课程中。舟山、温州、宁波、台州等沿海地区将海洋教育与地方课程紧密结合，将海洋教育内容有机渗透于相关学科，有效提升学生海洋意识。定海区城西小学2015年12月下旬建成“海洋科普馆”并投入使用，该馆以海洋科学知识的普及为主，辅以自然灾害地震、龙卷风形成知识介绍，为学生提供海洋科学知识探索和实践的场所。

【涉海类中职教育】 重点扶持涉海类学校及专业建设。完成舟山航海学校、普陀职教中心省级改革发展示范校建设任务和验收工作。岱山县职业技术学校船舶制造与修理获评省级特色（新兴）专业。加大涉海类实训基地建设力度，指导普陀职教中心成功创建海洋旅游省级实训基地。结合海洋类企业发展的需要，切实推进现代学徒制试点。加快海洋类专业人才培养。全省共有涉海类中职专业22个，年招生和在校生数分别为2271人和7153人。

海洋文化

【综述】 浙江省海洋文化资源丰富，积淀深厚，是中国海洋文化的重要组成部分。2015年，浙江在加快发展海洋经济的同时，高度重视海洋文化的建设，取得显著成效。

【宁波荣膺“东亚文化之都”】 9月29日，在文化部举行的“东亚文化之都”评选活动终审工作会议上，宁波成功当选为2016年“东亚文化之都”。11月1日，中共中央政治局常委、国务院总理李克强在第五届中日韩工商峰会上的致辞里特别祝贺宁波当选。12月20日，文化部雒树刚部长在青岛为宁波“东亚文化之都”授牌。

【正式启动“海上丝绸之路”申遗工作】 3月4日，“海上丝绸之路”（舟山段）保护与申报世界文化遗产工作领导小组第一次会议召开，正式启动“海上丝绸之路”申遗工作。10月17日，由国家文物局水下文化遗产保护中心、国家水下文化遗产保护宁波基地、宁波市文物考古研究所共同主办的“国家水下文化遗产保护‘十三五’规划暨‘海上丝绸之路’申遗前期研究研讨会”在宁波基地召开。

【积极开展水下文物调查】 “国家文物局水下文化遗产保护中心舟山工作站”正式授牌；围绕普陀区东极镇海域“里斯本丸”号沉船及周边海域开展两阶段的水下考古调查；中国第一艘水下考古专用船“中国考古01”首次来到东海海域开展作业。完成“宁波地区古代城址考古工作计划（2013—2016）”之鄞江古城野外考古工作。自行组织并实施完成宁波首个配合基本建设水下考古项目—三门湾大桥（宁波段）水下考古调查。

【打造海洋文化特色小镇】 宁波梅山保税港区“海洋金融小镇”总规划面积约3.5平方千米，将围绕构建多层次的海洋金融支持体系，重点发展航运基金、航运保险、船舶租赁以及航运价格衍生品等航运金融业务，发起设立海洋主题产业基金、海洋专业银行，集聚引进私募股权、债权、创投、对冲与并购重组等新兴特色金融业态，探索建立海洋产权综合交易平台，推动银行、保险、信托、期货、证券等机构涉海金融业务创新，适度发展与海洋金融相关的蓝海休闲、创意研发等配套产业。象山县石浦镇是全国历史文化名镇，也是唯一以海洋渔文化为特色的国家级生态保护实验区核心区，被誉为“活”着的渔文化博物馆。该镇一是完善渔区规划蓝图，守住“乡愁”文化红线；二是挖掘渔区节庆文化，绽放“乡愁”文化魅力；三是打造渔区文创基地，壮大“乡愁”文化产业。四是发展渔区文化旅游，保留“乡愁”渔乡味道。

【加强海洋文化交流】 2015年初，舞剧《十里红妆·女儿梦》被中宣部、文化部选派到新西兰和澳大利亚进行海外商业巡演，6场演出票房总收入220万元，直接观众1.2万余人。7月初，《十里红妆·女儿梦》圆满完成2015俄罗斯国际创新工业展“中国之夜”招待演出和开幕式主宾国表演的任务，中共中央政治局委员、国务院副总理汪洋盛赞该演出“为重大国事活动增光添彩”。6月22日至26日，“美丽浙江—浙江农风渔俗画展”在捷克皮尔森州州府皮尔森市西波希米亚大学艺术设计学院举办，共展出浙江具有代表性的农民、渔民画作共60幅。10月11日，马尔代夫旅游部一行3人到舟山普陀区开展文化交流。使团一行参观渔民画展厅和沈院，详细了解普陀渔民画的发展起源以及创作特色，并现场观看渔民画绘制过程。使团对渔民画表示了浓厚的兴趣，希望今后普陀渔民画能够到马尔代夫交流，推进两地文化交流合作。

（浙江省海洋与渔业局）

宁波市

综 述

2015 年，宁波市围绕浙江海洋经济发展示范区建设，坚持以涉海项目投资为动力，产业提升为路径，海洋环境优化为支撑，积极构建现代海洋产业体系，推动海洋经济结构转型升级，主动参与多项国家战略，参谋实施多项市级重点工作，海洋经济各项工作推进顺利，成效显著。

海洋经济与海洋资源开发

【海洋渔业】 2015 年，全市渔业主管部门谋发展、促转型、抓整治、求创新、强服务，现代渔业建设取得全新突破。全市水产品总产量 103.34 万吨，渔业产值 125.31 亿元，分别比上年增长 2.26%和 0.79%；渔民人均纯收入 2.53 万元，比上年增长 3.41%。

完成宁波市经济社会转型发展三年行动年度任务。2015 年计划投资 18581 万元，实际完成投资 19981.2 万元，完成年度投资计划的 107.5%。三个项目总体实施情况良好，池塘标准化改造项目完成改造面积 1660 公顷(2.49 万亩)、投资 8185.7 万元，完成年度计划投资的 117%；海洋防灾减灾体系项目完成投资 4952 万元，完成年度计划的 86.9%；海洋牧场项目完成投资 6843.5 万元，完成年度计划的 118%。

推动渔业园区建设 坚持渔业产业化、精品化、科技化发展思路，加快现代渔业园区和水产种子种苗工程建设。2015 年全市创建省级现代渔业园区示范区 1 家、省级现代渔业园区精品园 2 家、省级休闲渔业精品基地 2 家，完成 1 家国家级原种场和 2 家省级良种场建设，三门湾现代园区建设快速推进。

加快远洋渔业发展 将加快发展远洋渔业作为主动融入“一带一路”战略的重要举措，市政府常务会议通过《宁波市人民政府关于发展远洋渔业的实施意见》。全市拥有远洋渔业企业 8 家，海外渔业基地 2 个，全年投入生产的远洋渔船 30 艘，在建远洋渔船 9 艘，完成产量 5.24 万吨、产值 3.8 亿元，分别比上年增长 37.9%和 29.3%。

积极培育休闲渔业 出台《关于开展象山港休闲渔船试点工作的意见》，按照总量控制的原则，以国有公司为主体在象山港区域发展休闲渔业，进一步促进渔业结构调整，缓解失渔渔民转产转业压力。象山、宁海、奉化等地建造的 84 艘休闲渔船陆续投入运营，全市休闲渔业企业年接待游客 320 万人次，年产值 3.1 亿元，成为我市渔业经济快速发展的亮点。

完善规划制度 做好“十三五”海洋与渔业发展规划编制工作，完成“现代渔业发展”、“海洋事业发展”两个主规划及休闲渔业、远洋渔业、海洋生态环境保护等子规划的初步编制。积极参与多规融合，完成宁波市海洋功能区划编制和专家评审，参与象山港和三门湾空间规划、宁波市新一轮围垦造地方案、土地利用总体规划调整等相关工作。与市财政局、人民银行联合制订《宁波市围填海海域使用权出让收入管理暂行办法》，解决海域招拍挂出让收入缴纳问题；制定《宁波市水产养殖池塘标准化示范建设项目专项资金管理办法》，合理安排资金，明确支持方向，提高专项资金使用效益；修改《行政处罚自由裁量权基准》，推进行政处罚规范化。

坚持严格执法，维护生产安全 2015 年全市共发生渔业船舶水上安全事故 20 起，死亡 14 人，沉船 7 艘，直接经济损失 250 万元，没有发生较大以上水上生产安全事故，事故起数与去年同期相比增加 11%，死亡人数与去年同期相比减少 6.7%，直接经济损失与去年同期相比基本持平，全市渔业生产安全形势保持稳定。结合“一打三整治”行动，开展打非治违和隐患排查专项行动，海上出动执法人员 10008 人次，执法检查行动 1293 次，执法船艇巡航 959 航次，航程 37125 海里，检查渔船 3973 艘，查获违规案件 761 件，依法刑拘 6 人。探索执法监管综合改革，应用无人机、空气动力滑行艇等新型执法装备配备提升执法效能。推行渔船公司化管理，目前全市已成立 13 家渔船公司，试点奉化渔船社会化检验，相关做法获浙江省政府领导肯定，印发全省沿海各县市交流。

坚持民生为本，强化基础保障 组织实施水产品质量安全百日会战行动和“餐桌治理行动三年计划”，开展产地初级水产品质量安全抽检 1554 批次，合格率 99.5%；查处一起引入性水产苗种药残超标案件；新增无公害产地 14 家、产品 18 个，复核换证无公害产地 44 家、产品 32 个；开展规模化生产经营主体追溯试点 21 家，新增产地准出养殖企业 20 家。推进渔业互助保险，加强风险保障，全年承保渔民 2.38 万人（次），承保渔船 5208 艘，承保养殖面积 2760 公顷（4.14 万亩），赔付总额 6449.84 万元。做好 2014 年度渔业油价补助发放工作，落实国家油补政策改革，推进渔民养老保险，目前已有 10900 余人办理相关手续，保障渔区社会的和谐稳定发展。

海洋与渔业科技创新基地通过竣工验收 总投资近 3000 万元，始建于 2008 年的海洋与渔业科技创新基地工程于 3 月份通过竣工验收，渔业设施全面投入使用，顺利繁育出大黄鱼、黑鲷、黄菇鱼、马鲛鱼等鱼苗 1400 万尾。进入基地实验的有宁波大学、浙江万里学院、浙江海洋学院、市食品药品监督局等市内外高校和科研机构。开展马鲛鱼全人工育苗研究、不同生物絮团对虾养殖研究、岱衢族大黄鱼生物学研究、增殖放流鱼类模拟野生研究、鱼虾药物残留研究、青蟹膏蟹养殖试验、大黄鱼病害研究、贝类家系选育研究等课题。循环水养殖设备调试成功，8 月份投放的黑鲷生长正常，设备运作正常。

海洋牧场核心示范区项目通过验收 总投资 2910 万元，始建于 2010 年，地处象山港白石山海区的宁波市海洋牧场核心示范区 1–4 期项目通过验收。经过五年努力完成 25 公顷人工鱼礁、20 公顷海藻场和 1 公顷的网箱建设，打造 60×20 米的海洋科研平台，开展不同藻类和品种的养殖和放流鱼种音箱驯化等研究，为改善象山港渔业环境，恢复本地鱼类种群，提高沿海渔民经济收入起到示范带头作用。

示范推广和科技下乡成效明显 积极推进池塘生态养殖和多品种混养、套养，开展南美白对虾池塘套养甲鱼、鮰鱼、大黄鱼、沙塘鳢等鱼类生态养殖技术指导，全市生态综合养殖面积超过 1.3333 万公顷（20 万亩）；2 年前引进的新品种—美国鲥鱼今年在宁海、象山、奉化、慈溪等县市区多家养殖企业开展规模化养殖，发展势头良好。“灿鸿”台风过后，组织技术救助、应急物资、环境检测和水生动物防疫 4 个救助组分赶全市各地养殖场，现场指导养殖户改善池塘水质，帮助养殖户抢险救灾。

水生动物防疫体系建设稳步推进 积极筹建全市水生动物防疫检疫体系，全市 6 个涉渔县市区全部获得“县级水生动物防疫检疫站”机构批复。开展渔业兽医和职业兽医的调查与统计工作，编写两个水生动物病害诊断的国家标准编，王建平同志被农业部聘为国家水产养殖病害防治委员会专家组成员。

【海洋交通运输业】 宁波舟山港集团揭牌成立 2015 年 9 月 29 日下午，宁波舟山港集团有限公司在宁波揭牌，这标志着宁波舟山港实现以资产为纽带的实质性一体化。宁波舟山港集团是由宁波港集团和舟山港集团通过股权等值划转整合组建而成。舟山市国资委将舟山港集团（含舟山港股份）100%股权无偿转给宁波港集团，同时宁波市国资委将宁波港集团等值股权无偿划转给舟山市国资委，宁波港集团更名为宁波舟山港集团。

2015 年宁波舟山港货物吞吐量 8.9 亿吨，居全球港口首位，其中宁波港货物吞吐量 5.1 亿吨。宁波港大宗散货三大主要货种呈现“两降一升”态势，全年完成铁矿石吞吐量 9489.7 万吨，比上年下降 6.6%，煤炭吞吐量 6102.0 万吨，下降 17.7%，原油吞吐量 6498.6 万吨，增长 5.6%。全年宁波舟山港集装箱吞吐量 2063 万标箱，跃居全球第四，其中宁波港集装箱吞吐量 1982.4 万标箱，增长 6.0%。宁波港全年新开及恢复航线 28 条，现共拥有航线 236 条，其中远洋干线 118 条，近洋支线 66 条，内支线 20 条，内贸线 32 条。海铁联运业务发展快速,全年共完成海铁联运 17.1 万标箱，增长 26.2%。

宁波舟山港集团成立后，将通过资产、人员、品牌、管理等各大要素的深度整合，加快推进港口综合规划、基础设施建设、重点港区开发、海事航运服务、口岸监管等五个一体化。

海域使用管理

【围填海管理】 强化要素保障，服务重点区域重大项目建设，向国家海洋局争取建设围填海计划指标 1000 公顷，农业围填海计划指标 600 公顷，有力支持杭州湾新区、梅山产业集聚区、余姚中意生态园、象保合作区等沿海重点区块的开发建设。推进区域用海审批，在国家严控背景下，宁海西店和梅山七姓涂区域建设用海规划获批。开展存量围填海调查，摸清历史围填海海域底数，基本明晰海域与土地管理界限。完成我市海域使用现状核查和海域使用权证书换发，该工作走在全国前列。

海岛管理

建立宁波市海岛基础数据库，制作宁波市海岛图集，县级海域动管能力建设项目完成方案细化和项目监理招标。推进海洋技术成果产业化进程，实施 11 个海洋经济创新发展区域示范滚动支持项目，总投资 73894 万元，争取中央补助资金 7600 万元。创新金融服务方式支持海洋产业发展，与国家开发银行宁波分行联合筹建“宁波市金融支持海洋经济发展试点工作项目库”。

海洋生态文明建设

进一步完善宁波市海洋环境监测在线系统,完成杭州湾、三门湾、北仑港 3 个海上自动监测浮标的投放及数字化监控平台建设。加大对近岸海域海洋环境的监测密度和监测频率，水质监测站位达到 229 个，近海趋势性监测频率增加到一年 4 次，首次对甬江口污染物入海通量、9 个陆源入海排污口、象山港重点港湾开展月度监测。加强对海洋生态环境监测情况通报，近岸海域海水水质监测状况、象山港陆源入海污染物监测状况从一年公布一次变为季度通报。加快海洋环境整治修复，实施《象山港海洋生态修复示范区建设项目》《甬江口附近海域环境整治项目》等 10 个项目，争取中央财政资金 1 亿元。建设象山港美丽生态港湾，象山港区域污染整治、总量控制、海洋生态红线制度三项工作得到有效推进。

海洋监察执法

【推进渔场修复振兴暨“一打三整治”行动】 宁波市在全省率先全面完成涉渔“三无”船舶取缔任务，累计取缔涉渔“三无”船舶 3552 艘，相关经验做法在全省沿海县市交流。“船证不符”渔船和禁用渔具清理整治工作成效明显，完成“船证不符”渔船整治 2603 艘，占“船证不符”船数的 95.6%，累计查缴、取缔和接受渔民上缴的禁用网具近 19 万顶（张）。开展大规模渔业资源增殖放流行动，完成水生生物增殖放流 6.783 亿尾，投放“三无”船改造人工渔礁 85 艘，在渔山海域建成宁波市最大的人工渔礁海洋牧场，渔山列岛海域被评为首批国家级海洋牧场示范区。建立象山港联合执法模式，探索“一打三整治”长效监管机制，有效遏制各类违法违规现象返潮。

【开展“五水共治”和渔业转型促治水各项工作】 实施水产健康养殖示范、生态健康养殖模式推广、养殖水域环境监测等工程。完成稻鱼设施改造与池塘尾水处理沟渠等基础设施建设164.5公顷（2468亩）、稻鱼轮作（共生）面积推广353公顷（5298亩）、生态养殖模式技术推广近3000公顷（44960亩），在象山港、三门湾、杭州湾渔业增养殖区以及象山毛湾和宁海蛇蟠涂两个渔业园区设立41个监测站位，收集有效数据近3000项，开展渔业污染事故咨询和调查8次。

（宁波市海洋与渔业局）

福建省

综 述

2015年，福建省全面贯彻党的十八大和十八届三中、四中、五中全会精神，深入贯彻习近平总书记系列重要讲话精神，围绕中央支持福建加快发展的重大政策措施和省委九届十四次、十五次全会精神，着力做大亮点、打响品牌、建好平台、保护生态、优化服务、注重创新、保障民生、转变作风，扎实推进海洋与渔业各项工作。

海洋经济与海洋资源开发

【概述】 2015年，福建省坚持把发展海洋经济作为海洋强省建设的重要基础，坚持抓经济与抓管理并举，海洋经济成为推动福建经济社会发展的重要引擎。“十二五”期间全省海洋生产总值年均增长达13.3%，海洋产业结构持续优化，海洋渔业、海洋交通运输业、滨海旅游业、海洋建筑业、海洋船舶修造业五大传统产业进一步壮大，占全省海洋经济主要产业总量的70%以上。

【渔业产业】 2015年，福建省渔业产业结构不断优化，质量效益不断提高，全年渔业经济总产值2463.9亿元，总产量733.9万吨，均居全国第三位。福建省作为唯一省级政府代表在全国远洋渔业发展30年专题座谈会上作典型发言。2015年全省新增外派远洋渔船37艘，近50艘远洋渔船正在建造；全年远洋渔业产量31.8万吨，同比增长近20%，实现产值31.5亿元。水产加工业提质增效，全省水产品加工量322.67万吨，同比增长6.39%；水产品出口创汇55.49亿美元，连续三年居全国首位。

【海洋交通运输业】 2015年，全省港航固定资产投资同比小幅增长，沿海港口货物吞吐量和集装箱吞吐量增速均高于全国沿海平均水平，水路客运量较快增长，货运量平稳增长。其中，全省港航固定资产投资完成104.27亿元，同比增长0.75%，占年度计划的100.5%。至2015年底，全省沿海港口生产性泊位数达480个，其中万吨级泊位162个，10万吨级以上（含10万吨）泊位27个，货物吞吐能力4.47亿吨（实际能力近7亿吨），其中集装箱吞吐能力1426万标准箱（实际能力1800万标准箱），全省沿海港口具备停靠30万吨级散货船、30万吨级油轮、20万吨级集装箱船、15万吨级邮轮及2万吨级滚装船的能力。2015年，全省港口完成货物吞吐量50651.82万吨，同比增长2.2%，其中沿海港口货物吞吐量完成50282.09万吨，同比增长2.3%。2015年全省共完成营业性水路客运量1995.86万人，旅客周转量28444.17万人千米，同比分别增长11.2%、下降1.0%，平均运距14.25千米。完成水路货运量29370.64万吨，货物周转量43080332.23万吨千米，同比分别增长13.9%、17.8%，平均运距1466.78千米。

【滨海旅游业】 2015年，福建省全面打响“清新福建”旅游品牌，着力推动产业转型升级，取得良好成效。全省累计接待游客2.67亿人次，比增14.0%；实现旅游总收入3141.51亿元，比增16.0%，各项主要经济指标均高于全国平均水平，超额完成“十二五”规划既定目标。大力培育“海峡号”“丽娜号”“中远之星”航线，推动黄岐到马祖通航，拓宽闽台海上直航旅游线路。着力发展环海峡邮轮旅游，厦门邮轮母港全年进出港旅客超过17万人次。2015年，经福建口岸赴金马澎和台湾本岛旅游人数突破52万人次，比增61.8%；全省累计接待台湾同胞238.15万人次，比增

5.7%。

海洋立法

【海洋立法】 开展《福建省海洋生态补偿管理办法》立法调研、论证和修改工作。起草《福建省实施〈中华人民共和国渔业法〉办法(修订案草案)》和《福建省渔港和渔业船舶管理条例(修订案草案)》,提请省政府审议。

【"十二五"海洋规划实施情况】 "十二五"期间,福建海洋经济发展稳中求进,主要目标任务顺利完成,成为推动全省经济科学发展跨越发展的重要支撑。

海洋经济综合实力持续提升 2015年福建省海洋生产总值近6880亿元。"十二五"期间,全省海洋生产总值年均增长13.3%,高于全省GDP平均增速。2015年,全省海水产品总产量达636.31万吨,居全国第二位;远洋渔业综合实力居全国首位。全省沿海港口货物吞吐量5.03亿吨,集装箱吞吐量1363.69万标准箱;完成水路货运量29370.64万吨,货物周转量4308.03亿吨千米,较"十一五"末分别年均增长11.8%和14.2%。海洋旅游业实现旅游总收入3141.51亿元,较"十一五"末年均增长22.6%,高于全国平均水平。海洋生物医药、邮轮游艇、海洋工程装备等新兴产业蓬勃发展。环三都澳、闽江口、湄洲湾、泉州湾、厦门湾、东山湾六大海洋经济密集区初步形成,海洋经济已成为全省国民经济的重要支柱。

海洋创新引领作用明显增强 福建省拥有国家海洋局海岛研究中心、厦门南方海洋研究中心、海洋事务东南研究基地、虚拟海洋研究院,以及国家海洋局第三海洋研究所、厦门大学、集美大学、华侨大学等涉海科研院校组成的一批海洋科技创新平台。国家海洋经济创新发展区域示范项目、海洋公益性行业科研专项项目进展顺利,一批海洋产业重大关键共性技术攻关取得突破,"十二五"期间,共有40余项成果获省级科技进步奖和国家行业科技奖。海洋科技成果转化进一步提速,依托中国·海峡项目成果交易会等平台,成功对接海洋高新产业项目510余个,涌现一批海洋科技创新型企业,2015年海洋科技进步贡献率达59.5%。涉海金融创新能力持续增强,"海上银行"和海洋产业金融部、港口物流金融事业部、海洋支行等涉海金融服务专营机构相继设立,现代海洋产业中小企业助保金贷款和海域使用权、在建船舶、渔船抵押贷款等业务成效明显,现代蓝色产业创投基金挂牌成立。

海洋生态环境保护取得新进展 在全国率先建立海洋环保目标责任制,对沿海六个设区市和平潭综合实验区实行海洋环保目标责任考核。加强海域海岛海岸带整治修复,顺利实施一批"碧海银滩"重点工程。持续开展"百姓富、生态美"海洋生态渔业资源保护行动,海陆一体化海洋生态环境保护合作机制、海洋环境污染监测网络和海洋环境污染防治预警机制建立健全。全省12个海洋工程建设项目的海洋生态损害补偿试点和泉州湾、罗源湾、九龙江口海湾污染物总量控制试点示范工程成效明显。2015年全省近岸海域水质达到或优于二类的面积达66.1%,位居全国前列。

海洋基础设施和公共服务能力持续提升 全省沿海港口五年新增万吨级及以上深水泊位40个,新增港口货物吞吐能力1.3亿吨,其中集装箱144万标准箱。开展省海洋防灾减灾"百个渔港建设、千里岸线减灾、万艘渔船应急"的"百千万"工程建设,"十二五"期间全省共立项建设56个渔港项目,其中中心渔港3个、一级渔港5个、二级渔港及避风锚地33个,三级渔港15个。海洋北斗应用工程顺利实施,完成7310艘60马力以上海洋渔船北斗海事一体化船载终端设备安装。海洋立体监测网建设进一步完善,在位运行的海洋观测设施设备具备沿海核电、重点工程和重要航线目标的保障能力,海洋预警预报能力显著提高,完成33个沿海岸段警戒潮位核定工作和454条、总长1439.25千米沿海千亩以上海堤高程实测。

海洋综合管理体制改革取得新突破　率先在全国出台《关于进一步提高海域使用审批效率的若干意见》，海域使用权市场化配置改革全面推进，率先建立莆田市、晋江市海域收储中心，完成全国首例无居民海岛抵押登记，无居民海岛保护和利用及海域资源市场化配置工作保持全国前列。海洋经济运行监测与评估系统建设稳步推进，海域使用动态监视监测管理系统建设完成，海域使用管理审批系统和水产品质量安全追溯管理平台有效运行，"数字海洋"信息基础框架构建加快推进。海洋执法能力显著提升，用海管理与用地管理衔接试点进展顺利。制定《福建省海岸带保护与利用管理条例》，推动海岸带综合管理体制建设，自然岸线保有率居全国前列。

海洋开放合作深入拓展　闽台海洋合作深入推进，建立海峡两岸（福建东山）水产品加工集散基地、霞浦台湾水产品集散中心、连江海峡水产品加工基地、漳州台湾农民创业园渔业产业区等闽台现代渔业合作示范区。两岸海洋生态环境保护交流合作机制探索建立，协同开展放流增殖活动；率先开通平潭对台海上直航高速客滚航线。与海丝沿线国家合作加强，主动融入中国—东盟国家合作框架，在全国率先建立中国—东盟海产品交易平台，率先谋划与东盟国家合作项目，中国—东盟海上合作基金福建项目获批，中国—东盟海洋中心落户厦门，海上丝绸之路国际文化交流中心、21 世纪海上丝绸之路城市联盟等项目加快推进。

海域使用管理

【海域资源市场化配置】　海域招拍挂工作顺利推进，2015 年通过招拍挂出让填海造地海域使用权 6 宗，出让面积约 134.2 公顷。宁德市出台关于推进海域资源市场化配置的实施意见，莆田市实现全省首例收储海域填海项目海域与土地共同出让，福州、宁德的一批项目已完成招拍挂前期工作，5 个用海项目出让方案通过审核。海域收储工作有序开展，2015 年全省共收储海域 1285 公顷；莆田市出台《海域海岛储备管理办法（试行）》，福州江阴、莆田涵江、漳州古雷、平潭安海澳等区域内的一批用海项目已编制海域收储计划。

【海域采砂用海管理】　制定下发《关于加强海域采砂用海管理的意见》，在全面推行以市场化方式出让海域采砂用海的基础上，从严格海砂开采用海审查、严格海域使用金征收管理、严格海砂开采海域使用权招拍挂程序、严格海域采砂用海事中事后监管、严格海域采砂用海执法检查等 5 个方面进一步加强海域采砂用海管理，并在福建日报海洋专栏进行宣传。

【海域使用监管】　加强县级海域动态监管能力建设,完成全省县级海域动态监管能力建设项目的方案并获批复。开展地面监视监测工作，利用现场监测手段对莆田市涵江临港产业园区区域用海规划和秀屿区莆头作业区区域建设用海规划开展监视监测；完成 2 宗疑点疑区用海项目、涉嫌海域权属纠纷等用海项目复测工作。加强海底油气管道安全监管工作，下发《关于加强海底油气管道监管工作的通知》，要求各地健全工作机构，加强组织领导，切实将海底油气管道海域使用纳入监管范围。加大对海底油气管道保护区的巡视巡查力度，依法查处破坏海底油气管道的海上作业或违法用海行为，遏制事故发生，保障管道安全。

海岛管理

【海岛保护与开发利用】　完成牛山岛、大柑山领海基点海岛保护范围选划工作，并向社会公布领海基点保护范围。开展市级海岛保护规划、区域用岛规划、单岛规划编制工作，编制完成《福州市海岛保护和利用规划》，以及龙海大小破灶屿、浯安岛、大涂洲岛、福清黄官岛等一批主导功能为旅游娱乐用岛单岛规划。推进福建·大屿海岛生态示范岛建设，完成用岛申请、单岛规划批复、水深地形测绘、无人机航拍和海底电缆接入用电申请等各项前期工作，海岛开发利用具体方案和海岛使用论证报告通过专家评审。加强海岛宣传，对遴选的首批20个主导功能为旅游娱乐的无居民海岛，向社会隆重推介，进行旅游招商引资开发建设，采取市场配置方式向社会公开出让无居民海岛，有序开发海岛旅游资源，促进滨海旅游产业发展。

【海岛整治修复】 惠屿岛、平潭岛（两期）、湄洲岛（两期）、东山岛（两期）、城洲岛、连江洋屿、平潭大屿、东洛岛等13个海岛的整治修复及保护工作顺利推进，惠屿岛整治修复及保护项目竣工并顺利通过验收。强化整治工程与景观建设的衔接、生态保护与民生工程的衔接，积极引导低碳环保的新能源、新材料、新技术在海岛上开发利用，充分发挥资金效益，探索海岛生态型发展模式。

【海岛监视监测】 制订下发2015年度海岛监视监测工作方案，将领海基点海岛、已批准开发利用的无居民海岛、开展整治修复的海岛、建制乡镇以上的有居民海岛作为监视监测重点。开展全省13个重点海湾内海岛周边海域生态环境监测；配合国家海洋环境监测中心对宁德小岁屿、莆田石岛用岛情况、地形、植被、岸线、沉积物等开展现场验证；依托中国海监福建省各级机构，对105个有居民海岛和1096个无居民海岛进行巡航和登岛检查，积累航拍和摄像资料。

海洋环境保护

【海洋环保制度建设】 制订《水污染防治行动计划工作方案》实施意见和《福建省海洋生态文明建设行动计划》《福建省滨海沙滩资源保护规划》。探索建立海洋生态补偿机制，选择东山湾作为海洋资源环境承载能力监测评价与预警示范区。划定海洋生态红线，完成全省海域生态红线划定和落图工作，形成福建省海洋生态红线区文本、图件和登记表等技术成果。泉州市政府印发《海漂垃圾治理三年行动方案》，率先在全省开展全岸线海漂垃圾治理。

【海洋环境整治】 开展田厝一级渔港整治、金井镇围头村近岸海域海漂垃圾整治和溪南镇海域岸线整治修复等工作，通过广泛宣传，组织专职整治队伍、配齐各项专用设施等手段，动员当地村民采取不同的保洁方式参与治理，海漂垃圾治理工作已初见成效。开展马銮湾、大嶝等片区清淤综合整治，全年完成清淤量1200万立方米，累计完成清淤量1.67万立方米。2015年全省近岸海域二类水质标准的海域面积比例达到66%以上。

海洋生态文明

编制完成《福建省滨海沙滩资源保护规划》，对滨海沙滩进行评价与规划，提出滨海沙滩保护控制线与保护分区方案。开展互花米草治理，在福州罗源北山村3.5千米岸线继续开展红树林种植、退草还林工作，累计清除米草66.6公顷（1000多亩），种植红树林20公顷（300多亩）。积极引进保尔森基金会在福建省宁德市开展米草整治工作试点。加强闽台两岸合作，与台湾海洋及水下技术协会，金门县代表等共同商讨海峡两岸海漂垃圾治理工作，成立“海峡两岸6城市海漂垃圾治理联席会议”，共同治理海峡两岸海漂垃圾。开展“百姓富、生态美”海洋生态·渔业资源保护十大行动。承办全国“放鱼日”主会场暨台湾海峡增殖放流活动，与福建省海峡环保基金会签订福建海洋生态渔业资源保护战略合作框架协议，全年投放水生生物苗种35.2亿尾（粒）。该行动被评为“2015年绿色中国之生态成就奖”。

海洋观测预报与防灾减灾

【海洋环境监测】 **开展常规监测** 布设监测站位1079个，及时掌握全省海洋环境质量状况及变化趋势。监测结果分析，全省近岸海域水质有所好转，特别是13个主要海湾，尤其是兴化湾、湄洲湾、泉州湾、深沪湾、东山湾和诏安湾水质较 2014 年有明显改善，劣四类水质所占比例下降 70 个百分点。

开展赤潮监测　对赤潮高发海域、养殖集中区开展密切监视监测，监测站点 30 个，全年共开展赤潮监测 170 余次，及时编报《福建省赤潮监测预警信息》《福建省赤潮灾害信息报告》45 期。组织专业技术队伍赴连江黄岐、福清高山等鲍鱼养殖集中区举办赤潮防范培训班 2 期，培训渔民养殖户 100 余人。

海洋与渔业环境污染事故　有效应对古雷石化基地突发事故、莆田东峤镇赤岐海域油污染事件、莆田太湖垦区污染事件等 3 起应急监测任务，出具监测数据 907 个，编报各类报告 12 份。

【海洋观测预报】　海洋观测　积极开展海上浮标运行维护管理工作，完成 1 号、4 号和 5 号大浮标回收、大修保养及布放任务，完成北礵、斗尾港、俞山、古雷 4 套小浮标的回收、大修保养和重新布放以及牛山岛小浮标布放任务。积极开展东山、龙海高频地波雷达站巡检维护和配套设施更新维护；完成 14 个沿海潮位站巡检和清井工作；新建布放海峡 1 号（台湾海峡北口）和海峡 2 号（台湾海峡南口）大浮标，连江同心湾 1 号、同心湾 2 号渔排在线监测系统以及 2 套海监执法船基系统，1 套车载地波雷达系统。

海洋预警报服务　常规海洋预报方面，全年发布台湾海峡渔业海况气象预报 1460 期、福建沿海海浪预报 365 期、福建省五个主要海水浴场预报 184 期，冷空气海浪警报和短信各 40 期、福建沿海赤潮发生条件预测 83 期、实时转发国家海洋环境预报中心发布的海啸信息 80 期；开展海上搜救预报保障服务 6 次，制作落水人员漂移轨迹预报单 13 期；专项保障服务方面，每天 7 时和 17 时两个时次为“海峡号”高速客滚轮提供未来一周航区海浪预报，全年共发布预报 730 期；每天 18 时发布福清核电、东山大澳中心渔港和泉惠石化工业区岸段三个重点保障目标精细化预警报，内容包括重点保障目标海域未来 72 小时海浪和潮汐预报，全年共 365 期，发布三个重点保障目标区域风暴潮、海浪灾害警报共 81 期。

【海洋灾害防御工作】　灾害情况　2015 年，福建省海洋灾害总体灾情较重，以风暴潮和海浪为主，赤潮、海水入侵与土壤盐渍化等灾害也均有不同程度发生，没有海啸影响福建省海域。各类海洋灾害造成直接经济损失 30.79 亿元，单灾种造成海洋灾害直接经济损失最严重的是风暴潮灾害，占全部直接经济损失 99%以上。2015 年，影响福建海域的台风有 9 个，其中“苏迪罗”台风在福建莆田秀屿区登陆，登陆时中心附近最大风力 13 级，本次过程福建省沿海验潮站达到当地黄色警戒潮位的高潮位，福建省沿海验潮站出现最大增水 225 厘米，发生在连江琯头站，其他各沿海验潮站风暴增水普遍超过 100 厘米；“杜鹃”台风在福建莆田秀屿区登陆，登陆时中心附近最大风力 12 级，本次过程福建省沿海验潮站达到当地红色警戒潮位的高潮位，福建省沿海验潮站出现最大增水 158 厘米，发生在连江琯头站，增水超过 100 厘米的还有白马港、宁德城澳、长乐潭头、平潭、厦门。

应对情况　在应对 2015 年汛期过程中，福建省海洋与渔业厅密切关注台风发展动态，切实加强海洋灾害观测与警报工作，及时向政府及其相关部门和公众提供预警信息。全年参加福建省防汛抗旱指挥部防御台风会商 32 次，提供防范措施建议 42 条，发布传真电报 20 期，发布风暴潮、海浪警报 60 期（其中传真约 5000 份，短信约 300 多万条），同时通过电视、广播、网站、微信和渔港 LED 显示屏实时滚动播发预警信息。沿海各级政府积极开展灾害应对，及时采取措施，组织人员转移、渔船进港、沿岸堤防设施加固等灾害防御工作，有效降低海洋灾害损失。2015 年，福建省沿海紧急转移人员 27.22 万人次，其中，渔船人员 16.53 万人次，渔排人员 10.69 万人次，指挥海上作业渔船回港避风 10.09 万艘次。

【海洋防灾减灾宣传】 制订《福建省 2015 年海洋与渔业防灾减灾日宣传活动方案》，并确定 5 月 11—17 日为福建省海洋防灾减灾宣传周，期间福建省各级海洋部门共展出展板 70 多个，横幅 100 多条，发放《海洋灾害公众防御指南》《海洋防灾减灾实用手册》《福建省 2014 年海洋灾害公报》等宣传小册子 2 万多册，发放传单 2 万余张，普及防灾减灾知识，提升群众自救互救能力。

海洋执法监察

严厉打击非法采捕红珊瑚和整治涉渔“三无”船舶。全省清理取缔涉嫌采捕红珊瑚船舶及涉渔“三无”船舶 1089 艘，其中拆解大中型涉渔“三无”船舶 641 艘；破获非法交易红珊瑚案件 29 起，抓获犯罪嫌疑人 78 人，查获疑似红珊瑚 380.52 千克，案值 1.3 亿元；审结涉红珊瑚案件 12 件，判刑 21 人，有效遏制和扭转涉渔“三无”船舶从事违法违规行为和非法采捕红珊瑚的猖獗势头。开展福建海洋“蓝剑”联合执法行动。行动开展以来共出动执法船艇 184 艘次、固定翼飞机 1 架，执法车辆 39 辆次、人员 2817 人次，航时 584.5 小时，航程 5703 海里，登临检查船舶 507 艘次，查获涉嫌违规船舶 56 艘，收缴罚没款 144 万元，拆除非法养殖设施 178.8 公顷（2682 亩），制止非法占用海域搭建平台行为 2 起。积极组织开展“净海 2015”海上综合执法年活动，推进“海盾”“碧海”“护岛”“银滩”等专项执法，办结各类违法占用海域、破坏海洋环境和违法开发利用海岛案件 367 宗。福建“蓝剑”联合执法常态化被列为《中国海洋报》2015 年海洋执法十大新闻。

海洋行政审批

推进行政审批制度改革。制定出台《关于全面推进海域资源市场化配置的实施意见》和海域使用招拍挂、海域收储、闲置海域处置、用海控制指标等 4 项配套制度，下发《关于加强海域采砂用海管理的意见》《开展“比服务”活动做好用海要素保障工作的意见》。加大简政放权力度，调整行政权力清单、公共服务事项清单，涉及下放、取消、调整 30 余项行政权力和公共服务事项；授权自贸区实施 13 项行政许可以及数十项公共服务事项。开展前置审批、中介服务和收费项目清理；推进省级行政审批“三集中”改革试点，编制上报试点工作方案。简化海域海岛使用审批。法律法规规定由福建省人民政府行使的海域、无居民海岛使用审批权，从 2014 年底开始，委托福建省海洋与渔业厅实施，进一步简化程序，提速审批。优化海域海岛审批流程。制定下发《开展“比服务”活动做好用海要素保障工作的意见》，进一步下放无居民海岛使用项目审查权限，改进审批流程，简化盐田废转海域使用论证和海洋环境评价手续，建立绿色辅导机制，强化用海监管。

海洋科技

【科技创新与平台建设】 2015 年共争取各类科技研发资金 3500 多万元，重点围绕海洋生物医药、海洋工程装备、海水综合利用、海洋可再生能源利用、海洋化工、海洋产业公共服务平台等领域的关键性和紧迫性技术问题，组织实施 100 个科技兴海项目，同时对在研的 9 个国家海洋公益专项和 103 个省海洋高新专项进行跟踪和监管。2015 年有 1 项成果喜获国家自然科学奖二等奖，7 项成果获省科学技术奖（其中，二等奖 2 项，三等奖 5 项），5 项成果获国家海洋科学技术奖（其中，特等奖 1 项，一等奖 2 项，二等奖 2 项）。

加强公共服务平台建设，已启动 120 个科技兴海项目，南方中心海洋产业公共服务平台网站于 4 月正式上线并提供开放共享服务，已开放 11 个平台，168 台仪器设备，115 项服务内容。推进国家海洋局海岛研究中心建设，一期工程科研楼已竣工验收，人员已全部入驻办公，二期工程（总用地面积 10 公顷多，约 161 亩）建设进展顺利，已完成项目立项、用地红线图审批、可研批复、设计方案批复（含总平面图）、施工图审核等前期工作。推进福建省虚拟海洋研究院建设，已征集海洋装备等海洋新兴产业项目 70 余项，20 家高校、39 家科研院所入驻，专家人数达 1500 多人，海峡蓝色硅谷研发基地建设正加快推进中。推进中国—东盟海洋合作中心建设，按照“边筹建边工作”的思路推动中心建设，初步建立工作机制，编制《中国—东盟海洋合作中心顶层设计和发展战略规划研究》，从中心基础能力建设等五方面申报中国—东盟海上合作基金支持项目。推进中国—东盟海产品交易所建设，已发展渔业企业会员 125 家，设立全国授权服务机构 135 家，发展交易商 1033 家，实现线上总交易量约 3.7 亿批次，交易总额 2409.7 亿元。发挥厦门国际海洋周平台作用，召开中国与东盟国家海洋经济合作论坛，联合厦门大学召开“第一届国际海洋事务研讨会——气候变化背景下蓝色经济发展”。

【海洋科技成果转化】 强化产业园区建设。落地闽台（福州）蓝色经济产业园区的“蛟龙号”装备·科普基地以及“6·18”虚拟研究院海洋分院已正式揭牌。利用“6·18”、“9·8 厦门投洽会”等平台为福州蓝园、诏安金都、石狮海洋生物产业园区宣传推介、招商引资，推动两家科研研发平台分别落户闽台（福州）蓝色经济产业园和诏安金都海洋生物产业园，推荐四家意向企业到福州蓝色产业园投资，实现科研平台落户蓝色产业园的突破。2015 年海洋生物产业园完成海洋经济产值 206.67 亿元。

海洋文化

营造海洋文化氛围。开展 6·8 世界海洋日暨全国海洋宣传日活动，举办“海洋杯”中国·平潭国际自行车公开赛、“大海，您听我说”大型舞台剧展演等活动。与漳州市政府联合举办“呵护海洋·年年有鱼”第二届东山开渔节活动。建成福建海洋渔业科学馆，启动建设“鼓浪屿·海”博物馆。倡导推动社会资本成立福建省海洋影视文化中心，举办“海上生明月”音诗会。泉州市启动建设全国第一家公益性海洋图书馆“华峰小学海洋图书馆”。厦门市举办的“中国俱乐部杯帆船赛”“海峡杯帆船赛”“大学生帆船赛”“新年帆船赛”等赛事已成为中国游艇行业的品牌赛事。2015 年，福建省建立晋江市深沪镇华峰小学等 16 个海洋意识教育基地。

（福建省海洋与渔业厅）

厦门市

综　述

厦门市位于台湾海峡西侧、福建省南部、九龙江入海口，24°24′—24°55′N，117°53′—118°25′E，南北长57千米，东西宽68千米，陆地面积1573.16平方千米，海域面积约390平方千米，海岸线长度约239千米，有大小岛屿31个，户籍人口57.82万户180.21万人。厦门市下辖思明、湖里、海沧、集美、同安、翔安6个区。厦门海岸地貌具有海岸曲折、湾中有湾、湾中有岛的特征。厦门气候属南亚热带海洋性季风气候类型，湿热同季，日照充足，年平均气温20℃~22℃，年平均降水量900~2000毫米，年平均风速3.4米/秒，年平均水温21.3，每年平均有5~6次台风影响该区。厦门海域潮汐类型属于正规半日潮，平均高潮位5.68米，平均潮差3.98米。

厦门自然条件优越，海洋资源丰富，各类海洋生物近2000种，其中有经济价值的常见鱼类157种，软体动物89种，甲壳类动物127种，藻类139种，拥有国家一类保护动物中华白海豚和文昌鱼。厦门港口资源丰富，拥有深水岸线约27千米，可建40个万吨级以上的深水泊位。厦门滨海旅游资源丰富，拥有鼓浪屿—万石山国家级风景名胜区等一批自然景观和人文景观。厦门市海洋科技力量雄厚，海洋科技实力较强，为厦门发展海洋经济创造良好的条件。

厦门海域地处东海至南海、东北亚至东南亚的海上交通要冲，区位优势十分重要。厦门所辖海域面积不大，但资源优势突出，港口资源、滨海旅游资源和海洋生物种类丰富。海洋资源的合理开发，为厦门发展海洋优势产业提供有利的条件。近年来厦门市海洋经济取得长足的发展，已形成以临海工业、港口航运业、滨海旅游业和海洋渔业四大产业为主体的海洋经济体系。2015年，厦门凭借海洋和海湾资源的优势，以项目为抓手，大力发展临海工业、港口交通运输、滨海旅游和海洋高新技术产业等海洋产业，海洋经济对全市国民经济发展的贡献率逐步增大。

海洋经济与海洋资源开发

【2015年厦门海洋经济发展情况】 2015年，厦门海洋经济共实现总产值1890.56亿元，同比增长8.0%，占全市GDP的比重较上年有所提升。从产业结构来看，2015年厦门海洋经济三次产业结构为0.65∶30.40∶68.95。第二产业中海洋生物医药等海洋新兴产业占比出现上升，第一产业中远洋捕捞等海洋水产品上升，海洋经济产业结构整体趋势进一步优化。

【2015年海洋经济发展项目和成果】 国家海洋经济创新发展区域示范项目共26项，2015年争取中央补助资金8500万元，对“海洋微生物发酵年产350吨富含DHA的单细胞油脂”“年产300万盒三文鱼为主的海洋低聚肽产品在降低老年疾病风险中的产业化”“海洋生物多糖新技术产业化开发与应用示范”3个项目进行结题验收，新增“厦门市海洋小分子药物中间体与蛋白质纳米配方创新协同中心”等3个项目。厦门市海洋经济发展专项资金项目共83项，2015年新增“大功率LED集鱼灯研发与产业化”等24个项目；对2013年的“厦门海洋功能生物分子筛选平台”等15个项目进行中期验收、2个项目进行结题验收，其中由市海经专项资助，汇盛生物承担的“海洋微藻DHA藻油的物理提取及其微胶囊粉产业化生产”获2015年度厦门市科学技术进步一等奖。

【厦门市海洋与渔业项目与工程建设】 2015年，承担厦门海洋渔业产业基地之高崎闽台中心渔港提升改造工程、厦门海洋渔业产业基地之厦门对台渔业基地、厦门市火烧屿及大兔屿保护与开发利用项目和海水淡化及综合利用示范项目等一批市重大项目建设任务。目前，前期工作开展有条不紊，基本按计划抓紧落实，各项目均取得重大突破。环岛路（长尾礁—五通）岸段整治和沙滩修复工程已顺利完成全部前期工作。

【厦门市(区)海洋开发资料统计】 思明区积极培育滨海特色旅游，作为为民办实事的重点项目厦门旅游集散服务中心已建成投用；积极发展海洋文化产业，利用曾厝垵渔村打造“五街十八巷”，依托沙坡尾打造海洋文化创意港。2015年全区安排重点海洋经济建设项目12个，年度计划投资32.4亿元，实际完成投资25.66亿元，完成年度计划的75%，

湖里区大力发展港口经济和滨海休闲旅游，全面推进厦门邮轮母港、厦门五缘湾游艇港游艇展销平台、海峡旅游服务中心等项目的建设。2015年，厦门母港始发邮轮47艘次，母港始发邮轮旅客吞吐量9.8399万人次，同比增长391.77%。

集美区重点海洋现代服务业、海域综合整治等方面的工作，加强海洋科教平台建设，支持集美大学航海技术、船舶与海洋工程等传统优势学科的发展。

海沧区通过“三增”加快生物医药产业园二期、厦门生物医药产业协同创业中心、生物医药港展馆工程等工程进度，为企业的集聚化发展提供载体和空间；加快建设东南国际航运中心，总建筑面积达47.3万平方米，总部大厦6栋超高层建筑均已封顶；发展壮大港口经济，2015年海沧港集装箱吞吐量共计561.83标箱，创历史新高。

翔安区2015年水产总产量为17121吨，同比增长4.4%；翔安机场及航空城造地工程完成投资约39亿元，刘五店南部港区散杂货泊位工程6#、7#、8#泊位水工主体、停泊水域疏浚等单位工程已通过交工验收；中奥游艇俱乐部已完成所有施工前期的各项准备工作。

同安区发展文化海湾休闲旅游景区，华强二期工程主体工程已建成，累计投资7.07亿元，环东海域高星级酒店群已相继破土动工建设。优化渔业产业结构，实现渔业增长方式转变，同时开展流域污染和环境综合整治。

海域使用管理

【概述】 2015年，厦门市海洋与渔业局以提高用海保障能力为重点，以提升服务水平为抓手，继续推进海洋生态修复，做好用海规划编制工作，完善创新海域管理制度，推进海岛保护与利用工作，强化海域动态系统的运用，取得较好的效果，局海域与海岛管理处被人事部、国家海洋局评为先进集体。

【编制厦门市海洋功能区划】 以“多规合一”为契机，坚持陆海统筹理念，找准厦门市社会经济发展规划、土地利用总体规划、城乡总体规划与省、市海洋功能区划相协调衔接的重点，完善涉海各项规划，探索全国沿海城市陆海统筹发展新方式，编制完成《厦门市海洋功能区划》修编稿已上报福建省政府审批。同时，滨海岸线保护规划已获市政府审批；开始启动海洋与渔业规划整合工作。

【海域使用管理】 2015年，厦门市海洋与渔业局共办结福建省政府、厦门市政府批准的用海项目10项，面积866公顷；已征收海域使用金约1.85亿元。积极争取填海指标，全部安排给重点填海项目，填海面积控制在国家下达厦门市填海指标内；主动服务，提前介入，积极协调，专人负责，全程跟踪，协调指导重点项目用海论证及报批工作；简化办理程序，审核时间全部缩短到法定时限的35%以内，为全国海洋系统用海项目审核时间最快。推进海域使用权招拍挂工作，做好海砂开采等用海项目海域使用权市场配置工作；加强海域权属管理，完善海域使用权登记制度；完善海域使用金征收管理机制，修订出台海域使用金征收管理制度；加强用海

项目全过程监管，基本完成海域使用权收回办法制定工作。

【开展海洋生态修复工程】 继续推进生态修复工程。围绕纳潮量与水体交换时间主要因素，积极参与编制马銮湾区概念规划数模验证工作；继续推进海域清淤工作，做好重点岸段修复工程的前期工作。启动或继续开展海域生态修复评估工作。做好生态修复评估推广宣传工作，客观评估高集海堤开口改造工程的效果；基本完成重点海湾环境累积性影响评价，分析掌握重点海湾资源环境的变化趋势；开展沙滩整治修复经验总结宣传工作，全面总结厦门市沙滩整治修复工程的可复制、可借鉴的经验。

【做好重点用海保障工作】 2015 年，《福建省海洋功能区划（2011—2020 年）》修改方案经国家海洋局经审核后上报国务院审批；国家海洋局已经预受理厦门新机场用海项目，经专家评审，厦门市已向国家海洋局咨询中心提交报批稿，现已出具审查意见反馈国家海洋局；机场用砂开采海域使用权出让方案已经市政府审批实施，编制完成出让文件，启动拍卖程序，发布拍卖公告。

海岛管理

【厦门海域“串岛游”情况】 完成串岛游方案编制，方案获得市政府常务会议原则通过；完成单岛规划报批工作，《火烧屿、大兔屿、鳄鱼屿保护与利用规划》获市政府审批；积极推进海岛收储工作，制订收储工作方案，明确收储的实施主体、收储范围、补偿标准、资金来源、后续管理及用岛手续等项内容，重点开展大兔屿等重点海岛收储工作。

【厦门海域信息化管理】 2015 年，厦门市海洋与渔业局编制年度海域动态系统业务化运行工作方案；做好海域使用权证配号工作；充分利用各种科技手段，开展重点用海项目跟踪核查，配合用海项目执法检查；提升测绘能力，积极协调市测绘部门支持，争取获得专业测绘资质。

海洋环境保护

【概述】 2015 年，厦门海洋环境保护工作以海洋生态文明示范区建设为主线，以近岸海域水环境污染治理为抓手，以改善海洋环境质量为目标，统筹推进厦门海域生态修复、海洋环境监督管理、海洋污染防治、海洋监测评价等各项工作。

【发布 2014 年厦门市海洋环境状况公报】 2015 年 5 月 5 日，发布《2014 年厦门市海洋环境状况公报》，公报显示：2014 年厦门海域环境质量状况总体稳定。海水中重金属及砷、油类及其他有机污染监测要素含量均符合第一类海水水质标准，主要超标污染要素仍为无机氮和活性磷酸盐。以水质综合指数法评价，清洁及较清洁海域面积占厦门海域总面积的 49.8%。海域表层沉积物质量和近岸贝类生物质量状况良好，海域生物群落结构和生物多样性状况稳定。厦门海洋珍稀物种国家级自然保护区内中华白海豚和文昌鱼得到良好保护。厦门环岛路东部和鼓浪屿滨海旅游度假区环境优良，很适宜休闲旅游观光；所监测的 9 个主要海水浴场综合环境状况良好。

【加强海洋工程环评和监督】 继续严把涉海工程海洋环评关，2015 年共组织完成对 19 个海洋工程项目的环境影响评价核准。以厦门湾口海砂开采工程项目为试点，开展海洋环保监理制度建设研究和试点工作。加大海洋环保执法力度，2015 年全年共组织海上巡航 1253 次，陆上巡航 964 次，查处海上违法行为 211 起，收缴罚款 256.55 万元。

【厦门近岸海域水污染治理】 2015 年 4 月，组织制定和实施《厦门近岸海域水环境污染治理方案》，明确改善厦门近岸海域水质环境的五大目标、四项重点工作任务和 14 条具体措施。2015 年 8 月厦门市委常委、副市长林文生召开落实近岸海域水环境污染治理工作专题会，部署落实职责分工，切实推动厦门海域水质提升。在《厦门日报》开辟“保护美丽蓝海在行动—聚焦近岸海域水污染治理系列报道”专栏，宣传近岸海域水环境污染治理工作，2015 年共刊登九期宣传稿，取得较好宣传效果。

海洋生态文明

【概述】 2015 年，厦门珍稀海洋物种国家级自然保护区建设与管理遵循以保护为主、兼顾适度开发利用、保护与建设并重的原则，以加强中华白海豚等珍稀海洋物种及其生境的保护、促进美丽海洋建设为主线，以协调指导、监督检查、强化宣传、探索科研为重点，取得显著成效：编制厦门珍稀海洋物种国家级自然保护区总体规划并获省政府批准实施；推动厦门轨道交通 3 号线工程对国家级保护区影响专题评价报告获农业部核准并实施生态补偿；推动厦门小白鹭艺术中心创编《大海，您听我说》大型音舞诗画节目并在福建省“6·8”全国海洋宣传日启动仪式上成功演出；创作中国大陆首支中华白海豚保护之歌——《让我来守护你》，并广泛传唱；继续推动创建全国海洋意识教育基地；举办厦门首届中华白海豚文化节；开展中华白海豚多船调查；推动全国海洋珍稀濒危野生动物救护培训班在厦举办；牵头建立中华白海豚保护联盟；保护区管理工作考评再次荣获全国总分第一名，实现三连冠。

【国家级海洋生态文明示范区建设】 2015 年 4 月份，国家海洋局王飞副局长一行来厦调研海洋生态文明示范区建设充分肯定厦门市海洋生态文明建设工作。2015 年调整全市海洋生态文明示范区建设领导小组。2015 年争取 6720 万元中央海域海岛生态修复资金用于海沧湾整治和下潭尾滨海湿地公园二期建设。2015 年度，推进环岛路（长尾礁至五通段）岸线整治和沙滩修复，开展集美大桥至厦门大桥段岸线整治工程和翔安下潭尾滨海湿地生态公园二期的前期工作；完成思明区会展中心岸段、东南部岸段沙滩的修复工程和翔安下潭尾滨海湿地生态公园一期工程的验收；完成鼓浪屿美华沙滩整治修复、思明区天泉湾岸段整治修复、国家海洋公园能力提升项目、翔安区海岸带及湿地公园引种修复等项目建设。

【推进厦门国家级海洋公园建设】 2015 年，厦门市海洋与渔业局继续推进厦门国家级海洋公园基础设施建设，按照国家海洋局的编制大纲对《厦门国家级海洋公园总体规划》进行调整，已报国家海洋局待批准，完成《厦门国家级海洋公园沙生植物园区建设方案》的编制工作。

【推动厦门海洋生态红线划定】 2015 年，厦门市海洋与渔业局在原有工作基础上，继续推动厦门海洋生态红线划定成果制作，征求市直有关部门意见，并于 11 月上报福建省海洋与渔业厅。厦门市海洋与渔业局还对福建省生态红线划定成果提出修改意见和建议，报厦门市政府办公厅汇总后上报福建省环保厅和福建省海洋与渔业厅。

【编制保护区总体规划】 2015 年，厦门市海洋与渔业局组织编制《厦门珍稀海洋物种国家级自然保护区总体规划》，积极征求厦门相关单位和有关专家意见，指导编制单位不断修改完善，顺利通过省市级专家的评审；同时积极向环保部、农业部渔政局和国家海洋局主管处室汇报沟通，取得上级业务主管部门的认可与支持，最终获省政府批准实施。

【推动轨道 3 号线工程对保护区影响评价项目获准】 轨道交通 3 号线工程是厦门 2015 年重大工程之一，为处理好建设与保护的关系，厦门市海洋与渔业局要求建设单位委托有资质的机构编制工程对保护区影响专题评价报告，多次协调指导业主和报告编制单位就保护措施和生态补偿事项作重点研究，组织专家对报告进行技术审查，积极向农业部渔政局汇报沟通，取得上级主管部门的支持，推动项目通过农业部渔业渔政局的核准。

【组织编制文昌鱼保护区范围和功能区调整方案】 为配合新机场建设需要，委托福建省水产研究所编制厦门文昌鱼保护区范围和功能区调整方案，着手开展文昌鱼保护区范围和功能区调整的前期调查和论证工作，组织专家组对省水产所提交的工作方案进行技术审查评议。

【做好涉海工程保护措施的审查与施工监管】 2015年，厦门海域有《翔安机场运砂航道水下炸礁工程》和《厦门邮轮中心至鼓浪屿航道二期工程》（猴屿航道水域优化调整）施工，厦门市海洋与渔业局对施工单位制定的《施工方案》和《中华白海豚保护措施》进行严格审查把关，下发审查意见指导督促施工单位逐项落实，施工期间，加强现场监管，严格落实各项保护措施，共现场检查97船次，组织白海豚驱赶2810船次，既保障涉海工程顺利施工，又确保白海豚的安全。

【开展中华白海豚多船调查】 厦门湾中华白海豚濒危程度高，种群小，适于通过多船同步调查的方式，对整个厦门湾中华白海豚的实时分布和绝对种群数量进行研究。保护区管理处联合南京师范大学、国家海洋局第三研究所合作开展为期一年的“厦门湾中华白海豚多船同步调查”，调查分春季、夏季、秋季总共三次进行，采用4条考察船按照四条不同路线同步进行，同时参考国际通用的鲸类考察方法，使用事件代码记录考察结果；内容包括栖息地、洄游路径、生境因素等因子，项目已于2015年8月份启动，年内完成两个季度计划，目前已取得一些成果与经验。

【推动全国海洋珍稀濒危野生动物救护培训班在厦举办】 为进一步推动火烧屿中华白海豚救护繁育基地的建设与发展，展示厦门海洋保护区事业的成果。我们积极向上级主管部门汇报沟通，取得上级支持，在厦门举办全国海洋珍稀濒危野生动物救护培训班，学员的救护水平普遍得到提高。

海洋环境预报与防灾减灾

【概况】 2015年，厦门市积极做好风暴潮、赤潮等海洋灾害的预警预报工作，不断完善厦门海域自动在线监测系统，完成海洋承载体调查工作方案编制，不断提高对海洋灾害的防御能力。2015年厦门海域未发生赤潮灾害；出现3次增水大于50厘米的风暴潮过程，其中最大风暴潮增水为129厘米，风暴潮灾害造成厦门潮位最高达到762厘米，为新中国成立以来第二高潮位，临时转移人口759人，未造成直接经济损失。

【厦门海洋赤潮预防与治理】 2015年，厦门市遵照《厦门市海洋赤潮灾害应急预案》，利用海域水质自动在线监测系统，做好厦门海域赤潮等级预报和预警工作。海洋与渔业局在赤潮高发期的4月至10月间，通过厦门市电视台和局门户网站等媒体，发布赤潮等级预报184期，其中预报赤潮等级1级129天，2级31天和3级24天，分别占预报赤潮等级总天数的70%、17%和13%。2015年，厦门海域未发生赤潮灾害。

【协调赤潮应急监测行动】 2015年，厦门海域共有5次发生赤潮生物接近赤潮临界状态的情况，在赤潮预警进入3级时，及时组织市海洋环境监测站和市海洋综合行政执法支队进行海上巡航监视监测，共组织出海巡航28天，累计监视监测面积3436平方千米。

【海洋风暴潮与应急管理】 2015年，厦门沿海出现3次增水大于50厘米的风暴潮过程，其中最大风暴潮增水为129厘米，出现在1513号超强台风“苏迪罗”影响期间。在农历八月十五天文大潮期，受1521号超强台风“杜鹃”影响，厦门港出现8次超过蓝色警戒潮位的高潮位，其中出现3次超过黄色警戒潮位的高潮位，其中在9月29日凌晨出现超过红色警戒潮位的高潮位，为新中国成立以来厦门第二高潮位。2015年汛期，厦门市及时发布海洋风暴潮、海浪的预警报信息，提示有关单位做好防范工作，人员和物资安全转移到位，临时转移安置759人次，未造成人员和财产损失。

海洋执法监察

【概述】 2015年，厦门围绕建设现代化国际性港口风景旅游城市、海峡西岸重要中心城市、美丽中国典范城市、21世纪海上丝绸之路枢纽城市的目标，大力推进海洋经济发展，全力开展海洋环境保护、海域使用监察、渔政渔港监督、公共安全维护等方面的行政执法工作，为厦门社会经济的协调发展做出积极贡献。2015年，厦门市海洋与渔业局及所属单位共办理各类行政许可40件，其中海域使用许可4件；海洋工程环评报告书（表）核准13件；船舶检验、船舶登记等渔业类许可23件次。审查各类合同200多件，涉及金额超2.1亿元。海洋行政综合执法支队累计办结非法占海、采砂、倾废、捕捞等海洋与渔业案件182起，收缴罚款人民币97.768852万元。厦门市海洋与渔业局所属执法支队2015年全年共计开展执法检查1115航次、航程44522海里，岸线巡查车程28万千米，出动执法人员11809人次，拆除非法养殖设施约6000亩。

【法治建设】 2015年，厦门市海洋与渔业局通过推进法制建设、依法行政和执法监督等措施，促进海洋与渔业法治工作的深入开展。法制建设取得新进展。加强立法工作，《厦门市海洋环境保护若干规定》需要制定法定配套制度涉及11条款。其中，已出台6个条款11项配套制度；5个条款5个配套制度正在制定。

【行政执法监督取得新成效】 厦门市海洋与渔业局建立较为完善的行政执法监督机制，制定有《厦门市海洋与渔业局海洋与渔业案件管理办法》《厦门市海洋与渔业局行政执法监督暂行规定》《厦门市海洋与渔业局机关工作人员绩效考评和奖励实施方案》《机关效能建设九项制度》等系列有关执法监督的文件；成立以局长为组长，分管纪检、法制工作的局领导为副组长，政治处、监察室、政策法规处负责人为成员的局行政执法监督领导小组；明确对行使行政审批职能和行政处罚职能的处室、单位的行政执法监督内容、监督方式及责任追究等。2015年，厦门市海洋与渔业局共组织执法人员14人参加市法制局执法证注册考试和申领新证考试。2015年共组织重大海洋案件会审18起，涉案金额约3850万元；督办市长专线反映情况约100多起；加强电子监督，厦门市海洋与渔业局海洋行政处罚案件全部进入局OA办案系统且已并入市监察局行政处罚监控系统；组织对有关处室、部门的行政许可、行政处罚案卷进评查；组织对执法支队落实执法责任制情况现场督查、组织对水产品批发市场管理处执法情况进行实地督查。审查各类合同200多件，涉及金额超2.1亿元。通过执法监督，促进厦门市海洋与渔业局及所属部门依法、高效履行职责。2015年，全年无一起针对厦门市海洋与渔业局的行政复议与行政诉讼案件。

【海上执法力度不断加大】 2015年，共开展执法检查1115航次、航程44522海里，岸线巡查车程28万千米，出动执法人员11809余人次，拆除非法养殖设施约400公顷（6000亩）。除日常执法外，2015年以来，围绕全市中心工作需要和海上重点难点问题，相继开展打击非法采捕红珊瑚等违法行为专项整治、非法采砂整治（实现打击盗采海砂“行刑衔接”，移送2起，正在侦查1起。刑拘19人，逮捕6人）、马銮内湾治（拆除海域面积400公顷（6000余亩），清运海中垃圾900多卡车约7200吨）、环岛路非法“海上游”专项整治、春运厦金航道执法保障、大嶝机场建设执法保障、清淤工程执法保障、水产品质量安全专项检查等多个专项整治行动。积极发挥海上联合执法、厦漳泉联盟、厦金两岸联动、市区联动执法的作用，创新执法方式（如：使用无人机对海岛、海域进行巡航、拍摄），主动作为，确保各项整治任务的顺利完成。

【公共安全维护】 2015年，厦门市海洋与渔业局加强海上治安协作，开展110联动工作，共接处警142起，办结142起，办结率达100%，有效维护海上正常秩序；开展防台风应急演练，有效应对台风5次；实施《厦门市海洋赤潮灾害应急预案》，加强厦门海域赤潮监测预警与防范工作，组织水产品质量安全监测，2015 年本地养殖水产品检测合格率 100%，并接受农业部对厦门市场水产品质量抽检；深入开展安全生产大检查，发展渔业互保，做到“全覆盖、零容忍、严执法、重实效”，确保全年海洋与渔业安全生产无重大事故发生。

海洋行政审批

【推进行政审批制度改革】 编制完成厦门市海洋与渔业局五个清单：行政权力清单（166 项）、公共服务事项清单（5 项）、责任清单（233 项）、涉企收费清单、涉中介服务清单；组织编制完成厦门市海洋与渔业局行政权力运行流程图（涉及厦门市海洋与渔业局 7 大类 30 个行政权力事项）；全面清理、彻底取消厦门市海洋与渔业局办事指南、办理规程兜底性条款；积极配合、对接“三规合一”平台建设，目前有 2 个端口接入厦门市海洋与渔业局相关业务处室；出台《厦门市海洋与渔业局关于简政放权进一步深化行政审批工作的通知》（厦海渔 [2015] 198 号）、《厦门市海洋与渔业局关于进一步加强行政审批与行政监管执法对接工作的通知》（厦海渔 [2015] 76 号），进一步优化审批服务，规范内部流程，减少环节，压缩时限，厦门市海洋与渔业局全部行政审批事项办理时限压缩到法定时限的 35%，真正做到审批提速 65%。同时还推行预约服务、下乡服务，为行政相对人提供更好地便民服务。2015 年依法行政示范单位复评时，厦门市海洋与渔业局再次被市政府授予依法行政示范单位，获此荣誉的单位全市只有 6 家。

海洋科技

【海洋与渔业科技成果和论文】 2015 年完成“厦门市无居民海岛旅游项目策划”“厦门市智慧海洋信息化发展规划”等 15 个科技项目的立项，完成 10 个科技项目的结题验收，形成厦门市现代渔业发展规划、厦门市远洋渔业发展规划、厦门市海洋环境污染风险防范体系及管理方案等成果、2014 厦门市水产养殖、水产加工现状调查、厦门市鳄鱼屿和大兔屿保护与利用规划、厦门无居民海岛旅游码头工程方案、海洋经济和科技项目社会监理机制、厦门市滨海旅游规划、厦门高崎闽台中心渔港提升改造规划等成果。

【完善“数字海洋”系统功能】 外网网站除做好日常的安全检查、政府信息公开等工作外，还完善搜索，在线查询等功能，加强与群众的互动，自觉接受群众监督，方便群众办事。内网平台完成短信平台的搭建、视频信号的整合、执法案件数据交换到效能办执法系统平台等工作，同时完善专家人才库、海洋经济项目库的建设。

【智慧海洋建设】 厦门市海洋与渔业局会同厦门信息集团共同编制《厦门市智慧海洋信息化发展规划（2016—2020）》，对海洋信息化现状进行梳理调查，提出顶层发展规划，并制定切实可行的分布实施方案和技术路线，将信息化建设与海洋事业发展实际业务需求相结合，将“数字海洋”提升为“智慧海洋”。

【推动公共服务平台开放共享】 “互联网+海洋协同创新公共服务平台”项目获得市经信局立项，计划建设“海洋经济项目管理系统”“海洋科技成果与技术需求交流互动系统”“移动客户端服务系统”等系统，实现海洋经济项目的申报、评审、管理等提供“一站式”信息化服务，促进海洋科技成果网上转化，搭建科研人员和涉海企业信息化沟通桥梁；建设厦门南方海洋研究中心海洋产业公共服务平台，平台网站于 2015 年 4 月正式上线，可实现大型仪器设备的登记、信息查询、预约等功能，推动开放共享，首期整合厦门大学、海洋三所等 10 家单位，共 10 个平台的 168 台（套）设备、115 项服务开放对外共享。

【提升海上执法能力】 海上执法管理指挥通信系统 2015 年通过厦门市经信局验收，项目以“北斗”卫星导航系统为依托，在“海上执法管理指挥通信系统”建设内容的基础上，新建“海上110”警情跟踪监督管理等子系统，提高警情处理准确率，实时跟踪警情发展态势，提升厦门海上综合执法管理水平。

【“科技兴海”投入与产出统计】 厦门13个海洋经济创新发展区域示范项目26项，争取中央补助资金8500万元，截至目前已带动投资13.15亿元，完成计划进度的106.6%；实施厦门市海洋经济发展专项资金项目83项，2015年新增24项，对2013年的15个项目进行中期验收、2个项目进行结题验收，共拨付经费5245.4万元，截止目前已带动投资13.62亿元。全市16个在建省级海洋经济重大项目完成投资总额37.73亿元，占年度投资计划的107.17%，累计完成投资157.98亿元，占总投资计划的69.28%。其中，海洋旅游和文化创意、航运物流、港口泊位3领域已提前完成年度投资计划；厦门邮轮母港建设、厦门东南国际航运中心总部等项目进展顺利。

海洋文化

【推动创建全国海洋意识教育基地】 2015年，指导集美区乐海小学和鼓浪屿人民小学申报创建全国海洋意识教育基地，并于2015年5月27日获国家海洋局宣传教育中心批准授牌，形成厦门在学校上有大、中、小学的合理格局。推动创建的11个全国和市级海洋意识教育、科普基地的宣教平台建设，2015年共接待大中小学师生、社会群众团体、市民等达35000多人次。通过开放参观，宣传教育海洋保护知识和中华白海豚等海洋珍稀物种的科普知识，增强市民对海洋生态和珍稀物种的保护意识，进一步促进广大群众爱护海洋、做好中华白海豚等珍稀物种的保护工作。

【抓好大型音舞诗画——“大海，您听我说”节目创作与公演】 2015年，积极推动厦门小白鹭艺术中心创作《大海，您听我说》节目，节目方案多次研究修改，做好省厅扶持资金的下拨使用，组织专家组对节目汇报演出进行审查评议和验收，协调指导小白鹭艺术中心做好赴福州参加福建省“6·8”全国海洋宣传日启动仪式的首场演出。

【创作全国首支中华白海豚保护之歌】 2015年，厦门市海洋与渔业局聘请知名音乐人庄黄腾、路勇等人作词作曲，创作完成中国大陆首支中华白海豚保护主题歌曲《让我们来守护你》，该曲已在厦门保护区多项重大活动中亮相，传唱度高，成为科普宣传的又一利器。

【首次举办厦门中华白海豚文化节】 4月9日，厦门首届中华白海豚文化节以“保护白海豚，国乒在行动”为主题在厦门中华白海豚文化广场隆重举办，中国国家男子乒乓球队主力队员应邀出席活动，刘国梁总教练出任厦门中华白海豚保护形象大使，中国乒乓球队全体队员向社会发出共同保护厦门中华白海豚的倡议。

（厦门市海洋与渔业局）

广东省

综述

【海洋经济发展概况】 2015年，广东沿海各地各部分紧紧围绕国家和省关于海洋渔业工作的部署，立足海洋优势，谋划海洋战略，创新发展思路，找准定位，狠抓落实，海洋经济发展取得良好成效，海洋经济在国民经济中的地位日益凸显。全省海洋生产总值达13796亿元，比上年13230亿元增长4.3%，比2010年8311亿元增长66.0%，占全省生产总值的19.0%，占全国海洋生产总值的21.3%，连续21年位居全国首位。海洋经济第一、二、三产业比例是1.5∶43.5∶55。在全省海洋生产总值中，海洋产业8631亿元，占62.6%；海洋相关产业5165亿元，占37.4%。在海洋产业中，作为海洋经济核心层的主要海洋产业4938亿元（占海洋生产总值的35.8%），作为海洋经济支持层的海洋科研教育管理服务业3693亿元（占海洋生产总值的26.8%）。

【广东省委重视海洋工作】 2015年6月1日，中央政治局委员、广东省委书记胡春华同志在赴斐济出席中国（广东）—斐济经贸合作交流会，在斐济考察活动期间，胡春华专门到苏瓦码头登上广东省远洋渔船并慰问船员。9月25日，胡春华赴茂名市调研滨海新区建设推进情况，深入电白区海堤、登步跨海大桥、博贺新港区防波堤、中海油LNG、广州港通用码头、博贺新港区等现场，实地了解博贺湾海洋经济试验区、水东湾新城的规划情况和建设进展，强调要下大力气加快推进滨海新区建设，努力把滨海新区打造成辐射带动周边地区的新增长极。10月30日，胡春华和广东省长朱小丹在广州出席2015广东21世纪海上丝绸之路国际博览会主题论坛——港口城市发展合作高端论坛，并会见国内外与会嘉宾。胡春华代表广东省委、省政府欢迎各位嘉宾来粤出席2015海博会及高端论坛，希望以海博会及高端论坛为平台，进一步加强与包括太平洋岛国在内的21世纪海上丝绸之路沿线国家和地区的友好交流和经贸往来，实现互利共赢。

省长朱小丹、常务副省长徐少华等领导十分关注海洋工作，解决现代渔港建设项目补助资金问题。分管副省长邓海光经常率有关部门负责人调研海洋工作，解决问题。

【政府工作突出海洋工作】 2月9日，省长朱小丹在广东省十二届人大第三次会议上作政府工作报告时专门部署海洋工作：2015年，广东省将推进广东海洋经济综合试验区建设，大力发展临港经济，加强海洋资源开发，发展海洋航运。大力发展海洋工程装备、智能制造装备等先进制造业；加强生态建设和环境保护，开展海岸带综合整治修复，推进美丽海湾建设；加强围填海管理，探索划定禁填区、限填区；深化对外合作交流，制订落实广东省参与建设21世纪海上丝绸之路实施方案，办好第二届广东21世纪海上丝绸之路国际博览会和2015中国海洋经济博览会，深化与沿线国家经贸文化合作。

3月27日，省海洋与渔业局在广州召开全省海洋与渔业工作会议，局长文斌作全省海洋与渔业工作报告。会议要求，2015年是全面完成“十二五”海洋与渔业经济发展规划的收官之年，要把建好港、管好海、造好船作为2015年全省海洋渔业工作头号工程，做好重点工作：做好渔港建设，是科学规范用海，加快渔船更新改造，加快发展远洋渔业，依法行政和维权执法，提升创新驱动能力。

【国家海洋局关注广东海洋工作】 3月12日，国家海洋局党组书记、局长王宏在京会见广东省副省长邓海光一行。王宏希望广东充分利用海洋优势，大力推动海洋经济转型升级；国家海洋局将全力配合广东开展海洋工作，助推广东海洋强省建设。6月8日，广东省长朱小丹在广州会见王宏，代表省委、省政府对王宏一行来粤调研表示欢迎，希望国家海洋局一如既往地支持广东节约集约用海、开展海洋科技创新、加强海洋执法能力建设、推进美丽海湾与海洋生态文明建设、发展海洋旅游产业和办好中国海洋经济博览会等；王宏表示，国家海洋局将会同国家有关部门、金融机构，在海洋经济、海洋科技、海洋生态文明等方面给予广东大力支持。8—10日，王宏率队在广东开展海洋工作调研，详细了解广东海洋经济、海洋科技、海洋生态文明建设和海洋综合管理等情况。11月2日，王宏在京会见广东省委副书记、深圳市委书记马兴瑞，双方就共同加强海洋事业发展等话题进行交流。

【粤琼合作海洋为先】 9月4日，广东省委书记胡春华、省长朱小丹在广州与海南省委书记、省人大常委会主任罗保铭，省长刘赐贵率领的海南省党政代表团举行广东—海南合作交流座谈会。胡春华主持会议，强调要立足泛珠区域合作的良好基础，推进互联互通，深化对接合作，共同把粤琼合作提高到一个新水平。粤琼合作内容包括：共同推动跨海交通基础设施建设，加强两省港口及港航业务合作，加强海洋资源开发和海洋科技研发合作，携手在国家“一带一路”战略中发挥积极作用，推动沿线港口联盟建设，联合打造海上丝绸之路旅游经济走廊和环南海旅游经济圈，以东盟国家为重点，进一步拓展经贸联系。罗保铭代表海南省委、省政府对广东给予海南的关心与支持表示感谢。他建议，粤琼两省携手参与21世纪海上丝绸之路建设，在海岛旅游开发、水产养殖加工、海洋环保、海洋科技研究等方面加强合作；加快海口—湛江高铁项目建设，促进海南和粤西地区的共同发展；加快跨海联网二回工程建设，提高能源安全保障能力；共同打造南海丝路商贸物流合作圈，构建人流、物流的安全快捷通道；加强琼州海峡治安防控及禁毒、反恐等方面合作。朱小丹、刘赐贵分别代表两省签署《广东省人民政府海南省人民政府深化合作协议》。

【保障重大项目用海】 2015年，广东全力做好自贸区、粤东西北加快发展、珠西装备制造业发展、交通大会战等重大战略的用海服务，做好沿海电力、跨海桥梁、港口码头等一批国家和省重点项目用海服务。在各市区域用海规划编制报批、围填海指标分配和项目用海审核审批等方面，全力保障加快发展的用海需求，切实做好港珠澳大桥、湛江钢铁等一大批国家、省重点项目用海服务工作。2015年，国家和省共批准用海项目28宗，用海面积2760公顷，其中填海877公顷，项目直接投资约1500亿元，为全省经济社会发展提供空间支撑。一批区域用海规划获国家批准，为先进装备制造业项目落户提供近1.5万公顷的发展空间。加强珠江口海砂开采管理，保障港珠澳大桥岛隧沉管施工。

【金融支持海洋发展】 2015年，广东省海洋与渔业局与国家开发银行广东省分行合作，赴阳江开展调研，深入了解渔港建设、远洋渔业以及海水养殖等有关情况及融资需求，确定合作领域和重点支持项目，签署合作协议，推动开发性金融支持广东海洋经济发展。累计发放贷款29笔，贷款额达132亿元人民币，设立100亿元海洋产业投资基金，成立广东首家海洋新兴产业发展风险投资公司—广东海洋投资管理有限公司。同时，省海洋与渔业局按照有关要求，会同国家开发银行广东分行做好开发性金融促进海洋经济发展试点工作项目论证、评审及推荐工作。通过地市申报、专家评审，共向国家海洋局推荐开发性金融促进海洋经济发展试点工作项目26个，总投资额381亿元，申请开发性金融贷款 218 亿元。

海洋经济与资源开发

【海洋经济综合试验区建设】 按照 2015 年广东省政府工作报告提出“推进广东海洋经济综合试验区建设，大力发展临港经济，加强海洋资源开发，发展海洋航运”的要求，省海洋与渔业局继续推动海洋经济综合试验区建设，并结合广东自由贸易试验区以及“一带一路”发展战略，大力支持推进广州南沙新区片区、深圳前海蛇口片区、珠海横琴新区片区发展，做好海洋空间规划布局保障。加快广州南沙、深圳前海、珠海横琴三大国家级新区用海服务效率；进一步贯彻落实促进粤东西北地区振兴发展战略，推进建设湛江海东、茂名滨海、惠州环大亚湾、汕头海湾等 14 个沿海新区建设。重点推动珠江西岸的珠海、中山、江门、阳江市先进装备制造产业带建设，带动珠江西岸海洋工程装备制造等现代海洋产业集聚发展。促进粤东港口群发展，积极构建以汕头、潮州、揭阳三市为重点的粤东港口群发展，初步建立层次清晰的港口布局，促进临港产业特色发展。

【建设海洋产业园区】 2015 年，广东全省各类海洋新兴产业示范基地、产业园区有 50 多个。广州依托南沙港区壮大现代物流业，打造国际航运中心，建设世界级邮轮母港。深圳利用招商重工、友联船厂和中集集团等大型海工装备龙头企业加快发展高端海工装备，积极打造世界海洋经济中心城市。以珠海为代表的珠江西岸船舶及海洋工程装备业发展迅猛，成为广东工业发展亮点。惠州大力发展石化产业，打造世界级石化基地，促进临海产业与海洋生态环境保护协调发展。汕头加快东部城市经济带建设，积极打造粤东海洋经济中心。阳江以高端旅游为主题，打造国际休闲旅游度假胜地。湛江打造环北部湾中心城市和 21 世纪海上丝绸之路主要支点城市。全省海洋战略性新兴产业总产值超 500 亿元，逐步形成以广州、深圳为核心的海洋生物医药产业集群，以广州、珠海、中山为核心的珠江西岸海洋装备制造产业带，以湛江为核心的粤西海洋生物育种与海水健康养殖产业集群。

【海洋产业集聚发展】 2015 年，广东省级财政安排海洋经济综合试验区建设资金 3000 万元，省海洋与渔业局联合省财政厅开展现代海洋产业集聚区建设资金竞争性分配。通过资料评审、现场评审及综合评审三个环节，最终确定给予广州南沙新区科技兴海产业示范基地、珠海经济技术开发区海洋装备制造集聚区、汕尾深汕特别合作区海洋产业集聚区三个区域现代海洋产业集聚区的称号，各集聚区获得建设资金 1000 万元。通过扶持现代海洋产业集聚区的建设，打造海洋经济新增长点，增强海洋经济的辐射带动作用，推动沿海地区经济快速发展和区域协调发展。

2015 年，广东主要海洋产业（12 项）中，滨海旅游业增加值 2414 亿元，占 48.9%；海洋交通运输业增加值 623 亿元，海洋化工业增加值 593 亿元，海洋工程建筑业增加值 511 亿元，各占 12.6%、12.0% 和 10.4%；海洋渔业增加值 311 亿元，海洋油气业增加值 284 亿元，海洋船舶工业增加值 185 亿元，各占 6.3%、5.8% 和 3.7%；还有海洋电力、海水利用业、海洋生物医药业、海洋矿业、海洋盐业 5 项增加值合计 18 亿元，占 0.4%。

【滨海旅游快速发展】 2015 年，广东滨海旅游业继续保持较快增长，接待游客 2.68 亿人次，其中国内游客 2.32 亿人次，入境游客 0.36 亿人次；滨海旅游业全年实现增加值 2414 亿元，比上年增长 10.2%，比 2010 年五年增长 127.6%；占全国滨海旅游业增加值（10874 亿元）的 22.2%。粤港澳游艇自由行取得重大突破，广州、中山分别与澳门签订开展粤澳游艇旅游自由行合作的协议，启动建设中山神湾游艇出入境联检大楼。珠海长隆国际海洋度假区一期建成投入使用。惠东巽寮湾、阳江闸坡等一批滨海旅游休闲带初具规模。珠江口湾区、川岛区、海陵湾区、南澳岛区、深圳大鹏湾区、珠海沿岸与海岛群、惠州稔平半岛、水东湾和大放鸡岛、湛江湾区等9个带动型滨海综合旅游区加快建设。深圳太子湾和广州南沙等国际邮轮母港基地、中山磨刀门神湾游艇主题休闲度假基地、江门银湖湾游艇主题休闲度假基地等具有专业化特色的重点滨海旅游基地逐步完善。阳江海陵岛大角湾成功创建国家5A景区，成为广东首家5A级滨海旅游景区。

【海洋渔业转型升级】 渔港建设取得重大突破，省财政安排11亿元支持渔港和避风塘建设。建立渔船更新改造审核“先建后拆”制度，全省淘汰小、旧、木质渔船938艘，新建海洋捕捞渔船871艘、南沙骨干渔船35艘。大力发展远洋渔业，全省共有19家企业、197艘远洋渔船在外生产。在国内首创“深蓝渔业”发展模式，积极发展深远海渔业养殖，建成一批深水网箱养殖产业示范园区，全省深水抗风浪网箱数量已发展到2035个，产量达2万多吨。2015年全省渔业经济总产值达到2535亿元，同比增长7.8%；水产品总产量857万吨，水产品出口创汇28亿美元。

【船舶工业集聚发展】 2015年全省有规模以上船舶工业企业91家，年产值1亿元以上的企业18家，船舶年制造能力约650万载重吨。广州的海洋船舶竞争力不断增强，中船广州龙穴400万载重吨世界级船舶制造基地建成投产，珠江口大型船舶修造基地初具规模。依托珠江西岸先进装备制造产业带的开发建设，推动海洋工程装备制造业快速发展。广州、深圳、珠海等海洋工程装备基地建设进展顺利，珠三角海洋工程装备制造集群正在加快建设。中山海事重工、中铁南方装备制造基地建成投产。广州南沙已成为国内海洋工程装备制造业的重要基地，深圳在海洋工程装备总包、设计方面国内领先。

【海洋新兴产业快速发展】 通过海洋经济创新发展区域示范专项项目的重点布局和引导，直接推动海洋战略性新兴产业加快发展，新兴产业在海洋经济总量中占比明显提高。根据对广州、深圳、珠海、中山、湛江、汕头等沿海市的不完全统计，区域示范相关战略性新兴产业总产值（销售收入）529.81亿元，其中：海洋生物高效健康养殖业29.51亿元，海洋生物医药与制品业152.65亿元，海洋装备业347.56亿元。比上年新增产值98.29亿元。广州、深圳市成为国家生物产业高技术产业基地，建成深圳大鹏海洋生物产业园，形成健康元、海王生物等一批海洋生物医药龙头企业。

【建设海洋强省与资源利用】 5月7日，广东省海洋与渔业局联合省科协在广州召开“南海海洋资源利用保护与广东建设海洋强省研究”专项调研专家咨询会，邀请国家海洋局第二海洋研究所金翔龙院士、潘德炉院士以及中国科学院南海海洋研究所、中国水产科学研究院南海水产研究所和珠江水产研究所、中山大学、广东海洋大学等科研院校专家学者，为南海海洋生物资源保护与利用、广东海洋强省与海上丝绸之路建设等议题建言献策。5月8日，广东省海洋与渔业局局长文斌带队赴深圳参观调研海洋科技创新工作，为促进海洋科技创新发展推动广东“一带一路”建设开拓新思路、寻找新突破。

【海上丝路与资源开发】 2015年1月13日，中国海洋工程咨询协会海洋资源开发分会在广州举行“21世纪海上丝绸之路与资源开发”研讨会，专家学者围绕海上丝绸之路的历史、战略定位、海上通道建设、实现渠道等进行探讨，并提出发展港口经济、构建南海合作开发数据库和“海上丝绸之路”数据库共享平台等建议。

海洋立法与规划

【推进依法行政工作】 2015年，广东做好全省渔业行政执法与刑事司法衔接（以下称“两法衔接”）工作，打击渔业资源违法犯罪行为，与省公安厅、省人民检察院联合下发海洋与渔业系统“两法衔接”的指导意见。“十二五”期间，广东省海洋与渔业局承办的行政复议案件数量为13宗；行政诉讼案件为6宗；依法举行行政处罚案听证会5宗。行政诉讼案件胜诉率为100%。2015年广东省海洋与渔业局未发生行政复议和行政诉讼案件，组织开展重大行政处罚听证案件1宗。

【推行法律顾问制度】 2015年，广东省海洋与渔业局积极推行政府法律顾问制度建设，重点完善法律顾问的考核机制、进出机制，进一步细化法律顾问工作程序，改进法律顾问管理、运作机制；举办面试会议和民主测评投票，从四家律所中遴选正平天成律所为广东省海洋与渔业局法律顾问，设立局法律顾问室，法律顾问每周二、四上午坐班定点定时为各处室（单位）提供法律服务。提供各种法律咨询服务75宗，出具法律意见80余份。

【开展海洋政策研究】 2015年，广东海洋政策研究工作紧紧围绕海洋中心工作和海洋经济发展的热点、难点问题，组织开展政策研究，为加快推进海洋经济发展和加强海洋综合管理决策提供有力支撑。省海洋与渔业局启动海洋强省课题研究，与省社科联签订合作协议，联合开展“发展海洋经济，建设海洋强省”专题研究，为省委、省政府加快推进建设海洋强省和海洋综合试验区建设提供理论支撑和政策建议。开展稳定渔民水域滩涂养殖使用权研究，起草关于渔业养殖用海补偿的有关情况。围绕海域使用直通车制度实施情况，先后赴湛江、江门、中山试点地区调研，推动海域使用直通车制度试点进程。

【编制广东省海洋经济“十三五”规划】 2015年，广东省海洋与渔业部门积极参与第十三个五年发展规划纲要的编制，省“十三五”发展规划纲要有专节部署“大力发展海洋经济”，涉海涉渔内容进一步突显，篇幅大幅度增加。其中，率先启动的美丽海湾建设提高到国家发展战略，组织编制完成广东省美丽海湾建设规划。在省发改委支持下，广东海洋经济“十三五”发展规划纳入全省重点专项规划，该规划全面系统地提出“十三五”广东海洋经济发展总体思路、重点任务和保障措施。组织编制海洋主体功能区规划、现代渔业“十三五”发展规划，启动编制海岸带保护利用、海洋渔业科技发展、海岛保护利用、海洋环境保护、远洋渔业发展等专项规划，全面构建全省海洋渔业发展规划体系。

【实施海洋功能区划】 2015年，广东省按照《国务院关于广东省海洋功能区划（2011—2020年）的批复》提出的有关指标要求，编制《市县级海洋功能区划控制性指标分解方案》，对全省大陆自然岸线保有率、保留区面积等7项指标进行细化分解。加快推进市县级海洋功能区划编制，全省14个沿海市均已开展本行政区域内的海洋功能区划编制。严格监督实施《广东省海洋功能区划》，对50个用海项目进行区划相符性审查，严格把好海洋功能区划实施关。根据地方经济社会发展需要，开展中广核惠州核电项目海洋功能区划调整工作，对惠州核电项目用海选址位置进行区划调整现场踏勘工作，组织召开修改海洋功能区划方案专家论证会。

【编制海洋主体功能区规划】 国务院于2015年8月批准实施《全国海洋主体功能区规划》，广东省省领导高度重视，提出“请省海洋渔业局会同省发展改革委等有关部门认真研究制订我省海洋主体功能区规划”的要求，省海洋渔业局完成《广东省海洋主体功能区规划》初稿的编制工作，经征求沿海市政府及省直有关部门意见后修改完善，与《全国海洋主体功能区规划》进行衔接，将可细化、创新的内容体现在《广东省海洋主体功能区规划》中，在湾区开发指引、生态发展及重点生态保护岛群、禁填区和限填区的选划等方面突出具有广东特色的内容，增强规划的实用性和可操作性。

【编制《广东海洋发展报告》】 2015年，广东省海洋与渔业局委托广东省海洋发展规划研究中心编制《广东海洋发展报告》，于6月8日，正式公开发行。这是我国首部省级层面的海洋发展报告，全面阐述广东海洋事业发展历程、成效和潜力。《广东海洋发展报告》分为 9 篇 30 章，包括广东海情、海洋发展环境与战略、海洋经济发展、海洋生态文明、海洋科技创新、海洋防灾减灾与渔业民生福祉、海上丝绸之路与海洋文化、海洋综合管理和沿海地市风采等内容，较为全面地反映广东海洋资源“家底”和海洋经济发展态势，以及海洋在接替和补充陆域资源方面的巨大潜力和重要意义。《广东海洋发展报告》将作为年度系列报告，以每个自然年度为基本时间节点，重点介绍年度广东海洋事业发展情况，并有针对性地选择一些重点、热点和难点问题作专门论述。

海域使用管理

【完善海洋综合管理】 2015 年，国家和省共批准同意 25 宗项目用海，共计批准用海面积约 2462 公顷，填海面积约 782 公顷，其中国家审批 9 宗，用海面积 1863 公顷；省政府批准 16 宗，用海面积 599 公顷。广东省完善海洋综合管理手段，分解下达省级海洋功能区划关于围填海面积、自然岸线保有率等 7 项指标，实施以指标控制用海。启动编制全省海洋主体功能区规划，科学划定优化开发区、重点开发区、限制开发区和禁止开发区。组织开展全省海域使用大检查，建立用海项目台账。规范项目用海审查内容和程序，提高用海审核效率，围填海项目审批由过去的 2~3 年，压缩至现在的 1 年左右。

【创新海域使用管理】 2015 年，开展全省海域使用“回头看”大检查，对 2007 年至 2015 年的围填海情况进行全面梳理，建立审批、监测、执法三方联动机制。对未批先填做到早发现、早制止，有效遏制新的未批先填等违法现象。完善海域使用审核制度，建立海域使用论证专家评审机制。加强围填海管理，制订围填海海域使用权第三方评估实施办法，开展海域使用权独立第三方评估。编制完成县级海域动态监管能力建设项目实施方案、珠江河口海域围填海红线划定工作方案。强化对用海方式的指导，引导用海企业科学进行围填海平面设计。规范海域综合管理，细化分解省海洋功能区划具体管控指标，切实保护自然岸线、海洋保护区和养殖用海。出台省级海域使用金管理办法，明确省级海域使用金安排原则和使用范围。

【规范海砂开采监管】 2015 年，广东省海洋与渔业局制定海砂开采海域使用权市场化出让方案和审批办法，出台海砂开采监管执法暂行办法，开展海砂开采视频监控系统建设试点。建设海砂开采视频监控管理系统，对采砂船舶轨迹进行实时监控。7—9 月，省海洋与渔业局和广东海事局在珠江口海域首次开展联合打击非法采砂专项行动，海监部门和海事部门共有 20 个单位、20 艘船艇参加。行动采取大船蹲守、快艇巡查、突击检查相给合的方式进行，重点查处无证、逾期、越界开采海砂等行为，共出动执法船艇 226 艘次，执法人员 1134 人次，检查采砂船舶 679 艘次，查获涉嫌非法采砂船舶 12 艘。为加强海砂开采海域使用管理，维护海砂开采海域使用秩序，保护海洋资源和生态环境，保障海砂开采海域使用权人的合法权益，省海洋与渔业局于 10 月 20 日发布《广东省海砂开采海域使用管理暂行办法》，明确海砂开采实行“四定一实时”（即做到定点、定时、定量、定向管理和实时监测），开创海砂开采全程监管新模式。

【海域动态监视监测】 2015 年，编制《广东省县级海域动态监管能力建设项目实施方案》，5 月获国家海洋局批准，推动海域动态监管县级能力建设。用好国家安排的 1.7 亿元海域使用动态监管县级节点建设资金，加快县级海域动态监管体系建设，提升海域使用管理信息化水平。全年共完成 19 个项目 36 宗用海的证书登记配号，完成 85 个海域使用申请项目技术预审，完成 8 个批次省局局务会、审核会中 41 个用海项目的汇报材料整理和相关图件编制，开展国家和省重要用海项目前期现场踏勘55宗，所有现场踏勘都开展无人机航拍，并编制现场踏勘报告。受理审查海洋工程环境影响报告书29本，完成评估工作项目25个，提交海洋环评报告书评估意见25份，完成32个项目的上会汇报材料。

海岛开发管理

【海岛开发保护管理】 2015年，广东省积极推动珠海市的三角岛开发试点和汕尾市的龟龄岛生态保护与修复项目，把三角岛打造成集公益、执法、旅游娱乐于一体的示范用岛，成为全省无居民海岛保护和利用的范例。准备上岛建设实验、监视监测、执法平台的公益单位有省水利厅、广东省地震局、广东省气象局、海警南海分局、珠江水委和广东省海洋与渔业局6家单位。建立无居民海岛使用金评估规范，编制无居民海岛使用金市场化评估技术标准。在全国率先完成7个领海基点保护范围的划选任务，并在江门的围夹岛和珠海的佳蓬列岛安装视频监控设备，全天候监视领海基点海岛及周边海域情况，已连续监视4000小时以上。以上项目于2015年4月份顺利通过验收。

【海岛生态修复整治】 2015年，国家新下达广东省海岛生态整治修复项目3个，加上往年的项目，实施的项目达12个。每个月要报告一次项目实施进度，确保项目落地。东莞的威远岛项目已竣工待验收。实施深圳小铲岛、内伶仃岛等多个海岛生态修复整治项目，逐步恢复海岛自然资源及生态景观。汕尾市的龟龄岛生态保护与修复项目是国家下达的大型项目，聘请省内外有名望的专家和学者组成项目规划发展顾问委员会和项目实施管理技术委员会，2015年完成项目勘察工作，项目整体规划及初步设计、开发利用具体方案已通过以上两个委员会审查和专家评审，即将进入施工阶段。

【有序发展海岛旅游】 广东省海洋与渔业局联合旅游局，组织力量开展全面的海岛旅游资源普查，于2015年编撰出版《广东省海岛旅游资源》，为广东科学发展海岛旅游提供参考依据。经广东省政府同意，省海洋与渔业局联合省旅游局于9月18日印发《关于切实加强海岛保护有序发展海岛旅游的意见》，以建设生态文明为主线，进一步规范海岛旅游开发，按照“一岛一规划，一岛一主题，一岛一特色”模式，将广东省主要海岛打造成为国家乃至世界的滨海旅游重要目的地。并于12月21日在珠海市召开全省海岛管理暨旅游工作座谈会，以加强海岛保护，共同推动广东海岛旅游资源开发。珠海、阳江、茂名大力发展滨海海岛旅游产业，打造海岛旅游特色品牌，促进海岛地区经济社会可持续发展。

海洋环境保护

【环境保护制度改革】 2015年，广东省进一步完善海洋工程建设项目环境影响评价工作制度。制订《海洋工程建设项目环境影响报告书技术审查细则》，细化项目现场考察、专家评审、技术审查内容等各有关环节的要求，建立客观、公平、公正的海洋工程建设项目环境影响评价文件审查机制；优化环境影响报告书（表）核准工作程序，采取征求意见和公示程序并联的方式，提高工作效率。抓紧海洋工程建设项目环境保护监管制度建设，明确监管事项以及各级海洋和行政部门的监管职责，为实施海洋工程建设项目全过程监管提供政策依据。针对海洋增殖放流存在的科学性、合理性、规范性等问题，组织编制《广东省海洋生物增殖放流技术指南》，印发各地执行。

【项目环境监督管理】 2015年，广东省对近年来涉海涉渔工程建设项目进行全面梳理，建立台账，并按照用海新常态和环境保护新要求，对受理的77项工程建设项目进行分类核查，坚持依法行政的原则，开展各地区用海项目现场调查，重点掌握围填海工程海洋环境现状，从服务海洋经济发展的大局出发，严格把关，明确处理方式，对与现行法律法规和政策有冲突的项目暂停办理，并按省政府关于重点项目的要求，认真做好有关项目海洋环境影响评价工作，2015 年共核准项目 18 项。坚决执行资源环境损害赔偿制度，2015 年共办理涉及赔偿事项的工程建设项目 25 项，赔偿额达 1.7 亿元。

【做好海洋环境监测】 2015 年，广东全面落实国家海洋局下达的海洋环境监测任务，推动全省 14 个沿海市开展管辖海域环境监测工作，抓好环境监测质量监督管理。启动重点海域排污总量控制试点工作。主动将大亚湾海域列入国家总量控试点区，积极探索重点海域排污总量控制制度的实施，向惠州市下达试点工作任务，制定工作方案并给予惠州市有力的指导。组织编制《2014 年广东省海洋环境状况公报》，并由省府新闻办召开新闻发布会向社会公布，将超标排污企业名单和各地海洋环境质量状况公之于众，有效发挥社会监督作用，引起各地政府和有关部门的重视，产生良好效果。

【海洋牧场示范项目】 2015 年，广东省积极开展国家级海洋牧场示范区创建工作，组织各沿海市（县、区）申报海洋牧场规划和示范区，经过论证和评审，批准汕尾市城区海洋与渔业局申报的龟龄岛东海域、珠海市万山区海洋开发试验区海洋与科技局申报的庙湾岛海域为国家级海洋牧场示范区，确定由惠州市海洋与渔业局、珠海市万山区海洋与科技局、茂名市海洋与渔业局水东分局承担惠州东山海、万山区庙湾岛海域、茂名放鸡岛海域大型人工鱼礁建设示范项目，并确定每个项目建设资金 5000 万元。2015 年，完成南澳乌屿、汕尾红海湾、电白水东湾、惠东三角洲人工鱼礁礁体制作投放，完成礁体空方量 28566 立方米。

海洋生态文明

【率先建设美丽海湾】 2015 年，广东率先在全国实施美丽海湾建设，确定在汕头青澳湾、惠州考洲洋、茂名水东湾开展美丽海湾建设，下达补助资金 9200 万元，为落实党的十八届五中全会提出的“蓝色海湾整治行动”进行探索。

广东省海洋与渔业局美丽海湾总体规划编制资金 200 万元，启动美丽海湾建设总体规划编制工作。与国家海洋局第二、第三海洋研究所、中山大学和省海洋规划发展研究中心多方交流，探讨全省美丽海湾建设布局和设想。抓紧开展规划招标工作，早出成果并报省政府批准实施，为全面建设美丽海湾提供蓝图。完成美丽海湾扶持建设项目竞争性评审，确定南澳青澳湾、惠州考洲洋和茂名水东湾三个扶持试点，并分别下达 3000 万元项目扶持资金。

【海洋生态文明建设】 2015 年，广东省组织编制《广东省海洋生态文明建设行动计划（2015—2020 年）》，并征求各沿海市及相关部门意见，到年底进入定稿阶段。加强第一批国家级生态文明示范区规划指导。完成南澳县、横琴新区、徐闻县三个国家级海洋生态文明示范区生态红线划定工作。组织开展第二批国家级海洋生态文明建设示范区申报工作。推动惠州、深圳大鹏新区成为第二批国家级海洋生态文明建设示范区。全年国家下达广东海域海岛生态修复项目资金 2.73 亿元。至年底，建成海洋与渔业自然保护区 88 个，国家级海洋公园 3 个。

【评选“十大美丽海岸”】 省海洋与渔业局于 9 月 10 日召开的媒体会宣布，首届广东省十大美丽海岸评选活动正式启动。11 月 26 日，在 2015 年中国海洋经济博览会上举行广东“十大美丽海岸”授牌仪式。汕头市青澳湾、汕尾市遮浪半岛海岸、惠州市巽寮湾、深圳市西涌海岸、深圳市大小梅沙海岸线、珠海市东澳岛玲玎海岸、江门市王府洲、阳江市大角湾、茂名市中国第一滩、湛江市金沙湾 10 个海岸入选。

【“广东十大最美湿地”半数在海边】 2015 年 11 月 6 日，在广州南沙湿地召开首届“广东最美湿地”、影像湿地摄影大赛媒体发布会暨

2015年广东省湿地保护协会会员代表大会。这次评选出的广东十大最美湿地，属于海边的有南沙滨海湿地景区、深圳福田红树林湿地、湛江红树林国家级自然保护区、惠东海龟国家级自然保护区、珠海淇澳—担杆岛省级自然保护区等。

海洋环境预报与防灾减灾

【强化监测预报职能】 2015年初，广东省机构编制委员会办公室批准，广东省海洋与渔业环境监测中心更名为广东省海洋与渔业环境监测预报中心，增加海洋监测预报职能，并增加编制3名。中心增设观测预报室，调整内设机构名称，避免职责交叉。采用“边筹建、边运作”的方式，8月份重新启动专题预报室开展日常预警报业务，保证业务工作与机构调整同步开展：制作发布六大渔场预报产品和海浪警报产品，风、浪常规预报产品时效延长到72小时；针对阳江闸坡渔港和惠州大亚湾发布精细化预报产品，发布的要素包括海面风、海浪、潮汐和海温；参加国家召开的视频会商，提高应急保障和服务水平。

【加大监测预报力度】 制订《2015年广东省海洋与渔业环境监测工作方案》，下发至各沿海地级以上市。全省加大入海污染源监测、海水水质监测、海洋保护区监测、主要海洋功能区监测和重点工程项目海洋环境跟踪监测力度，将海洋特别保护区（海洋公园）和流沙湾南珠养殖海域纳入监测范围，并联合国家海洋环境监测中心，在江门台山市试点开展海洋资源环境承载力预警监测。全年共布设各类监测站位800余个，开展约5000站次海洋海洋环境调查监测，产生30余万组监测数据。重点对全省82个重点工业、市政入海排污口及邻近海域环境监测，监测频率由4次/年增加到6次/年，获取排污数据近万组。

【突发事件应急监测】 2015年，广东省近海海域共发现赤潮7起，累积面积约38.66平方千米。绿潮事件有1起，发生面积仅数百平方米。高度重视赤潮（绿潮）监视监测，有针对性地开展赤潮灾害应急响应工作，并及时将监测信息通报给上一级海洋主管部门和相关单位，为科学防治灾害提供有力支持。据上报，已发生的7起赤潮、1起绿潮均未对当地海洋经济造成损失。广东年内发生珠海万山群岛海域“8.24”海上溢油事件、南澎列岛海域“11.14”撞船事故等2起海上污染事件。事件发生后，立即成立应急小组，及时赶赴现场开展现场应急监测工作。后期跟踪监测结果显示：这两起污染事件对海水水质的影响不大，没有发现死鱼现象。

【做好防灾减灾预警】 2015年7月初，第10号台风“莲花”登陆前，预测很可能对广东产生重大影响。省海洋与渔业局迅速部署防台工作，并启动防御热带气旋三级应急响应，要求在粤东海域作业的所有渔船于7月6日17时回港避风，船上人员全部上岸。9日7时，“莲花”中心位于惠来东偏南约70千米的南海东北部海面上，当天中午前后将在汕头到汕尾之间的沿海地区以12级风力登陆，登陆后继续从东往西横扫广东沿海地区，穿过珠江口后仍有可能达到热带风暴量级。为此，省防总决定于9日7时30分将防风III级应急响应提升为防风II级应急响应，要求全省沿海所有渔船和渔排人员在台风警报解除前，不得出海作业。9日12时，台风“莲花”在陆丰市甲东镇沿海登陆，登陆时中心附近最大风力有12级（35米/秒），中心最低气压为970百帕。第10号台风“莲花”是2015年首个登陆广东的热带气旋，具有移动速度缓慢，路径复杂多变的特点，造成汕尾、汕头、揭阳、潮州等地遭受一定程度的损失，据统计，全省直接经济损失累计2.478亿元。

海洋执法监察

【队伍建设有新进展】 2015年，按照“要把队伍管好、带好，要依法行政、能执法、执好法”的要求，打造全省队伍“铁的纪律、优良的作风和强悍的执行力”。8月底，省编办到中国海警“3112”船调研，对海上执法工作有了更直观感受，对直属三个支队成立以来攻坚克难、屡创佳绩给予充分肯定。11月省直机关工委调研直属二支队时充分肯定支队党建工作，提出直属支队可成立党总支，执法船成立党支部。广东省编办批复同意省总队指挥处更名为指挥与协作处并调整相关职能，增加正处级领导职数1名。同时，经多次向省府办、人事厅和财政厅等部门汇报争取并得到支持，出台全省队伍船员出海补贴规定。

【基地装备加快建设】 2015年，广东省召开全省装备工作会议，对队伍装备建设工作进行总结，制定队伍装备建设“十三五”规划。省总队广州执法指挥基地（东江仓）租赁项目顺利实施，完成150米码头，1000平方米配套设施租赁招标工作，租期10年，码头及陆域配套设施修缮工作同步进行中；粤东基地项目有序推进，项目可行性研究报告编制基本完成，海域使用、环境影响等十几项论证评估工作全面开展。粤中基地项目于11月开工，陆域回填和地基处理已完成，码头工程已进入打桩阶段；粤西执法码头已完成基槽挖泥，正进行沉箱安放及码头方块吊装。出台《执法船艇装备管理千分制标准》，对全省执法船装备管理进行量化考核。

【海洋监察执法检查】 2015年，广东省根据“分类处理、属地负责”的原则，对国家审计署反馈的50宗违规填海项目进行集中整治，其中15宗案件属于“海十条”范围不予立案，24宗案件已办结，收缴罚款7.36亿元，还有11宗案件已进入处罚程序。深入开展执法专项行动，严厉打击各类违法行为。开展“海盾2015”行动、严格落实“三巡”制度，积极探索利用卫星图片和航拍资料数据及时发现违法用海案源，立案查处“海盾”案件21起，执行罚款超过11亿元。开展“碧海2015”专项执法行动，推进海洋资源环境执法。全省共出动执法船、艇416艘（次）、执法车280辆（次）、执法人员2415人（次），组织海洋工程项目、海洋倾废区、保护区、入海排污口以及其他生态区域等各类执法检查379个次，登检倾废船舶23艘次，采砂船舶319艘次，共查处“碧海”案件103宗，结案73宗，执行罚款819万元。2015年组织省属海警船执行维权执法任务2次，派出执法人员65名，航时44天，航程6049海里，出色完成海洋维权任务。

海洋行政审批

【规范行政审批行为】 广东省海洋与渔业局加强行政审批管理，严格依法行政，规范行政审批行为，完善行政审批程序，简化行政审批流程，提升行政审批服务质量。省级涉海涉渔行政审批事项取消3项、委托下放4项，制订标准化办事指南46项。完善海洋渔业网上办事系统，实现全部审批事项网上办理。同时，完成办证大厅改造工作，室内面积约80平方米，室内宽敞整洁明亮，设施齐全，为前来办事的群众提供良好的办事环境。为方便群众办事和处室审批人员的需要，对标准版办事指南、业务手册以及方便群众携带的简版办事指南印刷成册。同时，试点省网上办事大厅手机版接入，经过材料梳理、流程精简、人员配置，广东省海洋与渔业局作为省网上办事手机版试点事项已接入省网上办事大厅。

【行政审批标准化】 2015年，根据广东省机构编制委员会办公室《关于编写和录入行政审批事项标准的的函》要求，对进驻省网上办事大厅的41项事项的标准化资料进行录入，录入约39万字。省海洋与渔业局进驻省网上办事大厅事项由原来的41项调整为34项，由于有部分事项整合和审批人员的变化，对审批事项的各审批环节和审批人员进行重新配置，人员账号进行相应调整。拨出专款用于改造和购置电脑等配套设施，印刷办事指南和业务手册。

【跨层级行政审批】 广东省海洋与渔业局跨层级行政审批事项，一是国家垂直业务系统对接，2015年1月，赴农业部和国家海洋局汇报广东省海洋与渔业局行政审批事项所使用的国家垂直业务系统与广东省网上办事大厅系统对接工作，得到大力支持；二是省、市、县跨层级行政审批事项的审批。广东省海洋与渔业局涉及省市县三级跨层级审批事项11项，主要完成跨层级审批事项的市县部门资料收集、梳理；在全省海洋与渔业主管部门推广跨层级审批事项，推广的工作包括数据配置、系统测试；对全省海洋与渔业系统相关人员进行分区域、分批次、集中式的系统培训，共培训246人；开发标准接口，实现省公共审批平台与国家渔政管理指挥系统和海洋渔业局OA系统的对接。

海洋科技

【建设科技兴海基地】 在国家海洋局的支持下，2015年投入2亿元建设珠海万山国家海洋能海上试验场，推进广州、湛江国家海洋高技术产业基地和南沙科技兴海产业示范基地建设。实施国家海洋经济创新发展示范区域示范，该专项获得国家财政7.5亿元资金支持，带动40亿元社会资金投入海洋科技创新，推动一批海洋工程装备的创新研发。广东海洋与水产高科技园完成主体建设，国家级研究机构入园成立分支机构。省海洋与渔业局与中国空间技术研究院于7月在北京签署战略合作框架协议，双方在广东智慧海洋建设规划、渔船北斗终端开发应用、渔政执法船视频监控、智能水处理应用等方面深化合作，建设广东省天空地一体化海洋遥感监测系统。

【实施海洋科技专项】 2015年，广东省申报科技攻关与研发项目共150项，立项项目49个，安排专项资金2850万元。及时完成项目立项评审、立项答辩、经费安排、合同签订等工作任务。同时，为提高专项实施的规范化和可行性，对项目资金超过80万元的重点以上项目增设开题环节，组织各科研单位召开项目开题会，对项目技术路线、工作方案、经费使用等内容进一步把关并提出优化建议。截至11月底，共组织完成2014—2015年度30个项目开题，为项目顺利实施奠定良好基础。做好2016年海洋与渔业科技与产业发展专项科技攻关与研发申报指南的编制工作，向企业、高校、科研机构等征集技术需求和科研项目，凝炼一批目标明确、边界清晰的高质量重点任务，纳入专项集中部署。

【抓好项目结题验收】 2015年6月，组织召开“省海洋渔业科技推广专项科技攻关与研发项目验收会议”，主要对2011—2012年所有立项但尚未结题的项目，进行结题验收，共组织验收130个项目，通过验收的项目126项，未通过验收的项目4项。为实现对项目的科学高效管理，升级强化信息化管理手段，委托技术单位开发项目档案系统，专项管理人员可根据相应权限完成对专项项目的综合查询和统计汇总工作。2015年，广东省海洋渔业领域取得广东省科技奖一等奖1项，二等奖2项；广东省农业技术推广奖一等奖1项，二等奖3项，三等奖4项。

【海洋科技成果转化】 截至2015年底，广东省共组织实施海洋科技成果转化与产业化、产业公共服务平台项目44项，其中成果转化与产业化项目40项，产业公共服务平台项目4项，项目总投资额超过20亿元，拉动上下游产业投资约100亿元，直接推动海洋战略性新兴产业发展提速增效。区域示范专项项目承担企业自主科技研发投入已超过2.5亿元，建设和认证市以上企业科技研发中心、工程技术中心、企业重点实验室、中试基地等产业技术开发应用示范平台共47家，取得创新技术成果151项，形成创新产品超过40个。

海洋教育

【全国海洋宣传日活动】 2015年6月8日，国家海洋局南海分局、广东省海洋与渔业局、广州市海珠区人民政府等单位联合在广州海珠湖公园举办2015年世界海洋日暨全国海洋宣传日活动广东分会场活动，300多人参加，重点宣传“21世纪海上丝绸之路”重大战略和深化改革、依法治海，以及海洋生态文明建设等。启动仪式上，广东省海洋与渔业局分别与广东广播电视台、南方日报社签署海洋意识宣传报道合作框架协议。同时，为推动海洋意识普及和海洋生态文明传播，5个国家级自然保护区和广东省海洋工程职业技术学校被评为“广东第一批海洋意识教育基地”。

【海上丝路国际博览会】 2015广东21世纪海上丝绸之路国际博览会于10月29—31日举办，由展览和主题论坛两个部分组成。主题论坛“港口城市发展合作高端论坛”于30日下午在广州白云国际会议中心举办，邀请海上丝绸之路沿线国家（地区）政要、商界领袖、港口管理机构官员、国内外知名专家学者、国际组织负责人等近1000人，通过开展主旨发言、合作对话会等方式，解读国家战略，探讨互联互通，交流发展经验，商谈合作机会。本届海博会展览活动在东莞广东现代国际展览中心举办，吸引国内外1394家参展商参展，展位2800个。50个国家和地区参展，设38个具有异域风情的国家（地区）馆，展示沿线国家的产业特色。展览期间，入场观展、采购的人员达10.82万人次，其中专业采购商2.13万人次。共达成签约项目680个，涉及签约资金2018亿元。

【举办中国海洋经济博览会】 由广东省人民政府和国家海洋局联合于11月26—30日在湛江举办，以“创新驱动，合作共赢”为主题，设置国际馆、国家馆、产业馆、军史馆，以及旅游文化区、商品展销区、国际美食区等四馆三区，共吸引43个国家和地区的2100多家企业参展，英国、法国、德国、塞舌尔、以色列、新加坡等“一带一路”相关国家纷纷参展。意大利、斯里兰卡、泰国、韩国、美国、加拿大、新西兰、澳大利亚等多国客商踊跃组团参展参会，前来考察洽谈，寻找合作机会。达成交易和合作意向300多亿元，参展企业、参观人数和签约项目、金额都超过往届。博览会期间，还举办“中国海洋创客节”，展示国内外创新创意成果，来自各地的百余名“创客”将同台“晒创意”，把活动变成“创意的海洋”。

【海洋科普知识进社区】 2015年5月20日，广东南澎列岛海洋生态国家级自然保护区管理局联合南澳县科协、科技局在南澳县城东社区开展“海洋科普知识进社区”主题科普活动。本次活动通过保护海洋生物、减少海洋污染、爱护周边环境、节能低碳等科普知识进行宣传，倡议大家从现在做起、从自己做起、从日常生活中做起，积极主动地参与海洋科普知识宣传教育工作，为打造可持续发展的宜居家园，构建平安和谐幸福的社会环境作出积极贡献。城东社区群众共500多人参与活动。活动共向城东社区居民委员会捐赠科普图书400册，并在此长期开设面向大众的科普宣传栏。

海洋文化

【举办“海丝映粤”展览】 2015年3月4日，“海丝映粤：广东与21世纪海上丝绸之路建设”大型图片展览在广东省档案馆展览厅开幕。展览由广东省政府文史研究馆、广东省档案馆、南方报业传媒集团、广东省社科联、广州市社科联联合主办，广东文史学会承办。展览主体为3部分：舶航帆影——广东与古代海上丝绸之路；对外开放——广东与现代海上丝绸之路；百舸争流——广东携手共建21世纪海上丝绸之路。

【举办美丽海岸魅力海岛系列活动】 广东省海洋与渔业局于2015年9月10日召开的媒体会宣布，广东美丽海岸魅力海岛系列活动重要内容—“广东美丽海岸魅力海岛”摄影比赛结果揭晓，18幅佳作从532名参赛者拍摄的近1300幅图片中脱颖，分获“美丽海岸”和“魅力海岛”两个组别的一、二、三等奖。其中，“广东魅力海岛”摄影比赛有500多幅作品参赛，50幅作品入围，10幅作品分别获得一、二、三等奖。这次系列活动，在广大公众中营造关心海洋、热爱海洋、保护海洋的良好氛围，使广东海岸线的生态环境更加美丽、管理更加规范、发展更加可持续。

【南海(阳江)开渔节】 8月1日上午，由阳江市人民政府、广东省海洋与渔业局主办，海陵岛试验区管委会和阳江市海洋与渔业局共同承办的第十三届南海（阳江）开渔节开船仪式在阳江市海陵岛闸坡国家级中心渔港举行。阳江市委书记魏宏广，广东省海洋与渔业局局长文斌等领导和嘉宾等出席开船仪式。2015年的南海（阳江）开渔节以“扬帆丝路水道·力促蓝色崛起”为主题，不仅有传统的开船仪式、祭海活动、渔家婚嫁庆典巡游、渔家大宴四大主要活动，还增设泼水活动、拔河比赛、捕鱼活动、音乐晚会、帆船表演等六大助兴活动，既具渔家特色，又丰富国际旅游岛的现代气息。

【汕尾海洋文化旅游节】 8月1日上午，汕尾渔港集结千艘渔船举行开渔仪式，拉开2015年汕尾海洋文化旅游节的序幕。汕尾海洋文化旅游节以“推广汕尾，提升人气”为主题，至11月30日结束，以海洋产业为媒介，开展一系列的文化、旅游、经贸活动，包括城区渔歌节、红海湾沙滩狂欢节、鲘门海湾艺术秀、海丰龙舟赛等活动，集中呈现汕尾的美丽风光和人文资源，弘扬本土特色文化，促进汕尾海洋与其他产业发展。9月1日晚，汕尾市城区在凤山妈祖文化广场举行“2015·汕尾渔歌节”启动仪式暨渔歌汇演。来自湛江、惠东和当地的9支表演队共计16个节目参加汇演。渔歌节至30日结束，期间组织渔歌进校园、进企业、进福利院等“汕尾渔歌倡文明颂小康大家乐”活动。

（广东省海洋与渔业局）

深圳市

综　述

2015 年，深圳市认真贯彻落实国家“海洋强国”和“21 世纪海上丝绸之路”战略，利用深圳市陆海统筹体制机制优势，全面推进海洋经济、海洋发展战略、海洋综合管理示范、海洋生态文明示范、海岸带综合保护与利用、科学用海等方面的工作。2015 年 6 月 10 日，国家海洋局党组书记、局长王宏来深圳调研时对深圳的海洋战略谋划、发展海洋新兴产业经济等工作给予高度的肯定，同时指出，深圳应在建设海洋强国战略中探索新经验、做出新贡献。

海洋经济与海洋资源开发

【概况】 2015 年，深圳市海洋经济实现平稳较快增长。海洋油气业、海洋交通运输业、滨海旅游业和海洋设备制造业已形成集聚发展之势，拥有中海石油深圳分公司、中集集团、华侨城等一批年营业额超百亿的海洋核心企业。海洋产业逐步由以资源消耗型产业为主向海洋服务业为主转变。

【海洋未来产业】 2015 年，深圳市以海洋电子信息、海洋生物、海洋高端装备等为代表的海洋未来产业快速发展，产业增加值约 256.1 亿元，大幅超出海洋经济同期增速，占海洋生产总值的比重达到 18.3%。海洋未来产业成为推动海洋经济结构转型和高效发展的重要动力。

【海洋科技创新】 海洋科技创新能力显著提升，其中海洋产业领域已建成省市级重点实验室 7 个、工程实验室 6 个、工程中心 3 个、公共技术服务平台 3 个。

海洋立法与规划

【海洋立法】 起草并完善《深圳市海域管理条例》，对全市海洋规划、环境保护和海域资源管理进行一体化规范，基本构建海洋综合管理制度框架；出台《深圳市海域使用金管理暂行办法》，明确地方级海域使用金使用范围和项目申报审查程序；制定深圳市养殖用海海域使用金减免政策，促进养殖业增产、渔民增收；启动沙滩浴场管理和海洋工程建设审批规范研究工作，着力推动解决海洋管理某些环节无法可依的突出问题。

【海洋规划】 发挥深圳陆海统筹优势，积极开展相关规划编制工作。完成《深圳市海洋发展战略》研究，基于深圳区位、金融、科技、深港合作等优势，提出深圳应积极响应“海洋强国”和“一带一路”国家战略，大步迈进海洋经济时代，建设世界级海洋中心城市。

在国家海洋局的指导下，组织开展基于生态系统的《深圳市海洋综合管理示范区实施方案》编制工作。通过深圳的探索示范，逐步形成具有中国特色、基于生态系统的海洋综合管理理论体系和方法，为我国全面推进海洋综合管理改革提供样本和参考。

组织编制《深圳市海洋经济发展“十三五”规划》，出台《深圳市创建全国海洋经济科学发展示范市实施方案》，推动发展质量高效型海洋经济。启动《深圳市海洋功能区划》修编和《深圳市海域利用规划》编制，着力构建完善的海域规划利用体系；开展《深圳市海洋环境保护规划》《深圳海洋生态文明建设实施方案》，提出深圳海洋生态文明建设总纲领。

海域使用管理

【海域使用规划】 编制完成《深圳市科学用海拓展海洋战略发展空间实施方案》，结合海域自然属性、环境现状和城市发展需求，按照“规划引领、科学论证，重点保障、分步实施”

的基本原则，提出全市项目用海总规模和空间规划，通过科学用海逐步完善城市功能、塑造滨海特色，全面实现建设海洋强市目标。大空港半岛区、机场三跑道、广深沿江高速二期、前海新增填海区等项目用海上报国家海洋局、广东省海洋与渔业局审查，项目海域使用论证等前期工作全面展开。

【海域使用金】 2015 年计划征收海域使用金 1734.7 万元，实际计征收海域使用金 1742.39 万元，完成率 100.44%，其中，国管项目共 732 万元已于 2015 年 7 月全额收缴完毕。通过与项目单位、财政委之间的多次交流沟通，在海域使用金中支出 3600 多万元用于支持海洋生物资源普查、海洋环境监测、动态监管，海洋执法能力建设等，多项工作有经费上的保障。

海岛管理

【海岛利用规划】 在深入调查基础上，依据海岛的地理位置、资源条件以及海域主导功能等要素，编制完成深圳市海岛保护与利用规划。该规划将全市海岛划分为重点开发（4 个）、适度利用（1 个）、优先保护（2 个）和生态保留（44 个）四种类型，明确海岛的保护与开发方向，提出具体的管理要求；结合近岸的城市功能变化，及时调整临近海岛的功能导向，形成陆岛协同的海岛开发利用模式。目前规划成果已通过专家评审。

为妥善解决大铲岛上大铲海关的历史用岛问题，深圳市开展大铲岛单岛保护与利用规划。除需满足单岛规划编制要求外，还要求达到城市建设控制性详规深度，以解决后续用岛报建问题。

【海岛名称标志设置】 按照国家海洋局统一部署与广东省海洋与渔业局要求，深圳市开展大铲岛等 15 个海岛名称标志设置工作，在确保安全的前提下，保质保量完成海岛名称标志设置任务。

海洋环境保护

【海洋环境保护规划】 为主动应对国家发展新形势，理清深圳海洋生态环境保护的总体思路，全面统筹部署海洋生态环境保护的各项工作，根据深圳市不同海域的主导海洋功能和海洋环境的特点，开展海洋环境保护规划的编制工作。结合深圳市海洋资源开发利用现状和海洋经济的发展布局，依据广东省海洋功能区划，提出环境分区管理的思路，划定重点保护区、生态改善区、发展协调区和综合治理区四类分区的具体方案，对不同区域制定管理目标，明确管理方向与要求。按照陆海统筹、系统管理的思路，对海洋环境污染治理、海洋资源保护与生态修复、海洋生态环境风险控制等专项内容分别提出规划指引。同时考虑“三湾一口”的差异化特征和实际管理需求，细化各区域海洋生态环境保护的主导方向、规划策略与要求。提出 6 大行动 23 项重点工程，对深圳市海洋生态环境保护的各方面进行科学部署，进一步体现规划的实操性与指导性。

【十大美丽海湾评选】 2015 年，深圳市东西涌湾、大梅沙湾被评为广东省十大美丽海湾。

海洋生态文明

【海洋生态红线制度】 通过构建以海洋生态红线为核心的海洋生态红线管理制度的总体架构，有力推进未来海洋管理的进一步规范化、科学化与精细化。

【海域污染综合治理】 通过建立陆海统筹、系统完整的深圳湾海域污染综合治理技术体系，探索深港共治、多方参与、多部门统筹协调的治理机制，提出深圳湾海域污染综合治理的策略、措施和行动计划。

【海洋生态文明示范区】 根据国家海洋局关于申报第二批国家级海洋生态文明建设示范区通知精神，深圳市积极组织有关单位开展研究，基于大鹏新区得天独厚的自然条件、深厚的历史人文底蕴形成建设深圳市大鹏新区国家级海洋生态文明示范区相关工作方案并上报。2015 年 11 月 17 日，在国家海洋局组织召开的国家海洋生态文明示范区专家评审会上，深圳市汇报示范区创建的基本情况、创建基础、建设目标、重点建设任务以及保障体系。参会专家对大鹏新区汇报给予高度评价，同时提出要继续发挥深圳改革创新的独特优势，继续探索如何实现城市经济社会与海洋生态文明的协调发展，争取用两到三年的时间，将深圳全域建设成为国家级海洋生态文明示范区。目前，深圳市大鹏海洋生态文明示范区已正式挂牌成立。

海洋环境预报与防灾减灾

【海岸带警戒潮位核定】　为建立健全海洋灾害应急快速反应机制、保障人民群众的正常生活秩序、促进深圳市海洋产业顺利健康发展、维护社会经济稳定，建设防灾减灾体系、开展建设规划和国土整治工作提供有力的支持，按照《海洋观测预报管理条例》相关要求，深圳市委托国家海洋局南海预报中心开展深圳市警戒潮位核定工作，警戒潮位核定成果是海洋预报服务部门发布风暴潮预报和警报及各地方政府和防灾部门进行防灾工作的重要依据，也是建设规划、国土整治开发的重要科学数据。根据国标科学计算出各岸段的警戒潮位值，可作为深圳市应对风暴灾害的决策依据。

海洋执法监察

海洋监管执法日趋完善。建立海监网格化管理和“三巡”制度，构建海陆空“立体化”全覆盖监管体系；组织开展“碧海”“利剑”等专项行动，抓好重大围填海案件查处，扎实开展伏季休渔巡航检查工作，开展深圳湾禁渔区综合执法，加强“两法衔接”，依法追究 12 名非法捕捞人员刑事责任。配合国家开展海洋维权行动，切实维护国家海洋权益。加快推进海监维权执法基地项目建设，项目水工建设施工全面开展。

海洋行政审批

完善并发布深圳市级项目用海行政许可审批办事指南，取消行政服务事项 2 项，转移 2 项，重大用海项目审批时限由原来的 15 日压缩至 10 日，审批时限压缩幅度达三分之一，有助于进一步优化深圳市海洋行政审批流程，提高行政效率和服务质量。

海洋科技与教育

推进深圳市海洋工程技术研究院的筹建工作，建成国内领先的海洋工程技术创新中心；推动清华大学深圳研究生院、北京大学深圳研究生院成立海洋学部或海洋学科，加大海洋人才培育力度；深圳市海洋局与深圳大学签订“合作框架协议”，加强海洋技术研究与应用；推进广东海洋大学在深圳大鹏新区设立海洋学院，构建产、学、研一体化平台；会同深圳市有关部门研究成立深圳海洋工程技术研究院，围绕海洋电子信息设备、海洋工程装备、深海技术装备、船舶设计与船舶配套装备、海洋生物医药与生物制品等关键领域进行研究，为我国在相关产业技术领域开展国际竞争提供强力支撑。

海洋文化

多样化开展海洋宣传活动，宣传内容丰富。深圳市先后组织开展海洋知识竞赛、海监执法船参观活动、海洋摄影大赛作品展、“沙滩卫士”志愿者活动、寻找中国最美滨海湿地守护者行动、“国际海洋清洁日”、珊瑚保育和渔业人工增殖放流等活动，引起民众及媒体的广泛关注和参与，海洋意识明显增强，海洋知识、关注度显著提升。在宣传形式上亦日趋多样化，加强与行业团体、电视台、广播电台深化合作，海洋文化活动入社区、进学校情况逐渐增多，宣传效果明显增强，影响力、影响面日益扩大，为推动海洋文化建设发挥重要的促进作用。

（深圳市海洋局）

广西壮族自治区

海洋经济与海洋资源开发

2015年广西壮族自治区海洋生产总值达1098亿元，比2014年增长7.5%，占广西国内生产总值的比重为的6.5%。其中主要海洋产业增加值579亿元，比2014年增长7.3%；海洋科研教育管理服务业增加值110亿元，比2014年增长10.0%；海洋相关产业增加值410亿元，比2014年增长7.3%。按三次产业划分，海洋第一产业增加值186亿元，第二产业增加值398亿元，第三产业增加值515亿元。海洋第一、第二、第三产业增加值占海洋生产总值的比重分别是16.9%，36.2%，46.9%。在主要海洋产业中，海洋渔业增加值204亿元，比2014年增长5.7%；海洋交通运输业增加值为178亿元，比2014年增长1.7%；海洋工程建筑业增加值为96亿元，比2014年增长7.9%；滨海旅游业增加值82亿元，比2014年增长26.2%。

2015年5月，编制完成并发布《2014年广西海洋经济统计公报》。7月，完成2014年广西海洋统计报表和2015年上半年广西海洋生产总值核算报表数据收集及上报工作。完成《广西海洋经济发展基本分析与预测模型》《市级海洋经济竞争力评价模型》和《广西海洋产业景气指数及预警分析模型》3个模型及评估方法专题研究，并通过专家验收。举办省级海洋经济运行监测和评估系统业务化（试运行）培训班两期。推荐北海市作为全国第一次海洋经济调查试点城市，指导北海市编制《第一次全国海洋经济调查北海市铁山港区实施方案》，9月29日，广西北海市铁山港区获批成为第一次全国海洋经济调查三个试点单位之一。10月底，全面完成第一次全国海洋经济调查北海市铁山港区试点工作，形成一系列调查成果。

海洋立法与规划

2015年，广西壮族自治区海洋局积极配合自治区人大立法部门开展《广西壮族自治区海域使用管理条例》立法工作，12月10日，自治区人大常务会第十二届第二十次会议表决通过《广西壮族自治区海域使用管理条例》，于2016年3月1日起施行。为进一步推进海洋配套法规建设，完成《广西海域使用权收回补偿标准基数和系数（修订）》编制工作。此外，组织完成《广西壮族自治区无居民海岛使用保护管理条例》立法前评估以及条例草案文本、起草说明、立法指引等前期工作。开展《广西招标拍卖挂牌出让海域使用权管理办法》之专题理论研究工作。为完善海洋法制规划体系，在完成广西海洋依法行政工作纲要（2011—2015年）和广西“六五”海洋法制宣传教育规划评估工作的基础上，开展《广西海洋系统依法行政规划（2016—2020年）》和《广西海洋法制宣传教育规划（2016—2020年）》编制工作。根据国家海洋局和广西壮族自治区“六五”普法的要求，积极开展并圆满完成“六五”海洋法制宣传教育工作，顺利通过国家海洋局“六五”普法检查组的检查，得到通报表彰。按照自治区人民政府的工作部署，开展行政审批事项全面摸底核实和清理规范工作，共清理出行政审批事项18项，其中行政许可12项，非行政许可6项，公布《自治区海洋局关于公开行政审批事项（不含涉密审批事项）目录》。

2015年，广西壮族自治区海洋局按照自治区人民政府相关部署，在完成《广西壮族自治区海洋经济发展“十二五”规划》评估的基础上，组织编制《广西壮族自治区海洋经济发展“十三五”构想》，并通过专家审查。开展《广西壮族自治区海洋主体功能区规划》编制前期相关准备工作。

海域海岛管理

2015 年，全区海域新增确权 270 宗，面积 4667.6826 公顷（其中填海造地 471.5151 公顷）；变更登记共 394 宗，涉及面积 3609.77 公顷。组织海域使用论证 10 批次，项目 33 个。共办理填海竣工验收 5 宗，面积 159.45812 公顷。共办理海域使用权抵押 9 宗，抵押金额 24074.98 万元。

严格执行《广西项目用海审查工作制度（试行）》（桂海发 [2013] 97 号），对用海项目实行受理前现场勘查、受理后社会公示、批复后公告、项目施工动态监测、项目竣工验收的全过程监督管理。8 月初出台《广西壮族自治区海洋局关于进一步优化海域使用审批程序的通知》，对广西工程建设项目用海审批程序进行优化，一是将项目用海前期工作下放至各市海洋行政主管部门，自治区海洋主管部门不再对用海前期工作进行审查；二是明确市级海洋部门收到用海预审 15 个工作日内提出初审意见，报自治区海洋部门，自治区海洋部门 15 个工作日内出具用海预审意见；三是各级海洋行政主管部门 15 个工作日内完成本级用海审批审查。调整后的用海报批制度一方面更加贴合国家有关法律法规的要求，更加规范化，另一方面简化程序，缩短办理时间，提高行政效率。

根据国家海洋局的要求和统一部署，加大推进海砂开采海域使用权招拍挂工作。2015 年 4 月 13 日，北海市开展广西北海铁山港高沙头海域（A 区）海砂开采海域使用权挂牌出让工作，经过现场激烈竞争，广西首宗海砂开采海域使用权 A1 海域以 6850 万元成功竞出；2015 年 8 月 4 日，广西首宗网上挂牌出让海砂开采海域使用权（广西钦州市三墩（A 区）海域海砂开采海域使用权）在钦州市国土资源网上交易系统成功竞出。

1 月，区海洋局印发经自治区人民政府批准后的《广西填海规模控制性指标（试行）》，将指标纳入海域使用论证，对不符合指标的填海项目不予通过海域使用论证。

【科学用海用岛】 海域方面，开展《广西海岸侵蚀现状调查及防治对策》研究，分析广西沿岸沉积特征及动力因素、海岸地貌特征、不同岸段的侵蚀强度、海岸泥沙运移规律，揭示不同海岸类型、不同岸段的海岸侵蚀分布状况等，研究海岸侵蚀过程中不同岸段发生海岸后退的关键因素，提出海岸侵蚀防止工程方式及结构、海岸侵蚀防止措施与对策，为海岸保护、海岸带开发、海洋国土整治、海岸线及海域使用管理、海洋经济建设及可持续发展提供基础资料和科学依据。海岛方面，开展《广西海岛及其周边海域填海适宜性研究》工作，依据广西海岛资源差异化特征，提出广西区海岛周边海域填海适宜性的定量评价模型和方法体系；结合水动力环境、环境化学与环境容量、生态环境、海洋资源与环境价值损益、社会经济损益等问题，开展广西沿海岛屿周边海域填海适宜性评价；充分考虑保护海岛资源、避免生态系统损害、冲於条件变化、海洋资源容量下降等条件，提出广西区海岛填海造地红线，划分禁止填海区域、可适度开发利用及开展填海活动区域。

【海域海岛整治项目】 2015 年，继续开展西湾红沙环生态海堤修复整治示范工程（一期）项目。严格按照相关规定组织管理，严格执行各种规章制度，与设计、施工、监理保持密切联系，及时解决施工中存在的问题，确保项目顺利进行。2015 年 7 月已完成工程竣工验收工作。二期工程通过招标确定施工单位和监理单位，签订相关合同。

督促各市推进海域海岛整治项目，定期、不定期开展现场检查，确保项目按计划实施，同时对不具备实施条件的项目进行清查，提高资金使用效率。向国家海洋局请示将广西东兴国家级重点开发开放实验区京族三岛

(万尾岛) 复岛及综合整治工程 (一期) 项目资金调整至防城港市西湾长榄岛岛体岸线修复整治项目。

【海岛管理工作】 2015 年编制 4 个《无居民海岛保护和利用规划》，推动广西无居民海岛开发利用。

海洋环境保护

2015 年，广西近岸海域海水环境状况总体较好，在线水质浮标运行正常，能对近岸海域有效地实时监控。近岸海域沉积物质量状况总体保持良好。红树林生态系统保持稳定，处于健康状态，而海草床生态系统和珊瑚礁生态系统仍然处于亚健康状态。海洋保护区内的珍稀濒危物种和生态环境能够得到有效的保护。重点海水浴场和滨海旅游度假区环境质量良好，海水增养殖区环境质量基本能满足养殖活动要求。海水入侵程度比去年有所减少。

2015 年广西核准海洋工程环境影响评价报告书 17 宗，依法评审 14 次，并对其中围填海项目实行听证。在近岸海域组织实施包括海水、海洋生物多样性和近岸典型海洋生态系统、海洋自然/特别保护区、陆源入海排污口及邻近海域、入海江河、海洋垃圾、海水浴场、海水增养殖区等在内的各项海洋环境监测，进行广西海洋放射性常规监测。编制和发布《2014 年广西海洋环境质量公报》。2015 年广西壮族自治区海洋局会同广西环境保护厅及其他有关部门实施《广西壮族自治区近岸海域环境保护行动方案》，并联合住建、水产等多部门开展近岸海域环境保护工作检查，对广西沿海三市入海污染治理工作情况和存在问题进行督查。2015 年基本完成《广西海洋环境保护规划》的修编报批工作，力求系统、科学开展广西海洋生态环境保护工作。

海洋生态文明

2015 年，《广西海洋生态文明规划》编制完成，并通过专家和各有关单位评审，基本完成规划报批稿的修改完善工作。基本完成广西海洋生态红线划定前期工作，形成红线区划定初步方案。北海市海洋生态文明示范区获国家海洋局批准通过，是广西区第一个获得批准建设的国家级海洋生态文明示范区。2015 年，北仑河口保护区保护工作成效显著，获得全国海洋系统先进集体荣誉称号。山口国家级自然保护区生态修复工程基本完成，广西山口红树林保护区应对区域和全球胁迫的生态建设工程和北仑河口湿地恢复工程取得新进展，钦州茅尾海海洋生态整治工程进展顺利，沿海三市多个海洋生态修复项目建设对广西区海洋生态环境保持良好状态起到巨大作用，将极大推进海洋生态文明建设。

海洋环境预报与防灾减灾

2015 年，广西发生沿海“鲸鱼”“彩虹”风暴潮灾害过程，受灾人口 42.7729 万人，水产养殖受灾面积 1.587 千公顷，损坏海岸工程 4.47 千米，直接经济损失 0.4692 亿元。广西沿海及北部湾北部海域出现波高不小于 3.0 米大浪的天数共 37 天，其中冷空气引起的大浪 14 天，西南大风引起的大浪 17 天，热带气旋引起的大浪 6 天。广西沿海共发生 1 次异常大潮过程，但实测最高潮位低于当地警戒潮位，异常大潮未造成灾害。2015 年，广西区海域没有发生重大海上溢油事件。2015 年广西沿海未发生赤潮灾害。海洋管理部门组织开展 2015 年度广西海洋风暴潮灾害应急演练，12 月组织赤潮应急监测专项演练和海上核辐射应急监测演练。

海洋执法监察

2015 年，中国海监广西区总队以联合执法巡查为抓手、以专项执法行动为重点、以案件查处为突破口，深入开展“海盾 2015”“碧海 2015”和海岛保护专项执法行动，严厉打击辖区内非法占用海域资源、破坏海洋生态的违法行为，推进海洋生态文明建设和海洋经济协调发展。通过定期查与日常巡视，采取专项联合执法和经常性打击相结合的方式，全区各级海监共出动执法船艇 679 航次，航程 28431 海里；出动执法车辆 1674 车次、行程 73265 千米；派出执法人员 8284 人次；检查项目、海岛 3095 个。发现违法行为 147 起，有效制止违法行为 106 起，立案查处 41 起（其中违法占用海域 8 起、非法开采海砂 29 起、违法倾废 1 起、违法海洋工程条例 3 起）。办结案件 32 起，决定罚款 776.2065 万元，实际收缴罚款 779.2065 万元（含收缴 2014 立案 2015 结案的罚款 3 万元）。

2015 年，中国海监广西区总队开展海洋维权巡航执法工作 6 次，共派出船舶 11 艘次，执法人员 145 人次，航程 4799 海里。其中 2 次为“海监 1118”船参与南海专项维权巡航执法任务，共监视外方钻井平台 1 座、外国船舶 4 艘次、外国公务船 1 艘次、外国军舰 3 艘次；其余 4 次在沿海三市海监机构的配合下在北部湾（广西）海域开展定期维权巡航执法工作，巡航中未发现有侵害我国海洋权益行为。

海洋科技

2015 年，广西壮族自治区海洋局根据修订后的《广西科技兴海专项项目管理办法》有关规定，经过项目立项、发布招标公告、公开招标、确定项目承担单位、签订任务合同等步骤，落实今年专项项目 3 项，分别是《广西沿海快速城市化和工业化视角下的珍稀海洋生物物种保护策略研究》《广西涠洲岛珊瑚礁生态系统修复方案及技术示范》及《中国—东盟特色海洋药用生物图志》，下达经费 150 万元。组织相关专家对《广西海洋生态补偿机制及其立法可行性研究》《钦州湾生态安全保障及环境管理对策研究》《广西参与中国—东盟海上合作规划及构建海洋综合试验区方案研究》等 10 个项目进行验收，为下一步科技项目成果产业化奠定夯实的基础，也为国家和自治区海洋科技发展和管理决策提供重要的参考。组织国家海洋公益性行业科研专项项目牵头单位广西红树林研究中心完成“基于地埋管网技术的受损红树林生态保育研究及示范”项目任务书、实施方案、预算书编制以及修改，并通过国家海洋局组织的专家审查，获得专项资金 900 多万元，其中广西红树林中心得到的支持额度比重超过 60%。

海洋教育

2015 年，广西壮族自治区海洋局为打造一支高质量的海洋系统干部队伍，强抓干部教育学习工作，坚持“请进来”与“走出去”双轨学习教育机制，围绕海洋工作实际和当前国内外形式，设计教学专题活动。广西壮族自治区海洋局本级共举办 14 个班次培训，培训 420 多人次，培训时间共计 24 天，培训内容包括海洋行政执法业务、海洋经济管理和统计工作、海域和海岛管理业务、海洋综合管理业务、“三严三实”学习教育专题、绩效和档案工作、办公技能等各类业务培训、政策法规知识等专题研讨班等，其中有 5 天在中国海洋大学举办“广西海洋系统骨干人才综合能力提升专题培训班”。组织开展的教育学习活动具有较强的实用性和针对性，为广西海洋事业健康发展提供坚强的组织保障，为服务、推动“一带一路”建设和海洋经济强区建设工作迈上新台阶。

海洋文化

2015 年，编制完成《广西壮族自治区海洋文化发展纲要》。《广西壮族自治区海洋文化发展纲要》初步掌握广西海洋经济发展水平和海洋文化资源分布情况，理清广西海洋文化发展的总体思路，制定必须遵循的基本原则，提出发展目标，明确海洋文化事业发展的重点方面，确定海洋文化产业的空间布局、思路、方向和领域，从组织领导、健全机制、人才培养等方面总结提出推动广西海洋文化发展的各项保证措施，是全区加快发展海洋文化宏观指导文件。

2015年，以“6·8”世界海洋日暨全国海洋宣传日为契机，联合广西民族大学等高校开展“海洋知识进校园”宣讲系列活动；联合沿海村委会在乡村开展“海洋知识进社区”主题宣传活动，通过在学校和社区播放海洋主题视频，开展防灾减灾知识讲座，宣贯海洋法制知识，发放宣传手册资料，有奖知识问答，海洋环境科普知识板报宣传等，号召全社会关心海洋，了解海洋，传播海洋文化。

（广西壮族自治区海洋局）

海南省

综　述

海南省管辖海域面积约 200 万平方千米，海岸线总长 1822.8 千米（不含海岛岸线），其中，自然岸线长度约 1226.5 千米，占海南岛海岸线的 67.3%，人工岸线长度约 596.3 千米，占海南岛海岸线的 32.7%。2015 年，海南省紧紧抓住海洋强国、一带一路、国际旅游岛等战略机遇，坚决贯彻“科学发展、绿色崛起、海洋强省”发展战略，充分发挥海南拥有的良好生态环境、中国最大的经济特区、唯一的国际旅游岛三大优势，坚持陆海统筹、依海兴琼，科学布局各类海洋区域和基地，支持六类园区建设；转变经济发展方式，构建特色海洋产业体系，融入海南省十二大重点产业发展；保护海洋生态环境，提升南海独具特色的海洋生态系统；大力推进科技创新，快速壮大科技实力；积极推进体制改革，提升海洋综合管控能力；加强基础设施建设，打造覆盖南海的基础设施网络；科学开发南海资源，全力打造南海资源开发服务保障基地和救援基地，加快推进建设海洋强省建设。全省海洋经济呈现快速发展的好势头，各项业务工作有序开展，海洋资源配置不断优化，海洋生态文明建设取得新突破，海洋综合管控能力显著提高，海洋基础设施逐步完善，海洋公共服务能力明显改善，科技兴海成效明显，为海南省经济社会发展做出积极贡献。

海洋经济与海洋资源开发

2015 年，海南省海洋生产总值达 1021 亿元，比 2014 年增长 8%，保持高速增长的态势。2015 年全省海洋生产总值占全省生产总值的 27.6%，为海南省经济发展做出积极贡献，成为海南国民经济发展的重要支柱。2015 年，滨海旅游业增加值 187 亿元、海洋渔业增加值 271 亿元、海洋交通运输业增加值 25 亿元，这些主要海洋产业增加值占全省海洋经济总产值的 47%，成为拉动海南省海洋经济快速发展的主要力量。海洋资源开发方面，一是海洋生物资源利用，2015 年全省海洋渔业产量 163.17 万吨，其中海洋捕捞产量 136.07 万吨，海水养殖产量 25.9 万吨。二是海洋空间开发利用，2015 年全省确权海域使用项目 71 宗，确权面积约 1164.9 公顷。全省海域使用金全年共征缴 91181 万元。

海洋立法与规划

2015 年，海南省海洋与渔业厅起草的《海南省海域使用权审批出让管理办法》经六届省政府第 31 次会议审议通过并印发执行。同时组织起草《海南省珊瑚礁保护规定》修订案草案，明确将砗磲纳入立法保护范围，加强珊瑚礁和砗磲的禁止性规定，加大处罚力度。修订《海南省实施〈中华人民共和国渔业法〉办法》，并经海南省第五届人民代表大会常务委员会第十六次会议于 2015 年 7 月 31 日通过。根据省政府有关要求，起草《海南省渔港投资建设管理办法》，经过两次征求意见和省政府专题会议审议修改，于 2015 年 10 月 29 日报省政府申请审批。

【多规合一】 海南省“多规合一”涉海范围为 2012 年 11 月国务院批复的《海南省海洋功能区划》中确定的海南岛近岸海域（含海岛），面积为 23712 平方千米。《海南省总体规划》将海南岛近海海域纳入规划范围，协调土地和海洋共同发展，充分利用“蓝色国土”的空间布局，有效地突破原有工作的陆域局限性。主要工作：一是成立“多规合一”

工作领导小组及工作机构，负责本厅“多规合一”有关工作的组织领导和统筹协调；成立“多规合一”咨询专家组，负责参与“多规合一”相关研究成果的制订，对各阶段研究成果进行审议咨询。二是完成《海南省海域利用及海洋功能区划专题研究》和《海南省海洋环境保护与利用专题研究》两个专题研究成果，划定海洋生态保护红线区。三是拟定“十三五”相关涉海布局规划设想。四是研究提出《海南省总体规划》分区分类体系（海洋和渔业部分）。五是做好对接协调工作，力图做到“多规合一”的陆海统筹、部门协调、省市县同步。六是推进《海南省海域使用规划》《海南省填海规划》等涉海规划的编制，并做好有关规划与《海南省总体规划》的衔接。

【“十二五”主要成就】 “十二五”期间，海南省海洋经济发展紧紧围绕海南国际旅游岛建设的战略目标，坚持陆海统筹，转变海洋经济发展方式，优化海洋经济结构，海洋经济发展和海洋工作取得较大成就。一是总量增长速度较快。“十二五”期间，海洋经济保持高速增长态势。2015年，海洋生产总值达1021亿元，比2010年增加461亿元，增长82%，年平均增长12.8%。海洋经济增长对海南省经济增长的贡献度由2011年的20.19%增长到2015年的38.59%。二是基础设施初具规模。积极改扩建海口港、三亚港、洋浦港和八所港、清澜港，建成深水泊位39个，游艇泊位千余个，“四方五港”建设布局基本形成。三亚凤凰港岛邮轮港一期、洋浦小铲滩码头、新海港区客货滚装码头一期、三沙永兴岛渔业基地等一批重大基础设施项目建成。三是科技能力有所提升。组建海南省海洋与渔业科学院。引进中科院深海研究中心。积极推进农业部南繁苗种基地建设。组建热带海洋学院。国家海洋局海南陵水卫星接收站加快建设。四是管控能力逐步提高。建立陆海统筹机制，设立海洋发展暨海岸带管理领导小组。海口海监渔政综合服务基地、琼海海监维权执法基地、4艘千吨级执法船及170艘南沙生产渔船稳步推进。初步实现南海巡航执法行动常态化，南海常态化管控、联合执法机制有效建立。五是生态环境保持良好。修订海域使用、海域保护、海岸带保护与开发管理等方面的法规，进行省域“多规合一”的改革试点，加强对海洋的环境保护。海南省绝大多数监测海域海水水质符合清洁海水水质标准，水质保持优良；珊瑚礁生态系统和海草床生态系统基本保持其自然属性，生物多样性及生态系统结构相对稳定。六是海域配置更加科学。在综合考虑国家要求和海南省海域自然条件、社会经济发展需求等实际情况下，统筹开发，有序填海造地。“十二五”期间（2011—2015），海南省填海造地2211.18公顷。填海造地建设凤凰岛、儋州海花岛、海口南海明珠旅游综合体，为海南国际旅游岛发展战略的实施提供土地与空间资源保障。海口港、洋浦港的填海造地，为港口和临海工业发展提供拓展空间。七是海岛保护与管理能力初步形成。编制海南省海岛保护规划、开展领海基点保护工作、实施海岛保护项目、完成海岛普查任务、命名无名海岛、规范法前用岛，初步形成海岛保护和管理能力。八是公共服务能力增强。建立全省海洋生态监视监测和海洋环境观测预报网络，加强功能区环境监测及赤潮等重大海洋污损事件应急监测预报工作。建立省、县（市）两级海域使用动态监视监测管理系统，为海域使用管理提供切实有力的技术支撑。建立海上搜救体系，有力保障人民生命财产安全。引进中电科海洋信息技术研究院，建设中电科海洋信息产业基地，积极推进蓝海网络信息体系示范系统建设。

海域使用管理

2015年，海南省海洋与渔业厅全面贯彻省委省政府深化改革方针，建章立制，逐步建立以政府主导、市场化出让为核心的海域资源优化配置机制，强化规划对海洋资源利用的指导作用，服务保障国家战略和重点项目建设用海，做好“多规合一”和海岸带管理工作，策划论证和实施离岸人工岛项目，推进县级海域动态监管能力建设项目顺利实施。主要工作：一是海南省海域资源市场化配置机制初步建立。2015年海南省有15宗由省政府审批的用海项目成功挂牌出让，出让海域使用面积总计508.7064公顷，通过挂牌交易出让征收海域使用金88233万元，超过按照标准征收海域使用金57305万元。二是国家海洋局王宏局长调研海南省海域动态监管工作。2015年6月7日，国家海洋局局长王宏对海南省海域动态监视监测和无人机遥感监视监测基地建设工作进行调研指导。王宏局长检查海南省海域无人机获取的部分高精度正射影像成果和视频航拍成果，现场观看无人机飞行演示，并登上海域监控指挥车观摩海域动态监视监测管理系统、海域无人机通用监控平台、应急视频指挥系统和现场无人机实时视频回传情况。王宏局长对海南省在海域动态监视监测、海域无人机基地建设等工作给予充分肯定。三是推进海南省“多规合一”，编制《海南省总体规划》。刘赐贵省长提出：坚持规划引领，把全岛作为一个整体进行统一规划，加快实施“多规合一”。通过科学谋划全省发展建设的顶层设计，破除行政界线和部门壁垒，落实全省“一盘棋”的理念和要求，协调并消除省级各有关规划、各市县主要空间规划等各类规划之间的矛盾，形成引领全省发展建设的一张蓝图。海南省海洋与渔业厅是《海南省总体规划》编制部门之一，负责编制并提交《海南省海洋环境保护与资源利用专题研究》、《海南省海域利用及海洋功能区划专题研究》等专题研究报告。四是策划论证一批离岸填岛项目发展海上旅游。2015年1月8日，刘赐贵省长指出当前海洋渔业面临难得的发展机遇，要抓住机遇，跳出传统的海洋工作圈子，围绕国际旅游岛建设，通过对近岸海域进行调查论证，根据国际旅游岛建设的整体布局和海域资源状况，策划论证一批离岸填岛项目发展海上旅游。为此海南省海洋与渔业厅组织相关技术单位在海南岛周边共规划布局6个人工岛项目。其中，海口市如意岛、文昌市西北部人工岛、万宁日月岛和三亚新机场人工岛项目已经明确建设方向和建设单位；乐东县九所镇西南部人工岛和东方市八所镇西北部人工岛则仍在论证中。五是组织开展《海南省围填海规划》编制。《海南省围填海规划》是《海南省实施〈中华人民共和国海域使用管理法〉办法》规定的海域使用管理依据之一。在《海南省总体规划》等成果的基础上，依据经批准的海洋功能区划、海域使用规划等，对全省填海造地用海的开发利用和保护治理在发展目标、功能定位、空间布局、时序安排、管控要求等方面进行科学设计。

海岛管理

2015年继续加强海岛管理工作。一是海岛配套制度建设，为贯彻落实《海岛保护法》，为海南省无居民海岛管理工作提供制度保障，《海南省无居民海岛保护与利用管理条例》已列入省政府2015年立法计划，开展立法前期调研工作，根据调研情况，完成调研报告，为立法工作做好前期准备。二是推进海岛保护项目实施，先后申报实施赵述岛、大洲岛、羚羊礁、北港岛等海岛保护项目，下发《关于加强海岛保护项目管理的通知》，通过建立现场检查制度、季报制度等督促指导项目承担单位推进项目顺利实施。三是推动领海基点保护工作，制定印发《海南省海洋与渔业厅中央海岛保护专项资金项目监管工作方案》，西鼓岛、莺歌嘴（1）、莺歌嘴（2）、双帆石、大洲岛（1）、大洲岛（2）、赵述岛领海基点保护范围选划工作已完成选划报告编制。四是开展无居民海岛开发利用现状调查工作，制定印发《海南省无居民海岛开发利用现状调查工作方案》，对各沿海市县海洋与渔业局工作开展情况进行检查，在市县材料基础上汇总形成省级调查报告。五是规范海岛使用管理，与省财政厅联合印发《海南省无居民海岛使用金征收使用管理办法》，在三亚市开展无居民海岛使用项目工程建设试点工作，探索无居民海岛使用项目管理新模式，指导三亚市海洋与渔业局研究编制《三亚市无居民海岛开发建设管理暂行办法》。六是开展海岛地名管理工作，海南省海科院、海南省监测中心负责2014年灾后受损海岛名称标志修复工作，目前承担单位已经完成需修复海岛数量的勘探和统计工作，修复工作正在进行。七是开展海岛管理信息系统建设调研，争取国家海洋局对海南省海岛管理信息系统建设给予支持，已完成调研报告和海南省海岛管理信息系统初步方案的设计。八是开展无居民海岛专项调查工作，赴三亚养生园、万宁甘蔗岛，临高红牌岛、红石岛检查项目开展情况。

海洋环境保护

2015年，海南省海洋环境资源保持优良水平，管辖海域海水水质符合清洁海域水质标准，水质优良；近岸珊瑚礁生态系统和海草床生态系统基本保持其自然属性，生物多样性及生态系统结构相对稳定。一是开展海洋环境监测工作，发布海洋环境信息。在全省近岸海域、西沙群岛海域布设监测站位291个，涵括全省近岸海水水质、海洋生物多样性及生态监控区监测、重点港湾控制性监测、陆源入海排污口及其邻近海域环境质量监测等内容，全年发布海洋环境通报61期，发布《2014年海南省海洋环境质量状况公报》《2014年海口市海洋环境质量状况公报》《2014年三亚市海洋环境质量状况公报》。二是加强海洋环境应急监测能力建设。海洋放射性监测设备购置已进入招标阶段；放射性实验室改装项目已完成工程设计图及预算书，并提交省财厅完成评审。组织内部桌面推演3次，90人次参加，组织实施4次海上实战演练，100多人次参加，前后共动用9艘海监船或渔政船，圆满完成“海核-2015”海南省核应急联合演习海上组监测演习任务。三是强化海洋污染防治工作。全年全省核准海洋工程环境影响评价报告书28项，受委托签发废弃物海洋倾倒许可证7份，批准倾倒量340.21万立方米。

海洋生态文明

继续开展海岛保护工作。2015年，海南省海岛保护工作以无居民海岛专项调查、领海基点保护范围选划、配套制度建设、申报实施海岛保护项目、无居民海岛开发利用现状调查、海岛地名管理、海岛管理信息系统建设等工作为抓手，切实保护海岛及其周边海域生态系统，推进海洋生态文明建设。一是开展无居民海岛专项调查工作。完成海南岛周边100个无居民海岛专项调查工作，启动海南岛周边70个无居民海岛专项调查工作，为海岛保护提供基础数据。二是推进领海基点保护工作。在推进已落实资金领海基点保护范围选划项目的同时，积极争取海南省领海基点保护范围选划项目获得2015年中央海岛和海域保护资金支持，至此海南省所有领海基点保护范围选划工作的经费全部落实。三是开展海岛配套制度建设。为贯彻落实《海岛保护法》，为海南省无居民海岛管理工作提供制度保障，探索开展海岛配套制度建设，开展省内外调研，并完成调研报告，为配套制度建设做好前期准备。四是推进海岛保护项目实施。为有效改善海岛生态，在国家海洋局、财政部的支持下，自2011年起海南省先后申报实施赵述岛、大洲岛、羚羊礁、北港岛等海岛保护项目，为加强海岛保护项目管理，海南省海洋与渔业厅专门下发《关于加强海岛保护项目管理的通知》，通过建立现场检查制度、季报制度等督促指导项目承担单位推进项目顺利实施，多次就项目实施进行调研、座谈、沟通，协调研究项目实施问题。五是开展无居民海岛开发利用现状调查工作。为全面掌握无居民海岛开发利用现状，了解海岛保护、利用基本情况，开展现状调查工作，制订印发方案，进行督促检查，基本掌握海南省无居民海岛开发利用现状。六是加强海岛地名管理工作。根据工作要求，开展 2014 年灾后受损海岛名称标志修复工作。经国家海洋局批复同意，海南省利用海岛地名普查项目节余经费开展 70 个海岛名称标志设置工作，该项目已于 2015 年 10 月 20 日通过验收。七是开展海岛管理信息系统建设前期工作。根据《海岛保护法》要求，结合海南省海岛管理工作实际，为推动海南省海岛管理信息化发展，海南省海洋与渔业厅开展海岛管理信息系统建设调研，并据此完成调研报告和海南省海岛管理信息系统初步方案的设计。

加强海洋生态保护与建设。划定海洋生态保护红线。组织划定海南省海洋生态红线区域，将相关成果纳入省“多规合一”《海南省总体规划》和沿海各市县总体规划，至 2020 年，海南本岛自然岸线保有率控制在 60%以上，海洋生态红线面积占近岸海域面积 12.3%（不含保留区），近岸清洁海域面积控制在 95%左右。选划国家级海洋公园，组织万宁市、昌江县、海口市选划国家级海洋公园，经省政府同意，万宁老爷海潟湖国家级海洋公园、昌江棋子湾国家级海洋公园的申报材料已上报国家海洋局。推进海洋生态文明示范区建设，组织三亚市和三沙市申报国家级海洋生态文明建设示范区，12 月 25 日三亚市和三沙市被国家海洋局确定为国家级海洋生态文明建设示范区。组织开展海口湾、洋浦海域重点污染物排海总量控制研究，其中海口湾污染物入海总量控制于 12 月通过专家验收。配合国家海洋环境监测中心组织省海洋监测中心承担三亚市河西区（三亚湾）海洋资源环境承载力试点研究与示范任务。

加快推进生态修复项目建设。策划、组织申报和实施一批海岛和海域整治修复与保护项目，海南岛北部海岸整治修复项目由海口岸段工程、文昌岸段工程二部分组成，海口岸段修复包括堤防修复工程与市政附属设施修复工程，实施范围从世纪公园段路北段起，至龙珠桥止，修复范围长度约为 1.7 千米，已基本完成。文昌岸段对翁田岸段在台风中受损的岸段和木兰头受损岸段进行整治修复，正在实施。琼海潭门河口海域参与式可持续发展性环境综合整治工程在琼海潭门河口进行红树林和海草床养护、建设交互式实验区，项目已开展前期工作。万宁大洲岛综合整治项目主要内容包括海岛整治工程、海域生态恢复工程和整治补偿安置工程，内容涵盖违建清理工程、海滩整治工程、管护栈道工程、夏季执法码头工程、清理补偿养殖网箱、修建执法码头岸线、渔船停泊岸线、防波堤和护岸、保护区管理监控站等，项目目前已从大洲岛清运垃圾约 6000 立方米，其他建设内容正在组织开展前期工作中。昌江县过河园岛海岛生态保护与修复项目主要内容包括高位养虾池搬迁、海岛北侧和南侧海域以及西侧水道泥沙清淤工程、沙滩岸线清理和平整、建设海堤、开展植被生态修复、从岛外引入水、电，并建设管网系统、铺设电缆、自来水管道和排污管、开展海洋环境监测、生态资源调查、项目跟踪监视监测工作、泥沙水动力调查与预测和生态系统健康评价等。

海洋预报与防灾减灾

【海洋环境预报】 2015 年，海南省认真分析各类海洋、气象资料图表，制作、发布海南省管辖海域海洋环境预报 10 余份，累计发布常规海洋环境预报 3650 余份，各项预报精度都达到要求。在海南省电视台综合频道、省新闻广播、省交通广播电台、海南省海洋与渔业厅网站、海南省海洋监测预报中心网站、海南省海洋防灾减灾网站、海口火车站LED 屏上发布海洋环境预报各 365 份，在新闻频道发布海洋环境预报各 730 份，顺利完成常规海洋环境预报任务。

【海洋灾害预警报】 2015 年，进入南海并影响海南省管辖海域的热带气旋为4个，分别为1508号“鲸鱼”、1510号“莲花”1522号“彩虹”和1527号“茉莉”，在冷空气和热带气旋等灾害性天气系统影响期间，预报人员坚守岗位，认真分析，准确预报，向省和沿海市县各部门、相关服务单位发布蓝色海浪警报6期246份，黄色海浪警报12期492份、橙色海浪警报1期41份，红色海浪警报5期2051份，消息14期574，风暴潮蓝色警报2期82份，风暴潮橙色警报3期123份，风暴潮红色警报3期123份、手机短信9320条。2015年，5月1日起，海南省海洋预报台开始每天两次在省电视台新闻频道播出全新改版的海洋预报节目，播放全省主要海洋浴场的海洋环境预报，为各浴场提供每日水温、浪高、潮汐、游泳适宜度及水质评价等预报内容。10月1起，综合频道的节目时长由过去的70秒延长至90秒，增加6个滨海旅游区每日水温、浪高、潮汐等预报内容。这是省海洋与渔业厅组织实施《海南省海水浴场、滨海旅游度假区及重点海域海洋环境预报实施方案》的一项重要内容。

【海洋防灾减灾】 编制完成《海南省2014年海洋灾害评估及2015年度海洋灾害预测报告》，3月份参加国家海洋预报中心组织召开的2015年度海洋灾害预测会商会，并根据会商结论，制作完成《海南省海洋预报台关于海南省2014年度海洋灾害评估和2015年度海洋灾害趋势预测的通报》发往各相关部门，为海南省海洋防灾减灾工作提供决策依据。

推进海南省海洋预警报能力升级改造项目。该项目于2014年9月开始方案编写，于2015年正式全面启动。6月《海南省海洋预警报能力升级改造项目实施方案》（报批稿），正式获得审查通过。截至2015年12月，已完成2个子项目的招标工作，所有子项目的方案通过专家评审。

海洋执法监察

2015年，海南省海洋执法督查主要开展的工作：一是执行“三分离、三协同”制度。为预防和解决监督制约机制缺失、选择性执法等引发的失职渎职问题，海南省海洋与渔业监查总队在执法指挥处设立“立案室”，在办公室设立“督查室”，实行执法、审批、监督“三权”分离。海洋执法人员在执法过程中严格执行总队的“三权”分离制度，随时将执法情况向立案室报告，接受督查室监督，做到执法闭环管理。二是完善规章制度，强化责任落实。制定印发《综合执法业务联系点制度》，对督查联系的范围、方式、内容做详尽的规定和部署。将总队执法人员归口对应全省12个海监支大队，提供归口督查联系。三是严格执法程序，确保督查效果。制定印发《海洋行政案件查处程序》，对在执法办案过程中的立案程序、调查取证程序、告知程序、送达程序、案件会审程序，以及收缴罚没款、制作法律文书等行为进行严格规范。四是实行集体议案和案件会审制度。案件在集体讨论基础上形成更加正确的处理意见。讨论结果层层上报，层层审批，进一步预防和减少执法问题，提高办案质量。对重大海洋违法案件实行案件会审制度。五是强化指导和监督职能，确保工作落实。由以往办案为主，向指导监督为主转变，促进全省海监工作平衡发展。六是抓好重点工作，推动决策落实。重点围绕中国海警局“2015海盾”“2015碧海”专项行动两大任务要求，制定海盾、碧海行动方案，落实《海南省海洋执法定期巡查制度》，把“海盾”“碧海”案件列为全省督办事项。七是开展案卷评查工作。开展2015年全省海洋行政处罚案卷评查工作，对全省12个海监支大队65个案卷进行评查指导，达到掌握情况和指导整改的

海洋行政审批

2015年，海南省省级海洋行政许可事项共办理34件，其中新受理32件，上一年结转2件。审批结果：17件审批通过，7件结

转至 2016 年，6 件审核退回，4 件审核不通过。所涉及的行政许可事项具体办理情况分别如下：（1）海南省海域使用申请审核，2014 年结转 1 件，受理 10 件。其中 2 件退回，1 件审核不通过，4 件审核通过，4 件进入特殊审核程序结转至 2016 年；（2）海南省辖区内铺设海底电缆管道项目调查、勘测申请审核，受理 2 件，其中 1 件审核不通过，1 件结转 2016 年办理；（3）海洋工程建设项目影响报告书核准，2014 年结转 1 件，受理 9 件。其中 5 件审核通过，2 件退回，1 件审核不通过，2 件进入特殊审核程序结转至 2016 年；（4）废弃物海洋倾倒普通许可证签发，受理 11 件，其中 8 件审核通过，2 件退回，1 件审核不通过。所有事项在海南省行政审批系统中办理，申请人可在网上提交申请并跟踪查询办理进度和结果，实现审批的公开和便民。2015 年按照海南省行政审批中介服务清理工作的安排，开展中介服务事项清理，经海南省政府审定后决定取消 7 项中介服务事项，保留 4 项。2015 年 9 月，根据海南省政府《关于印发开展投资项目百日大会战工作方案的通知》（琼府 [2015] 72 号）部署，对涉海重点项目的海域使用申请和海洋工程建设项目影响报告书核准按百日大会战的要求，采取提前介入，主动服务，整合优化各环节，协调各方，最大限度压缩内部流转环节和时间等方法，执行“一次性告知、随到随审、每 3 天集中审批一次”的要求，在 2015 年最后一个季度以攻坚的精神，推进重点项目审批大提速。涉及重点项目的审批 5 件，部门审批时间共 10 个工作日，平均 2 个工作日/件，提速 90%，征求部门意见、组织专家评审和现场勘察、发布公示公告、举行听证会、报告书修改及专家复核等特殊审核环节共计 103 个工作日，平均 20 个工作日/件，比正常办理时间平均提速 60%。

（海南省海洋与渔业厅）

海洋公益服务

海洋环境监测

综　述

为全面掌握我国管辖海域生态环境状况，2015年，国家海洋局组织各级海洋部门，切实履行海洋环境监督管理职责，认真贯彻落实党中央、国务院关于加强生态文明建设的战略部署，深入推进海洋生态环境监测工作。重点开展 管辖海域海水质量、沉积物质量、生物多样性状况趋势监测，加强各类海洋保护区及18个典型生态系统生态监测，强化77条主要入海河流及445个陆源入海排污口监督监测，深化海洋倾倒区、油气区、重要增养殖区和滨海休闲娱乐区等区域环境监测，密切跟踪赤潮、绿潮等海洋环境灾害发生发展态势。共布设监测站位约11000个，派出监测人员约56200人次，船舶监测约9200艘次，获取监测数据约200万个。

监测结果表明，2015年，我国海洋生态环境状况基本稳定。符合第一类海水水质标准的海域面积约占我国管辖海域面积的94%，海洋沉积物质量总体良好，浮游生物和底栖生物主要优势类群无明显变化，河口、海湾、滩涂湿地和海岛等类型保护区生态系统基本稳定，赤潮灾害影响面积较上年明显减少，海洋功能区环境状况基本满足使用要求。

我国近岸局部海域污染依然严重，冬季、春季、夏季和秋季劣于第四类海水水质标准的海域面积分别为67150平方千米、51740平方千米、40020平方千米和63230平方千米。河流排海污染物总量居高不下，枯水期、丰水期和平水期，77条河流入海监测断面水质劣于第Ⅴ类地表水水质标准的比例分别为58%、56%和45%。陆源入海排污口达标率为50%。监测的河口、海湾、珊瑚礁等生态系统86%处于亚健康和不健康状态。绿潮灾害影响面积较上年有所增加。渤海、黄海和东海局部滨海地区海水入侵和土壤盐渍化加重，砂质海岸和粉砂淤泥质海岸侵蚀严重。

综合2011—2015年监测结果，“十二五”期间，我国海洋环境质量总体基本稳定，污染主要集中在近岸局部海域，典型海洋生态系统多处于亚健康状态，局部海域赤潮仍处于高发期，绿潮影响范围有所增大。

【海洋环境监测】 **海水环境状况监测**　由国家海洋局各分局负责组织沿海省市区海洋行政主管部门实施，目的是掌握我国管辖海域海水水温、海流分布及变化，了解各海域主要污染物质分布、污染程度及变化状况。海水环境状况评价分析采用数据覆盖全海域，包括：冬季（1—3月）监测2419个站位，春季（4—6月）监测2705个站位；夏季（7—9月）监测2697个站位；秋季（10—12月）监测2408个站位。

2015年中国近海及周边海域水温数据主要来源于国家海洋局各分局下属的海洋站、浮标、断面观测、志愿船资料等实测的海洋表层温度资料。中国近海及周边海域海流数据主要来源于业务化浮标观测数据、业务化雷达观测数据以及监测系统中的海流和环评报告中的海流数据等。

海洋沉积物质量监测　由国家海洋局各分局负责组织沿海省市区海洋行政主管部门

实施，目的是掌握我国管辖海域海洋沉积环境中主要污染物质分布、污染程度及变化状况。海洋沉积物质量评价分析采用2015年度海洋环境监测业务中的沉积物质量监测数据以及2005年至2014年海洋环境监视监测业务中沉积物监测数据和贻贝监测中的沉积物质量数据。2015年国控沉积物监测站位共551个，其中近岸站位为461个，空间上覆盖我国全部近岸海域，近岸以外海域采样站位90个，空间上覆盖我国部分近岸以外海域。

海洋放射性监测　核电站和核地址邻近海域海洋环境放射性常规监测和背景调查由国家海洋局各分局负责组织沿海省市区海洋行政主管部门实施，目的是了解沿海核电站周边海域放射环境基本状况及潜在风险，掌握核电开发活动对周边海域海洋环境的影响。监测站位分布在红沿河、秦山、田湾、宁德、大亚湾、海阳、台山、阳江、防城港和昌江核电站邻近海域，以及葫芦岛和青岛沙子口邻近海域。监测介质包括海水、海洋沉积物和海洋生物，其中海水监测项目包括总β、总铀、锶-90、铯-137和氚，海洋沉积物和海洋生物监测项目相同，包括总β、铀-238、钍-232、镭-226、钾-40和铯-137。

西太平洋海洋放射性水平监测区域为日本福岛以东和东南海域，吕宋海峡、粤东海域和台湾海峡及邻近海域，监测介质包括海洋大气、海水、海洋沉积物和海洋生物，其中海洋大气监测项目为γ辐射剂量率，海水监测项目包括铯-134、铯-137、锶-90、银-110m、钴-58、钴-60，海洋生物监测项目包括总β、锶-90、镭-226、铯-134、铯-137、银-110m、钴-58、钴-60，海洋沉积物监测项目包括总β、锶-90、铯-134、铯-137、银-110m、钴-58、钴-60。

海洋生物多样性状况监测　由国家海洋局各分局负责组织沿海省市区海洋行政主管部门实施，目的是通过全面开展我国管辖海域海洋生物多样性监测，掌握我国管辖海域海洋生物种类、分布、数量及变化状况。

2015年，以典型海洋生态系统和关键生态区域为重点，在我国管辖海域开展海洋生物多样性状况监测，监测内容包括浮游生物、底栖生物、海草、红树植物、珊瑚等生物的种类组成和数量分布。夏季（7—9月）在双台子河口、滦河口-北戴河、黄河口、长江口、珠江口、苏北浅滩、锦州湾、渤海湾、莱州湾、杭州湾、乐清湾、闽东沿岸和大亚湾共13重点监测海域开展了监测浮游生物和底栖生物的监测；另外，滦河口—北戴河、莱州湾、杭州湾、乐清湾和闽东沿岸等海域还开展了春季（4—6月）航次的监测。在北仑河口和广西山口开展了红树植物的监测，在广西北海和海南东海岸开展了海草的监测，在雷州半岛、广西北海、海南东海岸及西沙群岛开展了珊瑚的监测。

海洋保护区监测　由国家海洋局各分局组织沿海省市区海洋行政主管部门以及各国家级海洋保护区管理机构共同开展监测，目的是掌握海洋保护区主要保护对象、海洋环境、海洋生物多样性的现状及变化情况，为评估保护区的管理成效和制订保护区管理计划提供依据。

2015年共有58个国家级海洋保护区开展监测，其中在35个保护区内共对36个保护对象开展监测。包括15个生物种类保护对象、2个自然景观和遗迹类保护对象和19个海洋和海岸生态系统类保护对象。

陆源入海排污口及邻近海域监测　由国家海洋局各分局组织沿海省市区海洋行政主管部门实施，目的是掌握我国陆源入海排污口入海排污状况以及对邻近海域海洋环境的变化和影响，为监督陆源污染物排海提供技术支撑。

于3月、5月、7月、8月、10月、11月对我国沿海445个入海排污口开展排污状况监测。另外，于5月、8月重点监测103个陆源入海排污口邻近海域的环境状况。监测内容包括排污口是否超标排放，减排指标变化情况，以及入海污染物对周边海域的主要生态环境、主要功能等造成的影响和危害。

入海江河监测 由国家海洋局各分局组织沿海省市海洋行政主管部门实施，目的是掌握江河入海污染物的种类、入海量及变化趋势。

于枯水期、丰水期和平水期对77条入海河流共282个站位开展监测。监测要素包括盐度、石油类、化学需氧量（COD_{Cr}）、氨氮、总磷、硝酸盐氮、亚硝酸盐氮、砷、重金属及河流年径流量等。

海洋大气污染物沉降状况监测 由国家海洋局各分局负责所辖海域大气监测站监测工作；国家海洋环境监测中心负责大连两个大气监测站点监测工作。目的是掌握我国重点海域大气污染物沉降状况，重点关注渤海大气污染物沉降通量的空间分布。

在全国15个大气监测站（其中渤海9个）开展2月（渤海为3月）、5月、8月和10月共4个月大气污染物沉降连续监测。监测内容除气象要素外，干沉降监测要素包括总悬浮颗粒物、铜、铅、镉、锌、硝酸盐、亚硝酸盐、磷酸盐等；湿沉降监测要素包括铜、铅、镉、锌、砷、硝酸盐、亚硝酸盐、铵盐、磷酸盐、降水电导率、降水、pH等。

海洋垃圾监测 由沿海省市区海洋行政主管部门负责组织实施，目的是掌握我国管辖海域海岸带垃圾的种类、数量和来源以及垃圾对海洋生态环境的影响。

2015年，全国完成41个站位海洋垃圾监测工作。其中，海滩垃圾监测站位36个，海面漂浮垃圾监测站位34个，海底垃圾的监测站位10个。

海洋倾倒区监测 由国家海洋局各分局负责对2015年正在使用的海洋倾倒区实施全覆盖监测，目的是掌握倾倒物组成成份及其在倾倒海域的迁移扩散过程，了解倾倒区及其邻近海域生态环境和渔业资源变化情况，评估倾倒活动对渔业资源和其他海上活动的影响，在此基础上，科学合理调整海洋倾倒区设置和倾倒许可证的签发。

全年对60个海洋倾倒去490个站位开展水深、水质、沉积物质量、生物生态和水文气象的监测，其中包括45个正在使用的和15个未使用的海洋倾倒区。

海洋石油勘探开发区监测 由国家海洋局各分局负责本海区油气开发区及溢油多发海域开展监测，目的是掌握油气开发活动排海物质排放状况、油气区环境质量状况，评价油气开发活动的环境影响及其潜在风险影响。

2015年对28个油气区（群）开展水质、沉积物质量、生物质量、大型底栖生物和水文气象的监测，其中渤、黄海18个，东海3个，南海7个，监测站位总计294个，覆盖率为100%。

海水增养殖区监测 由国家海洋局各分局组织沿海省市区海洋行政主管部门实施。目的是掌握海水增养殖区环境质量现状和变化趋势，关注由海水增养殖活动带来的潜在环境风险，为保障人民身体健康和生命安全提供服务。

全年对58个海水增养殖区环境质量开展监测，监测站位共计687个。监测时间为3—10月，监测内容包括海水养殖状况、增养殖区海水、沉积物、生物质量及底栖生物环境状况等。

海水浴场和滨海旅游度假区监测 由沿海省市区海洋行政主管部门负责组织实施，目的是掌握海水浴场海洋环境状况，保障沿海社会公众娱乐休闲活动及人体安全健康。

在游泳季节对全国23个重点海水浴场和17个重点滨海旅游度假区开展每日监测，监测要素涉及水文、气象、水质、游泳人数和休闲人数等指标。

赤潮（绿潮）监测 由国家海洋局各分局负责组织沿海省市区海洋行政主管部门实施，目的是掌握我国管辖海域赤潮灾害发生风险，及时发现赤潮灾害，为赤潮应急监测提供基本信息和支持。为养殖提供赤潮灾害信息。国家海洋局各分局、沿海省市区海洋行政主管部门需按照《赤潮灾害应急预案》组织开展赤潮（绿潮）灾害应急监测，及时发布赤潮（绿潮）灾害监测预警信息产品。

各分局及沿海各级海洋行政主管部门利用航空遥感、卫星遥感、船舶、海洋站、志愿者等多种手段，对所辖海域实施赤潮（绿潮）监视监测，及时发现赤潮（绿潮），进行动态监视、预警和应急跟踪监测，共对14个赤潮监控区进行监测。

突发海洋污染事件监测 继续对2011年发生的蓬莱19-3溢油事故附近海域开展跟踪监测，目的是掌握溢油在海洋环境中的残留和漂移变化情况，了解油污染对周边海域海水水质、沉积物、生物体质量以及生态系统的中长期影响。

海水入侵和土壤盐渍化状况监测 由国家海洋局各分局负责组织沿海省市区海洋行政主管部门实施，目的是掌握滨海地区海水入侵和土壤盐渍化现状、成因和环境风险。

2015年4月开展滨海地区海水入侵和土壤盐渍化监测，其中监测海水入侵区域30个，主要监测水样中的水位、氯度和矿化度等；监测土壤盐渍化区域22个，监测断面45条，主要监测土壤中的Cl^-含量、SO_4^{2-}含量、pH值和含盐量等。

重点岸段海岸侵蚀状况监测 由国家海洋局各分局负责组织实施，目的是掌握我国沿海重点岸段海岸侵蚀现状、变化状况、成因和环境风险。

监测要素主要包括监测海岸长度、海岸侵蚀长度、年平均侵蚀宽度、年最大侵蚀宽度、年侵蚀面积等。

海洋二氧化碳源汇状况监测 由国家海洋局各分局负责所辖海域海-气-二氧化碳交换通量岸岛基站、走航、浮标监测工作；国家海洋环境监测中心负责大连圆岛岸岛基站以及北黄海走航监测工作。目的是掌握我国管辖海域海气界面二氧化碳交换通量，了解海洋环境主要调控因子对二氧化碳分压的影响。

2015年，在渤海、黄海、东海以及南海北部开展5月和11月两个航次的海-气-二氧化碳交换通量的断面走航监测。监测要素包括海水二氧化碳分压、大气二氧化碳分压，水文气象要素以及总碱度、pH、溶解无机碳、溶解氧、浊度、叶绿素a、亚硝酸盐、硝酸盐、磷酸盐、氨盐、硅酸盐等环境要素。

【海洋环境状况】 **海水质量状况** 2015年，我国管辖海域开展冬季、春季、夏季和秋季四个航次的海水质量监测，海水中无机氮、活性磷酸盐、石油类和化学需氧量等要素的综合评价结果显示，近岸局部海域海水环境污染依然严重，近岸以外海域海水质量良好。

冬季、春季、夏季和秋季，劣于第四类海水水质标准的海域面积分别为67150平方千米、51740平方千米、40020平方千米和63230平方千米，分别占我国管辖海域面积的2.2%、1.7%、1.3%和2.1%。污染海域主要分布在辽东湾、渤海湾、莱州湾、江苏沿岸、长江口、杭州湾、浙江沿岸、珠江口等近岸海域，主要污染要素为无机氮、活性磷酸盐和石油类。

与2014年夏季同期相比，渤海和东海劣于第四类海水水质标准的海域面积分别减少1690平方千米和1660平方千米，黄海和南海劣于第四类海水水质标准的海域面积分别增加1710平方千米和520平方千米。

无机氮：冬季、春季、夏季和秋季，无机氮含量超第一类海水水质标准的海域面积分别为184860平方千米、146840平方千米、117650平方千米和161900平方千米，其中劣于第四类海水水质标准海域的面积分别为65750平方千米、49520平方千米、36560平方千米和57750平方千米，主要分布在辽东湾、渤海湾、莱州湾、江苏沿岸、长江口、杭州湾、浙江沿岸、珠江口等近岸海域。

活性磷酸盐：冬季、春季、夏季和秋季，活性磷酸盐含量超第一类海水水质标准的海域面积分别为160700平方千米、73120平方千米、95870平方千米和144130平方千米，其中劣于第四类海水水质标准海域的面积分别为22900平方千米、13130平方千米、23630平方千米和28180平方千米，主要分布在长江口、杭州湾、浙江沿岸、珠江口等近岸海域。

石油类：冬季、春季、夏季和秋季，石油类含量超第一、二类海水水质标准的海域面积分别为14930平方千米、9410平方千米、19560平方千米和15580平方千米，主要分布在辽东湾、广东沿岸等近岸海域。

海水富营养化状况 冬季、春季、夏季和秋季，呈富营养化状态的海域面积分别为120370平方千米、69110平方千米、77750平方千米和109910平方千米。夏季呈富营养化状态的海域面积较2014上年增加13350平方千米，重度、中度和轻度富营养化海域面积分别为20190平方千米、21170平方千米和36390平方千米。重度富营养化海域主要集中在辽东湾、长江口、杭州湾、珠江口等近岸海域。

海洋水文状况 在我国管辖海域开展海洋表层水温监测，并在部分海域开展海流监测。

海洋表层水温：渤海、黄海和东海月均海洋表层水温2月最低，8月最高，南海月均表层水温1月最低，6月最高；渤海和黄海的海洋表层水温季节变化最为明显，年内月温差最高可达25℃以上，东海次之，南海变化最小。2015年我国管辖海域平均海洋表层水温较上年略有升高。

海流：在辽东湾口、渤海湾口、莱州湾口、渤海中部、渤海海峡、北黄海中部、山东半岛东南沿岸、江苏吕四沿岸、浙江舟山和台州近岸、珠江口、钦州湾湾口等海域开展海流监测。珠江口近岸以外监测海域表层潮流呈全日潮流特征，其他监测海域表层潮流均呈半日潮流特征。各监测海域中，江苏吕四沿岸潮流较强，山东半岛东南沿岸次之，南海潮流较弱；南海监测海域的余流最强，渤海监测海域次之，东海监测海域最弱。与2014年同期相比，表层余流流向基本一致，渤海和珠江口近岸以外监测海域月均余流流速较2014年略有减小；黄海监测海域与2014年基本持平，近5年变化不大。

海洋沉积物质量状况 我国管辖海域沉积物质量状况总体良好。近岸海域沉积物中铜和硫化物含量符合第一类海洋沉积物质量标准的站位比例均为93%，其余监测要素含量符合第一类海洋沉积物质量标准的站位比例均在96%以上。南海近岸以外海域个别站位砷含量超第一类海洋沉积物质量标准，渤海湾中部个别站位多氯联苯含量超第一类海洋沉积物质量标准。

四个海区中，黄海近岸沉积物综合质量良好的站位比例最高，为100%，渤海、东海和南海沉积物综合质量良好站位的比例依次为98%、99%和86%。

辽东湾和珠江口近岸海域沉积物质量状况一般，其余重点海域沉积物质量状况良好。其中辽东湾东侧局部海域石油类含量超第三类海洋沉积物质量标准；珠江口海域沉积物的主要超标要素为铜、砷、锌、铅等，超第一类海洋沉积物质量标准的站位比例分别为48%、37%、18%和15%。

海湾环境状况 面积大于100平方千米的44个海湾中，21个海湾四季均出现劣于第四类海水水质标准的海域，主要污染要素为无机氮、活性磷酸盐和石油类。辽东湾和汕头湾沉积物质量状况一般，其余海湾沉积物质量状况良好。其中辽东湾个别站位石油类含量超第三类海洋沉积物质量标准，汕头湾的主要污染要素是石油类和铜。

海洋环境放射性水平 我国管辖海域海水放射性水平和海洋大气γ辐射空气吸收剂量率未见异常。辽宁红沿河、江苏田湾、浙江秦山、福建宁德核电站邻近海域海水、沉积物和海洋生物中放射性核素含量处于我国海洋环境放射性本底范围之内。广东阳江和广东大亚湾核电站邻近海域海水中氚含量略高于本底水平，其余放射性核素含量处于我国海洋环境放射性本底范围之内。在建的山东海阳、广西防城港、广东台山和海南昌江核电站邻近海域的放射性背景监测数据未见异常。

日本福岛以东及东南方向的西太平洋海域仍受到2011年的日本福岛核泄漏事故的显著影响。该海域海水样品中仍可检出福岛核事故特征核素铯-134，铯-137活度仍明显超出核事故前日本近岸海域背景水平；鱿鱼（巴特柔鱼）样品中锶-90的活度平均值高于事故前的背景值。

【海洋生态状况】 **海洋生物多样性状况** 海洋生物多样性监测内容包括浮游生物、底栖生物、海草、红树植物、珊瑚等生物的种类组成和数量分布。在监测区域内共鉴定出浮游植物752种，浮游动物682种，大型底栖生物1505种，海草6种，红树植物10种，造礁珊瑚76种。浮游生物和底栖生物物种数从北至南呈增加趋势。

渤海鉴定出浮游植物223种，主要类群为硅藻和甲藻；浮游动物103种，主要类群为桡足类和水母类；大型底栖生物360种，主要类群为环节动物、软体动物和节肢动物。

黄海鉴定出浮游植物286种，主要类群为硅藻和甲藻；浮游动物121种，主要类群为桡足类和水母类；大型底栖生物544种，主要类群为环节动物、软体动物和节肢动物。

东海鉴定出浮游植物422种，主要类群为硅藻和甲藻；浮游动物358种，主要类群为桡足类和水母类；大型底栖生物725种，主要类群为软体动物、节肢动物和环节动物。

南海鉴定出浮游植物536种，主要类群为硅藻和甲藻；浮游动物510种，主要类群为桡足类和水母类；大型底栖生物955种，主要类群为软体动物、节肢动物和环节动物；海草6种；红树植物10种；造礁珊瑚76种。

典型海洋生态系统健康状况 实施监测的河口、海湾、滩涂湿地、珊瑚礁、红树林和海草床等海洋生态系统中，处于健康、亚健康和不健康状态的海洋生态系统分别占14%、76%和10%。

河口生态系统 监测的河口生态系统均呈亚健康状态。80%的河口生态系统海水呈富营养化状态，浮游植物密度偏高。双台子河口浮游动物密度偏低；滦河口—北戴河浮游动物生物量偏低，大型底栖生物密度和生物量偏低；黄河口大型底栖生物密度和生物量偏高；长江口大型底栖生物密度偏高，生物体内总汞、镉和砷残留水平较高；珠江口浮游动物密度偏低。滦河口—北戴河、黄河口、长江口鱼卵仔鱼密度较低。近5年来，河口生态系统均呈亚健康状态。

海湾生态系统 监测的海湾生态系统多数呈亚健康状态，锦州湾和杭州湾生态系统呈不健康状态。57%的海湾生态系统海水呈富营养化状态，无机氮含量劣于第四类海水水质标准；部分海湾生物体内镉、铅和石油烃残留水平较高。多数海湾生态系统浮游植物密度偏高。锦州湾浮游动物生物量偏高；渤海湾浮游动物密度、大型底栖生物密度和生物量偏高；莱州湾大型底栖生物密度和生物量偏高；杭州湾浮游动物密度和生物量偏高，大型底栖生物生物量偏低；乐清湾浮游动物密度和生物量偏低，大型底栖生物密度偏高、生物量偏低；闽东沿岸浮游动物密度和生物量偏高，大型底栖生物生物量偏低；大亚湾浮游动物密度、大型底栖生物密度和生物量偏低。鱼卵仔鱼密度总体偏低。近5年来，锦州湾和杭州湾生态系统均呈不健康状态，其余海湾生态系统均呈亚健康状态。

滩涂湿地生态系统 苏北浅滩滩涂湿地生态系统呈亚健康状态。部分区域海水中营养盐含量劣于第四类海水水质标准，大型底栖生物密度和生物量异常偏高。互花米草、碱蓬和芦苇是苏北浅滩湿地的主要植被类型，现有滩涂植被233平方千米，与2014年相比，滩涂湿地植被面积略有减少。近5年来，苏北浅滩滩涂湿地生态系统均呈亚健康状态。

珊瑚礁生态系统 珊瑚礁生态系统均呈亚健康状态。近5年来，珊瑚礁生态系统呈现较为明显的退化趋势，造礁珊瑚盖度维持在较低水平并不断下降，由2011年的20.5%

下降为2015年的16.8%；硬珊瑚补充量较低，5年来均低于0.5个/平方米。海南东海岸造礁珊瑚种类由2011年的52种下降为2015年的36种。

红树林生态系统 广西北海和北仑河口红树林生态系统均呈健康状态。近5年来，红树林生态系统总体保持健康状态，红树林面积和群落类型基本稳定，红树林底栖生物密度和生物量保持较高水平。2015年9月，广西山口和北仑河口红树林区发生较大面积的柚木驼蛾虫害，受害树种为白骨壤，经防治已得到较好恢复。

海草床生态系统 海南东海岸海草床生态系统呈健康状态，广西北海海草床生态系统呈亚健康状态。近5年来，海南东海岸海草状况基本稳定，海草密度明显增加，由2011年的647株/平方米增加至2015年的1033株/平方米。广西北海海草床处于退化状态，海草密度明显下降，由2011年的278株/平方米下降为2015年的181株/平方米。

海洋保护区生态状况 截至2015年底，国家海洋局共建有国家级海洋自然/特别保护区68个，保护对象200余种。2015年，在35个保护区开展保护对象监测，红树植物、海岸沙丘、贝壳堤以及海洋和海岸生态系统等类型的保护对象基本保持稳定；珊瑚和文昌鱼等类型的保护对象下降趋势得到减缓。

海洋生物物种类保护区 河北昌黎黄金海岸国家级海洋自然保护区文昌鱼栖息密度为39~70个/平方米，平均为43个/平方米；生物量变化范围为0.36~4.71克/平方米，平均为2.97克/平方米。2004年以来，文昌鱼的栖息密度和生物量整体呈下降趋势，文昌鱼栖息地沙含量变化及沉积物类型改变是导致文昌鱼种群退化的主要原因。广东徐闻珊瑚礁国家级自然保护区活珊瑚盖度为1.7%~44.3%，平均为15.1%，较上年增加6.9%，但仍处于较低水平；石珊瑚的死亡率为4%~15%，平均为8.8%。厦门珍稀海洋生物物种国家级自然保护区共发现中华白海豚326次，合计发现847头次，均较上年明显增多。其中，火烧屿观测点监测头次最多，达到351头次。2015年，广西山口国家级红树林生态自然保护区内清除326株外来物种无瓣海桑。广西北仑河口国家级自然保护区和广西山口国家级红树林生态自然保护区爆发大面积（白骨壤）柚木驼蛾虫害，受害面积达149.9公顷。目前，虫害已得到有效控制，受害红树已经全部长出新芽。

海洋自然景观和遗迹类保护区 河北昌黎黄金海岸国家级自然保护区的海岸沙丘最大高程较上年略有上升，无明显的地貌变化。滨州贝壳堤岛与湿地国家级自然保护区贝壳堤基本保持稳定。保护区内的贝壳堤属于新老并存的类型，新的贝壳堤不断生成，老贝壳堤受风暴潮影响面积有所减少，贝壳堤面积处于动态变化中，但总体保持稳定。

海洋和海岸生态系统类保护区 河口、海湾、滩涂湿地和海岛等类型保护区生态系统基本保持稳定。大连长山群岛国家级海洋公园岛陆植被物种多样性总体较低，植被群落处于自然生长状态，人为干扰较小。长岛国家级海洋公园草本植物物种繁多，分布广泛，植物多样性丰富。

【主要入海污染源状况】 **河流入海断面水质状况** 枯水期、丰水期和平水期，77条河流入海监测断面水质劣于第V类地表水水质标准的比例分别为58%、56%和45%，与2014年相比，枯水期和丰水期比例分别增加7%和3%，平水期比例减少8%。劣于第V类地表水水质标准的污染要素主要为化学需氧量（COD_{Cr}）、总磷、氨氮和石油类。2011—2015年，51条连续实施监测的河流，枯水期、丰水期和平水期劣V类水质断面所占比例平均分别为52%、48%和45%。

主要河流污染物排海状况 77条河流入海的污染物量分别为：COD_{Cr}1459万吨，氨氮（以氮计）28万吨，硝酸盐氮（以氮计）224万吨，亚硝酸盐氮（以氮计）5.5万吨，总磷（以磷计）26万吨，石油类5.9万吨，重金属

2.1 万吨（其中锌 16243 吨、铜 3318 吨、铅 858 吨、镉 83 吨、汞 49 吨），砷 3 188 吨。

入海排污口排污状况 实施监测的 445 个陆源入海排污口中，工业排污口占 32%，市政排污口占 41%，排污河占 21%，其他类排污口占 6%。3 月、5 月、7 月、8 月、10 月和 11 月监测的入海排污口达标排放比率分别为 44%、47%、52%、51%、52%和 52%，全年入海排污口达标排放次数占监测总次数的 50%，较上年有所降低。98 个入海排污口全年各次监测均达标，114 个入海排污口全年各次监测均超标。入海排污口排放的主要污染物为总磷、COD_{Cr}、悬浮物和氨氮。

不同类型入海排污口中，工业和市政排污口达标排放次数比率分别为 59%和 42%，排污河和其他类排污口达标排放次数比率分别为 46%和 63%。2011—2015 年，工业排污口达标排放率较高，市政和排污河达标排放率较低。

入海排污口排污状况综合等级评价结果显示，全年被评为 A 级、B 级、C 级、D 级、E 级的排污口比例分别为 3%、15%、44%、33%和 5%。其中，市政类排污口排污状况最差，A 级、B 级和 C 级排污口所占比例之和达 68%。

入海排污口邻近海域环境质量状况 入海排污口邻近海域环境质量状况总体较差，88%以上无法满足所在海域海洋功能区的环境保护要求。

水质状况 5 月和 8 月，分别对 101 个和 93 个入海排污口邻近海域水质进行监测。5 月，66 个排污口邻近海域水质劣于第四类海水水质标准，占监测总数的 65%；8 月，67 个排污口邻近海域水质劣于第四类海水水质标准，占监测总数的 72%。排污口邻近海域水体中的主要污染要素为无机氮、活性磷酸盐、化学需氧量和石油类，个别排污口邻近海域水体中重金属、粪大肠菌群等含量超标。82%的排污口邻近海域的水质不能满足所在海洋功能区水质要求。

沉积物质量状况 8 月，对 93 个入海排污口邻近海域沉积物质量进行监测，其中 32 个排污口邻近海域沉积物质量不能满足所在海洋功能区沉积物质量要求，主要污染要素为石油类、铜、铬、汞、镉、硫化物和粪大肠菌群。

生物质量状况 58%的排污口邻近海域贝类生物质量不能满足所在海洋功能区生物质量要求，主要污染要素为粪大肠菌群、铅、镉、锌和石油烃，个别排污口生物体中滴滴涕含量超标。

邻近海域环境质量变化趋势 2011—2015 年监测结果显示，历年均有 78%以上的排污口邻近海域水质等级为第四类和劣于第四类，邻近海域水质无明显改善，水体中的主要污染要素为无机氮和活性磷酸盐。排污口邻近海域沉积物质量等级为第三类和劣于第三类的比例减小，主要污染物为石油类和重金属。

海洋大气污染物沉降状况 在大连老虎滩、大连大黑石、营口仙人岛、盘锦、葫芦岛、秦皇岛、塘沽、东营、蓬莱、北隍城、青岛小麦岛、舟山嵊山和珠海大万山等监测站开展海洋大气气溶胶污染物含量监测。气溶胶中硝酸盐和铵盐含量最高值均出现在东营监测站，分别为 24.7 微克/立方米和 8.3 微克/立方米；硝酸盐含量最低值出现在舟山嵊山监测站，为 6.7 微克/立方米；铵盐含量最低值出现在珠海大万山监测站，为 3.1 微克/立方米。气溶胶中铜含量最高值出现在舟山嵊山监测站，最低值出现在盘锦监测站，分别为 472.8 纳克/立方米和 5.8 纳克/立方米。气溶胶中铅含量最高值出现在大连老虎滩监测站，最低值出现在营口仙人岛监测站，分别为 89.7 纳克/立方米和 15.7 纳克/立方米。

渤海大气污染物湿沉降 在大连大黑石、营口仙人岛、盘锦、葫芦岛、秦皇岛、塘沽、东营、蓬莱、北隍城监测站开展大气污染物湿沉降通量监测。硝酸盐和铵盐湿沉降通量最高值均出现在葫芦岛监测站，分别为 9.8

吨/平方千米·年和 2.2 吨/平方千米·年；硝酸盐湿沉降通量最低值出现在东营监测站，为 1.1 吨/平方千米·年；铵盐湿沉降通量最低值出现在蓬莱监测站，为 1.0 吨/平方千米·年。铜和铅湿沉降通量最高值均出现在葫芦岛监测站，分别为 10.8 千克/平方千米·年和 3.6 千克/平方千米·年；铜和铅湿沉降通量最低值均出现在东营监测站，分别为 0.9 千克/平方千米·年和 0.2 千克/平方千米·年。

海洋垃圾分布状况 在 41 个区域开展海洋垃圾监测，监测内容包括海面漂浮垃圾、海滩垃圾和海底垃圾的种类、数量和来源。海洋垃圾密度较高的区域主要分布在旅游休闲娱乐区、农渔业区、港口航运区及邻近海域，旅游休闲娱乐区海洋垃圾多为塑料袋、塑料瓶等生活垃圾；农渔业区内塑料类、聚苯乙烯泡沫类等生产生活垃圾数量较多。

海面漂浮垃圾 海面漂浮垃圾主要为聚苯乙烯泡沫塑料碎片、塑料袋和塑料瓶等。大块和特大块漂浮垃圾平均个数为 38 个/平方千米；中块和小块漂浮垃圾平均个数为 2281 个/平方千米，平均密度为 18 千克/平方千米。聚苯乙烯泡沫塑料类垃圾数量最多，占 43%，其次为塑料类和木制品类，分别占 36% 和 11%。79%的海面漂浮垃圾来源于陆地，21%来源于海上活动。

海滩垃圾 海滩垃圾主要为塑料袋、聚苯乙烯泡沫塑料碎片和烟头等。平均个数为 69203 个/平方千米，平均密度为 1105 千克/平方千米。塑料类垃圾数量最多，占 56%，其次为聚苯乙烯泡沫塑料类和纸类，分别占 19%和 7%。96%的海滩垃圾来源于陆地，4%来源于海上活动。

海底垃圾 海底垃圾主要为塑料袋等，平均个数为 1325 个/平方千米，平均密度为 34 千克/平方千米。其中塑料类垃圾数量最多，占 87%。

【部分海洋功能区环境状况】 **海洋倾倒区环境状况** 2015 年全国海洋倾倒量 13616 万立方米，较 2014 年减少 6%，倾倒物质主要为清洁疏浚物。监测结果显示，2015 年所使用的倾倒区及其周边海域水深保持稳定，满足倾倒使用需求；海水水质和沉积物质量均满足海洋功能区环境保护要求。与 2014 年相比，倾倒区海水水质和沉积物质量基本保持稳定。本年度倾倒区的倾倒活动未对周边海域生态环境及其他海上活动产生明显影响。

2011—2015 年，全国海洋倾倒量呈现平稳且略有下降的态势，主要分布在长江口邻近海域和广东近岸海域；监测倾倒区水深及其周边海域生态环境质量基本保持稳定。

海洋油气区环境状况 2015 年，全国海洋油气平台生产水、生活污水、钻井泥浆和钻屑的排海量分别为 17837 万立方米、53 万立方米、21543 立方米和 45201 立方米，其中，生产水和生活污水排海量分别较上年增加 11%和 8%，钻井泥浆和钻屑排海量分别较上年减少 46%和 33%。油气区及邻近海域水质和沉积物质量基本符合海洋功能区的环境保护要求。

2011—2015 年，全国海洋油气平台的生产水和生活污水年均排海量分别为 14984 万立方米和 46 万立方米，逐年略有增加；钻井泥浆和钻屑的排海量在 2013 年达到最高值后，连续两年明显下降，年均排海量分别为 49063 立方米和 55425 立方米。监测的海洋油气区环境质量总体保持稳定，基本符合海洋功能区的环境保护要求。

海水增养殖区环境状况 58 个开展监测的海水增养殖区环境质量状况基本满足增养殖活动要求。其中，增养殖区综合环境质量等级为“优良”“较好”和“及格”的比例分别为 91%，7%和 2%，未出现等级为“较差”的增养殖区。影响海水增养殖区环境质量状况的主要因素是部分增养殖区水体呈富营养化状态以及沉积物中粪大肠菌群、铜和石油类含量超标。

2011—2015 年，增养殖区环境综合质量等级为“优良”的比例呈增加趋势。

旅游休闲娱乐区环境状况 在游泳季节

和旅游时段，23 个重点海水浴场和 17 个滨海旅游度假区环境状况总体良好。

海水浴场水质状况　23 个海水浴场水质为“优”和“良”的天数占 91%，水质为“差”的天数占 9%。葫芦岛绥中等 7 个海水浴场每日水质等级均为“优”或“良”，其中葫芦岛绥中、阳江闸坡和三亚亚龙湾等 3 个海水浴场每日水质等级均为“优”。

健康风险　23 个海水浴场健康指数为“优”和“良”的天数分别占 84%和 9%，健康指数为“差”的天数占 7%。个别海水浴场水体中粪大肠菌群含量偏高、出现漂浮藻类和垃圾等是影响海水浴场健康指数的主要因素；部分海水浴场水体出现水母，对游泳者健康存在潜在危害。

游泳适宜度　23 个海水浴场适宜和较适宜游泳的天数比例占 76%，不适宜游泳的天数比例占 24%。天气不佳、风浪较大、水质一般等是影响海水浴场游泳适宜度的主要原因。

近 5 年水质状况　23 个海水浴场近 5 年水质状况总体良好，91%的海水浴场粪大肠菌群含量满足第二类综合水质标准。温州南麂大沙岙、舟山朱家尖、江门飞沙滩、南澳青澳湾、三亚亚龙湾等海水浴场水质近 5 年水质综合等级为“优”。

滨海旅游度假区水质状况　17 个滨海旅游度假区的平均水质指数为 4.2，水质为良好及以上的天数占 94%，水质为一般和较差的天数占 6%。烟台金沙滩、浙江嵊泗列岛和海南三亚亚龙湾滨海旅游度假区水质极佳的天数比例达 100%。

海面状况　17 个滨海旅游度假区的平均海面状况指数为 3.9，海面状况优良。降雨导致的天气不佳是影响滨海旅游度假区海面状况的主要原因。

专项休闲（观光）活动指数　17 个滨海旅游度假区平均休闲（观光）活动指数为 3.9，很适宜开展休闲（观光）活动。其中，湛江东海岛和海南三亚亚龙湾滨海旅游度假区平均休闲（观光）活动指数极佳，非常适宜开展海上观光、海滨观光和沙滩娱乐等多种休闲（观光）活动。

【海洋环境灾害和环境风险状况】　**赤潮**　2015 年，我国管辖海域共发现赤潮 35 次，累计面积约 2809 平方千米。东海发现赤潮次数最多，为 15 次；渤海赤潮累计面积最大，为 1522 平方千米。赤潮高发期主要集中在 5-6 月份。2015 年是近 5 年来赤潮发现次数和累计面积最少的一年，与近 5 年平均值相比，赤潮发现次数减少 18 次，累计面积减少 2 835 平方千米。

引发赤潮的优势藻类共 11 种。其中，夜光藻作为第一优势种引发的赤潮次数最多，为 9 次；中肋骨条藻次之，为 8 次；东海原甲藻 4 次，米氏凯伦藻和球形棕囊藻各 3 次，多环旋沟藻和赤潮异弯藻各 2 次，抑食金球藻、针胞藻、多纹膝沟藻和锥状斯克里普藻各 1 次。甲藻类、鞭毛藻类等引发赤潮共计 25 次，占 71%，为近 5 年来最低。

绿潮　2015 年 5—8 月黄海沿岸海域发生浒苔绿潮。5 月，浒苔绿潮主要分布于江苏沿岸海域，首先在江苏射阳、如东海域发现有零星漂浮浒苔，逐渐向北漂移并不断扩大，最大分布面积为 42000 平方千米，最大覆盖面积为 166 平方千米。6 月，漂浮浒苔进入山东黄海沿岸海域，继续向北漂移并迅速扩大，影响至海阳、乳山及荣成南部等沿岸海域，最大分布面积约为 52700 平方千米。7 月初漂浮浒苔覆盖面积达到最大，约为 594 平方千米，尔后漂浮浒苔范围开始逐渐缩小，至 8 月中旬，在山东黄海沿岸海域未发现漂浮浒苔。

2015 年，黄海沿岸海域浒苔绿潮分布面积是近 5 年来最大的一年，较近 5 年平均值增加 48%；最大覆盖面积比近 5 年平均值略大。

海水入侵和土壤盐渍化　渤海滨海平原地区海水入侵和土壤盐渍化严重。黄海、东海滨海地区海水入侵和土壤盐渍化范围较小，但个别监测区近岸站位氯离子含量明显升高。

南海滨海地区海水入侵范围小，土壤盐渍化较轻。

海水入侵状况 海水入侵严重地区主要分布于渤海滨海平原地区，近岸站位氯离子含量高，海水入侵范围大，46%以上监测区海水入侵距离距岸10~43千米，主要分布在河北、山东沿岸；黄海和东海滨海地区海水入侵范围总体较小，约86%监测区海水入侵距离距岸5千米以内；南海滨海地区海水入侵范围小、程度低，90%监测区海水入侵距离距岸0.5千米以内。

2011—2015年，渤海滨海地区辽宁盘锦和葫芦岛部分监测区海水入侵距离有所增加；黄海滨海地区江苏连云港监测区海水入侵范围逐渐扩大；东海滨海地区福建长乐漳港镇近岸站位氯离子含量明显升高，海水入侵距离逐渐增加；南海滨海地区广东茂名龙山监测区海水入侵距离呈缓慢上升趋势。

土壤盐渍化状况 土壤盐渍化严重地区主要分布于渤海平原地区的辽宁盘锦、河北唐山和沧州、天津、山东潍坊监测区，盐渍化距离一般距岸10~43千米，主要盐渍化类型为硫酸盐—氯化物型盐土和氯化物—硫酸盐型中盐渍化土和盐土；黄海滨海地区盐渍化总体较轻，大部分监测区盐渍化距离距岸5千米以内，盐渍化主要类型为硫酸盐—氯化物型中盐渍化土和氯化物—硫酸盐型重盐渍化土；东海和南海滨海地区土壤盐渍化范围较小，约91%监测区盐渍化距离距岸1.2千米以内。

2011—2015年，渤海滨海地区辽宁盘锦，河北秦皇岛和唐山部分监测区近岸站位土壤含盐量上升明显，盐渍化范围有所扩大，山东潍坊部分监测区发生盐渍化现象；黄海滨海地区江苏盐城监测区自2014年出现一定范围的盐渍化区域；东海和南海滨海地区盐渍化范围基本稳定。

重点岸段海岸侵蚀状况 我国海岸侵蚀依然严重，与2014年相比，砂质海岸侵蚀状况基本保持稳定，粉砂淤泥质海岸侵蚀加重。辽宁绥中岸段和盖州岸段侵蚀海岸长度减少，局部海岸侵蚀速度增加；广东雷州市赤坎村岸段和海南海口市镇海村岸段侵蚀海岸长度有所减少，侵蚀速度减慢；江苏振东河闸至射阳河口粉砂淤泥质岸段侵蚀海岸长度增加，局部海岸侵蚀速度加大；上海崇明东滩粉砂淤泥质岸段侵蚀海岸长度有所减少，但侵蚀速度加大。

2011—2015年，由于加强海砂开采管理、人工护岸建设和海岸整治修复等工作，监测岸段的海岸侵蚀长度有所减少，但海岸侵蚀依然严重，局部地区侵蚀速度加大。

【海洋二氧化碳源汇状况】 在渤海、黄海、东海和南海北部海域开展 春、夏、秋、冬四个航次的海-气-二氧化碳交换通量断面走航监测。

综合2014年和2015年的监测结果，监测海域全年表现为大气二氧化碳的弱汇。渤海冬、秋季从大气吸收二氧化碳，春、夏季向大气释放二氧化碳；黄海冬、春季从大气吸收二氧化碳，夏、秋季向大气释放二氧化碳；渤海、黄海全年对大气二氧化碳的吸收/释放接近平衡。东海冬、春和秋季从大气吸收二氧化碳，夏季则向大气释放二氧化碳，全年表现为大气二氧化碳的显著的汇；东海冬季水温低、春季初级生产力高是该海域从大气净吸收二氧化碳的重要原因。南海北部冬、秋季从大气吸收二氧化碳，春、夏季向大气释放二氧化碳；受制于水温较高、初级生产力低等因素，南海北部在各个季节与大气交换二氧化碳的强度都不大。

海水温度、生物活动以及水体垂直混合作用等是影响监测海域海-气-二氧化碳交换通量变动的重要因素，不同海域二氧化碳的源汇格局取决于不同季节各影响因素的强弱变化。 （国家海洋环境监测中心）

【北海区海洋环境监测】 组织北海区三省一市及两个计划单列市开展海洋环境监测工作，继续开展海水、沉积物和生物多样性监测，加强污染物入海排放管控监测，积极做好典型海洋功能区公益服务监测，完成北戴河重点海域环境监视监测。继续推进近海二氧化碳海气交换通量的业务化监测工作，及时开展赤潮、绿潮、溢油等海洋突发环境事件应急监视监测，掌握北海区海洋环境现状及变化趋势。组织开展北海区海洋环境监测评价工作，完成站点1250多个，获得数据量约62万组。编制发布《2014年北海区海洋环境公报》。

海域环境质量状况 渤海近岸以外海域海水质量状况良好，但近岸海域海水环境污染依然严重，劣四类水质海域各季平均面积为5818平方千米，约占渤海总面积7.5%，主要分布在辽东湾、莱州湾和渤海湾近岸海域。黄海中北部海水环境质量状况总体良好，污染较重的第四类水质海域和劣四类水质海域主要集中在辽东半岛近岸海域和胶州湾底部。

近岸海域典型生态系统健康状况 近岸海域主要典型生态系统生物多样性和群落结构基本稳定，双台子河口、滦河口—北戴河、渤海湾、黄河口、莱州湾等典型生态系统处于亚健康状态，锦州湾典型生态系统处于不健康状态，面临的主要问题包括环境污染、生物栖息地丧失、渔业资源衰退等。

主要江河携带入海的污染物状况 渤海沿岸陆源入海排污口（河）主要超标物质为化学需氧量（COD_{Cr}）和总磷。全年进行排污口化学需氧量监测501次，达标比例为68%；进行总磷监测500次，达标比例为79%。黄海中北部沿岸入海排污口主要超标物质为总磷、生化需氧量和悬浮物。排污口全年进行总磷监测574次，达标比例为74%；进行生化需氧量监测352次，达标比例为76%；进行悬浮物监测574次，达标比例为80%。渤海和黄海中北部分别有88%和67%的入海排污口邻近海域环境质量不能满足周边海洋功能区环境质量要求，江河和陆源入海排污口仍是影响海洋环境的主要原因。

（国家海洋局北海分局）

【东海区海洋环境监测】 组织实施东海区海洋环境、生态状况、灾害与风险监测，对海洋开发利用活动及陆源污染进行监管，布设监测站位4000余个，获取监测数据30余万个，较全面地掌握东海区管辖海域生态环境状况，结果表明：2015年，东海区海水环境质量总体较好。近岸海域水环境污染依然严重，冬季、春季、夏季、秋季劣于第四类海水水质标准的海域面积分别为60305平方千米、43444平方千米、34482平方千米和57912平方千米；近岸以外海域海水环境质量良好。海洋沉积物质量良好。海洋生物群落结构基本稳定。陆源污染物排放及海洋开发活动对近岸局部海域海洋生态环境带来较大压力，赤潮、绿潮、岸滩侵蚀、海水入侵与土壤盐渍化等环境问题依然存在，部分近岸典型生态系统健康受损，生境退化，监测的浅滩、河口、海湾等生态系统处于亚健康或不健康状态。（国家海洋局东海分局）

【南海区海洋环境监测】 **海洋环境监视监测工作** 根据国家局的工作部署，南海分局组织国家海洋局南海环境监测中心编制《2015年南海分局海洋生态环境监测工作方案》，并组织各相关单位开展年度海洋生态环境监测任务。全年累计外业出海424个航次，派出监测人员约12677人次，各项监测任务进展顺利，按进度完成。继续加强南海区赤潮监视监测工作，全年派出赤潮巡视人员约7077人次，沿岸巡视里程约44417千米，海上巡视里程约6152海里。发现赤潮11起，分布面积共101平方千米。船舶碰撞溢油事件1起，并开展应急跟踪监测工作。

推进西太平洋海洋环境监测预警体系建设 南海分局落实承担的预警区域海洋环境监测与海洋放射性预警工作，制定《2015年西太平洋海洋放射性监测预警实施方案》，组织技术人员顺利完成2015年度5月航次和10月航次吕宋海峡及其周边海域海洋放射性监测工作，并编制完成《2015年5月西太平洋海洋放射性监测预警——吕宋海峡（B区）及其周边海域海洋放射性监测预警报告》。

推进海洋环境监测信息公开工作 积极贯彻落实党中央、国务院关于推进政务信息公开工作的有关要求，建立规范化的海洋环境监测信息公开机制，南海分局组织编制《南海分局海洋环境监测信息公开实施方案》，细化南海区海洋环境状况公报、陆源入海排污口水质状况、珠江入海口水质状况等监测信息公开工作程序。在此基础上，经核准的《2014 年南海区海洋环境状况公报》于 5 月 28 日在分局政务网站上公布。

大亚湾海洋环境质量通报 履行海洋环境保护监督职责，南海分局组织技术人员针对大亚湾海域环境现状及存在问题，编制《大亚湾海域海洋环境质量通报》（以下简称《通报》），于 11 月 24 日邀请有关专家及部门代表召开《通报》评审会议。

推进珠三角海域监测网络建设和海洋环境监测站位优化 按照国务院及国家局海洋生态文明建设的工作部署，南海分局落实海洋环境监督职责，以“珠三角”海域海洋环境问题为导向，环境保护需求为牵引，于 8 月组织技术人员编制完成《“珠三角”海域海洋环境监测网建设方案》。组织人员针对当前海水监测任务中存在的重点区域站位较少、代表性不足等突出问题进行研究，以近岸海域为重点，加密重点海湾和主要功能区站位数量为原则，对南海区海洋环境监测海水站位数量进行优化调整，并提出将 2015 年 295 个国控站点总数调整至 342 个、进一步优化海水监测频次等建议。

推进海洋环境监测站监测能力建设 按照国家局关于加强海洋环境监测（中心）站建设的工作部署，南海分局落实下属海洋环境监测站监测能力建设工作，组织编制《国家海洋局南海分局 2015 年海洋环境监测站监测能力建设方案》，重点推进汕头、汕尾、深圳、珠海、湛江、涠洲、铁山港、秀英、东方、三亚、西沙 11 个海洋环境监测站监测能力建设，加强海洋站在实验室升级改造、监测仪器设备购置、人员队伍建设、质量体系建设等方面工作。7 月期间，环保司和分局管理人员组成检查组，对分局海洋站监测能力建设中期进度进行抽查。

推进海洋环境在线监测工作 为进一步推进南海区在线监测系统建设，开展海洋生态环境在线监测设备的试点建设与运行工作，南海分局组织编制《2015 年南海分局海洋生态环境在线监测试点实施方案》，并组织海口中心站、汕尾中心站、北海中心站等单位在深圳、广西、海南昌江附近海域开展在线监测设备建设运行和在线监测质量控制研究工作。

海洋环境监测培训与交流 南海分局组织人员编制《2015 年南海区海洋生态环境监测专业技术人员轮训工作实施方案》，组织有关监测单位开展开放实验室技术人员交流以及海洋环境监测专业技术人员培训工作，组织 5 期共 21 人开放实验技术人员交流；开展危化品应急监测、海洋生物监测等海洋环境监测专业技术培训班共 42 期，培训人员 428 人。

年度海洋生态环境监测任务执行和质量保证工作情况监督检查 为进一步加强年度海洋生态环境监测任务执行进度监督工作，强化南海区海洋生态环境监测任务承担机构的环境监测质量管理责任意识，11 月 10 日至 19 日期间，南海分局组织检查组，结合实验室能力、年度监测任务执行进展、全过程质量控制工作开展情况等内容，对南海区各海洋环境监测任务承担单位开展年度海洋生态环境监测任务执行和质量保证工作情况监督检查工作。

（国家海洋局南海分局）

海洋灾害与海洋环境预报服务

综　述

2015 年，我国海洋灾情总体偏轻，各类海洋灾害共造成直接经济损失 72.75 亿元，死亡（含失踪）30 人。其中，风暴潮灾害造成直接经济损失 72.62 亿元，死亡（含失踪）7 人；海浪灾害造成直接经济损失 0.07 亿元，死亡（含失踪）26 人；海冰灾害造成直接经济损失 0.06 亿元，未造成人员死亡（含失踪）。

与近 10 年（2006—2015 年）海洋灾害平均状况相比，2015 年海洋灾害直接经济损失和死亡（含失踪）人数均低于平均值。

2015 年各类海洋灾害中，造成直接经济损失最严重的是风暴潮灾害，占总直接经济损失的 99.8%；造成死亡（含失踪）人数最多的是海浪灾害，占总死亡（含失踪）人数的 79%。单次海洋灾害过程中，造成直接经济损失较严重的是 1522“彩虹”台风风暴潮灾害和 1513“苏迪罗”台风风暴潮灾害，分别造成直接经济损失 27.02 亿元和 24.69 亿元。

2015 年，海洋灾害直接经济损失较严重的省（自治区、直辖市）是福建省和广东省，因灾直接经济损失分别为 30.79 亿元和 28.77 亿元。

表 1　2015 年沿海各省（自治区、直辖市）主要海洋灾害损失统计

省（自治区、直辖市）	致灾原因	死亡（含失踪）人数（人）	直接经济损失（亿元）
辽宁	海冰	0	0.06
河北	无	0	0
天津	无	0	0
山东	风暴潮、海冰	0	0.44
江苏	风暴潮、海浪	1	0.58
上海	无	0	0.05
浙江	风暴潮、海浪	19	11.26
福建	风暴潮、海浪	2	30.79
广东	风暴潮、海浪	6	28.77
广西	风暴潮	0	0.47
海南	风暴潮、海浪	5	0.33
合计		33	72.75

风暴潮灾害与预报

【总体情况及特点】 2015 年，我国沿海共发生风暴潮过程 10 次，造成直接经济损失 72.62 亿元。其中台风风暴潮过程 6 次，全部造成灾害，直接经济损失 72.18 亿元，死亡（含失踪）7 人；温带风暴潮过程 4 次，2 次造成灾害，直接经济损失 0.44 亿元，未造成人员死亡（含失踪）。

2015 年，风暴潮灾害造成的直接经济损失较小，为近 5 年（2011—2015 年，下同）平均值（107.49 亿元）的 68%，且影响区域相对集中，福建省和广东省直接经济损失合计 59.55 亿元，占风暴潮灾害总直接经济损失的 82%。

2015 年沿海各省（自治区、直辖市）风暴潮灾害损失统计见表 2。

【主要风暴潮灾害过程】 1509“灿鸿”台风风暴潮 7 月 11 日 16 时 40 分前后，强台风“灿鸿”在浙江省舟山市朱家尖沿海登陆。受

表2 2015年沿海各省(自治区、直辖市)风暴潮灾害损失统计

省(自治区、直辖市)	受灾人口		受灾面积		设施损毁			直接经济损失(亿元)
	受灾人口(万人)	死亡(含失踪)人数	农田(千公顷)	水产养殖(千公顷)	海岸工程(千米)	房屋(间)	船只(艘)	
山东	—	0	0	0	14.04	0	3	0.44
江苏	5.33	0	3.15	0.02	0	127	0	0.58
上海	—	0	0.57	0.00	0.02	0	2	0.05
浙江	327.85	0	0	27.44	41.28	116	639	11.20
福建	34.18	0	3.14	27.54	88.71	3 858	4 265	30.79
广东	376.40	5	0.28	24.43	29.01	78	2 325	28.76
广西	42.77	0	0	1.59	4.47	72	0	0.47
海南	—	2	0	0.15	0.10	0	1	0.33
合计	786.53	7	7.14	81.17	177.63	4 251	7 235	72.62

注：表中符号“—”表示未统计，下同。

风暴潮和近岸浪的共同影响，江苏、上海、浙江和福建四地因灾直接经济损失合计10.98亿元。

沿海监测到的最大风暴增水为312厘米，发生在浙江省澉浦站。增水超过或接近150厘米的还有上海市芦潮港站（229厘米），浙江省定海站（252厘米）、三门站（173厘米）、镇海站（164厘米）、石浦站（152厘米）、椒江站（151厘米）、坎门站（149厘米），福建省长门站（149厘米）。

浙江省镇海站、定海站出现超过当地警戒潮位的高潮位。

江苏省受灾人口5.33万人，紧急转移安置人口3.22万人。房屋倒塌40间，房屋损坏87间。水产养殖受灾面积20公顷，水产养殖损失45吨。农田淹没3.15千公顷。直接经济损失0.58亿元。

上海市紧急转移安置人口3.94万人。水产养殖受灾面积2.4公顷。渔船损坏2艘。防波堤损毁0.02千米。农田淹没0.57千公顷。直接经济损失0.05亿元。

浙江省受灾人口146.46万人，紧急转移安置人口65.42万人。房屋损坏116间。水产养殖受灾面积25.48千公顷，水产养殖损失55 518吨，养殖设备、设施损失25 522个。渔船毁坏5艘，渔船损坏578艘。码头损毁2.78千米，防波堤损毁4.95千米，海堤、护岸损毁25.62千米，道路损毁4.79千米。直接经济损失10.22亿元。

福建省水产养殖受灾面积10公顷，水产养殖损失2 750吨。渔船毁坏5艘。码头损毁0.07千米，防波堤损毁0.07千米，海堤、护岸损毁0.09千米。直接经济损失0.13亿元。

1513“苏迪罗”台风风暴潮 8月8日04时40分前后，台风“苏迪罗”在台湾省花莲县秀林乡登陆，同日22时10分在福建省莆田市秀屿区沿海再次登陆。受风暴潮和近岸浪的共同影响，浙江和福建两地因灾直接经济损失合计24.69亿元。

沿海监测到的最大风暴增水为225厘米，发生在福建省琯头站。增水超过100厘米的还有浙江省鳌江站（198厘米），福建省白岩潭站（218厘米）、崇武站（159厘米）、平潭站（147厘米）、厦门站（129厘米）、三沙站（117厘米）、东山站（110厘米）。

福建省白岩潭站出现达到当地橙色警戒潮位的高潮位，琯头站出现达到当地黄色警戒潮位的高潮位。

浙江省受灾人口133.96万人，紧急转移安置人口10.98万人。水产养殖受灾面积1.63千公顷，水产养殖损失1 725吨，养殖设备、设施损失895个。渔船毁坏34艘，渔船损坏6艘。防波堤损毁0.92千米，道路损毁0.20千米。直接经济损失0.79亿元。

福建省受灾人口26.51万人，紧急转移安置人口6.64万人。房屋倒塌736间，房屋损坏2 804间。水产养殖受灾面积22.90千公顷，水产养殖损失110 915吨，养殖设备、设施损失6 587个。渔船毁坏520艘，渔船损坏2 520艘，其他类型船只毁坏31艘。码头损毁5.17千米，防波堤损毁4.85千米，海堤、护岸损毁21.50千米，道路损毁22.60千米。农田淹没2.36千公顷。直接经济损失23.90亿元。

1522“彩虹”台风风暴潮 10月4日14时10分前后，强台风“彩虹”在广东省湛江市坡头区沿海登陆，中心最低气压940百帕，是1949年以来10月份登陆广东的最强台风。受风暴潮和近岸浪的共同影响，广东、广西和海南三地因灾直接经济损失合计27.02亿元。

沿海监测到的最大风暴增水为232厘米，发生在广东省水东站。增水超过100厘米的还有广东省湛江站（212厘米）、北津站（160厘米）、闸坡站（126厘米）、南渡站（113厘米），广西壮族自治区石头埠站（107厘米）。

海南省秀英站出现 超过当地警戒潮位41厘米的高潮位；广东省三灶站、北津站、闸坡站和湛江站出现 超过当地警戒潮位的高潮位。“彩虹”台风风暴潮过程部分站位最大风暴

广东省受灾人口334.99万人，紧急转移安置人口14.28万人。房屋损坏78间。水产养殖受灾面积19.36千公顷，水产养殖损失112 011吨，养殖设备、设施损失432个。渔船毁坏235艘，渔船损坏1 636艘。码头损毁2.34千米，防波堤损毁17.49千米，海堤、护岸损毁3.49千米。农田淹没0.28千公顷。死亡（含失踪）5人，直接经济损失26.28亿元。

广西壮族自治区受灾人口34.12万人，紧急转移安置人口3.53万人。水产养殖受灾面积1.59千公顷。直接经济损失0.41亿元。

海南省水产养殖受灾面积0.15千公顷，养殖设备、设施损失150个。渔船毁坏1艘。防波堤损毁0.10千米。死亡（含失踪）2人，直接经济损失0.33亿元。

【风暴潮预警报】 按照国家海洋局《风暴潮、海浪、海啸、海冰灾害应急预案》的要求，2015年预报中心通过中央电视台、中央人民广播电台和沿海省（自治区、直辖市）、计划单列市电视台和广播电台、手机短信平台、国家海洋环境预报中心网站、人民网、新华网、新浪网等新闻媒体，累计对6个影响我国沿海的热带气旋、9次影响我国沿海的温带天气系统过程，向社会公众发布70份风暴潮预警报。其中蓝色Ⅳ级警报28份，黄色Ⅲ级警报20份，橙色Ⅱ级警报10份和红色Ⅰ级警报12份，风暴潮预警报期间共发布实况速报64份（见表3、表4）。向国家海洋局和国家防总报送台风风暴潮预判6份，并先后5次代表国家海洋局参加国家防总台风应急全国视频会商会议，在会上就风暴潮预警情况做汇报，相关工作多次得到国家防总的肯定。风暴潮预警报以传真形式呈报国务院应急办公室、国家海洋局，并发往国家防汛抗旱总指挥部办公室、国家减灾委员会、交通部总值班室、中国海事局、农业部总值班室、总参作战部、海军司令部等部委以及中国远洋运输总公司、中国海洋石油总公司、中国石油天然气股份有限公司等多家国家级涉海企事业单位，同时还发往受影响沿海省（自治区、直辖市）政府值班室、防汛指挥部和有关海洋部门。

表3 2015年风暴潮预警报发布统计表

过程名	影响省市区	红	橙	黄	蓝	速报
1508“鲸鱼”	广东、海南、广西				5	6
1509“灿鸿”	浙江、福建、上海、江苏	4	1		4	8
1510“莲花”	广东、福建				5	6
1513“苏迪罗”	浙江、福建			3	2	7
1521“杜鹃”	福建、浙江、上海、江苏	6	3			7
1522“彩虹”	广东、海南、广西	2	2		2	6
总计		12	6	3	18	40

表 4 2015 年风暴潮预警报发布统计表

温带过程	蓝色警报	黄色警报	橙色警报	实况速报
150302	0	3	0	1
150308	0	2	0	1
150411	2	2	0	3
150418	3	0	0	2
150930	0	2	0	1
151017	2	0	0	1
151023	2	0	0	1
151104		5	4	9
151121	1	3	0	5
总计	10	17	4	24

海浪灾害与预报

【综述】 2015 年，我国近海共出现有效波高 4 米以上的灾害性海浪过程 33 次，其中台风浪 12 次，冷空气浪和气旋浪 21 次。因灾直接经济损失 0.06 亿元，死亡（含失踪）23 人。2015 年，海浪灾害总台灾情偏轻，直接经济损失为近 5 年平均值（3.58 亿元）的 2%；死亡（含失踪）人数为近 5 年平均值（58 人）的 40%。沿海各省（自治区、直辖市）海浪灾害损失见表 5。

表 5 2015 年沿海各省(自治区、直辖市)海浪灾害损失统计

省、自治区、直辖市	死亡(含失踪)人数	水产养殖受灾面积(千公顷)	海岸工程损毁(千米)	船只损毁(艘)	直接经济损失(万元)
江苏	1	0	0	1	20.0
浙江	16	0	0	4	500.0
福建	2	0	0	1	10.0
广东	1	0	0	4	40.9
海南	3	0	0	2	20.0
合计	23	0	0	12	590.9

【风暴潮预报技术研究进展】 中国海精细化台风风暴潮集合数值预报系统和中国海业务化温带风暴潮数值预报系统继续在风暴潮预警报中发挥重要作用，初步开发 多源模型数值结果可视化操作平台。

2015 年在“苏迪罗”和“杜鹃”台风灾害应急过程中，继续运行福建省沿海精细化风暴潮（含近岸浪）耦合漫堤数值预报系统和闽江口区域风暴潮漫滩数值预报系统，向福建省海洋与渔业厅和闽东海洋预报台发送计算结果，为福建省人民政府提前进行海洋灾害防御，采取各种应对措施提供 有力的决策服务支持。2015 年，国家海洋环境预报中心还开展 面向地级市的风暴潮预警报工作。

【台风浪灾害】 2015 年我国近海海域共发生有效波高 4 米以上台风浪过程 12 次，未造成人员伤亡和直接经济损失；其余近岸海浪与风暴潮相互作用造成的灾害统计在风暴潮灾害中（见风暴潮灾害与预报部分）。

（1）“红霞”台风浪。超强台风“红霞”于 5 月 10—12 日在南海东北部、东海东部海面形成 4~6 米的台风浪，台东外洋浮标实测最大有效波高 5.2 米。

（2）“鲸鱼”台风浪。强热带风暴“鲸鱼”于 6 月 21—24 日在南海西北部海面形成 4~6 米的台风浪，国家海洋局 QF304 浮标实测最大有效波高 4.5 米，东方海洋站、莺歌海海洋站均测得最大有效波高 2.5 米。

（3）“莲花”台风浪。台风“莲花”于 7 月 4—9 日在台湾海峡、南海东北部海面形成 4~8 米的台风浪，国家海洋局 QF206 浮标实测最大有效波高 8.0 米，南澳海洋站测得最大有效波高 3.0 米。

（4）“灿鸿”台风浪。超强台风“灿鸿”于 7 月 9—13 日在东海海面形成 6~10 米的台风浪，在黄海海面形成 3~5 米的台风浪，国家海洋局 QF204 浮标实测最大有效波高 10.6 米，大陈海洋站测得最大有效波高 8.0 米。

（5）“浪卡”台风浪。超强台风“浪卡”于 7 月 14—16 日在东海东部海面形成 3~4 米的台风浪。

(6)“苏迪罗”台风浪。超强台风“苏迪罗”于8月6—9日在台湾以东洋面和台湾海峡形成8~12米的台风浪，在东海海面形成5~8米的台风浪，国家海洋局QF208浮标实测最大有效波高9.8米，北礵海洋站测得最大有效波高7.5米。

(7)“天鹅”台风浪。超强台风“天鹅”于8月21—25日在巴士海峡、台湾以东洋面形成8~12米的台风浪，在东海南部和东部海面形成6~10米的台风浪，台东外洋浮标测得最大有效波高12.2米。

(8)“环高”台风浪。热带风暴“环高”于9月14—15日在南海西部海面形成3~5米的台风浪，国家海洋局SF304浮标实测最大有效波高3.7米，博鳌海洋站测得最大有效波高2.5米。

(9)“杜鹃”台风浪。超强台风“杜鹃”于9月26—30日在台湾以东洋面形成8~12米的台风浪，在东海南部、台湾海峡海面形成5~8.5米的台风浪，台东外洋浮标测得最大有效波高9.3米，国家海洋局QF209浮标实测最大有效波高7.5米，北礵海洋站测得最大有效波高5.5米。

(10)“彩虹”台风浪。强台风“彩虹”于10月2—5日在南海北部海面形成6~9米的台风浪，国家海洋局QF306浮标测得最大有效波高7.2米，硇洲海洋站测得最大有效波高6.0米。

(11)“巨爵”台风浪。超强台风“巨爵”于10月18—21日在南海东部、巴士海峡海面形成4~6米的台风浪，国家海洋局QF206浮标实测最大有效波高4.1米，平潭海洋站测得最大有效波高2.5米。

(12)“茉莉”台风浪。超强台风“茉莉”于12月15—17日在南海南部海面形成4~8米的台风浪。

【冷空气与气旋浪灾害】 2015年，我国近海海域共发生波高4米以上冷空气浪和气旋浪过程21次，死亡（含失踪）23人，直接经济损失590.9万元。

“150112”冷空气与气旋配合浪。1月12—14日，受冷空气与气旋共同影响，东海部分海域出现4~5米的巨浪，造成浙江和福建海域1艘货船和2艘渔船沉没，死亡（含失踪）14人，直接经济损失260.0万元。

“150414”冷空气与气旋配合浪。4月14日，受冷空气和气旋的共同影响，东海部分海域出现2~3米的中浪到大浪，造成1艘江苏籍货船在浙江省小衢山南侧海域沉没，死亡（含失踪）5人，直接经济损失250.0万元。

表6 2015年海浪灾害过程及损失统计

灾害过程	发生时间	受灾地区	死亡（含失踪）人数	直接经济损失（万元）
150111冷空气浪	1月11日	海南	1	0
150112冷空气与气旋配合浪	1月12日	浙江	4	220.0
	1月13日	福建	2	10.0
	1月14日	浙江	7	30.0
150206冷空气浪	2月6日	广东	1	0
150318冷空气浪	3月18日	海南	0	20.0
150322冷空气浪	3月22日	广东	0	8.5
150404冷空气浪	4月4日	广东	0	20.0
150407冷空气浪	4月7日	江苏	1	5.0
150414冷空气与气旋配合浪	4月14日	浙江	5	250.0
150527气旋浪	5月27日	海南	2	0
150810气旋浪	8月10日	广东	0	12.4
151109冷空气与气旋配合浪	11月9日	江苏	0	15.0
合计			23	590.9

【海浪预报】 2015年，国家海洋环境预报中心继续制作并通过中央电视台新闻频道、中国教育频道、旅游卫视频道、凤凰卫视频道、中央人民广播电台、新浪网、新华网、国家海洋局和国家海洋环境预报中心网站等全国性媒体对外加发布西北太平洋及中国近海24~72小时公益性海浪预报、中国沿海共22个主要滨海旅游城市、23个海水浴场、16个滨海旅游度假区、6条海上航线及钱塘江观潮的24~72小时近海海浪预报。

2015年，国家海洋环境预报中心继续为处于渤海、东海及南海海域的海上石油平台、海上运输航线提供专项海浪服务，制作海浪预报单合计12000余份，为海上生产活动、人员安全等提供科学有力保障。继续为我国兴建的世界最大桥隧结合工程“港珠澳大桥”项目的岛隧工程提供海浪预报保障，海浪预报时效144个小时。

【海浪预警报】 2015年，国家海洋环境预报中心、国家海洋局东海、北海和南海预报中心、沿海省（自治区、直辖市）、计划单列市海洋预报（中心）台，按照《风暴潮、海浪、海啸和海冰灾害应急预案》，通过中央电视台、中央人民广播电台和沿海省（自治区、直辖市）、计划单列市电视台和广播电台、手机短信平台、国家海洋局网站、国家海洋环境预报中心网站、新华网、新浪网等新闻媒体发布1506“红霞”、1508“鲸鱼”、1509“灿鸿”、1510“莲花”、1513“苏迪罗”、1515“天鹅”、1519“环高”、1521“杜鹃”、1522“彩虹”、1524“巨爵”、1527“茉莉”台风浪、冷空气浪和气旋浪等23次灾害性海浪过程，国家海洋环境预报中心发布海浪警报及紧急警报135份（其中红色海浪紧急警报18份）、海浪实况速报154份；同时还向受灾害性海浪影响的沿海省（自治区、直辖市）、计划单列市人民政府、国家海洋局、国家安全生产应急救援指挥中心、国家减灾委员会办公室、国家防汛抗旱总指挥部办公室、交通部总值班室、中国海事局、中国海上搜救中心、交通部救助打捞局、农业部总值班室、农业部渔业局、中国海监总队、总参作战部、海军司令部、中国远洋运输总公司、中国海运（集团）公司、中国海洋石油总公司、中国石油天然气股份有限公司、中国石油化工集团公司、中国海洋石油天津分公司、上海分公司、广州分公司等几十家海洋生产指挥部门和海洋交通运输部门、海洋石油勘探与开采部门发布海浪预警报。

【海浪数值预报模式研究】 2015年，国家海洋环境预报中心基于第三代海浪谱模式和粘塑性海冰模式建立渤、黄海海冰覆盖海域海浪数值预报模式并开展业务试运行。

（国家海洋环境预报中心）

海冰灾害与预报

【冰情与灾害】 冰情概况 2014/15年冬季为轻冰年（1级），初冰日为2014年12月3日，终冰日为2015年3月15日，冰期103天。全海域浮冰最大覆盖面积10767平方千米，出现在2015年2月8日。辽东湾海冰最大覆盖面积8142平方千米，出现在2月4日，浮冰外缘线离岸最大距离45海里，出现在2月4日；渤海湾、莱州湾仅河口浅滩出现少量海冰；黄海北部海冰最大覆盖面积3502平方千米，出现在2月10日，浮冰外缘线离岸最大距离16海里，出现在2月13日。

2014/2015年冬季渤海及黄海北部冰情统计见表7。

表7 2014/15年渤海及黄海北部冰情

影响海域	初冰日（年/月/日）	终冰日（年/月/日）	浮冰最大覆盖面积（平方千米）	浮冰离岸最大距离（海里）	一般冰厚（厘米）	最大冰厚（厘米）
辽东湾	2014/12/3	2015/3/15	13012	62	5~15	30
渤海湾	—	—	—	—	—	—
莱州湾	—	—	—	—	—	—
黄海北部	2014/12/5	2015/2/18	3920	14	5-10	20

冰情灾害　2014/2015 年冬季，渤海及黄海北部海域受海冰灾害影响，直接经济损失 0.06 亿元，是前 5 年平均值（2.78 亿元）的 2%，为 2013/14 年的 25%。其中，辽宁省直接经济损失 0.06 亿元。

2014/2015 年冬季海冰灾害损失统计见表8。

表 8　2014/15 年海冰灾害损失统计

省名	受灾人口		损毁船只(艘)	水产养殖损失		海岸工程损毁(千米)	直接经济损失(亿元)
	受灾人口(万人)	死亡(含失踪)人数(人)		受灾面积(千公顷)	数量(万吨)		
辽宁	0	0	18	0.67	0	7.20	0.06
合计	0	0	18	0.67	0	7.20	0.06

【海冰监测与预报研究】 **冰情监测**　2014/2015 年冬季，在国家海洋局领导关心支持下，在国家海洋环境预报中心领导组织部署下，平稳有序完成 海冰监测工作。完善立体化海冰监测，包括海冰卫星遥感、沿岸海洋站、破冰船、鲅鱼圈雷达站、白沙湾雷达站、辽东湾石油平台等。海冰组按照中心部署，组织渤海海冰沿岸调查，参加海军破冰船海冰调查，开展辽东湾平台海冰雷达监测。

2015 年 2 月 4—10 日，国家海洋环境预报中心与国家卫星海洋应用中心、辽宁海洋环境监测预报总站以及营口市海洋环境监测站组成联合调查队，开展海冰沿岸调查。观测地点包括：营口西炮台、白沙湾、锦州开发区笔架山、葫芦岛浴场、菊花岛小坞码头和兴城海水浴场站点至秦皇岛沿海。

2014/2015 年冬季是 JZ20-2 雷达测冰系统平稳运行的第六年。经过实践检验，目前雷达性能良好，业务化运转正常。2014 年 12 月 18 日平台测冰雷达开始运转，每天监测平台附近海冰状况，并将监测数据及时提供给国家海洋环境预报中心，通过对数据的反演获取平台附近冰厚、海冰密集度及海冰运动等信息，为海冰预警报提供重要的实测数据。

在发布海冰警报期间，国家海洋环境预报中心组织北海预报中心、辽宁海洋环境预报总站等进行海冰灾害远程视频应急会商，将海冰的监测信息和和海冰预报向国家各级政府部门汇报，并积极配合公共产品服务部宣传海冰预警报工作。

预报研究　2014/2015 年冬季共发布：年预报 1 期，月预报 3 期，旬预报 9 期，周预报 12 期，本年度冬季未发布海冰警报。逐日渤海海冰数值预报 74 期。海冰预报较准确的预测 海冰演变过程，抓住其主要演变过程及特点，为保障冬季安全生产发挥积极作用。

在完成日常预警报工作的前提下，为中海油、中石油、中远等提供专项预报服务；为中海油编写的海冰数值预报总结、海冰统计预报总结顺利通过验收。

2015 年海冰组承担的海洋公益性科研专项“工程海冰预报技术研究”（200805009）研究成果获得中国海洋工程咨询协会颁发的海洋工程科学技术奖二等奖。

2015 年是公益项目“渤海海冰立体监测及高精度预警报技术研究示范”实施的第五年，海冰组主要负责任务二海冰预报技术研究，本年度应用 BP-MOS 系统对渤海和黄海北部海域冬季海冰进行试预报，同时根据统计误差评估效果，修订 BP-MOS 旬预报系统，顺利完成年度研究任务。

针对国家自然基金项目“渤海防波堤建设对渤海海冰影响”2015 年的研究任务，海冰组开展数值试验，利用渤海冰—海洋耦合模式模拟 2014/2015 年冬季渤海海冰的演变过程；利用小区域高分辨率海冰模式开展数值试验，并对数值计算结果进行检验。

另外还参加国家自然基金项目“海冰动力-热力过程的离散单元模型及应用研究”、公益项目“沿海重点保障区域精细化综合预报系统研制与应用”“中国近海短期气候预测技术及其应用”等科研项目，均达到预期科研目标。

完成中心年初制定的重点任务：①提高预报准确率和精细化程度，针对辽东湾、渤海湾和莱州湾等重点港口和觉华岛附近海域建立 精细化海冰预报系统，发布精细化数值预报产品；②研究平台结构冰振响应预报方法，开展辽东湾平台冰激振动预报试验；③完成冬季海冰应急期间的会商及警报发布，组织海冰沿岸调查，及时向生产运输部门发布海冰预报。（国家海洋环境预报中心）

海温与海流预报

【业务预报】 主要发布包括沿海城市单站海温预报、海水浴场海温预报、滨海旅游海洋环境预报、滨海旅游度假区海温预报、海温周预报、海温周实况分析，逐日中国海、西北太平洋、印度洋、黄东海、南海、渤海等三维海洋温度和海流预测产品，2015 年业务预报发布情况（截止至 12 月 31 日）如下：

1）海温周预测 52 期 780 份（传真 15 家）电视预测 52 期 Internet 网络发布海温周预测 52 期；

2）Internet 网络发布渤海 120 小时三维海温、海流预测 365 期；

3）Internet 网络发布南海 120 小时三维海温、海流预测 365 期；

4）Internet 网络发布西北太平洋海域 120 小时海温海流预测 365 期；

5）Internet 网络发布渤黄东海海域 120 小时海温海流预测 365 期；

6）Internet 网络发布印度洋海域 120 小时海温海流预测 365 期；

7）Internet 网络发布连云港海流预测 365 期；

8）中央电视台新闻频道发布 24 小时沿海城市单站海温预测 365 期；

9）教育台发布 48 小时单站海温预测 365期；

10）旅游卫视发布 72 小时的逐日海温预测 365 期；

11）在中央电视台发布南方 13 个，北方 10 个海水浴场海温预测 184 期；

12）发布滨海旅游海洋环境预测 184 期；

13）凤凰卫视发布全球 30 个沿海城市 24 小时海温预报，一日两次，共 730 期；

14）凤凰卫视发布全球 20 个沿海城市72 小时海温预报，一日两次，共 730 期；

15）Internet 网络发布海温周实况分析 52 期；

16）提供海事局的 72 小时的逐时潮流预测 365 期；

17）提供华北空管局的 72 小时海温预测 365 期，周海温预测 52 期；

18）全球城市临近海域海温预报 365 期；

19）精细化预报天津，福清，辽东湾海域各 365 期，共 1095 期；

20）向台站分发海表流场和对应风场数据；

21）为应急组逐日提供海流预报；

22）在绿潮预测期间，为赤潮组逐日提供海温和海流 72 小时预报。

本组人员参与 港珠澳大桥现场保障：参与港珠澳大桥沉管项目现场保障，保质保量，安全高效的完成现场海洋观测，作为参加人员，受到“E15–E16 沉管先进集体”表彰一次。

本组预报任务较重，在任务期间没有出现重大事故。

改进精细化预报流程，强化和改进精细化海温预报流程，在保证预报准确率的前提下，提高 工作效率。

【数值预报系统】

1）西北太预报系统业务化运行及完善

（1）潮汐潮流耦合业务化运行：利用 TOPX8 潮汐资料提供 8 的主要分潮调和常数提供开边界驱动，利用 200~280 天的模式模拟水位进行潮汐调和分析，另外利用 2009 年在黄海春季以及东海夏季的海流观测结果，对潮汐潮流耦合海流预报精度进行 比较，模拟海流流向及流速大小与观测结果相当。

（2）SST 数据同化。基于 3DVAR 数据同化方法，开展Argos和SST数据同化研究，并于年初在西北太系统进行同化业务化试运行，于7月份进行正式业务化运行，同化后未来5天的海温预报均方根误差控制在1.0°C以内；开发新的单向嵌套程序，实现西北太向黄东海、南海提供开边界，实现每天的业务化运行；开发新的预报产品后处理程序，提高计算效率，优化预报产品格式；并进行温盐流数值预报系统的检验工作。细节如下：使用3DVAR数据同化方法，利用MGDSST观测资料，对数值模式进行海表面温度的数据同化，并以应用到业务化预报中，海温改善效果显著。

(3) Argo数据同化。使用3DVAR数据同化方法，利用全球Argo温盐廓线资料，对西北太数值预报的垂向多层温盐进行数据同化，并应用到数值业务化预报中，垂向温盐改善30%左右。

(4) 业务化运行。西北太数值预报系统业务化运行正常

2）南海数值预报系统业务化运行及改善

(1) 南海潮流耦合研究。利用TOPX8潮汐资料提供8的主要分潮调和常数提供开边界驱动，利用200-280天的模式模拟水位进行潮汐调和分析。

(2) 业务化运行。南海数值预报系统业务化运行正常。

3）黄东海业务化预报系统

业务化运行。黄东海业务化运行系统业务化运行正常。

【其他课题】 数值预报系统海温产品的预报释用技术 为提高数值海温预报产品对特定点和区域的预报精度，年初开始开展海温的预报释用工作。基于宝贵而有限的台站气象和海温观测序列、WRF数值风场要素预报和黄东海海温数值预报开展台站的预报释用订正。通过将质量参差不齐的各类数据进行质量控制，剔除可能由人为或仪器误差导致的异常数据后，对观测数据、数值风场要素（风速、热通量、气压、气温等）和海温场数据分别进行归一化处理后，基于BP神经网络方法，首先设计219组非数值海温的释用实验，分别考虑3~8个不同影响因子进行释用模型的调训，并对实验结果进行简单分析，结果表明，释用后的海温预报误差在1.5度左右,其中地面2米高度的比湿和地表处的向下短波辐射通量导致释用结果误差增大，海面2米高度的气温可以减小释用误差。接下来将继续开展海温数值产品释用实验设计和比较，基于上述研究结果，在数值海温释用实验中，拟舍弃两个导致误差增大的因子，适当降低工作量，提高研发效率。

（国家海洋环境预报中心）

赤潮灾害与预报

【赤潮灾害】 2015年全海域共发现赤潮35次，累计面积约2809平方千米。东海发现赤潮次数最多，为15次；渤海赤潮累计面积最大，为1522平方千米。2015年，我国沿岸海域赤潮高发期主要集中在4-9月份，共发现赤潮27次，占总发现次数的77%。

2015年，我国沿岸海域引发赤潮的优势种共11种。夜光藻和中肋骨条藻发生赤潮次数最多，分别为9次和8次，累计面积分别为314平方千米和299平方千米。单次持续时间最长、面积最大的赤潮过程发生在辽宁绥中至滦河口海域，由抑食金球藻引发，持续时间近3个月，最大面积为825平方千米。

2015年是近5年来赤潮发现次数和累计面积最少的一年，与近5年平均值相比，赤潮发现次数减少18次，累计面积减少2835平方千米。

【赤潮预报】 2015年共发布全国《赤潮生成条件预测》17期。其中，涉及渤、黄海赤潮预测9期，东海赤潮预测6期，南海赤潮预测6期。

【绿潮漂移应急预报保障】 2015年5月16日在盐城附近海域监测到有小面积绿潮发生，2015年5月16日、5月17日绿潮覆盖面积分别为4平方千米和7平方千米。随后绿潮

表 9　2015 年影响我国海域面积超过 100 平方千米的赤潮事件统计

省（自治区、直辖市）	起止时间	发现海域	赤潮优势种	最大面积（平方千米）
辽宁、河北	5 月 20 日—8 月 13 日	绥中—滦河口海域	抑食金球藻	825
河北	6 月 14—16 日	辽东湾西部海域	夜光藻	260
天津	8 月 21 日—9 月 3 日	天津港南侧海域	多环旋沟藻	264
浙江	4 月 26 日—5 月 3 日	渔山列岛附近海域	东海原甲藻	200
浙江	6 月 12—21 日	温州南麂海域	多纹膝沟藻	390
福建	5 月 26 日—6 月 2 日	霞浦县古镇海域	米氏凯伦藻 东海原甲藻	100
福建	9 月 10—19 日	泉州安海湾 围头湾海域	球型棕囊藻	150
海南	1 月 23 日—2 月 13 日	儋州白马井和排浦镇	球型棕囊藻	100

覆盖面积和分布面积呈波动增大变化趋势，在海流和风的作用下向偏北方向漂移。至 5 月下旬，绿潮大规模爆发，5 月 21 日，绿潮分布面积超过 20000 平方千米；5 月 24 日，绿潮覆盖面积超过 100 平方千米，绿潮分布面积超过 30000 平方千米。6 月中旬，浒苔首次在连云港登陆；6 月下旬，浒苔先后在连云港、青岛、烟台等地大规模登陆。7 月份绿潮覆盖面积和分布面积呈现出先增大后减小的趋势，在海流和风的作用下向偏北方向漂移至山东沿海，并有部分登陆。7 月 4 日，浒苔覆盖面积和分布面积均达到今年来最大值，分别为 654 平方千米和 42260 平方千米。7 月初，江苏北部海州湾海域出现大量浒苔，退潮后大量浒苔留在沙滩上。7 月上旬，持续的东南风将大批浒苔吹向日照近海，被海浪涌到岸边，铺满沙滩。受风和洋流的影响，7 月份大量浒苔随风漂向青岛海岸，各大海水浴场和沙滩都出现大量浒苔堆积，形成入夏以来的大规模浒苔潮。7 月上旬至中旬，威海市近岸部分海域绿潮大面积聚集，乳山、文登大部岸段有绿潮上岸。进入 8 月份以后，绿潮覆盖面积和分布面积不断减小，8 月上旬后期绿潮基本消失。

此次绿潮灾害入侵时间，持续时间与往年基本一致，特点是爆发面积大，登陆范围广，大量涌入近岸海域，对渔业、水产养殖、海洋环境、景观和生态服务功能产生严重影响。对此，中心环境室快速启动绿潮应急响应工作，于 5 月 18 日及时发布第一期《绿潮漂移及海洋环境预报》，2015 年共发布 91 期预报单，为沿海地方政府有效应对绿潮灾害提供辅助服务。　（国家海洋环境预报中心）

台风灾害与预报

【西北太平洋和南海台风概况】 2015 年，西北太平洋和南海共有 27 个编号台风（包括热带风暴、强热带风暴、台风、强台风和超强台风）生成，与多年（1949—2015 年，下同）平均值（27.0 个）持平。其中，有 6 个台风先后登陆我国沿海地区，较常年登陆平均值（7.0 个）偏少 1 个。

2015 年西北太平洋和南海台风活动具有以下特点。

强度偏强：本年度台风极值平均强度 45.9 米/秒（14 级），强于多年平均（39 米/秒，13 级）；全年有 14 个台风达到超强台风级；

登陆强度偏强：台风登陆的平均强度为 41 米/秒（13 级），强于多年平均（33 米/秒，12 级）。

南海台风生成少：全年南海生成的台风有 2 个，相对多年同期平均（4.6 个）偏少 2.6个。

生成源地偏东：27 个台风中 14 个台风生成于 150°E 以东海域，高于多年同期平均的 5.1 个。

生命史长：2015 年，西北太平洋和南海的 27 个台风平均生命史达 7.3 天，比常年平均多 2 天。

2015 年共有 6 个台风先后在我国登陆，它们是：强热带风暴“鲸鱼”KUJIRA（1508），超强台风“灿鸿”CHAN-HOM（1509），台风“莲花”LINFA（1510）、超强台风“苏迪罗”SOUDELOR（1513）、超强台风“杜鹃”DUJUAN（1521）和强台风“彩虹”MUJIGAE（1522）。

【台风对我国造成的灾害】 2015 年，共有 8 个台风影响我国，其中有 6 个台风登陆我国沿海地区。台风“苏迪罗”是 2015 年登陆我国最强的台风，在全部 8 个台风中造成的受灾人口、死亡失踪人口、需紧急生活救助人口、倒损房屋数量均最多。

【西北太平洋和南海台风综合预报】 中国气象局中央气象台建立利用卫星、雷达、地面常规观测和自动站加密观测、海洋观测、高空观测等多种资料的台风定位、定强业务。在编号台风未进入中央气象台的警报发布区（即 48 小时警戒线内），开展每天逐 6 小时的 4 次定位、定强，并同时发布 12-120 小时预报；当台风进入中央气象台的警报发布区后，开展每天逐 3 小时的 8 次定位、定强，并同时发布 12~120 小时预报；当台风进入 24 小时警界线内，开展每天逐小时的 24 次定位、定强，同时在 00 时、03 时、06 时、09 时、12 时、15 时、18 时和 21 时（世界时）发布 6 小时、12 小时、18 小时、24 小时、36 小

表 10 2015 年登陆我国的台风概况表

序号	中央台编号	国际编号	中英文名称	强度极值	登陆情况				
					地点	时间	最大		中心气压（百帕）
							风力（级）	风速（米/秒）	
1	1508	1508	鲸鱼 Kujira	强热带风暴	海南万宁	6 月 22 日 18 时 50 分	10	25	982
2	1509	1509	灿鸿 Chan-hom	超强台风	浙江舟山	7 月 11 日 16 时 40 分	14	45	955
3	1510	1510	莲花 Linfa	台风	广东陆丰	7 月 9 日 12 时 15 分	11	30	970
4	1513	1513	苏迪罗 Soudelor	超强台风	台湾花莲	8 月 8 日 04 时 40 分	15	48	940
					福建莆田	8 月 8 日 22 时 10 分	13	38	970
5	1521	1521	杜鹃 Dujuan	超强台风	台湾宜兰	9 月 28 日 17 点 50 分	15	48	945
					福建莆田	9 月 29 日 08 点 50 分	12	33	975
6	1522	1522	彩虹 Mujigae	强台风	广东湛江	10 月 4 日 14 点 10 分	15	50	940

表 11 2015 年台风影响及灾害情况

台风名称	登陆地点	登陆时间	登陆时中心附近最大风力（级）	影响省（市、区）	受灾人口（万人次）	死亡失踪人口（人）	直接经济损失（亿元）
鲸鱼	海南万宁	06-22	10（25 米/秒）	海南、云南	15.94	/	0.85
灿鸿	浙江舟山	07-11	14（45 米/秒）	黑龙江、上海、江苏、浙江、安徽、福建、山东、台湾	390.79	/	98.38
莲花	广东陆丰	07-09	11（30 米/秒）	福建、广东、台湾	203.40	1	17.42
苏迪罗	台湾花莲 福建莆田	08-07 08-08	15（48 米/秒） 13（38 米/秒）	江苏、浙江、安徽、福建、江西、台湾	824.12	45	246.27
天鹅	/	/	/	上海、黑龙江	10.31	/	2.04
环高	/	/	/	海南	/	/	0.02
杜鹃	台湾宜兰 福建莆田	09-28 09-29	15（48 米/秒） 12（33 米/秒）	浙江、福建、台湾	162.69	/	25.36
彩虹	广东湛江	10-04	15（50 米/秒）	广东、广西、海南	751.36	24	269.97
总 计					2358.61	70	660.31

时、48 小时、60 小时、72 小时、96 小时、120 小时预报。

2015 年，中央气象台改进《台风公报》格式和内容，增加 5 天以上台风预报展望内容。针对强度较强的登陆台风，增加逐小时台风路径预报和半小时定位业务。增加台风风雨精细化预报客观产品，提高 台风精细化预报水平。改进基于 MTSAT-2、FY2E 和 FY2F 卫星资料的台风强度客观估计结果并开展 业务应用，开展 微波资料在台风监测中的实时业务应用工作，初步建立基于 AMSU 资料的台风大风圈反演系统，并开展 相关业务试验。实现多源融合资料反演风场（MTC-SWA）的实时下载，并形成图形产品，结合 2014 年台风大风圈分析方法，融合地面观测、浮标、船舶及 ASCAT 洋面风场等资料，规范台风风速经验廓线订正，改进台风风圈半径分析方法，提高台风风圈半径分析准确性。基于历史资料的统计分析优化判别阈值，完成台风生成概率预报业务的自动运行，为台风生成预报提供参考。

【台风预报服务情况】 针对 2015 年 27 个台风的预报服务，中央气象台密切跟踪其变化趋势、及时发布台风定位定强信息和预警信息，共计发布《台风公报》464 期；《台风预警》102 期，其中蓝色预警 62 期，黄色预警 18 期，橙色预警 19 期，红色预警 9 期；提供台风服务材料约 32 期，并及时通过各种媒体发布台风预警信息，极大地减少台风灾害造成的损失。

2015 年中央气象台及时组织台风专题会商，加强预报服务和对下技术指导，邀请沿海省、区、市气象台共同讨论台风的路径和强度变化趋势及对风雨影响，及时滚动更新台风路径、强度及其风雨影响预报。中央气象台分别就“鲸鱼”“灿鸿”“莲花”“苏迪罗”“杜鹃”和 “彩虹”等登陆或有严重影响台风组织 17 次台风专题会商，及时提供台风最新监测预警信息。针对 6 个登陆台风，参加国家防总召开的台风视频专题会商，结论准确、特点突出、建议措施得当。

针对 2015 年 27 个台风，中央气象台 24 小时、48 小时、72 小时、96 和 120 小时台风路径预报误差分别为 66 千米、121 千米、180 千米、243 千米和 330 千米，均优于 2014 年和最近 5 年平均的预报水平，达到历史最好，且整体上均优于日本气象厅和美国联合台风警报中心的预报水平，其中，24 小时台风路径预报误差首次低于 70 千米。

另外，针对全球海域（除西北太平洋和南海海域外）活动的热带气旋，中央气象台每日发布《全球热带气旋监测公报》两次，发布时间为：02 时和 10 时（世界时，下同）。2015 年中央气象台共发布《全球热带气旋监测公报》379 期。（中国气象局）

海洋气象预报与服务

【海事天气公报】 2015 年，中央气象台共发布《海事天气公报》1460 期。

责任海区范围 按国际规定，中国承担的责任海区范围从 42°N，137°E 开始，沿印度洋海事卫星覆盖区的东部边界到 0°，141°E；10°S，127°E；12°S，95°E；5°N，95°E；10°S，97°E；再向东北方向沿海岸线回到 42°N，137°E。

报文内容 报文以英语的形式发布。

（1）不小于 7 级大风区的范围或地理位置。说明造成大风的热带气旋或温带气旋中心强度(最低气压、风力)、位置、移向、移速；较强冷锋、暖锋和静止锋的位置；

能见度小于 10 千米的区域；浪高不小于 2 米的区域，在热带风暴、温带气旋活动区中加发最大浪高。

（2）选择发报的内容。当责任海区内无不小于 7 级大风出现，或者海区内已经出现有代表性的天气系统和天气现象，则需要从以下内容中选择部分内容发报：

较弱冷锋、暖锋和静止锋的位置以及海区内有影响的天气现象等。

广播方式及覆盖范围 为方便船舶及时

收到海上安全有关的气象预报和警报，按规定广播须采用国际海事卫星安全网，通过印度洋海事卫星进行广播。该卫星的广播覆盖范围包括我国承担的全部责任区，能满足用户的接收需要。

广播时次 通过海事卫星安全网定时发布的《海事天气公报》每日 4 次，发布时间分别为 03∶30、10∶15、15∶30 和 22∶15 时。

报文的内容以中英文双语的形式在中国气象局网站上发布。

【海洋气象公报】 以中文形式描述责任海区的天气实况和预报，具体包括《海洋天气公报》和《海上大风预警》。海洋天气预报/预警的范围是中国近海，发布时间为每日 02、10 和 22 时。《海洋天气公报》分发单位为中国气象局网站、中国海上搜救中心以及舟山海洋气象广播电台；《海上大风预报》和《海上大风预警》分发单位为中国气象局网站、中国海上搜救中心、华风气象影视中心以及舟山海洋气象广播电台。

2015 年，中央气象台共发布《海洋天气公报》1095 期。我国近海责任海区除台风影响外，8 级以上大风过程共有 47 次，其中冷空气过程造成的海上大风共 38 次，温带气旋造成的海上大风共 9 次。对这 46 次过程共发布《海上大风预报》395 期、《海上大风黄色预警》32 期、《海上大风橙色预警》4 期。

【海区预报】 对中国近海海域分别就天气现象、风向、风力、浪高以及能见度分别做 0~12 小时、12~24 小时、24~36 小时、36~48 小时预报。2015 年中央气象台共发布《近海海区预报》1095 期，分发单位为中国气象局网站、华风气象影视中心、中国海上搜救中心以及签约客户。

【北太平洋分析和预报】 分析 0°—60°N、100°E—120°W 范围内，0~48 小时海平面气压场图、500hPa 高度场图的实况和预报。发布时间为每天 03∶30 时。分发单位为中国气象局网站、华风气象影视中心。

【专业海洋气象预报】 中国气象局台风与海洋气象预报中心开展全球海洋气象导航业务，并提供各大洋天气要素风场、涌、浪的 120 小时内的预报。具体产品包括：船舶海洋气象导航、船舶监视、航线分析、海区预报、事故分析。

2015 年，中国气象局台风与海洋气象预报中心承担涉及船舶包括矿砂船、特型大件特种运输船、杂货船以及渔政执法船等船舶的导航业务，航行海域涵盖全球三大洋各海域。

【海洋气象保障服务】 **海洋气象春运保障服务** 2015 年 2 月 3 日—3 月 10 日春运保障期间，共发布 36 期春运海上服务专报，其中有 7 次冷空气过程和 1 次温带气旋过程共造成我国近海出现 20 天 8 级以上大风天气，相关的海上大风专报被海上航运部门、海上搜救中心等引用到其部门的网站上。

南海岛礁保障服务 为做好南沙岛礁建设气象服务保障工作，制定《南沙岛礁气象保障服务实施方案》，并适时启动预报服务工作，共制作 17 期专报，为决策服务提供参考依据。

海军气象中心保障服务 为协助海军气象中心做好南沙附近海域气象服务保障，2015 年 6 月 28 日开始，每日为海军气象中心制作一份专报，预报未来 15 天南沙海域天气海况，到 7 月 9 日制作 12 期专报。

中国海警巡航保障服务 为中国海警船舶提供西北太平洋巡航保障保障服务，2015 年 6 月 12 日开始至 8 月 2 日结束，每日为船舶制作一份专报，预报未来 3 天巡航海域的天气和海况，并指导航线修订，一共制作 44 期服务专报。

（中国气象局）

厄尔尼诺和拉尼娜灾害与预报

【海表温度演变特征】 2015 年赤道中东太平洋海表温度正距平维持，厄尔尼诺事件发展、加强，并于 11 月达到峰值（尼诺 3.4 区海温指数达到 2.9℃），发展为一次超强厄尔尼诺事件；12 月开始，本次厄尔尼诺事件进入衰减阶段。2015 年 1 月，赤道太平洋异常暖水中心位于日界线以西，随后暖中心逐渐东移；4

月南美沿岸海区的异常暖水发展、增强，至7月异常暖水中心主要位于赤道东太平洋海区；8月后异常暖水中心略有西移，赤道东太平洋大部海温正距平超过2.5℃。

【暖池演变特征】 2015年，印度洋暖池及赤道西太平洋暖池强度总体偏强。

【次表层海温演变特征】 2015年1—3月，赤道东太平洋次表层为异常冷水控制，但随着赤道西太平洋异常暖水东传，4月开始赤道东太平洋次表层大部为异常暖水控制，中心强度超过5℃。6月以后，赤道西太平洋的异常冷水东移超过日界线，强度有所增强，赤道东太平洋次表层异常暖水中心上移，范围缩小。

【南方涛动演变特征】 2015年，南方涛动指数（SOI）基本为负值。其中，1—3月为负值，经过4月短暂的转为弱的正值（0.1）以后，5—12月为持续的负值。特别是7—10月，南方涛动指数维持在-1.0以下，表明伴随着赤道中东太平洋异常暖水的增强，热带大气表现出 对暖水事件的显著响应。

【850百帕风场演变特征】 在对流层低层850hPa，赤道中东太平洋地区（160°E—100°W）全年基本由西风距平控制。特别是在日界线附近地区，3月以后有多次明显的西风距平从160 °E以西的赤道西太平洋东传至赤道中东太平洋，使得赤道中太平洋的东风距平显著减弱，并激发赤道西太平洋次表层异常暖水的东传，使得赤道中东太平洋维持暖水状态。10月下旬，赤道中西太平洋东风距平开始发展，并一直维持至年末。

【对流演变特征】 2015年，在日界线至160°E附近的中太平洋，除1月和6—8月外，对流明显偏强；5月以后，日界线以东的中东太平洋上空对流明显开始活跃，特别是在10月以后，160°W附近对流异常活跃。在120°—160°E之间的赤道西太平洋地区，4—12月对流活动持续受到抑制。

【厄尔尼诺和拉尼娜对我国的气候影响】 受长期气候变化趋势和厄尔尼诺发展增强的共同影响，2015年中国平均气温创有连续观测以来的最高纪录。厄尔尼诺事件同样会通过热带海-气相互作用和大气遥相关等影响到我国夏季降水、登陆台风及东亚冬季风活动等。在超强厄尔尼诺事件发展增强和热带印度洋海温一致偏暖的外强迫背景下，2015年夏季我国南方地区共出现18次暴雨过程，长江中下游地区降水偏多5成至1倍，而同期华北大部、西北东部等地降水偏少2~5成，河北、内蒙古、辽宁、山东和宁夏等地夏旱严重。2015年登陆我国的台风仅有6个，较常年偏少。2015年11—12月厄尔尼诺事件峰值期，赤道中东太平洋海表温度正距平中心超过3.5℃，菲律宾上空低层出现异常的反气旋型环流，一方面给我国东南部地区带来异常丰沛的水汽，同时减弱 冬季风的偏北分量，造成秋、冬季转换季节我国南方降水明显偏多；而北方地区由于偏北气流受到抑制，导致大范围雾霾天气过程频繁发生。

2015年3月23日，国家气候中心主持召开2015年夏季ENSO预测全国会商会，会议邀请国家海洋局、中国科学院大气物理所和中国气象科学研究院的有关专家共同研讨，会议结论较成功预测此次厄尔尼诺事件的发展过程，具体预测意见为：预计此次厄尔尼诺事件将再次发展加强，赤道中东太平洋海温可能于2015年夏季继续维持厄尔尼诺状态。随后的7月，ENSO预测班组更新预测意见为“预计当前的厄尔尼诺事件将至少持续发展到2015/2016年冬季，强度将达到强厄尔尼诺事件标准。”10月，对秋冬季海温的预测意见为“预计此次厄尔尼诺事件将于2015年11月或12月达到峰值，之后减弱并持续到2016年春季，其强度可能达到极强厄尔尼诺事件标准。” （中国气象局）

海平面和潮汐预报

【海平面业务化工作】 海平面上升是一种长期的、缓发性灾害，如果不能有效应对，将会淹没滨海低地、人口受灾、经济受损、破坏生态环境，海平面上升已经严重威胁沿海地区经济社会的可持续发展，海平面上升还会引起海岸侵蚀、咸潮上溯、海水入侵与土壤盐渍化，加剧风暴潮和洪涝等灾害程度。

2015年，以国务院领导关于海平面工作的指示精神为指导，按照国家海洋局党组的具体部署，深入贯彻落实《中国应对气候变化国家方案》，按照《2015年全国海洋预报减灾工作方案》的工作安排，开展我国沿海海平面变化监测、预测、影响调查与评估、适应策略研究等各项业务化工作，全面掌握我国沿海海平面变化的综合影响，为沿海经济社会发展、海洋防灾减灾和海洋领域应对气候变化提供信息支撑和决策依据。

1.沿海地区海平面变化影响调查

（1）2014年度工作总结验收。完成沿海各地2014年度工作的验收和评比。全国沿海11省（自治区、直辖市）和5个计划单列市提交年度工作报告、实地调查技术报告和信息采集表，共16套，48册，包括多媒体附件等附件在内的信息总量共16GB。2015年4月25日在北京召开2014年度工作验收会议，由相关领导和专家听取各单位汇报，通过评比、打分，确定优秀和合格等级。

（2）2015年度方案编制。2015年1—2月，编制完成《2015年海平面变化影响调查评估工作方案》《2015年海平面变化影响信息采集表》、沿海各省（自治区、直辖市）《2015年海平面变化影响调查评估技术方案》和《2015年度海平面变化影响实地调查附表》，并下发沿海各省（自治区、直辖市）和计划单列市。工作方案明确海平面变化影响调查评估工作的目的意义、工作目标与工作原则、任务分工、工作内容、工作成果和进度安排；技术方案规定2015年海平面变化影响调查评估工作的具体目标、工作内容和技术路线，确定信息采集与实地调查的技术要求，明确成果汇交时间与具体内容。信息采集表规范堤防状况、海洋工程影响、地面沉降基本状况、海岸侵蚀状况、海水入侵与土壤盐渍化状况、咸潮入侵状况和咸潮入侵过程、滨海湿地和红树林、风暴潮灾害和洪涝灾害等信息共8类11个表的填报格式与填报要求。实地调查分为重点区域实地调查和典型事件跟踪调查，重点区域实地调查包括海岸侵蚀、重点岸段堤防和围填海状况的实地调查，海平面变化影响典型事件包括风暴潮、咸潮入侵、海水入侵与土壤盐渍化等相关灾害，实地调查附表规范实地调查工作获得的海岸侵蚀状况、岸滩下蚀状况、海岸侵蚀灾害损失、围填海状况和围填海项目等信息的填报内容。

2015年海平面变化影响调查评估工作将海岸侵蚀灾害概查、重点岸段调查与损失评估纳入全国海平面变化影响调查评估业务化工作范畴，把海岸侵蚀技术规程编入技术方案。为全面掌握沿海地区围填海状况，重点区域实地调查增加围填海状况等调查内容。

（3）技术交流与培训。组织编写《2015年海平面变化影响调查评估工作技术手册》。6月4—5日在福州、6月11—12日在南京分两期开展2015年全国海平面变化影响调查评估工作技术交流培训，分别针对方案说明、信息采集、实地调查、海岸侵蚀、围填海状况、报告编制等内容，对沿海地区省、市、县三级相关工作人员共200人进行系统培训，工作先进省（市）交流工作经验。培训班的举办对做好2015年度海平面变化影响调查评估工作奠定基础。

（4）实地调查。在沿海地区根据工作方案要求开展海平面变化影响调查业务化工作的基础上，国家海洋信息中心深入沿海地区，对重点地区的信息采集和实地调查工作进行现场指导与业务交流。2015年9月，赴山东滨州、东营、潍坊、烟台和威海等5个沿海城市，对海岸侵蚀、海堤状况、海水入侵与土壤盐渍化、围填海等调查内容开展实地调查。2015年10月，赴海南海口、东方、三亚、陵水、万宁、琼海和澄迈等7个沿海市县，开展海岸侵蚀概查和实地调查。通过现场实地调查，掌握大量第一手资料，为全面推动海平面变化影响调查业务化工作和中国海平面公报编制奠定基础。

(5) 信息汇交。9月底前各参加单位总结中期工作情况，报告工作进度，安排下一阶段工作。11月份提交信息采集表和实地调查报告及相关成果（电子文档），12月份沿海各省（自治区、直辖市）及计划单列市海洋厅(局) 将工作报告以及完整的信息采集表、实地调查报告和相关成果以书面形式（附光盘）提交国家海洋信息中心，完成2015年度相关成果（电子文档）的汇交。通过对相关信息进行整理、分析和评估，为海平面公报编制提供基础信息。编制完成《2015年度全国海平面变化影响调查评估工作总结报告》。

2. 2015年《中国海平面公报》编制

在国家海洋局海平面监测、预测、影响调查、评估和适应策略研究等业务化工作基础上，国家海洋信息中心编制完成《2015年中国海平面公报》，国家海洋局于2015年3月22日予以发布。公报发布2015年中国全海域、海区和沿海各省的海平面变化状况；预测各海区和沿海省（自治区、直辖市）沿海未来30年海平面上升值；分析海平面变化成因和2015年6月、7月、10月、11月等月份的异常变化原因；分析评估海平面变化对我国沿海、沿海各省（自治区、直辖市）的影响；提出主动避让、强化防护和有效减灾等适应策略；以专栏形式介绍围填海区海平面上升、全球海平面观测系统（GLOSS）第14次会议、海平面变化成为未来十年8个重点研究问题之一、全球海平面上升各主要因子贡献和三沙市海平面变化等海平面相关知识和有关工作情况；增加附录名词解释。

(1) 海平面变化状况。海平面监测和分析结果表明，中国沿海海平面变化总体呈波动上升趋势。1980年至2015年，中国沿海海平面上升速率为3.0毫米/年，高于全球平均水平。

2015年，中国沿海海平面较常年高90毫米，较2014年低21毫米，为1980年以来的第四高位。2012年、2014年和2013年是排名前三位的高值年。近30年，中国沿海的十年际海平面呈明显上升趋势，2006—2015年，中国沿海平均海平面较1996—2005年和1986—1995年分别高32毫米和66毫米，为近30年来最高的十年。

2015年，中国沿海各海区海平面变化明显，与常年相比，渤海、黄海、东海和南海沿海海平面分别高94毫米、91毫米、96毫米和82毫米；与2014年相比，2015年渤海、黄海、东海和南海沿海海平面分别低26毫米、19毫米、19毫米和22毫米。

2015年，中国沿海海平面季节变化特征明显。7月长江口至台湾海峡以北沿海海平面、11月黄海至杭州湾沿海海平面均为1980年以来同期最高，较常年同期分别高218毫米和192毫米；6月东海南部至雷州半岛沿海海平面、10月东海南部沿海海平面均明显偏低，较2014年同期分别低154毫米和191毫米。

2015年，中国沿海各省（自治区、直辖市）海平面均高于常年，其中，浙江和海南沿海海平面最高，较常年分别高115毫米和109毫米；山东、江苏和上海沿海海平面较常年高105-107毫米；福建和广西沿海海平面相对较小，分别比常年高60毫米和52毫米。

(2) 海平面变化影响。海平面上升是一种缓发性灾害，其长期累积效应使海岸侵蚀、咸潮、海水入侵与土壤盐渍化等灾害加剧，沿岸防潮排涝基础设施功能降低，高海平面期间发生的风暴潮致灾程度增加。

2015年8—9月，浙江和福建沿海海平面明显高于常年同期，受台风“苏迪罗”和超强台风“杜鹃”影响，浙江、福建沿海直接经济损失约32亿元；10月，为广东、广西和海南沿海季节性高海平面期，受台风“彩虹”影响，直接经济损失约27亿元。

2014—2015年，河北秦皇岛北戴河新区侵蚀岸段长度42.1千米，侵蚀总面积10.57万平方米，年均侵蚀距离1.25米；2013—2015年，福建霞浦高罗海水浴场年均侵蚀距离1.33米，岸滩年均下蚀高度11.87厘米；

2009—2014 年，海南海口东海岸超过 4 千米的岸段发生侵蚀，侵蚀总面积 16.48 万平方米，年均侵蚀距离 6.54 米。

2015 年，辽宁盘锦海水入侵最大距离超过 17.8 千米；锦州重度入侵最大距离约 5 千米；河北黄骅最大海水入侵距离超过 42.5 千米，唐山重度入侵最大距离约 13.5 千米；山东滨州海水入侵最大距离超过 22.4 千米，重度入侵最大距离约 21 千米。

2015 年 1 月，珠江口海平面相对偏高，从 27 日开始，咸潮入侵广东中山横门水道，最大上溯距离超过 33 千米，影响南镇等水厂取水。2 月 23 日，咸潮入侵长江口，持续入侵时间 7 天，最大氯度值 708 毫克/升，影响上海长江口宝钢水库和青草沙水库取水。

(3) 适应策略。随着沿海地区城市化进程加速，社会经济财富在沿海城市不断积累。在全球变暖的大背景下，海平面持续上升，沿海城市面临的风险不断增大，可持续发展将受到严重影响。因此，沿海城市应将海平面上升纳入城市发展与综合防灾减灾规划之中，从主动避让、强化防护和有效减灾三个方面合理规划。

主动避让：在确定沿海城市布局和发展方向时，不仅要考虑土地资源、水资源和气候条件等因素，也应考虑海平面上升的影响。在城市总体发展规划中，人口密集和产业密布用地的布局应主动避让海平面上升高风险区，特别是生产易燃、易爆、有毒品的工业用地和存放危险品的仓储用地，应和海平面上升高风险区保持安全距离。

强化防护：在沿海城市综合防灾规划中，防潮堤、防波堤、防潮闸等防护工程的规划设计应充分考虑规划期甚至更长一段时期内海平面上升幅度，提高防护标准，保障防护对象的安全。在城市生态保护规划中，应加强对滨海植被、滩涂湿地、近岸沙坝岛礁等自然屏障的保护，避免破坏植被和大挖大填等开发活动。

有效减灾：在市政与基础设施规划中，水、电、气、热、信息、交通等生命线系统建设和相应备用系统配套的规划设计，应将海平面上升因素作为依据之一，确保生命线系统正常运行。在沿海城市应急避难场所和救灾物资储备库的规划设计中，应充分考虑海平面上升的风险。

3.《中国海平面和气候变化月报》编制

使用多源数据，包括中国沿岸海洋台站数据、中国海海洋调查数据、中国气象局公开数据、全球海洋观测系统（GLOSS）、世界数据中心美国夏威夷大学海平面中心、美国国家环境预报中心（NCEP）/美国国家大气研究中心（NCAR）数据产品、NEARGOOS 资料（海洋站水位资料）、全球卫星高度计资料等数据，概述当月中国沿海和各海区海平面变化状况，以及气温、海温和气压变化状况；详细阐述和分析中国沿海海平面变化状况、中国沿海海温变化状况、中国沿海气温变化状况、中国沿海气压变化状况、西北太平洋海域海洋气候要素变化状况及亚洲季风系统和热带海温演变状况。完成 2015 年 12 期中国近海海洋气候变化月报的编写工作。月报为《2015 年中国海平面公报》的编制提供完整科学的基础信息支撑。

4.《气候变化与海平面上升研究动态》月刊编辑

追踪国内外气候变化与海平面上升事件、国内外研究动态和最新进展，主要栏目包括气候焦点、海平面上升、气候变化影响、防灾救灾、最新研究、国内资讯、国际动态、生态系统、国际资讯、厄尔尼诺专题和综合信息等板块，为从事气候变化和海平面相关工作的领导、研究人员和从业者提供应对气候变化和海平面上升的资讯服务。2015 年共编辑完成 12 期《气候变化与海平面上升研究动态》。

【基准潮位核定】 2015 年度，贯彻落实《2015 年全国海洋预报减灾工作方案》对基准潮位核定工作的任务安排，国家海洋信息中心与国家海洋局北海分局、东海分局、南海分局共同组织实施基准潮位核定信息采集工作和全国海洋站水准连测工作。通过多层次密切沟通与合作，保证工作进度和质量。

1. 基准潮位核定信息采集工作

2015 年，国家海洋信息中心总结 2014 年 108 个站的基准潮位核定信息采集成果，完成《2014 年度基准潮位核定工作报告》，编制《2014 年度海洋站观测信息》，并结合观测数据确定潮汐数据质量较差和验潮零点疑似变动的站位；根据台站业务发展情况，扩增《海洋站基准潮位核定信息采集表》的信息采集内容，增加地波雷达站观测信息表、地波雷达资料缺测记录表和观测人员信息表；成功组织召开 2015 年度基准潮位核定工作会议，明确基准潮位核定工作的目的意义，详细总结分析 2014 年度工作取得的成果与存在的问题，确定 2015 年度工作任务（125 个站的信息采集）和进度安排，讨论通过《2015 年基准潮位核定工作方案》，并由国家海洋局下发至各分局组织实施。

2. 全国海洋站水准连测工作

2015 年，国家海洋信息中心积极组织开展全国海洋站水准连测工作，从 3 月至 5 月，分别在上海、大连和广州推动召开东海分局、北海分局和南海分局 2015 年水准连测工作推进会，与各分局相关工作负责人讨论 2014 年水准连测工作进展情况与存在问题，确定各分局 2015 年度工作内容及进度安排，并进一步明确水准连测的技术标准。为解决实际工作中出现的技术成果不明晰的问题，特设计“海洋站水准连测记录表”，明确各站连测所得的基本水准点、校核水准点、读数指针、水尺零点的高程及相互关系。为确保2015 年水准连测成果汇交内容完整规范，在总结 2014 年汇交资料存在问题的基础上，综合相关技术标准和现实工作条件，特编制“水准连测成果汇交材料内容及清单格式说明”，分发至各分局参考执行，有效避免水准连测成果资料多样混乱、参差不齐的问题。

北海分局、东海分局和南海分局按照《2015 年全国海洋预报减灾工作方案》和相关技术标准的要求，积极组织和督导各中心站开站水准连测相关工作，并对水准连测成果实施检查和验收。各分局已于 11–12 月将主要水准连测成果资料报送国家海洋信息中心。其中，北海分局于 2015 年 11 月 24 日，上交 34 个站点的水准连测技术报告以及水准连测记录表与点之记；东海分局于 2015 年11 月 25 日，正式报送 34 个站点的水准连测相关技术成果；南海分局于 2015 年 11 月 2 日和 12 月 16 日，分别上交汕尾中心站 7 个站点与北海中心站 5 个站点的水准连测相关技术成果。南海分局的珠海中心站和海口中心站受自然条件制约，部分站位的水准连测外业工作受限，影响总体工作进度，成果资料进入整理总结阶段，后续上报。

国家海洋信息中心对海洋站水准连测成果的完整性和规范性进行详细审核，确定成果中存在的问题，并及时反馈给分局予以解决；系统整理各站的水准信息，计算确定各站平均海平面、理论深度基准面与水尺零点的高程关系；通过比较邻近区域海平面高程变化，验证连测结果的合理性；更新水准信息数据库，完善海洋站水准信息综合管理系统。

【潮汐潮流预报服务】 2015 年，国家海洋信息中心继续进行潮汐潮流预报新理论、新方法和新技术的跟踪研究与应用工作，开展沿海潮汐潮流精细化预报技术研究，更新维护全球和中国近海等区域潮汐潮流业务化预报系统，完成 2016 年《潮汐表》和潮流《T、D 值表》编制、重点保障目标精细化潮汐潮流预报、海上丝绸之路重点港口与航道潮汐潮流预报与中国沿海验潮站点潮汐预报结果下发等业务工作，为我国海上航运、军事活动、海洋工程建设及防潮减灾等工作提供可靠的信息保障服务。

1.《潮汐表》编制

2015 年，国家海洋信息中心利用台站潮汐观测数据，完成中国和全球 2016 年 482 个主港的潮汐预报和 65 个主要海上航线的潮流预报。依据港口与航道潮汐潮流预报结果，编制完成“鸭绿江口至长江口”“长江口至台湾海峡”“台湾海峡至北部湾”“太平洋及其邻近海域”“印度洋沿岸（含地中海）及欧洲水域”与“大西洋沿岸及非洲东海岸”等2016年《潮汐表》6册；并编制完成2016年中国近海潮流《T、D值表》1册，包括渤海、渤海海峡、黄海、东海、舟山海区、对马海峡、南海北部、北部湾等8个海区。2015年，国家海洋信息中心发行2016年《潮汐表》近2万册，涉及行业部门200多家。

2. 沿海重点保障目标潮汐潮流精细化预报

2015年，依据《面向沿海重点保障目标的精细化预报技术规范（试行）》要求，国家海洋信息中心继续针对天津港、福清核电站和辽东湾石油平台作业区等3个重点保障目标开展潮汐潮流精细化预报服务工作，制作发布综合预报和数值预报产品，并按季度对预报结果进行检验，编写检验季报。2015年，国家海洋信息中心针对重点保障目标累计发布潮汐潮流预报数据109500条，预报图36256幅。

3. 海上丝绸之路重点港口与航道潮汐潮流预报

2015年，国家海洋信息中心新增海上丝绸之路重点港口与航道潮汐潮流预报工作，初步建立海上丝绸之路重点港口与航道潮汐潮流预报系统，完成本年度新加坡港等主港的潮汐预报和主要海峡通道潮流预报，为海上丝绸之路的航运工作提供准确的预报信息服务。

4. 潮汐潮流预报保障服务

2015年，国家海洋信息中心对已建立的全球、印度洋、南海与中国近海等区域的潮汐潮流预报系统进行完善更新和业务化运行，为海上搜救与渔业保障等工作提供有力的信息支撑。

2015年，国家海洋信息中心继续开展亚丁湾、钓鱼岛、黄岩岛、永兴岛、永暑礁、美济礁与曾母暗沙等重点海域潮汐潮流预报服务工作，为我国海上护航、海洋维权和航运等活动提供可靠的信息保障。

5. 潮汐潮流预报分发、网络发布与国际交换

2015年，根据国家海洋局预报减灾司的要求，国家海洋信息中心向国家海洋局下辖的国家海洋环境预报中心、各海区预报中心、各海洋环境监测中心站和沿海部分省（直辖市、自治区）海洋环境预报中心提供2016年中国沿岸验潮站点潮汐预报电子文档。国家海洋信息中心本年度共计向25家单位分发824个站点的2016年潮汐预报电子文档，并赠送200余册纸质2016年《潮汐表》。

2015年，国家海洋信息中心继续在中国海洋信息网、中国海事网上发布本年度中国与全球482个主港的潮汐预报结果，为公众提供便捷的预报服务。

2015年，国家海洋信息中心继续与美国、英国、日本和印度等4国开展潮汐潮流预报国际交换工作。国家海洋信息中心本年度共计向四国提供我国沿海34个潮汐站点与2个潮流站点2016年预报结果，为提高这些国家对我国主要港口与航道潮汐潮流预报精度提供基础信息支持。

（国家海洋信息中心）

海洋信息管理与服务

海洋信息网络建设

【建设弹性基础设施，实现由“看机房”向管资源转变】 建成内网私有云平台，填补技术手段空白，形成计算资源的快速交付、按需调配重构和回收利用能力，有效解决粗放式发展问题。目前已经通过私有云平台交付17台虚拟机，为资源申请特别是临时提出急需使用的需求提供有力的资源保障。

【建设运管系统，实现自动化监控、数字化评估、精细化管理】 开展信息基础设施运行监控系统建设，建成集3D机房、流量拓扑、性能监视等为一体的运管系统，为设备维护工作提供实时故障和性能提示，为资源调配重构提供评估依据，为基础设施发展规划提供容量分析，有效规范设备备案信息管理，加快工作反应速度，提高网络与计算管理工作的整体水平和展示度。

【编制专网规划，为国家海洋数据通信网建设打基础】 开展《国家海洋数据通信网建设总体方案》编制，较为全面的掌握我局各业务专网现状，以及分局内部网络整合现状，为全面、深入开展国家海洋数据通信网建设积累资料，形成初步的工作思路和设计方案。

【建设、维护各类海洋信息网络发布系统】 持续建设、更新、维护CMOC-China、国家海洋人才网、南海信息网、中国海洋与气候变化网、中国海洋信息网、中国海洋经济信息网、全国科技兴海信息服务平台、东盟论坛等10多个网站，全年更新信息3000余条；开展中国海洋信息网页面调整改版工作；建设海域使用论证从业人员考试报名系统，实现在线报名和审核、考试考场分配、自动分配准考证、考试成绩公示等，建设海域论证资质证书申请系统；完成2015年科技成果登记、成果资料处理入库和成果发布服务，编制完成《2015年海洋科技成果汇编》，《2015年海洋科技成果（成熟应用）统计分析报告》；协助科技司组织“6.18”展会海洋与渔业展厅布展和成果推广工作，全年面向有关单位提供线下海洋科技成果服务。

数字海洋建设与应用服务

【数字海洋应用服务系统（测试版）研发及节点部署】 数字海洋科学技术重点实验室在中国近海数字海洋信息基础框架（908-03）已有成果和运维基础上，采用标准化、虚拟化、可视化等技术自主设计开发数字海洋应用服务系统（测试版）（以下简称“系统”），为数字海洋节点提供海洋资料共享和信息服务。2015年针对数字海洋节点新的数据需求、功能需求和应用需求，实验室研发团队采用组件式定制开发、前后台分离、二三维一体化等多种技术手段，对系统整体框架、后台数据库及功能模块进行重新架构、改版与升级，改版后系统初步实现数据统一汇集管理、信息集成展示分析、节点交互联动，基本满足海洋科学研究、海洋综合管理等一站式海洋数据共享与信息应用服务需求。

数据服务方面，系统现已基本完成海洋各类数据资料的加载，内容包括：908专项的水文、气象、生物、化学、光学、地球物理6个学科数据、业务化观测/监测数据、国际业务化数据、国际合作与交换数据、海洋综合管理类数据、基础地理与遥感数据。此外，系统研发C/S版后台数据处理与集成加载工具，便于各类海洋数据的实时、快速更新。

数据库标准化方面，制定一系列“数字海洋”数据库体系标准和数据库接口标准，并依据该系列标准，对数字海洋试行节点现有在运行的海洋核心数据库进行改造，保证其海域动态、海岛使用和海洋环境、海洋经济等业务系统数据库与国家“数字海洋”数据库的兼容。

系统重构方面，在原有三维球体可视化平台基础上，增加二维地图可视化功能。此外，系统提供“全局”和“节点”两种登陆模式，“全局模式”中集成数字海洋国家节点和地方节点的所有数据和功能，登陆用户可以根据自身权限，在该模式下共享数据和服务，“节点模式”中只保留节点单位自身业务相关内容，便于业务协同共享。

功能模块方面，兼顾国家和地方需求，主要由海洋基础数据服务、海洋环境分析、专题应用服务和数字海洋节点等四个模块组成，其中前三个模块保留数字海洋主节点功能，最后一个为新增模块，允许数字海洋各节点根据自身实际业务需求，对系统菜单、数据及功能进行定制化开发。此外，系统还提供我的订单、数据收藏夹、系统公告、留言板等交互工具，以及专网邮箱及文献服务的链接入口。

2015 年，数字海洋应用服务系统（测试版）完成中心内部部署和测试，并先后在数字海洋几个节点单位（海洋一所、二所、三所，广西、广东、山东、舟山等海洋机构）进行培训，完成系统部署及试运行。以广西为例，对广西现有的海洋核心数据库进行改造，实现广西数据库与国家“数字海洋”数据库的兼容。同时，对广西节点应用服务进行定制化开发，研发后台数据更新工具、菜单及功能配置工具，实现系统功能内容的快速实时更新。目前，已完成广西节点系统部署，运行状况良好。

海洋情报服务

【综述】 2015 年，随着世界政治格局的变化，中国周边海上形势继续呈现合作与斗争并存的复杂态势。一方面，中国提出的“海洋强国”战略和“21 世纪海上丝绸之路建设”的战略构想，为我国海洋事业的发展及与丝路沿线国家的合作发展提供重要机遇空间，我国与丝路沿线国家的合作取得新进展。中俄在战略上的协作和合作继续加强。另一方面，美国继续推行亚太再平衡战略，在中国综合实力提升的背景下以遏制中国为重点，以中国与周边国家海洋权益争端为抓手，突出表现就是鼓噪中国在南海的岛礁建设，鼓动南海周边国家围攻中国。日本则突破和平宪法，紧跟美国在亚太地区行动部署，在钓鱼岛问题上与我国强势对抗，介入南海问题苗头初显。

面对我国周边日益复杂多变的海洋政治形势，海洋情报服务工作立足于我国发展需要，紧密围绕国家海洋局的各项管理职能，秉承“持续跟踪，及时报道，深度分析，为决策服务”宗旨，围绕 2015 年国际及地区的热点问题开展跟踪研究工作，特别是针对我国周边地区突发事件进行密切跟踪，提供国外即时信息，为上级主管部门进行战略决策和部署提供准确、及时的国外信息支撑。

【国外岛礁管理】 随着海洋权益意识的增强，岛屿在维护国家海洋权益中的作用在提高，各沿海国家普遍重视对岛礁的管控。南海问题，突出表现在岛礁归属争议上，成为近几年的热点问题，引起很多国家的关注，一些国家的政府、很多国家的学者都发表大量有关南海问题的各种研究报告，阐述各自的观点和立场。了解国外这些岛礁研究的观点、立场和结论，准确把握动向，有助于我国有的放矢地开展岛礁的管理工作，因此，我们开展相关国家远岸岛礁管理信息的收集整理工作，重点跟踪相关国家对我国周边海域岛礁管理、海洋权益问题的研究报告，掌握他们的立场和观点，关注的对象包括：日本、美国、英国、德国、加拿大、印度、越南、马来西亚、印度尼西亚、泰国和新加坡等国家政府部门、著名智库、主要研究机构，对他们的研究成果加以梳理和分类，组织编制《远岸岛礁权益问题研究》选编（第一、二、三、四辑），为我国岛礁权益管理研究提供重要参考。

【国别海洋动态研究】 为全面了解2015年世界各沿海国家海洋领域发展态势、发展特点和发展趋势，我们有针对性地开展对我国周边国家、欧洲国家、美洲国家以及其他主要海洋国家海洋情报动态的收集与分析工作，重点跟踪海洋战略政策、海洋立法规划、海洋资源环境、海洋执法等方面的调整与趋势变化情况，分析研究世界主要海洋国家的海洋发展形势及对我国的影响，在此基础上撰写完成日本、韩国、越南、菲律宾、英国、法国、俄罗斯、美国、巴西、澳大利亚、印度、新西兰等13个国家2015年海洋发展形势研究分析报告，汇编成《国外海洋动态跟踪研究——国别分析报告》，为我国海洋管理决策提供借鉴参考。

【21世纪海上丝绸之路沿线国家基本信息】“一带一路”作为我国首倡、高层推动的国家战略，对我国现代化建设和海洋强国建设具有深远的战略意义。“一带一路”战略构想的提出，契合沿线国家的共同需求，为沿线国家优势互补、开放发展开启新的发展机遇，是国际合作的新平台。共建21世纪海上丝绸之路是顺应世界经贸发展新趋势，坚持和平发展、合作共赢原则，强化区域经济纽带，培育国际经济合作竞争新优势，构建我国全方位开放新格局的重大部署。21世纪海上丝绸之路沿线国家分属不同区域或次区域组织，政治生态迥异，宗教文化差异大，矛盾复杂多变。摸清沿线国家基本情况，是建设21世纪海上丝绸之路的重要基础性工作。为落实21世纪海上丝绸之路建设部署，我们组织开展丝路沿线国家海洋发展态势研究，收集并整理沿线主要国家发展的基本情况，重点涉及海洋政策、海洋经济、海洋安全、对21世纪海上丝绸之路倡议的反应和态度、海洋合作现状等，并对海上合作前景和风险进行初步分析。分别对泰国、斯里兰卡、缅甸、越南、菲律宾、印度尼西亚、马来西亚、柬埔寨、也门、巴基斯坦10个国家进行分析研究。为我国21世纪海上丝绸之路建设提供基础资料。

【国外海底地形命名动态信息跟踪】 IOC-IHO全球海洋通用制图指导委员会（GEBCO）海底地名分委会（SCUFN），作为审议各国海底地形命名提案的国际权威机构，每年召开会议，对各国提交的海底地名命名提案进行审议。审议通过的海底地名将被纳入到SCUFN《地名辞典》中，作为全球统一使用的海底地名。海底地形命名分委会（SCUFN）第28次会议于2015年10月12—16日在巴西水文和航海理事会（DHN）召开，来自德国、美国、巴西、阿根廷、智利、中国、日本、韩国、加拿大、法国和新西兰等11个国家的20名委员和观察员参加会议对新提案逐一进行审议。在这次会上，我国提出20个海底地形命名提案，其中13个获得SCUFN审议通过。

海底地形命名是在对海底特殊地形地貌经过科学判别和认定后进行的命名，这类名称是沿海国在实施海洋制图和海洋测绘过程中所必不可少的地理要素。近年来，越来越多的沿海国家在维护本国海洋权益的同时，将海底地形命名与强化国家占有意识、争夺海洋权益联系在一起，将海底地形的命名作为维护海洋权益的一种手段。对海底地形命名工作表现出高度关注。2015年，马来西亚提出的6个提案均位于南海争议海域，经委员会审议后2个提案被驳回。

为了解相关国际组织及国外重要海洋国家的海底地形命名动态信息，我们持续开展国外海底地形命名动态信息跟踪研究，通过对相关国际组织与其他国家海底地形命名分管机构的关注，及时了解其他国家，尤其是我国周边国家，在海底地形命名领域的新动向，包括技术发展趋势、新观点、新政策，搜集、整理各国海底地形命名提案，并分析其所呈现出的新特点及相关案例和处理结果的调研分析，为我国海底地形命名工作提供参考，为我国海洋管理决策部门提供信息支撑服务，为日后的海洋权益斗争争取国际主动权，逐步扩大我国在该领域的影响力。（国家海洋信息中心）

信息化与海洋档案管理服务

【综述】 2015 年海洋信息化工作以科学发展观为统领，充分发挥信息化的引领作用，信息技术在海洋观测、海洋减灾、海域使用、海岛管理、海洋环保、海上执法等海洋工作各领域不断拓展。海洋信息化发展思路日益明确、信息网络基础建设稳步推进、信息资源开发利用日益加强、信息化保障体系不断完善、信息安全保障能力不断提高。

【国家海洋局政府网站普查】 按国务院办公厅要求开展国家海洋局政府网站的可用性、信息更新情况、互动回应情况和服务使用情况等检查工作。通过统计摸底、检查整改、抽查核查和通报总结四个阶段工作，完成国家海洋局政府网站、中国海洋经济信息网、中国海岛网、国家海洋局海岛研究中心网站、中国海域使用论证网、中国海洋减灾网、全国科技兴海信息服务平台、中国数字海洋公众版、国家海洋调查船队、钓鱼岛专题网站、国家海洋人才网、国家海洋局极地考察办公室官方网站、国家海洋局北海分局互联网网站、国家海洋局东海分局和南海分局政务网站等 15 个政府网站的检查和自查，全面提升国家海洋局政府网站的权威性和影响力，维护政府公信力。（国家海洋局办公室）

【国家海洋局第二次历史档案进馆工作经验交流会在广州召开】 2015 年 8 月 27 日，国家海洋局办公室在广州举办局第二次历史档案进馆工作经验交流会，来自局属 13 家档案进馆单位和 5 家非档案进馆单位的档案工作管理部门负责人、主要专（兼）职档案员 50 余人参加交流会。国家海洋局办公室王群副主任、国家海洋信息中心赵光磊副主任、南海分局刘高潮副局长出席会议。交流会上，与会代表观摩南海分局、北海分局和第一海洋研究所展示的具有代表性和典型性的拟进馆档案实体，并结合本单位档案进馆工作实际情况，就档案进馆工作中的实践经验进行充分的交流，提出现阶段工作中存在的主要问题。中国海洋档案馆业务人员就存在问题的共性和特殊性在与档案进馆单位达成共识的基础上，确定解决问题的方法和要求，进一步提供进馆历史档案信息采集软件的培训服务。此次经验交流会是国家海洋局第二次历史档案进馆工作中的第三次全局层面会议，对加快历史档案进馆工作起到有效的推进作用。

【首批 5 家单位第二次历史档案进馆工作顺利通过验收】 2015 年 12 月 21 日至 26 日，国家海洋局档案主管部门组织验收组先后对监测中心、技术中心、标准计量中心、淡化所和信息中心等 5 家单位的第二次历史档案进馆工作进行验收。验收组在听取档案进馆单位就第二次历史档案进馆工作情况汇报的基础上，对提交验收的拟进馆档案实体的质量进行认真地检查，对档案进馆工作中的档案鉴定、史料收集、目录数据著录、全宗情况说明编制等重要环节进行质疑和询问，查看相关记录，最后形成验收意见，并提出整改要求。经审核，5 家单位的档案进馆工作都通过验收。提交验收的拟进馆档案累计 5136 卷，包括机关文书 1430 卷、科技档案 3706卷。

【中国海洋档案馆全面实现藏量数字化目标】 中国海洋档案馆档案数字化工作自 2005 年启动以来，经过 10 年的努力，全面完成原馆藏和 10 年间新增的纸介质档案数字化和模拟声像资料数字化处理，主要包括国家海洋局局属单位第一次进馆的历史档案和近年来国家海洋局牵头实施的国家海洋专项的档案。累计形成数字化档案 670 余万页，并按照档案移交单元制作数字化档案利用产品，远远超过“十二五”期间关于“完成 60% 以上馆（室）藏档案的数字化任务”的预期目标，为档案移交单位方便快速利用已进馆档案提供条件，也为下一步档案资源共享奠定基础。为此，中国海洋档案馆投入大量的物力和人力，经历自主加工、外包加工以及两者结合等多种数字化方式，保障数字化工作中档案本体及其信息的安全和工作的高效。

【国家海洋局 908 专项办公室档案通过验收】 2015 年 8 月 7 日，国家海洋局办公室在天津组织验收组对国家海洋局 908 专项办公室（以下简称“专项办”）档案进行验收。受专项办委托，国家海洋信息中心承担专项办档案的整理工作，累计从专项办接收文件材料 16047 件，拷贝电子文件 256860 个，累计 538GB。经剔除不归档文件并规范整理，最后形成专项办纸介质档案 569 卷（7086 件），提取有效电子文件 119660 个（300GB），照片档案 111 组（352 张）。验收组一致认为 908 专项办归档文件材料内容齐全、完整，能真实全面地反映专项办履行专项管理职能的过程和专项取得的成果，档案整理分类科学，保管期限划分准确，组卷合理，案卷编目规范、标识清楚，符合海洋行业相关标准规范；编制的档案检索工具层次清晰，简便实用，方便查询。专项办档案通过验收后，即刻移交由中国海洋档案馆保管。至此，国家 908 专项全部档案实现集中统一保管，为档案实体的安全和档案信息的后续开发利用奠定良好的基础。

【国家海洋局北海分局、东海分局、南海分局开展海监档案封存进馆工作】 为更好地落实《国家海洋局关于落实国务院机构改革有关事项的部门分工意见》（国海发 [2013] 14 号）关于“认真做好档案的交接管理”和“完成好重组前档案的封口管理和保存工作”的要求，国家海洋局档案主管部门于 2015 年 5 月在上海召开关于海监档案移交封存工作的推进会，北海分局、东海分局和南海分局档案工作分管领导和档案管理部门负责人参加会议，会议统一思想和工作要求。截至 2015 年底，三海区档案馆基本完成 2014 年以前形成的海监业务档案的接收和入库保管工作，累计接收预立卷档案 4500 余卷（盒），主要包括海监机关文书档案、船舶档案、海洋行政执法档案和维权执法档案等，此批接收的档案还有待进一步规范整理，以促进其有效利用和安全保管。

【东海档案馆建成实物展厅】 东海档案馆实物展厅作为国家海洋局东海分局“七个一”工程的一馆建设工程，于 2015 年 1 月建成。展厅面积 300 平方米，设置 41 个固定展板位，39 个固定展示柜，1 个电子沙盘和 1 个 100 寸液晶屏幕。展出物品 161 件（套）、使用照片 121 张、书画 3 幅、荣誉奖状及锦旗 36 张（幅）。展厅集实物档案保管、史馆陈列及海洋意识宣传三大功能为一体，全面介绍东海分局 50 年来的成就。本年度累计接待视察和参观 32 次。　　（中国海洋档案馆）

2015 年度国家海洋局系统档案基本情况统计

单位名称	机构数		现有全部专职人员		室存全部档案全宗		本年接收档案		本年移交进馆卷/件	本年利用档案	
	档案处(科)	档案室		女性	全宗	卷数/件数	卷数	件数		卷次	件次
序	1	2	3	4	5	6	7	8	9	10	11
局机关	0	1	2	2	1	13210/20000	0	4259	0	600	1000
北海分局	0	1	9	5	1	12972/0	179	0	0	260	2800
东海分局	0	1	7	5	1	19433/128000	7110	82579	0	220	200
南海分局	0	1	5	4	1	13310/13644	761	3118	0	428	355
信息中心	0	1	17	9	1	4753/3086	341	310	0	321	265
监测中心	0	1	2	2	1	5509/5120	68	908	0	38	91
预报中心	0	1	1	1	1	2179/1565	0	0	0	228	331
卫星中心	0	1	2	2	1	521/2503	0	0	0	0	40
技术中心	0	1	2	2	1	3020/2039	45	743	0	78	315
计量中心	0	1	2	2	1	1377/2655	22	770	0	270	550
极地中心	0	2	4	4	1	5396/8117	860	3957	0	210	850
深海中心	0	1	2	2	1	10/100	10	100	0	8	21
减灾中心	0	1	0	0	1	146/1765	138	1608	0	72	237
海岛中心	0	2	0	0	1	27/7435	4	5070	0	0	0
极地办	0	1	0	0	1	4667/11176	62	3032	0	30	210
大洋办	0	1	0	0	1	0/13228	0	0	0/2228	0	0
海洋一所	0	1	4	4	1	8852/0	195	0	0	207	0
海洋二所	0	1	2	2	1	9000/1478	0	0	0	408	136
海洋三所	0	1	2	2	1	9983/3524	0	2685	0	753	6757
淡化所	0	1	1	0	1	2693/0	87	0	0	83	56
战略所	0	1	0	0	1	698/0	21	0	0	22	7
出版社	0	2	0	0	1	2783/4660	89	4660	0	173	1320
海洋报社	0	1	0	0	1	27/2570	0	463	0	0	60
服务中心	0	0	0	0	0	98/622	0	255	0	21	4
合　计	0	26	64	48	23	120664/233287	9992	114517	0/2228	4430	15605

（国家海洋局办公室）

海洋标准计量和质量监督工作

综 述

2015年，海洋标准计量和质量监督工作不断深入，根据国家有关工作部署和要求，加强海洋标准计量顶层设计、海洋项目质量监督管理和标准计量国际活动等各项工作，修订《海洋标准化工作管理办法》等部门规章，研究构建海洋质量技术监督工作体系和机制，加强海洋质量基础建设，强化提升海洋质量意识，提升海洋技术监督水平。

海洋标准化

2015年，海洋标准化工作进一步加强，加快推进标准化规划、标准体系建设、标准化管理办法修订、标准制修订以及国际标准化等工作，加强海洋综合管理、海洋经济调控、海洋生态环境保护、海洋观测预报与防灾减灾、海洋调查与科技、海上维权执法、海洋战略性新兴产业发展等领域标准制定工作，强化海洋标准的推广应用，积极参与“国家质量基础的共性技术研究与应用”重点专项。

【海洋标准顶层设计】 贯彻落实国家标准化改革精神，组织召开《深化标准化工作改革方案》宣贯会，研究构建适应中国特色市场经济的新型海洋标准体系框架，组织编制海洋强制性标准体系；组织开展海洋标准化“十二五”发展规划评估总结和“十三五”规划编制工作，初步提出“十三五”期间的工作目标和主要措施；完善海洋标准化管理制度和机制，组织开展《海洋标准化管理办法》修订工作，初步理顺工作机制；通过努力争取，将海洋标准化列入《国家标准化体系建设发展规划（2016—2020年）》《制造业标准化提升计划》和《标准联通“一带一路”行动计划（2015—2017）》等规划中，组织开展“世界标准日”活动。

【海洋标准制修订情况】 国家海洋局科学技术司组织开展海洋标准计划项目申报、立项、制修订和批准发布工作。下达《海洋规划编制与评估技术规范》等海洋行业标准计划项目43项，向国家标准委申请《海洋观测术语》等海洋国家标准项目17项。批准发布《海洋仪器环境试验方法》等海洋国家标准8项，批准发布《海洋能开发利用标准体系》等海洋行业标准16项。截至2015年12月，已出台海洋国家标准85项、海洋行业标准239项。

2015年，全国海洋标准化技术委员会（以下简称“海洋标委会”）组织各分技术委员会开展60项海洋国家标准、244项海洋行业标准各阶段稿件的技术审查工作，其中海洋标委会完成33项标准初稿、47项标准征求意见稿、30项标准送审稿、41项标准报批稿的技术审查工作。组织开展21项标准征求意见工作；组织召开39项标准送审稿审查会；完成23项标准报批；共有《海洋仪器环境试验方法》等7项海洋国家标准、《海洋能开发利用标准体系》等16项海洋行业标准获得批准发布。

【海洋国际标准化】 积极推动海洋国际标准化工作，在国际标准化组织船舶与海洋技术委员会海洋技术分技术委员会成立2个新的工作组，成功立项1项国际标准项目，加快推进海洋国际标准立项和制定工作，为我国海洋装备、技术、服务走出去、以标准争取国际话语权和提升世界影响力创造有利条件。

（国家海洋局科学技术司）

【中国标准化协会海洋标准化分会成立】 2015年1月6日，在天津召开中国标准化协会海洋标准化分会成立大会。中国标准化协会理事长、秘书长、国家海洋局科学技术司领导参会。

【完善海洋标准化规章制度】 组织修订《海洋标准化管理办法》，理顺海洋标委会和分委会职责分工，加强海洋标委会对分技术委员会的管理，修改标准立项、制修订程序。研究拟定《海洋标准化管理办法工作细则》，细化《海洋标准化管理办法》，完善标准立项、制修订程序。

【海洋标准立项】 国家海洋标准计量中心组织159项标准立项申报，召开技术审查会，完成形式审查和技术审查，提出标准立项申报材料的意见和建议，完成上报工作。

【海洋标准化研究】 **标准体系** 组织开展《海洋调查标准体系》等4项标准体系研究制定工作，其中《海洋观测预报及防灾减灾标准体系》已发布实施。

海洋可再生能源专项 组织开展国家海洋局海洋能专项“海洋能国际标准研究与基础标准制定”和“海洋能开发利用技术标准与规范成果整合与集成”项目，完成《海洋能开发利用标准体系》和《海洋能资源调查与评估指南》2项标准的制修订工作。

海洋行业公益性科研专项 主持《温盐深测量仪、海流测量仪和投弃式温深测量仪产品化标准技术研究与示范》等海洋行业公益性项目2项，均已通过验收或自验收。

开展区域标准化工作 探索国际标准或区域标准的翻译、转化和研发，开展测量仪器方面的重要标准的翻译工作：完成《重力加速度式波浪浮标》的翻译工作；完善《温盐深测量仪检定规程（英文版）》，促进海洋区域标准化的发展以及成员国标准化的国际交流与合作。

修订《海洋国内外标准目录》 重新修订《海洋国内外标准目录》，已基本完成修订工作，即将出版发布。《海洋国内外标准目录》将为海洋标准化工作和使用者提供最新国内外海洋标准情况。

【7项国标发布实施】 国家海洋标准计量中心环境试验部于2015年修改完善“海洋仪器环境试验方法 第1至第7部分”内容，并与相关出版社完成发布前的最终文稿确认，这7项国标已于2015年10月9日正式发布，2016年1月1日实施。

【全国海洋标准化技术委员会开展年度标准宣贯培训工作】 2015年海洋标委会分别于6月和10月在青岛组织开展2次标准宣贯培训，共宣贯《围填海工程填充物质成分限值》（GB 30736—2014）等9项标准，培训学员260人。

【全国海洋标准化技术委员会对东海区三家涉海机构海洋标准实施情况开展调研】 2015年7月23日—27日，海洋标委会调研团队先后走访国家海洋局东海海洋环境监测中心、浙江省海洋监测预报中心和国家海洋局宁波海洋环境监测中心站，就其业务职能范围内海洋标准的实施情况开展调研。调研共涉及海洋环境监测、海洋生态环境评价、海洋工程建设环境评价、海洋倾废管理、海域使用管理等八大类共95项海洋标准。

（国家海洋标准计量中心）

海洋计量检测

【综述】 2015年，海洋计量工作认真落实《计量发展规划（2013—2020）》，紧密围绕海洋强国建设的总体部署，大力推进海洋计量顶层设计、海洋计量技术规范、海洋计量科技研究和海洋计量国际活动等各项工作，不断提升海洋计量工作对建设海洋强国、推动海洋经济和海洋事业发展的服务保障能力。

【海洋计量顶层设计】 认真落实国务院《计量发展规划（2013—2020）》，组织开展海洋计量“十二五”调研评估和“十三五”规划编制工作，初步提出“十三五”重点任务和主要措施；加强海洋计量管理，坚持问题导向和需求导向，重构海洋计量工作机制。

【海洋计量技术规范】 研究建立海洋计量技术规范体系，加强海洋计量技术规范制修订，完成《电极式盐度计检定规程》等4项计量技术规范制修订，上报4项2016年计量技术规范制修订计划项目。

【海洋计量科技研究】 加强海洋计量标准研建，6 项海洋部门最高计量标准通过建标考核；加强海洋标准物质研究和研制，研制海洋生物鉴定方面标准物质、海水总碱度和溶解无机碳分析用标准物质，组织开展一级系列标准海水的定值方法研究，改造高精度海水恒温槽，提高标准海水研制和生产能力；加强海洋计量测试技术和方法研究，组织开展深海海洋仪器设备规范化海上试验研究和仪器水下性能等检测技术研究，加强海洋领域新型传感测试技术方法的研究，将计量嵌入到海洋产品研发、制造和质量提升中；加强海洋量传溯源技术和方法研究，有针对性地开展各类海洋仪器设备和工程装备的海上现场检测试验，推动产、学、研、检一体化。

【海洋计量国际活动】 组织国际测量比对活动，依托亚太区域海洋仪器检测评价中心，首次编制盐度国际比对活动总结报告，筹划第二次国际测量比对活动；与澳大利亚等国家加强国际合作交流，不断提高海洋计量国际影响力。（国家海洋局科技司）

【计量检测公益服务】 国家海洋标准计量中心积极探索，提升量值溯源保障能力，为海洋仪器提供优质计量检测服务。2015 年计量中心共检定、校准、检测海洋仪器 1256 台次，比 2014 年增长 13%，创“十二五”五年检测量新高。完成计量检测项目 2127 项，涵盖海洋温度、盐度、压力、波潮气象、生化、环境试验、水处理设备等项目。送检客户遍布沿海省市并逐年递增，由国家海洋局局属单位、监测台站扩展到涉海院校、水产研究和工程勘察等企事业单位。计量中心采取多种切实有效的措施不断提高检测能力，提升公益服务水平。自主拍摄“样品送检指导视频”官网展播，使送检更便捷、科学；使用自主研发的“检定校准语音系统”提高样品流转效率；调研一线需求，解决问题，满足客户所需。中心积极探索采用行之有效的措施满足海洋科考、海洋调查、海洋预报监测的需求，保障海洋监测、预报、调查等仪器数据的准确可靠。

【建立水文气象温度表检定装置等六项计量标准】 2015 年 7 月 7 日，全国计量标准、计量检定人员考核委员会秘书处派出考评组对申请新建的水文气象温度表检定装置等六项计量标准进行现场考评。2015 年 8 月 24 日，国家质量监督检验检疫总局（以下简称“国家质检总局”）向这六项计量标准发出计量标准考核证书。计量标准考核证书有效期至 2019 年 8 月 23 日。这六项计量标准的名称依次是：水文气象温度表检定装置、机械式温湿度计检定装置、湿度传感器校准装置、空盒气压表（计）检定装置、气体活塞式压力计标准装置、雨量计（器）检定装置。

【水压检测装置实现自动卸压控制】 国家海洋标准计量中心环境试验部依托项目开展水压试验系统自动卸压装置的研究。已完成 10 兆帕斯卡和 100 兆帕斯卡两套水压试验系统的自动卸压装置研建，并投入使用。新装置通过 3 个不同孔径的电磁卸压阀配合计算机进行模拟计算，初步实现试验压力的自动线性卸放功能。此项功能为水压检测体系中的首次应用，并由此申请受理 使用新型专利。

【颠倒温度表检定装置顺利通过更换申请】 2015 年 12 月，颠倒温度表检定装置顺利通过国家质检总局计量标准更换申请，已投入业务化运行。更换后的颠倒温度表检定装置包含 AK-JWL-1000 型示值检定仪和 AK-JWL-2000 型压力系数检定仪，装置采用一体化设计结构，射流搅拌，降温速率和温场波动性均有提高；槽体内配备标准铂电阻阻值测量控制器，可直接选用二等标准铂电阻温度计作为测温检定标准器进行温度量值传递；顶盖提升、颠倒可实现自动控制；配备 LED 照明自由定位系统可根据需要调整光线投射角度，读取窗口采用镀膜电加热玻璃可以有效避免雾气形成而影响数据读取。同时，整套装置采用移动双体机箱设计，变化使用地点方便。

（国家海洋标准计量中心）

海洋计量管理

【计量技术规范制修订】 为确保海洋领域计量技术规范制修订质量，全国海洋专用计量器具计量技术委员会（以下简称“海洋计量委”）于3月30日和6月8日组织专家和委员对《电极式盐度计检定规程》等4项计量技术规范分别进行预审和审定，11月底将4项技术规范报批稿材料上报至国家质检总局。6月，下发通知督促《海洋倾废航行记录仪检定规程》的制定进度。5月，海洋计量委向国家质检总局上报2016年度海洋领域计量技术规范制修订计划项目新项目4项、结转项目11项。

【海洋计量委2014年度年会暨第二次全体委员会议】 6月8日，海洋计量委组织召开2014年度年会暨第二次全体委员会议，会议总结回顾海洋计量委2014年工作，对2015年工作进行规划部署，海洋计量委委员隋军传达1月23日国家质检总局计量司加强全国专业计量技术委员会建设研讨会的精神，国家质检总局计量司技术规范处陈红宣讲《全国专业计量技术委员会管理规定》，全体委员对《电极式盐度计检定规程》等4项计量技术规范进行审定。

【计量技术规范起草人培训】 7月初，海洋计量委组织相关起草单位10余人参加国家质检总局计量司组织的国家计量技术规范起草人培训班，培训内容主要包括JJF1002-2010《国家计量检定规程编写规则》和JJF1071-2010《国家计量校准规范编写规则》。

【计量比对】 根据《国家质检总局计量司关于做好计量比对工作有关事项的通知》，海洋计量委主动与精密露点仪量值比对和风速计量比对两个项目的组织单位和主导实验室联系咨询比对具体要求，获取海洋机构参加相应项目计量比对的可能性。9月18日海洋计量委下发《全国海洋专用计量器具计量技术委员会关于组织参加风速计量比对项目的通知》，要求国家海洋计量站和青岛、上海、广州分站参加计量比对，以证明相应计量标准的技术能力。

【资质认证评审】 根据国家认证认可监督管理委员会（以下简称“国家认监委”）文件《关于下达2015年第一批实验室资质认定评审计划的通知》（认办实函［2015］33号）的要求，国家计量认证海洋评审组（以下简称“海洋评审组”）于2015年1—12月先后对32家海洋监/检测机构实施资质认定复查评审、扩项评审和地址变更现场确认评审，受理、审查并向国家认监委上报21家机构的人员变更备案材料、1家机构的名称变更申请材料、4家机构的标准变更申请材料。经评审，上述32家机构均符合《实验室资质认定评审准则》的要求。国家认监委为复查机构颁发《资质认定计量认证证书》，为扩项机构和地址变更机构分别颁发新增项目和地址变更后的《资质认定计量认证证书附表》。这些获取证书的机构具备向社会出具具有证明作用的数据和结果的资质。

【海洋行业资质认定监督检查】 根据国家认监委《关于开展2015年检验检测机构资质认定专项监督检查工作的通知》（国认实［2015］28号）要求，海洋评审组组织海洋行业获得计量认证资质的62家机构开展全面的自查自纠。10月26—30日，国家海洋局科学技术司组织、海洋评审组具体实施对未列入2015年资质认定评审计划的9家获证机构（含7家局属监测中心站、国家海洋局南海调查技术中心、深圳市海洋环境与资源监测中心）开展资质认定现场监督检查。

【海洋行业资质认定评审员新准则宣贯会议】 9月10—11日，海洋评审组在天津组织召开海洋行业资质认定评审员新准则宣贯会议。海洋评审组共46名评审员参加会议。

【海洋行业资质认定获证检验检测机构管理体系转版工作研讨会】 9月23日，海洋评审组在天津组织召开海洋行业资质认定获证检验检测机构管理体系转版工作研讨会。海洋评审组共10名评审员代表参加会议。国家海洋标准计量中心隋军出席会议并讲话。

【海洋行业资质认定获证机构新准则宣贯会议】 10月12—13日，海洋评审组在天津组织召开海洋行业资质认定获证机构新准则宣贯会议。海洋行业共64家机构162名质量负责人和具体负责管理体系文件转版的人员参加会议。

【海洋监/检测人员培训】 国家海洋标准计量中心于2015年6月10—11日、14—15日、18—19日分别在青岛、杭州和广州各组织举办一期海洋监/检测人员理论培训班，参加培训学员共计538人。

【海洋监/检测机构资质认定内审员培训】 国家海洋标准计量中心于2015年10月19—20日、11月5—6日、11月10—11日分别在杭州、广州和青岛各组织举办一期海洋监/检测机构资质认定内审员继续教育培训班，11月12—13日在杭州组织举办一期海洋监/检测机构资质认定内审员新取证培训班，4期培训班参加培训学员共计614人。

【计量检定员培训考核】 根据全国计量标准、计量检定人员考核委员会（以下简称“考核委”）通知要求，2015年4月24日组织国家海洋计量站和青岛、上海、广州分站共5名计量检定员参加考核委在武汉组织的复查考核，5月8日组织20名人员参加考核委在上海组织的新取证和增项计量检定员培训考核，8月下旬组织海洋领域计量标准考评员对理论考试合格的5名申请新取证人员和5名申请增项人员进行实际操作考核，并按要求组织上报计量检定员资格申请材料。

【计量标准考评员培训考核】 根据考核委要求，组织国家海洋计量站和青岛、上海、广州分站共7名计量标准国家一级考评员上报延续考评员证书有效期的申请材料，完成证书有效期的延续；组织完成计量标准新考评员推荐工作。

【海洋行业检验检测统计】 2015年3月11日，海洋评审组将国家质检总局和国家认监委联合下发的《关于开展2014年度检验检测服务业统计工作的通知》（国质检认联［2015］80号）转发至海洋行业62家检验检测机构学习。3月26日，海洋评审组下发《关于开展2014年度海洋行业检验检测服务业统计工作的通知》（海评组函［2015］1号），明确任务分工、时间进度及填报等有关要求。最终海洋行业共62家检验检测机构完成统计数据填报。

【《海洋计量工作管理规定》修订】 为适应国家计量工作和海洋事业发展需要，受国家海洋局科学技术司委托，国家海洋标准计量中心启动《海洋计量工作管理规定》修订工作，上半年对三个海区标准计量中心提出的修订意见和建议进行整理汇总，形成《海洋计量工作管理规定》修订稿初稿和修订说明。11月3日，由国家海洋局科学技术司组织、国家海洋标准计量中心承办在天津召开《海洋计量工作管理规定》修订稿第一次研讨会，国家海洋标准计量中心和三个海区标准计量中心主要编写人员参加研讨。国家海洋标准计量中心根据第一次研讨会意见修改形成第二稿，并组织中心内部有关人员对第二稿完成逐条讨论修改，形成第三稿。

（国家海洋标准计量中心）

海洋质量监督工作

【综述】 2015年，海洋质量监督工作紧密围绕“建设海洋强国”“一路一带”和“质量强国”的战略举措，海洋质量监督顶层设计、质量监督检查和质量监督宣传等各项工作稳步推进，充分发挥海洋质量工作在海洋事业发展中的基础性作用，推动海洋事业发展更加重视质量和效益。

【海洋质量监督顶层设计】 强化海洋质量监督工作，初步提出海洋质量监督工作思路；创新质量监督模式，健全海洋领域质量监督体系；组织开展调研，摸透家底，做好编写《关于加强海洋质量监督工作的指导意见》准备工作。

【海洋质量监督检查】 开展海洋仪器设备质量专项监督检查，组织海洋检验检测机构开展质量管理经验交流活动；开展 66 家海洋监检测机构的实验室能力验证和人员培训考核，并对 3 个海区的计量资质认定获证机构进行监督抽查。

【海洋质量监督宣传】 加强宣传工作，在海洋领域首次组织“质量月”活动，召开“建设海洋强国，促进质量提升”主题研讨会。

（国家海洋局科技司）

【国家海洋标准计量中心顺利通过实验室认可监督评审】 2015 年 3 月，国家海洋标准计量中心顺利通过中国合格评定国家认可委员会组织的实验室认可监督评审。评审组认为国家海洋标准计量中心的管理体系和技术能力满足实验室认可要求，向 CNAS 推荐/维持认可和资质认定资格，确认检测项目 21 项 108 个参数、校准项目 14 项 26 个参数。

【国家海洋仪器设备产品质量监督检验中心自查】 国家海洋标准计量中心兼为国家海洋仪器设备产品质量监督检验中心，根据《国家认监委关于开展 2015 年度国家产品质量监督检验中心专项监督检查的通知》，国家海洋仪器设备产品质量监督检验中心于 2015 年 6 月组织开展全面自查活动，自查内容包括国家质检中心的法律地位、遵纪守法状况、质量管理体系运行状况、经营运行状况及社会责任报告等，自查得分 99 分。

【海洋监/检测机构暨“全球变化与海气相互作用”专项实验室能力验证】 国家海洋标准计量中心按照《国家海洋局科学技术司关于开展 2015 年海洋监/检测机构暨“全球变化与海气相互作用”专项任务承担单位实验室能力验证工作的通知》（海科字 [2015] 154 号）要求，依据 GB/T 27043—2012《合格评定—能力验证的通用要求》（等同采用ISO/IEC 17043），组织开展海洋监/检测机构暨“全球变化与海气相互作用”专项任务承担单位实验室能力验证工作。

【国家海洋标准计量中心与澳大利亚海洋和大气研究所开展技术交流并签订合作意向书】 2015 年 11 月 15—19 日，国家海洋标准计量中心边鸣秋率团赴澳大利亚联邦科学与工业研究组织（CSIRO）海洋和大气研究所开展技术交流并签订合作意向书。

【参加全球海洋教师学院培训研讨会】 为推进联合国教科文组织政府间海洋学委员会（IOC）全球海洋教师学院（OTGA）计划西太平洋地区培训中心（简称“西太培训中心”）的建设工作，根据区域培训中心职责要求，2015 年 1 月 19—23 日，国家海洋标准计量中心姚勇率团参加由 IOC 海洋数据资料交换（IODE）计划项目办公室在比利时奥斯坦德举行的 OTGA 培训研讨会。

【参加第二届中非海洋科技论坛】 2015 年 4 月 9—10 日，第二届中非海洋科技论坛在位于肯尼亚首都内罗毕的联合国非洲总部召开，该论坛由联合国教科文组织政府间海洋学委员会和国家海洋局共同发起，旨在促进中非海洋科技合作，国家海洋标准计量中心姚勇随国家海洋局团组参加此次论坛。

【参加 IOC 第 28 次大会】 2015 年 6 月 21—25 日，国家海洋标准计量中心隋军随中国代表团参加在法国巴黎召开的 IOC 第 28 次大会。会议期间，国家海洋标准计量中心代表与 IODE 秘书处和西太秘书处进行多次商议，各方基本同意由国家海洋标准计量中心承建西太培训中心意向，国家海洋标准计量中心按照承建要求进一步做好各种准备工作。

【访问美国北卡罗莱那州立大学海洋研究系和美国 R.M.YOUNG 公司】 2015 年 12 月 13—17 日，国家海洋标准计量中心隋军率团赴美访问美国北卡罗莱那州立大学的海洋研究系（Department of Marine Sciences，the University of North Carolina of Chapel Hill）和美国 R.M. YOUNG 公司，进行海洋水文、生化和气象仪器等检测的关键技术、仪器实验室校准和质量控制技术的研讨。

【开创 JCOMM 海洋观测质量管理的新局面】 JCOMM 观测协调组（Observations Coordination Group，OCG）第六次届会于 2015 年 4 月底在南非开普敦召开。应会议主办方 JCOMM 联合秘书处的邀请，国家海洋标准计量中心（亚太区域海洋仪器检测评价中心）派员作为会议特邀专家和现任 OCG 委员参加本次会议。

【联合国政府间海委会西太分会秘书处主任来访】 2015 年 7 月 15 日，联合国教科文组织政府间海洋学委员会（IOC）西太分委会（以下简称“西太”）秘书处主任朱文熙应国家海洋标准计量中心邀请前来交流指导，国家海洋标准计量中心姚勇、隋军参加会见。

【参加“第五届能力验证国际会议”】 “第五届能力验证国际会议”于 2015 年 9 月 16—18 日在罗马尼亚的蒂米什瓦拉举办。国家海洋标准计量中心派员参加会议。会上，计量中心人员做口头演讲和海报交流，得到会议组织人员和参会人员的充分肯定。

（国家海洋标准计量中心）

海洋咨询服务

【综述】 2015 年，国家海洋局海洋咨询中心充分发挥技术支撑和决策保障作用，及时跟踪当前海洋工作发展的新动态、新格局和新趋势，有效开展海洋咨询服务，科学高效地开展用海项目评审、重大专项奖金项目评审、海洋行政管理配套法规制度研究和标准化建设、海洋行业资质管理相关工作，取得重要进展。

【用海项目技术审查】 项目用海技术审查。2015 年完成 51 个海域使用论证报告书（表）技术审查工作，共涉及 47 个项目，提交 28 份评审情况报告，33 份技术审查意见，为用海审批提供科学的技术保障。

项目环评技术审查。2015 年完成 48 个海洋环境影响报告书（表）技术审查工作，评审共涉及 45 个项目，提交 32 份评审情况报告，37 份技术审查意见，为落实海洋生态文明建设提供技术支撑。

【行业协会发展】 科学技术奖评奖。中国海洋工程咨询协会荣获“4A 级全国性行业协会”和 2015 年度优秀社会组织称号。完成 2015 年海洋工程科技奖评选工作，评选出 28 个获奖项目，其中 1 个项目又获得国家科技进步奖二等奖。开展第三届海洋工程咨询行业“双十佳”评选活动，评选各 10 名“十佳单位”和“十佳标兵”，促进海洋科技成果的转化、推广和应用，产生广泛的社会影响力。

海洋工程行业交流。2015 年中国海洋工程咨询协会召开第一届理事会第六次会议暨 2014 年度海洋工程科学技术奖颁奖大会、海洋工程装备产业政策及标准化建设交流会；5 家分支机构相继成立。举办“海洋生态文明建设交流会”等一系列行业交流活动，取得重要的交流成果，扩大海洋工程行业的影响。

【海洋行业资质管理】 2015 年组织实施海域使用论证从业人员考试，参考人数近 4000 人，组织开展《海洋工程环境影响评价技术导则》宣贯培训，培训人数达 300 多人。2015 年相继组织完成 12 家申请单位的海洋工程勘察设计资质审核工作；8 家海域使用论证资质申请单位现场核查工作；组织年度海域使用论证报告质量检查工作，抽查报告 682 本，涉及 70 多家海域论证资质单位。开展建立海域海岛评估师制度的专题研究，并提出海域海岛评估师评定工作方案。

【重大项目咨询研究】 2015 年开展我国海洋工程装备标准化体系建设的调查研究工作，形成《加强我国海洋工程装备标准化建设的建议》上报国务院，得到国家领导人批复；召开海南实施“一带一路”战略专家咨询会，向海南省政府提交海南省实施“一带一路”战略咨询建议，多条建议被省政府采纳，并在 2015 博鳌论坛发表；组织 9 个试点的沿海大型工程海洋灾害风险排查工作；组织实施海洋工程建设领域监测评估与服务业务项目；开展《区域用海规划管理办法》等 3 项海域海岛相关管理制度研究工作，开展《海洋工程环境影响报告书评审技术导则》等 4 项技术标准研究工作。

（国家海洋局海洋咨询中心）

海上救助打捞

应急救助和抢险打捞

【综述】 2015年，救捞系统坚定不移履行救捞职责，狠抓改革攻坚，全力推进“四个救捞”建设，各项工作取得新的成绩。

【应急救助抢险打捞】 全年成功救助遇险人员2205名（其中外籍人员170名）、遇险船舶137艘（其中外籍船舶9艘），清障打捞沉船29艘，获救财产价值约61.7亿元。重要任务有：一是调派“东海救101”轮加装远洋深海搜寻定位打捞设备后，年底启航赴印度洋海域参加马航MH370失事客机后续搜寻。二是调派“南海救101”赴印尼轮协助搜寻打捞亚航失事客机QZ8501，历时19天完成黑匣子水下探测面积950平方千米，排查水下疑似目标位置16处，圆满完成搜寻任务。三是调派“东海救101”赴马来西亚参加东盟地区论坛第四次救灾演习，承担水面人员搜救、水下人员搜寻、海面溢油清除等科目演习，展示中国负责任大国的良好形象。四是完成“东方之星”沉船扳正起浮作业，调派38名救捞指挥、打捞专家和潜水员赶赴现场，攻坚克难、连续作战，成功实施沉船扳正起浮作业，为后续搜救工作创造有利条件。五是按时保质完成2015年度渤海湾“碧海行动”19艘沉船的打捞任务。六是“南海救101”轮应邀参加香港民航处组织的“空难搜救演练”，展示专业救助队伍精湛的搜救技能和良好的形象。

【救捞体制机制改革】 启动救捞系统全面深化改革工作，制定救捞系统2015年深化改革工作意见，完善救助单位救助事前、事中、事后评估机制和打捞单位投融资决策、商务工作、现代企业管理机制，推进飞行队标准体系建设。深化符合救助、打捞、飞行单位特点的收入分配制度改革，加大工资待遇向救捞一线职工倾斜的分配力度；陪同财政部调研组对广州、上海、烟台打捞局进行专题调研，三个打捞局被划入公益二类事业单位。

【救捞专业能力建设】 加强顶层设计，协助完成《国家水上交通安全监管和救助系统布局规划》修订和《南海海上搜救和航海保障专项规划（2015—2020）》编制工作，组织编制《救捞系统“十三五”发展规划》和《交通运输部救捞系统发展战略（2016—2030）》。完成交通建设科技项目“大吨位沉船整体打捞探测、起浮技术及装备项目研究”和交通标准研究项目“机动式开式潜水钟”的大纲评审。完成国家科技支撑计划项目“深海遇险目标搜寻定位与应急处置关键技术开发与应用”的课题大纲评审。

【对外交流合作】 加快推进救助飞行训练与海事巡航执法联动机制建设，与天科院签署《战略合作框架协议》。组织“南海救101”轮赴台访问，接待8104名台湾民众登船参观，与台湾多个组织机构开展技术交流研讨。与来访的香港消防处、民航处等部门代表团就海上搜寻、应急救捞进行业务交流研讨。参加国际救捞联合会第61届全体会员大会，出席第22届世界人命救助大会及国际人命救助联盟（IMRF）第22届全体会员大会，中国救捞系统专家成功当选为IMRF新一届董事会董事。

（交通运输部水运局）

海洋科技、教育与文化

海洋科学研究

综 述

【概述】 2015年，我国海洋科技工作深入贯彻落实“建设海洋强国”“创新驱动发展”和“一带一路”战略部署，按照“规划统筹、调查先行、研究创新、技术突破、工程示范及标准保障”的思路，大力推进海洋科技创新总体规划、科技兴海、国家重点研发计划、海洋经济创新发展区域示范、海洋公益专项、海洋调查、海洋卫星、海水利用、海洋可再生能源等各项工作，在提升海洋科技创新能力和综合实力，促进海洋经济和海洋事业发展等工作中取得新的成效。

【海洋科技创新总体规划】 一是认真贯彻落实习近平总书记关于“搞好海洋科技创新总体规划”的重要指示精神，完成规划战略研究工作，对我国海洋科技创新现状与问题作出基本判断，提出未来15年指导方针、基本原则和重点任务考虑，为编制创新总体规划及系列专项规划打下坚实基础。二是在战略研究成果基础上，组织研究提出“十三五”海洋领域科技创新发展思路，为国家重点研发计划重点专项的凝练提出和“十三五”国家科技创新规划、领域专项规划的编制提供有力支撑。

【国家重点研发计划】 围绕习近平总书记在2013年第八次中央政治局集体学习时做出的“重点在深水、绿色、安全的海洋高新技术领域取得突破”重要指示精神，一是推动“海洋环境安全保障”重点专项在2016年首批立项启动。国家海洋局主动适应中央财政科技计划改革精神，围绕海洋环境安全保障能力提升的重大需求，精心组织、全力推动“海洋环境安全保障”重点专项的立项工作，在59个重点专项中脱颖而出，得到国务院批准同意，在改革之初为海洋领域赢得先机。二是加强与科技部及涉海部门的沟通协调,配合做好“深海关键技术与装备”等涉海专项的立项工作，并推动海水淡化与综合利用纳入水资源专项。

【科技兴海】 一是按照张高丽副总理、刘延东副总理对科技兴海工作作出的重要批示精神，认真梳理研究新一轮科技兴海战略的思路和举措，组织专家编制形成规划框架思路，并联合科技部共同启动《全国科技兴海规划(2016—2020年)》编制工作。二是认真落实全国科技兴海大会精神，进一步加强政策指导与支持，大力推动海洋高技术产业示范基地和科技兴海基地建设，启动新一轮科技兴海基地申报工作，积极推动海洋战略性新兴产业集聚发展。三是加强中央和地方、部门之间的联动，通过实施海洋经济创新发展区域示范、海洋公益性行业科研专项和海洋可再生能源资金项目，引导汇集各方面政策资金聚集，并加强全国科技兴海信息服务平台建设与服务，大力推动海洋成果转化和产业化。

【海洋经济创新发展区域示范】 一是加强对沿海省市海洋经济创新发展区域示范的指导和监督管理，进一步完善考核评价体系。组织开展10个示范省市2014年度考核工作；二是组织专家研究形成“十三五”区域示范发展思路，并联合财政部经建司组织召开省市和专家研讨会，认真做好新一轮专项立项的准备工作；三是指导示范省市做好项目验收和总验收准备，并积极开展“十二五”成效经验总结宣传。

各试点省依托区域示范项目，继续发挥区域优势，深化体制机制创新，形成多元金融支持方式，取得良好成效。一是在高效健康养殖产业方面，试点省市依托区域示范项目，围绕“工厂化、智能化、生态化”理念，大力发展生态循环水养殖、深水网箱养殖等模式，实现产业协同式、集群式发展，产业规模显著扩大，成效显著。例如，山东基本建立集生物、信息与工程技术的精准生产和产业规范体系，“陆海接力”养殖新模式更填补国内空白，解决北方网箱养殖品种无法越冬问题；广东通过海水工厂化养殖项目实施，直接新增工厂化养殖水体超过 25000 立方米，增加深水网箱 500 个，每年直接增加高档海水鱼产能约 3000 吨以上。二是海洋生物医药与制品等高技术企业成长迅速，涌现出一批高附加值产品，产业规模和竞争力大幅提升，成为海洋经济转型升级的重要推动力量。三是海洋装备产业多项技术和产品填补国内空白，国际竞争力日益增强。一批新技术、新材料、新工艺得到转化和产能放大，形成多项自主知识产权并实现国产化。高频地波雷达等海洋环境探测雷达突破技术瓶颈实现产业化，价格是国外同类产品的一半，打破国外垄断。四在海水淡化与综合利用领域，海水淡化产业持续扩张，新能源淡化海水示范工程产能利用逐步放大，板式蒸馏装备、高亲水性超滤膜等海水利用关键设备成果转化和产业化进展顺利。区域示范项目的实施推动海洋产业集聚发展，吸引众多上下游企业落位各主要海洋产业功能区，形成规模化发展的态势，同时也进一步推动试点省市国家海洋高技术产业基地和科技兴海产业示范基地建设。

【海洋公益性行业科研专项】 一是按照国务院 [64] 号文件精神，2015 年公益专项是最后一批，2015 年度海洋公益性行业科研专项项目立项 29 项，落实资金 3.39 亿元。二是组织召开 2015 年海洋公益专项启动会暨年度管理工作会，对专项工作再次进行细化部署。三是组织开展 2010 年度海洋公益专项项目的验收工作，并委托三个分局开展 2013 年度海洋公益专项项目中期检查工作，认真做好项目过程管理。四编制印发 2014 年海洋公益性行业科研专项年度报告。

汪洋副总理对海洋公益专项非常重视，于 2015 年亲自视察由中科院海洋所承担的“典型海湾受损生境修复生态工程和效果评价技术集成与示范”项目，该项目针对典型海湾生境受损现状，率先系统评价海湾生态系统健康状态，研发修复专用新设施和新模式，构建“因湾制宜”的受损生境高效修复新技术，实现从局部修复到系统修复的跨越。在辽东湾、荣成湾、象山港和东山湾建立 10 个示范基地，共计 2000 公顷（3 万余亩），推广示范 14333 公顷（21.5 万余亩），取得良好的生态效益、经济效益和社会效益。“刺参健康养殖综合技术研究及产业化应用”项目，2015 年重点推广多品种复合养殖模式，建立示范基地 666 公顷（1 万余亩），通过刺参与对虾等品种的复合生态养殖，达到预防病害和增加效益的目的；举办 4 次培训班，对 500 多名养殖业户和水产推广人员进行刺参养殖过程中主要病害防控技术的培训，积极传播生态防控理念，推广生态健康养殖模式，部分成果获得 2015 年获国家科技进步二等奖。“中国近海海上搜救应急辅助决策系统研制及示范”项目，为广东省海上搜救中心、渔政总队、南海救助局、海南和广西海上搜救中心等单位提供搜救服务保障。截至 2015 年 12 月，共为搜救部门提供海上搜救预测专报 96 次，成功协助救助 122 人次，取得较好的社会效益和经济效益。该系统成果已推广应用于广东、广西、海南三地海上搜救服务保障业务中。“近岸及邻近海域海底实时长期观测网关键技术研发及应用示范”项目突破低压通用接驳技术与节点控制、近海海底海洋多参数观测节点、作业型 ROV 等关键技术，研制出集低压通用接驳盒与科学仪器平台为一体的海底观测节点以及近海海底组网工程 ROV 及水下作业工具样机，实现装备国产化；以建设中的东海近海海底观测网为依托，进行海底观测节点的示范应用，并完成观测数据的示范应用系统建设，初步实现海底观测节点数据实时传输业务化运行。

【国家海洋调查船队】　一是深入开展国家海洋调查船队发展战略研究，积极探索船队协调长效机制，落实船队协调委员会例会制度，共同推动船队的发展。二是加强船队规范化管理，开展船队安全、涉外、应急与医疗相关制度研究，编制《国家海洋调查船队工作手册》。三是加强与船舶单位的沟通协调，及时发布船队运行动态和船时信息，2015 年共为教育部、科技部、农业部、国家海洋局、中国科学院、国家自然科学基金会、中国地质调查局等 40 多家部门（单位）提供海洋调查服务，完成国家海洋专项调查、公益性项目、“863 计划”、“973 计划”、自然科学基金会开放共享航次、极地考察、大洋科考等 200 余项海洋调查任务。四是组织对新申请入队的“海大号”“北斗”“浙海科 1”“向阳红 10”开展入队审查，经船队协调委员会批准，4 艘船舶入列船队，成员船数量已扩大至 38 艘。五是开发船队微信公众服务平台与船队实时信息服务系统，并在 14 艘成员船上进行安装和试运行，初步实现船舶实时位置、航迹等查询与信息保障服务功能，有效提升船队服务能力。

【海洋综合科考船建造】　一是国家发展改革委审查批准 2 艘新建 4500 吨级海洋综合科考船初步设计及概算总报告，并下达第二批建造款。二是完成船舶详细设计和生产设计，完成设计图纸共计 7322 份。三是完成船用设备 78 台套/船和首批影响船体结构的 13 台套/船科考设备的采购工作。四是实现船舶连续开工建造，2 艘船共完成 48 个分段的建造工作。

【海水利用】　一是组织开展《海水利用专项规划》评估及“十三五”海水利用发展规划战略研究工作，编制《〈海水利用专项规划〉评估报告》，建立“十三五”海水利用发展规划编制机制。二是组织开展海水纳入水资源配置体系研究，在天津、大连、厦门组织开展试点工作，研究提出《海水淡化水纳入水资源配置体系方案建议》，为下一步落实海水淡化水配置工作奠定基础。三是积极推动国家科技支撑计划“2 万吨/日反渗透海水淡化成套装备研发及工程示范”项目立项，组织“海水淡化分离膜检测技术及标准研究”项目顺利实施。四是配合科技部组织相关科研单位和专家编制完成并发布《海水淡化与综合利用关键技术和装备成果汇编》，加快推进海水淡化与综合利用技术创新与转化应用。五是开展 2014 年度我国海水利用情况基础数据的采集工作，编制完成并发布《2014 年全国海水利用报告》，给海水利用相关管理决策和社会公众、科研院所、企事业单位提供海水利用产业发展整体情况的权威数据信息。

【海洋可再生能源】　一是完成 2015 年度海洋能资金项目立项工作，支持项目 3 项，落实预算资金 1 亿元；二是加强对海洋能资金项目的监督检查管理，通过约谈等方式督促项目实施；三是组织编制印发《海洋可再生能源资金项目验收细则》（试行），规范化开展项目验收工作；四是按计划完成海洋能资金项目 2015 年度验收安排，组织验收项目 12 个，涌现多项具有自主知识产权、应用前景好的波浪能、潮流能、生物质能开发利用新技术、新装置；五是组织编制并印发海洋能发电装置海试质量控制管理文件及技术要求，健全海洋能发电装备制造质量控制体系，统一质量控制标准；六是组织编制 2016 年海洋能资金项目重点支持方向，为做好 2016 年海洋能资金立项招标工作打下坚实基础。七是成功举办第四届中国海洋可再生能源发展年会暨论坛并参加国际能源署海洋能源系统实施协议（IEA OES–IA）第 28 次执委会会议，有效促进海洋能开发利用国内外交流、合作与宣传；八是组织开展海洋能发展战略研究工作，做好顶层规划设计。

【“全球变化与海气相互作用”专项】 一是编制《专项招投标管理办法》和《涉外调查外事通报申请工作管理办法》，稳步推进专项管理。二是组织开展100多项任务的年度检查考核和中期检查评估，督促任务实施。三是完成专项2014年度整编及调查资料汇交，资料量达16.4TB，发布2011—2013年度任务资料清单，实现专项内部资料共享应用。四是顺利完成在南海及西太平洋海域10余个外业调查航次，开展XCTD、UCTD和原位底质声学测量设备等一批深远海调查仪器装备的研制，启动在海洋与台风相互作用、亚洲大陆边缘动力过程等方面的国际合作研究工作。

【海洋卫星】 一是推动海洋观测卫星纳入《国家民用空间基础设施中长期发展规划(2015—2025年)》；二是完成海洋一号C/D卫星和海洋二号B/C卫星4颗业务卫星和地面应用系统可行性论证工作；三是完成新一代水色观测卫星和海洋盐度探测卫星2颗科研卫星预研项目立项和研制工作，形成需求论证报告；四是组织完成海洋一号B卫星和海洋二号A卫星年度在轨管理、数据分发任务；五是完成年度海温、海冰、绿潮遥感业务监测和区域示范等应用工作，并印发《2014年中国海洋卫星应用报告》。

【数字海洋】 积极推动数字海洋建设与服务，研发、部署数字海洋应用服务示范系统（测试版），为科研单位提供海洋基础数据资料服务20余批次；实现中科院海洋所、中国海洋大学等4家涉海单位和舟山市、三沙市等新增节点网络连通；推动“数字海洋”信息基础框架35个节点的业务化运行。

（国家海洋局科技司）

国家自然科学基金重要项目

【概况】 2015年度国家自然科学基金批准资助海洋科学项目461项，比2014年增加12项，总经费42272万元。其中，自由申请项目190项，经费13365万元；青年基金项目225项，经费4717万元；其他基金项目46项，经费24190万元（见下表）。

2015年度国家自然科学基金海洋科学学科资助项目目录

1. 面上项目

序号	项目批准号	申请者姓名	项目名称	学科代码	单位名称	批准金额(万元)	起始年月	结题年月	备注
1	41576001	朱小华	琉球海流的起源及其对东海的入侵和影响	D0601	国家海洋局第二海洋研究所	¥79.00	2016-1-1	2019-12-31	
2	41576002	修鹏	西太平洋的碳和营养盐输送及其对南海生态系统的影响	D0601	中国科学院南海海洋研究所	¥72.00	2016-1-1	2019-12-31	
3	41576003	俎婷婷	冲淡水影响下南海北部近岸环流的天气尺度变化和动力机制	D0601	中国科学院南海海洋研究所	¥75.00	2016-1-1	2019-12-31	
4	41576004	万修全	渤海环流的年际变化与温度长期演变机制分析	D0601	中国海洋大学	¥72.00	2016-1-1	2019-12-31	
5	41576005	张艳伟	中尺度涡对南海东北部深层湍流混合的影响	D0601	同济大学	¥78.00	2016-1-1	2019-12-31	
6	41576006	徐洪周	马里亚纳海沟海洋混合特征研究	D0601	三亚深海科学与工程研究所	¥72.00	2016-1-1	2019-12-31	
7	41576007	周锋	浮游植物春季水华生消的物理-生物耦合机制	D0601	国家海洋局第二海洋研究所	¥68.00	2016-1-1	2019-12-31	
8	41576008	李强	南海中尺度背景下内波生成传播机制研究	D0601	清华大学	¥72.00	2016-1-1	2019-12-31	

续表

序号	项目批准号	申请者姓名	项目名称	学科代码	单位名称	批准金额(万元)	起始年月	结题年月	备注
9	41576009	杨庆轩	吕宋海峡区域中尺度涡调制跨等密度面混合的机制研究	D0601	中国海洋大学	¥70.00	2016-1-1	2019-12-31	
10	41576010	郭新宇	东海陆架与黑潮之间的双向物质输运及其对日本海和西北太平洋的影响	D0601	中国海洋大学	¥75.00	2016-1-1	2019-12-31	
11	41576011	董军宇	基于深度学习与复杂网络的海洋锋时空特征分析及识别	D0601	中国海洋大学	¥71.00	2016-1-1	2019-12-31	
12	41576012	刘钦燕	中尺度涡旋发展对南海西部环流的动力影响	D0601	中国科学院南海海洋研究所	¥70.00	2016-1-1	2019-12-31	
13	41576013	宋金宝	海洋表面波对海洋大气边界层的影响	D0601	浙江大学	¥72.00	2016-1-1	2019-12-31	
14	41576014	王庆业	菲律宾附近西边界流季节内变异特征与驱动机制	D0601	中国科学院海洋研究所	¥65.00	2016-1-1	2019-12-31	
15	41576015	王强	初始误差对黑潮延伸体年代际变异预测的影响及其机制	D0601	中国科学院海洋研究所	¥70.00	2016-1-1	2019-12-31	
16	41576016	郝佳佳	长江口邻近海域逆温层年际变化及其对混合层热平衡的影响	D0601	中国科学院海洋研究所	¥70.00	2016-1-1	2019-12-31	
17	41576017	孙澈	北太平洋热带海区低维拟序水文结构的诊断研究	D0601	中国科学院海洋研究所	¥79.00	2016-1-1	2019-12-31	
18	41576018	徐芳华	南海北部海洋与台风相互影响机制研究	D0601	清华大学	¥72.00	2016-1-1	2019-12-31	
19	41576019	郑飞	年代际气候预测的耦合初始化方法研究	D0601	中国科学院大气物理研究所	¥71.00	2016-1-1	2019-12-31	
20	41576020	于宜法	热带太平洋年代际变化机制研究	D0601	中国海洋大学	¥72.00	2016-1-1	2019-12-31	
21	41576021	王彩霞	近表面大振幅非线性内波的观测与实验研究	D0601	中国海洋大学	¥72.00	2016-1-1	2019-12-31	
22	41576022	陈长霖	黑潮三维结构特征对全球变暖的响应	D0601	国家海洋局第二海洋研究所	¥68.00	2016-1-1	2019-12-31	
23	41576023	杨德周	台湾以东中尺度涡旋与黑潮相互作用对黑潮入侵东海影响的数值模拟研究	D0601	中国科学院海洋研究所	¥68.00	2016-1-1	2019-12-31	
24	41576024	陈波	北部湾北部赤潮发生与动力响应机制研究	D0601	广西科学院	¥66.00	2016-1-1	2019-12-31	
25	41576025	刘海龙	气候海洋模式厚度扩散系数的研究	D0601	中国科学院大气物理研究所	¥73.00	2016-1-1	2019-12-31	
26	41576026	林鹏飞	全球海洋中尺度涡旋的模拟评估研究	D0601	中国科学院大气物理研究所	¥74.00	2016-1-1	2019-12-31	
27	41576027	吕连港	黄海冷水团消衰期天气尺度变化及机制研究	D0601	国家海洋局第一海洋研究所	¥72.00	2016-1-1	2019-12-31	
28	41576028	方越	东亚季风年代际变异对黄海暖流及局地海-气相互作用的影响	D0601	国家海洋局第一海洋研究所	¥66.00	2016-1-1	2019-12-31	
29	41576029	冯立成	“多谷”型拉尼娜事件的过程及机理研究	D0601	国家海洋环境预报中心	¥68.00	2016-1-1	2019-12-31	
30	41576030	周雯	海洋中尺度过程影响下水体光散射特性的变化机理	D0602	中国科学院南海海洋研究所	¥69.00	2016-1-1	2019-12-31	
31	41576031	黄豪彩	基于沿海声层析方法的人工上升流的同步观测研究	D0602	浙江大学	¥75.00	2016-1-1	2019-12-31	

续表

序号	项目批准号	申请者姓名	项目名称	学科代码	单位名称	批准金额(万元)	起始年月	结题年月	备注
32	41576032	过杰	基于二维激光观测的溢油及其乳化过程散射模式研究	D0602	中国科学院烟台海岸带研究所	¥70.00	2016-1-1	2019-12-31	
33	41576033	何兴道	水中布里渊散射非均匀超声光栅的机理及对布里渊散射激光雷达性能影响的研究	D0602	南昌航空大学	¥68.00	2016-1-1	2019-12-31	
34	41576034	万世明	中新世以来东亚季风长期演化及亚洲干旱在日本海的沉积记录	D0603	中国科学院海洋研究所	¥78.00	2016-1-1	2019-12-31	
35	41576035	王淑红	南海北部东沙西南海域泥火山的流体特征及其活动历史	D0603	中国科学院南海海洋研究所	¥75.00	2016-1-1	2019-12-31	
36	41576036	施小斌	南海西北陆缘深部异常过程的地热学与垂向均衡响应	D0603	中国科学院南海海洋研究所	¥73.00	2016-1-1	2019-12-31	
37	41576037	阮爱国	用海底地震仪（OBS）被动源记录反演洋中脊岩石圈结构	D0603	国家海洋局第二海洋研究所	¥72.00	2016-1-1	2019-12-31	
38	41576038	李季伟	海斗深渊烃类有机碳生物矿化机理	D0603	三亚深海科学与工程研究所	¥72.00	2016-1-1	2019-12-31	
39	41576039	许国辉	海底粉质土液化重建地层特征及其风暴浪动力强度研究-以黄河三角洲为例	D0603	中国海洋大学	¥69.00	2016-1-1	2019-12-31	
40	41576040	梁新权	莺歌海盆地深部油气储层物源识别：陵水组-梅山组碎屑锆石 U-Pb 年龄和 Hf-O 同位素制约	D0603	中国科学院广州地球化学研究所	¥75.00	2016-1-1	2019-12-31	
41	41576041	夏少红	南海西北部琼东南盆地深部地壳结构及其构造响应	D0603	中国科学院南海海洋研究所	¥78.00	2016-1-1	2019-12-31	
42	41576042	王张华	宁波-姚江平原新石器遗址记录的全新世中期水涝灾害及古人类响应与适应对策	D0603	华东师范大学	¥75.00	2016-1-1	2019-12-31	
43	41576043	高建华	从鸭绿江到辽东半岛东岸泥区：气候变化和人类活动驱动下的源汇过程及其沉积记录	D0603	南京大学	¥71.00	2016-1-1	2019-12-31	
44	41576044	张兰兰	东北印度洋末次冰盛期以来放射虫的时空分布及其环境变化响应	D0603	中国科学院南海海洋研究所	¥78.00	2016-1-1	2019-12-31	
45	41576045	徐建	末次冰期以来印尼穿越流次表层流时空变迁及其古海洋学意义	D0603	西北大学	¥78.00	2016-1-1	2019-12-31	
46	41576046	孙金龙	潮汕沿海地震带三维岩石圈结构与震源构造研究	D0603	中国科学院南海海洋研究所	¥78.00	2016-1-1	2019-12-31	
47	41576047	宋海斌	海底界面过程的地震海洋学研究	D0603	同济大学	¥70.00	2016-1-1	2019-12-31	
48	41576048	苏明	珠江口盆地海底峡谷群侵蚀—沉积作用与天然气水合物动态成藏	D0603	中国科学院广州能源研究所	¥62.00	2016-1-1	2019-12-31	
49	41576049	王大伟	琼东南盆地深水重力流沉积旋回演化规律与形成机理	D0603	中国科学院海洋研究所	¥76.00	2016-1-1	2019-12-31	
50	41576050	蒋富清	中新世以来奄美三角盆地的风尘记录及其对构造尺度东亚古气候的指示	D0603	中国科学院海洋研究所	¥78.00	2016-1-1	2019-12-31	
51	41576051	熊志方	末次盛冰期热带西太平洋大型硅藻勃发所需营养物的来源及利用状况	D0603	中国科学院海洋研究所	¥75.00	2016-1-1	2019-12-31	
52	41576052	位荀	中大西洋洋脊 33-35oN 玄武岩成分多样性成因：Sr-Nd-Pb-Hf 同位素制约	D0603	中国科学院海洋研究所	¥72.00	2016-1-1	2019-12-31	
53	41576053	胡建芳	南海东沙海域晚更新世以来天然气水合物分解/释放规模的分子有机地球化学记录及环境效应	D0603	中国科学院广州地球化学研究所	¥72.00	2016-1-1	2019-12-31	

续表

序号	项目批准号	申请者姓名	项目名称	学科代码	单位名称	批准金额(万元)	起始年月	结题年月	备注
54	41576054	南青云	末次冰期以来"西太暖池—主流系区"温、盐梯度对全球快速气候变化事件的响应	D0603	中国科学院海洋研究所	¥75.00	2016-1-1	2019-12-31	
55	41576055	黄朋	冲绳海槽中段热液活动的沉积记录及其对热液物质输运过程的指示	D0603	中国科学院海洋研究所	¥70.00	2016-1-1	2019-12-31	
56	41576056	庄丽华	南海北部上陆坡水深近 200 米处沙波群的特征、活动规律及其对内波致强流的响应	D0603	中国科学院海洋研究所	¥68.00	2016-1-1	2019-12-31	
57	41576057	金秉福	浅海多源沉积物辨析的碎屑角闪石和石英矿物化学标型特征研究	D0603	鲁东大学	¥71.00	2016-1-1	2019-12-31	
58	41576058	胡邦琦	全新世以来琼东上升流形成演化及其对气候变化的响应机制	D0603	青岛海洋地质研究所	¥72.00	2016-1-1	2019-12-31	
59	41576059	邵磊	南海东部白垩-中新世构造演变及沉积响应	D0603	同济大学	¥75.00	2016-1-1	2019-12-31	
60	41576060	庞重光	大面积低悬沙浓度高盐水终年占据秦皇岛外海的沉积动力分析	D0603	中国科学院海洋研究所	¥71.00	2016-1-1	2019-12-31	
61	41576061	孟宪伟	全新世大暖期广西北海红树林演化及其对亚洲季风的响应：海岸带埋藏泥炭土记录	D0603	国家海洋局第一海洋研究所	¥70.00	2016-1-1	2019-12-31	
62	41576062	吴怀春	南海海槽俯冲带环境磁学特征及其对俯冲带地震和构造活动的响应-IODP315,316 和 322 航次后研究	D0603	中国地质大学(北京)	¥72.00	2016-1-1	2019-12-31	
63	41576063	边叶萍	南海北部现代孢粉传播过程观测：沉积物捕获器和气溶胶的孢粉研究	D0603	国家海洋局第二海洋研究所	¥69.00	2016-1-1	2019-12-31	
64	41576064	萨仁高娃	冲绳海槽热液区硫氧化细菌的分布特征，培养及硫氧化机制的初步研究	D0603	中国科学院海洋研究所	¥62.00	2016-1-1	2019-12-31	
65	41576065	张涛	北冰洋美亚海盆的形成历史	D0603	国家海洋局第二海洋研究所	¥64.00	2016-1-1	2019-12-31	
66	41576066	李琦	冲绳海槽西部陆坡第四纪海底峡谷体系沉积演化与控制因素分析	D0603	中国地质大学(北京)	¥57.00	2016-1-1	2019-12-31	
67	41576067	夏鹏	近百年来广西典型红树林区泥炭土崩解事件的有机碳埋藏通量示踪及其对极端气候事件和人类活动的响应	D0603	国家海洋局第一海洋研究所	¥70.00	2016-1-1	2019-12-31	
68	41576068	姚永坚	南沙海域盆地的地层系统与深部结构研究：从南部陆缘解读南海的演化历史	D0603	广州海洋地质调查局	¥73.00	2016-1-1	2019-12-31	
69	41576069	高金耀	南极罗斯海陆架盆地幕式张裂构造和过程的时空变化研究	D0603	国家海洋局第二海洋研究所	¥70.00	2016-1-1	2019-12-31	
70	41576070	孙龙涛	基于深部结构探测的南海北部陆缘岩石圈张裂-破裂机制的模拟研究	D0603	中国科学院南海海洋研究所	¥74.00	2016-1-1	2019-12-31	
71	41576071	刘松堂	热毯式海底热流原位探测技术	D0603	国家海洋技术中心	¥71.00	2016-1-1	2019-12-31	
72	41576072	蔡平河	珠江河口区沉积物-水界面物质交换的过程与机制—基于 224Ra/228Th 不平衡的研究	D0604	厦门大学	¥79.00	2016-1-1	2019-12-31	
73	41576073	杨桂朋	中国东海中二甲基亚砜的生物地球化学过程研究	D0604	中国海洋大学	¥72.00	2016-1-1	2019-12-31	

续表

序号	项目批准号	申请者姓名	项目名称	学科代码	单位名称	批准金额(万元)	起始年月	结题年月	备注
74	41576074	王桂芝	珠江口海底地下水排泄及其生物地球化学影响	D0604	厦门大学	¥78.00	2016-1-1	2019-12-31	
75	41576075	许博超	海底地下水排放对黄河口营养盐的贡献	D0604	中国海洋大学	¥68.00	2016-1-1	2019-12-31	
76	41576076	杜敏	涂层钢在海洋多相边界及多场耦合作用下的修复机制研究	D0604	中国海洋大学	¥68.00	2016-1-1	2019-12-31	
77	41576077	李霞	侧链悬挂吲哚衍生结构自抛光树脂的合成及其海洋防污性能	D0604	中国海洋大学	¥68.00	2016-1-1	2019-12-31	
78	41576078	朱茂旭	东海典型泥质沉积物中铁(III)异化还原作用及其对有机质矿化的贡献	D0604	中国海洋大学	¥68.00	2016-1-1	2019-12-31	
79	41576079	王鹏	基于液滴自弹跳效应的超疏水表面海洋大气腐蚀防护性能与机制研究	D0604	中国科学院海洋研究所	¥69.00	2016-1-1	2019-12-31	
80	41576080	段继周	海洋油-水环境下钢铁设施表面腐蚀微生物膜群落特征及其加速的腐蚀破坏机理研究	D0604	中国科学院海洋研究所	¥70.00	2016-1-1	2019-12-31	
81	41576081	许鹏翔	海洋热液口条件下核酸和蛋白共起源分子进化模型的研究	D0604	厦门大学	¥68.00	2016-1-1	2019-12-31	
82	41576082	辛宇	叶绿素单体氮同位素（δ15N）重建长江口及毗邻海域低氧区氮丢失强度记录	D0604	中国海洋大学	¥70.00	2016-1-1	2019-12-31	
83	41576083	杜金洲	钦州湾海底地下水的生源要素输送通量研究	D0604	华东师范大学	¥73.00	2016-1-1	2019-12-31	
84	41576084	王保栋	长江入海泥沙减少对长江口海域有害藻华的影响	D0604	国家海洋局第一海洋研究所	¥68.00	2016-1-1	2019-12-31	
85	41576085	何碧烟	珠江口溶解有机碳的生物降解、光化学降解及其耦合作用研究	D0604	集美大学	¥70.00	2016-1-1	2019-12-31	
86	41576086	谭凤仪	红树林湿地生物修复多溴联苯醚（PBDEs）的根际功能及氮效应研究	D0605	香港城市大学深圳研究院	¥68.00	2016-1-1	2019-12-31	
87	41576087	戴志军	长江河口边滩冲淤机制及其泥沙捕集效应研究	D0605	华东师范大学	¥81.00	2016-1-1	2019-12-31	
88	41576088	吴辉	长江河口和苏北海域之间的水体交换机制研究	D0605	华东师范大学	¥70.00	2016-1-1	2019-12-31	
89	41576089	龚文平	喇叭形弱潮河口的泥沙输运及其机制研究-以珠江口黄茅海为例	D0605	中山大学	¥76.00	2016-1-1	2019-12-31	
90	41576090	史本伟	人工养殖影响下的潮滩生物地貌学研究	D0605	南京大学	¥65.00	2016-1-1	2019-12-31	
91	41576091	吴加学	基于多频声学泥沙反演的珠江河口湍流尺度泥沙输移扩散过程研究	D0605	中山大学	¥77.00	2016-1-1	2019-12-31	
92	41576092	杨世伦	风暴过程中三角洲淤泥质海岸泥沙运动探讨	D0605	华东师范大学	¥75.00	2016-1-1	2019-12-31	
93	41576093	白玉川	河口海岸异重沙流成因机制与输移动态预测	D0605	天津大学	¥68.00	2016-1-1	2019-12-31	
94	41576094	张卫国	东海内陆架泥质区沉积物磁性特征的早期成岩改造及其影响因素	D0605	华东师范大学	¥71.00	2016-1-1	2019-12-31	
95	41576095	夏小明	强潮河口与岛屿峡道复合系统的地貌演化及机制-以瓯江口为例	D0605	国家海洋局第二海洋研究所	¥74.00	2016-1-1	2019-12-31	
96	41576096	余海涛	变速波浪发电系统及运行控制研究	D0606	东南大学	¥72.00	2016-1-1	2019-12-31	

续表

序号	项目批准号	申请者姓名	项目名称	学科代码	单位名称	批准金额(万元)	起始年月	结题年月	备注
97	41576097	马剑	海水中碳酸根的原位测定方法研究	D0607	厦门大学	¥72.00	2016-1-1	2019-12-31	
98	41576098	郭智勇	基于“法拉第笼式”免疫分析的海洋致病菌高灵敏多通道快速检测技术研究	D0607	宁波大学	¥65.00	2016-1-1	2019-12-31	
99	41576099	李守军	浅水多波束三类误差处理方法研究	D0607	国家海洋局第二海洋研究所	¥75.00	2016-1-1	2019-12-31	
100	41576100	王海黎	基于生物光学剖面漂流浮标(Bio-Argo)现场观测的南海浮游植物季节性变化及其光适应性研究	D0607	厦门大学	¥80.00	2016-1-1	2019-12-31	
101	41576101	游科友	缆控采样器的水动力学模型及其运动控制	D0607	清华大学	¥75.00	2016-1-1	2019-12-31	
102	41576102	李海森	舰船尾流的多波束声纳探测与特性分析研究	D0607	哈尔滨工程大学	¥68.00	2016-1-1	2019-12-31	
103	41576103	李建龙	基于AUV载移动声源的海洋环境参数序贯反演方法研究	D0607	浙江大学	¥70.00	2016-1-1	2019-12-31	
104	41576104	张鑫	深海热液流体中溶解气体的拉曼光谱原位定量分析新方法及其应用研究	D0607	中国科学院海洋研究所	¥69.00	2016-1-1	2019-12-31	
105	41576105	刘雁春	多波束测深系统偏移效应标校及交叉点误差分析	D0607	中国人民解放军海军工程大学	¥68.00	2016-1-1	2019-12-31	
106	41576106	梁荣宁	基于仿生离子通道识别的电位型传感器检测海水中浮游病毒	D0607	中国科学院烟台海岸带研究所	¥68.00	2016-1-1	2019-12-31	
107	41576107	赵建虎	海底地形地貌信息高精度高分辨率快速获取理论与方法	D0607	武汉大学	¥69.00	2016-1-1	2019-12-31	
108	41576108	张苏平	黄海近海至岸滨大气边界层垂直结构季节变化与海雾入侵	D0607	中国海洋大学	¥68.00	2016-1-1	2019-12-31	
109	41576109	郑天凌	高效直接杀藻菌LY03对有害赤潮硅藻的趋化特性与致死机制	D0608	厦门大学	¥80.00	2016-1-1	2019-12-31	
110	41576110	聂湘平	PXR介导河口水体中PhACs暴露对阿部鲻鰕虎鱼的化学致敏/致耐性效应及其调控机制	D0608	暨南大学	¥66.00	2016-1-1	2019-12-31	
111	41576111	刘慧	海洋环境中溶解性有机质参与的卤代有机物光化学形成机理研究	D0608	大连海事大学	¥66.00	2016-1-1	2019-12-31	
112	41576112	张沛东	鳗草退化生境植株移植修复策略的研究	D0608	中国海洋大学	¥69.00	2016-1-1	2019-12-31	
113	41576113	梁度因	海洋酸化与温度对纲比甲藻转录组与毒性的比较研究	D0608	香港城市大学深圳研究院	¥74.00	2016-1-1	2019-12-31	
114	41576114	陈卓元	光照辐射对纯铜海洋大气腐蚀过程的影响机制研究	D0608	中国科学院海洋研究所	¥65.00	2016-1-1	2019-12-31	
115	41576115	王新红	磺胺二甲基嘧啶在海水青鳉鱼生活史中的生物富集、代谢转化与毒理效应研究	D0608	厦门大学	¥76.00	2016-1-1	2019-12-31	
116	41576116	杨维东	双壳贝类细胞色素P450及其在腹泻性贝毒代谢解毒机制中的作用研究	D0608	暨南大学	¥69.00	2016-1-1	2019-12-31	
117	41576117	韩秋影	温度和大型海藻爆发对海草营养盐吸收机制的影响	D0608	中国科学院烟台海岸带研究所	¥70.00	2016-1-1	2019-12-31	

续表

序号	项目批准号	申请者姓名	项目名称	学科代码	单位名称	批准金额(万元)	起始年月	结题年月	备注
118	41576118	姚小红	海岸、海洋大气中新颗粒在 10nm 和 20–50nm 出现增长瓶颈的物理化学机制	D0608	中国海洋大学	¥70.00	2016-1-1	2019-12-31	
119	41576119	曹西华	囊型棕囊藻聚沉消除的增效方法及其絮凝形态学机制研究	D0608	中国科学院海洋研究所	¥68.00	2016-1-1	2019-12-31	
120	41576120	刘仁沿	我国藻毒素不同种类和结构的协同毒性机制及生态风险评价研究	D0608	国家海洋环境监测中心	¥72.00	2016-1-1	2019-12-31	
121	41576121	张清春	抑食金球藻在我国近海褐潮形成中的生态适应策略	D0608	中国科学院海洋研究所	¥75.00	2016-1-1	2019-12-31	
122	41576122	王清	莱州湾塑料微粒（microplastics）的污染现状及其毒性效应研究	D0608	中国科学院烟台海岸带研究所	¥72.00	2016-1-1	2019-12-31	
123	41576123	洪义国	南海深海微生物氨氧化驱动的化能自养固碳过程及其分子生态学机制	D0609	中国科学院南海海洋研究所	¥72.00	2016-1-1	2019-12-31	
124	41576124	刘炜炜	南海北部纤毛虫的多样性及中尺度物理过程对其时空分布的影响	D0609	中国科学院南海海洋研究所	¥68.00	2016-1-1	2019-12-31	
125	41576125	李开枝	南海深海浮游介形类的分类学、多样性和动物地理学研究	D0609	中国科学院南海海洋研究所	¥75.00	2016-1-1	2019-12-31	
126	41576126	黄思军	南海北部噬菌体与细菌群落的动态过程耦合研究	D0609	中国科学院南海海洋研究所	¥77.00	2016-1-1	2019-12-31	
127	41576127	张海滨	深海囊螂科贝类生物多样性及分子系统学研究	D0609	三亚深海科学与工程研究所	¥70.00	2016-1-1	2019-12-31	
128	41576128	吴玉萍	珠江口海域生态环境变化对中华白海豚及其摄食鱼类种群的影响	D0609	中山大学	¥79.00	2016-1-1	2019-12-31	
129	41576129	何莹	深海热液环境下甲烷代谢古菌功能群的演化、互作及其群落稳定性研究	D0609	上海交通大学	¥70.00	2016-1-1	2019-12-31	
130	41576130	焦伟华	海绵来源倍半萜醌类 NF-κB 抑制剂的发现及其抗肿瘤作用机制研究	D0609	上海交通大学	¥68.00	2016-1-1	2019-12-31	
131	41576131	吕振明	基于种群基因组学的两种浅海底栖生活蛸科动物的谱系地理格局与适应性分化研究	D0609	浙江海洋学院	¥73.00	2016-1-1	2019-12-31	
132	41576132	李宏业	三角褐指藻的油体建成及调控机制的研究	D0609	暨南大学	¥66.00	2016-1-1	2019-12-31	
133	41576133	史大林	痕量金属镉在海洋浮游植物中的生物功能	D0609	厦门大学	¥82.00	2016-1-1	2019-12-31	
134	41576134	胡晓钟	黄海近岸厌氧环境纤毛虫的生物多样性研究	D0609	中国海洋大学	¥70.00	2016-1-1	2019-12-31	
135	41576135	刘晓收	底栖动物功能多样性对黄海冷水团季节演替的响应机制	D0609	中国海洋大学	¥69.00	2016-1-1	2019-12-31	
136	41576136	潘华奇	产新颖次生代谢产物海洋微生物及其农用抗生素的快速发掘	D0609	中国科学院沈阳应用生态研究所	¥63.00	2016-1-1	2019-12-31	
137	41576137	张彦娇	肠道微生物在大豆抗原蛋白影响大菱鲆肠道健康中的作用机制	D0609	中国海洋大学	¥66.00	2016-1-1	2019-12-31	
138	41576138	梁君荣	海洋硅藻休眠期细胞形成与萌发的硅代谢分子调控机制	D0609	厦门大学	¥77.00	2016-1-1	2019-12-31	
139	41576139	李成华	miR-31 靶向调控刺参腐皮综合症发生的分子机制研究	D0609	宁波大学	¥74.00	2016-1-1	2019-12-31	

续表

序号	项目批准号	申请者姓名	项目名称	学科代码	单位名称	批准金额(万元)	起始年月	结题年月	备注
140	41576140	钱培元	抗污损活性物质丁烯酸内酯在靶标和非靶标海洋生物中的分子靶点及对非靶标物种潜在的环境危害评估	D0609	香港科技大学深圳研究院	¥75.00	2016-1-1	2019-12-31	
141	41576141	罗海伟	海洋浮游态玫瑰杆菌基因组的多样性及其生态与进化机制的研究	D0609	香港中文大学深圳研究院	¥68.00	2016-1-1	2019-12-31	
142	41576142	闫阳	石斑鱼 miR-146a 在虹彩病毒感染及宿主免疫反应中的作用机理	D0609	中国科学院南海海洋研究所	¥61.00	2016-1-1	2019-12-31	
143	41576143	田新朋	深海沉积环境 uncultured 放线菌多样性及其可培养研究	D0609	中国科学院南海海洋研究所	¥60.00	2016-1-1	2019-12-31	
144	41576144	胡晗华	三酰甘油酯酶（TGL）在三角褐指藻中的功能及其对油脂积累和生长的调控研究	D0609	中国科学院水生生物研究所	¥78.00	2016-1-1	2019-12-31	
145	41576145	林强	我国近海海马优势种群的遗传分化及其繁殖适应性特征研究	D0609	中国科学院南海海洋研究所	¥78.00	2016-1-1	2019-12-31	
146	41576146	徐颖	一种海洋柄涡虫共附生细菌的多样性及其次级代谢产物的研究	D0609	深圳大学	¥65.00	2016-1-1	2019-12-31	
147	41576147	刘萍	三疣梭子蟹耐盐性状分化的分子机理研究	D0609	中国水产科学研究院黄海水产研究所	¥68.00	2016-1-1	2019-12-31	
148	41576148	林晓凤	半咸水生境中典型原生动物类群的多样性及谱系生物地理学研究	D0609	华南师范大学	¥75.00	2016-1-1	2019-12-31	
149	41576149	杨青	全球变化下北黄海中华哲水蚤种群数量增加的原因及机制	D0609	国家海洋环境监测中心	¥65.00	2016-1-1	2019-12-31	
150	41576150	孙黎	海水养殖鱼类中性粒细胞胞外陷阱：产生特征、抗感染免疫以及作用机制	D0609	中国科学院海洋研究所	¥72.00	2016-1-1	2019-12-31	
151	41576151	曹文红	UV-C 胁迫诱导虾头自降解关键酶自活化的分子机制及其肽释放行为的定向调控	D0609	广东海洋大学	¥63.00	2016-1-1	2019-12-31	
152	41576152	董志军	中国近海四种广布水母系统地理格局及其形成机制	D0609	中国科学院烟台海岸带研究所	¥70.00	2016-1-1	2019-12-31	
153	41576153	慕芳红	中国海砂质潮间带猛水蚤的多样性研究：格局及形成机制	D0609	中国海洋大学	¥69.00	2016-1-1	2019-12-31	
154	41576154	杜永芬	海洋微/小型底栖动物对滨海湿地环境-生态动力过程的响应	D0609	南京大学	¥73.00	2016-1-1	2019-12-31	
155	41576155	闫鸣艳	基于分子自聚集的鱼皮胶原水凝胶的生物学性能研究	D0609	中国科学院烟台海岸带研究所	¥65.00	2016-1-1	2019-12-31	
156	41576156	郭占勇	3,6-二氨基甲壳素/壳聚糖的设计、合成及抑真菌活性研究	D0609	中国科学院烟台海岸带研究所	¥68.00	2016-1-1	2019-12-31	
157	41576157	张文	海洋无脊椎动物及共附生菌中抗肿瘤干细胞活性物质的发现及靶点研究	D0609	中国人民解放军第二军医大学	¥70.00	2016-1-1	2019-12-31	
158	41576158	王高歌	海带致病菌鞭毛蛋白 N 端序列多态性与其诱导的免疫防御反应相关性研究	D0609	中国海洋大学	¥69.00	2016-1-1	2019-12-31	
159	41576159	徐宁	混合营养型甲藻的微捕食行为及机制研究	D0609	暨南大学	¥68.00	2016-1-1	2019-12-31	

续表

序号	项目批准号	申请者姓名	项目名称	学科代码	单位名称	批准金额(万元)	起始年月	结题年月	备注
160	41576160	焦炳华	海洋微生物候选药物WentilactoneA抗非小细胞肺癌直接作用靶点的鉴定及其靶点后效应机制研究	D0609	中国人民解放军第二军医大学	¥65.00	2016-1-1	2019-12-31	
161	41576161	张东	不同生态类型鞭藻虾的性外激素研究	D0609	中国水产科学研究院东海水产研究所	¥63.00	2016-1-1	2019-12-31	
162	41576162	吕颂辉	我国南海有毒底栖甲藻蛎甲藻属(Ostreopsis)系统学和产毒特性研究	D0609	暨南大学	¥73.00	2016-1-1	2019-12-31	
163	41576163	何培民	黄海绿潮暴发早期优势种群演替规律及演替机制研究	D0609	上海海洋大学	¥66.00	2016-1-1	2019-12-31	
164	41576164	张武昌	中国近海不同生态类型砂壳纤毛虫群落扩散和交错的特征和机理研究	D0609	中国科学院海洋研究所	¥68.00	2016-1-1	2019-12-31	
165	41576165	胡晓珂	群体感应信号分子对不动杆菌降解石油烃的调控机制	D0609	中国科学院烟台海岸带研究所	¥68.00	2016-1-1	2019-12-31	
166	41576166	刘静雯	病毒介导的海洋球石藻新型鞘脂类代谢调控机制及其诱导宿主细胞凋亡研究	D0609	集美大学	¥62.00	2016-1-1	2019-12-31	
167	41576167	周进	小头虫亚目分类学性状及中国海物种多样性研究	D0609	中国水产科学研究院东海水产研究所	¥65.00	2016-1-1	2019-12-31	
168	41576168	徐青	南黄海辐射沙脊群海域浅海地形SAR成像理论与遥感探测研究	D0610	河海大学	¥20.00	2016-1-1	2016-12-31	
169	41576169	商少凌	漳江口海气二氧化碳交换通量的无人机遥感研究	D0610	厦门大学	¥72.00	2016-1-1	2019-12-31	
170	41576170	张彦敏	溢油海面微波散射场极化特征和频谱特性理论研究	D0610	中国海洋大学	¥66.00	2016-1-1	2019-12-31	
171	41576171	俞宏	基于变分方法的水色反演研究	D0610	中国人民解放军理工大学	¥61.00	2016-1-1	2019-12-31	
172	41576172	孙德勇	面向东中国海浮游植物粒径等级的遥感探测机理研究	D0610	南京信息工程大学	¥71.00	2016-1-1	2019-12-31	
173	41576173	何宜军	利用角度分集SAR反演海洋流场与风场	D0610	南京信息工程大学	¥69.00	2016-1-1	2019-12-31	
174	41576174	张华国	浅海水下地形多角度太阳耀光遥感研究	D0610	国家海洋局第二海洋研究所	¥69.00	2016-1-1	2019-12-31	
175	41576175	楼琇林	东海原甲藻垂直迁移对水体反射光谱的影响及其遥感应用	D0610	国家海洋局第二海洋研究所	¥71.00	2016-1-1	2019-12-31	
176	41576176	杨俊钢	基于遥感SSH、SST和Argo数据的东印度洋中尺度涡三维结构季节变化特征研究	D0610	国家海洋局第一海洋研究所	¥60.00	2016-1-1	2019-12-31	
177	41576177	邹巨洪	海洋二号卫星散射计海面风场观测误差全链路定量分析方法研究	D0610	国家卫星海洋应用中心	¥65.00	2016-1-1	2019-12-31	
178	41576178	杨小怡	本世纪北极海冰突变的机理及其气候效应	D0611	厦门大学	¥69.00	2016-1-1	2019-12-31	
179	41576179	季顺迎	基于离散元方法的船舶结构与海冰作用机理及破冰性能分析	D0611	大连理工大学	¥68.00	2016-1-1	2019-12-31	
180	41576180	蔡明刚	白令海及西北冰洋典型持久性有机污染物的生物泵输出	D0611	厦门大学	¥70.00	2016-1-1	2019-12-31	
181	41576181	朱仁斌	南极苔原环境厌氧氨氧化过程及其调控机理研究	D0611	中国科学技术大学	¥78.00	2016-1-1	2019-12-31	

续表

序号	项目批准号	申请者姓名	项目名称	学科代码	单位名称	批准金额(万元)	起始年月	结题年月	备注
182	41576182	王叶堂	基于高分辨率区域气候模式的南极冰盖表面物质平衡模拟与不确定性评估研究	D0611	山东师范大学	¥70.00	2016-1-1	2019-12-31	
183	41576183	刘晓东	企鹅的生物传输对东南极湖泊生态环境变化的影响	D0611	中国科学技术大学	¥78.00	2016-1-1	2019-12-31	
184	41576184	曹品鲁	冰层取芯钻探暖冰破碎机理及冰屑运移规律研究	D0611	吉林大学	¥60.00	2016-1-1	2019-12-31	
185	41576185	吴晓庆	南极内陆候选站址的大气光学湍流时空分布测量和模式研究	D0611	中国科学院合肥物质科学研究院	¥70.00	2016-1-1	2019-12-31	
186	41576186	张海生	南大洋典型海域生物泵/浮游植物种群结构变化对海冰的区域响应	D0611	国家海洋局第二海洋研究所	¥75.00	2016-1-1	2019-12-31	
187	41576187	缪锦来	强紫外线辐射生境中南极冰藻光修复酶及其修复DNA紫外辐射损伤分子机制研究	D0611	国家海洋局第一海洋研究所	¥69.00	2016-1-1	2019-12-31	
188	41576188	庞小平	基于卫星测高技术的北极海冰厚度与质量变化研究	D0611	武汉大学	¥65.00	2016-1-1	2019-12-31	
189	41576189	李群	北冰洋太平洋扇区上层海洋热量再分配机制及其对海冰物质平衡过程的影响	D0611	中国极地研究中心	¥62.00	2016-1-1	2019-12-31	
190	41576190	史贵涛	东南极冰盖中山站至昆仑站断面雪层中NO3-的沉积后机制研究：δ15N、δ18O和Δ17O证据	D0611	中国极地研究中心	¥68.00	2016-1-1	2019-12-31	

2. 青年科学基金项目

序号	项目批准号	申请者姓名	项目名称	学科代码	单位名称	批准金额(万元)	起始年月	结题年月	备注
1	41506001	李国敬	朗缪尔环流诱导南海上混合层湍流混合过程及其非线性动力机制	D0601	中国科学院南海海洋研究所	¥22.00	2016-1-1	2018-12-31	
2	41506002	耿伍	吕宋海峡中尺度涡在黑潮影响下的演变研究	D0601	中国科学院南海海洋研究所	¥21.00	2016-1-1	2018-12-31	
3	41506003	何卓琪	热带印太海温年际变异中局地大气与海洋过程的相对重要性	D0601	中国科学院南海海洋研究所	¥22.00	2016-1-1	2018-12-31	
4	41506004	陈洁鹏	1990s末南海夏季降水与海温关系年代际转变的特征及其成因分析	D0601	中国科学院南海海洋研究所	¥20.00	2016-1-1	2018-12-31	
5	41506005	许洁馨	南海西北部陆坡的水平弯曲对内孤立波生成演变的影响	D0601	中国科学院南海海洋研究所	¥20.00	2016-1-1	2018-12-31	
6	41506006	陈美香	风对热带太平洋海平面低频变化影响机制的数值模拟研究	D0601	河海大学	¥21.00	2016-1-1	2018-12-31	
7	41506007	张正光	中尺度涡精细结构的实验研究	D0601	中国海洋大学	¥23.00	2016-1-1	2018-12-31	
8	41506008	翟方国	黑潮入侵南海的年代际变化特征与物理机制	D0601	中国海洋大学	¥21.00	2016-1-1	2018-12-31	
9	41506009	甘波澜	黑潮延伸体区海洋锋面过程与大气风暴轴相互作用研究	D0601	中国海洋大学	¥22.00	2016-1-1	2018-12-31	
10	41506010	许丽晓	海洋中尺度涡对北太平洋副热带西部模态水潜沉的影响机制	D0601	中国海洋大学	¥22.00	2016-1-1	2018-12-31	
11	41506011	黄晓冬	南海北部内孤立波的季节与年际变化特征及影响机制	D0601	中国海洋大学	¥22.00	2016-1-1	2018-12-31	

续表

序号	项目批准号	申请者姓名	项目名称	学科代码	单位名称	批准金额(万元)	起始年月	结题年月	备注
12	41506012	姚志刚	冬季黄海暖舌北侵年际变化及机制的研究	D0601	中国海洋大学	¥22.00	2016-1-1	2018-12-31	
13	41506013	徐昭	热带气旋引起的南海次表层温度异常变化规律与机制研究	D0601	中国海洋大学	¥22.00	2016-1-1	2018-12-31	
14	41506014	沈俊强	冬季逆风流在台湾海峡西部的时空变化	D0601	国家海洋局第三海洋研究所	¥22.00	2016-1-1	2018-12-31	
15	41506015	樊伟	海洋生态动力学模型的伴随同化研究及其在典型河口海域的应用	D0601	浙江大学	¥22.00	2016-1-1	2018-12-31	
16	41506016	贾凡	全球变暖背景下热带大西洋海温异常对热带太平洋的影响	D0601	中国科学院海洋研究所	¥21.00	2016-1-1	2018-12-31	
17	41506017	谢瑞煌	热带太平洋背景态变化对中太平洋型 ElNi？o现象的调制作用	D0601	中国科学院海洋研究所	¥20.00	2016-1-1	2018-12-31	
18	41506018	李敏	琼东陆架陆坡区内潮混合及与上升流的相互作用	D0601	广东海洋大学	¥21.00	2016-1-1	2018-12-31	
19	41506019	张玉红	基于盐度卫星观测研究赤道印度洋海表盐度变率	D0601	中国科学院南海海洋研究所	¥21.00	2016-1-1	2018-12-31	
20	41506020	齐继峰	源区黑潮次表层高盐水的时空变化特征和机制研究	D0601	中国科学院海洋研究所	¥21.00	2016-1-1	2018-12-31	
21	41506021	殷玉齐	中尺度涡旋调制东海黑潮入侵的关键动力学机制研究	D0601	中国科学院海洋研究所	¥21.00	2016-1-1	2018-12-31	
22	41506022	李健	西沙海域海气相互作用下季节内振荡的年际变化特征	D0601	中国科学院南海海洋研究所	¥23.00	2016-1-1	2018-12-31	
23	41506023	管守德	南海内潮对台风下海洋响应过程的调制机理研究	D0601	中国科学院海洋研究所	¥21.00	2016-1-1	2018-12-31	
24	41506024	刘岩松	西北太平洋深层流季节内振荡规律初步研究	D0601	中国科学院海洋研究所	¥21.00	2016-1-1	2018-12-31	
25	41506025	连涛	西风爆发事件及其发生机制的数值模拟分析	D0601	国家海洋局第二海洋研究所	¥20.00	2016-1-1	2018-12-31	
26	41506026	蔺飞龙	南海北部内潮和非线性内波对台风的响应机制研究	D0601	国家海洋局第二海洋研究所	¥21.00	2016-1-1	2018-12-31	
27	41506027	鲍敏	春夏季黄海西南部浒苔活动海域特征动力场的形成机制研究	D0601	国家海洋局第二海洋研究所	¥20.00	2016-1-1	2018-12-31	
28	41506028	刘国强	南海次级中尺度能量向中尺度运动逆向级串的数值模拟研究	D0601	南京信息工程大学	¥22.00	2016-1-1	2018-12-31	
29	41506029	成里京	全球海洋热含量估计中的 Mapping 方法研究	D0601	中国科学院大气物理研究所	¥20.00	2016-1-1	2018-12-31	
30	41506030	曾定勇	浙闽沿岸海域跨陆架输运的特征和动力机制研究	D0601	国家海洋局第二海洋研究所	¥22.00	2016-1-1	2018-12-31	
31	41506031	张宇	海洋混合层湍流输送参数化对重力位能收支影响的数值模拟研究	D0601	国家海洋环境预报中心	¥20.00	2016-1-1	2018-12-31	
32	41506032	冯蓉	印度洋偶极子事件预测的目标观测敏感区及其误差增长动力学研究	D0601	中国科学院大气物理研究所	¥20.00	2016-1-1	2018-12-31	
33	41506033	毕凡	基于 ENVISAT 卫星数据的太平洋涌浪耗散率分类拟合及应用	D0601	中国科学院海洋研究所	¥20.00	2016-1-1	2018-12-31	
34	41506034	鞠霞	冬季渤海盐度分布结构近反相变化的机制研究	D0601	国家海洋局第一海洋研究所	¥21.00	2016-1-1	2018-12-31	
35	41506035	赵昌	福岛核事故泄漏入海 137Cs 在西北太平洋向西南输运的数值研究	D0601	国家海洋局第一海洋研究所	¥22.00	2016-1-1	2018-12-31	
36	41506036	徐腾飞	海洋季节内变化对太平洋-印度洋贯穿流水体输运的影响	D0601	国家海洋局第一海洋研究所	¥22.00	2016-1-1	2018-12-31	
37	41506037	连展	南海北部温跃层季节内变化特征及其成因研究	D0601	国家海洋局第一海洋研究所	¥21.00	2016-1-1	2018-12-31	

续表

序号	项目批准号	申请者姓名	项目名称	学科代码	单位名称	批准金额(万元)	起始年月	结题年月	备注
38	41506038	赵彪	降雨对海洋动量通量的影响及数值模式实现	D0601	国家海洋局第一海洋研究所	¥22.00	2016-1-1	2018-12-31	
39	41506039	张晓爽	地波雷达表层径向流资料的多重网格三维变分同化方法研究	D0601	国家海洋信息中心	¥22.00	2016-1-1	2018-12-31	
40	41506040	祖子清	一类可以导致大西洋经圈翻转环流多年代际变化的海表温盐异常—模式依赖性研究	D0601	国家海洋环境预报中心	¥20.00	2016-1-1	2018-12-31	
41	41506041	姜文正	无海面控制点立体摄影海浪测量技术及其应用研究	D0601	国家海洋局第一海洋研究所	¥22.00	2016-1-1	2018-12-31	
42	41506042	陈新平	南海极端水位季节、年际和长期变化及其影响机制研究	D0601	国家海洋局海洋减灾中心	¥21.00	2016-1-1	2018-12-31	
43	41506043	李锐	海浪对绿潮漂移的影响及其在绿潮漂移预测模型中的应用研究	D0601	国家海洋局青岛海洋预报台	¥14.00	2016-1-1	2018-12-31	
44	41506044	尹丽萍	黄东海海平面对陆架波的响应研究	D0601	国家海洋局第一海洋研究所	¥21.00	2016-1-1	2018-12-31	
45	41506045	苏翔	南海晚第四纪颗石藻钙化作用与海洋酸化研究	D0603	中国科学院南海海洋研究所	¥21.00	2016-1-1	2018-12-31	
46	41506046	曹敬贺	南海北部陆架区中段的地壳结构及拉张减薄机制研究	D0603	中国科学院南海海洋研究所	¥22.00	2016-1-1	2018-12-31	
47	41506047	田丽艳	西南太平洋劳海盆西北部熔岩地球化学特征及其对洋内弧后扩张过程的制约	D0603	三亚深海科学与工程研究所	¥22.00	2016-1-1	2018-12-31	
48	41506048	牛雄伟	西南印度洋中脊热液区地壳结构的纵横波联合反演	D0603	国家海洋局第二海洋研究所	¥22.00	2016-1-1	2018-12-31	
49	41506049	余少华	珠江口外大陆坡钻孔揭示的MIS8期以来陆缘植被演变及海-陆变化周期性特征	D0603	广州海洋地质调查局	¥23.00	2016-1-1	2018-12-31	
50	41506050	张爱梅	加里曼丹卢帕尔蛇绿岩成因及对古南海演变的约束	D0603	国家海洋局第三海洋研究所	¥21.00	2016-1-1	2018-12-31	
51	41506051	郑旭峰	末次盛冰期以来南海东北部底层洋流的演变	D0603	中国科学院南海海洋研究所	¥22.00	2016-1-1	2018-12-31	
52	41506052	高攀	多同位素指标在东北印度洋水文过程研究中的应用	D0603	北京大学	¥21.00	2016-1-1	2018-12-31	
53	41506053	张罗磊	海底大地电磁数据处理和三维反演的关键技术	D0603	同济大学	¥20.00	2016-1-1	2018-12-31	
54	41506054	拜阳	南海东北部内孤立波的地震海洋学研究	D0603	同济大学	¥20.00	2016-1-1	2018-12-31	
55	41506055	白永良	基于卫星重力的南海共轭陆缘岩石圈拉伸模式研究	D0603	中国科学院海洋研究所	¥21.00	2016-1-1	2018-12-31	
56	41506056	郭艳微	长江沉积物中元素-Sr同位素地球化学行为的模拟实验研究及环境意义	D0603	同济大学	¥19.00	2016-1-1	2018-12-31	
57	41506057	吴琼	浮游有孔虫钕同位素富集的控制因素及在重建洋流演化中的应用	D0603	同济大学	¥21.00	2016-1-1	2018-12-31	
58	41506058	苏妮	铀系同位素探究末次冰盛期以来东亚大陆边缘的风化沉积记录	D0603	同济大学	¥20.00	2016-1-1	2018-12-31	
59	41506059	范建柯	雅浦俯冲带地壳上地幔速度结构特征及其构造意义	D0603	中国科学院海洋研究所	¥21.00	2016-1-1	2018-12-31	
60	41506060	卢健	近百年来长江入海沉积物在南黄海中部的沉积记录及其输运机制研究	D0603	中国科学院海洋研究所	¥21.00	2016-1-1	2018-12-31	
61	41506061	杨红强	珊瑚微环礁记录的西沙群岛近百年来海平面的年际变化	D0603	中国科学院南海海洋研究所	¥22.00	2016-1-1	2018-12-31	

续表

序号	项目批准号	申请者姓名	项目名称	学科代码	单位名称	批准金额(万元)	起始年月	结题年月	备注
62	41506062	杨士雄	根据现代孢粉传播机制探讨辽东湾北部海域全新世物质来源及陆缘植被变化	D0603	青岛海洋地质研究所	¥21.00	2016-1-1	2018-12-31	
63	41506063	王晓芳	南海北部陆缘裂后异常沉降与下地壳流的关系的动力学数值模拟研究	D0603	中国科学院南海海洋研究所	¥22.00	2016-1-1	2018-12-31	
64	41506064	许冬	北部湾泥质沉积的形成：中小河流与侵蚀源区沉积细组分的贡献	D0603	国家海洋局第二海洋研究所	¥20.00	2016-1-1	2018-12-31	
65	41506065	周洋	南海东沙海域浅表层异常沉积层的生物地层年代厘定和形成机制探讨	D0603	广州海洋地质调查局	¥21.00	2016-1-1	2018-12-31	
66	41506066	吴斌	基于南黄海中部泥质区 Pb 稳定同位素的我国北方能源结构变迁示踪研究	D0603	国家海洋局第一海洋研究所	¥22.00	2016-1-1	2018-12-31	
67	41506067	邓佳	Dansgaard-Oeschger 事件的多重分形结构研究	D0603	国家海洋局第一海洋研究所	¥20.00	2016-1-1	2018-12-31	
68	41506068	张艳	麦哲伦海山玄武岩岩石成因：来自微量元素和 Sr-Nd-Pb-Hf 同位素的制约	D0603	国家海洋局第一海洋研究所	¥22.00	2016-1-1	2018-12-31	
69	41506069	刘晓瑜	基于形态学特征和声学探测技术的北黄海海底麻坑群成因研究	D0603	国家海洋局第一海洋研究所	¥21.00	2016-1-1	2018-12-31	
70	41506070	唐立梅	西太平洋海山省 Magellan 海山链 MA1-MA10 海山的形成年代与成因研究	D0603	国家海洋局第二海洋研究所	¥20.00	2016-1-1	2018-12-31	
71	41506071	徐元芹	南海北部陆坡峡谷区海底滑坡体的识别与年代界定研究	D0603	国家海洋局第一海洋研究所	¥21.00	2016-1-1	2018-12-31	
72	41506072	王磊	冲绳海槽西陆坡海底失稳机理研究	D0603	青岛海洋地质研究所	¥23.00	2016-1-1	2018-12-31	
73	41506073	朱志敏	俯冲沉积物在弧后盆地中循环的微量元素示踪：以琉球俯冲带为例	D0603	国家海洋局第二海洋研究所	¥21.00	2016-1-1	2018-12-31	
74	41506074	黄威	铂族元素和锇同位素在西南印度洋脊龙旂热液区硫化物烟囱体中的组成及物源示踪	D0603	青岛海洋地质研究所	¥22.00	2016-1-1	2018-12-31	
75	41506075	段宗奇	南海 IODP1433A 钻孔沉积物剩磁记录机制及磁性矿物对古气候变化的响应研究	D0603	中国科学院地质与地球物理研究所	¥20.00	2016-1-1	2018-12-31	
76	41506076	李兵	慢速洋中脊热液成矿过程对围岩渗透性差异的响应：来自 Fe 和 S 同位素的制约	D0603	国家海洋局第一海洋研究所	¥21.00	2016-1-1	2018-12-31	
77	41506077	郑杰文	应力环境对海底沉积物地声属性影响研究	D0603	国家海洋局第一海洋研究所	¥22.00	2016-1-1	2018-12-31	
78	41506078	丘磊	西南印度洋脊“龙旂”热液区微地震活动研究	D0603	国家海洋局第二海洋研究所	¥21.00	2016-1-1	2018-12-31	
79	41506079	关义立	南大西洋洋中脊（18-26°S）地幔不均一性的研究	D0603	国家海洋局第一海洋研究所	¥22.00	2016-1-1	2018-12-31	
80	41506080	杨传胜	东海陆架盆地瓯江凹陷晚白垩世-渐新世构造变形特征及动力学机制	D0603	青岛海洋地质研究所	¥21.00	2016-1-1	2018-12-31	
81	41506081	密蓓蓓	末次冰期以来印度季风降雨在安达曼海中的沉积记录	D0603	青岛海洋地质研究所	¥23.00	2016-1-1	2018-12-31	

续表

序号	项目批准号	申请者姓名	项目名称	学科代码	单位名称	批准金额(万元)	起始年月	结题年月	备注
82	41506082	李承峰	微观孔隙结构对含水合物沉积物渗透率影响规律研究	D0603	青岛海洋地质研究所	¥20.00	2016-1-1	2018-12-31	
83	41506083	耿威	台湾利吉混杂岩基性-超基性岩块来源与弧陆碰撞过程	D0603	青岛海洋地质研究所	¥21.00	2016-1-1	2018-12-31	
84	41506084	王小杰	南黄海多道地震处理中深层 Q 值补偿实验	D0603	青岛海洋地质研究所	¥20.00	2016-1-1	2018-12-31	
85	41506085	骆迪	冲绳海槽北部火山岩三维位场统计学联合反演及多属性聚类成像	D0603	青岛海洋地质研究所	¥21.00	2016-1-1	2018-12-31	
86	41506086	毕蓉	全球变化条件下典型海洋浮游植物生物标志物与生物量定量关系的研究	D0604	中国海洋大学	¥22.00	2016-1-1	2018-12-31	
87	41506087	张海龙	利用分子生物标志物-14C 技术重建全新世黄海沉积有机质组成变化	D0604	中国海洋大学	¥21.00	2016-1-1	2018-12-31	
88	41506088	何真	海洋微藻生产释放挥发性卤代烃的研究	D0604	中国海洋大学	¥21.00	2016-1-1	2018-12-31	
89	41506089	陶舒琴	台湾海峡陆源沉积碳汇的有机分子记录及其对极端气候事件的响应	D0604	国家海洋局第三海洋研究所	¥21.00	2016-1-1	2018-12-31	
90	41506090	江宗培	基于志愿船的跨太平洋断面表层水体碳酸盐体系的时空变化及其调控机制研究	D0604	浙江大学	¥22.00	2016-1-1	2018-12-31	
91	41506091	沈利燕	固定化神经酰胺-薄膜凝胶协同抗污的广谱性与耐久性研究	D0604	温州医科大学	¥21.00	2016-1-1	2018-12-31	
92	41506092	连子如	基于理论计算的膝沟藻毒素分子印迹固相萃取机理研究	D0604	山东大学	¥20.00	2016-1-1	2018-12-31	
93	41506093	补钰煜	Cr3+/氧空位共修饰 SrTiO3 光阳极的调控制备及其对金属光电化学阴极保护性能协同影响机制研究	D0604	中国科学院海洋研究所	¥21.00	2016-1-1	2018-12-31	
94	41506094	戚鹏	应用花菁类近红外荧光探针实现海洋环境中硫酸盐还原菌的荧光成像及快速检测	D0604	中国科学院海洋研究所	¥20.00	2016-1-1	2018-12-31	
95	41506095	施震	珠江口最大浑浊带中高浮游细菌丰度的机制研究	D0604	中国科学院南海海洋研究所	¥21.00	2016-1-1	2018-12-31	
96	41506096	王佩	三株海南红树林来源微生物抗香蕉枯萎病菌的化学成分研究	D0604	中国热带农业科学院热带生物技术研究所	¥21.00	2016-1-1	2018-12-31	
97	41506097	杜梦然	莺歌海甲烷渗漏的生态环境效应	D0604	三亚深海科学与工程研究所	¥22.00	2016-1-1	2018-12-31	
98	41506098	刘栓	石墨烯环氧涂层制备及海水环境耐磨耐蚀机理研究	D0604	中国科学院宁波材料技术与工程研究所	¥21.00	2016-1-1	2018-12-31	
99	41506099	薛亮	上升流区生物活动对上层水体碳酸钙饱和度的影响：以印尼爪哇南部海域为例	D0604	国家海洋局第一海洋研究所	¥20.00	2016-1-1	2018-12-31	
100	41506100	季小梅	复杂地形河口盐通量的驱动过程及其对径潮动力的响应	D0605	河海大学	¥21.00	2016-1-1	2018-12-31	
101	41506101	袁野平	分层水体通过复杂地形河道时的特性和机理：一种实验室模拟与实地水道观测有机结合的研究方法探索	D0605	浙江大学	¥21.00	2016-1-1	2018-12-31	
102	41506102	张恒	台风对珠江口氮、磷营养盐收支影响的模拟研究	D0605	中山大学	¥22.00	2016-1-1	2018-12-31	
103	41506103	杨忠勇	潮致余流及潮汐应变驱动的余流在河口水沙输运中的贡献机制	D0605	三峡大学	¥20.00	2016-1-1	2018-12-31	

续表

序号	项目批准号	申请者姓名	项目名称	学科代码	单位名称	批准金额(万元)	起始年月	结题年月	备注
104	41506104	罗向欣	珠江虎门潮优型河口重金属迁移转化的动力机制	D0605	中山大学	¥22.00	2016-1-1	2018-12-31	
105	41506105	郭磊城	河口区径流潮汐相互作用及其机制研究	D0605	华东师范大学	¥22.00	2016-1-1	2018-12-31	
106	41506106	卢霞	海滨湿地盐沼植被盐分胁迫高光谱遥感响应机理研究	D0605	淮海工学院	¥20.00	2016-1-1	2018-12-31	
107	41506107	陈小英	洪水驱动下小河流河口泥沙输运和源汇过程-以胶州湾大沽河口为例	D0605	青岛海洋地质研究所	¥21.00	2016-1-1	2018-12-31	
108	41506108	万远扬	水流紊动对长江口细颗粒泥沙沉降速度影响机理性试验研究	D0605	上海河口海岸科学研究中心	¥22.00	2016-1-1	2018-12-31	
109	41506109	王安良	基于离散元方法的海冰精细化数值模型研究	D0606	国家海洋环境预报中心	¥21.00	2016-1-1	2018-12-31	
110	41506110	高杨	基于离子印迹固相萃取分离和富集海水痕量金属元素自动快速监测新方法研究	D0607	山东省科学院	¥21.00	2016-1-1	2018-12-31	
111	41506111	张凯	复杂底质环境下的多波束海底底质分类方法研究	D0607	山东科技大学	¥20.00	2016-1-1	2018-12-31	
112	41506112	胡媛	基于 GNSS-R 的海面移动目标遥感探测关键问题研究	D0607	上海海洋大学	¥21.00	2016-1-1	2018-12-31	
113	41506113	卢渊	扇贝贝壳成分的 LIBS-Raman 联合显微探测及分析研究	D0607	中国海洋大学	¥22.00	2016-1-1	2018-12-31	
114	41506114	张玲	基于弧段检测的高频地波雷达特定目标航迹跟踪方法研究	D0607	中国海洋大学	¥22.00	2016-1-1	2018-12-31	
115	41506115	徐超	基于异向波束声散射与海底图像特征的底质分类技术研究	D0607	哈尔滨工程大学	¥22.00	2016-1-1	2018-12-31	
116	41506116	陈刚	海流环境中水下步行机器人稳定性分析及基于稳定性的位姿规划与控制机理研究	D0607	浙江大学	¥21.00	2016-1-1	2018-12-31	
117	41506117	孙娟	滨海环境石油-悬浮颗粒物凝聚及其清除溢油机制研究	D0607	中国石油大学(华东)	¥21.00	2016-1-1	2018-12-31	
118	41506118	郭瑞	低频主动声纳双曲线调频串信号-接收处理联合设计研究	D0607	中国人民解放军海军工程大学	¥21.00	2016-1-1	2018-12-31	
119	41506119	梅赛	基于多波束声学遥感探测海底甲烷羽状流基本特征研究	D0607	青岛海洋地质研究所	¥20.00	2016-1-1	2018-12-31	
120	41506120	柯灏	潮汐性质弱相似性下临时潮位站的深度基准面确定方法研究	D0607	武汉大学	¥21.00	2016-1-1	2018-12-31	
121	41506121	宋三明	基于随机场的声纳图像分割与目标识别	D0607	中国科学院沈阳自动化研究所	¥15.00	2016-1-1	2018-12-31	
122	41506122	张孝薇	基于感应耦合原理的多介质高速长距离水下数据传输技术研究	D0607	国家海洋技术中心	¥21.00	2016-1-1	2018-12-31	
123	41506123	郑新庆	潟湖食物网结构和功能变化对富营养化的季节性响应研究—以厦门市筼筜湖为例	D0608	国家海洋局第三海洋研究所	¥21.00	2016-1-1	2018-12-31	
124	41506124	李圆圆	东海多溴联苯醚的大气沉降、海-气交换及其季节性源-汇作用	D0608	复旦大学	¥23.00	2016-1-1	2018-12-31	
125	41506125	吴海燕	基于底栖生物指数的近岸海域生态环境质量评价方法研究	D0608	国家海洋局第三海洋研究所	¥22.00	2016-1-1	2018-12-31	
126	41506126	陈庆国	可异养微藻对海洋溢油的降解机理及其动力学特性研究	D0608	浙江海洋学院	¥21.00	2016-1-1	2018-12-31	
127	41506127	姜兆玉	东印度洋微微型浮游植物的分子生态学研究	D0608	中国科学院南海海洋研究所	¥21.00	2016-1-1	2018-12-31	
128	41506128	王艳	光照下近海表层海水中溶解气态汞产生的主要制约因素研究	D0608	中国海洋大学	¥21.00	2016-1-1	2018-12-31	
129	41506129	姜玥璐	基于 X 射线荧光成像技术研究海洋微藻对重金属吸收的机理	D0608	清华大学	¥22.00	2016-1-1	2018-12-31	

续表

序号	项目批准号	申请者姓名	项目名称	学科代码	单位名称	批准金额(万元)	起始年月	结题年月	备注
130	41506130	王久娟	南海西部亚中尺度过程对浮游植物时空分布的影响	D0608	清华大学	¥8.00	2016-1-1	2016-12-31	
131	41506131	黄有松	西北太平洋典型海域浮游桡足类昼夜垂直移动及其现场食物多样性研究	D0608	中国海洋大学	¥22.00	2016-1-1	2018-12-31	
132	41506132	骆苑蓉	耐盐生态浮床植物根际微生物多样性、生态功能及与植物互作机制研究	D0608	厦门大学	¥22.00	2016-1-1	2018-12-31	
133	41506133	邸雅楠	纳米C60与典型环境污染物对海洋贻贝的复合毒性效应与机制研究	D0608	浙江大学	¥20.00	2016-1-1	2018-12-31	
134	41506134	张辉	扇贝应对海洋镉污染生理适应的分子机制研究	D0608	中国水产科学研究院黄海水产研究所	¥20.00	2016-1-1	2018-12-31	
135	41506135	袁涌铨	棉兰老涡影响海域DCM层营养盐补充途径及关键控制过程	D0608	中国科学院海洋研究所	¥20.00	2016-1-1	2018-12-31	
136	41506136	康建华	北太平洋西部浮游植物光合溶解有机碳生产及其环境调控机制	D0608	国家海洋局第三海洋研究所	¥21.00	2016-1-1	2018-12-31	
137	41506137	徐轶肖	海洋底栖甲藻在人工基质上附着规律研究	D0608	广西师范学院	¥21.00	2016-1-1	2018-12-31	
138	41506138	吉成龙	四溴双酚A对紫贻贝毒理效应的组学研究	D0608	中国科学院烟台海岸带研究所	¥21.00	2016-1-1	2018-12-31	
139	41506139	柏仕杰	病毒对琼东上升流细菌群落结构演替的调控机理	D0608	三亚深海科学与工程研究所	¥22.00	2016-1-1	2018-12-31	
140	41506140	向芸芸	土地资源约束下海岛生态系统的适应性管理研究	D0608	国家海洋局第二海洋研究所	¥16.00	2016-1-1	2018-12-31	
141	41506141	刘云	红色赤潮藻孢囊形成的氮营养分子生理机制研究	D0608	中国科学院海洋研究所	¥21.00	2016-1-1	2018-12-31	
142	41506142	程芳晋	长江口及其邻近海域沉积硅藻记录与定量富营养化历史重建	D0608	中国科学院海洋研究所	¥19.00	2016-1-1	2018-12-31	
143	41506143	胡章喜	调控有毒甲藻多环旋沟藻孢囊形成和萌发的机理研究	D0608	中国科学院海洋研究所	¥21.00	2016-1-1	2018-12-31	
144	41506144	王彦涛	胶州湾夜光虫—海月水母相互作用及对其他浮游动物类群的影响	D0608	中国科学院海洋研究所	¥20.00	2016-1-1	2018-12-31	
145	41506145	由丽萍	三种金属纳米材料对紫贻贝的毒性探究	D0608	山东省海洋资源与环境研究院	¥21.00	2016-1-1	2018-12-31	
146	41506146	赖俊翔	北部湾球形棕囊藻透明胞外聚合颗粒物释放对环境压力的响应及其效应	D0608	广西科学院	¥21.00	2016-1-1	2018-12-31	
147	41506147	张维佳	深渊严格嗜压菌 Moritellayayanosii DB21MT-5 鞭毛系统适应高压环境的机制研究	D0609	三亚深海科学与工程研究所	¥21.00	2016-1-1	2018-12-31	
148	41506148	鲍洁	基于共培养的两株柳珊瑚共附生真菌活性次级代谢产物的研究	D0609	济南大学	¥21.00	2016-1-1	2018-12-31	
149	41506149	唐伟卓	靶向乳腺癌干细胞的南澳海绵抗肿瘤先导化合物的发现及其作用机制	D0609	上海交通大学	¥22.00	2016-1-1	2018-12-31	
150	41506150	周林滨	海洋中束毛藻丰度和固氮与铝关联的可能机制研究—铝影响束毛藻对磷的利用	D0609	中国科学院南海海洋研究所	¥21.00	2016-1-1	2018-12-31	
151	41506151	王学昉	金枪鱼围网渔业中漂流人工集鱼装置对鲣栖息地选择影响的评估	D0609	上海海洋大学	¥22.00	2016-1-1	2018-12-31	
152	41506152	王丽萍	深海热液区氨氧化微生物原位富集与功能分析	D0609	国家海洋局第三海洋研究所	¥21.00	2016-1-1	2018-12-31	
153	41506153	尹洁慧	胶州湾海域拟长腹剑水蚤周年世代周期与繁殖策略研究	D0609	烟台大学	¥20.00	2016-1-1	2018-12-31	

续表

序号	项目批准号	申请者姓名	项目名称	学科代码	单位名称	批准金额(万元)	起始年月	结题年月	备注
154	41506154	刘吉文	渤黄海沉积物中古菌的生物地理学分布模式、维持机制及其生物地球化学作用	D0609	中国海洋大学	¥21.00	2016-1-1	2018-12-31	
155	41506155	冀世奇	海洋嗜热新菌多结构域褐藻胶裂解酶的结构域功能和催化机理研究	D0609	中国科学院青岛生物能源与过程研究所	¥23.00	2016-1-1	2018-12-31	
156	41506156	张军	侧扁软柳珊瑚三株共生菌中抗海洋污损活性代谢产物	D0609	暨南大学	¥20.00	2016-1-1	2018-12-31	
157	41506157	李文利	海洋链霉菌中P450酶参与催化吲哚咔唑化合物形成的新颖分子机制	D0609	中国海洋大学	¥23.00	2016-1-1	2018-12-31	
158	41506158	宋娜	幼体扩散对海洋鱼类谱系地理格局的影响—以棱梭为例	D0609	中国海洋大学	¥22.00	2016-1-1	2018-12-31	
159	41506159	付元帅	甲状腺激素调控牙鲆变态发育中关键microRNAs的筛选及功能鉴定	D0609	上海海洋大学	¥22.00	2016-1-1	2018-12-31	
160	41506160	王岩	深海新菌深渊藤黄单胞菌新型α-淀粉酶的温度适应性机制研究	D0609	中国海洋大学	¥22.00	2016-1-1	2018-12-31	
161	41506161	连喜平	南海北部中华哲水蚤动物地理学研究及其对环境的响应	D0609	中国科学院南海海洋研究所	¥21.00	2016-1-1	2018-12-31	
162	41506162	牛明香	黄海鳀种群分布的时空演变及其驱动因素	D0609	中国水产科学研究院黄海水产研究所	¥21.00	2016-1-1	2018-12-31	
163	41506163	李猛	红树林湿地生态系统中MCG古菌多样性和丰度的时空变化规律及其环境效应研究	D0609	深圳大学	¥22.00	2016-1-1	2018-12-31	
164	41506164	赵丽媛	鲸类黑皮质素4受体（MC4R）基因的克隆、功能分析及与其体型大小的相关性研究	D0609	国家海洋局第三海洋研究所	¥21.00	2016-1-1	2018-12-31	
165	41506165	金维华	褐藻硫酸化甘露葡萄糖醛酸寡糖的构效关系与抗帕金森病机制研究	D0609	中国科学院海洋研究所	¥21.00	2016-1-1	2018-12-31	
166	41506166	任宪云	三疣梭子蟹P-gp转运蛋白在氟苯尼考代谢中功能的研究	D0609	中国水产科学研究院黄海水产研究所	¥20.00	2016-1-1	2018-12-31	
167	41506167	赵峰	纤毛虫高rDNA拷贝数对其分子多样性评价的影响研究	D0609	中国科学院海洋研究所	¥21.00	2016-1-1	2018-12-31	
168	41506168	卞晓东	莱州湾重要渔业生物种群早期补充动态及其外在驱动	D0609	中国水产科学研究院黄海水产研究所	¥20.00	2016-1-1	2018-12-31	
169	41506169	王帅玉	海藻溴系FGFR与VEGFR双重抑制剂克服Bevacizumab耐药肿瘤的作用与分子机制研究	D0609	中国科学院海洋研究所	¥21.00	2016-1-1	2018-12-31	
170	41506170	肖永双	亚洲-西太平洋岩礁生境典型条石鲷种群时空演化研究	D0609	中国科学院海洋研究所	¥21.00	2016-1-1	2018-12-31	
171	41506171	甘志彬	中国海玻璃虾总科（十足目，真虾下目）生物多样性和动物地理学研究	D0609	中国科学院海洋研究所	¥20.00	2016-1-1	2018-12-31	
172	41506172	解修俊	条斑紫菜β-胡萝卜素羟化酶基因表达与光保护间的协同关系	D0609	中国科学院海洋研究所	¥20.00	2016-1-1	2018-12-31	
173	41506173	杨梅	黄东海大型底栖生物代表性优势种的群体遗传学研究	D0609	中国科学院海洋研究所	¥20.00	2016-1-1	2018-12-31	
174	41506174	陈一然	松球型多细胞趋磁原核生物的特征及多样性	D0609	中国科学院海洋研究所	¥21.00	2016-1-1	2018-12-31	
175	41506175	王雪芹	鲐鱼肽对运动性疲劳致氧化应激和炎症反应的保护作用机制	D0609	中国科学院海洋研究所	¥21.00	2016-1-1	2018-12-31	

续表

序号	项目批准号	申请者姓名	项目名称	学科代码	单位名称	批准金额(万元)	起始年月	结题年月	备注
176	41506176	魏世娜	石斑鱼半胱氨酸蛋白酶抑制剂B(CystatinB)在虹彩病毒SGIV感染中的作用及机制研究	D0609	中国科学院南海海洋研究所	¥21.00	2016-1-1	2018-12-31	
177	41506177	赵冲	UV-B辐射引发海胆躲避行为的主效神经递质和神经肽研究	D0609	大连海洋大学	¥21.00	2016-1-1	2018-12-31	
178	41506178	王蓓蕾	水母毒素细胞毒性组分的纯化鉴定及其形成穿膜孔道的特征与整体生物学效应	D0609	中国人民解放军第二军医大学	¥22.00	2016-1-1	2018-12-31	
179	41506179	陈明霞	中国近海典型海域BALOs的生态学研究	D0609	华侨大学	¥21.00	2016-1-1	2018-12-31	
180	41506180	欧丹云	共生微生物对橙黄滨珊瑚色素异常发生过程的影响	D0609	国家海洋局第三海洋研究所	¥22.00	2016-1-1	2018-12-31	
181	41506181	林施泉	西太平洋海山小型底栖生物群落结构及自由生活海洋线虫多样性研究	D0609	国家海洋局第二海洋研究所	¥20.00	2016-1-1	2018-12-31	
182	41506182	王静	厌氧氨氧化(ANAMMOX)细菌对东印度洋孟加拉湾氮释放贡献的分子生态学研究	D0609	天津科技大学	¥21.00	2016-1-1	2018-12-31	
183	41506183	霍颖异	深海抗锌细菌HalomonaszinciduransB6锌胁迫下抗性机制研究	D0609	国家海洋局第二海洋研究所	¥20.00	2016-1-1	2018-12-31	
184	41506184	陆化杰	基于耳石信息的鸢乌贼不同地理种群比较研究	D0609	上海海洋大学	¥21.00	2016-1-1	2018-12-31	
185	41506185	傅明珠	黄海冷水团次表层叶绿素最大值层的形成机制及其对初级生产力贡献研究	D0609	国家海洋局第一海洋研究所	¥21.00	2016-1-1	2018-12-31	
186	41506186	高保全	三疣梭子蟹耐低盐性状相关基因的筛选及SNP关联分析	D0609	中国水产科学研究院黄海水产研究所	¥21.00	2016-1-1	2018-12-31	
187	41506187	梁林富	圆盘肉芝软珊瑚中新颖二萜次级代谢产物的结构表征及其PTP1B抑制活性的研究	D0609	中南林业科技大学	¥22.00	2016-1-1	2018-12-31	
188	41506188	顾文辉	强光胁迫下碳代谢与类胡萝卜素合成之间的协同关系研究	D0609	中国科学院海洋研究所	¥20.00	2016-1-1	2018-12-31	
189	41506189	袁剑波	通过比较转录组学和适应性进化分析探索对虾的盐度适应性机制	D0609	中国科学院海洋研究所	¥21.00	2016-1-1	2018-12-31	
190	41506190	刘小莉	中国蛤蜊神经系统谷氨酸递质及受体通路对无机汞暴露的响应研究	D0609	鲁东大学	¥22.00	2016-1-1	2018-12-31	
191	41506191	孙萍	甲藻中新角藻属Neoceratium主要变种、变型分类地位的确定与修订	D0609	国家海洋局第一海洋研究所	¥21.00	2016-1-1	2018-12-31	
192	41506192	夏苏东	刺参对蛋白质营养干预的应答机制	D0609	天津市水产研究所	¥21.00	2016-1-1	2018-12-31	
193	41506193	吴美琴	基于弹涂鱼多型卵黄蛋白原评价环境雌激素活性的研究	D0609	上海海洋大学	¥21.00	2016-1-1	2018-12-31	
194	41506194	沈盎绿	赤潮藻类细胞磷库变化特征及其对赤潮生消的指示作用研究	D0609	中国水产科学研究院东海水产研究所	¥20.00	2016-1-1	2018-12-31	
195	41506195	张凤英	拟穴青蟹甲基法尼酯代谢调控机制研究	D0609	中国水产科学研究院东海水产研究所	¥22.00	2016-1-1	2018-12-31	

续表

序号	项目批准号	申请者姓名	项目名称	学科代码	单位名称	批准金额(万元)	起始年月	结题年月	备注
196	41506196	叶海彬	珠江口海洋初级生产力的遥感研究	D0610	中国科学院南海海洋研究所	¥21.00	2016-1-1	2018-12-31	
197	41506197	姜玲玲	赤潮水体中有机与无机颗粒物后向散射相互作用机制及遥感反演	D0610	大连海事大学	¥22.00	2016-1-1	2018-12-31	
198	41506198	王常颖	基于复杂网络的国产高分卫星影像海岸线自动提取方法研究	D0610	青岛大学	¥23.00	2016-1-1	2018-12-31	
199	41506199	陈忠彪	导航X波段雷达非均匀浪流场反演及自主定标理论基础研究	D0610	南京信息工程大学	¥21.00	2016-1-1	2018-12-31	
200	41506200	王胜强	东海浮游植物粒级结构时空变化的遥感分析研究	D0610	南京信息工程大学	¥22.00	2016-1-1	2018-12-31	
201	41506201	赵晨	小型圆形阵变/多频高频雷达风浪反演理论与方法研究	D0610	武汉大学	¥20.00	2016-1-1	2018-12-31	
202	41506202	赵文静	西沙群岛岛质效应的时空特征分析及动力机制研究	D0610	环境保护部华南环境科学研究所	¥21.00	2016-1-1	2018-12-31	
203	41506203	肖艳芳	基于围隔实验的漂浮绿潮生物量遥感估算方法	D0610	国家海洋局第一海洋研究所	¥21.00	2016-1-1	2018-12-31	
204	41506204	刘荣杰	微微型褐潮无人机高光谱检测方法研究	D0610	国家海洋局第一海洋研究所	¥20.00	2016-1-1	2018-12-31	
205	41506205	王贺	基于动态匹配EIV模型的星载波模式SAR涌浪方向谱误差分析方法研究	D0610	国家海洋技术中心	¥21.00	2016-1-1	2018-12-31	
206	41506206	叶小敏	样本特性对海洋遥感产品真实性检验的定量化影响研究	D0610	国家卫星海洋应用中心	¥22.00	2016-1-1	2018-12-31	
207	41506207	徐莹	宽刈幅高度计海面高度反演算法研究	D0610	国家卫星海洋应用中心	¥22.00	2016-1-1	2018-12-31	
208	41506208	谭文霞	加拿大北极群岛区域多年冰密集度反演和夏季消融过程研究	D0611	华中师范大学	¥23.00	2016-1-1	2018-12-31	
209	41506209	许苏清	南大洋海冰区夏季海-气CO2通量及储碳能力年际变化研究	D0611	国家海洋局第三海洋研究所	¥22.00	2016-1-1	2018-12-31	
210	41506210	马跃	格陵兰以北海域卫星激光测高的回波模型与地物分类	D0611	山东科技大学	¥20.00	2016-1-1	2018-12-31	
211	41506211	常亮	北冰洋大气水汽对北极海冰及气候变化的影响机制研究	D0611	上海海洋大学	¥22.00	2016-1-1	2018-12-31	
212	41506212	赵励耘	冰流-海洋环流完全耦合模式与着地冰-冰架-海洋联合作用机制的研究	D0611	北京师范大学	¥21.00	2016-1-1	2018-12-31	
213	41506213	杨树瑚	基于冰雷达数据的东南极DomeA区域冰下水文环境的研究	D0611	上海海洋大学	¥20.00	2016-1-1	2018-12-31	
214	41506214	肖晓彤	运用海冰生物标志物(IP25)重建第四纪末期冰岛北部陆架区的海冰变化	D0611	中国海洋大学	¥21.00	2016-1-1	2018-12-31	
215	41506215	马玉欣	北极楚科奇海陆架区浮游-底栖生物中多环芳烃的传递过程研究	D0611	上海海洋大学	¥20.00	2016-1-1	2018-12-31	
216	41506216	杨阳	热水钻快速取芯孔内流场研究	D0611	吉林大学	¥20.00	2016-1-1	2018-12-31	
217	41506217	王雨	西北冰洋浮游植物群落的时空动态及对环境变化的响应	D0611	国家海洋局第三海洋研究所	¥22.00	2016-1-1	2018-12-31	
218	41506218	邢孟欣	南极表层海水低温微生物筛选及其低温适应机制探讨	D0611	中国水产科学研究院黄海水产研究所	¥18.00	2016-1-1	2017-12-31	
219	41506219	程灵巧	南大洋印度洋扇区南极底层水的形成过程及生成量估算研究	D0611	上海海洋大学	¥22.00	2016-1-1	2018-12-31	

续表

序号	项目批准号	申请者姓名	项目名称	学科代码	单位名称	批准金额(万元)	起始年月	结题年月	备注
220	41506220	刘文超	基于地球椭球模型的极区航海逆向导航理论研究	D0611	中国人民解放军海军工程大学	¥22.00	2016-1-1	2018-12-31	
221	41506221	杨宇	基于冰物质平衡浮标观测数据的北极雪冰热力学过程分析研究	D0611	沈阳工程学院	¥20.00	2016-1-1	2018-12-31	
222	41506222	庄燕培	北冰洋中心区融冰季节“生物泵”组成结构的时间序列演变研究	D0611	国家海洋局第二海洋研究所	¥19.00	2016-1-1	2018-12-31	
223	41506223	张海峰	南极普里兹湾放射虫对近现代海洋环境变化的生态响应	D0611	国家海洋局第二海洋研究所	¥20.00	2016-1-1	2018-12-31	
224	41506224	梁曦	北极增暖背景下垂向混合增强对北极海冰生消过程影响的数值模拟研究	D0611	国家海洋环境预报中心	¥19.00	2016-1-1	2018-12-31	
225	41506225	吴曼	极区海冰冻融过程中 N_2O 行为研究	D0611	国家海洋局第三海洋研究所	¥22.00	2016-1-1	2018-12-31	

3. 地区基金项目

序号	项目批准号	申请者姓名	项目名称	学科代码	单位名称	批准金额(万元)	起始年月	结题年月	备注
1	41566001	高劲松	北部湾流调控下广西近海环流的结构特征及其对强迫场响应的观测与数值模拟研究	D0601	广西科学院	¥43.00	2016-1-1	2019-12-31	
2	41566002	李洪武	玻璃化法与海藻酸微囊法对珊瑚胚胎冷冻保存效果的对比研究	D0609	海南大学	¥42.00	2016-1-1	2019-12-31	
3	41566003	吴志强	广西涠洲岛珊瑚礁鱼类物种多样性及重要指示物种的生物学研究	D0609	广西大学	¥43.00	2016-1-1	2019-12-31	
4	41566004	高程海	花柳珊瑚中 Avermectins 类化合物的放线菌来源及其在基因和蛋白水平防御海洋污损生物附着机制研究	D0609	广西科学院	¥44.00	2016-1-1	2019-12-31	

4. 重点项目

序号	项目批准号	申请者姓名	项目名称	学科代码	单位名称	批准金额(万元)	起始年月	结题年月	备注
1	41530960	周朦	长江口冲淡水的对流、扩散和 物质转换综合过程	D0601	上海交通大学	¥300.00	2016-1-1	2020-12-31	
2	41530961	唐佑民	近 135 年印度洋偶极子集合预报试验及可预报性研究	D0601	国家海洋局第二海洋研究所	¥290.00	2016-1-1	2020-12-31	
3	41530962	高抒	海岸风暴频率-强度关系的沉积记录分析	D0603	南京大学	¥290.00	2016-1-1	2020-12-31	
4	41530963	姜效典	南海西北部盆地构造沉积特征对青藏高原隆升的响应	D0603	中国海洋大学	¥290.00	2016-1-1	2020-12-31	
5	41530964	刘志飞	南海中央海盆中新世以来深水沉积作用及其区域构造与环境演化意义	D0603	同济大学	¥295.00	2016-1-1	2020-12-31	
6	41530965	张劲	东海陆架边缘海域水团结构及其向黑潮的物质输出研究	D0604	中国海洋大学	¥300.00	2016-1-1	2020-12-31	
7	41530966	徐景平	黄河沉积物环山东半岛陆架的搬运和沉积过程及机制研究	D0605	中国海洋大学	¥300.00	2016-1-1	2020-12-31	
8	41530967	肖湘	深海热液区微生物群落的环境适应性机理研究	D0609	上海交通大学	¥296.00	2016-1-1	2020-12-31	

5.（南海深海过程演变）重大研究计划项目

序号	项目批准号	申请者姓名	项目名称	学科代码	单位名称	批准金额（万元）	起始年月	结题年月	备注
1	91528301	解习农	南海深海沉积定量重建及其对洋盆扩张过程的启示	D0603	中国地质大学（武汉）	¥205.00	2016-1-1	2018-12-31	
2	91528302	赵西西	南海深海记录与周边的地质对比研究	D0603	同济大学	¥170.00	2016-1-1	2018-12-31	
3	91528403	谢晓军	南海深海地质演变对油气资源的控制作用	D0603	中海油研究总院	¥100.00	2016-1-1	2018-12-31	
4	91428204	刘志飞	南海东部马尼拉海沟俯冲带深部结构探测与研究	D0603	同济大学	¥275.00	2016-1-1	2018-12-31	

6. 国家杰出青年科学基金

序号	项目批准号	申请者姓名	项目名称	学科代码	单位名称	批准金额（万元）	起始年月	结题年月	备注
1	41525019	杜岩	物理海洋学	D0601	中国科学院南海海洋研究所	¥350.00	2016-1-1	2020-12-31	
2	41525020	田军	古海洋学	D0603	同济大学	¥350.00	2016-1-1	2020-12-31	
3	41525021	王厚杰	河口海岸学：现代黄河入海沉积物从源到汇的关键沉积动力过程	D0605	中国海洋大学	¥350.00	2016-1-1	2020-12-31	

7. 优秀青年科学基金项目

序号	项目批准号	申请者姓名	项目名称	学科代码	单位名称	批准金额（万元）	起始年月	结题年月	备注
1	41522601	程旭华	物理海洋学	D0601	中国科学院南海海洋研究所	¥130.00	2016-1-1	2018-12-31	
2	41522602	张国良	海洋岩石学与地幔地球化学	D0603	中国科学院海洋研究所	¥130.00	2016-1-1	2018-12-31	
3	41522603	张锐	海洋病毒生态学	D0609	厦门大学	¥130.00	2016-1-1	2018-12-31	
4	41522604	龚骏	海洋真核微生物多样性	D0609	中国科学院烟台海岸带研究所	¥130.00	2016-1-1	2018-12-31	
5	41522605	李平林	海洋生物资源利用	D0609	中国海洋大学	¥130.00	2016-1-1	2018-12-31	

8. 创新研究群体科学基金

序号	项目批准号	申请者姓名	项目名称	学科代码	单位名称	批准金额（万元）	起始年月	结题年月	备注
1	41521005	王东晓	物理海洋学	D0601	中国科学院南海海洋研究所	¥1,050.00	2016-1-1	2021-12-31	

9. 国际（地区）合作与交流项目

序号	项目批准号	申请者姓名	项目名称	学科代码	单位名称	批准金额（万元）	起始年月	结题年月	备注
1	41520104009	赵美训	我国边缘海沉积有机质年龄特征的空间格局及控制机制	D0604	中国海洋大学	¥245.00	2016-1-1	2020-12-31	重大国际（地区）合作研究项目
2	41561144001	陈显尧	气候变暖背景下北极雾的变化及其对人类在北极活动的影响	D0601	中国海洋大学	¥257.00	2015-1-1	2019-12-31	
3	41561144006	李整林	大陆架斜坡及海沟环境下声传播规律及海洋内波声学监测方法研究	D0602	中国科学院声学研究所	¥168.00	2015-10-1	2018-9-30	
4	41528601	赵仲祥	吕宋海峡及周边海域内潮的能量传递过程和机制	D0601	中国科学院海洋研究所	¥18.00	2016-1-1	2017-12-31	海外及港澳学者合作研究基金

10. 专项基金项目

序号	项目批准号	申请者姓名	项目名称	学科代码	单位名称	批准金额（万元）	起始年月	结题年月	备注
1	41541040	管玉平	海洋带状流的动力学性质及作用	D0601	中国科学院南海海洋研究所	¥18.00	2016-1-1	2016-12-31	应急管理项目
2	41541041	张学峰	海洋多尺度四维变分数据同化方法的研发及应用研究	D0601	国家海洋环境预报中心	¥18.00	2016-1-1	2016-12-31	应急管理项目
3	41541042	李云凯	基于硬组织信息的东南太平洋茎柔鱼摄食生态学研究	D0609	上海海洋大学	¥18.00	2016-1-1	2016-12-31	应急管理项目

11. 海洋科学考察船共享航次项目

序号	项目批准号	申请者姓名	项目名称	航次编号	单位名称	批准金额（万元）	起始年月	结题年月	备注
1	41549901	李岩	渤黄海科学考察实验研究	NORC2016-01	中国海洋大学	¥720.00	2016-1-1	2016-12-31	
2	41549902	于非	东海科学考察实验研究	NORC2016-02	中国科学院海洋研究所	¥320.00	2016-1-1	2016-12-31	
3	41549903	张卫国	长江口科学考察实验研究	NORC2016-03	华东师范大学	¥330.00	2016-1-1	2016-12-31	
4	41549904	刘四光	台湾海峡科学考察实验研究（2016年）	NORC2016-04	福建海洋研究所	¥280.00	2016-1-1	2016-12-31	
5	41549905	汪品先	2016南海深部计划“双鱼座”载人深潜科学考察实验研究	NORC2016-05	同济大学	¥1,500.00	2016-1-1	2016-12-31	
6	41549906	王东晓	2016年南海中部科学考察实验研究	NORC2016-06	中国科学院南海海洋研究所	¥430.00	2016-1-1	2016-12-31	
7	41549907	王东晓	2016年南海西部科学考察实验研究	NORC2016-07	中国科学院南海海洋研究所	¥450.00	2016-1-1	2016-12-31	
8	41549908	詹文欢	南海北部地球物理科学考察实验研究	NORC2016-08	中国科学院南海海洋研究所	¥400.00	2016-1-1	2016-12-31	
9	41549909	于非	西太平洋科学考察实验研究	NORC2016-09	中国科学院海洋研究所	¥540.00	2016-1-1	2016-12-31	
10	41549910	王东晓	2016年东印度洋科学考察实验研究	NORC2016-10	中国科学院南海海洋研究所	¥530.00	2016-1-1	2016-12-31	

12. 联合基金项目

序号	项目批准号	申请者姓名	项目名称	学科代码	单位名称	批准金额（万元）	起始年月	结题年月	备注
1	U1505232	郝天珧	南海台西南洋陆过渡带地区的深部结构及其对油气聚集约束作用的综合地球物理研究	L03	中国科学院地质与地球物理研究所	¥215.00	2016-1-1	2019-12-31	促进海峡两岸科技合作联合基金

13. 国家重大科研仪器研制项目

序号	项目批准号	申请者姓名	项目名称	学科代码	单位名称	批准金额（万元）	起始年月	结题年月	备注
1	41527901	吴立新	面向全球深海大洋的智能浮标	D0601	中国海洋大学	¥7,549.00	2016-1-1	2020-12-31	
2	41527809	刘保华	海洋界面中频声散射特性测量系统研制	D0603	国家深海基地管理中心	¥651.00	2016-1-1	2020-12-31	

14. 海洋科学研究中心项目

序号	项目批准号	申请者姓名	项目名称	学科代码	单位名称	批准金额（万元）	起始年月	结题年月	备注
1	U1606401	石学法	海洋地质过程与环境	D06	国家海洋局第一海洋研究所	¥3,500.00	2016-6-1	2020-12-31	NSFC-山东海洋科学中心项目

注：批准金额为直接经费。

“973 计划”项目

【上层海洋对台风的响应和调制机理研究】 国家 973 计划项目，项目编号2013CB430300，首席科学家单位国家海洋局第二海洋研究所。该项目以台风活动最为频繁的西北太平洋和南海为重点研究海区，利用新型的海洋与大气观测手段，结合理论分析和海气耦合模式，重点解决上层海洋的多尺度环流系统对台风的响应机制以及上层海洋的动力和热力结构对台风强度的调制作用这两个关键性的问题。2015 年度的主要进展包括：①顺利完成南海台风观测阵的回收工作，分析台风的卫星观测资料并实现南海台风的火箭观测；②在海洋对台风的局地响应和反馈、台风与海洋的大尺度相互作用、海洋对台风响应的物理机制、针对台风的资料同化和参数估计、海气耦合台风模式的发展和应用等方面取得重要研究进展；③在 PAMS、AGU Ocean Science 等国际会议上组织与台风相关的专题研讨会；举办全国海洋资料同化研讨会；在国内外会议上作大会和邀请报告 20 余人次；④发表论文 57 篇，其中 SCI 论文 47 篇，包括 Nature 和 Nature Geoscience 各 1 篇。

（国家海洋局第二海洋研究所）

【南海关键岛屿周边多尺度海洋动力过程研究】 国家重点基础研究发展计划（973 计划）项目“南海关键岛屿周边多尺度海洋动力过程研究”依托单位为中国海洋大学，项目执行期限为 2014 年至 2018 年。

项目前两年完成台湾西北部、南海陆架区与东沙岛等周边多尺度海洋动力过程断面观测与潜标阵列长期连续观测，吕宋海峡内波混合等过程断面观测与潜标阵列长期连续观测；阐明中尺度涡三维倾斜结构，初步揭示中尺度涡生成、演变与消亡机制；基于观测资料给出亚中尺度过程能谱结构，开展亚中尺度涡与地形相互作用研究；给出南海深海混合三维结构与季节变化特征，探明海洋湍流混合驱动路径；开展中尺度涡等海洋动力过超高分辨率海洋数值模拟工作，进行可预测性分析。发表和已接收论文 17 篇。

【养殖鱼类蛋白质高效利用的调控机制】 国家重点基础研究发展计划项目“养殖鱼类蛋白质高效利用的调控机制”的依托单位为中国海洋大学，项目执行期限是 2014 年至 2018 年。

项目组前两年采用组学分析方法从草鱼食性转化和鳜鱼驯食变化过程中找到重要的食欲调控通路,并从易/不易驯食鳜鱼转录组信息中筛选出肉食性的关键调控因子；阐明草鱼和鳜鱼的嗅觉和味觉受体的适应性进化及其与食欲调控的关系；明确高植物蛋白导致鲈鱼的外周虽然能够响应但是中枢摄食调控系统对摄食抑制导致的饥饿缺乏有效响应，确定食性分化的关键调控因子，并解析鱼类味觉受体信号通路及其与食性分化的关系；克隆草鱼紧密连接及抗氧化相关基因以及信号分子基因 27 个，鉴定出调控鱼肠紧密连接的关键基因，阐明鱼类肠道紧密连接受 7S 和 11S 的影响的重要信号通路。

测定鱼粉、豆粕、肉骨粉等常见 8 种动植物蛋白源在大菱鲆中的消化率；测定摄食后游离氨基酸库的动力学变化；克隆得到 LAT2、B0 AT1、SNAT2 等 4 种氨基酸转运载体的 cDNA 序列，并以 SNAT2 构建过表达质粒用于细胞转染实验；测定摄食后各氨基酸转运载体的时序表达；筛选 14 种调控鱼类蛋白合成代谢的内分泌调控因子并以斑马鱼为模型进行作用机制研究。克隆得到TOR信号通路关键蛋白AKT、S6K1和4E-BP1 cDNA序列，并构建重组质粒，进行蛋白表达纯化鉴定；构建大菱鲆肌肉细胞系，进行TOR信号通路氨基酸营养感知功能的研究；克隆氨基酸应答信号通路关键转录因子ATF4序列，并构建重组质粒，进行蛋白表达纯化鉴定；开展氨基酸应答通路关键信号分子GCN2斑马鱼基因缺失模型的构建；开展洞庭鲫、异育银鲫“中科3号”和复合鲫三种品系的异育银鲫对蛋白源利用及转录组学分析。利用代谢组学技术，阐明虹鳟、罗非鱼、草鱼对不同动植物蛋白源的利用分解和蛋白代谢通路差异；比较多种不同食性鱼类（军曹鱼、大菱鲆、罗非鱼等）的葡萄糖耐受能力和血糖变化动态；阐明军曹鱼与牙鲆在摄入高糖饲料后的生理表型特征，并通过转录组测序和代谢组技术获得其糖代谢关键位点、基因表达和代谢物的差异图谱；获知IGF-1、Leptin、Ghrelin和脂联素与鱼类糖脂代谢存在调控作用，并已获得军曹鱼IGF-1和罗非鱼Leptin的重组蛋白；通过调节饲料能量水平和营养素组成，建成罗非鱼、大菱鲆和斑马鱼的肥胖模型，并通过组学技术明确罗非鱼和斑马鱼在肥胖和饥饿消瘦过程中各组织的基因变化谱，阐明其代谢策略。

项目开展以来共发表SCI论文66篇，申报专利6项，获得1项。（中国海洋大学）

“863计划”项目

【综述】 2015年，“863计划”海洋技术领域在研项目共39个，课题151个（其中包括十一五4个项目，9个课题）。完成领域“十二五”启动的3个重大、5个主题项目共45个课题的年度和中期检查工作。此外，完成“十一五”延续及“十二五”在研项目涉及1个重大、9个重点项目，共计27个课题的验收工作。在项目中期评估和验收过程中严格推行规范化海试，将海试结果作为项目（课题）中期评估和验收的重要依据。

2015年度，海洋技术领域项目高级职称参与人员数量达到560人次，同时，培养大批青年科技人才，其中博士191名。申请发明专利及其他专利共406项，获得154项，发表论文及专著数量达到960余篇。2015年是“十二五”收官之年，多数课题也到收获之季，2015年度课题创造的成果直接产值突破亿元，一些课题承担单位借“863计划”支持的项目产出的成果，成功中标国外多个项目，其经济潜力达数十亿。

【深海潜水器技术与装备重大项目】 国家高技术研究发展计划（“863计划”）海洋技术领域“深海潜水器技术与装备”重大项目的目标是针对我国勘探和开发深水油气、天然气水合物等资源、开展深远海科学考察和国际海底资源勘查的迫切需求，突破我国深海潜水器关键技术，开发载人潜水器、遥控潜水器、自治潜水器等载人/非载人深海潜水器系列及其配套的辅助作业工具，初步形成4500米水深的综合探查和作业能力，实现深海运载和作业技术的装备国产化。2015年度在研（含当年结题及验收）项目共包含14个课题，根据课题目标定位可分为四个部分。①“4500米载人潜水器”方面共8个课题，包括载人球舱及其配套的压力测试设备研制，潜水器控制、声学关键技术研究，以及潜水器的总体设计和集成。②系列小型化、低成本自主探测系统研制4个课题（300公斤级、50公斤级AUV研制课题各2个）。③4500米级深海资源自主探测课题1个。④作业型ROV产品化技术开发课题1个。

（1）“4500米载人潜水器”球壳研制课题。由宝鸡钛业股份有限公司研制的TC4载人球壳（电子束焊）完成电子束焊接工艺评定，球壳赤道焊缝电子束焊接，球壳整体真空热处理。并于9月10日通过出厂检查，于10月27日在青岛完成静水外压考核试验，于11月上旬完成第三方内径检测、残余应力检测及焊缝无损检测工作。最终于12月1日通过课题验收。其将应用于 4500 米载人潜水器的总体集成中。

(2) 小型化、低成本自主探测系统。由中科院沈自所研制的 50 公斤级便携式自主观测系统：在前期试验的基础上，完成样机的定型，固化设计图纸及工艺文件。于 6 月在云南抚仙湖进行湖上试验，对合同规定的技术指标进行实际测试。于 7 月，参加 863 海洋技术领域组织的规范化海上验收考核，通过海上验收考核。

(3) 4500 米级深海资源自主勘察系统。2 月初完成第一阶段湖上试验，6 月完成第二阶段湖上试验，两次湖上试验，累计下水 147 潜次，完成湖试大纲规定的全部试验项。7 月份 4500 米级 AUV 搭乘"向阳红 10"船赴南海执行海试及海试验收任务，共进行 15 个潜次试验，最大下潜深度 4446 米，连续两次成功完成大深度近海底 31 小时最大续航力试验，通过第一阶段海试现场验收。12 月赴我国西南印度洋多金属硫化物矿区执行大洋第 40 航次任务，同时开展第二、三阶段海上试验，以验证其深海多金属硫化物勘查能力。

(4) 作业型 ROV 产品化技术研发。"海底管线检测 ROV 开发及系统集成"完成系统方案设计，形成相关报告及推进器的采购；"海底管道维修 ROV 开发及系统集成"完成系统方案设计、关键技术验证、单元试验，形成设计报告及图纸。具体包括：框架结构的设计和强度稳定性计算；浮力材料的结构设计，并与相关专业单位合作开发研制；成液压系统和阀箱的技术设计；推进器的技术设计；压力补偿系统的技术设计；舱体结构和内部结构及布置的设计；供配电与控制子系统的总体设计和关键技术试验等。已全面进入技术设计阶段。

【深水油气勘探开发技术与装备重大项目】 深水油气勘探开发技术与装备重大项目的目标是，重点解决制约我国深海油气勘探开发技术与装备的瓶颈性问题，攻关深水地震勘探、综合地球物理、深水钻完井、新型平台设计成套技术；研发一批深水油气钻采重大装备制造技术，完成一批重大装备成套化工程样机研制；培养深水油气勘探开发高技术研发人才，建设深水油气勘探开发高技术及装备研究基地。到 2015 年基本掌握深水油气勘探开发的系列核心技术，具备 3000 米水深油气勘探开发技术与装备自主研发能力，推动我国高端海洋工程装备和深水油气勘探开发技术服务产业发展，为我国大规模开展深水区域和海外区块油气田开发提供强有力的科技支撑。

(1) 深水高精度地震勘探系统成套化装备系统进行综合海试。中国石油集团东方地球物理勘探有限责任公司继续进行生产试验，取得良好的应用效果和试验目的。"海亮"、"海燕"等成套装备系统装配滨海 511 船，完成南海"犁式"斜缆二维地震采集作业，采集二维地震资料 1463 千米，取得良好的应用效果。"海亮""海燕""海途"及模块化采集系统等成套装备装配海洋石油"707"船，实现 3 缆 Xkm 的三维地震采集能力。

(2) 深水海底地震仪勘探系统。湖北海山科技有限公司完成便携式高频海底地震仪工程样机研制工作；编制产品测试及检验流程草案；完成样机产品测试及细节完善；完成海底地震仪定型样机。研制的便携式高频海底地震仪和单舱球宽带海底地震仪参加国家自然科学基金委 2015 年度南海北部地球物理探测调查航次。投放台次：便携式 OBS，24 台次；宽频带 OBS，7 台，实际完成 OBS 测线：2 条，共计 500 千米回收率：便携式 OBS，100%；数据记录清晰齐全宽频带 OBS：预期 2016 年回收。

(3) 深海高压油气输送用高强厚壁管材关键技术研究。宝鸡石油钢管有限责任公司通过进行两轮次 X70Φ914×36.5 毫米厚壁钢管的生产试制，初步掌握厚壁管线钢制管前后板材的性能变化规律，掌握厚壁管线钢管制管过程中的关键技术，为进一步进行厚壁高强厚壁管线钢和高强度高韧性低屈强小径厚壁比厚壁钢管的研发提供技术支撑。完成X70Φ1016×36.5毫米用厚壁管线钢板的轧制及厚壁钢管的生产试制，经对试制钢管进行理化性能、腐蚀性能及承压性能等性能检测试验，关键技术指标已达到技术考核指标要求。

(4) 水下生产系统脐带缆关键技术研究。宁波东方电缆股份有限公司完成钢管脐带缆认证工作，软管脐带缆的研制工作。建成一条不锈钢管单元生产、焊接与检测生产线；一套动态脐带缆出厂测试/全尺寸测试系统；完成动态软管/钢管脐带缆系统集成设计方案和报告；中标伊朗南帕斯油田项目，预计年底完成一根应用于伊朗SP19油田的动态软管脐带缆备缆及附件。

(5) 深水水下生产系统连接关键技术与装备研究。海洋石油工程股份有限公司完成连接器的制造和测试，形成一系列试验程序和技术方案报告，并重点组织开展海试方案审查，2015年9月完成立式卡爪式连接系统样机海试，海试过程中由第三方（CCS）进行见证。海试完成深水立式卡爪式连接器在海上吊装入水的试验，以及水下操作、ROV水下实时操控、安装工具功能验证等情况。整个试验施工程序进行完整测试，安装工具的ROV面板适合ROV操作，试验中安装工具运转正常，连接器密封及保压性能良好。

【深海海底观测网试验系统重大项目】 南海深海海底观测网总体设计与系统集成根据任务要求，完成南海深海海底观测网试验系统总体设计；建立适用于南海深海海底观测网试验系统设备构成的技术标准和接口标准、通讯标准等各项标准和运行规范；完成选择登陆点选取（海南陵水），开展海区路由调查、设计，为释放系统风险，2013年完成100千米海缆敷埋工作，并进行一次浅水主次接驳盒系统海试；完成各课题总体方案设计、详细技术设计、通过中期评估，2014—2015年历经9个月，集成南海深海观测网项目各课题研制的子系统、并完成全系统陆上测试、联调，具备进行深海正式施工布放的条件；开展深海海底施工方案和布放技术研究，制定详细海上作业方案并通过专家评审，2015年进行1750米海深、多类型海底观测设备的海上施工布放测试作业。

①完成180米水深处1套浅水主接驳盒布放作业，并正常运行28小时；

②完成1套浅水主接驳盒回收作业；

③完成50千米深水海缆敷设作业；

④成功实现埋深大于3.5米海缆打捞作业；

⑤成功实现1740米水深处1套深水主接驳盒、2套深水次级接驳盒、以及4套观测平台的水下精确定位与布放，并在国内首次实现ROV水下湿插拔作业。

水下各设备布放成功后，系统上电测试，除同济大学研制的“基于观测网的深海化学环境长期实时监测系统研发和集成”观测设备平台外，全系统可正常运行工作，验证深海海底观测网系统集成的可行性。

【深远海动力环境监测关键技术重大项目】 基本完成全海深内波与混合精细化观测试验网第二阶段运行工作。2015年6月至2015年8月搭载“天龙号”科学考察船进行74天的海上试验，成功回收2014年布放的14套南海深水区及陆架区内波观测潜标，新布放15套南海深水区及陆架区内波观测潜标，获取大量宝贵的南海内波生成传播演变全过程观测数据。为我国开展深远海动力环境长期连续观测及科学研究奠定坚实基础。

（科学技术部）

国家科技支撑计划项目

【海水淡化与综合利用技术】 建立较为成熟反渗透海水淡化工艺流程。经过大量的工程应用，形成以“混凝沉淀+二级过滤+反渗透”和“气浮+超滤+反渗透”为主的两大海水淡化工艺流程设计，开发海水预处理用大型卧式滤器和大尺度、高通量超滤膜组件，建立产品生产线。通过工艺参数优化，反渗透海水淡化的经济性得到持续提升。

开发大型反渗透海水淡化系统集成技术。

突破大规模海水取水与预处理、大型膜堆排列布置与均匀配水、高压给水与能量回收、系统智能控制与运行维护、淡化水后矿化处理等一批共性关键技术，集成国产化技术与装备，成功开发国内首套万吨级反渗透海水淡化单机装置，单机规模逐步向1.25万吨/日、1.5万吨/日和2万吨/日逐步递增，示范工程规模最大达到10万吨/日，海水淡化系统制水能耗、产水水质等技术指标与国际先进水平同步。

高性能反渗透海水膜元件实现产业化。通过对反渗透膜原材料及制膜设备、工艺的不断优化改进，成功开发出具有自主知识产权的高性能反渗透复合膜产品，膜元件脱盐率等关键技术指标与进口同类产品相当，并实现在万吨级反渗透海水淡化系统中的示范应用。目前正在开发具有国际领先水平的大尺寸（直径0.5米）反渗透膜元件，并有望实现制膜关键原材料的自主化供给。

与大型海水淡化系统配套的海水高压泵和高压增压泵研制成功。创新高压泵和高压增压泵结构设计，开发高压泵、增压泵产品试验平台和三维设计软件，研制出与0.5万吨/日、1万吨/日和1.25万吨/日反渗透海水淡化系统配套的高压泵、高压增压泵，并进行工程化示范应用。目前，与1.5万吨/日反渗透海水淡化系统配套的高压泵、高压增压泵产品也正在研制中。制订海水高压泵、高压增压泵产品技术标准。

国产化大型能量回收装置投入示范应用。以功交换原理为基础，突破能量回收装置材料耐压、耐磨、耐腐蚀和精加工等关键技术，优化流道设计，开发出阀控式、旋转式（或转子式）等多种结构的能量回收装置，并实现在1000吨/日、5000吨/日和10000吨/日反渗透海水淡化系统中的示范应用，能量回收效率最高达95%，性能与国外同类进口产品同步。

（科学技术部）

【海水淡化分离膜检测技术及标准研究】 该项目针对我国海水淡化分离膜检测技术标准滞后于行业发展的现状，通过开展微滤膜、超滤膜、纳滤膜、反渗透膜性能检测技术研究，形成科学检测方法，研建专门监测装置，弥补现有分离膜监测技术及标准不足，填补分离膜重要性能检测技术及标准空白，构建分离膜海水运行测试平台，为海水淡化分离膜性能评价及质量监管提供技术支撑，促进我国海水淡化产业科学、规范发展。

“2万吨/日反渗透海水淡化成套装备研发及工程示范”：该项目结合我国现有反渗透海水淡化技术基础，进行超滤、反渗透膜、高压泵、增压泵、能量回收等关键设备的工程验证和性能评估，加快国产设备的规模应用步伐；开发反渗透海水淡化工程运行维护和远程服务技术，制订、修订一批标准；进行海水淡化工程建设和运行财税政策研究，用技术和政策两种手段加快海水淡化产业的发展。

（国家海洋局科技司）

其他重大海洋研究项目

【太平洋印度洋对全球变暖的响应及其对气候变化的调控作用】 国家重大科学研究计划项目“太平洋印度洋对全球变暖的响应及其对气候变化的调控作用”依托单位为中国海洋大学，项目执行期限为2012年至2016年。

2015年度本项目按照计划,主要开展如下工作:

（1）获取西北太平洋海洋观测的大量资料，分析取得重要成果。2015年，通过2014年现场观测布放的Argo浮标传回大量现场观测结果，获取温度、盐度和溶解氧垂直剖面资料3000余个。这些时空高分辨率资料数据包含项目追踪海洋涡旋的三维结构，使项目成员能够深入理解海洋涡旋在模态水生成和耗散过程总所起到的关键作用。通过分析这些资料，获得海洋涡旋对模态水影响的关键物理过程，其研究工作发表在Nature Communications。

（2）深入加强国际交流合作，项目与国际著名海洋研究机构Scripps海洋研究所一起召集举办国际学术研讨会。2015年12月10-12日，由项目组织召集的关于“Ocean-Atmospheric Dynamicsin the Changing Climate”国际研讨会在Scripps海洋研究所召开。本次国际研讨会的召开扩大项目的国际影响，会议上项目成员与国际同行进行深入的交流，进一步解气候变化领域海洋大气动力学研究的最新动态和发展趋势。

【西北太平洋海洋多尺度变化过程、机理及可预测性】 国家重大科学研究计划项目“西北太平洋海洋多尺度变化过程、机理及可预测性”依托单位为中国海洋大学，执行期限为2013年至2017年。

具体开展的工作如下：阐明北太平环流振荡（NPGO）的年代际物理机制；阐明太平洋南赤道流分叉的季节变化动力学机制；阐明观测中2010年至2012年源地黑潮增强的原因；揭示北大西洋冬季风暴轴与海表温度异常的耦合关系；阐明南美—太平洋模态的年代际变化机制；阐明阿留申低压对全球变暖的响应特征及机理；概括和论述南北半球赤道流分叉点附近环流系统对ENSO的作用；揭示近百年黑潮延伸体海表温度的变化特征；揭示时间尺度上AL对KE SST的影响机制；揭示西北太平洋SST与东亚夏季风关系的年代际变化；揭示大尺度偶极子模与黑潮延伸体系统的年代际变化机理；揭示海洋锋两侧感热通量差在恢复近面斜压性中的作用。

2015年项目组在《Nature》杂志上，首次全面回顾和总结目前对于太平洋西边界流系结构、变率及其气候效应的共识，并指出全球变暖对太平洋西边界流系统的影响。目前研究表明，在季节和年际尺度上，整个太平洋西边界流系统会共同向南或向北移动。从气候变化的角度来讲，太平洋西边界流系统具有重大且深远的气候影响力，可通过多条路径来影响全球气候发展：通过与中国南海环流、热带太平洋暖池和印尼贯穿流的相互作用；通过西边界流区中持续存在的海表温度异常及其对大气的反馈作用；通过对全球热盐环流的影响。而在全球变暖背景下，太平洋西边界流系统的响应会呈现出与气候变率不一样的异常形态，并且具有很大的不确定性。

项目按照任务书中的研究计划，共发表学术论文35篇，其中被SCI收录的论文18篇。

【大气物质沉降对海洋氮循环与初级生产过程的影响及其气候效应】 国家重大科学研究计划项目“大气物质沉降对海洋氮循环与初级生产过程的影响及其气候效应”依托单位为中国海洋大学。项目执行期限为2014年至2018年。

项目前两年依据计划任务书确定的研究内容有针对性地开展一系列工作，完成计划任务，实现预期目标，主要包括：

（1）历史资料和卫星数据的收集：收集和整理东海花鸟岛2010—2012年的气溶胶组分数据，包括水溶性离子和有机污染物等；多年卫星遥感数据：GPCP卫星降雨数据、NCEP/NCAR水汽通量数据（1979—2012年）、水色（叶绿素a浓度，海表温度和光合有效辐射等，1998—2005年）、气溶胶指数（1997—2014年）、气溶胶光学厚度（2002—2014年）、云特征（包括云滴数浓度、云滴有效半径、云光学厚度、云量、云有效发射率、云顶温度、云顶压力等，2002—2014年）等；2013年3-4月在南海海域开展的3次船基围隔培养实验的实验数据；2005年—2012年、2011年10月、2012年11月黄海大气气溶胶组分数据；2014年1月开始的国家环境监测总站发布的全国主要城市PM2.5、SO_2、NO_x、O_3实时浓度数据。

（2）观测和培养实验：2014年3—5月和2015年3—5月在我国近海和西北太平洋开展近100天的大气化学与海洋环境学科的综合科学考察，进行10余次、多方案的船基围隔培养实验。进行在线气体浓度测定、采集TSP、PM2.5气溶胶样品、Denuder样品、浮游植物海水滤膜样品以及不同深度水层的DO、pH、Alk、DOC、POC、DIC样品，并开展沙尘、灰霾、雨水、同位素添加船基围隔受控培养实验、Fe、P 溶解性实验；2014 年在东海花鸟岛进行四个季度的气溶胶样品采集，2014 年 5 月 10—18 日开展一次现场围隔受控培养实验。

(3) 数据分析：西北太平洋走航和东海花鸟岛定点采集的大气气溶胶和气体样品测定、DO、pH、Alk 和 DOC 样品测定以及浮游植物群落结构及光合活性的分析；西北太平洋船基和花鸟岛岛基围隔培养实验样品分析；西北太平洋与黄渤海的纳米颗粒物粒径数浓度、阴阳常规离子和有机胺、有机酸、含氮气体的组成分析；2014 年与 2015 年航次中定点和大面站水文、化学、生物要素的观测与分析。

(4) 数值计算。我国近海和西北太平洋海域大气氮、磷、铁等元素沉降通量估算；建立我国近海和西北太平洋海域的 WRF-CMAQ 模型，并针对西北太平洋海域进行大气化学过程的模拟；发展海洋生物源排放模型和二次有机气溶胶化学模型并与大气模式耦合；基于野外实验现有结果，调试和评估海洋生物地球化学模式 MEM-1D。

2014—2015 年共发表文章 17 篇，其中 SCI 论文 15 篇，中文核心 2 篇，申请专利 1项。

【北极海冰减退引起的北极放大机理与全球气候效应】 国家重大科学研究计划项目“北极海冰减退引起的北极放大机理与全球气候效应”依托单位为中国海洋大学。项目执行期限为 2015 年至 2019 年。

2015 年开展的主要工作：

(1) 北极现场考察。2015 年 6 月 1—25 日项目组派人前往挪威，租用挪威的海洋考察船，开展北欧海考察。共完成 CTD 测站 130 个，布放短期浮标 2 套，参加 2015 年韩国北极科学考察，于 8 月 1 日至 20 日，在北冰洋楚科奇海台—门捷列夫海脊附近海域开展海洋观测，完成 27 个站位的光学剖面观测。

(2) 数据收集与算法研究。收集北极海冰历史数据，特别是 2014 年夏季收集数据，研究北极海冰微结构和基本物理性质的分布规律。研究海冰剖面的声光反射特征及信号回波分布特征，改进和试制声学测距系统及辅助环境参数测量系统。收集整理中国历次北极科学考察期间获得的海冰物理及表面融池观测记录，分析融池基本分布规律和融化期海冰物理性质。完成海冰厚度反演模式算法的改进，获取过去 10 年与冰厚反演有关的数据；多传感器微波辐射计数据交叉辐射定标。收集整理海冰密集度和冰速的卫星遥感数据和浮标数据，分析研究冰速反演结果。完成物理海洋历史数据的收集整理，形成用于本课题研究的北极海洋和海冰观测数据集。收集整理的数据主要包括中国历次北极考察获得的 CTD/LADCP 站位数据和冰站观测温盐与海流数据、国外的北冰洋 CTD/XCTD 站位数据以及潜标和 ITP 观测数据、卫星遥感海冰密集度和漂移数据等。另外还下载再分析的气象资料以及气候模式中的北冰洋数值模拟结果，如 CMIP5 数据集中 10 个模式的海冰、温盐及流速结果。

（3）数值模式的发展。完成北冰洋高分辨率的海洋-海冰耦合模型系统的构建以及模型结果的验证工作，获得 1977—2014 年北极高分辨率的海洋环境和海冰要素再分析数据产品，为进一步的分析和研究奠定基础。分析 BCC_CSM 模拟的北极海冰气候平均态分布，初步确定参与 IPCC AR6 模式试验的海冰参数化过程。

（4）海冰物理过程的研究。完成伴随北极海冰减退的北冰洋上层海洋热结构变化分析，包括次表层暖水的空间分布、太平洋入流水在楚科奇海的流动和分布状况、加拿大海盆淡水含量和盐跃层特征量的年际变化等研究工作。另外还完成与之关系密切的冰下海洋热通量、波弗特流涡年际变化等研究。

（5）海洋物理过程的研究。对海洋强迫的气候效应研究进行全面布局，开展大量研究工作。对海洋上层的环流和水团结构进入全面深入的研究，取得一系列研究成果。重点关注上层海洋的热结构和热通量，解上层海洋的热平衡和热释放。解北欧海的强烈热释放对整个北极气候的关键作用；研究北极海冰减退导致的辐射效应。开展 Fram 海峡海冰输出量与大气强迫场的联系和北极大气边界层动力结构分析两项研究。

（6）大气物理过程的研究。研究北半球夏季中高纬度大气阻塞对北极海冰变化的影响；北极中央区海冰密集度与云量相关性分析；复杂非线性系统的共性问题和非线性系统严格求解的方法上进行深入的研究；基于热力浅水模式方程组，研究不同的热力强迫作用下罗斯贝波的非线性响应特征；研究北极多年代际气候变化对其他区域的影响；分析北极海冰快速融化不同阶段北极涛动空间分布的不同特征，及其对中纬度极端天气的可能影响；研究前期冬季北极海冰影响东亚春季降水年际变率的可能机理和北极放大背景下的欧亚大陆气旋/反气旋活动。全面收集北极雾的各种数据，建立海雾的时间序列，并着手分析近年来北极雾的季节变化、年际变化与年代际变化特征。　（中国海洋大学）

【中国科学院战略性先导科技专项“热带西太平洋海洋系统物质能量交换及其影响”专项取得重要进展】　中国科学院战略性先导科技专项“热带西太平洋海洋系统物质能量交换及其影响”专项面向国家重大战略需求和国际海洋科技前沿，以西太平洋及其邻近海域海洋系统为主要研究对象，从“海洋系统”视角开展综合性协同调查、研究，在印太暖池对东亚及我国气候影响机制、邻近大洋影响下近海生态系统演变规律、西太平洋深海环境和资源分布特征等领域取得突破性、原创性成果，促进我国深海研究探测装备研发与应用，显著提升我国深海大洋理论研究水平，为我国海洋环境信息保障、战略性资源开发、海洋综合管理、防灾减灾提供科学依据。同时，打造一支国际先进水平的深海科学研究与技术研发创新团队，为建设“海洋强国”提供科技支撑。

（1）初步构建从中国近海到西太平洋的综合观测网，使我国海洋观测能力进入发达国家行列。

初步完成从中国近海至西太平洋包括潜标、浮标、船基和水下滑翔机的海洋立体监测网络的构建，使我国海洋观测能力进入发达国家行列。在黄东海海域和渤海海峡口设计并布放 10 套潜标，搭建完成针对黑潮陆架分支沿黄东海入侵过程的原位潜标观测系统。针对渤海大气、陆源物质输入情况，在环渤海—北黄海区域建设 12 个大气沉降观测网。完成 6 套水下滑翔机（Glider）的研制，在沈阳、青岛搭建 2 个岸基监控中心，并随“科学”号、“科学 3 号”实验船开展两次航次应用。通过布设和部分升级西太主流系和印尼海域关键海峡通道潜标观测网，对西太平洋西边界流系、纬向流系、中深层环流和印尼贯穿流开展大规模同步连续现场观测，形成重要的基础数据集，填补国际上在中深层观测数据的空白，对环境安全保障、气候模式验证和国家大洋观测网示范起到支撑作用，历史性地确立中国主导和领跑国际热带西太平洋前沿研究的地位。同时建立一整套行之有效的潜标观测网建设和维护的工作流程，为我国大洋观测网提供示范。

（2）突破关键技术开展深海原位探测与实验。

使用“发现”号搭载超高分辨率深海多波束地形探测系统，在国内首次获得亚米级马努斯热液区的深海高分辨地形图，实现深海地形探测从无到有至精的跨越式发展。突破深海激光拉曼光谱仪及探针等关键器件的技术攻关，在国际上率先开展热液喷口流体温度梯度原位探测，在马努斯热液区探明 20 余个热液喷口（最高温度 344℃），使用自主研发的深海热液喷口流体温度梯度仪和拉曼光谱仪获得热液喷口周围温度梯度分布和物质组成的物理和化学环境参数。2015 年马努斯热液—南海冷泉航次执行期间，在现场成功实施极端环境生物适应性原位培养实验，真正实现“室内模拟实验→海洋移动实验室→深海原位实验室”的跨越。成功实现采自冷泉和热液喷口附近的深海贻贝（水深2000米）化能营养生物活体培育，成为国际上少数几个成功开展人工模拟环境下化能营养生物培养的国家。“深海探测与研究平台体系建设研究集体”获得2015年中国科学院杰出科技成就奖。

(3) 引领西太平洋边界流与气候相互作用研究。

由中国科学院海洋研究所胡敦欣研究员领衔17位国内外海洋学家和气候学家合作撰写的“Pacific western boundary currents and their roles in climate（太平洋西边界流及其气候效应）”评述文章在《自然》杂志正式发表。文章系统阐述有关太平洋环流与气候研究的已有发现和成果，提出新的假设，指明该领域今后的研究方向。这是《自然》杂志(2015; 522 (7556): 299-308) 首次发表有关太平洋环流与气候研究的评述性文章，也是中国在该杂志发表的首篇海洋领域综述文章。

(4) 深海动物多样性研究取得重要进展。

通过对“科学”号2014年在冲绳海槽热液区采集的1400余头大型生物标本进行分类鉴定，从中共鉴定出7大门类48科57属66种的热液区系大型生物，并发现1新科1新属6新种。其中在甲壳动物围胸总目铠茗荷目Scalpelliforms中新建1新科：原深茗荷科*Probathylepadidae*（Ren & Sha），2015，这是在甲壳动物围胸类中首次以中国人发现并定名的科级分类单元。

(5) 自主研发ENSO预测模式实现El Niño事件实时预报。

自主研制的IOCAS ICM（Institute of Oceanology, Chinese Academy of Sciences Intermediate Coupled Model）是一个改进的中间型海气耦合模式（ICM），用于对热带太平洋ENSO相关的模拟和预报研究。该模式已被收录于美国哥伦比亚大学国际气候研究所 [International Research Institute for Climate and Society （IRI）, Columbia University] 作集成分析和应用，这是首次以我国国内单位命名的海气耦合模式为国际学术界提供ENSO实时预报结果。实时预报结果表明2015年是强El Niño年，在成熟期Nino3.4区的SST距平达到2.5度以上，与其他模式相比较，IOCAS ICM的预报结果居中，基本接近各模式预报结果的平均值，与观测较为接近，预报效果较好。

(6) 建立有害藻华应急处置技术体系。

针对我国近海赤潮灾害，从理论研究入手，研发出具有自主知识产权的改性黏土应急处置技术，解决影响黏土治理赤潮的关键瓶颈问题，提高改性黏土对微微型藻华生物的去除效率。2015年度，该技术应用于广西防城港核电站冷源取水海域球形棕囊藻藻华的应急处置，为近海核电冷源用水提供安全保障。改性黏土技术研究成果“我国近海有害藻华应急处理技术与工程化应用”获得2015年海洋工程科学技术发明一等奖。

(7) 建立基于生态系统的海洋牧场管理模式,助推海洋农业发展。

与山东蓝色海洋科技股份有限公司、山东东方海洋科技股份有限公司、獐子岛集团股份有限公司等我国海洋牧场建设龙头公司开展紧密合作。獐子岛海洋牧场、莱州湾海洋牧场、牟平海洋牧场、海州湾海洋牧场成为我国首批国家级海洋牧场。联合山东蓝色海洋科技股份有限公司组建山东海洋牧场工程与技术研究院，构建海洋牧场环境资源监测平台。2015年，国务院副总理汪洋视察莱州海洋生态牧场基地，并给予高度评价。

（中国科学院）

【上海沿岸主要危险化学品风险源识别与检测技术研究通过验收】 项目由国家海洋局东海监测中心牵头，上海市水文总站、上海市环境科学研究院共同承担，于2015年4月28日通过上海市科委验收。项目基本摸清上海市近岸区县化学品危险源分布状况；构建化学品风险源评估模型，划分化学品风险源和风险区等级；建立海水中典型危险化学品的实验室快速检测方法；模拟典型化学品在海水中的扩散过程；开发一套可用于化学危险品海上突发事件应急业务化的辅助决策信息系统，并在事故应急模拟演练中得到应用验证。项目成果从基础数据资料、快速检测技术、风险源评估技术、化学品扩散、应急辅助决策等各方面全面提升海区的危化品应急相应业务能力。

【上海近海海域溢油遥感监测技术研究通过验收】 项目由国家海洋局东海预报中心牵头，上海市环境科学研究院、上海市海洋环境监测预报中心、上海海洋大学共同承担，于2015年10月21日通过上海市科委验收。项目开展SAR遥感溢油监测技术研究、一体化风-浪-流耦合数值预报系统和溢油预测系统构建等研究工作，确定上海近海溢油事故高发区、风险源区，建立上海区域常见油品的理化性质数据库、基于SAR影像的溢油监测半自动方法、高精度风-浪-流耦合模型及溢油扩散-漂移-风化预测及溯源数值预报系统，成果可为溢油事故应急处置提供技术支撑。项目获软件著作权登记1件，发表论文3篇。

【重点远洋渔场海洋环境预报系统研究与示范应用通过验收】 项目由国家海洋局东海预报中心承担，于2015年4月17日通过上海市科委验收。项目通过在中西太平洋渔场和东南太平洋秘鲁渔场区域建立海面风场、浪场、环流数值预报模型，采用中国首颗微波海洋动力环境卫星HY2A的扫描辐射计和美国REMSS公司公开发布的TMI海温遥感资料，实现前5日平均海温产品的业务化生产；提出并建立一种综合考虑全球气候态月平均环流、月均风和短期预报全球风场的经济、安全（避风）航线规划方法，建成远洋渔业大洋经济安全航线规划计算系统；通过重点远洋渔场海洋环境综合预报信息服务平台，提供人机交互界面进行经济安全航线规划计算和即时预报产品的查询和信息展示功能；开展重点远洋渔业区域的海洋环境预报系统研究，有效填补远洋渔业专题海洋环境预报支撑领域的空白。

【新跨太平洋(NCP)国际海底光缆工程上海崇明(S1.1)和上海南汇(S3)段路由调查】 项目由上海东海海洋工程勘察设计研究院承担，10月完成海上调查。项目包括地形地貌、地球物理、海底底质、磁力探测等调查科目，综合运用浅地层剖面仪、侧扫声呐系统、多波束测深系统、磁力仪、海底静力触探系统、重力取样器、抓斗取样器、星站差分卫星、水下超短基线定位等国际先进的调查装备。海上调查历时3个月，动用综合地球物理调查船只5艘；完成为NCP系统海缆工程的建设施工提供详实的基础资料，而亚太区大容量传输网络系统的建成将满足迅猛增长的中国大陆至亚洲内部各方向乃至北美和欧洲等方向的国际互联网出口带宽增长需求。

(国家海洋局东海分局)

【国家自然科学基金委员会、山东省人民政府海洋科学研究中心联合资助项目——海洋环境动力学和数值模拟】 该项目由国家自然科学基金委员会和山东省人民政府与2014年6月联合资助，国家海洋局第一海洋研究所为项目牵头单位，中国海洋大学、国家卫星海洋应用中心、上海交通大学、山东省计算中心参加，项目首席科学家为乔方利研究员。主要开展海洋与气候动力系统数值模式体系、关键区海洋与海气相互作用过程、海洋遥感观测技术发展、深海观测技术发展与示范四个方面的研究工作。旨在发展遥感和深海观测技术，提高海洋环境观测和监测能力；通过关键物理过程的现场观测与室内实验，多运动形态耦合机制和区域海洋动力学研究，建立新型海洋和气候数值模式，加深对中国近海及全球大洋若干关键区域的海洋现象、过程及其规律的认识，提升海洋环境预报和气候变化预测能力。

2015年项目各项研究工作按计划进行并取得阶段性研究成果，在波-湍相互作用研究，白龙浮标对比测试、海洋卫星数据产品定标、新型海洋与气候模式方面取得进展。2015年7月该项目召开学术研讨会，各研究

方向介绍相关进展，多名研究骨干作出精彩学术报告。（国家海洋局第一海洋研究所）

海 洋 调 查

【我国管辖海域海洋区域地质调查】 加大实施海洋区域地质调查力度。开展1∶100万天津幅、上海东幅、广州幅等图幅地质地球物理资料处理、样品测试分析和综合解释研究工作，编制完成上述图幅地形图、地貌图、地质图等系列图件，初步建立东部、南部海域地层格架，并全面启动全国1∶100万海洋区域地质调查成果集成工作。继续开展1∶25万锦西幅、营口幅、日照幅、连云港幅、霞浦县幅、厦门幅、泉州幅、乐东幅等海洋区域地质调查及1∶5万福建平海、浮叶幅海洋区域地质调查。完成航空重力测量17581千米、单波束测深3988千米、多波束测量9008千米、浅地层剖面测量3988千米、单道地震测量3988千米、海底地质取样603个站位、地质浅钻7口（总进尺506米），系统获取一批地质、地球物理、地球化学等资料，形成相应基础和应用图件，为开展海洋矿产资源调查、海洋地学研究提供第一手数据，为维护国家海洋权益提供基础资料。

【重点海岸带综合地质调查与监测】 推进陆海统筹海岸带综合地质调查，启动渤海湾西部、莱州湾、南通等地区调查试点；继续开展辽河三角洲、山东半岛、长江三角洲等重点经济区海岸带综合地质调查与监测，海南岛浅海砂矿资源、华南湿地资源的调查与评价、渤海海峡跨海通道地壳稳定性调查评价、琼州海峡跨海通道地壳稳定性调查评价、大陆架科学钻探、中国重点海域地应力观测与综合研究及海陆相互作用及海岸带地质灾害研究等工作。编制1∶400万中国海岸带国土资源与环境地质图集。完成单波束测深6286千米、多波束测量1750千米、侧扫声纳测量2550千米、浅层剖面测量6121千米、单道地震测量2370千米、24道高分辨率地震测量1054千米；海底地质取样1016个站位、地质浅钻21口（总进尺1736米）；78条海岸带侵蚀和淤积剖面监测2次、30口水文井监测2次。进一步查明沿海重要经济区基础地质、环境地质、工程地质、潜在地质灾害分布特征，为沿海地区经济社会发展、重大工程建设、防灾减灾、国土空间开发利用等提供地质数据支撑。

【海域油气资源调查】 继续开展南黄海、南海北部等重点海域油气资源调查研究。开展多道地震资料处理和综合解释，在南黄海完成多道地震资料连片处理5000千米，崂山隆起目标处理3000千米，崂山隆起储层预测3000千米，崂山隆起烃类检测3000千米，确定南黄海崂山隆起区中-古生界油气重点目标，发现大型构造圈闭6个，同时大陆架科学钻探（CSDP-2井）首次在崂山隆起区海相中-古生界钻获取油气显示，为优选参数井钻探井位奠定基础。在南海北部珠江口盆地东部海域完成多道地震资料处理解释3500千米，油气地球化学调查200个站位，发现局部构造5个、油气微生物异常7个，指出了油气有利远景区。编制2014年度中国海域油气勘探开发形势图。

【海域天然气水合物资源勘查】 继续开展我国海域天然气水合物资源勘查，以及天然气水合物成矿理论及分布预测研究、勘查技术研发、钻探技术研发及战略研究等工作。完成海洋地球物理调查29308.06千米，海底地质取样1124站位，海域水合物钻探23口5457米，ROV测量2个站位。在南海北部神狐海域实施23口探井钻探，均发现天然气水合物，钻探区水合物分布面积约128平方千米，圈出10个规模较大的矿体，其中2个大型矿体，资源量高达400亿立方米（折算成天然气）。在珠江口盆地西部海域利用自主研发的“海马”号4500米级深海非载人遥控探测潜水器首次发现海底活动性“冷泉—海马冷泉”区，并首次通过重力取样器直接在海底浅表层采获天然气水合物实物样品。在新的调查海区发现多处似海底反射、甲烷泄漏及气烟囱、碳酸岩结壳等天然气水合物存在的典型地质、地球物理标志，显示出良好的勘探潜力。

【海域天然气水合物资源试采】 及时启动海域天然气水合物试开采准备工作。初步制订海域天然气水合物试采实施方案，开展试开采有利目标区优选，对南海北部重点目标进行选区评价，初步提出试开采靶区。在数值模拟的基础上，首次提出“地层流体抽取法”试开采技术。调研试开采钻探平台（船舶），开展井口控制装备、井下防砂装置、安全生产监测等关键技术装备研发及试验。开展天然气水合物重点富集区地质环境调查，进行天然气水合物试开采环境影响效应评价研究。

【深海资源调查与大洋科学考察】 “海洋六号”船于 2015 年 4 月 28 日—11 月 10 日，分别执行中国地质调查局深海资源调查航次和大洋第 36 航次科学考察任务，共获得作业区 2.3 万千米和航渡 14 万千米综合地球物理调查数据、128 个站位样品、沉积物岩心样品 297 米、多金属结核样品 1.1 吨，现场分析各类样品 3000 个。通过深海稀土资源调查，在西太平洋新圈定出 30 余万平方千米深海稀土资源远景区，首次发现特高含量稀土富集层段。承担大洋 36 航次调查任务，在太平洋的我国富钴结壳合同区采薇海山和维嘉海山及其周边海域，开展资源、环境和生物调查，为履行我国富钴结壳勘探合同提供重要保障；在太平洋新的海域开展多金属结核资源调查，为在国际海底区域申请新的矿区，奠定坚实基础。同时，在新技术新方法应用上取得新进展，一是首次成功将我国自主研制的 4500 米级非载人遥控探测潜水器“海马”号应用于我国富钴结壳合同区调查；二是首次利用自主研制的小型钻机和切割机对海山富钴结壳进行原位钻取和切割试验；三是实现多波束回波探测新技术在多金属结核和富钴结壳资源调查领域的推广应用。

【数字海洋地质】 开展海洋地质保障工程、天然气水合物资源勘查与试采工程数据库建设，国家海洋地质信息服务体系建设。加强海域油气资源专题数据库建设相关标准、规范研究，开展专题数据库数据标准框架建设。在2015 国际矿业大会首次公开发布海洋地质调查成果，包括 93 幅成果图件，16 份研究报告等海洋地质调查成果服务迈上了新的台阶。

【海洋地学国际合作】 （1）中越合作取得重要进展。中国地质调查局作为中方牵头单位，负责中越北部湾湾口外海域共同考察、中越长江三角洲与红河三角洲低敏感领域合作项目。中共中央总书记、国家主席、中央军委主席习近平于 2015 年 11 月 6 日对越南进行国事访问后发表《中越联合声明》，宣布启动 2 个合作项目，作为两国海上合作的重要开端。（2）参与国际海底事务成效显著。派出顶尖专家担任国际海底管理局法律和技术委员会委员，发挥积极的作用与影响。同时派出技术专家参加我国代表团出席国际海底管理局年会，发挥专业技术优势，提供重要技术支撑。（3）海洋地学合作迈上新台阶。推进中国—东盟合作，完成海洋地学研究与防灾减灾项目总体方案并启动相关工作。组织实施中德联合调查航次。与波兰开启新一轮的海洋地质合作。与法国有关机构共同开展西南次海盆沉积、构造研究。

（中国地质调查局）

海洋重点实验室

【青岛海洋科学与技术国家实验室——区域海洋动力学与数值模拟功能实验室（国家海洋局第一海洋研究所）】 该功能实验室依托国家海洋局第一海洋研究所，由国家海洋局第一海洋研究所和中国海洋大学共建而成。实验室主体是在现有的国家海洋局海洋环境科学和数值模拟国家海洋局重点实验室、国家海洋局第一海洋研究所海洋与气候研究中心、中国海洋大学海洋信息技术教育部工程研究中心、国家海洋局数据分析与应用重点实验室的基础之上整合而成，同时吸纳该领域国内外优势研究力量参与。

该实验室以解决国家可持续发展对海洋环境与防灾减灾的重大需求为宗旨，以提高海洋环境观测和监测能力，加深对中国近海及全球大洋若干关键区域的海洋现象、过程及其规律的认识，发展新型海洋与气候数值模式，提升海洋环境预报和气候变化预测能力为核心工作目标。主要研究方向包括：区域海洋动力学、海洋多运动形态相互作用、海洋与气候数值模式体系、海洋观测与数字海洋技术和自适应数据分析方法及应用。

2015 年功能实验室组建 50 名固定研究人员组成的研究团队，聘请国内外 13 名知名专家组成学术委员会。与海洋动力过程与气候功能实验室共同牵头承担青岛海洋科学与技术国家实验室鳌山科技创新计划项目——“两洋一海”透明海洋科技工程。经过一年的努力，功能实验室 2015 年在印度尼西亚贯穿流南海分支、印度洋季风爆发、浪-潮-流耦合数值模式方面取得突破进展。

【青岛海洋科学与技术国家实验室——海洋地质过程与环境功能实验室(国家海洋局第一海洋研究所)】 该功能实验室依托国家海洋局第一海洋研究所，由国家海洋局第一海洋研究所、中国科学院海洋研究所、中国海洋大学、青岛海洋地质研究所和国家海洋局深海基地管理中心共建而成。实验室主体是在现有的海洋沉积与环境地质国家海洋局重点实验室、中国科学院海洋所海洋地质与环境重点实验室、中国海洋大学海底科学与探测技术重点实验室、青岛海洋地质所海洋地质和油气资源重点实验室及深海基地管理中心的基础之上整合而成，同时吸纳该领域国内外优势研究力量参与。

该实验室针对海洋地质过程与环境演化领域所面临的重大问题，组织开展深入、系统的科学研究，搭建我国海洋地质学的重要科研平台，解决我国建设与发展面临的重大海洋地质问题，满足我国在维护海洋可持续发展和 21 世纪海上丝绸之路的战略需求。创建具有国际水平的海洋地质优秀科技创新团队，努力产生一批原创性的重大科技成果，推动海洋地质学科发展，成为在国际海洋地质领域有重要影响的研究基地和交流中心。以先进的仪器装备、良好的学术气氛和高水平的学术地位，促进学科交叉，成为汇聚国内外海洋地质学科优秀人才、培养海洋地质高层次人才的基地。

2015 年功能实验室组建 50 名固定研究人员组成的研究团队，聘请国内外 13 名知名专家组成学术委员会。与海洋矿产资源评价与探测技术功能实验室功能实验室共同牵头承担青岛海洋科学与技术国家实验室鳌山科技创新计划项目——亚洲大陆边缘地质过程与资源环境效应。经过一年的努力，功能实验室 2015 年在中国陆架年代学研究、印度洋古气候、深海观测等方面取得重要进展。

（国家海洋局第一海洋研究所）

【卫星海洋环境动力学国家重点实验室（国家海洋局第二海洋研究所）】 卫星海洋环境动力学国家重点实验室（SOED）的前身是国家海洋局海洋动力过程与卫星海洋学重点实验室，集中国家海洋局第二海洋研究所在物理海洋、海洋遥感和海洋生态等方面的传统优势和人才力量，于 2006 年 7 月由科技部批准建设，2009 年通过验收。现任学术委员会主任为中国科学院院士吴国雄研究员，实验室主任为柴扉教授。

卫星海洋环境动力学国家重点实验室是国家海洋局系统第一个也是目前唯一的国家重点实验室。作为国家部门公益性研究机构的组成部分，实验室承担着大量的国家专项任务，在注重科学研究的同时强调实际贡献。因此，实验室定位的基本原则是：国家重大需求与科学前沿并重，应用基础研究与基础研究并重，高新技术开发与科学创新并重，打造特色鲜明的、代表国家水平的、具有国际影响力的一流海洋科研基地。实验室设立三个主要研究方向：海洋卫星遥感技术与应用、近海动力过程与生态环境、大洋环流与短期气候变化。实验室的特色主要表现在三个方面：一是有机结合物理海洋学与卫星海洋学，形成一个国际海洋界非常罕见的学科交叉研究平台；二是开发和集成海洋观测高新技术，在卫星遥感和 Argo 应用等方面处于国内领先和国际先进水平；三是自主研发军民兼用海洋环境监测和预报系统，满足国防建设和防灾减灾的国家需求。

截至 2015 年，实验室有固定人员 49 人，其中研究人员 43 人，技术支撑及管理人员 6 人。研究人员中有中国科学院院士 2 人，中国工程院院士 1 人，国家“千人计划”特聘专家 2 人，国家杰出青年科学基金获得者 1 人，国家优秀青年科学基金获得者 1 人，国家“青年千人计划”入选专家 1 人，基本形成一支以高水平学术带头人为核心，中青年科学家为中坚力量、团结向上、充满活力的科研团队。此外，实验室还有流动人员 58 名，包括兼职“海星学者”、客座研究员和博士后研究人员。

在争取和完成科研项目方面，实验室依然保持良好的势头。2015 年实验室承担各类科研项目 110 余项，其中新上课题 36 项。在研项目中，主持和参加“973 计划”课题 10 项（首席 1 项），“863 计划”项目 2 项（主持 1 项），国家科技支撑计划项目 1 项，科技部科技基础专项 1 项，国家自然科学基金项目 37 项（其中创新群体 1 项，杰青 1 项，优青 1 项，重大研究计划重点支持项目 3 项），海洋公益性行业科研专项 5 项，浙江省自然科学基金 2 项（杰青 1 项）。

在产生和凝练科研成果方面，实验室取得突破式进展。2015 年共发表科技论文 147 篇，其中 SCI/EI 收录 128 篇；编写专著 3 部；并获得国家发明专利 7 项，实用新型专利 1 项；获得海洋科学技术进步奖一等奖 1 项（排名第八），上海市科学技术进步奖特等奖 1 项（排名第十五）。实验室年度 SCI 论文数量首次突破百篇，平均影响因子达到 2.0 以上。大洋环流与气候研究团队在 Nature Geoscience 上发表论文，对研究厄尔尼诺的多样性及其成因提出新的视角。

在团队建设与人才培养方面，2015 年实验室亮点频出。陈大可研究员当选为中国科学院院士；王桂华研究员入选创新人才推进计划中青年科技创新领军人才以及国家百千万人才工程；吴巧燕研究员获得浙江省杰出青年基金；周磊研究员成为 JGR-Oceans 副主编；倪晓波入选浙江省 151 人才第三层次。此外，SOED 增选凌征、杨成浩为实验室固定成员；并在国家人才计划的支持下，选派何贤强、王迪峰、白雁、宣基亮等青年研究人员分别赴美国、德国、加拿大的相关大学和研究机构开展合作研究。

在开放、交流与合作方面，实验室也开展大量工作。2015 年实验室在推动国家“一带一路”战略中发挥重要作用，积极开展中巴、中非等国际合作，不仅举办 2015 非洲海洋遥感和物理海洋应用技术培训班，还派遣研究人员前往桑给巴尔、巴基斯坦等国家访问，并捐赠科研仪器。另外，在实验室开放课题资助下发表学术论文 17 篇，其中 SCI/EI 论文 14 篇，编写专著 1 部。河海大学雍斌教授承担的项目获得实验室开放课题的滚动资助。

（国家海洋局第二海洋研究所）

【海底科学与探测技术教育部重点实验室（中国海洋大学）】 海底科学与探测技术教育部重点实验室依托于中国海洋大学海洋地球科学学院。实验室现有科研人员 48 人，流动人员 10 人，其中，院士 2 人，“973”首席科学家 1 人，教授 24 人（其中博士生导师 15 人），副教授 11 人，讲师 6 人，实验室技术管理人员 7 人。拥有基础设施优良的研究实验场所，总面积约 3000 平方米，初步建成由系列大型仪器设备构成的海底科学与探测技术研究与创新平台，设备总值达 3200 余万元。实验室现有海洋地质博士后流动站点，3 个博士点，1 个硕士学位授权一级学科和 4 个硕士点，3 个本科专业，构成完善的以海底科学与探测技术为特色研究方向的人才培养体系。实验室拥有 1 个山东省“泰山学者建设工程”设岗学科（海洋地质学）。实验室一直围绕国内外海底科学与探测技术研究的热点和前沿领域，根据国家的发展需求，开展一系列基础、应用基础和技术开发研究，主要研究领域涉及海洋沉积与工程环境、海底资源与成矿作用、海底能源探测与信息技术和大陆边缘构造与盆地分析等。

实验室承担在研纵向项目 95 项，批准经费 14751 万元，其中 2015 年新增项目 28 项，实到经费 4596 万元；在研横向项目 327 项，批准经费 11622 万元，其中 2015 年新增项目 90 项，实到经费 2486 万元。

2015 年度，作为第一单位在《自然》子刊发表论文 1 篇，实验室骨干人员发表 SCI 论文总计 62 篇，EI 论文 21 篇，授权发明专利 4 项，获得软件著作版权 8 项。

1 人入选 2015 年度 ESI 全球高引科学家名录和 ESI 全球 TOP1%科学家名录，1 人获得国家杰出青年基金资助，1 人入选山东省泰山学者。

“十二五”期间，继续与国内海洋地质调查研究院开展人才培养合作，并与美、德、日、澳、英、法等发达国家相关的海洋研究机构和大学建立广泛的国际合作和人才联合培养，国际学术交流活动频繁。

【海水养殖教育部重点实验室（中国海洋大学）】 实验室于 1994 年建立，是水产养殖国家重点学科的核心组成部分。主要研究方向有：增养殖生态、水产动物营养与饲料、遗传育种和水产动物病害与免疫。实验室拥有逾 5000 平米的使用面积、10 个功能实验室以及完备的研究设备；现有固定研究人员 46 人，包括教授 27 人、副教授/高级工程师 11 人，院士 2 名、“长江学者特聘教授”2 人、国家杰出青年基金获得者 4 人、享受国务院政府特殊津贴 4 人，博士生导师 21 人，教育部新（跨）世纪优秀人才 7 人。实验室目前涵盖水产养殖、水生生物学和动物学三个博士点和硕士点，拥有水产学科博士后流动站。

实验室共承担在研科研项目 90 余项，2015 年新申请课题 15 项，新增合同到校经费 1306.6 万元，其中新增国家级项目 11 项（含国家杰出青年科学基金项目 1 项），省部级项目 3 项，横向课题 2 项。

2015 年发表学术论文 164 篇，其中 SCI 收录 137 篇，出版译著 1 部。获得国家发明专利授权 16 项，申请专利 12 项。获得山东省青年科技奖、山东省科技进步一等奖和国家海洋局海洋科学技术奖二等奖各 1 项。

2015 年度培养博士后 2 人、博士生 20 人、硕士生 44 人，在读博士后 4 名、博士研究生 68 名、硕士研究生 153 名，通过建设高水平大学公派研究生项目公派联合培养研究生 12 名，到国外攻读博士学位研究生 8 名。获山东省优秀博士学位论文奖 3 项、优秀硕士论文奖 4 项。

实验室 2015 年度主办“纤毛虫多样性国际学术研讨会”，来自美国、德国、瑞典、俄罗斯、日本、西班牙、阿根廷等国家的 60 多名专家学者参加会议；通过中国海洋大学“绿卡人才工程”，聘任密歇根大学段存明教授作为山东省泰山学者优势特色学科人才团队引进，协助实验室进行“水产动物分子营养学”学科建设；参加在美国马萨诸塞州 Cape Cod 举行的第 6 届世界牡蛎大会、在西班牙 Santiago de Compostela 举行的第 12 届国际水产养殖遗传学大会、在武汉举办的第十届世界华人鱼虾营养学术研讨会、在广州市召开的全国海水养殖学术研讨会等。验室还邀请来自挪威卑尔根大学、美国奥本大学、美国马里兰大学、日本东京海洋大学、美国 NOAA 阿拉斯加渔业科学中心、美国密歇根大学等 20 余位顶级专家、教授和研究人员进行学术访问。

【海洋化学理论与工程技术教育部重点实验室（中国海洋大学）】 实验室于 2005 年批准立项建设，2009 年 5 月通过验收，主要研究方向有：活性气体的生物地球化学过程及气候效应、海洋有机地球化学、生源要素的海洋生物地球化学、痕量金属及海洋生物地球化学过程示踪、海水综合利用技术、环境友好型海洋功能材料与防护技术。实验室拥有“海洋有机生物地球化学”国家自然科学基金委创新研究团队、“海洋化学”高等学校学科创新引智基地、“环境友好型海洋功能材料与防护技术”科技部重点领域创新团队。现有固定人员 66 人，其中中国工程院院士 1 人、国家杰出青年基金获得者 2 人、教育部“长江学者”特聘教授 2 人、山东省“泰山学者”2 人、山东省“泰山学者”攀登计划 1 人、中国海洋大学“筑峰人才工程”特聘教授 2 人、中国海洋大学“绿卡人才工程”特聘教授 1 人、教育部新世纪优秀人才 9 人。

2015 年实验室新获批项目 13 项，总合同经费 1897.76 万元，主要包括基金委创新群体延续资助项目 1 项、基金委重点国际合作与交流项目 1 项，重点项目 1 项，自然科学基金面上项目 8 项、青年项目 2 项。目前实验室成员共承担在研项目近百项，总合同经费 7400 余万元。

2015 年度实验室共发表学术论文 135 篇，其中 SCI 或 EI 收录论文 130 篇；授权发明专利、实用新型专利 15 项。

2015 年度实验室刘素美教授获批山东省“泰山学者”特聘教授，引进科研博士后 4 名、实验技术人员 1 名，培养博士生 36 名、硕士生 175 名（含工程硕士 42 名）。

2015 年实验室共设立 9 项访问学者及开放课题基金，依托“海洋化学创新引智基地”建设，共邀请 20 余位国内外专家学者来实验室开展学术交流与合作研究。

【海洋环境与生态教育部重点实验室（中国海洋大学）】　实验室围绕国家海洋环境保护和生态安全的重大需求，依托国内首个环境海洋学博士点、我国第一批环境科学与工程博士授予权一级学科和环境科学、海洋科学国家重点学科，以近海环境动力过程及其对海洋生态系统的影响、近海污染物的环境行为与控制和海岸带工程环境与水资源保护为主要方向，重点关注人为活动影响下海洋生态系统的响应。实验室是我国首个获批的国家实验室“青岛海洋科学与技术国家实验室”的重要组成部分，建立滨海地下水污染控制技术和滨海湿地生态修复技术体系，开发海岸带环境动态变化监测系统。

实验室形成一支由院士领衔，以“973”首席科学家和杰出青年基金获得者为学术带头人，以青年研究人员为主体的优秀集体。现有面积 3200 平方米，仪器设备总价值 4300 余万元，搭建完善分析测试、现场监测、模拟与工程试验、环境数值模拟与分析 4 个实验功能平台。

2015 年实验室承担在研科研项目 97 项，包括国家水体污染控制与治理科技重大专项课题 2 项，国家重大科学研究计划 1 项，“973 计划”课题 2 项，国家重大科研仪器研制项目 1 项，国家自然科学基金项目 34 项，科技基础性工作及社会公益研究专项 1 项，公益性项目 13 项；围绕山东省、青岛市等海洋经济发展和半岛蓝色经济区发展，2015 年度新增科技服务与咨询等横向项目 50 项。

2015 年实验室发表学术论文 130 余篇，其中 SCI/EI 收录论文 71 篇，出版专著 2 部，获授权专利 18 项，新申请专利 17 项。

2015 年实验室“山东省万人计划”讲座教授在岗 2 人，“学校绿卡计划”讲座教授在岗 2 人，新引进师资博士后 1 人。姚小红教授入选国际知名期刊 Atmospheric Environment 编委。共有博士研究生 94 人、硕士研究生 299 人，其中 2015 年入学博士生 31 人、硕士生 117 人。

2015 年度共参加国际会议 29 人次，邀请国内外学者来访交流 6 人次，派出青年访问学者 4 人、高级访问学者 2 人在欧美知名高校进行合作研究。

【海洋生物遗传学与育种教育部重点实验室（中国海洋大学）】　实验室建于 20 世纪 50 年代，创建者为著名遗传学家方宗熙先生，是我国海洋生物遗传学与育种技术研究的发祥地，50 多年来为我国海洋生物遗传学理论与育种技术的创立做出开创性的贡献。1983 年教育部设立海洋生物遗传研究室，2008 年12 月获批建设教育部重点实验室，2011 年 6 月通过验收。

实验室依托遗传学山东省重点学科建设，拥有遗传学博士点和硕士点，生物学和海洋生物学 2 个博士后流动站。实验室面向海洋生物遗传学重大科学问题和蓝色种业发展的重大需求，从分子、细胞、个体和群体等多层次开展海洋生物遗传学与种质资源开发研究。主要研究方向有：海洋生物分子遗传学与分子育种、海洋生物细胞遗传学与细胞工程育种、海洋生物基因组学与进化生物学。

实验室现有固定科研人员 25 人，其中教授 12 人、副教授 8 人，具有博士学位者占 91.66%，90%以上有国外留学或工作经历，80%主持或主持完成过国家级课题。2015 年度实验室重点建设基因组学和生物信息学研究分析平台，具有省内最先进的生物信息学高性能计算服务器、illumina 和 IonTorent 高通量测序仪、全自动移液工作站、染色体激光显微切割仪等 30 余台件先进的大型设备。

实验室共承担在研科研项目 70 余项，包括国家“十二五”“863”重点项目 1 项、“863 计划”课题 7 项，国家科技重大专项 1 项，国家自然科学基金项目 18 项，国家支撑计划项目 1 项，公益性科研专项 2 项，山东省良种工程重大课题 2 项，山东省科技重大专项 1 项，年到校经费 1918.05 万元。

实验室 2015 年入选青年长江学者 1 人、全国农业科研杰出人才 1 人，获批经济海藻遗传学与育种创新团队 1 个，获聘山东省泰山学者特聘教授 1 人。现有在读博士生 47 人、硕士生 102 人，2015 年度招收博士研究生 17 人、硕士研究生 31 人，获得博士学位 13 人、硕士学位 23 人，其中 1 人获得山东省优秀博士论文。

实验室 2015 年共发表学术论文 60 余篇，其中 SCI 收录 37 篇；授权专利 7 项，申请专利 9 项；获水产新品种证书 1 项；获得国家科技进步奖二等奖 1 项。

实验室与挪威 SARS（EMBL）实验室已达成初步合作意向，将重点开展海洋生物无脊椎动物发育与进化的合作研究。2015 年，先后有 20 余人次参加国内学术会议，6 人次参加国际会议，并多次在会议上做主题报告。实验室设立专项基金，先后邀请 8 位国外专家和 3 位国内专家来实验室进行学术交流。

【海洋药物教育部重点实验室（中国海洋大学）】 实验室以海洋生物资源为基础，以危害人类生命与健康的重大疾病防治药物研究为目标，开展海洋药物的应用基础研究。主要研究方向有：海洋糖化学与糖生物学、海洋天然产物化学、药理学、海洋药用生物资源学。

实验室现有固定人员 68 名，其中教授 31 名、副教授 18 名。队伍中有中国工程院院士 1 名、国家“千人计划”特聘教授 1 人、国家“青年千人计划”专家 1 人、山东省“泰山学者”海外特聘专家 1 名、山东省“泰山学者”特聘教授 2 人、教育部“长江学者和创新团队”1 个、教育部“新世纪优秀人才”8 名、国家自然科学基金优秀青年基金获得者 2 人，十二五”国家“863 计划”海洋技术领域主题专家 1 名、第十三届国家自然科学基金委员会二审专家 1 名、国务院学位委员会第七届学科评议组成员 1 人，山东省有突出贡献中青年专家 1 名、享受国务院政府特殊津贴专家 3 名、青岛市拔尖人才 3 人。

实验室有实验楼 7800 平方米，基本建成以核磁共振波谱仪（JNM-ECP 600）、线性离子阱静电场轨道阱组合质谱仪（LTQ-Orbitrap XL）、共聚焦显微镜（LSM510）、流式细胞仪（FACS.VAN.TAGE）为代表的海洋药物研究开发公共服务平台，仪器设备总值 7600 余万元。建有国家海洋药物工程技术研究中心，是国家综合性新药研究开发技术大平台—山东省重大新药创制中心的主要承担单位之一，是中国药学会海洋药物专业委员会的挂靠单位。

2015 年度，实验室在研项目共计 105 项，新立项项目 20 项，到位科研经费 5000 余万元；共发表 SCI/EI 收录论文 91 篇，其中在 Org. Lett、Oncotarget、J. Org. Chem.、J. Nat. Prod.等国际知名学术期刊上发表影响因子 3.0 以上的论文 32 篇，影响因子 5.0 以上的论文 9 篇，授权国家发明专利 20 项。“药理学与毒理学”学科（领域）跻身 ESI 全球科研机构前 1%行列。获山东省科技进步奖二等奖 1 项。

引进学校“绿卡人才工程”客座教授 1 人、“青年英才工程”岗位人才一层次 2 人、三层次 1 人；入选国家“青年千人计划” 1 人，受聘“泰山学者”特聘教授 2 人，获批“国家自然基金优秀青年基金” 1 人。培养博士 25 人、硕士 80 人。

实验室主办“第四届全国斑马鱼研究大会”，联合举办“第十二届海洋药物学术年会”“2015 硫酸软骨素和透明质酸 360°产业论坛”；成立中国药学会海洋药物专业委员会“海洋药物博士论坛”青年委员会，作为中国药学会的卫星会议，成功组织“第三届海洋药物博士论坛”；邀请美国国家工程院院士、中国工程院外籍院士黄锷、国际斑马鱼资源中心主任美国俄勒冈大学 Monte Westerfield 教授、美国加州大学洛杉矶分校（UCLA）林硕教授等国内外知名学者 20 人次，来学院举行学术讲座，促进学术交流与项目合作。有 100 余人次参加克罗地亚 Split 召开的第 23 届国际糖复合物会议、英国格拉斯哥第 9 届欧洲海洋天然产物会议等国内外学术会议，有近 30 人次做大会报告或特邀报告。

【物理海洋教育部重点实验室（中国海洋大学）】　实验室 1999 年被首批确认为教育部重点实验室。实验室现有成员 68 人，其中中国科学院院士 3 人，国家杰出青年基金获得者 2 人，千人计划学者 4 人，长江学者 3 人，泰山学者 3 人，拥有国家自然科学基金委创新群体 1 个，科技部重点领域创新团队 1 个。实验室依托一级学科国家重点学科“海洋科学”，设有海洋科学、大气科学博士点及博士后流动站。

实验室开展海洋动力过程的演变机理及其气候效应的基础研究，主要研究方向为：海洋环流动力学、海洋波动与混合、海洋-大气相互作用与气候，下设近海环流与物质运输、大洋环流动力学、极区海洋动力过程、海浪与小尺度海气、海洋内波与混合、大洋环流动力学、海-气相互作用与气候、海洋与气候系统模式。

实验室拥有大型风-浪-流水槽、内波水槽、旋转水槽、SGI 超级计算机和大型计算机集群等大型设备以及一大批先进的外海和室内观测仪器，同时也是中国海洋大学 3500 吨“东方红 2 号”综合科学考察船的主要用户。目前正在推进海上观测平台，室内试验平台，数值模拟平台和数据共享平台的建设。

实验室 2015 年新增各类项目 60 项，合同额 18000 余万元；在研主持国家“973 计划”项目 2 项，国家重大科学研究计划项目 3 项，国家自然科学基金委—山东省人民政府联合资助海洋科学研究中心项目 1 项，山东省自主创新重大关键技术项目 1 项。

实验室共发表各类高水平学术论文 119 篇，其中在《自然》系列期刊发表论文 9 篇，在其他 SCI 期刊发表论文 62 篇；授权国家发明专利 1 项，实用新型专利 2 项，软件著作权登记 3 项；获教育部自然科学奖一等奖 1 项。

实验室本年度接收优秀博士毕业生 3 人，共招收硕士、博士生 124 人，博士后入站 7 人；毕业博士、硕士毕业生 69 人，博士后出站 1 人。

实验室 2015 年度参加国内外各类学术访问活动 60 余人次，并邀请国内外知名学者来室进行学术访问与交流，举办各类特邀学术报告 30 余次。主办热带海洋与气候国际研讨会（International Symposium on Tropical Ocean and Climate）、“西太平洋洋陆过渡带壳幔-海洋系统、过程与动力学”高峰论坛（Forum on Processes and Dynamics of Crust-mantle-ocean System in Ocean-continent Transition Zone of the Western Pacific Ocean）等较大

规模的学术研讨会议。

【海洋能源利用与节能教育部重点实验室（大连理工大学）】 实验室于2008年批准立项，目前固定人员56人，其中研究人员55人，教授（研究员）37人，博士生导师36人，副教授12人，讲师6人。固定人员中长江学者特聘教授2人，国家杰出青年基金获得者2人，享受国务院特殊津贴专家2人，中科院百人计划1人，教育部跨（新）世纪优秀人才3人，辽宁省百千万人才工程百人层次2人，千人层次4人，大连市优秀专家2人，辽宁省优秀青年教师1人。研究人员中，具有博士学位人员占89%。

目前已形成专业结构合理、科研工作与教学工作紧密结合的良好格局，各项工作蓬勃发展，并已同美、日、英、德、奥地利等国家广泛发展高层次的学术交流合作。

实验室2015年新增经费5597.60万元，其中纵向经费2826.61万元；共完成和承担各类科研项目108项（20万元以上），其中纵向课题66项：国家重大科技专项1项，科技支撑计划2项，“973计划”项目3项，国家自然科学基金重点项目2项、杰出青年基金2项、重大项目1项、重大研究计划（培育）项目1项，国际合作1项，国防科研项目2项，公益性行业专项牵头3项等。

2015年发表学术论文407篇，其中SCI收录论文118篇，EI收录论文109篇，其中天然气水合物相关的论文，世界检索排名第一位，多篇论文被归入学术领域最优秀的1%之列。授权中国发明专利18件，申请发明专利33件。

实验室2015年期间参加国际学术会议34次，参会人员56人。参加国内学术会议30次，参会人员50人。

【水产品安全教育部重点实验室（中山大学）】 实验室整合生物学国家一级重点学科、2个化学及1个公共卫生国家二级重点学科、1个国家级工程中心（南海海洋生物技术国家工程研究中心）、2个国家开放实验室和专业实验室（国家“863计划”海洋生物功能基因组开放实验室、水生经济动物繁殖、营养和病害控制国家专业实验室）、3个省部级重点实验室和工程中心（广东省水生经济动物良种繁育重点实验室、教育部食品工程研究中心、教育部南海海洋生物技术工程中心）等优势资源，于2009年批准建设，2012年通过验收。

实验室重点针对水产养殖动物原初产品生产中质量安全标准研究滞后、直接相关疾病问题突出、养殖管理难度大等关键问题开展研究，主要研究方向包括：水产安全养殖标准化与技术，水产品质量安全标准研究和评价，水产品安全与人体健康。

实验室现已形成一支由46名固定科研人员组成的结构合理的学术梯队，包括教授21名（博士生导师18人），副教授13名，讲师4名，研究员1名,副研究员1名，高级工程师1名，高级实验师1名，中级实验师1名，助理实验师3名。其中，5人获得国家杰出青年科学基金，3人获得珠江学者，1人获得香江学者，1人入选“新世纪百千万人才工程”国家级人选，1人入选教育部“新世纪优秀人才支持计划”，1人入选中科院“百人计划”，1人入选广东省特支人才科技创新青年拔尖人才计划并获得国家海洋局2015年海洋领域优秀科技青年称号。本年度实验室在培博士研究生59人，硕士研究生81人。

实验室拥有包括测试中心、水生经济动物研究所、海洋生物技术研究院及珠海市海洋生物技术公共实验室在内的5982平方米的实验场所，仪器设备总值2870.48万元。

实验室承担各类科研项目86项，合计获得科研经费2297.079万元，包括国家“973计划”项目5项、国家自然科学基金面上项目28项、重点项目2项、杰出青年科学基金1项、优秀青年科学基金项目2项，国家科技支撑项目3项，国家科技攻关计划项目2项，国家海洋公益项目1项，国家重大科研仪器研制项目1项，国家质检总局科技计划项目1

项。其中，与深圳大学、香港城市大学的合作项目“藻菌对水环境污染物的去除效应与机制”获得广东省科学科技奖励三等奖。发表SCI收录论文56篇，EI收录14篇；申请发明专利13项、实用新型专利1项，授权发明专利4项。

实验室致力于开展水产品安全相关的高水平国际学术交流与合作。2015年，推进与Molecular Foundry Lawrence Berkeley National Laboratory的合作，共同开展“迟缓爱德华菌耐药的组学研究”项目；加深与香港浸会大学环境与生物分析国家重点实验室的交流，大力支持杨丽华副教授等年轻学者前往香港城市大学进行项目合作；支助陈子健、荣小小两位优秀学生远赴美国麻省大学达特茅斯分校实习。本年度共有13人次参加包括“The ICETAR 2015：International Conference on the Evolution and Transfer of Antibiotic Resistance”“第12届生物毒素研究及医药应用学术大会”“全国有机质谱技术与应用学术研讨会”“中国化学会第十二届全国分析化学年会”“环境化学中青年学者战略研讨会”“第43届高效液相色谱及相关技术国际学术研讨会”等国内外多个学术会议并作出精彩的学术报告，承办“第十七届先进萃取技术国际研讨会”“首届广东省环境化学研讨会”等学术会议，邀请美国桑福德-伯纳姆医学研究所熊筱鹏研究员及国立台湾大学宋延龄前来访问交流。实验室与中国水产科学研究院南海水产研究所、深圳市福田区疾病预防控制中心、广州时丰农业科技有限公司等开展合作，设立6个开放基金项目，让国内外同行年轻优秀学者的学术研究获得经费支持。

【应用海洋生物技术教育部重点实验室（宁波大学）】 实验室于2005年批准立项建设，于2008年通过教育部验收。实验室现有固定人员119人，其中正高级工程师42人，副高级工程师40人，博士81人。实验室面积7700平方米，现有仪器设备3620台/套，仪器总值达10225万元。主要研究方向有：海洋生物活性物质和水产品高值化、海洋生物基因资源的研究与开发、海水养殖生物优良种苗的繁育和种质保存、海洋环境保护与生物修复。

实验室2015年新增各类科研项目125项，其中国家级项目32项（国家自然科学基金优秀青年基金1项，国家科技部星火计划重点项目1项），省部级以上项目26项，科研经费达3626万元。实验室人员公开发表论文345篇，其中SCI/EI收录论文154篇；申请专利113项，授权发明专利76项；获国家科技进步奖1项（排名第二），教育部高校科研成果二等奖1项，中华农业科技奖一等奖（排名第二），浙江省科学技术奖2项，宁波市科技进步奖4项。实验室人员在参与科技创新活动、推进科技合作等方面作出突出贡献，成员获得宁波市青年科技奖。

实验室2015年培养博士3人，硕士生164人，留学生4人，授予学位146人；招收博士生19人，硕士生192人。举办各类继续教育培训班10次，为地方培养海洋经济发展所需人才达600多人次。

实验室2015年承办“2015水产养殖青年科研人员研讨会”“水产动物免疫学青年学术论坛暨学术交流”“2015年海洋蟹类产业研讨会”“宁波市滩涂贝类优质饵料微藻新种株发布会及其规模化扩繁技术交流会”等多场学术交流会，邀请20多位专家学者做学术报告。参加各类国内外学术会议40多人次。组织参加“2015中国海洋经济博览会”，与地方和企业签署共建技术合作中心13家。

【大洋渔业资源可持续开发教育部重点实验室（上海海洋大学）】 实验室于2008年经教育部批准建设，2012年通过验收。实验室人员共37人，其中教授13人、副教授17人，实验技术人员5人，管理人员2人。科研人员中具有博士学位32人，博士生导师9人，硕士生导师21名。实验室占地面积3300平方米，仪器设备总价值1.2亿元。

实验室围绕大洋渔业资源开发过程中涉及的开发对象、开发地点和开发手段等三个主要内容，结合捕捞学科和渔业资源学科的发展前沿和趋势，对接国家战略目标和我国大洋性公海渔业产业需求，设置渔业资源数量变动机制及开发策略、高效节能生态型捕捞技术、基于3S的渔情预报技术等三个研究方向。

实验室2015年新增科研项目64项，累积到位经费合计763.605万元。其中纵向科研项目25项，累计到位经费合计446万元，横向科研项目39项，累计到位经费合计317.605万元。

实验室2015年发表SCI论文34篇，平均影响因子1.53，发表中文核心论文81篇；出版专著9部；申请发明专利3项，实用新型专利10项，软件著作6项；获上海市科技进步一等奖等科研奖项6项。

2015年共招硕士研究生101人，博士研究生10人，引进师资博士后1名。举办鱼类年龄鉴定及生活史分析研修班1次，渔业资源评估和管理高级应用研修班1次，资助青年科研人员开放基金项目10人，共计20万元。

实验室2015年邀请日本古野电气株式会社太田厚士课长、会社上海办事处市场部经理冈松克典及张诚祺，澳大利亚南极局首席科学家So Kawaguchi博士，《国际遥感》主编Arthur P. Cracknell教授和英文文字编辑Pauline Lovell女士，日本AquaSound公司总裁、东京海洋大学研究员ToyokiSasakura博士，加拿大科学院双院士Ray William Hilborn等国外相关专家来实验室交流访问。

【水产种质资源发掘与利用教育部重点实验室(上海海洋大学)】 实验室于2005年批准立项建设，2008年通过验收。实验室现有科研人员61人，其中教授21人（博士生导师16人），副教授21人，讲师17人，实验室技术管理人员5人。科研人员中入选国家“千人计划”2人次，国家杰出青年基金获得者1人次，上海市“千人计划”1人次，上海市“东方学者”5人。实验室占地面积4059平方米，其中科研用房3435平方米。实验室建立高通量测序分析、细胞学分析、模式生物、生物信息学等4个技术平台，仪器设备1800多台(套)，总价值5912.4万元，其中10万元以上大型设备仪器90台（套）。

实验室以海洋生物多样性基础理论研究为主要内容，主要研究方向有：水产动物分子进化研究，鱼类化学生理、信息素通信、鱼类信息素调控，条斑紫菜自由丝状体发育调控与无贝壳育苗新技术研究，坛紫菜良种选育技术研究等。

实验室2015年度共主持各类项目课题36项，在研科研项目74项，在研经费2100万，新增经费1050万元。在*PNAS*、*Nucleic Acids Res*、*MolEcol*、*Stem Cells*、*Algal Res*等高水平学术期刊发表SCI论文42篇，申请专利40项，其中发明专利15项，出版专著7本。

实验室2015年获得“海洋领域优秀科技青年”荣誉称号1人，入选上海市“青年东方学者”1人，入选上海市青年科技英才扬帆计划和晨光计划1人。招收培养博士研究生6人，硕士研究生63人；毕业博士生5人，硕士生61人。截至2015年12月，实验室在站博士后2人，博士研究生20人，硕士研究生214人。

实验室2015年11名师生到国外进修学习，邀请同行专家学者到实验室开展合作交流和开展学术报告会30多次。同时，实验室加强与美国奥本大学、密歇根州立大学、马里兰大学、伊利诺伊大学香槟分校，日本东京海洋大学、北海道大学，葡萄牙阿尔加夫大学等国外著名高校的交流，开展学科建设、人才培养等方面的实质性合作。

【滨海湿地生态系统教育部重点实验室（厦门大学)】 实验室以国家重点学科水生生物学、动物学、环境科学、福建省重点学科生态学为依托，于2007年底获得批准建设，2011年通过教育部验收。

实验室的总面积约6500平方米，拥有仪器设备超过8000万元。实验室下设红树林湿地生态学、微生物生态学、微藻生态学、动物生态学、水域生态学、植物分子生态学、环境与生态组学、环境水化学与生物地球化学、污染生态学、环境毒理学、水污染修复与治理等 11 个功能实验室。

实验室拥有固定人员 54 人，流动人员 14 人。固定人员中，博士生导师 24 人，教授 30 人，副教授、助理教授 17 人，技术人员 5 人，行政人员 2 人。科研队伍中 90%以上具有博士学位，其中中科院院士 1 人，长江学者 1 人，杰出青年基金获得者 3 人，科技部中青年科技创新领军人才 2 人，闽江学者特聘教授 1 人，厦门大学特聘教授 2 人，青年千人计划获得者 2 人，国家优秀青年科学基金获得者 1 人，教育部新（跨）世纪人才 7 人。

实验室立足国家对沿海区域生态安全与保护的重大需求，以多学科交叉为基础，主攻亚热带滨海湿地生态系统的结构、生态功能及环境修复研究，全面提升我国滨海湿地生态学研究和资源保护与应用的总体水平，带动滨海湿地生态学研究和资源可持续利用的全面发展，服务海峡西岸经济区的建设，提高我国在国际湿地生态学研究中的地位，为我国解决亚热带、热带地区滨海湿地环境污染和生态退化问题提供科学依据。

实验室 2015 年共承担各类科技项目 153 项，到位科研经费 2895 万元，其中新增各类科技项目 55 项，合同经费 2137 万元。主持的在研科研课题主要包括：国家自然科学基金重点项目 3 项、国家自然科学杰出青年科学基金 1 项、国家优秀青年科学基金 1 项。此外，主持承担主持国家“973 计划”课题 2 项、国家科技支撑计划项目 1 项、国家海洋公益性行业科研专项项目 1 项和国家基金国际（地区）合作与交流项目 1 项，及国家自然科学基金面上、青年基金项目 45 项。

实验室共发表 SCI 收录论文 101 篇，其中以实验室人员为第一或通讯作者的 80 篇（占 79.2%），JCR 顶级期刊论文 20 篇，影响因子大于 2 的 72 篇；出版专著 4 部，获得授权国家发明专利 3 项；研究成果“应对气候变化红树林移植及资源优化技术”获得海洋科学技术二等奖。

实验室新引进 1 名优秀青年人才，1 人入选“中组部第十一批青年千人计划”，1 人入选“科技部中青年科技创新领军人才”，1 人荣获 2015 年海洋领域优秀科技青年称号，3 人入选省、市相关人才项目。

实验室依托 2015 年共有 44 名硕士生毕业，15 名博士生毕业；在读博士生 89 人，硕士生 212 人。

实验室 2015 年设立“高级访问学者与开放课题基金”和“青年访问学者与开放课题基金”各 3 项，出国/境访学、交流及开展合作研究达近百人次，参加国际学术会议 59 人次，作特邀报告/大会报告 4 人次。继续开展特色品牌学术交流活动“环境与生态香山论坛”5 场、“生态与环境讲坛”27 期；承办 1 场国际性会议“世界自然与保护联盟红树林特别专家组第三届年会”，1 场全国性会议“中国海洋湖沼学会藻类学分会第九届会员大会暨第十八次学术讨论会”，并与兄弟单位联合举办“第二届生态毒理学学术研讨会”。

【水声通信与海洋信息技术教育部重点实验室（厦门大学）】　实验室于 2005 年获教育部批准建设，2009 年通过教育部验收。实验室现有固定研究人员 35 名，技术人员 26 名，行政人员 3 名，流动人员 4 名。研究人员的平均年龄 40.7 岁，45 岁以下占 76.2%。2015 年度，实验室完成 1000 平方米工程测试环境建设和改造，新采购测试设备总值约 500 万元。

实验室 2015 年共承担各类科研课题 114 项，合同经费 6976.84 万元；其中年度新增课题 42 项，合同经费 2168.81 万元，包括国家自然科学基金面上项目 7 项、国家自然科学基金青年项目 2 项，海洋公益项目 1 项、中科院声学所项目 1 项。同时，实验室还积极发挥社会服务功能，承担各企事业单位委托的横向课题 57 项，合同经费 2380.8 万元，其中，年度新增横向课题 24 项，合同经费 1029.97 万元。

实验室2015年共发表论文68篇，其中SCI论文19篇、EI论文21篇；授权专利17项，申请专利47项。研究成果“微型生物在海洋碳储库及气候变化中的作用”获得2015年度国家自然科学二等奖。

2015年度引进国家千人计划1名，技术人员10名；共承担各类研究生教学工作1340课时，本科生教学工作2057课时，并培养在读博士生48名，硕士生164名。

【海岸与海岛开发教育部重点实验室（南京大学）】 实验室于1990年由国家计委、国家科委、国家教委批准为国家试点实验室，2000年被审批为教育部重点实验室。实验室以海岸海洋—即整个海陆过渡带为主要研究对象，研究海陆交互作用、地貌与沉积过程，人类活动影响及海岸、海岛与陆架开发应用，以及地球表层系统的科学问题等。主要研究方向：海岸海洋地貌与沉积动力过程，海岸海岛资源开发与海疆权益，海陆交互带观测与地理信息系统，全球变化与海岸海岛环境演化。

实验室现有固定人员54人，其中，教授18人、副教授15人、讲师和助研16人、工程技术人员5人。研究队伍具有较高的影响力，包括中国科学院院士1人、长江学者特聘教授3人、国家杰出青年基金获得者3人、国家引进外专千人1名、国家优秀青年基金获得者2人、高等学校教学名师奖获得者1人、国家中青年科技领军人才1人、国家“友谊奖”获得者1人、教育部跨世纪/新世纪优秀人才培养计划获得者8人。2015年在读博士80人、硕士130人。

实验室已具备野外勘测装备，建立室内分析功能实验室、海洋地理信息系统实验室与气候模拟实验室等，形成从海陆环境资源调查和样品采集、到室内实验测试分析、再到GIS计算分析、规划与决策模拟的完整研究体系。

实验室聚焦国家对海洋资源环境和海疆权益等重大战略需求、服务地方发展海洋经济需要开展研究工作。2015年承担研究各类课题49项，其中，国家级项目25项，省部级项目15项，国际合作3项。2015年到帐的科研项目经费2349万元，其中，纵向科研经费2066余万元。2015年获得国家自然科学基金项目14项（重点项目1面、优青项目1项、面上项目9项、青年项目3项）。

2015年实验室出版专著5部，发表论文120篇，其中SCI收录论文61篇、EI收录论文25篇，申请专利5项。获得省部级奖励4项。

【海岸灾害及防护教育部重点实验室（河海大学）】 实验室于2005年经教育部批准，依托河海大学国家重点学科“港口、海岸及近海工程”和江苏省重点学科“物理海洋学”学科建设，2008年通过验收。

实验室围绕我国沿海经济快速发展对海岸防灾减灾的迫切需求，加强海岸灾害领域科学技术应用基础研究。研究方向为：海岸灾害形成及发展机制、海岸灾害预测与预报、海岸灾害工程防护、海岸灾害评估与应对管理。实验室已建成江苏沿海野外观测站、波浪与建筑物相互作用实验、河口海岸泥沙特性实验和海岸风暴潮灾害数值预报等4个研究平台。

实验室现有固定人员36人，其中研究人员32人，技术支撑人员4人。国家杰出青年科学基金获得者1人，中组部青年千人计划入选者1人，享受国务院政府特殊津贴专家2人，教育部新世纪优秀人才支持计划获得者4人，江苏省“333高层次人才培养工程”中青年科技领军人才2人、中青年科学技术带头人1人，江苏省“六大人才高峰”第六批高层次人才1人，江苏省高校“青蓝工程”中青年学术带头人2人、优秀青年骨干教师3人，江苏省高校“青蓝工程”科技创新团队1个。具有1年以上海外学习和研究经历的20人（65%）。

实验室2015年度新增各类科研项目65项，其中，江苏省杰出青年科学基金1项，国家科技支撑计划子课题1项，国家自然科学基金4项，江苏省自然科学基金和公益性行业专项各1项。

实验室出版专著1部，发表SCI/EI检索论文78篇，申请发明专利33项，主持“水运工程标准规范”的英/法文编译工作，获江苏省科技进步二等奖和海洋工程科学技术二等奖各1项。

2015年度，实验室共有5名博士生毕业，81名硕士生毕业，包括2名国外留学生。江苏省优秀硕士论文1篇，以学生为第一作者发表SCI/EI检索论文20篇。

本年度内共有5人赴3个不同的国家或地区开展为期一年以上的学术交流，另有22人次参与国内外大型学术研讨会；邀请相关学科国内外学术大师到实验室为研究生授课，另外邀请国内外知名学者举办学术报告32人次。选拔4位优秀青年骨干分别赴美国、澳大利亚和英国进行访学；共有10位优秀青年骨干在荷兰、英国、加拿大、美国、澳大利亚等国家科研机构或大学进行交流，共承担3项国际合作项目。（中国教育部）

【国家海洋局海洋沉积与环境地质重点实验室（国家海洋局第一海洋研究所）】 国家海洋局海洋沉积与环境地质重点实验室以国家海洋局第一海洋研究所为依托单位，于2002年经国家海洋局批准成立。实验室实行主任负责制，注重发挥学术委员会的学术指导作用。现任实验室主任为石学法研究员。重点实验室是青岛国家海洋科学技术实验室海洋地质过程与环境功能实验室的牵头组建单位。

重点实验室下设粒度与悬浮体、碎屑矿物、微体古生物、元素地球化学、同位素地球化学、土工、岩心无损测试、重磁和地震探测等专业实验室，还设有地球物理数据处理中心和海洋地质样品库。重点实验室现有重力仪、磁力仪、海底地震仪、多接收同位素质谱仪、环境扫描电子显微镜、X射线衍射仪、电感耦合等离子质谱仪、多参数岩心扫描测试系统、电子探针、温室气体分析仪等调查与测试分析仪器设备120余台/套。

经过十余年的建设，重点实验室在上级主管部门和依托单位的大力支持下，形成一支以中青年科学家为主体、学科发展齐全的海洋地质地球物理调查与研究队伍。现有固定科研人员71人，其中包括研究员14人（博导4人），副研究员25人，助理研究员20人，研究实习员12人。45岁以下中青年科研人员占总人数的85%以上。目前拥有山东省“泰山学者”1人，国家百千万人才工程计划人选1人，国家自然科学基金委优秀青年基金项目获得者1人。

重点实验室设立5个研究方向：①海岸带陆海相互作用过程；②海洋沉积与全球变化；③海洋地球物理场与岩石圈动力学；④深海成矿作用与矿产资源评价；⑤海底探测和信息技术。在海洋环境地质方面，实验室着重于海洋沉积过程、过去全球变化的海洋记录及其环境效应、海岸带演变过程及工程地质与灾害地质研究；在海洋沉积与矿产资源研究方面，实验室侧重于大洋富钴结壳和热液硫化物成矿作用研究；与此同时，还开展对资源与环境有重大影响的海底岩石圈的演变、海底构造等学科前沿领域的研究工作；在海底探测技术方面，实验室着力发展海洋沉积物取样技术、高分辨率地震探测技术、海底地形探测技术，并大力开展沉积物现场测试技术、海底样品保存技术和海洋地质地球物理综合信息解释技术，形成完善系统的海底探测技术体系。以此为推动我国海洋地质科学的发展做出积极贡献，为我国经济建设及社会发展提供决策依据和建议，为实现国家海洋局的职能提供技术支撑。

近年来，重点实验室的调查研究区遍及河口海岸带、陆架、边缘海、大洋和南北极地区，在我国大河三角洲脆弱性评价、亚洲大陆边缘“源汇”过程、印度洋富稀土沉积体、海陆联合深部地球物理探测关键技术研究等方面形成一些特色研究成果。并与俄罗斯、德国、法国、泰国、马来西亚、印度尼西亚、韩国等十几个国家和地区的海洋研究机构建立良好的合作关系，开展多次联合调查，取得良好的合作成果。

【国家海洋局海洋环境科学和数值模拟重点实验室(国家海洋局第一海洋研究所)】 国家海洋局海洋环境科学和数值模拟重点实验室以国家海洋局第一海洋研究所为依托单位。现任实验室主任为乔方利研究员，学术委员会主任为王斌研究员。实验室现有科研人员69名，其中中国工程院院士2名，美国工程院院士、中国工程院外籍院士1名，研究员12人，副高18人。具有博士学位的50人，45岁以下科研人员占90%以上。享受政府特殊津贴6人，百千万人才2人；在读博士研究生13人，在读硕士研究生20人，在站博士后7人。

实验室面向国家经济可持续发展、海洋减灾防灾等重大需求，以增进对中国近海及全球大洋重要海洋动力过程及其规律的认识、提高海洋学研究对国家可持续发展能力等为主要工作目标，以物理海洋学为主要研究范畴，涉及海洋环境科学相关的交叉性前沿领域。实验室综合应用数学、物理学方法，发展海洋调查技术、数据分析技术、数值模拟技术和信息技术，以现场调查、实验、海洋遥感和数值模拟为主要研究手段，研究海洋环境及其演变机理。自实验室成立以来，提出海洋动力系统研究思路，自主发展海浪、风浪流耦合等先进的数值模拟体系并实现业务化运行。在波浪动力学、近海及大洋环流、潮汐潮流、全球气候变化等学科领域取得多项高水平研究成果。在推动海洋科学与技术进步的同时，为近海工程、海上油气田开发和海洋安全等领域提供高水平科技支撑。目前设立“区域海洋动力学”“海洋与气候数值模式发展”“海洋调查与实验技术”和“数据分析与信息技术”等4个学科方向。

2015年，实验室共获批国家自然科学基金、科技部和海洋局专项课题等32项，在研项目70余项。主要在研项目包括：国家自然科学基金委、山东省人民政府国家海洋中心联合资助项目“海洋环境动力学和数值模拟”，国家重点基础研究发展计划项目课题“南海环流和海峡水交换对海气相互作用的影响”，国家863重大项目课题“南海及周边海域风浪流耦合同化精细化数值预报与信息服务系统”，科技部国际合作项目“中印尼合作南海–西印尼海–印度洋水交换及其气候效应”，国家海洋局全球变化与海气相互作用专项国际合作项目等。

2015年，实验室开展波–湍相互作用实验研究，利用全息谱分析波浪的调制作用及应力锁相特征。基于我国独立发展的浪致混合理论，发展世界首个高分辨率（全球0.1度）海浪–潮流–环流耦合的海洋数值模式。开展南海及周边海域风浪流耦合同化精细化数值预报与信息服务系统的研究，构建南海及周边海域高分辨率海洋动力环境再分析数据集并可视化，研究波浪输运混合对上层海洋的改善作用。与印尼合作，在印尼贯穿流海域和贯穿流南海分支海域完成2个航次的联合考察航次。开展中国第32次南极科学考察水文CTD/LADCP断面调查、潜标投放及回收等工作。

2015年度，国家海洋局海洋环境科学和数值模拟重点实验室承办国内、国际学术研讨会5次，组织“联合国教科文组织政府间海洋学委员会海洋动力学与气候区域培训与研究中心ODC第五期培训班”。该实验室科学家共参加国内外学术交流20余人次。该年度接收刊用或正式发表文章79篇，其中SCI/EI文章44篇。

【国家海洋局海洋生态环境科学与工程重点实验室(国家海洋局第一海洋研究所)】 国家海洋局海洋生态环境科学与工程重点实验室以国家海洋局第一海洋研究所为依托单位。现任实验室主任为丁德文院士,实验室现有科研人员35名，其中中国工程院院士1名，博士生导师3名，研究员9名，副研究员10名。在读博士研究生10人，在读硕士研究生11人，在站博士后3人。

2015 年重点实验室承担科研项目 70 余个，购置仪器设备 35 台套，发表学术论文 47 篇、其中 SCI 收录 19 篇，获得发明专利授权 1 项，获得海洋科学技术二等奖 1 项，资助本重点实验室开放基金研究 5 项，博士后在研 9 人，硕、博士研究生在读 13 人，研究生毕业 4 人，引进博士（后）2 人。承担的绿潮研究成果在国际期刊结辑发表，利用低盐处理取得大叶藻海草人工促萌和育苗技术突破，利用无人机和海洋生物声学技术开创我国在境外热带海洋濒危生物领域的研究，完成便携式海洋放射性铯现场监测设备的定型。国家自然科学基金、山东省联合基金项目研究通过年度评估，牵头实施的中国—东盟海上合作基金项目暨联合国教科文组织/政府间海委会西太分会项目“海洋濒危物种合作研究”启动。

【国家海洋局海洋生物活性物质与现代分析技术重点实验室（国家海洋局第一海洋研究所）】 国家海洋局海洋生物活性物质与现代分析技术重点实验室以国家海洋局第一海洋研究所为依托单位。实验室目前有固定研究人员 36 人，其中 20 人具有高级职称，33 人具有硕/博士学位。重点实验室学科方向为海洋特殊生境生物及其基因资源；海洋生物活性物质研发；海洋环境分析检测与监测技术。主要以极端海洋环境（包括南北极、深海底部、河口咸淡水交混处和滨海盐碱荒滩）中生物活性物质为主要研究对象，瞄准国际发展前沿，以现代生物技术为手段，进行生物活性物质有关的基础理论研究和应用基础研究。推动海洋经济的发展，积极研究开发海洋食品、保健食品、药品、农业增产剂和杀菌剂、生物功能材料和精细化学产品等，并积极推进研究成果的产业化。同时利用现代分析仪器为支撑，以化学、生物分析方法及技术为手段，解决生命科学、海洋科学、环境科学及信息材料科学中相关问题，大力发展环境检测监测、生物活性物质的分离、结构鉴定、活性检测技术等研究。

目前重点实验室占地 2200 多平方米，拥有比较完备的生物活性物质研发所需的各类现代分析及生物仪器设备，共计 90 余台套，总价值达 3600 余万元。2015 年度新增仪器设备 6 台套，价值 110 多万元。青岛市海洋经济创新发展区域示范项目“青岛海洋生物医药分析测试与中试研发公共服务平台”进展良好。2015 年度在研及新申请国家级和省市研究课题 30 余项，研究经费约 1500 余万元。2015 年度，重点实验室开放基金资助项目 6 项。

2015 年重点实验室主要开展海带渣中纤维素资源的精深加工产品及高值化利用技术研发，与企业合作，实现海带纤维素水制备技术及其产业化应用、海带微晶纤维素药用辅料制备技术及产业化应用；基于最新的基因编辑技术，构建酵母工程菌以显著提高虾青素和 b 胡萝卜素的产量，目前已获得阶段性成果，有望获得实际应用；首次研制成功海藻胶软胶囊产品，实现海藻胶植物软胶囊的中试生产，产品达到中国药典要求，其技术和产品均具有重大原创性，是本领域研究的最新进展和成果；承担的海洋可再生能源专项“海洋微藻制备生物柴油耦合二氧化碳减排技术研究与示范”项目顺利通过验收；科技部基础专项“基于发光菌的海洋污染生物毒性快速检测标准技术研究”项目顺利通过课题验收，验收结果为优秀，该建立的检测方法成功应用于天津港“8.12”瑞海公司危险品仓库特别重大火灾爆炸事故海洋环境影响评估，检测结果列入该事故海洋环境影响评估报告，获批起草的海洋行业标准《海洋污染生物毒性的快速检测方法 发光细菌法 第 1 部分：急性毒性》和《海洋污染生物毒性的快速检测方法 发光细菌法 第 2 部分：遗传毒性》已进入评审稿阶段。

2015 年重点实验室在核心以上刊物发表论文 52 篇，其中 SCI 论文 25 篇；获国家发明专利授权 4 项，申请国家发明专利 4 项；获研究生国家奖学金 1 项。

【国家海洋局海洋数据分析与应用重点实验室

（国家海洋局第一海洋研究所）】 该重点实验室以国家海洋局第一海洋研究所为依托单位。现任实验室主任为美国工程院院士、中国工程院外籍院士黄锷研究员，学术委员会主任为中国科学院院士丁仲礼研究员。实验室现有研究员2人，副研究员1人，助理研究员3人，硕士生1人。

实验室主要围绕自适应数据分析方法、海洋与气候变化数据分析和海洋与气候系统预测技术开展研究工作，取得一批原创性成果，在国际国内影响重大的期刊上发表多篇学术论文。实验室还先后承担国家级省部级等10余个科研项目，包括国家“973”项目，国家自然科学基金面上项目，国家自然科学基金青年基金等。“自适应数据分析方法及应用”列入青岛科学与技术国家实验室中功能实验室“区域海洋动力学和数值模拟功能实验室”研究方向之一，这必将促进国家海洋局海洋数据分析与应用重点实验室的快速发展。

2015年，数据分析实验室在黄锷院士的带领和指导下，开展高维全息谱分析方法的研究工作，该方法基于经验模态分解和希尔波特-黄变换，探测非线性和非平稳数据中的频率和振幅调制过程。同时，数据分析实验室将该方法应用到海洋湍流数据分析中，分析结果显示波浪对上层海洋湍流过程有明显的调制作用，波-湍相互作用是非破碎波致混合的重要机制。相关文章已被“Philosophical Transactions of the Royal Society A Mathematical Physical and Engineering Sciences”接收。

【国家海洋局海洋遥测工程技术研究中心（国家海洋局第一海洋研究所）】 海洋遥测工程技术研究中心（以下简称“工程中心”）是由国家海洋局与中国航天科技集团公司协商共建的，以国家海洋局第一海洋研究所、中国航天科技集团公司第九研究院第704研究所和中国海监总队为依托单位。

2015年，工程中心围绕卫星遥感数据地面验证、遥感机理研究以及数据质量评价开展系列研究工作。组织出版多期论文专刊，加强成果宣传。（国家海洋局第一海洋研究所）

【国家海洋局海底科学重点实验室（国家海洋局第二海洋研究所）】 国家海洋局海底科学重点实验室成立于1997年，是国家海洋局首批设立的重点实验室之一。由金翔龙院士创立，依托单位为国家海洋局第二海洋研究所。现任学术委员会主任刘光鼎院士，名誉主任金翔龙院士，实验室主任初凤友研究员。

实验室围绕国家海洋权益、海底资源和深海探测技术等国家需求，面向国际竞争以应用基础研究为重点开展创新性研究，揭示海底的基本特征、变化规律与动力过程，重点突破海底演变机制及其对资源环境控制的关键科学问题，发展海底科学的学科理论体系及深海高新技术，为国家宏观决策提供科学依据，成为海底科学合作研究与交流的窗口和载体。

在刘光鼎、金翔龙、欧阳自远、秦蕴珊、杨树锋和李家彪院士等学术委员会委员的指导下，实验室形成一支中青年为主、规模适当、年龄结构和专业结构合理的高素质科研队伍，研究区域涵盖中国边缘海、太平洋、印度洋、大西洋和南北极，主持完成东海大陆架划界、国际海底硫化物资源矿区申请等多项高水平、综合性的国家重大专项，为我国海底科学的发展和海洋维权做出重要贡献。自成立以来，实验室共承担包括“973计划”课题、“863计划”项目、国家自然科学基金项目、海洋公益性行业科研专项和国家海洋专项等共计200余项；发表学术论文600余篇，出版专著10余部，论文集6部，申请专利和软件登记证书20余项，编制海洋调查规范（国家标准）和基础地质地球物理图集多部，研制开发海底探测设备20余套。实验室现拥有国际先进的海底勘测与测试研究设备，具备海底地形地貌、综合地球物理、海底地震、综合地质、底质环境和海底资源的自主调查能力，建有岩矿分析、沉积分析、同位素分析、技术研发、底质声学和综合地球物理解译等6个专业实验室，形成岩矿分析、同位素分析、原位沉积学分析和综合地球物理解译等内业分析特色。

截至2015年，实验室有固定人员81名，其中院士2名，研究员21名，副研究员29名，博士研究生导师10名，硕士研究生导师21名。2人入选浙江省特级专家，1人入选国家万人计划和创新领军人才。7人次在国际学术组织任职，11人在国内学术组织担任职务。当年在读硕士研究生27名，在站博士后4名，在读博士20余名（联合培养）。

2015年，实验室承担的科研项目80余项，包括“973计划”课题3项（子课题1项）；国家自然科学基金项目在研29项（当年新增10项）；浙江省自然科学基金1项；“863计划”项目2项；海洋公益性行业科研专项3项（负责1项，参加2项）；主持大洋专项硫化物调查航次工作，主持大洋硫化物2个重大项目，负责大洋研究项目12项（重点项目8项，前沿项目4项）；其他项目18项。2015年度组织完成大洋33航次、大洋34航次、南海地球物理航次和南海地质航次等，参加大洋深潜航次，南极地质-地球物理调查航次等。2015年度总计发表论文52篇（其中SCI/EI论文30篇），出版专著3部，获准专利9项。

【国家海洋局海洋生态系统与生物地球化学重点实验室（国家海洋局第二海洋研究所）】 国家海洋局海洋生态系统与生物地球化学重点实验室（LMEB）是在国家海洋局第二海洋研究所原海洋化学研究室、海洋生物学研究室基础上，整合其他相关优势学科组建而成。实验室主要面向我国海洋可持续发展的国家需求和海洋生态环境研究的前沿科学问题，重点开展海洋生态系统结构与功能，生源要素的生物地球化学循环，海洋污染及其生态效应、海洋监测技术和生物技术多学科交叉研究。现任实验室主任为张海生研究员，实验室学术委员会主任为唐启升院士。

截至2015年，实验室有固定人员72人，其中硕士生导师16人，博士生导师5人；研究员15人，副研究员27人；2人获得全国优秀科技工作者称号，1人荣获“全国海洋系统先进工作者”荣誉称号，1人入选中组部“万人计划”青年拔尖人才，2人入选海洋系统优秀科技青年，1人荣获“浙江省十佳优秀科技工作者”荣誉称号，10余人入选浙江省“151人才工程”，2人次在国际学术组织任职；当年在读硕士研究生22名，在站博士后4名，在读博士8名（联合培养）。

2015年，实验室共承担各类课题87项（当年新增20项）。其中海洋公益性行业科研专项11项（负责2项），国家自然科学基金项目32项（重点项目1项，面上项目10项，青年基金项目21项），“973计划”课题3项（负责1项），“863计划”项目1项（参加），大洋专项7项（负责6项），“极地专项”9项（负责3项），“全球变化与海气相互作用专项”6项（负责3项），国际合作2项，其他各类基金项目16项。共发表论文43篇（第一作者），其中SCI收录16篇，EI期刊论文3篇，学报级论文16篇，核心期刊论文8篇；本年度授权国家发明专利1项，实用新型专利2项，申请国家发明专利2项；获得2项软件著作权登记证书。编写完成专著1部，参与编写外文书籍3章[其中主笔1章，合作编写2章，为微生物资源领域权威工具书《伯杰斯细菌鉴定手册》（第三版）]。共有25人次参加大洋34航次、35航次、36航次和全球变化与海气相互作用专项共5个航次的现场调查，10人次参加南极第31、32航次考察。

2015年，实验室继续开展中德、中法、中巴、中非、中美等合作。6人次赴法国巴黎第六大学开展1个月以上的访问学习工作；1人赴德国AWI极地与海洋研究所开展9个月的合作研究；2人赴德国汉堡大学访问学习捕获器样品处理及分析技术；2人赴美国麻省大学交流访问3个月；1人赴美国马里兰大学访问学习半年；1人赴美国特拉华大学开展为期半年的学习。30余人次参加国际重要学术会议，包括2015年欧洲地球科学年会、“第二届中非海洋科技论坛”、国际海洋微生物大会、极地海洋戈登会议、政府间海洋学委员会(IOC)年度大会等。另外，实验室还与德国汉堡大学按计划顺利开展本年度联合调查航次。

2015 年 8 月，实验室承办“第七届全国微生物资源学术暨国际微生物系统与分类学研讨会”。来自国内 150 多个单位的 420 多名专家与代表，以及来自美国、加拿大、日本、韩国、德国、英国、丹麦、以色列、西班牙和爱尔兰共 10 个国家近 30 位国际同行参加本次会议。　　（国家海洋局第二海洋研究所）

【国家海洋局海洋生物遗传资源重点实验室(国家海洋局第三海洋研究所)】 2015 年，国家海洋局海洋生物遗传资源重点实验室（厦门市海洋生物遗传资源国家重点实验室培育基地)，继续围绕国家海洋发展战略，坚持长远发展目标，以深海（微）生物及基因资源调查研究、深海（微）生物资源潜力评估与应用开发以及重要海水养殖生物遗传资源的应用基础研究为本实验室的三个主要研究方向。

一、科研工作进展

2015 年，实验室新增科研项目 27 项，新增课题合同经费累计 2132 万元（含外协经费)，包括国家自然科学基金项目 5 项。顺利完成国家自然科学基金、大洋专项，“973”、“863”等省部级以上科研项目 15 项 。本年度共发表研究论文 95 篇，其中 SCI 收录 84 篇，新申请专利 25 项，获授权 23 项。专利成果“一种龙须菜琼胶寡糖及其制备方法与应用”以授权使用方式转让于四川九门企业，转让收入 1000 万元，预计将产生较高社会效益。本实验室陈新华研究员课题组研究成果：“大黄鱼遗传与抗病的分子机制及大黄鱼全基因组精细图谱绘制完成” 入选“2015 年度中国海洋十大科技进展”。

二、平台建设与运行管理

（一） 大洋航次

实验室继续发挥大洋生物基因研发基地的带动作用，完成本年度的大洋生物资源调查，派出 10 人次参与组织实施大洋第 34 航次、35 航次、39 航次、40 航次四个航次的深海生物资源调查，获取大量珍贵样品。大洋 34 航次在合同区 26 个区块内开展 4 千米间距的综合热液异常探测测线调查，圈定多处矿化异常区，对龙旂、断桥等典型热液区的分布范围和构造特征取得新认识；大洋 35 航次是我国“蛟龙号”前往西南印度洋多金属硫化物合同区进行下潜，利用 7000 米载人潜器“蛟龙号”热液口环境与生物多样性，获得高分辨图像，布放微生物原位富集装置；采集高质量生物样品与各种环境参数，开展现场样品处理与微生物分离培养；大洋 39 航次于 2015 年 12 月 12 日从青岛出发，前往西南印度洋开展我国多金属硫化物合同区调查工作；大洋 40 航次前往西南印度洋，开展多金属硫化物合同区的资源调查工作。

（二） 平台建设

2015 年，实验室加强基础条件和共享平台建设，新增各类设备 30 多台套总价值 500 多万元。海洋微生物资源中心（MCCC）运行服务良好，本年度新增菌株信息资源 2457 株，现库藏容量 9.8 万株，76.7 万支。已入库菌株 1.76 万株，共 16.6 万份。菌种信息资源 1.99 万条，每条信息包括菌株编号、分类地位、宏观/显微照片、形态描述等 67 个字段，总数据量达 45G。

2015 年度，大洋样品馆生物馆库房的硬件建设得到进一步加强。大洋样品馆生物馆整理入库大洋 34 航次、35 航次采集的生物样品，按照样品类型计算沉积物 61 个站位，大型生物 8 个站位，硫化物和氧化物共 7 个站位。样品共享方面接受大洋“十二五”课题承担单位、公益性项目等共 7 次的样品申请。目前库存样品共计 421 个站位，按照样品类型计算沉积物 303 个站位，大型生物 20 个站位，硫化物、岩石、氧化物等共计 100 个站位，2015 年入库 61 个站位的样品。

三、交流与合作

（一） 中法合作

极端环境微生物学实验室（IUEM）是法国国家实验室，在深海极端环境微生物的研究方面具有国际领先水平。与该实验室建立长期的关于深海极端微生物领域的合作研究关系，于2012年签订五年科研合作协议。按照协议计划，该实验室主任Dr. Mohamed Jebbar，常务副主任Dr. Didier Flament以及Dr. Karine Alain，Dr. Claire Geslin和Dr. Tiphaine Birien，一行五人，于2015年11月2日至11月8日来室访问。此次访问中法双方协商共同建立中法联合实验室。本实验室姜丽晶博士、邵宗泽研究员、赖其良副研究员依托2013年中法“蔡元培”交流合作项目资助，于2015年5月、6月、10月分别前往法国西布列塔尼大学极端环境微生物学实验室（I-UEM）进行合作交流研究。

（二）BBNJ谈判

陈建明研究员于2015年1月19—23日随外交部代表团参加2015年度的联大非正式特设工作组第九次“国家管辖范围以外海洋生物多样性的养护和可持续利用问题”（BB-NJ）工作会议。来自不同国家和国际组织的200多个代表参加该会议，各代表团经过激烈的争论最后同意向69届联大提交在联合国海洋法公约框架下建立具有法律效应的国家管辖外海域生物多样性养护和可持续利用问题管理工具的建议。相关建议已经2015年8月69届联大通过。

（三）其他国际合作交流

2015年，曾湘副研究员在美国南加州大学访问学习一年。

（四）中德合作

依托中德海洋科技合作项目“海洋弧菌噬菌体—宿主相互作用机制研究及其应用”本实验室与德国莱布尼兹波罗的海研究所建立长期合作关系，2015年10—11月，骆祝华博士赴德国参加中德海洋与极地领域合作项目“海南水产养殖系统中弧菌及噬菌体的多样性与丰度及其在滨海生态系统中的传播”的合作研究。2015年7月22—24日，骆祝华博士赴法国南特大学参加“第14届国际海洋与淡水真菌学研讨会”。

【国家海洋局海洋—大气化学与全球变化重点实验室（国家海洋局第三海洋研究所）】 2015年，实验室主持完成的科研成果“极区气溶胶和微量气体本底特征与气候和环境效应研究”获得2015年海洋工程科学技术奖一等奖；参与完成的科研成果“中国近海二氧化碳通量遥感监测与示范系统”获得2015年海洋科学技术奖特等奖；作为主要作者参加完成的《中国极端气候事件和灾害风险管理与适应国家评估报告》正式出版。

在海洋和极区科考研究、气候变化与生态、大气环境等方面取得重要的进展。在国内外学术期刊上发表论文28篇；其中，作为第一作者发表SCI和EI收录论文21篇（含待刊），包括多个高影响力的学术期刊。例如，在美国*JGR-Ocean*发表3篇，在美国*J. the Atmospheric Science*发表3篇，在英国*Atmospheric Environment*（TOP期刊）和*Fuel*（TOP期刊）各发表1篇，在英国皇家气象学会期刊*International Journal of climatology*和《大气科学》各发表1篇；主编2015年第3期*Advances of Polar Science* “Current Research on Atmospheric Aerosols and Trace Gasses over the Polar Regions”专刊；学术论文《东亚季风在东中国海海面高度变化中的作用》获得福建期刊奖优秀作品奖。

另外，获得国家发明专利授权3项。

主要业绩概况如下：

1. 极地和大洋科考研究

参与完成中国第31次南极科考、北极黄河站科考、南极长城站科考和西太平洋海洋环境监测春、秋季航次；参加第32次南极科学考察正在进行中。在第31南极考察任务中，主要调查南大洋周边海域海水化学参数、二氧化碳体系、大气化学的基本分布特征，圆满完成现场考察任务。有关北极黄河站、南极长城站、西太平洋海洋环境监测项目也按照计划完成考察任务。

极地大洋科学考察研究获得突破性研究成果。首先，题为《极区大气气溶胶和温室气体本底特征及其环境和气候效应研究》的研究集成中国南极科学考察30年来在大气气溶胶和温室气体研究工作领域的成果，获得海洋工程技术奖一等奖。2015年度共发表SCI 2区以上论文12篇。内容涵盖极区海洋温室气体、监测技术、大气气溶胶观测及技术等内容。其中，温室气体研究开创一年内发表3篇JGR之先河，研究结果发现加拿大海盆水体是全球变化过程研究的一个重要窗口，蕴藏过去500年以内的重要信息，同时推测极区水体在对温室气体调控中所起的作用可能被低估。相关成果引起国际反响，相关领域科学家由此邀请本实验室参进行合作研究。

2015年度在国际合作上有重大进展，与美国杜克大学签订合作协议，与韩国进一步开展合作，开始和比利时展开极地科学国际合作研究。在研究手段上，本研究方向设计并购置海洋温室气体走航观测集装箱实验室。进一步增强该学科方向的研究能力。

2. 气候变化研究与评估工作

作为主要作者参加完成的《中国极端气候事件和灾害风险管理与适应国家评估报告》已正式出版。国家公益项目、业务费项目和局青年基金等科研项目取得重要进展。主要成果在国内外高影响力的*International Journal of climatology*（JCR地学2区）、《大气科学》（国内行业第一）、*Toxicological and Environmental Chemistry*（SCI收录）等期刊上等发表相关学术成果，计有12论文，含SCI和EI收录3篇。主要研究成果：①揭示年代际气候变化和人类活动对中国海洋环境的影响及主要成因，提出的适应气候变化的对策措施为《中国极端气候事件和灾害风险管理与适应国家评估报告》采用；②阐明热带海洋变率对中国近海海表温度的显著影响，未来几十年中高纬海域特别是中国近海增温的速度会更快，并且，ENSO频率和强度将上升并对中国近海的影响将会加强；③揭示我国大陆极端高温型态变迁的气候特征及主要机理，引起国内外学者的关注，论文《2000年以来福州地区夏季极端高温的新特征及成因探讨》刊于国内TOP期刊《大气科学》，并为“中文精品科技学术期刊外文版数字出版工程”推荐出版发行英文版；④首次指出东亚季风气候的变化对东中国海环流和海面高度变化的作用，论文《东亚季风在东中国海海面高度变化中的作用》获福建省优秀期刊作品奖。

向国家发改委申报的科研项目“气候变化与中国海洋初级生产：影响、适应和脆弱性的研究与评估”经过两轮评审获得《中国清洁发展机制基金赠款项目》的资助。此外，还成功投标获得较大型的“苍南核电工程”和“晋江神华电厂码头”等横向任务。

2015年度与澳大利亚昆士兰大学签订合作意向，并与希腊海洋中心学者开展有关合作研究。

3. 应对气候变化的海藻生物技术研发工作

圆满完成由厦门市海洋与渔业局下达的《海洋生物产业化中试技术研发公共服务平台》子课题“海洋藻类规模培养关键工程化技术研发平台”建设的2015年度研发工作和任务指标。建立海洋藻类规模培养水池系统，包括淡/海水供应，水体的沉淀、消毒系统，400平米的室内培养池；建设相应的仪器设备系统，如蛋白分离纯化仪、液质联用仪、荧光蛋白发光分析仪等；建立涉及海洋藻类规模培养过程中有效可行的相关技术系统，如从藻接种、小型容器藻培养、中型容器藻直至过渡到吨级水体的规模培养等；开展重要的海洋微藻、某些重要经济价值的大型海藻中试吨级较大水体的接种和规模培养研究，以及海藻天然活性物的分离提取和纯化研究；开展海洋生物的分子生物学研究，探讨DNA条形码在海洋微藻、海洋鱼类分类鉴定中的应用技术研究，实施开展傅里叶变换红外法应用于测定分析微藻生化组分技术研究。

建立可作为共享资源的公共服务平台，并开始为厦门市的有关科研单位和企业提供必要的设施支持和技术服务，为厦门地区海藻资源及藻活性产物的开发利用做出一些贡献。

4. 实验室对外合作与交流

实验室共接待国外来访人员 2 人次，出境参加国际学术会议交流 5 人次。

实验室分别与澳大利亚昆士兰大学、美国杜克大学签订合作备忘录，旨在海洋与气候变化、极区开展相关合作研究；澳大利亚科学院院士欧夫教授、美国弗吉尼亚海洋科学研究所沃克·史密斯教授受邀做相关学术报告，来访学者就双方的研究重点和研究优势达成合作意向。另外，实验室还在中国加拿大雾霾合作研究、中国比利时海气冰温室气体合作研究、中韩南大洋海洋温室气体、气候变化与中国海的相互作用等合作研究方面取得初步进展。

2015 年度实验室参加 PICES-2015、2015 年国际大地测量与地球物理学联合会、中韩环南极温室气体联合监测研讨会、中韩黄海海洋论坛、2015 年中国与南欧国家海洋合作论坛，以及第 13 届中韩海洋科技合作联委会等国际会议，做多项口头学术报告，并与国外研究机构开展合作研究。

5. 基础能力建设

在观测和分析能力方面，实验室在“向阳红 3 号”科考船建立温室气体、大气污染集装箱式走航观测系统，并与中国顶级质谱制造禾信仪器分析公司建立“海洋与极地气溶胶质谱技术开发及应用研究联合实验室”，为获得高分辨率、高稳定性走航数据及可靠的实验室分析数据建设良好平台。

具体内容：高精度海洋温室气体走航观测系统包含甲烷、二氧化碳、氧化亚氮和水同位素分析仪器，集成在一个 3 米的恒温集装箱中，适用于海上大气和表层海水甲烷、二氧化碳、氧化亚氮、水中的氘、氧同位素的连续走航观测；船载气溶胶飞行时间质谱仪观测系统包含双系统的气溶胶飞行时间质谱仪及带有船用减震稳定平台的 5 米恒温集装箱，可实现海上气溶胶多组分的走航观测。这两套系统将于 2016 年上半年在向阳红 3 号科学考察船上进行海试验收。

（国家海洋局第三海洋研究所）

【国家海洋局海洋灾害预报技术研究重点实验室（国家海洋环境预报中心）】 2015 年国家海洋局海洋灾害预报技术研究重点实验室在国家海洋局及有关单位的关心和支持下，在实验室第一届学术委员会的指导下，各项工作继续向前发展。

2015 年实验室在研科研项目 45 项，新增科研项目 7 项。2015 年实验室共发表论文 38 篇。“全球业务化海洋学预报系统与应用”项目获得 2015 年海洋科学技术奖一等奖。

2015 年实验室在人才队伍方面取得重要进展。实验室实体部门，在原有业务化海洋学研究组和海气相互作用研究组基础上增加海洋观测与实验技术平台组以及海洋预报战略研究组。实验室全职固定成员总数成倍增长，这为实验室注入新的血液，也扩展实验室涉及的专业领域，促进业务化海洋学、集合预报、模式开发、海洋观测与实验等方面的交流与合作。

2015 年底，为进一步提高重点实验室科研水平，适应实验室科研建设发展的需要，根据《国家海洋局重点实验室管理办法》（试行）等的规定，重点实验室进行学术委员会更替，成立第二届学术委员会及管理委员会。

（国家海洋环境预报中心）

【国家海洋局海洋溢油鉴别与损害评估技术重点实验室（国家海洋局北海分局）】 该实验室于 2007 年 7 月挂牌成立，主要通过溢油监测与鉴别技术、溢油的生态环境影响、溢油应急处置及生态修复等研究方向与多学科的交叉研究，深入解海洋溢油的特征和规律，准确查明各种溢油来源，并对其造成的海洋生态环境损害做出客观评估，为修复受损的海洋生态环境、发展海洋突发事件研究的理论体系、发展相应的高新技术提供技术平台，为我国海洋防灾减灾和维护国家海洋权益提供科学依据。2015 年实验室学术委员会成员及相关领域专家对所有开放基金申请项目进行函审，确定 2016 年度实验室开放基金资助项目，决定对 3 项专题申请项目、7 项自由申请项目给予资助，资助总金额 65 万元。

【山东省海洋生态环境与防灾减灾重点实验室（国家海洋局北海分局）】 该实验室于 2009 年 10 月经山东省科学技术厅与山东省财政厅联合批准建设，主要在海洋生态环境保护与海洋防灾减灾方面开展研究工作，主要研究方向包括：海洋生态环境监测与评价技术研发与应用、海洋灾害预测预警技术研究与应用、海洋管理与信息技术。依托国家海洋局北海分局的海洋科技力量，面向山东省海洋生态环境的发展与保护，为山东省海洋经济发展提供技术支撑，解决山东省海洋生态环境发展与保护的关键问题，促进山东省在海洋生态环境发展与保护方面的技术进步与产业发展。2015 年实验室学术委员会成员及相关领域专家对所有开放基金申请项目进行函审，确定 2015 年度实验室开放基金资助项目，决定对 13 个项目给予资助，资助总金额 52 万元。（国家海洋局北海分局）

【赤潮重点实验室（国家海洋局东海分局）】 2015 年，赤潮重点实验室开放研究基金课题共资助 8 项，其中重点课题 2 项，一般课题 6 项，总经费 54 万元。2015 年 10 月举办“2015 年度东海区海洋科技暨赤潮灾害立体监测技术与应用重点实验室学术交流会，并参加 3 次国际学术交流会。

2015 年 8 月 17 日，赤潮重点实验室在上海组织召开 2013 年度开放研究基金课题结题验收会，资助课题《环境因子对绿潮藻繁殖体固着和生长影响研究》《卫星 SAR 海浪反演及其在特定海域海浪预警报中的应用研究》《基于 UAV 及 SAR 雷达回波信号的海洋溢油检测方法研究》等 8 项课题通过专家验收，其中，上海交通大学孙健研究员承担的《基于 UAV 及 SAR 雷达回波信号的海洋溢油检测方法研究》的成果报告被评选为优秀课题成果报告。另有一项基金项目因依托的监控软件版本升级接口发生变更，需对新接口重新研发，为此本项目结题延迟结题。

（国家海洋局东海分局）

其他研究项目

【国际交流和 APEC 海洋领域事务取得突出成绩】 2015 年度，组织申报 2015 中国 APEC 基金项目 1 项、福建省发改委“海丝之路”项目 5 项、2015 亚专资项目 4 项、商务部 2015 年援外培训项目 1 项、中东盟海上合作基金二期项目 2 项、外专局 2016 出国（境）培训项目 5 项、2016 年科技部中美政府间合作项目 4 项。与印尼科学院海洋研究中心续签科技合作与交流谅解备忘录，与美国杜克大学就开展海洋净群落生产力与温室气体联合研究签署谅解备忘录。成功举办“第三届海峡两岸海洋生物多样性研讨会”“第三届中马海洋科学技术研讨会”“中国与南欧国家海洋合作论坛暨中希海洋合作年闭幕式”“海峡两岸水下文物探测与保护研讨会”、PICES 年会两个专题会议、“APEC 蓝色经济示范项目（第一期）工作研讨会”和“2015 年 APEC 海洋空间规划培训研讨班”，作为团长单位组队参加在菲律宾举办的 APEC 海洋高级别会谈，通过斗争和谈判，蓝色经济、APEC 中心建设等写入秘书处文件，为维护取我国利益做出贡献。依托三所的 APEC 海洋中心工作经验在 2014 年底外交部召开的经验交流会上被指定介绍，为国家海洋局争光。

【APEC 海洋空间规划培训研讨班在北海开班】 12 月 2 日，2015 年 APEC 海洋空间规划培训班在北海开班，来自中国、秘鲁、菲律宾、泰国、美国等 9 个 APEC 经济体以及联合国开发计划署共 30 余位教员与学员参加为期一周的培训。本次培训旨在帮助学员解海洋空间规划进展等情况，加强海洋管理能力建设，并进一步深化亚太区域海洋领域的交流合作，推动亚太区域海洋事业发展。

【获“全国海洋科普教育基地”称号】 2 月 7 日，中国海洋学会授予海洋三所“全国海洋科普教育基地”牌匾。海洋三所通过对公众开放实验室和科普场所，鲸豚展馆、珊瑚保育馆等，举办科普讲座，开设海洋科普夏令营和冬令营，赠送海洋科普图书及标本、编纂海洋科普教材等形式，积极面向公众开展科普活动，起到较好社会反响。

【海洋综合科考船“向阳红03”船顺利下水】 7月31日，海洋三所“向阳红03”船海洋综合科考船在武汉顺利下水。该船是目前中国装备最先进科考船，船总长99.6米、型深8.9米，型宽17.8米，设计排水量4800吨，巡航速度12节，续航1.5万海里。该船将成为我国海洋综合考察主力船之一。

【海洋科技文化展馆建设项目启动】 以“人海和谐”的理念，依托漳州基地基础设施，计划建立一座以中国海洋科技文化、海洋生态文明为主题的现代展馆，受到国家海洋局的高度重视与支持，获得2016年财政部1400万元专项资金支持。2015年，规划设计工作正在进行中，将努力建造成一个集成果展示、科普宣传、意识教育、国际交流为一体的海洋文化合作交流平台。

（国家海洋局第三海洋研究所）

海 洋 技 术

海洋观测和监测技术

【国产高精度超短基线定位系统成功】 2015年5月6—7月23日，依托“科学”船，参加中科院先导专项“2015马努斯热液—南海冷泉航次”，完成样机的海上试验与应用，进行综合定位精度与综合定位功能的考核，同时实现综合定位系统样机在该航次中的应用。海试结果表明该系统静态定位精度优于0.2米，动态定位精度优于0.5米，达到指标1米的要求；实现超短基线和长基线同时对目标定位跟踪的综合定位模式，成功保障“发现”ROV完成全航次的精确作业。

【声场—动力环境同步观测系统关键技术】 完成全部样机系统及软件开发的基础上，正在开展3套实时通信动力潜标的研制、1套实时通信声压场接收潜标、1套实时通信声发射潜标、1套多尺度海洋动力过程观测潜标、1套海洋声学层析软件系统以及1套声学数据同化软件系统的室内联调工作，且已完成第一阶段信道平稳情况下的联调工作。

(科学技术部)

【参数时变细长线缆信道水下数据传输技术研究】 2013年国家自然科学基金项目，由国家海洋技术中心承担。本项目研究以电磁理论为指导，以投弃式仪器时变数字传输信道为研究对象，结合海上使用实际情况,建立水下时变数字传输信道物理模型，从而解决海洋监测仪器，尤其是投弃式系列仪器，受线缆电参数时变和海水影响造成传输数据波形畸变，信息无法识别的难题开展研究工作的难题。通过理论分析，对平行双导线结构传输线缆分布参数的求取方法进行细致的分析和研究，充分考虑海水介入后的影响，并忽略次要因素的影响，针对分布电容、分布电感、线圈电容和线圈电感的特点，分别采取不同的求解思路，得到理论计算公式，根据投弃式仪器的使用特点，建立传输信道模型，分析选取相位和传输阻抗这两个数字传输的主要影响因素对信道特征参数变化对传输性能的影响进行分析。对探头运动引起的信道电容和电感变化对相位和传输阻抗的影响进行，研究频域特性变化特点，对目前常用的数字通讯方式进行分析。通过与室内试验比较，分布参数的求解方法误差小，说明理论分析对实际情况考虑比较充分，相关假设合理，理论推导结果具备较高的精度。相关计算为后续模型建立提供基础，也为同类型线缆，尤其是海洋环境使用的线缆分布参数求取提供借鉴。通过本项目的科研工作，已基本解决长期以来制约该类仪器发展的关键问题，为后续其他类型投弃式仪器的发展奠定良好的基础。在本项目的研究过程中，发表论文14篇，其中EI检索2篇，SCI检索2篇。获实用新型专利授权2项，申请发明专利2项。

【海洋pH长期连续监测时漂特性与测量精度分析】 2013年国家自然科学基金项目，由国家海洋技术中心承担。本项目探讨获取海洋pH测量最为有效的传感器——pH原位在线监测传感器的性能，通过分析传感器探头时漂特性与信号输出的关系，传感器对环境参数变化的动态响应特性以及传递函数识别，获得传感器在准确度标定和实际应用时主要误差成因，并给出提高测量精度、减少误差的方法。本项目开展研究内容包括以下四个方面：pH玻璃电极时漂特性分析研究；pH传感器准确度标定分析；pH传感器测量误差分析与补偿和面向使用环境的传感器设计方法研究。在项目研究过程中，对 pH 传感器测量误差进行分析，除传感器自身敏感电极的测量误差和时间漂移特性外，其校准定标所采用的标准缓冲溶液与被测溶液的离子成分存在较大差异也是影响传感器测量的重要因素之一。依据国际碳循环监测中使用的分光光度法测量 pH 方法，建立高精度测量海水 pH 测量方法。项目组获取连续 2 个月 pH 锂玻璃复合电极时间漂移特性，研制适用于海水的 pH 标准缓冲溶液和建立分光光度法测量海水 pH 方法，在项目研制过程中申请专利 1 项，行业标准 1 项，发表论文 4 篇。该项目中高精度测量海水 pH 的方法在国家海洋技术中心承担的天津市科技兴海项目“渤海湾海洋酸化评估与监测示范工程”得到应用，获得渤海湾海洋酸化特征参数 pH 值 2015 年监测数据。

【冰上感应耦合剖面测量浮标】 2010 年天津市科技兴海专项，由国家海洋技术中心和天津市海华技术开发中心联合承担。2015 年通过天津市海洋局组织的验收。冰上感应耦合剖面测量浮标是一种可以长期、连续、自动监测气象、海洋动力、水文参数的综合监测设备。此类浮标的产品化可以有效提高我国在结冰海区及极区的海洋综合观测、监测能力，为我国的海洋相关产业的发展提供基本保障。通过本项目的实施，完成冰上感应耦合剖面测量浮标的电路硬件技术固化并形成完成的设计文档、电路软件程序固化并形成完整的程序、浮标结构技术固化并形成完成的设计文档、浮标工艺流程的固化及形成完整的工艺文档、浮标检验方法的固化并形成完成的检验大纲，基本实现产品的定型，达到模块化生产能力和多配置的产品化阶段。通过技术移植和创新保证浮标的 1 年免维护期，浮标使用寿命不少于 4 年；通过改善生产环境、生产检验设备、人才队伍建设等，在天津市海华技术开发中心建立生产基地，使得其年生产能力不少于 10 套。在项目实施过程中，申请 3 个标准 3 项专利。

（国家海洋技术中心）

【内波与混合精细化观测系统集成与示范】 本课题 2015 年取得的主要进展有：2015 年 6 月至 8 月，课题组成功回收 2014 年布放的 14 套深海海洋动力环境自容监测潜标，潜标回收成功率 100%，圆满完成南海深水区内波观测网组网第二阶段为期一年的运行，同时获取大量内波观测数据，为开展内孤立波统计及机制研究，揭示内孤立波生成、传播、演变、破碎及混合等全过程的控制机制及影响因子，建立南海内孤立波动力—统计预测模型以及动力学数值预测模式奠定数据基础。又继续布放内波观测潜标 15 套，继续进行全海深内波与混合精细化观测试验网的构建工作。

【声学滑翔机系统研制】 课题总体进展情况如下：研制 5 台具备海试条件的工程样机，自行组织多次湖试、海试。重点解决滑翔机耐压舱的问题，完成基于碳纤维材料的轻型耐压舱研制，通过 2000 米的耐压试验，达到系统设计的耐压深度指标 。继续开展声探测系统湖上试验，优化声学探测性能，分析矢量水听器自主稳定系统的自稳定功能以及减隔振性能。

【基于观测网的海底动力环境长期实时监测系统研发和集成】 根据课题计划安排与实际执行情况，在 2015 年度，基于观测网的海底动力环境长期实时监测系统主要取得如下工作进展：南通陆上系统联调测试；系统软硬件优化改进；平台框架分装贮藏运输；南海海试作业与联调；系统关键部件测试备份。

项目于 2015 年上半年完成南通陆上全系统联调，验证系统完全具备出海作业测试条件，并陆续开始南海海试作业。

（1）2014 年 11 月—2015 年 07 月，先后完成陆上最小系统联调、陆上全系统联调、整体拷机测试，于 2015 年 1 月 海试大纲评审会期间进行部分硬件电路板改进，于 2015 年 4 月 期间进行岸基控制软件优化;

（2）2015 年 7 月—2015 年 8 月，通过海试方案评审，确立采用分装运输方式，先后由运缆船将平台框架运抵至上海中转，在福安号布放船完成系统组装、测试等海试准备工作；

(3) 2015 年 8 月 期间，进行观测网南海海试，先后完成自恢复作业、布放作业、着床割缆作业、湿插拔作业等，并陆续开展加电工作测试；

(4) 2015 年 9 月 以来，正在开展系统关键部件的备份与测试工作。 （中国海洋大学）

海洋遥感技术

【海洋卫星工程】 2015 年，我国海洋卫星工作稳步发展。我国首颗海洋动力环境卫星"海洋二号 A"(简称"HY-2A")已在轨运行 4 年 4 个月，超过其 3 年的设计寿命，我国第二颗自主海洋水色卫星"海洋一号 B"（简称"HY-1B"）卫星在轨运行已超过 8 年，中法海洋卫星进入正样研制阶段。海洋卫星地面应用系统稳定保障双星在轨运行，卫星数据得到进一步推广应用，体现海洋卫星的社会和经济效益。

2015 年 5 月 28 日，海洋盐度探测卫星和新一代海洋水色卫星作为"十三五"期间的新型科研卫星，顺利通过项目建议书评审，具备立项申报条件。海洋盐度探测卫星将是我国首颗用于获取全球海洋盐度信息的遥感卫星，发射后将稳定提供全球海洋盐度数据，完善我国自主的海洋动力环境信息获取能力，并提升对海洋环境监测和预报的精度。为海洋、减灾、农业、气象以及军事等多个行业和业务部门提供服务，是我国实施海洋资源开发、灾害防治和环境监测的重要技术支撑。新一代海洋水色卫星则是在原有海洋水色卫星基础上，从天地一体化水平提升入手，提高我国海洋水色观测卫星空间分辨率、光谱分辨率，拓展探测谱段，实现全球快速覆盖的海洋水色观测能力。新一代海洋水色卫星的研制，可为我国海洋遥感、国土资源调查、水环境保护以及气象监测等国民经济建设领域提供急需的应用数据支持。

【海洋卫星地面应用系统】 截至 2015 年年底，北京、三亚、牡丹江和杭州海洋卫星地面站全年共接收 HY-1B 卫星数据 3516 轨，HY-2A 卫星数据 2384 轨，向有关部门和单位分发 HY-1B 卫星和 HY-2A 卫星数据和产品分别达 14.69TB 和 17.07 TB。HY-1B 卫星搭载的海洋水色扫描仪（COCTS）和海岸带成像仪（CZI）工作状态基本稳定，截至 2015 年底，HY-1B 卫星已在轨运行 8 年 8 个月，继续创造海洋卫星在轨运行的新纪录，是我国在轨有效工作寿命最长的一颗低轨遥感小卫星。2015 年，HY-1B 卫星共探测 1514 轨，其中境内探测 762 轨，境外探测 752 轨。COCTS 可见光载荷工作 17207 分钟，COCTS 红外载荷工作 47351 分钟，CZI 载荷工作 9795 分钟，卫星发生异常 10 次。

HY-2A 卫星搭载的雷达高度计、微波散射计、扫描微波辐射计和校正微波辐射计四个载荷工作状态基本稳定。2015 年，HY-2A 卫星共发生异常 33 次，通过卫星固存回放 10 次，恢复 80 小时时长的遥感数据；数传开机 905 次，累计时长 16937 分钟；轨道维持 7 次。采用地面软件修复的方式解决微波散射计时间码故障，保障微波散射计数据产品的制作和分发。

2015 年，海洋卫星地面接收站网运行稳定。北京、三亚、牡丹江和杭州卫星地面站累计接收 HY-1B 卫星数据 3516 轨，数据 1258.9 GB；HY-2A 卫星数据 2384 轨，数据量 4329.06 GB；高分卫星数据 1651 轨，数据量 80497.88GB；EOS/MODIS 数据 9022 轨，数据量 4475.11 GB；NOAA 卫星数据 219 轨，9.28 GB。海洋卫星地面应用系统全年处理和制作 HY-1B 卫星产品 4.90TB，HY-2A 产品 7.34 TB，MODIS 产品 4.45 TB。2015 年，HY-1B 卫星存档数据量 4.92 TB，HY-2A 卫星存档数据量 11.26TB，MODIS 零级产品存档量 3.87 TB。2015 年，向国内用户分发海洋水色卫星数据 22.59 TB，其中，HY-1B 卫星数据 14.69 TB，MODIS 数据 7.90 TB。

【海洋卫星应用】 海表温度监测 利用 HY-

2A 卫星扫描微波辐射计和 HY-1B、MODIS 等卫星数据，制作 2015 年度中国海及邻近海域和全球的逐日、周平均、月平均、年平均海表温度产品，共计 5.5 GB。海温产品已经在海温预报和海洋渔场环境监测中发挥重要作用。

海洋水色监测 2015 年，利用 HY-1B 卫星数据并结合 MODIS 产品资料，定期制作我国管辖海域及周边海域的旬、月、季平均的叶绿素浓度分布等海洋水色信息，提供海洋渔业等有关部门使用。

海冰灾害监测 2014—2015 年度冬季，利用 HY-1B、MODIS 和“高分一号”等多颗卫星资料，对渤海及黄海北部的海冰灾害开展业务化监测，累计制作并发布海冰监测通报 91 期，海冰专题图 227 幅，海冰冰情图 11 幅。通过传真、电子邮件和网站的方式提供给国家海洋局有关业务司、国家海洋环境预报中心、国家海洋局北、东、南三个分局和环渤海三省一市等部门和单位使用。根据卫星监测结果，2015 年辽东湾最大浮冰范围出现在 1 月 22 日和 2 月 4 日，为 45 海里；渤海湾整个冬季未出现大面积的浮冰；莱州湾整个冬季未出现大面积的浮冰；黄海北部最大浮冰范围出现在 2 月 13 日，为 16 海里。

绿潮灾害监测 2015 年，利用 HY-1B 卫星并结合 MODIS、“高分一号”等卫星资料，国家卫星海洋应用中心、北海预报中心、国家海洋减灾中心等多家单位对我国近海绿潮灾害开展业务化监测。从 4 月 20 日开始业务监测，5 月 18 日发布第一期监测通报，至 8 月 14 日监测结束共向国家海洋局有关单位及沿海相关省市发布 89 期监测通报，为绿潮灾害监测和防灾减灾提供信息服务。

赤潮灾害监测 2015 年，国家卫星海洋应用中心、国家海洋局第二海洋研究所、东海环境监测中心、河北遥感中心等多家单位利用 HY-1B、MODIS 等多颗海洋水色卫星数据以及 HJ-1A/B、“高分一号”等卫星资料开展赤潮监测工作，制作和发布多期赤潮卫星遥感监测报告。

海上溢油监测 2013 年，应用加拿大 RADARSAT-2 卫星、意大利 COSMO- SkyMed 卫星以及我国遥感卫星等 SAR 数据，对渤海、东海和南海的重点海区进行全天候实时监测，全年共发布监测报告 157 期，其中溢油异常报告 50 期，为海洋环境保护和维权执法提供辅助决策支持。

海上风暴监测 2015 年，利用 HY-2A 和欧盟 MeTop 卫星资料开展西北太平洋范围内热带气旋、台风分布范围、台风中心位置的监测，为海洋气象预报、防灾减灾工作提供定量化辅助决策信息。全年，共捕捉西北太平洋上发生的 25 次台风，共制作台风遥感监测专题图 207 幅，实时发送给国家海洋环境预报中心、各沿海省市预报台，为预报和防灾减灾等部门提供定量化的台风实况信息。

渔场渔情信息服务 以 HY-2A 和 HY-1B 自主卫星遥感资料为主，结合国外海洋卫星资料，对全球三大洋 10 个海域的鱼种进行每周一次的业务化渔情分析与预报，通过中国远洋渔业协会鱿钓技术组、金枪鱼技术组等向全国远洋渔业企业发布渔情信息；同时在 9 家渔业企业近 150 艘远洋渔船安装在线渔情系统，实现近实时在线的海况分析和渔情预报服务，为我国远洋鱿钓渔船、金枪鱼延绳钓渔船、大型拖网渔船和金枪鱼围网渔船的科学生产提供技术支撑，获得显著的经济效益。

海洋环境预报 2015 年，国家海洋环境预报中心及北海分局、东海分局、南海分局所属预报中心等单位继续应用海洋卫星资料开展业务化海洋环境预 报工作。①海温预报。HY-1B 和 HY-2A 卫星海温融合产品作为初始场应用到海温数值预报系统中，定期制作西北太平洋海域海温周预报产品，并通过电视、网络等媒体向公众发布，2015 年共发布预报 52 期。②海冰预报。将 HY-1B 卫星海冰遥感产品应用到海冰常规预报和数值预报模式中，制作周、旬等不同时段海冰发展趋势预测产品和 1-5 天冰速、冰厚、冰密集度等预报产品，并向公众发布。③海浪预报。将HY-2A卫星雷达高度计有效波高产品应用到基于第三代海浪预报模式的西北太平洋海浪同化数值预报系统中，制作高质量的预报初始场，同化轨道附近海域海浪预报相对误差降低3%~10%。

区域海洋卫星应用 2015年，利用HY-1B、HY-2A结合MODIS等海洋卫星资料，继续在河北、福建等省开展卫星数据的区域海洋示范应用与推广，取得较好的应用效果。

利用HY-1B、MODIS、HJ-1A/B、GF-1等卫星数据，开展水色水温、海冰、赤潮、溢油等遥感业务化监测，并对港口区、入海河口和养殖区等特定区域海洋环境状况进行调查与评价，为海洋管理部门和其他相关部门制定海洋环境保护和防灾减灾措施提供数据支撑。2015年，共制作发布水色水温日监测产品93期，海冰监测产品32期，赤潮监测产品11期，溢油监测产品3期。

利用HY-2A卫星数据并结合浮标实时观测数据，开展"海峡"号航线保障、福建省五大渔场及钓鱼岛海域海洋环境预报、日常海洋预报、省防台风会商以及公众服务等业务应用。2015年累计向"海峡"号发布HY-2A卫星及浮标监测实况简报600余期，将HY-2A卫星监测的风场和浪场数据，用于省防台风应急指挥部的台风会商，为决策支持提供重要保障。 (国家卫星海洋应用中心)

【基于主被动遥感的渤海海冰厚度及其相关参数的反演研究】 开展渤海海冰立体探测实验，获取渤海海冰厚度、温度、密度、盐度等现场实测资料；并获取同步的陆基散射计、陆基辐射计、以及星载SAR数据、星载光学遥感数据、机载SAR数据和机载热红外数据，为开展主被动渤海海冰参数反演奠定数据基础。在海冰参数遥感探测技术方面：①复现经典的海冰热动力学生长模型，模拟实现海冰温度、厚度和盐度间的相互转换关系。开展极化SAR电磁散射机理研究，发展SAR海冰电磁散射模型，提出适合海冰探测的极化分解方法，可有效提高SAR海冰的类型识别和厚度探测能力。在该部分工作中发表SCI级学术论文2篇。②针对极化SAR、紧缩极化SAR、顺轨干涉SAR、Landsat-8和GF-1等新型遥感传感器，发展针对上述新型遥感器的海冰类型识别方法；在此基础上发展融合SAR与光学两种数据的海冰分类方法，有效提高海冰分类精度。在该部分工作中发表学术论文4篇，其中SCI 2篇，EI 1篇。③利用GOCI新型的地球同步轨道光学数据，开展渤海海冰漂移跟踪探测研究，发展基于MCC（最大互相关）和光流法的海冰漂移跟踪方法，首次给出分辨率为500米，时间间隔为1小时的海冰漂移产品。在该部分工作中发表学术论文2篇，其中SCI 1篇，EI 1篇。④针对光学遥感数据，利用GOCI新型的地球同步轨道光学数据，发展基于海冰光学反照率的渤海海冰厚度探测方法，冰厚的探测均方根误差小于7厘米。针对极化SAR和紧缩极化SAR数据，提出CP-Ratio这种新的参数，该参数对海冰的小尺度表面粗糙度不敏感，但对海冰的介电常数变化非常敏感，可用于反演非形变冰的海冰厚度；将本项目的提出的方法与北极拉布拉多海区域的机载EM实测海冰厚度相比，海冰冰厚的探测均方根误差约为8厘米，达到国际先进水平。在该部分共组中，形成学术论文2片，其中SCI 2篇（含一区的SCI期刊）。本项目发表及录用学术论文17篇（7篇SCI，6篇EI）。其中一篇学术论文在"第七届中国信息融合大会会议"被评为大会优秀论文二等奖。

【海上船只目标星-机-岛立体监视监测技术系统】 2015年开展研究工作：①SAR船只目标探测与类型识别系统。海监飞机适应性改造和雷达升级改造方面，完成海监飞机适应性改造，为飞机加装新的雷达天线罩、吊舱、航空机柜，并对飞机窗口和过渡板进行相应改造，以适应机载雷达的安装；开展机载广域搜索与SAR成像一体化雷达升级改造方案设计，完雷达天线、收发组件、伺服平台、信号处理机、天线罩等的升级改造设计。机载 SAR 定标技术方面，完成定标实验方案详细设计，采购角反射器，吸波材料等器材，开展星载 SAR 外定标实验。机载 SAR 实时成像方面，发展基于 ISAR 技术的 SAR 目标重聚焦方法，有效克服目标的散焦现象，将更有助于目标检测和识别。杂波抑制和目标检测方面，发展基于一致性原理的杂波模型和基于 n 阶多项式的杂波拟合方法与船只目标检测算法，检测结果品质因数均在 0.8 以上，满足部分考核指标。船只类型识别方面，发展基于“优胜团队”的船只目标识别方法，对于集装箱、货船、油轮达到 85%以上的识别率。探测实验方面，开展机载 AIS 实验和中韩协定海域船只监测实验，测试机载 AIS 设备性能，并获取中韩海域中的船只信息，为后续的一体化雷达探测系统完善以及目标探测实验提供信息支持。②高频地波雷达船只目标探测系统。岛基地波雷达系统方案论证方面，针对雷达系统指标要求，开展各雷达硬件分系统的调研和论证，完成雷达发射天线调研与选型，采用二元八木天线，完成发射机分系统的方案设计，完成地波雷达信号实时处理平台方案设计；针对岛基高频地波雷达接收天线选型紧凑型的要求，在大量天线调研的基础上，开展备选雷达天线类型的性能仿真分析，初步确定紧凑型接收天线的选型，采用偶极子鞭状天线。开展系统威力计算和双基地雷达系统目标探测精度仿真，为雷达系统参数指标的确定及目标探测距离和天线布放提供参考。双基地地波雷达目标探测试验方面，开展一次双基地高频地波雷达数据录取实验，完成目标探测个例分析以及与同步 AIS 的对比分析，初步验证双基地地波雷达系统的目标探测功能。另外，在高频地波雷达干扰抑制、目标检测与跟踪和海态反演等方面开展初步研究，发展基于方向分解的射频干扰抑制方法、基于冗余小波变换的目标检测算法、基于交互式多模型的目标跟踪方法等一系列新方法。③系统集成。系统构建方面，初步完成机载广域搜索一体化雷达探测系统的构建，实现机上成像、检测、关联、跟踪一体化操作集成，为开展机载广域搜索一体化雷达机上实时探测实验提供支撑。本项目 2015 年度发表 28 篇学术论文，其中 4 篇 SCI 收录，9 篇 EI 收录，15 篇核心期刊收录；申请国家发明专利 5 项。

【主被动光学遥感探测水下悬浮绿潮】　2015 年主要开展：①悬浮绿潮海面光谱响应的船基实验观测。基于实测数据研究海面光谱随浒苔绿潮悬浮深度、生物量等的变化特征，在此基础上探索悬浮绿潮被动光学遥感探测方法；②绿潮激光雷达响应特征分析。基于星载激光雷达 CALIOP 数据分析黄海浒苔绿潮、海水和云的激光雷达回波信号差异，为绿潮激光雷达探测方法研究奠定基础；③绿潮海空同步观测方法研究。制订初步的绿潮海空同步实验观测方案。

【无人船平台动态接入海床基观测网及数据回收研究】　2015 年，项目组在无人船水声通信链路强度建模、无人船路径规划和无人船数据回收接入协议方面开展相关研究。具体进展如下：①在无人船水声通信链路强度建模方面，根据无人船的表面航行特点和数据回收所采用的垂直信道，主要需要考虑的影响因素包括水声通信距离、无人船航行状态及海洋环境等因素，初步构建无人船水声通信链路强度模型。为验辨识与证该模型，2015 年 7 月 15-17 号，在棘洪滩水库开展无人船水声通信湖试，主要完成接收端不同深度（0.5 米和 3 米）、50-1000 米定点通信（间隔 50 米）、2000 米直线移动通信以及不同状态下的无人船辐射自噪声测量实验。2016 年 1 月，在海南省三亚市蜈支洲岛附近海域，完成海洋环境无人船辐射自噪声测量、远距离水声通信等试验。②为研究海流影响下的无人船全局路径规划，基于遗传算法（Genetic Algorithm，GA），以无人船能量消耗作为适应度，开展用于海床基数据回收的无人船全局路径规划研究。仿真结果表明优化后的路径能量消耗减少 42.6%。③主要通过两种多址

TDMA（时分多址或时分复用）和RA（随机或竞争接入）接入协议与当前簇的多个节点进行集中式单跳通信，分析其回收数据包信息量的性能优劣。根据青岛棘洪滩水库水声实验数据，通过相对信号强度与距离的关系，将其刻画表示为链路强度概率。以该链路强度概率，设置不同的概率邻居，用于海床基观测网络的分簇。基于所设计的两种多址接入协议进行仿真，设计不同的通信周期和通信概率邻居，分析数据回收网络性能优劣。仿真结果显示航行时间和获得的信息量均随通信周期的增大而增大，同时随着通信概率邻居的增大，延长无人船的航行路径，引起航行时间的增大。从整体上来说，TDMA性能优于RA。（国家海洋局第一海洋研究所）

【静止轨道海洋水色卫星遥感关键技术】 国家“863计划”课题，由国家海洋局第二海洋研究所牵头承担。课题旨在发展我国自主的静止轨道海洋水色卫星遥感技术。主要研究内容包括：针对静止轨道海洋水色卫星面临的大太阳天顶角和低水色信号等观测技术难题，研制考虑地球曲面、粗糙海面和偏振的精确海洋-大气耦合矢量辐射传输模型；开展地球曲率影响下的大气分子瑞利散射、气溶胶散射、大气漫射透过率精确计算等关键技术研究，开发静止轨道海洋水色卫星遥感信息处理技术；开展静止轨道海洋水色卫星遥感产品真实性检验技术研究；以静止轨道海洋水色卫星GOCI数据为样本，开展静止轨道海洋水色卫星遥感技术应用验证示范；开展自主静止轨道海洋水色卫星遥感器总体设计及关键技术研究，研制静止轨道海洋水色卫星遥感器关键技术原理验证演示样机。研究目标是突破考虑地球曲面、粗糙海面和偏振的海洋-大气耦合矢量辐射传输模型，以及地球曲率影响下的大气分子瑞利散射、气溶胶散射、大气漫射透过率精确计算等关键技术，以及静止轨道海洋水色卫星遥感产品真实性检验技术；实现静止轨道海洋水色卫星遥感技术应用验证示范，静止轨道海洋水色卫星遥感器系统总体设计及系统研制原理性突破，并形成原理演示装置，推动我国自主静止轨道海洋水色卫星技术和应用的发展。

【基于遥感与现场比对的陆源碳入海动态监测关键技术及应用示范研究】 海洋公益性行业科研专项项目，由国家海洋局第二海研究所牵头，国家海洋局东海环境监测中心、厦门大学、国家海洋环境监测中心、南京信息工程大学、浙江大学、浙江海洋学院参加。主要研究内容为：以受陆源入海物质影响的长江口和东海近海为重点应用示范区域，建立基于卫星遥感，并结合定点时间序列观测（浮标、监测站）、航次断面观测和数值模型模拟的陆源入海碳通量与扩散的动态监测示范系统。重点突破近海复杂水体的碳循环关键参数遥感反演、陆源入海碳通量长时间序列监测、陆源入海碳扩散评估、多元信息三维可视化服务系统构建等关键技术，并与已建成的“中国近海海-气-二氧化碳通量遥感监测评估系统”集成，完善中国近海碳通量的立体监测体系。面向不同用户需求，构建专业版、标准版版和网络版三套碳信息服务系统，进行业务化示范应用推广。该项目于2015年6月5日召开项目的启动会及实施方案研讨会，对项目的实施方案及各种任务分工进行细化，为项目的有序实施打下良好的基础。与长江水利委员会水文局长江下游水文水资源勘测局合作，计划于2015年5月—2016年7月（15个月）每月中旬进行一次大通水文站断面的水文测量（大通水文站负责）、水体有机碳及相关参数采样和光学参数测量（国家海洋局第二海洋研究所负责），以及无机碳采样测量（国家海洋环境监测中心负责），目前已经完成5—12月连续8个月的采样和实验室测试。此外，联合厦门大学，完成长江口夏季多学科航次。同时还完成遥感数据共享及信息服务系统硬件的招标和采购；完成数据库模型设计和数据库的搭建；初步建立长江口浑浊水体有机碳的遥感反演模式；拓展海水二氧化碳分压的遥感半分析算法；进行嵌套式长江口及东海水动力模式的构建。已发表相关论文 5 篇。

（国家海洋局第二海洋研究所）

【国产高分卫星数据反演岛礁周边浅海水深取得进展】 2015 年，在高分专项等相关项目的支持下，海洋三所利用国产高分卫星数据开展我国远海岛礁周边浅海水深反演遥感技术研究，成功突破相关关键技术，形成获取岛礁周边 20 米以浅水深数据的能力，并搭建岛礁浅海水深遥感反演处理系统，很好地弥补传统方法在岛礁浅海，特别是触礁危险或敏感争议区域开展水深测量的局限，对掌握我国岛礁周边 20 米以浅水深数据具有重要意义，为我国海岛巡航执法以及我国海洋管理职能部门应用高分数据提供重要的技术支撑与管理新手段。（国家海洋局第三海洋研究所）

海洋生物技术

【海洋生物功能基因开发与利用】 完成斜带石斑鱼、大黄鱼、半滑舌鳎、牙鲆、栉孔扇贝、虾夷扇贝和凡纳滨对虾共 7 个典型海洋生物的全基因组测序和图谱绘制，相关结果发表于国际著名的 *Nature Genetics* 和 PNAS 等杂志，奠定我国海洋经济动物基因组研究的国际领先水平。开展我国典型海洋生物功能基因的研究，挖掘与重要经济性状相关的功能基因 250 余个，阐明其中 60 余个功能基因的调控机制，获得一批具有应用前景的功能基因产物。建设我国典型海洋生物的基因组数据共享平台。初步建立基于基因组、转录组、蛋白组的海洋生物功能基因发掘技术，注释基因 17 万余个，获得重要功能基因序列 4000 余条。

【海洋生物功能天然产物规模化制备与利用】 利用传统分类和现代分子生物学快速鉴定技术，确定药源生物 56 种、新种 15 个，从中分离鉴定出 800 余种不同结构类型（萜类、生物碱、甾体等）的次生代谢产物，其中新化合物 330 个，初步建立一个中/远海海洋生物样品库。完成 20 余个天然产物的全合成，其中首次、高效全合成 11 个，并获得 400 余个天然产物类似物，完成 6 个活性天然产物的结构改造和优化，获得 6 个先导化合物。完成 10 种海洋生物来源的小分子候选药物的规模化制备和成药性评价研究。参与 10 余次大洋科考、中远海科考采样，共分离得到 1500 余株海洋真菌和放线菌，从其中的 48 株真菌和 7 株放线菌中分离得到 227 个新化合物，其中 120 个呈现出良好的抗肿瘤、抗病毒、抗菌、抗炎等活性。通过调控生物合成途径，提高先导物的发现率，优化出一批在体内药效试验水平上有成药前景的先导化合物。

【海洋传统药源生物资源开发】 对 100 余种常用海洋中药品种进行系统全面的研究、整理和挖掘，完成 142 种海洋中药古籍文献的检索和文字录入、类编工作，实现数据的导入、查询和导出功能。通过文献调研、挖掘、筛选确定 154 种海洋中药品种，在调查研究基础上，编写《常用海洋中药品种整理》，已完成 50 种常用海洋中药 60 万字书稿的编写工作。完成 18 味海洋生物来源中药材的深入研究工作，建立质量控制方法和质量标准（草案），其中 11 种通过国家药检所复核并公示。

【深海与极地生物探测获取与应用研究】 完成海底微生物垫采样器、铲撬式生物采样器、泵吸式生物采样器、诱捕式生物采样器及生物转移箱等采样工具的研制，具有较强的搭载适应性和较高的捕获效率。采集到完整的深海生物 2000 多个，累计新分离、保存 3000 多株深海细菌、放线菌及真菌资源，其中 300 多株具有潜在功能，已发表新科 1 个、新属 8 个、新种 75 个。深海微生物特殊酶类的开发应用逐步推进，已取得初步应用成果。以耐热琼胶酶为基础建立的龙须菜寡糖的酶解工艺已达到工业生产规模，所生产的寡糖已经开展水稻 6.66 公顷（100 亩）和茶叶 2 公顷（30 亩）的应用示范。（科学技术部）

【海洋水产病害实用化检测及预警技术的建立

与应用】 2015 年度课题组继续进行鱼虾类疾病的流行病调查与病原研究，对海水养殖鱼病害种类和流行情况进行调查，研究环境因子对副溶血弧菌毒力基因表达的影响、珍珠龙胆石斑鱼幼鱼皮肤溃疡病的病原学、斑石鲷淀粉卵鞭虫病、半滑舌鳎皮肤溃疡病，分析美国红鱼荧光定量 PCR 内参基因评估及 cathepsin L 和 cathepsin S 功能、牙鲆 Ferritin M 功能和半滑舌鳎肽聚糖识别蛋白功能；继续优化海水鱼虾类疾病实用化检测技术，并对病原菌检测芯片进行应用，建立同步检测 7 种鱼类病毒的扩增子拯救多重 PCR（Arm-PCR）方法，研制检测赤点石斑鱼神经坏死病毒的新型实用化试剂盒、爱德华氏菌检测芯片；继续对海水鱼类免疫动态变化规律和疫苗效果进行研究，包括：灭活爱德华氏菌疫苗浸泡免疫牙鲆最佳浓度和时间及其诱导的免疫应答、高渗浸泡迟缓爱德华菌灭活疫苗诱导的牙鲆特异性及非特异性免疫反应、6 种细胞因子佐剂对牙鲆爱德华氏菌疫苗 OMPF 免疫效果影响、爱德华氏菌 OmpC 亚单位疫苗和 DNA 疫苗的研究、鱼肠道弧菌以及海豚链球菌亚单位疫苗候选成分筛选、鱼类免疫球蛋白单克隆的制备及应用、浸泡免疫爱德华氏菌灭活疫苗诱导的牙鲆黏液细胞及黏液素特性变化；建立牙鲆细胞因子 qPCR 检测技术，进行牙鲆 T、B 细胞标志物研究及检测，探求将其应用于研制健康状况检测试剂盒；将课题前期研发的快速实用化检测产品在养殖示范基地进行疾病检测、诊断及预警应用示范，包括：石斑鱼神经坏死病毒病的病原检测、疾病诊断及预警应用示范，对虾 WSSV 快速检测试纸和免疫芯片的示范应用，海水鱼类病原细菌实用化检测试剂盒示范应用；修定对虾病毒相关国家/水产行业检测标准。授权国家发明专利 2 项，申报国家发明专利 4 项；发表核心刊物以上文章 22 篇，

其中 SCI 收录 11 篇；制修订国家/水产行业检测标准8项；培养毕业博士1人，硕士6人。

【海洋生物细胞分子育种关键技术】 2015 年课题组成功地完成鲆鲽鱼胚胎干细胞、生殖干细胞以及精原干细胞的识别，初步完成干细胞的分离及移植技术；分析牙鲆迁移和趋化因子 sdf-1 和 cxcr4 基因在胚胎期的时空表达,验证其与 PGC 迁移密切相关。完成 klf4、scp3、shipple、sox9 和 sox17 等多个栉孔扇贝配子发生相关基因的表达和功能分析；确定栉孔扇贝配子发生基因 klf4 以及初级性母细胞标记基因 scp3；建立栉孔扇贝担轮幼虫细胞长期培养体系并对其不同细胞增殖体系进行转录组分析初步筛查体外增殖关键基因。成功建立单环刺螠担轮幼虫细胞系并鉴定后者继代培养细胞的特性；初步建立对虾胚胎细胞培养方法，并获得形成有自主收缩能力的心肌细胞的分化条件；克隆得到 TERT、Lin28、DAD1、Survivin、POU3 和 Cyclin E 等对虾细胞生长和永生性转化的基因，开展对虾细胞转染和永生性转化分析；建立嗜对虾细胞的报逆转录病毒告基因转移系统以及慢病毒报告基因转移技术，并成功感染对虾 Oka 器官原代培养体细胞和胚胎神经样细胞。在精子冷冻保存和多倍体育种方面，对大菱鲆四倍体规模化诱导的条件进行进一步优化，鉴定其诱导率可达 90%，同时牙鲆三倍体的诱导率为 100%，且成活率并无明显差异。通过研究钝吻黄盖鲽精子的诱导、采集及超低温冷冻保存方法，获得批量可持续利用的优质精子；优化太平洋牡蛎胚胎冷冻保存的条件，建立胚胎冷冻保存技术工艺。在分子标辅助育种方面，构建虾夷扇贝高密度遗传连锁图谱，平均标记间距达 0.26 厘米；扇贝类胡萝卜素积累关键基因被精确定位并找到性状相关的标记；检测攻毒后扇贝体内麻痹性毒素含量变化以及基因表达变化，筛选到差异表达基因，构建基因共表达网络，获得富集差异基因的模块。（中国海洋大学）

【黄海大规模浒苔绿潮起源与发生原因研究】 针对黄海大规模浒苔绿潮，经过连续多年现场调查、模拟实验和检验，用丰富的数据资料系统刻画黄海绿潮起源，初步查明其发生

原因。黄海绿潮起源于其南部浅滩，浒苔的强漂浮能力和快速增长率是其形成绿潮的内因，黄海南部丰富营养盐、适宜温度和季风为浒苔生长和漂浮运移提供适宜的环境条件。该研究是我国近海生态灾害中第一次查明起源与发生原因的生态灾害，对黄海绿潮预测预报和防治具有重要意义，该研究成果入选“2015 年度中国海洋十大科技进展”。

【海洋外来物种入侵防治】 本项目甄别、梳理和纠正以往有关外来物种文献中的错误，理清外来物种与外轮压舱水生物、潜在入侵物种、新种新记录的区别；基本摸清我国海洋生物外来种和入侵种的种类与分布、入侵途径和模式、入侵风险，并建立我国外来海洋生物数据集；收录和整理我国外来海洋生物 148 种，并按引进目的和生态危害进行分门别类；初步制定我国外来海洋生物的入侵风险等级名录（黑、白、灰名录）；完成调查和整理我国外来海洋物种准确信息资料（148 种），并整理成型；完成构建我国外来海洋物种和外来海洋生物入侵数据库；建立我国外来海洋物种和外来海洋生物入侵数据库共享和检索系统；建立和完善中国外来海洋生物物种基础信息网站，实现信息和数据查询、交流与实时共享应用；完成研制中国外来海洋物种入侵风险评估系统“种风险评估模式”；建立外来海洋物种“适生性风险评估系统”，以大米草为例完成我国外来海洋物种潜在扩散趋势分析；抑食金球藻、剧毒卡尔藻和多形微眼藻 3 种藻类均是在 2007 年以后首次在我国出现，初步确定以上 3 种藻为赤潮新藻种。上述研究成果已发表论文 6 篇（SCI 1 篇，CSCD 2 篇），制订和实施地方标准 4 项，编制外来海洋物种入侵规划 1 部，正在合作出版专著 1 部。

【生物疫苗制备技术研究】 课题组在国家自然基金项目的支持下，针对近几年大菱鲆养殖过程中频繁暴发并造成严重经济损失的红体病，分离纯化红体病虹彩病毒，并研制具有较好免疫效果的大菱鲆红体病虹彩病毒（TRBIV）基因工程疫苗，在此基础上，为更好的在生产实践中应用，以壳聚糖纳米载体为传递系统，采用沉淀析出法、TPP 离子交联法以及 PEG 对纳米疫苗进行的表面修饰三种不同的方法制备具有较好免疫效果的直径为 200 纳米的 TRBIV 口服壳聚糖纳米重组基因工程疫苗，掌握大菱鲆红体病虹彩病毒壳聚糖纳米疫苗载体制备技术。以大菱鲆 TK 细胞、CHO 细胞为体外转染载体，研究影响纳米疫苗转染效率的因素，确定壳聚糖纳米疫苗体外转染的最佳条件，得到口服疫苗体外转染的细胞模型。在此基础上研究大菱鲆口服不同的壳聚糖纳米基因工程疫苗所诱发的机体免疫应答反应，确定大菱鲆口服免疫接种壳聚糖纳米疫苗的方法。本研究结果将为大菱鲆虹彩病毒病的预防提供最新生物工程产品，将推动口服疫苗的制备技术在水产疫苗研制中的应用，为水产疫苗的开发提供参考。

【海藻植物软胶囊研制】 本项目完成海藻胶植物软胶囊囊材的筛选、精制及其质量控制，确定海藻胶植物复合胶的最优处方，制备海藻胶植物复合胶产品，制定海藻胶植物复合胶质量标准；深入研究红藻胶及褐藻胶、明胶液及海藻胶复合植物胶液的流变性特性，为海藻胶植物软胶囊制备奠定基础数据；确定海藻胶植物软胶囊囊皮的最优处方组成，成功制备出两种药物海藻胶植物软胶囊产品，并制定其质量标准，同时还制订海藻胶植物软胶囊生产工艺技术规范；分别对海藻胶植物软胶囊和明胶软胶囊开展质量检查，并进行分析比较，结果表明海藻胶植物软胶囊产品的各项指标完全达到药典要求的明胶软胶囊各项指标；完成维生素 A 海藻胶植物软胶囊、吡哌酸海藻胶植物软胶囊的稳定性考察，保质期可达 2 年，保质期大大延长。

海藻胶植物软胶囊产业化取得重大进展，本项目目前已获得海藻多糖植物复合专用胶、海藻胶植物软胶囊新产品；建立符合国家 GMP 标准的年产 1 亿粒规模植物软胶囊示范生产线，建立年产海藻多糖软胶囊专用复合胶 50 吨规模的示范生产基地，制定海藻多糖植物软胶囊的企业生产标准；完成海藻多糖软胶囊稳定性、安全性与质量检测报告，质量指标达到 CFDA 有关软胶囊类产品标准的要求；已基本准备好 CFDA 报批所需植物软胶囊的技术资料。、

【南极冰藻 DNA 光修复酶开发】 本项目已完成南极冰藻 DNA 光修复酶基因克隆、工程菌构建、分离纯化和活性检测等实验室工作，并于 2012 年申请国际发明专利："Antarctic ice algae CPD photolyase, and coding gene, expression vector and application thereof"，CN103160488A；申请的国内发明专利"一种南极冰藻 CPD 光修复酶、其编码基因和表达载体以及该酶的应用"，专利号：ZL201310121837.7，该项发明专利 2016 年获得授权，同时发表高水平学术论文 5 篇，还获得国家自然科学基金项目"强紫外线辐射生境中南极冰藻光修复酶及其修复 DNA 紫外辐射损伤分子机制研究(41576187)"和国家自然科学基金委员会-山东省联合基金项目"紫外损伤修复产品南极冰藻 DNA 光修复酶研究与开发（U1406402-5）的资助，从而保证本项目技术完全可行。

项目目前已完成南极冰藻 DNA 光修复酶基因工程菌的优化培养，得到稳定的基因工程菌；完成南极冰藻 DNA 光修复酶蛋白的分离纯化及保持蛋白生物活性最佳工艺条件优选；已经完成中试工艺开发、产品质量研究及标准物质的建立，进入中试生产研究阶段。项目产品生产车间 3000 平方米主体建筑已建成，硬件配套设施齐全，正在建设符合国家药典要求的 GMP 车间，以尽早投入使用。

【重组贻贝足丝介质蛋白生物材料研究】 通过克隆和表达获得一种重组贻贝足丝介质蛋白，通过优化表达方法和纯化方法制备 20mg 纯度超过 95%的蛋白。该蛋白大小约为 50kDa，具有 vWF 结合域，能够结合胶原蛋白，具有稳定胶原蛋白的作用。相关理化性质鉴定正在进行中。采用水热合成法制备具有过氧化物酶活性的钒酸铁纳米材料。该材料表面较光滑，呈带状结构，长约 2 米，宽约 90nm，表面积为 67.97m^2/g，孔隙直径 136.8880，孔隙体积 0.2326cm^3/g，具有较高的过氧化物酶活性，其对 H_2O_2 的 K_m 值为 0.0732mM，相比于辣根酶（K_m=0.214mM）对 H_2O_2 有更强的亲和力。该材料对 H_2O_2 还具有较好的专一性和可重复利用性，材料本身的磁性极大地方便材料的回收利用，可以实现对 H_2O_2 的可视化检测。

（国家海洋局第一海洋研究所）

【海洋生态红线区划管理技术集成研究与应用】 海洋公益性行业科研专项项目，由国家海洋局第二海洋研究所牵头承担。项目分别于 2015 年 4 月和 11 月开展洞头岛示范区海域生态环境现状春季、秋季调查，完成《洞头示范区生态环境本底调查报告》（初稿）。在对前期搜集的洞头自然资源、生物群落、环境质量、保护区、社会经济现状和发展规划等要素的资料进行整理并对洞头海域海洋生态特点、存在的问题以及经济社会发展需求进行系统分析，在此基础上对洞头海域的红线区进行初步识别。在总结生态适宜性评价研究进展的基础上，根据海域的区位条件、自然资源、生态环境和社会经济状况，基于可持续发展的理念，建立海洋自然资源适宜性、海洋环境适宜性和海洋社会经济适宜性的评价指标体系和评价方法；完成《海洋生态适宜性评价理论研究报告》（初稿）。组织撰写《海洋生态红线区划管理技术集成研究与应用》专著（初稿），并联系科学出版社商讨出版事宜。

【我国近海常见底栖动物分类鉴定与信息提取及应用研究】 海洋公益性行业科研专项项目，由国家海洋局第二海洋研究所牵头，国家海洋局第三海洋研究所、国家海洋局第一海洋研究所、中国科学院海洋研究所、中国海洋大学、厦门大学、国家海洋局东海环境监测中心、国家海洋局北海环境监测中心共同参加。主要研究内容为：以传统的底栖动物形态学分类为主，辅以分子生物学分类技

术，规范与完善我国近海底栖动物重要门类的分类体系，统一海洋底栖动物常见种种名；编制渤海、黄海、东海和南海的海洋底栖动物形态图谱；通过对底栖动物分类信息的整理、分类、检验，构建海洋底栖动物分类数据库和网络信息服务平台；开展重点海区典型生态系统监测和海洋生物多样性监测的应用研究；培养一支从事我国近海海洋底栖动物分类的专业人才队伍。该项目于 2015 年 7 月 10 日在杭州召开项目启动会与实施方案研讨会，对各任务的分工进行细化，明确各参加单位的任务要求，为项目的有序开展打下坚实的基础。本项目已确定我国近海常见底栖动物分类体系的主要参考依据、分子标记、分海区图谱以及数据库中大型底栖生物、小型底栖生物各类群的种类数和百分比，种名录中大型底栖生物、小型底栖生物各类群的种类数等细则。已初步整理出真虾下目、猬虾下目分类体系，并对国内外多毛类动物分类体系进行对比分析；对小门类物种进行筛选的同时开展图谱编制的准备工作，包括样品的采集和图谱格式的统一；还完成数据库规范化格式的设计以及底栖动物多样性域名的注册。此外，对我国近海生态监控区底栖动物资料也进行收集。以上工作对海洋底栖动物形态图谱的编制和海洋底栖动物分类数据库和网络信息服务平台的构建以及重点海区典型生态系统监测和海洋生物多样性监测的开展起到重要的推进作用。

【超深渊底栖动物群落空间分异机制研究】 国家“973 计划”课题，由国家海洋局第二海洋研究所牵头承担。2015 年度主要完成 1 套 9000 米级及 1 套 6000 米级 Lander 系统的采购、集成和近海试验任务，验证生物诱捕、海底视像拍摄、释放器释放等各项水下工作性能，为开展第一航次现场调查作好充分的准备。此外，对 2012 年蛟龙号 7000 米海试采集的海参样品进行初步分析与鉴定，并分析鉴定 2014 年蛟龙号采自西太平洋深海的虾类样品，新种论文已投稿。

【诱捕式大型生物采样器研制】 国家“863 计划”子课题，由国家海洋局第二海洋研究所承担。课题通过对深海大型动物生活习性的研究，研发光引诱、食物引诱装置，以吸引生物靠近和进入捕获容器，生物捕捉舱分为被动诱捕式和主动诱捕式两种类型，被动诱捕式生物捕捉舱主要针对虾、蟹及活动性较弱鱼类，主动诱捕式生物捕捉舱针对游动能力较强的捕食性的或腐食性游泳生物。诱捕式大型生物采样器可以搭载 ROV、载人潜器、拖体等多种水下作业平台，也可以通过工作母船直接布放，使用水声应答释放器遥控回收。

2015 年主要完成海试样机的加工和海试。被动式诱捕采样器和主动式诱捕采样器均完成产品样机的研制，该项技术与杭州先驱海洋科技有限公司达成产业化合作协议，由该公司进行生产并形成销售。产品样机工作水深指标达到 9000 米。

【环境保全参照区和影响参照区建设】 大洋专项，编号：DY125-14-E-02，课题负责人：国家海洋局第二海洋研究所许学伟。课题主要依据国际海底管理局制定的勘探规章和环境项目指南，对我国多金属结核区及其邻近海域进行补充调查，充实中国多金属结核区环境影响参照区的选区关键参数，确定多金属结核合同区的影响参照区，并提出保全参照区的选区方案。目前该课题正处于结题申请阶段。

2015 年，课题针对往年采集环境样品开展实验室分析，主要为微生物、小型底栖生物形态学和分子遗传学分析；并重点对“十二五”期间调查的环境数据进行总结。目前已取得的成果包括：①叶绿素 a 及其最大值层所在水深的年际变化反映厄尔尼诺-拉尼娜现象对东太平洋浮游植物生长繁殖的影响，厄尔尼诺年叶绿素 a 含量较低，最大值层较深，拉尼娜年叶绿素 a 含量较高，最大值较浅。②节肢动物门（Arthropoda）为合同区浮游动物第一优势门类，占浮游动物群落物种数的

76%；桡足类为浮游动物最优势类群，占浮游动物群落物种数的49%。③结核内部细菌和古菌群落组成差异较大，沉积物中的细菌和古菌群落组成彼此间有较高程度相似性，反映结核内部微生物已与其周围微生物群落发生明显分化，这与其生存的相对封闭微环境相关。④合同区东区沉积物小型底栖生物丰度高于西区沉积物，东区取样深度较西区深，这可能是造成东区和西区小型底栖生物丰度差异的原因之一。⑤东区大型底栖生物丰度略大于西区，多管采样比箱式采样可获得更大的大型底栖生物丰度。⑥合同区巨型底栖生物主要有海绵、海参、海星、海蛇尾、海百合、长须虾、铠甲虾、长尾鳕鱼、深海蜥蜴鱼、海鞘、巨型原生动物、珊瑚等。

【深海结核、结壳区微生物多样性与资源潜力评价】 大洋专项，编号：DY125-14-E-02，课题负责人：国家海洋局第二海洋研究所杨俊毅/许学伟。课题总体目标为，查明深海多金属结核区与富钴结壳区代表生境微生物群落组成与多样性，确定环境优势类群，获取深海结核结壳区微生物资源及基因资源，通过深海微生物及基因资源用的应用潜力评价获得自主知识产权，提升我国深海生物资源与知识产权拥有量。目前该课题正处于结题申请阶段。

2015年6月，课题召集各子课题负责人举行课题研讨会，对课题取得的阶段性成果进行及时总结。具体包括：①针对结核结壳区53个测站121份沉积物及结核样品，开展微生物多样性调查，发现微生物群落结构与结核存在、有机碳和重金属含量等环境参数相关。②分离鉴定微生物2000余株，已递交保藏700株，已发表新属3个、新种37个；获得新蛋白酶、酯酶、淀粉酶和琼脂酶等10个。③证明东太平洋结核区沉积物中存在趋磁细菌，尤其是存在多细胞趋磁原核生物，将趋磁细菌的生存极限从水深3000米扩展至5000米；围绕深海古菌开展分离培养新技术探索。④发表SCI论文31篇，新申请发明专利5个。⑤初步开展深远海微生物来源的羧酸酯水解酶、琼脂酶、密度感应淬灭酶、蛋白酶等应用基础研究，获得一些具有一定应用潜力的酶资源；发现一些耐受锰、汞和锌等重金属的菌株，在环境修复领域具有应用潜力。 （国家海洋局第二海洋研究所）

【"中印尼海洋与气候中心联合观测站项目"按计划推进】 2015年10月中下旬，与印尼方15名科学家共同开展第四次实地联合调查研究。系统研究北苏拉威西海近岸Kema和Wori海草床生态系统，包括植被、沉积物、鱼类、底栖生物、悬浮颗粒物和海水化学等，使热带典型海洋生态系统的研究更加全面。采集印尼珊瑚三角区北苏拉威西海域大量海洋生物和沉积物样品。12月中下旬，科研人员赴比通站布放生态浮标，并开展湿季鱼类联合调查。

【"国家杰出青年科学基金项目"顺利通过结题考核评估】 2015年年度陈新华研究员承担的"国家杰出青年科学基金项目"顺利通过基金委的结题考核评估，综合评价结果为"A"。项目完成大黄鱼全基因组的测序，揭示大黄鱼遗传与抗逆分子基础，阐明神经-内分泌-免疫的调控网络在大黄鱼脑应答低氧胁迫中发挥的作用。鉴于项目组前期的积累，2015年陈新华研究员申报的重点项目"两种大黄鱼I型干扰素的转录调控与功能研究"顺利获得国家自然科学基金委员会的资助，资助期限2016—2020年。

【大黄鱼研究成果入选"2015年度中国海洋十大科技进展"】 在我国特有海水经济鱼种大黄鱼遗传与抗病/逆的分子机制研究方面取得重要进展，成果发表于国际刊物《公共科学图书馆·遗传学》。该研究完成大黄鱼全基因组精细图谱的绘制，并进一步揭示神经—内分泌—免疫/代谢新的调控网络在大黄鱼应答低氧胁迫中发挥的重要作用，这对于推动大黄鱼产业发展具有重要意义。该成果已入选"2015年度中国海洋十大科技进展"。

【推动科技兴海平台建设】 国家级"海洋药

源生物种质资源库建设”初具规模。保藏有海洋药源脊椎动物、无脊椎动物、大型海藻、药源微藻等种质材料 3000 余份。对近 300 株海洋微生物进行发酵研究，获得 2000 余份代谢产物馏分。获得授权专利 4 项。“海洋生物产业化中试技术研发公共服务平台”项目中 5 个平台的建设进展顺利，即将建成投入试运行。“海洋微生物制剂产业开发平台”“海洋中药材和海洋中药研发技术平台”项目实施方案已通过专家评审，并提交任务承诺书。

【组织实施海洋生物产业化研发项目】 申报获批海洋经济创新发展区域示范项目 2 项；新增申报厦门市南方海洋研究中心项目 3 项；参与福建省海洋与渔业厅海洋高新产业发展专项 3 项。2015 年，启动海洋公益性行业专项“基于海洋微生物发酵的新产品开发技术研究与应用”、厦门南方海洋研究中心项目“海洋生物环保材料关键技术研发”“厦门海域赤潮灾害应急监测与预警管理决策平台”和“深海热液口 DNA 复制酶资源开发利用”等 3 项项目。组织 2013 年厦门南方海洋研究中心 4 个项目中期阶段验收，项目顺利通过阶段验收。组织国家海洋局、厦门市科技局和厦门海洋研究开发院等 10 项项目顺利通过验收。

【开展海洋生态环境保护与修复工作】 海洋生物物种基础信息库建设项目已完成中国海洋生物信息库系统的总体设计，三个子系统和三个信息化标准，并录入部分数据和信息。组织开展福建省海洋生态红线划定，提交“晋江市海洋生态红线划定及管控措施”和“东山县海洋生态红线划定及管控措施”相关成果的报批稿。牵头承担的福建省海洋生态红线划定工作，已总体完成全省海洋生态红线选化工作，按照省环保厅统一部署，多轮征求省海洋与渔业厅与沿海各设区市海洋管理部门的有关意见，拟向环保厅提交相关工作报告。

【开展海洋生态文明和海洋生态环境保护的规划编制工作】 编撰出版《中国海洋生态补偿制度建设》和《基于生态修复的海洋生态损害评估方法》两部专著，编制完成《福建省海洋生态补偿赔偿管理办法（报批稿）》及编制说明。组织专家协助省海洋与渔业厅编制《福建省海洋生态文明建设行动计划》《福建省海岸综合利用与保护规划》，启动《福建省“十三五”海洋保护规划》修订工作。组织在研的 13 项海洋环境保护领域标准项目按进度完成年度目标。

【积极应对海洋环境影响评估工作】 参与天津港“8.12”瑞海公司危险品仓库特别重大火灾爆炸事故海洋环境影响评估工作，负责现场生物效应监测与评价。将海洋公益项目“海洋污染生物效应快速监测与评价技术应用示范”生物标志物监测技术，针对性地应用此次监测与评估中。组织完成 2 个航次的现场监测，提交监测与评估报告，为现场海域污染物种类甄别和污染生物效应状况的监测与评估发挥重要作用。组织协调“厦门海域赤潮灾害应急监测与预警管理决策平台”建设。完成赤潮应急跟踪监测方案的编制，建立并完善酶联免疫法的有毒赤潮毒素的快速检测方法以及基于高效液相色谱法的有毒赤潮毒素检测方法。

【北海基地揭牌，所地共谋海洋事业发展进入新阶段】 12 月 3 日，海洋三所在北海举行北海基地揭牌仪式。北海基地是首批与北海市政府签署《海洋科学研究战略合作框架协议》的国家海洋科研机构之一，主要开展海洋生物技术研发、生态环保创新性研究和中东盟海洋科技合作交流等工作，将更好服务广西海洋经济发展和生态文明建设，发挥好中国—东盟的桥头堡优势。

（国家海洋局第三海洋研究所）

海水淡化与综合利用技术

【24 吨/日八效板式蒸馏淡化装置】 由国家海洋局天津海水淡化与综合利用研究所研发的 24 吨/日八效板式蒸馏海水淡化装置成功应用于沙漠油田地下苦咸水淡化。2015 年 8 月，该装置在新疆轮台中石化西北局托甫台生活

基地完成安装、调试并投产。淡化装置是托甫台生活基地“热、电、水”联供项目中淡水供应部分，联供系统由一台600千瓦燃气发电机组配套余热锅炉、槽式太阳能集热器及板式蒸馏淡化装置组成，冬季利用燃气发电机组缸套高温水为公寓提供生活热水和采暖供热，利用尾气余热进行苦咸水淡化；夏季发电机组停用，生活热水和苦咸水淡化热能转换为太阳能集热器提供。天津海水淡化研究所提供的八效板式蒸馏淡化设备，既能适应冬季发电机尾气余热，又能适应太阳能集热热源。针对太阳能热源供给有限的运行条件，装置采用八效蒸发器实现蒸汽热能重复利用、分组进料对进料水进行预热、板间降膜蒸发实现强化传热、配置淡水、浓水闪蒸罐将热量回收利用。通过上述优化设计，实现热源高效利用，保证装置产水供给，水回收率高达75%。该项目是我国多效板式蒸馏海水淡化技术的首次工程化应用，对研究低温多效板式蒸馏海水淡化技术与装备运行和管理具有现实意义，为建设大规模板式蒸馏海水淡化工程积累实际经验。

【和田地区农村苦咸水淡水示范工程】 海水淡化技术不仅适用于海边和海岛，亦可造福内陆苦咸水地区。2015年10月29日，由国家海洋局天津海水淡化与综合利用研究所承建的“和田地下水改良项目示范工程”落成产水。和田位于新疆维吾尔自治区最南端，地下水分布区域80%为苦咸水，当地居民用水普遍存在硬度高、碱度高、含氟高、含盐量超标的情况，对健康造成一定威胁。国家海洋局天津海水淡化与综合利用研究所利用多年研发积累的海水和苦咸水处理等高新技术，最大程度保证产水品质并降低造水成本，打造一套日处理200吨的苦咸水净化装置，产水覆盖和田县布扎克乡的阿依玛克村、铁提村、加依村和其勒克村共1210户，近5600维族群众喝上甘甜的自来水。

【纳米聚丙烯纤维吸油材料的中试应用研究】 该项目通过对纳米聚丙烯纤维的吸油性能进行系统研究，开展纳米聚丙烯纤维吸收海面浮油中试应用研究，对其吸油动力学和吸油机理进行深入探讨，并对提高纳米聚丙烯纤维吸油性能的改性方法进行探索，以期获得一种高效海洋溢油吸油材料，研究相关吸油材料产品设计关键技术方法，为快速、低成本和安全处置突发性海洋溢油污染事故提供技术支持。该项目进行丙烯酸丁酯对纳米聚丙烯纤维的改性研究，制备出高效吸油纳米聚丙烯纤维材料，其对原油的饱和吸油量达到38.9g/g，对豆油的饱和吸油倍数达到31g/g；并且具有良好的保油性能及重复使用性能，较之原纳米聚丙烯纤维，改性纳米聚丙烯纤维对原油、机油的吸油能力有显著提高。开发出吸油毡、吸油索、吸油枕、吸油棉等吸油产品，经中试试验研究，所制备的吸油产品具有良好的吸油效果，比市售聚丙烯吸油产品吸收速度最高可达30%以上。发表论文3篇。

【鸟粪石沉淀—沸石吸附法处理污海水中氮磷技术研究】 本项目针对我国近岸海域富营养化问题日益严峻、传统生物法对海水中氮磷处理能力有限的问题，开展鸟粪石沉淀法和沸石吸附法处理海水中氮磷技术研究，通过实验研究确定MAP沉淀法的最佳反应条件，探讨影响沸石吸附海水中氨氮和磷酸盐的主要因素，对天然沸石吸附海水中氮磷动力学和热力学特性进行系统研究，利用穿透曲线考察天然沸石对海水中氨氮的动态吸附性能，并对使用后天然沸石的再生方法进行初步探索。在以上研究基础上，建立鸟粪石沉淀—沸石吸附组合工艺，通过优化工艺运行条件实现对海水中氮磷的高效、稳定净化。该项目研究成果可为控制海水富营养化、预防海洋赤潮、保护海洋环境提供理论和技术支持。项目首次将鸟粪石沉淀法用于低浓度氮磷废水处理，特别是用于污染海水中氮磷的处理，确定最佳的鸟粪石沉淀反应条件。利用天然沸石对氨氮及磷的选择性吸附作用，将其作为鸟粪石沉淀反应滤床中的“滤膜”，解决低浓度氮磷下生成沉淀颗粒的细小、不易固液分离的难题，同时对鸟粪石沉淀滤床去除氮磷效果进行强化，最终形成的鸟粪石沉淀—天然沸石吸附组合工艺能够实现对海水中氨氮和磷酸盐的高效、稳定净化。发表论文 3 篇。

【2015 年亚太脱盐技术国际论坛】 2015 年 10 月 15 日，由国家海洋局天津海水淡化与综合利用研究所与亚太脱盐协会和中国膜工业协会共同主办的“2015 年亚太脱盐技术国际论坛”（2015 Asia-Pacific International Desalination Technology Forum）在北京国家会议中心成功举办。来自中国、日本、韩国、印度、新加坡、中国台北等国家和地区的 300 余位政府官员、专家学者以及企事业代表参加本次论坛。学者们分别就海水淡化关键技术的研发、海水淡化技术应用、系统集成、海水淡化产业现状及发展趋势等方面进行研讨。

（国家海洋局天津海水淡化与综合利用研究所）

海底探测与油气勘探开发技术

【4500 米级深海遥控作业型潜水器】 突破总体结构、浮力材料、液压动力和推进、作业机械手和工具、观通导航、控制软硬件、升沉补偿装置等关键技术，先后完成总装联调、水池试验和海上摸底试验等工作，于 2014 年，搭乘“海洋六号”科考船完成海试，在南海共下潜 17 次，3 次到达南海中央海盆底部作业试验，最大下潜深度 4502 米。为加快推动成果的示范应用和转化，2015 年 3 月，“海马”号被首次试验性应用于南海天然气水合物调查，4 月再次随“海洋六号”母船前往西太平洋，进行大洋矿产资源调查和研究。

“海马”号是迄今为止我国自主研发的下潜深度最大、国产化率最高的无人遥控潜水器系统。她的研制成功，标志着我国已掌握大深度无人遥控潜水器的关键技术，并在关键技术国产化方面取得实质性进展，这是继“蛟龙”号之后，我国深海高技术领域出现的又一标志性成果，深海潜水器谱系化迈出坚实的一步。

【深海 ROV、拖体等设备用铠装缆技术】 搭载“海洋六号”科考船在第三方海试现场验收专家组的见证下在南海开展海上试验，获得广州海洋地质调查局等单位的用户使用报告，形成 ROV 用中性缆、拖体用金属铠装缆和 ROV 用金属铠装缆的国内外调研报告、详细技术设计报告、制造工艺方案、实验室检测大纲、海上试验大纲和企业标准。建立起工程化产品生产制备能力和检测试验平台，初步形成我国水下运载器系缆的设计、生产、检测试验和海上试验能力。

【深海潜水器作业工具、通用部件及作业技术】 2015 年 4 月中旬，7 功能机械手开始着手搭载“发现号”ROV 开展海上应用工作。为机械手在“发现号”ROV 调试现场进行复机、搭载装调。7 月初，机械手搭载“发现号”ROV 随“科学”综合考察船前往巴士海峡执行首次科考作业任务，至 7 月 23 日作业结束，在 1100 米冷泉区，机械手随 ROV 进行 9 次下潜，完成科考工具和采样器的布放、触发及回收，样品采集与回收等作业任务，顺利完成首次科考作业任务，机械手作业全程有高清视频记录。除 7 功能机械手外，本课题研制的开关型液压机械手、液压剪切器、缆绳释放器与水下云台、液压补偿器在课题依托单位研制交付的 3 套 1000 米 ROV 中有同型样机，在 2015 年 7 月中旬也随其中 1 套 ROV 深海试验中下潜至 1000 米。

【海底 60 米多用途钻机系统技术开发与应用研究】 海底 60 米多用途钻机系统“海牛”号完成海底 60 米多用途钻机系统的出校检验；钻机系统的运输、安装与联调；钻机系统的浅海试验；钻机系统的深海验收试验等一系列工作。在 6 月 7 日至 14 日深海验收试验期间，中央电视台等众多媒体对整个海试过程进行连续报道，“海牛”号深海钻机海上试验的成功研制，填补我国在水深大于 3000 米，钻进深度大于 50 米的深海海底取芯装备的空白，使我国成为世界上第四个掌握这一技术的国家。

【深海多金属结核和富钴结壳采掘与输运关键

技术及装备】 2015年11月，课题组在2014年工作基础上，完成各项分工任务。申请专利2项，发表论文10篇。完成富钴结壳采掘技术、稀软底质集矿车概念车原理样机、扬矿技术等方面的研究。年初，由中船重工七〇一所负责水面支持布放回收系统和母船改造的设计和加工，由广州打捞局将船改方案报船级社审核，并由广州打捞局负责船改。综合考虑试验海域海况等条件，计划于2015年5月进行海上试验。到4月份，广州打捞局的“华力号”因南海岛礁建设任务而无法为5月的海上试验提供作业平台。扬矿泵管输送系统的海上试验因而被推迟。课题组积极主动拓宽渠道，与其他船方联系，最后联系泰和海洋科技集团有限公司，租赁对方船舶进行海上试验，拟定时间为2016年4月。已于2015年8月，组织海洋领域专家对海上试验大纲进行评审。

【电能、温差能滑翔机观测系统工程化技术】 课题2015年度完成5台电能混合驱动水下滑翔机和4台温差能滑翔机工程样机的制作；完成电能混合驱动和温差能滑翔机工程样机海上试验考核及试验报告。在实验中电能、温差能滑翔机均表现出优良的性能与较高的可靠性，电能与温差能滑翔机均成功完成单项指标测试与长航程测试，综合评分满足任务书规定的要求，其中“海燕号”电能混合驱动滑翔机累积无故障运行42天，水面最大航程超过1100千米，在国内创造多项记录。

【旋转导向系统与随钻测井系统】 675型旋转导向系统与随钻测井系统组合在新疆实验基地完成1口实验井实钻试验；675型旋转导向系统与随钻测井系统组合累计完成6口定向井及水平井的生产作业任务，成功应用地质导向软件及实时远程传输技术，取得良好的效果。系统整体的稳定性、可靠性得到验证，基本具备产业化制造的条件；950系列旋转导向及MWD、随钻伽玛、随钻电阻率仪器系统完成3串仪器的室内组装及调试；950型旋转导向系统与随钻测井系统组合在新疆实验基地完成1口井的定向钻井实钻实验；950型随钻测井系统与800型随钻陀螺测量仪器组合完成1口井的实钻实验。

该项技术的成功研制，使我国成为世界上第二个掌握此技术的国家，满足我国石油行业对高端技术的迫切需求，同时也为我国石油企业“走出去”参与国际高端油田技术服务市场竞争添足底气。

【南海北部天然气水合物钻探取样关键技术】

(1) 基于三维地震资料，在白云凹陷天然气水合物成藏系统研究的基础上，针对钻探靶区开展精细评价，完成叠后地震反演及水合物饱和度定量计算，实现水合物勘探定性识别到定量计算的突破，总结天然气水合物地球物理识别方法和技术流程，圆满完成2个钻探靶区的目标评价及4个钻位的部署，并顺利通过公司内部的各级审查。

(2) 开展钻探靶区井场调查，结合工程物探高分辨率地震资料，从地貌地质-地球物理异常等方面，对白云凹陷分散低通量型及汇聚高通量型水合物分别进行系统评价，形成油公司特色的水合物目标评价技术体系。

(3) 积极推动水合物取心工具研发，分别于4月份、8月份组织海试，动员胜利油田团队及北京探矿工程研究所两个单位研发的取心工具上“海洋石油708船”进行浅水区及深水区的功能性试验，深海公司课题组牵头对海试过程进行记录，并组织召开海试方案论证及作业总结讨论会，对海试过程中发现的问题进行分析和总结，对工具设计提出改进建议。

(4) 经过多方筹备，在9月份深海公司依托“海洋石油708船”积极组织实施荔湾3水合物钻探取样作业，使用北京探矿工程研究所研制的水合物保压取心工具，在1309米水深成功实施水合物钻探取样，获得保压岩心样品，并现场完成冒泡试验、点火试验等样品测试，证实获取到含水合物地层岩心样品，圆满完成项目任务。

【天然气水合物地球物理立体探测技术】 完

成海底冷泉水体回声反射探测系统样机研制，进行湖上试验和海上试验。经测试，探测系统功能和各项性能指标满足设计要求；初步完成高精度数字垂直缆系统样机研制，进行湖上和海上试验；并于 2014 年 11 月 22 日至 2015 年 3 月 7 日在南海莺琼盆地海域课题组利用“南海 502”船搭载进行垂直缆海上采集试验；2015 年 4 月 29 日至 4 月 30 日搭载“海洋六号”船在东沙海域开展多波束浅剖海上采集试验；2015 年 6 月 7 日至 6 月 14 日在南海神狐海域搭载“奋斗四号”船和“探宝号”船进行水面拖缆、垂直缆、OBS 以及高频电火花震源综合采集海上试验；2015 年 9 月 8 日至 10 月 22 日在东海海域搭载“东方红 2”船进行利用垂直缆海上电火花震源子波测试。

【天然气水合物流体地球化学精密探测技术】 课题针对去年海试中存在的一些问题，对孔隙水原位采样柱进行改进设计，并完成孔隙水原位采样柱加工和装配；2015 年 9 月 19 日至 30 日，天然气水合物流体地球化学精密探测技术系统搭载海洋四号船 HYIV20150919 航次，在南海神狐海域 HSSY01-06 站位进行 6 次海上设备下水采样试验。其中在四个站位获得底层水及原位孔隙水样品。

【天然气水合物样品保压转移及处理技术】 课题已完成样品保压转移装置的总体结构设计与制造，对关键部件进行实验室试验，基本形成样机。保压转移装置整机实物如；完成模拟海上实际操作的实验室内水合物天然气岩芯声波检测实验系统的设计和搭建，并通过实验，成功获得水合物天然气岩芯的声波信号；形成水合物天然气岩芯孔渗饱测量和数值模拟研究方法；进行天然气水合物天然气岩芯实物样品的分析；并于 2015 年 9 月，搭载广州海洋地质调查局海洋四号进行海上试验，试验进行三次都没有成功，但为后续设备的进一步改造提供重要的依据。例如蓄能器预充压力问题，轴套与索节孔的自动对中问题以及一些操作环节的经验等等。

（科学技术部）

【我国海洋水下观测体系发展战略研究】 2013 年度中国工程院和国家自然科学基金委员会联合资助的“中国工程科技中长期发展战略研究”项目。由国家海洋局第二海洋研究所负责，联合国内一线知名科研院所的海洋科技专家，全面总结我国海洋水下观测体系发展的现状、面临的问题以及国际发展趋势，围绕“资源探测与环境安全”目标，提出我国海洋水下观测体系发展的战略思路、发展重点、重大工程、发展路线图、保障措施及政策建议。2015 年完成相关研究报告。海洋水下观测体系以服务于捍卫国家海洋安全、开发海洋资源、建设海洋生态文明、推动海洋科学进步为主线，坚持以国家需求和科学前沿目标带动技术，大力发展具有自主知识产权的海洋观测技术与装备，推动产业化进程。研究报告在海洋水下观测体系方面提出“2020—2025—2035”年三步走战略，力争通过 20 年的努力，建成与海洋大国地位相称的海洋水下观测体系，为建设海洋强国提供支撑。围绕“关心海洋、认识海洋和经略海洋”的指导思想，报告提出近期发展重点：①发展海洋属下观测技术与装备，强化海洋观测体系基础支撑；②建设海洋水下观测网，构建体系化海洋水下观测系统；③构建水下观测信息系统，提高海洋综合信息服务水平；④完善水下科技支撑基础条件，提升海洋自主创新能力。在此基础上，提出我国“水下长城”系统建设重大工程，包括谱系化水下观测平台建设、业务化水下观测网建设、水下信息服务系统建设和水下观测标准体系建设 4 个主要方向 14 项主要任务，并建议从人、财、物和机制 4 个方面给予保障。

（国家海洋技术中心）

海岸与近海工程技术

【河北省管辖海域海砂资源调查与评价】 2013 年河北省国土资源厅将“河北省管辖海域海砂资源调查与评价”（2014—2015 年）列入

省级预算项目计划，并委托国家海洋局第一海洋研究所承担。该项目的总体任务是通过海洋物探调查和沉积物取样调查，并融合已有的海洋物探和沉积物取样调查成果资料，结合区域环境条件及演化特点进行海砂资源综合评价分析，估算河北省管辖海域海砂资源量，划定海砂禁采区、限采区，并开展海砂开采的环境问题分析及对策措施研究，为河北省管辖海域海砂开采用海区域选划提供科学依据，为海洋管理部门资源开发与保护、行政执法、管理与决策等提供基础数据。根据项目工作安排，2015 年主要通过对获取的浅地层剖面解译分析，结合水深地形、地质钻孔、海底沉积物和区域环境等数据资料，进行综合分析研究、识别并圈定河北省（秦皇岛、唐山）管辖海域海底 30 米以浅地层中海砂资源的空间分布特征，并预测海砂资源储量；提出河北管辖海域海砂禁采区确定标准，区划海砂禁采区和限采区，分析海砂开采对海洋环境的影响，提出相关管理要求和对策建议。 （国家海洋局第一海洋研究所）

【舟山国际绿色石化园区建设填海工程海洋水文环境现状调查分析】 为浙江省委政府推进建设的国家级绿色石化基地工作项目，旨在将舟山国际绿色石化园区建成为与日韩及海湾地区国家开展行业竞争的重要基地，由国家海洋局第二海洋研究所承担。项目主要工作内容：分春夏秋冬四季分别对潮位、潮流、含沙量、粒度以及温盐等几方面进行观测，其中潮位站 1（站·月）/季；定点大面水文泥沙测站为同步 12 站（大、小潮）/季，包括潮流、含沙量、底质、粒度等观测，其中 4 站进行温盐观测。项目于 2015 年 4 月召开动员会，并制定详细的实施计划，对项目的实施方案和各种任务分工进行详细部署，为项目的有序开展打下坚实基础。4 月初以最高效的方案外业进场，4 月 5 日开始春季航次的潮位观测，4 月 21—22 日进行春季航次的水文泥沙测验，8 月、10 月、12 月分别开展夏季、秋季、冬季航次的现场观测。观测采用先进的 AQP、ADCP、RBR、Master sizer 2000 等多种先进的仪器，观测精度高，观测资料质量良好，可信度较高，资料完整性符合要求，各项观测要素的资料完整率达到 100%。项目已完成要求的所有外业观测，完成外业资料统计分析、后续相关的数模计算分析等多专题工作，并编制完整的成果报告、数据资料报表等，对绿色石化产业园海域的水文泥沙现状做详尽的分析，并通过数模计算对其动力场、扩散物做科学的预测和分析。

【舟山市大陆引水三期工程】 舟山市大陆引水工程的第三期工程，是舟山市大陆引水至舟山本岛后岛际供水分配的系统工程，工程横跨宁波市和舟山市两地，穿越灰鳖洋、岱衢洋及崎头洋等海域，连接除嵊泗和六横以外的所有舟山重要岛屿。工程取水口位于宁波市郊李溪渡村附近的姚江河道，输水管道途径宁波内陆、灰鳖洋海域后至舟山本岛黄金湾调节水库，再输配水至本岛主要水场及周边主要岛屿。国家海洋局第二海洋研究所于 2011 年 1 月接受舟山水务集团有限公司委托，承担用海专题的调查、论证和评价工作。项目涵盖海洋环境现状调查及生态调查、水文测验及潮位观测、数模计算、岸滩稳定分析、海洋环境影响评价和海域使用论证等相关涉海专业。舟山大陆引水三期工程总路由长度超过 120 千米，登陆点多达 11 个。项目组分别于 2011 年 11 月、2012 年 4—5 月、2012 年 9 月、2014 年 4—5 月和 2014 年 9 月进行 5 次外业调查，其中水质站位 83 个，检测水质样品 6072 个；生态站位 41 个，生物体质量 923 个；沉积物站位 37 个；潮间带生物剖面调查 10 条。项目组在工程水域建立 5 个临时潮位站，分别进行 1 个月的潮位观测；设立 16 个潮流观测站，进行大、中、小潮定点观测，并进行悬沙粒度分析和底质粒度分析。本工程区域海上开发活动繁多，有大量锚地、航道、海底管线、海上养殖和围塘养殖等敏感目标和利益相关者，经过多次现场踏勘，完成航道、锚地和海上养殖以及所有登陆点附近开发活动的调查和协调，为工程的实施对当地渔业生产的影响以及其他赔偿问题提供第一手基础资料。在项目组成员的共同努力下，所有用海专题均通过主管部门评审，为大陆三期引水项目的推进提供有力支撑，并于 2015 年底顺利获得浙江省发改委的核准。（国家海洋局第二海洋研究所）

【举办海峡两岸水下文物探测与保护研讨会】 2015 年 11 月 26 日，在厦门举办海峡两岸水下文物探测与保护研讨会，来自台湾中华水下考古学会、台湾海洋大学、台湾中山大学、金门县潜水协会、国家海洋局第三海洋研究所、福建省博物院、广东海洋大学、厦门市博物馆等单位的海峡两岸的 50 多位专家、学者，共同围绕水下文物的探测和保护技术展开研讨。研讨会的成果经过凝练后形成水下文化遗产探测与保护宣传册，收录的论文整理出版论文集。

（国家海洋局第三海洋研究所）

【300 千米海洋能集成供电示范系统】 课题主要研究进展：

（1）在前期小型样机的基础上，项目组进行百千瓦级装置的能量俘获系统、转换系统、锚固系统、电力控制与处理系统的研发，确定采用组合式振荡浮子作为波能摄取机构，配合液压系统驱动发电机发电实现能量转换与输出的技术方案。通过液压蓄能器样机测试及仿真试验结果，确定百千瓦级波浪能发电装置蓄能稳压系统的定型设计和控制方案；其次完成波浪能发电装置样机的整体结构设计，包括陀螺体振荡浮子机构、组合型阵列布置形式、双行程液压蓄能发电系统、潜浮体配合张力锚系留结构、双浮体自升沉液位控制机构、发电平台电控系统；根据工程样机结构定型和控制方案设计，目前已基本完成样机的加工制造，即将开展其陆上装配与系统联调工作。

（2）项目组开展百千瓦级潮流能装置的工程样机结构设计，开发具备完整监测与检验功能的测控系统，对样机海上试验进行微观选址，同时完成潮流能水轮机搭载平台的设计，确定采用四点支撑的重力式底座和单立柱结构形式，并根据实测现场的环境条件，制定平台的建造及施工方案。

（3）项目组对海洋能集成供电系统原有方案进行优化与调整。确定直流微网方案，并对储能容量进行优化；确定波浪能、潮流能发电装置整流稳压器、储能充放电控制器、逆变器、变流器的拓扑结构及技术参数；形成中央监控系统软件；完成蓄电池、超级电容、电子负载、室外箱体的设计，正在紧锣密鼓的进行设备生产加工，计划于 2015 年 11 月底完成电气部分调试，随时准备进入海试现场。（中国海洋大学）

海 洋 教 育

综 述

【海洋领域高校办学及专业建设】 根据《普通高等学校本科专业目录（2012）》，与海洋相关的专业类有海洋科学、海洋工程、水利、矿业、交通运输、水产、药学、公共管理等8个，设有海洋科学、海洋技术、海洋资源与环境、军事海洋学、船舶与海洋工程、海洋工程与技术、海洋资源开发技术、港口航道与海岸工程、海洋油气工程、航海技术、轮机工程、救助与打捞工程、船舶电子电气工程、海洋渔业科学与技术、海洋药学、海事管理等16种海洋相关专业（其中军事海洋学有1个专业布点，设在中国海洋大学，2005年起暂停招生）。2015年，我国设置海洋相关专业的高校有98所，专业布点数共209个，毕业生12644人，招收新生14569人，在校生57552人。除中国海洋大学、大连海事大学、浙江海洋学院、广东海洋大学等海洋特色高校以外，一些综合类、理工类大学如浙江大学、武汉大学、厦门大学、哈尔滨工业大学、大连理工大学等均开设海洋相关专业。

2011年，教育部出台《关于国家精品开放课程建设的实施意见》（教高［2011］8号），开展国家精品开放课程建设工作。截至2015年12月，组织建设《卫星海洋学》《海洋调查方法》《海洋学》《船舶建造工艺学》等近20门与海洋相关的视频公开课与精品资源共享课，供学生和社会大众在线学习，推动海洋相关课程建设和知识普及。2015年4月，教育部出台《关于加强高等学校在线开放课程建设应用与管理的意见》（教高［2015］3号），进一步加强在线开放课程建设，提供更多相关的学习资源。

2015年，教育部组织海洋科学类、海洋工程类等教学指导委员会研究制订本科专业类教学质量国家标准，作为设置本科专业、指导专业建设、评价专业教学质量的依据，促进专业设置和专业建设的规范化，推动海洋相关人才培养质量持续改进。

自2004年起，海洋工程类教学指导委员会举办“中国大学生船舶与海洋工程设计大赛”。大赛面向全国高等院校在校大学生，开展船舶与海洋工程相关专业科技创新宣传、教育，探索并实践培养大学生科技创新精神和提高大学生科技创新能力的新模式，向全国大学生展示船舶与海洋工程领域创新的最新进展和取得的成就，培育一批从事船舶与海洋工程科学研究的大学生群体。2015年第五届大赛在江苏科技大学举行。大赛共收到全国23所院校的作品共63件，经过遴选，33件作品进入总决赛，最后评出特等奖2名、一等奖4名、二等奖6名、三等奖21名。

【海洋领域的学科设置与建设】 根据国务院学位委员会、教育部印发的《学位授予和人才培养学科目录（2011年）》，海洋领域现有“海洋科学”“船舶与海洋工程”“水产”三个一级学科，共有一级学科博士学位授权点28个，一级学科硕士学位授权点33个。在工程硕士专业学位类别中，与海洋相关的领域有“船舶与海洋工程”，共有相关学位授权点22个。学位授予单位可根据国家经济和海洋事业发展对高层次人才的需求，结合本单位的学科基础，在相关一级学科学位授权权限内，自主设置与海洋学科相关的二级学科。目前，已有32个学位授予单位自主设置“海洋资源与环境”“海洋油气工程”“海洋生物技术”等50余个二级学科。

2014—2015学年度，我国海洋相关学科共授予博士学位480多人，授予硕士学位2600多人。（教育部）

【中国海洋大学】 中国海洋大学是一所以海洋和水产学科为特色，包括理学、工学、农学、医（药）学、经济学、管理学、文学、法学、教育学、历史学、艺术学等学科门类较为齐全的教育部直属重点综合性大学，是国家"985工程"和"211工程"重点建设高校之一，是国务院学位委员会首批批准的具有博士、硕士、学士学位授予权的单位。中国海洋大学的前身是私立青岛大学，始建于1924年。2002年10月经国家教育部批准更名为中国海洋大学。

学校现辖崂山校区、鱼山校区和浮山校区，设有17个院（系），1个基础教学中心，1个社会科学部，69个本科专业。现有13个博士后流动站、13个博士学位授权一级学科，83个博士学位授权学科（专业），34个硕士学位授权一级学科点、196个硕士学位授权学科（专业），15个类别硕士专业学位授权点，是国家首批工程博士专业学位授权点。学校现有2个一级学科国家重点学科、10个二级学科国家重点学科（含1个培育学科），1个国家工程技术研究中心、7个教育部重点实验室、4个教育部工程研究中心，1个农业部重点实验室、21个山东省重点学科、3个山东省重点实验室、1个山东省工程技术研究中心、9个山东省高校重点实验室、4个青岛市重点实验室、3个青岛市工程（技术）研究中心；联合国教科文组织中国海洋生物工程中心、教育部和国家海洋局共建的中国海洋发展研究中心设在学校。有2个国家基础科学研究和教学人才培养基地（海洋学、化学），1个国家生命科学与技术人才培养基地，4个教育部—国家外国专家局111创新引智基地，1个"985工程"哲学社会科学创新基地（海洋发展人文社会科学研究基地），1个教育部人文社会科学重点研究基地，1个国家文化产业研究中心和4个山东省人文社会科学研究基地，2个山东省"十二五"高等学校人文社会科学研究基地。

学校拥有供教学和科学考察用船舶4艘，包括3500吨级"东方红2"海洋综合科学考察实习船、300吨级的"天使1"科考交通补给船、与企业合作共建共管2600吨级"海大号"海洋地质地球物理调查船和在建中的5000吨级的"东方红3"新型深远海综合科考实习船，组成自近岸、近海至深远海并辐射到极地的海上综合流动实验室，初步形成国内一流的系统化的现场观测能力。

学校牵头与驻青国家海洋科研机构推动筹建的"青岛海洋科学与技术国家实验室"成为全国首个获批启动试点建设、海洋领域唯一的国家实验室，其中学校牵头主持8个功能实验室中的"海洋动力过程与气候"、"海洋药物与生物制品"两个功能实验室的试点建设，作为骨干力量参与其他各功能实验室的试点建设。

学校学科建设成绩斐然，科技创新能力不断增强。学校的地球科学、植物学与动物学、工程技术、化学、材料科学、农学、生物学与生物化学、环境学与生态学、药理学与毒理学等9个学科（领域）跻身美国ESI全球科研机构排名前1%。"十一五"以来，主持国家级各类项目1200余项。管华诗院士领衔完成的项目"海洋特征寡糖的制备技术（糖库构建）与应用开发"，获2009年度国家技术发明一等奖；荣获国家技术发明二等奖2项、国家科技进步二等奖6项、省部级科技奖励70项、人文社会学科省部级奖励69项；被SCI、EI、ISTP等三大收录系统收录论文17000余篇，申请发明专利1549项，授权发明专利881项，其中国际发明专利24项。

科技项目与经费 学校科技经费保持高位稳定增长，2015年实到科技经费6.4亿元（不含国家实验室拨款2.07亿元）。学校自主创新和服务社会能力稳步提升，助推学校整体事业不断实现跨越发展。

国家自然科学基金 获资助项目数、经费数、项目资助率均创历史新高。2015 年获资助总经费 2 亿元（直接费用 1.8 亿元），列全国第 20 位；项目平均资助率为 33.7%（高出平均水平 10 个百分点，在基金申请量超过 100 项的全国 346 所高校中排名第 11 位），首获国家重大科研仪器设备研制项目（部委推荐）资助，立项经费 8200 余万元，本年度全国共资助 5 项。至此，学校实现国家自然科学基金所有资助项目类型的全覆盖。获批重点基金 4 项，列高校 31 位，在基金委当年资助的海洋学科领域重点基金 8 项中一举囊括 3 项。

部委专项 围绕学校发展布局，加强顶层规划设计，与主管部门深入沟通协调，承担海洋调查专项项目能力持续提升。成功执行 2015 年西太平洋海区水体调查航次、获批 2016 年印度洋海区项目。通过深耕东南海、东进太平洋、西下印度洋及自主设立的马里亚纳海沟、国际合作开展的大西洋调查等航次实施与布局，学校海洋调查区域实现横向跨度最大、纵向深度最深，海洋调查能力全面提升，为学校海洋调查工作走进四大洋、走向国际化奠定坚实基础。

国际科技合作基地 中国海洋大学—伍兹霍尔海洋研究所国际联合实验室正式启动，同时，与美国加州大学（圣地亚哥）斯克里普斯海洋研究所成功进行合作会谈，为后续共建国际联合实验室、推动全面的实质性合作打下坚实的基础。

横向项目 横向项目实到经费逾亿元。在保持与国家海洋局系统、中海油、中石化等长期合作单位的合作基础上，拓展建立与中国水产有限公司等大型企业的横向合作关系。知识产权转让工作规范高效，本年度累计促成专利（技术）转让类项目总合同额近千万元。

科技成果 学校教师作为通讯作者和共同第一/通讯作者又分别在 Nature 和 PNAS 等国际顶级学术期刊发表文章，进一步彰显学校在热带海洋与全球变暖等研究领域的国际前沿位置。“药理学与毒理学”新进入 ESI 全球研究机构前 1%行列，使进入学科数达到 9 个，并列“985”高校第 16 位（根据 2015 年 7 月当期数据统计）。学校在海洋电磁勘探技术及装备研制方面取得重要进展，实现大电流激发、海底接收站 4000 米海试、探测系统联调等环节的突破，为装置开展深海试验投入使用奠定坚实基础。

科技奖励工作继续稳步推进。获得青岛市奖 1 项、教育部自然科学一等奖 1 项、教育部科技进步二等奖 2 项等。

科技创新平台建设 青岛海洋科学与技术国家实验室进入到启动和运行阶段。同时，以省部级重点实验室为代表的科研基地管理水平不断提升，参加评估的教育部重点实验室初评成绩名列前茅，青岛市重点实验室评估全优。

（中国海洋大学）

海洋文化和体育

海洋新闻工作

【中国海洋报社】 中国海洋报社，简称“海洋报社”，是国家海洋局所属的事业单位，主要任务是负责《中国海洋报》的编辑、出版和发行工作,以及所属网站、微博、微信、客户端的编辑、制作、发布工作。《中国海洋报》是由国家海洋局主管、中国海洋报社主办的面向全国海洋界的综合性报纸。经过20多年的发展，目前中国海洋报社已经成为报纸出版、网络出版、微博微信客户端传播、影视制作、承办海洋文化、教育、宣传等社会性活动的全媒体机构。

《中国海洋报》主要宣传党和国家涉海战略、方针、政策和法律法规；报道国家海洋局、沿海地方厅局及其所属单位的中心工作、重大活动，展示沿海地区海洋经济发展的成果。为加强我国海洋综合管理，促进海洋经济进步，普及海洋科学知识，提高全民海洋意识，推动海洋事业全面发展，做好宣传和舆论引导工作。该报2015年每周一、二、三、四、五出版，每期对开4版，主要向读者提供海洋政策法规、海洋管理、海洋执法、海洋环保、海洋科技、海洋经济、海洋教育、海洋文化、海洋科普、国际海洋等方面的信息。

2015年，中国海洋报社深入贯彻落实国家海洋局党组“把握海洋宣传工作着力点，充分发挥海洋报刊、网站等媒体作用，做好海洋宣传工作”的重要指示，紧紧围绕海洋中心工作，发挥海洋领域重要宣传阵地和重要宣传力量的作用，着力服务沿海地方发展，大力宣传报道海洋工作，较好地完成各项工作任务，朝着“海洋传媒旗舰”总目标迈进一大步。

海洋新闻宣传亮点频出 2015年，报社继续坚持党管媒体、政治家办报的思想，抓好导向，加大策划力度，精心选好切入点，走基层、转作风、改文风，以“一报一网两微一端为平台，加强对党组中心工作的宣传报道。及时、准确、鲜活、生动地宣传党和国家的各项海洋大政方针和局党组的重大决策、重要会议精神、重要工作目标，在新闻宣传中做到不跑偏、不走调、不变形。不断提高宣传质量。全年出版246期1004个版面。

(1) 重点报道越来越具有冲击力。围绕2015海洋重点工作开展宣传报道，主要包括海洋工作会议、全国“两会”、海疆万里行等系列重点报道，“一带一路”跟踪报道，依法治海系列报道，海洋生态文明系列报道，南极科考、大洋科考系列跟踪报道，开辟“蓝色呼唤”“海洋追梦人”“新春走基层”等专栏深入宣传。特别是针对抗日战争胜利70周年，中国海洋报开展系列报道及特刊报道，在网站、微博、微信上制作专栏、专题。其中，“沿海军民抗战录”“战火中的青春”等栏目，富有海洋特色，真切感人，产生的强烈反响。9月4日，纪念中国人民抗日战争胜利70周年大阅兵后的第二天,《中国海洋报》以四个版全彩，二、三版跨版的规模，对阅兵盛况进行报道，并重点突出海防军备方面的内容，极具视觉冲击力和影响力，在2016年的产经新闻奖评选中，这组版面受到特别关注与好评。此外，中国海洋报在2015年还荣获多种奖项，其中产经新闻奖获一等奖1名，二等奖3名，三等奖8名，充分体现报社采编人员敬业精神与创新精神。

(2) 热点报道越来越具有时效性。台风多次袭击我国沿海地区，记者及时跟进，及时报道。天津港“8.12”爆炸事故发生，记者立即奔赴现场，采写多篇即时性报道。美军舰艇进入南海，本报立刻采访有关专家，表明立场等。

(3) 新媒体报道越来越显成效。“观沧海”微信点击率创历史新高。“祖国派你去南极，约吗”点击量突破155万。报社的电话被打爆，吸引中国网、北京青年报等多家媒体进行报道。中国海洋在线网站跻身行业新闻网站排名前20。网站及时更新内容，不断丰富涉海各个领域咨询，影响力和传播力骤增，在“中国新闻网站传播力排行榜”中屡次上榜，最佳名次位列第18名。

(4) 网络宣传报道越来越具规模。报社精心打造的“网络海洋博物馆”上线，开启报社“互联网+”的新篇章。“博物馆”融汇“线上”虚拟博物馆和“线下”展览展会，包含海洋环保、海洋科技、极地大洋等专业展厅。

(5) 打造品牌宣传，全面展现涉海单位风采。继2014年出色完成国家海洋局建局50周年宣传任务之后，2015年，《中国海洋报》为国家海洋局北海分局、东海分局、南海分局、国家海洋技术中心和国家海洋环境预报中心提供“50周年”典藏版综合服务。

自身能力建设不断提高

(1) 确立“一二三四”发展战略。作为文化产业窗口，深化单位文化内涵，不断探索一条适合自身发展的文化建设道路，内聚力量，外树形象，提升报社工作软实力。2015年，报社在职工中巩固“三不、三力、三专”意识（即不虚假、不敷衍、不拖延；职工内力，部门活力，报社张力；专注，专心，专业），树立“以服务求生存，以创新谋发展”的理念，确立以“一二三四”发展战略。即“突出一个核心，搭建两个平台，建设三个中心，实现四个突破”。“一个核心”就是要突出为党中央、国务院制定的海洋战略发展，国家海洋局强调的各项工作服务。“搭建两个平台”即海洋新闻传播平台和海洋文化发展平台。“建设三个中心”即海洋人文资料中心、海洋信息资讯中心和海洋传媒人才中心。“实现四个突破”即实现新闻宣传工作的新突破，实现影响力的突破，实现经济效益突破，实现人才突破。

(2)“两会一班”平台。“两会一班”即中国海洋报理事会年会，中国海洋报记者站工作会和新闻通讯员培训班。2015年，按照张宏声局长“特色立会、服务立会、人才立会、创新立会”的要求，报社继续推进两会一班工作，分别于10月份、12月份顺利召开“中国海洋报社新闻宣传暨记者站（通讯站）站长工作会议”和“2015海洋经济讲座暨第十届中国海洋报社理事会年会”，在三个海区分别举办新闻通讯员培训班，与涉海各有关单位共创新举措，共赴新征程，共创新机会。

(3) 全媒体平台。2015年，报社投入300万元，量身定制宣传产品，全媒体资源管理，海量咨询集散地，资源整合搭配，全媒体新闻生产，丰富的服务类型。这就是中国海洋报社全媒体采编一体化平台。将全部新闻资源汇总在统一的平台上，实现多个媒体新闻在一个应用平台上的采编一体化，将新闻信息以不同的形态、最快的速度呈现在读者面前。

(4) 海洋大讲堂平台。2015年，报社搭建海洋宣讲平台，邀请各领域的领导专家学者参与宣讲，主题包含“如何围绕海洋科技做好新闻宣传工作”“从新闻出版到产品化内容供应”等。（中国海洋报社）

海洋出版工作

【海洋出版社】 **工作概况** 在国家海洋局的领导下，海洋出版社职工在社党委领导班子的带领下，深入贯彻落实党的十八大和十八届三中、四中、五中全会精神，中央经济工作会议精神和全国海洋工作会议精神，认真组织开展“三严三实”专题教育活动，紧紧围绕国家海洋局的重点工作，服务海洋事业，大力加强自身建设，扎实巩固主营业务，提高选题策划能力，积极拓展新媒体领域，依托国家项目有所作为，着力提升全民海洋意识，组织开展主题宣传活动，加强党风廉政建设和人才队伍建设，转变作风，强化管理，为提升海洋出版社综合实力打下坚实的基础，各个方面都取得显著成效，开创工作新局面。2015 年，海洋出版社共出版新书 248 种，重印图书 76 种，重印率为 29.4%。图书印数码洋 4664 万元，实现回款 1323 万元。期刊准期出版，并以期刊为平台开展多种经营，不断优化经营模式和收入结构，得到长足发展。数字出版业务基础日益夯实，版权贸易业务发展思路逐渐清晰。行政管理与服务保障有序规范。

获奖图书情况　《中国福建南部鱼类图鉴》丛书、《世界海洋政治边界》《中国海岸工程进展》《海洋强国兴衰史略（第二版）》《海洋与近代中国》《海洋资料浮标原理与工程》获得海洋优秀科技图书奖。

工作特点　(1) 扎实推进海洋出版社“十三五”规划前期工作，明确发展思路。纵观海洋形势变化和出版行业发展趋势，海洋出版社既处在海洋出版事业发展的最好历史时期，同时又面临着诸多竞争和挑战。要审时度势，抢抓机遇，集中各方智慧，坚持走出去，请进来，形成目标明确、特色鲜明的规划体系。在广泛征求意见的基础上，完善海洋出版社“十三五”规划草案，为今后海洋出版社的阶段性发展做好引领。

(2) 面向市场稳步推进图书出版，选题品种和出书质量均有明显提高。在建设海洋强国、发展“一带一路”、提升全民海洋意识的战略目标下，海洋出版社抓住海洋出版的有利时机，积极拓展选题方向，不断增强策划能力，找准定位，主动作为，出版一系列海洋类图书的精品力作，选题品种和出书质量均有明显提高。图书出版工作，整体来看呈现稳步发展、略有增长的趋势。2015 年通过优惠扶持政策的引领，图书选题方向进一步突出主题方向，呈现出紧抓形势、抢抓热点，从市场中求生存、谋发展的良好势头。

(3) 发行中心。在全国图书市场整体疲软的情况下，较好地完成海洋出版社图书发行的各项工作，为实现 2016 年的整体工作目标奠定良好的基础。2015 年度发货码洋 2800 万。根据 2014 年发行中心的业务成绩，以及各业务主管自身的条件、特点，较大范围内调整业务片区，达到各自业务量及增长率基本平衡；根据业务发展需求，引进人才；积极协调库房工作，充分利用有限的库位面积，使库房紧张情况好转。

(4) 积极拓展新媒体领域，数字出版和版权贸易工作取得重要进展。数字出版业务基础进一步夯实，移动互联数字产品研发稳步推进。海洋出版社数字出版平台—中国海洋数字出版网顺利发布上线并投入试运营。国家海洋局陈连增副局长、新闻出版总局数字出版司领导，国家海洋局机关、局属事业单位领导、期刊编辑部负责人以及涉海高校图书馆负责同志参加发布会，来自新华网、《光明日报》、《人民日报》、《中国海洋报》等中央主流媒体对发布会进行报道，网络传播及转载信息突破万条。顺利实现海洋出版社官方网站改版上线。新网站集图书销售、电子书销售、版权贸易和按需出版为一体，它将成为海洋出版社电子书销售和按需出版服务的主要平台。图书移动电子商城“悦读海洋”IOS 版和安卓版研发工作已接近尾声，准备上线；微信商城的系统开发工作已经启动，标志着海洋出版社数字出版业务三位一体的平台构建基本成形。移动互联数字产品研发稳步推进。《海洋管理知识助手 APP》IPAD 版、看·海 APP 上线，投入运营。《挑战海洋》和《海洋世界》电子杂志安卓版进入测试阶段。大力实施全媒体出版项目，积极尝试新媒体领域。在财政部文资办的大力支持下，海洋出版社启动“海洋题材青少年影视动画片设计与制作”项目，与中南卡通动漫有限公司联合制作《乐比悠悠大洋环游记》动画片（52集），已经完成剧本和样片的审核工作。开通海洋出版社官方微信公众号“掌上海洋”并投入运营。《海洋学报》中英文版的微信公众号，“海洋世界”微信公众号积极推送海洋新闻、海洋科普宣传等方面文章，取得较好的宣传效果。

（5）期刊出版水平切实提高，社会影响、学术影响不断扩大。期刊工作，海洋出版社主办期刊涵盖海洋科技、社科、管理和科普四大领域。《海洋学报》（中文版）2015年年刊发论文169篇；英文版184篇。2015年，“两刊”的影响因子和被引频次创历史新高，位居我国海洋学期刊前列。《太平洋学报》组织开展“21世纪海上丝绸之路建设与海洋安全合作”研讨会等学术活动。并承担太平洋学会秘书处工作，完成中国太平洋学会理事会换届工作，太平洋学报编辑审稿系统上线并使用。《海洋开发与管理》杂志社抓住机遇、调整重点、积极谋划、掌握主动，以期刊为平台开展多种经营，不断优化经营模式和收入结构。全年刊发论文300余篇。《海洋世界》杂志社办刊定位基本明确。积极参与提升国民海洋意识、海权意识的社会公益活动，承办海洋知识进内陆活动、海洋知识夏令营等多项社会公益活动。

（6）提升全民海洋意识的宣教活动成效显著。在做好主营业务的前提下，海洋出版社认真落实中宣部提升国民海洋意识和海权意识的相关要求，发挥文化出版单位的优势作用，积极开展社会公益活动。充分发挥新媒体与传统媒体融合发展的优势，不仅利用书刊传统出版物，还利用掌上海洋、《海洋世界》公众微信平台等新媒体宣传普及海洋知识。社会公益活动的开展，海洋出版社立足属地、涵盖沿海、深入内陆，海洋知识进内陆—走进新疆生产建设兵团活动的开展，得到局办公室的全力支持，在当地得到教育部门、国土资源管理部门的支持，深受学校和广大师生的欢迎，还引起广大社会媒体的关注。王宏局长对此事给予高度评价，希望海洋出版社再接再励，持续做细、做好。

（7）加强党建工作和干部队伍建设。把“三严三实”专题教育作为首要的政治任务来抓。根据中央和局党组的统一部署，制定和印发《海洋出版社开展“三严三实”专题教育方案》《“三严三实”专题教育安排表》，通过党委书记讲党课、观看视频、发放书籍等形式开展宣传教育，深化党员领导干部对中央战略部署的认识。强化干部队伍建设。根据《党政领导干部选拔任用工作条例》和《国家海洋局党政领导干部选拔任用工作实施办法》的规定，2015年度选拔任用10名中层干部。海洋出版社中层干部结构更趋合理，为出版社的发展发挥更积极的作用。进一步完善薪酬和考核制度。2015年，根据人社部和国家海洋局人事司的要求，起草《局管企业负责人薪酬制度改革实施方案》，社领导考核方式和薪酬制度更加严格和规范。

重点图书 《中国海洋经济发展报告2015》，国家发展和改革委员会，国家海洋局编。该书是按照国务院印发的《全国海洋经济发展“十二五”规划》有关要求，是我国第一份关于海洋经济的年度报告，该书全面总结“十二五”以来我国海洋经济发展的总体情况、取得的成就、积累的经验和存在的问题，重点阐述2014年我国海洋经济发展的新特点，深入分析当前我国海洋经济发展面临的新形势，对2015年和今后一个时期我国海洋经济发展趋势进行展望。该书还总结5个全国海洋经济发展试点地区的工作进展情况，专门收录国家发展和改革委员会委托第三方评估机构开展的全国海洋经济发展试点工作阶段性评估报告，一并供有关方面参考借鉴。

《中国海洋工程与科技发展战略研究》，潘云鹤、唐启升等主编。该丛书堪称我国海洋工程与科技发展战略的鸿篇巨著。全书共分七卷，字数多达300万字，内容包括综合研究卷、海洋探测与装备卷、海洋运载卷、海洋能源卷、海洋生物资源卷、海洋环境与生态卷和海陆关联卷，每卷单独成册。该丛书是众多院士和几百名多学科多部门专家教授、企业工程技术人员及政府管理者辛勤劳动和共同努力的结果，对海洋工程与科技相关的各级政府部门具有重要参考价值，同时可供科技界、教育界、企业界及社会公众等解海洋工程与科技知识作参考。

《太平洋大战》系列丛书，王书君著。该丛书共三册，作为中国抗战胜利暨世界反法西斯战争胜利70周年的纪念作品，以宏观视角回顾梳理第二次世界大战亚洲太平洋战场的经典战史，从战前日本军国主义分子野心膨胀，阴谋策划珍珠港事件讲起，详尽描述太平洋战争陆海空血战的全貌实况（配以大量历史照片），在介绍海、空、登陆战为主的太平洋战事的同时，回顾艰苦卓绝的中国抗日战争历程，记录日本侵略者犯下的累累罪行，并对参战国的有关装备和将领人物加以介绍评述。以史实为依据，按战争的实际进程和盟军反攻方向划分，在叙述和展开情节时注意衔接，力求反映太平洋战争的全貌。通过回顾“二战”亚洲太平洋战场的烽火岁月，更能让当今爱好和平的人们擦亮眼睛，牢记历史。

《中国海洋发展报告（2015）》，国家海洋局海洋发展战略研究所课题组编著。围绕党的十八大提出的建设海洋强国的战略部署和十八届四中全会关于全面推进依法治国若干重大问题决定的要求，结合2014年海洋事业的发展和海洋领域的重大事件，包括“一带一路”合作发展的理念和倡议，从中国海洋发展的宏观环境、加强海洋综合管理、发展海洋经济、提高海洋资源开发能力、保护海洋生态环境、维护国家海洋权益和建设海上丝绸之路七个部分展开论述。同时，《报告》还对社会和公众关注的一些海洋热点和难点问题进行评述。

《中国·极地考察三十年》，国家海洋局极地考察办公室编。该书采用以“南极精神”主线贯穿，多侧面进行展示的基本思路，坚持“纪实性、艺术性、资料性”相融合的风格，同时辅以必要的新颖的表现手法。本画册在给人们带来历史回味的同时，亦能引起对未来我国极地考察建设和发展的美好憧憬和有益思考。

《海洋政策与海洋管理概论》，龚虹波编著。该书在概述海洋政策与海洋管理相关概念的基础上，介绍《国际海洋法公约》及其基本法律制度，并通过对美国、日本等主要国家海洋政策的分析，探讨中国海洋政策的发展历史及完善措施。然后，从海洋资源管理、海洋环境管理、海洋经济管理、海洋功能区划、海岸带综合管理等方面介绍国内外海洋管理内容及经验。本书可作为大专院校涉海、法律、管理等专业的教材，也可供相关学科的研究人员、企事业单位工作人员参考。

《进军三大洋—中国“大洋一号”船大洋科考20年》，中国大洋矿产资源研究开发协会、国家海洋局北海分局编。该书回顾“大洋一号”船20年大洋科考的历程，记述20年来在“大洋一号”船上船员和调查队员们的海上工作和生活，弘扬20年大洋科考铸就的“大洋精神”，同时也充分展现中国大洋科考事业的成就。本书图文并茂，用亲切流畅的文字，饱含深情地记述“大洋一号”船从自苏联购进，到进行改装，再到驰骋于大洋上进行多次科考工作的点点滴滴。从图书的字里行间，深切地体会到大洋科考队员们的“大洋精神”，也能看到中国大洋科考事业既艰难又执著的发展历程。

《上升的海洋》，程艳译。该书内容通古博今，以地球上几处受海洋上升影响较大的地点为开篇，引出海洋上升的原因，从科学的角度分析和阐述海平面的变化、海水体积的变化以及如何测量上升的海平面。该书以相当的篇幅描述地球上两大冰原——格陵兰岛和南极冰盖，以及由于全球变暖导致的这两大冰原的快速融逝，并预测它们令人堪忧的未来。海平面的上升对人类的影响正在不断加剧，自古就有城市整体被海水淹没的先例。海平面上升造成的国家和城市的危机，致使相应的海岸保护政策和自然保护区的出台，都显示人类为阻止海洋上升造成的恶劣后果所做的巨大努力。详述海岸工程对阻止海洋上升所做的举措，但效果杯水车薪，转而提倡将重点放在对海岸带生物和生态的保育上来，并对那些对海洋上升持反对意见的人，尤其是以科学为伪装，实则沦为大利益集团喉舌的所谓科学家们给予有力的反驳和抨击。

《中国海滩养护技术手册》，蔡锋等编著。为适应今后我国海滩旅游经济发展需求和海滩养护工程要求，集合国内相关领域的一批长期从事海滩动力地貌学研究和海滩养护工程实践的科学家和海岸工程学家编著该书。该书基于中国海岸和海滩环境特征，吸取欧美等技术先进国家的养护技术和理念，结合我国海滩养护工程实践经验初步形成一套较为适用的养护技术体系。内容翔实，案例明晰，可以作为海岸科学研究人员和高校相关课程学生有益的专业参考书。

《国家海洋创新指数试评估报告 2014》，国家海洋局第一海洋研究所编。该书从海洋创新环境、海洋创新投入、海洋创新产出、海洋创新绩效四个方面构建国家海洋创新指数，采用杠杆分析法纵向上测算 2001—2013 年我国国家海洋创新指数，横向上对国内不同区域进行分类评估。按照数据、指标、分指数和综合指数层层扩展的角度，客观分析国家、区域海洋创新能力，并从涉海科技论文和专利角度实现国际海洋国家的比较。所用数据来源于海洋经济统计、科技统计、科技成果登记和科技论文等权威数据库，指标选取参考国内外科技统计指标研究。该书基于多源数据，首次构建国家海洋创新能力评价指标体系，对未来我国海洋创新能力科学全面的评估探索一套有效的方法，对政府部门和社会公众客观认识、全面理解我国海洋创新发展现状和趋势具有重大意义。

《海洋与健康：海洋环境中的病原体》，樊景凤等译。该书主要论述海洋病原微生物的重要性。病原体是一类能引起人类疾病的微生物。对海洋微生物病原体的多样性，生态学，致病机理及其检测方法进行详细论述。并针对重要的海洋致病菌—海洋弧菌进行深度详细的讨论。由于细菌和病毒并不是海洋环境中唯一的病原体，因此该书对海洋环境中引发人畜共患病的多种原生生物也进行介绍。同时考虑到海洋生态学及经济学重要性，该书对与三个主要海洋生物体（鱼类、珊瑚、水产甲壳类）相关的传染病及其致病菌也进行阐述。该书目的旨在通过对海洋环境中潜在病原体的深入解，加深对人类疾病的认识，加强对人类健康的信心。

《主要周边国家海岛管理法规选编》，李晓冬、张凤成、王双、刘亮、吴珊珊编。该书旨在介绍我国周边的日本、菲律宾、印度尼西亚、越南等四个国家在海岛管理方面的法律、法规和政策规划。内容涉及海岛保护、小岛屿管理、海岛海岸带、资源综合管理、边远海岛管理等多个方面。为中国海岛管理提供政策参考，也为其他从事海岛管理研究的人员开展相关问题研究提供基础资料。

《海岛旅游的可持续前景》，吴姗姗等译。该书从海岛旅游的生态可持续、社会可持续、经济可持续三个方面的前景进行研究，并列举多个案例，包括大西洋和南大洋的冷水岛屿，以及更受欢迎的地中海、加勒比海、太平洋和印度洋中较温暖的岛屿。通过该书研究可为我国海岛旅游发展与管理提供借鉴和指导。

《中国海洋政治战略概论》，巩建华、李林杰等著。本书自陆下海，自海出洋，研究海洋世纪的海洋政治，建构中国海洋政治的战略系统，需要基于世界性的理念与框架、区域性的问题与举措与本土性的对策与建议三个层面，对中国海洋政治进行系统分析、规范分析与实证分析，探求中国海洋政治的综合善治之道。

《中国近海海洋环境特征概况及波浪能资源详查》，郑崇伟、游小宝、周广庆和陈晓斌著。该书就中国近海的风候（风场的气候态）、波候（海浪场的气候态）特征进行系统性、精细化研究，整理中国近海各个海区的海洋环境特征，主要包括自然环境特征、气候特征（风、海雾、气温、降水等）、海洋水文特征（浪、潮汐、潮流等），为航海、海洋能开发、国防工程、海战场环境建设等提供便捷的查询。此外，该书还就中国近海的波浪能资源特征进行详查，结果可以为海浪发电、海水淡化等资源开发工作提供指导，缓解能源危机，尤其是边远海岛驻军、居民的电力困境，促进中国的可持续发展。

《中国近海常见浮游动物图集》，孙松、李超伦、程方平、金鑫和杨波著。该书的主体是680张浮游动物整体及部分种类局部的实体照片，涵盖刺胞动物、栉板动物门、环节动物门、软体动物们、节肢动物门、毛颚动物门和尾索动物门等7个门类的248种中国近海常见浮游动物。每组照片简要描述该种浮游动物的分布信息。全书最后列表给出包含种类的拉丁名索引，以便于读者根据种名查找相应的照片。

《海底地名命名理论与技术方法》，李四海编著。该书在深入分析国内外海底地名命名工作进展和发展趋势的基础上，结合中国实际情况，有针对性地开展通名分类、通名界定规则等基础理论研究工作;针对向国际海底地名分委会（SCUFN）提交地名提案的实际需要，开展专名命名规则、提案流程、提案及图件制作等技术研究，以及提案背景数据库和支撑信息系统建设等工作，为提案的制作和提交提供技术保障，也为中国制定海底地名命名策略和发展规划提供信息支撑。

《中国海岛典型地质灾害类型及特征》，刘乐军、徐元芹、高伟、李萍和李培英等著。中国是世界上海洋灾害严重的少数国家之一，类型多，分布广，理论和实践工作任重道远。近年，中国重视海岛地质灾害调研工作，不但在人力物力逐步加大投入，在立法方面也给予保障。中国还组织实施一些重大海岛调研工作。2014年开始的第二次全国海岛调查，对海岛的调查的规模和强度达到空前。海岛地质灾害工作必将进入一个新阶段。本书是我国第一本专门论述海岛地质灾害的著作具有开创意义。

《中国海洋经济发展重大问题研究》，朱坚真等编著。在我国海洋强国战略大视野和大战略指导下选取中国海洋经济中的重大问题全面系统研究，内容涉及蓝色国土、海洋资源开发、海洋产业、海洋科技、海洋权益、海洋强国、海洋绿色发展、海上丝绸之路、自由贸易区等众多海洋战略领域等，这些都是新形势下中国海洋经济发展面临的重要现实问题。

《中国沿海地区海平面上升风险评估与管理》，李响等编著。该书分三个部分，第一部分为海平面上升及其影响，分为三章，主要论述气候变化和海平面上升状况、海平面上升的分析预测方法以及海平面上升对我国的影响;第二部分为海平面上升风险评估，分为三章，主要介绍海平面上升风险评估的基本理论方法，评估中国沿海的海平面上升风险，并以渤海湾沿海地区为例，对海平面上升风险进行细致深入的分析评估;第三部分为海平面上升风险管理，分为两章，分别介绍适应海平面上升的风险管理方法和未来中国沿海应对海平面上升的适应对策。

《中国走向海洋》，董绍峰、姜代超译。主要是对中国的海洋发展前景进行综合评价，对中国历史的和现代的海洋发展进行分析研究，回顾中国海权的鼎盛和低谷时期，强调在中国的历史长河中不仅仅在当代中国进行海上转型。并研究中国欲成为更强大的海洋大国的想法，以及当今中国正在进行的贸易、军事、知识等方面的海上转型的事迹进程。

（海洋出版社）

【中国海洋大学出版社】 2015年度，中国海洋大学出版社共出版各类图书424种，其中新书192种，占出版总数的45.3%，重印书232种，占出版总数的54.7%。在192种新书中，海洋类13种，占7%；高校教材、专著类108种，占56%；一般图书70种，占36.5%；教辅书1种，占0.5%。图书产品结构基本合理。

2015年度实现业务收入2012万元，比2014年增长4.8%；实现销售码洋6090万元，比上年增长5.0%；实现利润170万元，与2014年基本持平，超额完成企业年度计划目标。上缴国家各种税金90万元。在保证社会效益前提下，取得明显的经济效益。

中国海洋大学出版社第一套义务教育阶段中小学教材—国家海洋局“中小学生海洋意识教育系列教材”（共10册）出版工作圆满完成。“中小学海洋意识教育系列教材”《我们的海洋》编撰出版项目由国家海洋局宣教中心委托海大社组织实施，学生用书（5册）于2014年4月正式出版，教师用书（5册）于2015年7月正式出版，均通过国家海洋局宣传教育中心组织的专家验收，教材质量得到专家的高度评价。2015年，出版社在学校的支持和帮助下，参加海南省教育厅“中小学海洋意识教育地方课程”教材选用招标，《我们的海洋》以优质的内容和装帧质量、强大的后续服务能力一举中标，成为海南省中小学校义务教育阶段必修课程教材。

中国海洋大学出版社重大出版项目“神奇的海贝”科普丛书成功首发。“神奇的海贝科普丛书”由中国科学院海洋研究所张素萍研究员担任总主编，共分为《初识海贝》《海贝生存术》《海贝与人类》《海贝传奇》和《海贝的采集与收藏》5册。丛书对海贝进行较全面的介绍，内容通俗易懂、图文并茂，版式生动，印制精美。2015年5月25日，海大社“神奇的海贝科普丛书发布会暨赠书仪式”在青岛举行。

中国海洋大学出版社重大出版项目“海洋启智丛书”编撰与出版工作完成。“海洋启智丛书”是海大社自主策划并组织编撰的海洋科普类图书，共分《青少年应当知道的100种海洋生物》《青少年应当知道的100个海洋人物》《青少年应当知道的100个海洋故事》《青少年应当知道的100个著名海港》《青少年应当知道的100种海洋资源》5册，主旨是普及海洋知识、弘扬中华海洋文化、增强青少年的海洋意识。丛书由出版社杨立敏社长担任总主编，项目于2015年年初启动，年底，文稿编撰、整体装帧、排版、责编、复审、终审等出版流程全部完成，陆续下厂印制。

中国海洋大学出版社承担的国家出版基金项目《中国海洋鱼类》进展顺利，将于2016年初正式出版。《中国海洋鱼类》是中国海洋大学水产学科重大学术研究与编撰项目。项目对我国沿海的3000多种海洋鱼类进行深入细致的分类，采取图文结合的方式介绍中国海洋鱼类的外形特征、生活习性、区域分布与经济或药物价值等，具有重大学术价值。主编为我国著名的渔业资源学专家、博士生导师陈大刚教授和水产学院张美昭教授。全书共120万字，收录中国海洋鱼类照片3090余幅，分为上、中、下三卷。项目获得2015年度国家出版基金项目支持90万元。目前，文稿编撰、排版工作已全部完成，将于2016年3月出版发行。

教育部海洋科学类专业教学指导委员会支持立项的“高等学校海洋科学类专业基础课程规划教材”重大出版项目稳步推进。2014年7月21日在浙江海洋大学召开的教育部高等学校海洋科学类专业教指委第二次会议上，教指委决定委托我社组织编撰和出版“高等学校海洋科学类专业基础课程规划教材”。2015年2月7日，教育部高等学校海洋科学类专业教指委吴德星主任委员在中国海洋大学学术交流中心支持召开编创出版项目学术委员会会议，对提交的11部教材的编写大纲进行审定，并逐一提出修改意见。经过一年多时间的努力，目前共有16部教材提交编写大纲；1部教材已交稿给出版社；预计年底交稿的还有3部。

中国海洋大学出版社重大出版项目“中国海洋符号”丛书文稿编撰工作完成。“中国海洋符号”丛书由海大社自主策划并组织编撰，共分《海洋部落》《古港春秋》《海盐传奇》《人文印记》《勇者乐海》《海上丝路》《古船扬帆》7册，旨在汇集我国海洋人文经典、弘扬中华海洋文化。项目自2015年初启动以来，进展基本顺利。

中国科普作家协会海洋科普专业委员会成立大会暨挂牌仪式举行。2015年4月15日，中国科普作家协会海洋科普专业委员会成立大会暨揭牌仪式在中国海洋大学崂山校区图书馆第一会议室隆重举行。中国科普作家协会秘书长石顺科、国家海洋局宣传教育中心主任盖广生、中国海洋大学原校长吴德星教授、浙江海洋学院院长吴常文共同为海洋科普专业委员会揭牌。中国海洋大学副校长李巍然主持揭牌仪式。仪式上，中国科普作家协会副秘书长孟雄宣读《关于设立海洋科普专业委员会的决定》，石顺科秘书长向吴德星教授颁发主任委员聘书。石顺科秘书长与吴德星主任委员为各位副主任委员、秘书长、副秘书长颁发聘书。

海洋科普专业委员会是中国科普作家协会的埠外分支机构，首届理事会成员分别来自中国海洋大学、浙江海洋学院、南通航运职业技术学院、国家海洋局宣传教育中心、国家海洋局第一海洋研究所、中国科学院海洋研究所、山东省海洋生物研究院、青岛海洋科技馆等涉海高校和科研机构，其宗旨是整合全国涉海高校与科研机构的海洋学术资源与人才队伍，创作更多高质量的海洋科普作品。

中国海洋大学出版社成功举办“全国（海南）海洋意识教育教师培训及交流活动”。在国家海洋局宣传教育中心的支持下，出版社于2015年10月24日在海口成功主办“全国（海南）海洋意识教育教师培训及交流活动”。国家海洋局副局长张宏声、海洋省政协副主席史贻云、国家海洋局宣传教育中心主任盖广生、海洋省政府副秘书长张国华、海南省海洋渔业厅厅长张军等领导同志出席活动开班仪式，海南省教育厅副厅长廖清林主持开班仪式。本次活动，共培训海南省中小学教师380余人、全国海洋意识教育基地中小学教师70余人。

中国海洋大学出版社图书及教材获奖情况。2015年6月，出版社“魅力中国海系列丛书”（共12册）入选国家新闻出版广电总局向全国青少年推荐的百种优秀图书。2015年9月，出版社“魅力中国海系列丛书”（共12册）获得科技部2015年度全国优秀科普作品奖。2015年12月，出版《海洋脊椎动物学》《糖药物学》《海洋工程波浪力学》获得中国海洋大学优秀教材二等奖。

中国海洋大学出版社4种图书入选2015年全国农家书屋重点推荐书目。出版社2014年出版的《渤海宝藏》《黄海故事》《东海故事》《南海故事》4种图书成功入选国家新闻出版广电总局组织评审的《2015年度全国农家书屋重点推荐书目》。

中国海洋大学出版社2015年度海洋、水产类图书出版情况

《山东海洋经济发展研究》，韩立民，2015年1月版。

《海上天方夜谭》，张涛，2015年1月版。

《神奇的贝壳》，魏建功，2015年2月版。

《英语海洋文学翻译》，滕梅，2015年2月版。

《围填海造地及其管理制度研究》，胡斯亮，2015年3月版。

《海洋特色英语与文化》，杨红，2015年3月版。

《初识海贝》，张素萍，2015年5月版。

《海贝与人类》，杨立敏，2015年5月版。

《海贝传奇》，李夕聪，2015年5月版。

《海贝采集与收藏》，冯广明，2015年5月版。

《海贝生存术》，魏建功，2015年5月版。

《财产理论及海洋资源产权冲突的经济学分析》，李强，2015年6月版。

《海洋水产英语翻译》，徐德荣，2015年8月版。

《全国大中学生第四届海洋文化创意设计大赛优秀作品集》，吴春晖，2015年8月版。

《海洋政策的福利效应研究》，耿爱生，2015年9月版。

《国家鲆鲽类产业技术体系年度报告(2014)》，雷霁霖，2015年9月版。

《我们的海洋教师用书：小学版·上》，国家海洋局宣传教育中心，2015年10月版。

《我们的海洋教师用书：小学版·中》，国家海洋局宣传教育中心，2015年10月版。

《我们的海洋教师用书：小学版·下》，国家海洋局宣传教育中心，2015年10月版。

《我们的海洋教师用书：初中版》，国家海洋局宣传教育中心，2015年10月版。

《我们的海洋教师用书：高中版》，国家海洋局宣传教育中心，2015年10月版。

《我们的海洋（小学版上）》，国家海洋局宣传教育中心，2015年10月版。

《微生物的秘密》，高冬梅，2015年10月版。

《海洋公共管理评论（2015卷）》，王琪，2015年11月版。

《海洋物理化学》，王江涛，2015年11月版。

《威海市葡萄滩海域水动力调查及岸滩冲淤对策措施研究》，张学超，2015年11月版。

《青少年应当知道的100个海洋故事》，李夕聪，2015年12月版。

《青少年应当知道的100种海洋生物》，魏建功，2015年12月版。

《青少年应当知道的100个海洋人物》，邵成军，2015年12月版。

《青少年应当知道的100个海洋资源》，赵广涛，2015年12月版。

《青少年应当知道的100个著名海港》，杨立敏，2015年12月版。

《胶州湾湿地生态系统功能保护与生态修复研究》，徐宾铎，2015年12月版。

《寻找油气的物探理论与方法》，李庆忠，2015年12月版。

《寻找油气的物探理论与方法·争鸣篇》，李庆忠，2015年12月版。

《寻找油气的物探理论与方法·方法篇》，李庆忠，2015年12月版。

（中国海洋大学出版社）

海洋宣传

【综述】 2015年，国家海洋局宣传教育中心紧紧围绕海洋中心工作，突出海洋宣传、海洋教育和海洋文化3个主体，为提高全民海洋意识和实现建设海洋强国宏伟目标做出积极贡献，海洋意识宣传教育活动异彩纷呈。

【海洋宣传】 **2015世界海洋日暨全国海洋宣传日系列活动——"2014年度海洋人物"评选** "2014年度海洋人物"评选活动开始于2014年11月，结束于2015年3月16日。活动从征集的56名海洋人物候选人中最终评选出10位（组）"2014年度海洋人物"。

2015世界海洋日暨全国海洋宣传日系列活动——"第四届大中学生海洋文化创意设计大赛 由国家海洋局宣传教育中心、中国海洋大学主办的第四届大中学生海洋文化创意设计大赛于2015年1月至5月举办。本届大赛以"丝路海洋"为主题，共收到参赛作品8478件。

第二届"海洋杯"中国平潭国际自行车公开赛在平潭举行 2015年6月7日，第二届"海洋杯"中国·平潭国际自行车公开赛在平潭举行。该赛事是中国首个海洋文化与自行车运动相结合的赛事，为中国自行车单日赛规模最大的赛事，2015年列为6·8世界海洋日暨全国海洋宣传日全国系列活动之一。本次赛事共吸引来自全国各地以及美国、英国、德国等19个国家和地区的1835人报名参赛。

2015世界海洋日暨全国海洋宣传日主场活动在海南三亚举行 以"依法治海、建设海洋生态文明"为主题的2015世界海洋日暨全国海洋宣传日活动，2015年6月8日在海南三亚举行。全国政协副主席罗富和、海南省省长刘赐贵、国家海洋局局长王宏出席本次活动。在开幕式暨2014年度海洋人物颁奖仪式上，海洋石油981作业团队、海军372潜艇官兵群体、300米饱和潜水作业团队、上海外高桥造船有限公司王琦、福建省东山二中许李易、新华社上海分社张建松、国家海洋局北海预报中心千里岩海洋环境监测站张世江、蓝丝带三亚学院志愿者服务社、中国船舶重工集团公司司马灿、广州海洋地质调查局陶军获得“2014年度海洋人物”称号。

沿海各地举办丰富多彩的世界海洋日暨全国海洋宣传日庆祝活动　2015年6月8日前后，沿海各省、区、市开展形式多样的活动，紧紧围绕建设海洋强国的战略部署，重点宣传21世纪海上丝绸之路重大战略和深化改革、依法治海，以及海洋生态文明建设等。辽宁各地开展以“关爱海洋 永续蔚蓝”为主题的系列活动。河北工业大学学生代表向全省学生发出“增强海洋意识，共建蓝色家园”倡议书。中国海洋报社与北京海洋馆共同主办的世界海洋日暨全国海洋宣传日科普展在北京海洋馆举行。国家海洋环境预报中心联合海洋出版社举办海洋宣传开放日活动。国家卫星海洋应用中心、国家海洋信息中心、国家海洋技术中心、国家海洋局天津海水淡化与综合利用研究所及天津市海洋局，联合在天津滨海新区开展2015年世界海洋日暨全国海洋宣传日主题活动。国家海洋博物馆征集到的珍贵藏品也在活动中首次与公众见面。由国家海洋局北海分局、山东省海洋与渔业厅、青岛市委宣传部、市海洋与渔业局等35家单位联合举办的青岛市2015年世界海洋日暨海洋生物资源增殖放流公益活动启动仪式在青岛市奥帆中心举行。

2015世界海洋日暨全国海洋宣传日系列活动——第八届全国大中学生海洋知识竞赛　2015年6月29日，由国家海洋局、共青团中央、海军政治部共同主办，国家海洋局宣传教育中心承办的第八届全国大中学生海洋知识竞赛在北京启动。本届竞赛以“学知识，爱海洋”为主题，以海洋知识答题竞赛和海洋知识手机游戏竞赛两种形式开展。本届竞赛中海洋知识答题竞赛的参赛人员仅限高校学生，共决出40名优胜者参加11月的电视总决赛。

2015中国海洋经济博览会在广东湛江成功举行　2015中国海洋经济博览会于11月26—29日在广东省湛江市奥林匹克体育中心开幕。本届海博会以“扬帆湛江海，圆梦新丝路”为主题，邀请21世纪海上丝绸之路沿线国家、支点城市和涉海企业参展，来自世界六大洲的43个国家参展，15个海上丝绸之路战略支点城市全部参展。

【海洋意识教育】　全国海洋意识教育基地进一步壮大　全国海洋意识教育基地在数量上实现突破：2015年总数达到112个，分布在各沿海省份及5个内陆省份，为今后加强全民海洋意识教育奠定基础。

推广海洋意识教育实现突破　2015年，国家海洋局海洋宣传教育中心组织编写的《我们的海洋》教材及教师用书率先在海南省推广确定为海洋教育地方课程的唯一教材，从2015年9月秋季学期开始在义务教育阶段三年级、七年级启用。10月24日，国家海洋局海洋宣传教育中心联合海南省教育厅、海南省海洋与渔业厅等在海口举办全国（海南）海洋意识教育教师培训及交流活动，来自全国海洋意识教育基地和海南省的海洋教育骨干教师400余人参加培训。

联合各方面力量开展海洋意识教育活动　（1）受国家海洋局机关党委的委托组织开展“走向海洋”海洋教育夏令营活动。7月20日至24日，组织国家海洋局两个扶贫县琼中县、白沙县的30名学生代表参加在海南、广州两地开展的夏令营活动。（2）联合大洋办共同主办“魅力大洋图片展”。由创意、大洋办支持的“魅力大洋图片展”以及中国摄影家协会冠名的“海上丝路过去与现在摄影展”

于9月28日至10月12日，2015年十一黄金周期间在王府井展出。(3) 受国家海洋局预报减灾司的委托向北海市中小学校赠送海洋意识教育教材350套，其中部分教材在5月12日防灾减灾日主场活动现场进行赠送。(4) 联合北京市教委、海军政治部等七个单位共同开展北京市学生海洋意识教育年系列活动，已有6所北京市中小学校成为全国海洋意识教育基地。

6所高校参加第四届“走向海洋”博士团考察活动 2015年7月，来自北京大学、清华大学、北京师范大学、浙江大学、南京大学、中国海洋大学的100多名在校硕士研究生、博士研究生，分南线和北线考察国家海洋局北海分局、国家海洋局东海分局、国家海洋环境预报中心、国家卫星海洋应用中心、国家海洋信息中心、国家海洋技术中心、国家海洋标准计量中心、中国极地研究中心、国家海洋局第一海洋研究所、国家海洋局第二海洋研究所、国家海洋局第三海洋研究所、国家海洋局天津海水淡化与综合利用研究所、国家深海基地管理中心等单位，对海洋工作的多个领域进行深入解。

【重大海洋文化活动】 命名两批全国海洋文化产业示范基地 2015年1月21日，国家海洋局宣传教育中心下发关于命名第一批全国海洋文化产业示范基地的通知，正式命名中国科学院青岛科学艺术研究院、浙江大学中国海洋文化传播研究中心、三亚学院、宁波影视文化产业区管委会暨宁波象山影视城、中国对外翻译出版有限公司、广东海洋大学珍珠研究所暨广东绍河珍珠有限公司6家单位为第一批全国海洋文化产业示范基地。2015年8月21日，国家海洋局宣传教育中心下发关于命名第二批全国海洋文化产业示范基地的通知，正式命名中国普陀海洋文化创业产业园区、舟山国际沙雕有限公司、舟山市普陀岑氏木船作坊、象山县石浦渔港旅游开发管委会、大家出版传媒（大连）股份有限公司和中国海洋大学出版社有限公司6家单位为第二批全国海洋文化产业示范基地。

首届中国—东盟微电影大赛启动 2015年5月26日，首届中国—东盟微电影大赛在南宁启动，本次大赛以“梦想点亮生活，合作成就梦想”为主题，由广西壮族自治区新闻出版广电局、北京市新闻广电局和国家海洋局宣传教育中心联合主办，是国内首个跨省合作、多部门联手、集合国内、东盟优势网络视听新媒体，共同打造的国际性微电影创作、展播平台。

全民阅读海洋倡议书发布 2015年6月4日，国家海洋局宣传教育中心牵头中国出版集团、海洋出版社、中译出版社、中国海洋大学出版社、大连出版社、中华书局、人民文学出版社、中国大百科全书出版社等多家单位，共同发布全民阅读海洋倡议书，向公众推荐约140本优秀海洋图书，呼吁全社会关注海洋、阅读海洋，打造世界海洋日特色活动版块。

首个世界海洋日主题沙画视频 2015年6月9日，由国家海洋局宣传教育中心指导制作的首部世界海洋日主题沙画表演视频在优酷、搜狐、酷6等知名网站正式上线，该视频全长约8分钟，以海洋特色鲜明、艺术含量高、符合现代审美的文化精品为海洋日喝彩，通过向观众展示海洋沙画独特的创意、精湛的表演和丰富的内容，进一步倡导海洋生态文明理念。

全国首届青年学生海洋文化公开课开讲 2015年6月15日，由国家海洋局宣传教育中心指导举办的全国首届青年学生海洋文化公开课在浙江舟山开讲，本届公开课以海洋文化与文明对话为主题，邀请海军大连舰艇学院、中国传媒大学、浙江海洋学院的航海家和教授，向现场700余名大学生和互联网上广大青年学生讲授中华民族灿烂悠久的海洋文明和绚丽多彩的海洋文化。

2015舟山群岛·中国海洋文化节 2015年6月16日，舟山群岛·中国海洋文化节开幕典礼——休渔谢洋大典在舟山举行，本届中国海洋文化节由国家海洋局、浙江省人民政府共同主办。截至6月25日，“2015舟山群岛·中国海洋文化节”的百度搜索结果逾76.6万条，百度新闻近300条，宣传力度、形式和效果均为历界之最。

钓鱼岛海权宣教活动在多地开展 2015年6月27日，2015年7月17日，2015年12月4日，以“纪念抗日战争胜利暨世界反法西斯战争胜利70周年”为主题的钓鱼岛海权宣教活动分别在杭州、舟山、青岛三地开展，本次活动由国家海洋局主办。同时，为纪念中国人民抗日战争暨世界反法西斯战争胜利70周年，进一步丰富我国首个钓鱼岛主权馆—威海刘公岛钓鱼岛主权馆的馆藏内容，2015年12月7日，国家海洋局宣传教育中心、威海市海洋与渔业局、威海市刘公岛管理委员会共同发布《关于征集钓鱼岛历史文物等资料的启事》，面向社会征集有关钓鱼岛方面历史文物及近现代相关实物、图片、影像、文字等资料。

国家海洋局正式参与《中国海洋生态文化》项目 应全国政协人口资源环境委员会副主任、中国生态文化协会会长江泽慧发函邀请，2015年7月27日，王宏局长回函同意国家海洋局与中国生态文化协会、全国政协人口资源环境委员共同组织完成《中国海洋生态文化》项目工作。

第十八届中国(象山)开渔节 2015年9月16日，第十八届中国（象山）开渔节正式举行，本届以“感恩海洋、保护海洋”为主题，以“渔文化”为主线，包括仪式、论坛、文艺、经贸和旅游等五大板块14个精品活动项目，期间举办以“21世纪海上丝绸之路·中国行动”为主题的第十一届中国海洋论坛，来自国家发展研究中心、中国进出口银行和中科院等单位的知名专家围绕21世纪海上丝绸之路建设、海洋经济规划及建设等议题展开讨论。

成功举办中国—东盟海洋合作成果展 2015年9月18日，以“共建21世纪海上丝绸之路 共创海洋合作美好蓝图”为主题的中国—东盟海洋合作成果展在第12届中国—东盟博览会上成功举办。本次中国—东盟海洋合作成果展由国家海洋局、广西壮族自治区人民政府主办。国家海洋局国际合作司、国家海洋局宣传教育中心、广西壮族自治区海洋局共同承办。王宏局长亲临现场，并向张高丽副总理介绍展览情况。

21世纪海上丝绸之路与海洋强国相关政策前沿问题研究项目 2015年12月3日，国家海洋局宣传教育中心向国家海洋局办公室提交“21世纪海上丝绸之路与海洋强国相关政策前沿问题研究”项目成果，包括《建设21世纪海上丝绸之路建设下的海洋文化发展路径研究报告》《中国海及周边地缘政治格局变迁的影响研究报告》《中国海洋生态文明建设的政策与规划思路》和《“海洋文化在中国—东盟交流中的地位和作用”研究报告》，由国家文物局、国家行政学院、中国社科院、中国传媒大学等单位的数十名专家共同参与。

《全国海洋文化发展纲要》正式印发 2015年12月17日，国家海洋局办公室印发《国家海洋局办公室关于印发〈全国海洋文化发展纲要〉的通知》（海办发[2015]26号），这是我国首个国家海洋文化发展指导性文件。

（国家海洋局海洋宣传教育中心）

海 洋 体 育

【帆船帆板】 2015年1月27日，中国东风队获得沃尔沃环球帆船赛阿布扎比至三亚分段赛冠军。这是沃尔沃环球帆船赛办赛41年以来首支获得分段赛冠军的中国船队，也是中国船员第一次获得分段赛的冠军。

3月21—28日，第六届环海南岛国际大帆船赛在海南岛举行，本届比赛分别由环岛拉力赛，海口、三亚、万宁场地赛，以及三亚—陵水—万宁环岛赛组成。来自国内外的43支船队450余名船员参加。环岛拉力赛全程580海里，为目前国内距离最长的离岸帆船赛。在环岛拉力赛中，“三亚”号、“友宝”

号、“陵水”号获得IRC1组前三名，老男孩梦之队、“海狼”号、“商汇”号获得IRC2组前三名。在三亚往返万宁拉力赛中，“曦冉”号、“海航”号和“半山半岛”号分获IRC3、4、5组总冠军。“玫瑰护肤”号夺得珐伊18R统一设计组冠军。

5月1—3日，2015国际极限帆船系列赛青岛站比赛举行，丹麦SAP极限帆船队获得冠军，浪潮马斯喀特队位居第二；奥地利红牛帆船队位列第三。同时，SAP极限帆船队荣获由赛事全球冠名赞助商路虎所颁发的“Above and Beyond”特别大奖，该奖项旨在奖励表现最为卓越的船队。极限青岛队获得第8名。

8月8—16日，第七届青岛国际帆船周·青岛国际海洋节举行，帆船周·海洋节继续举办2015“市长杯”海领国际帆船拉力赛、2015“海领杯”青岛国际帆船赛、2015“旭航投资杯”青岛国际OP帆船营暨帆船赛三大自主品牌赛事，首次推出全国青少年帆船俱乐部联赛青岛站比赛、2015“欢乐滨海城杯”青岛市青少年帆船帆板精英赛。来自俄罗斯、南非、澳大利亚、荷兰、日本、韩国等12个国家和地区的72支队伍、超过千名运动员参加各项赛事。

9月16日，郭川和他的国际团队在北京时间零点48分驾驶“中国·青岛”号帆船冲过白令海峡的终点线，用时12天3个多小时横穿北冰洋驶入太平洋，航行约3240海里，创造人类第一次驾驶帆船采取不间断、无补给方式穿越北极东北航道的世界纪录。

9月24—27日，国内最大奖项帆船赛——2015中国城市俱乐部帆船赛暨临港国际帆船大奖赛在上海最具旅游价值的临港新城滴水湖举行。赛事分为珐伊28R（FAREAST 28R）和珐伊23R（FAREAST 23R）两大组别，哈工程蓝神帆船队、Dragon Fly和厦大EMBA帆船俱乐部赢得珐伊28R组别的前三名。南京风之曲、云南抚仙湖和亚龙湾壹号三叉戟帆船队摘得全新赛船珐伊23R组别冠亚季军。

10月24日，世界帆板锦标赛在阿曼结束，中国选手陈佩娜获得女子帆板冠军，王爱忱获得男子帆板亚军。

10月30—11月2日，第九届中国杯帆船赛举行。来自36个国家和地区，111支船队（国内40、国际71）参加9个组别比赛，其中统一设计组别有4个。除延续经典的博纳多First40.7组，珐伊28R组外，曾在第5届中国杯出现的J80船型，将重返赛场，独立成为一个组别；此外亚洲帆船联合会（ASAF）独立成为一个组别（采用珐伊28R船型）。博纳多First 40.7统一设计组别中，万航浪骑队再次夺冠，成就中国杯首个三连冠，新西兰酋长队获亚军，北京航海中心队获得季军。统一设计组别法伊28R组中，新西兰皇家游艇会青年队夺冠；在首次设立的亚洲帆协组中，海军大连舰艇学院队称雄。在IRC-A组中，“英雄互娱”、“自力号”、“海狼”号分别获得冠军亚军、季军。

11月2日，世界帆船速度纪录委员会（WSSR）发布新闻公告，宣布世界帆船航行中一个“新的基准时间的确立”，认定郭川船队创纪录时间为12天3小时8分15秒，认可郭川9月份带领5名国际船员驾驶“中国青岛”号穿越北极东北航道创造的世界纪录。

11月11日，国际帆联年会在海南三亚举行，青岛市获国际帆联颁发的“世界帆船运动发展突出贡献奖”，中国民族品牌船型珐伊28R通过国际帆联统一级别船型申请。这是国际帆联史上首个来自中国品牌的统一级别船型。

【航海模型】 （1）2015年4月29日至5月14日第18届世界航海模型帆船项目锦标赛在乌克兰切尔卡瑟举行，来自中国、德国、奥地利、捷克、波兰、荷兰、乌克兰、斯洛伐克、俄罗斯、白俄罗斯、匈牙利的11个国家近120多艘帆船模型参赛。中国代表队一行14人参加获得1金1银3铜。林多森、宣东波、林义宁获得帆船（F5E）项目第3、4、6名，龚群星、宣东波、林多森、林义宁获得帆船(F5M）项目第2~5名，宣东波、林义宁、龚群星、柯文龙获得帆船（F5-10）项目第1、3、4、5名。

(2) 2015年7月30日至8月17日世界航海模型耐久项目锦标赛在德国格尔利茨举行。来自中国、俄罗斯、德国、法国、荷兰、波兰、保加利亚、捷克、乌克兰、匈牙利、瑞士、罗马尼亚、斯洛文尼亚、立陶宛、中国香港等21个国家和地区近300名运动员参加。中国24人参加3个级别8个项目的成人组和青年组比赛，获得1金1银3铜。姚向军获得耐久(FSR-V3.5)项目第8名，黄宇获得耐久（FSR-V27）项目第6名，李麟获得耐久（FSR-O3.5）项目第3名，赵波、段体明获得耐久（FSR-O7.5）项目第2、3名，李麟获得耐久（FSR-O15）项目第1名，梁杰峰获得耐久（FSR-O27）项目第5名，谢永雄获得耐久（FSR-O35）项目第3名，梁杰峰获得耐久(FSR-H27)项目第8名。

(3) 2015年8月21日至29日第18届世界航海模型动力艇锦标赛在波兰肯杰任科兹莱市举行。来自中国、俄罗斯、德国、法国、荷兰、波兰、保加利亚、捷克、乌克兰、匈牙利、瑞士、罗马尼亚、斯洛文尼亚、立陶宛、泰国、中国香港等18个国家和地区近300名运动员参加20个项目的成人组和青年组比赛。中国运动员34（成人20、青少年14）人参加16个项目的成人组和青年组比赛。获得10项成人组世界冠军（其中首次取得FSR-E电动耐久项目冠军）、6项青年组世界冠军，同时打破3项成人组世界纪录、3项青年组世界纪录。周建明、莫衍、黄兆林获得动力艇（F1-E1）项目第1~3名，周建明、潘磊、毕鸣位获得动力艇（F1-E）项目第1、2、4名，任一夫、李麟获得动力艇（F1-V3.5）项目第1、2名，任一夫、肖松获得动力艇（F1-V7.5）项目第1、3名，李麟获得动力艇（F1-V15）项目第2名，张林强、邱伟强获得动力艇（F3-E）项目第1、2名，张林强、邱伟强获得动力艇（F3-V）项目第1、3名，曾庆洪获得动力艇（FSR-E）项目第1名，邢萃峰获得动力艇（mini hydro）项目第11名，诸葛思彤获得动力艇（hydro-1）项目第22名，诸葛思彤获得动力艇（hydro-2）项目第20名，梁起获得动力艇（mono-1）项目第1名，王萌、许锐立获得动力艇（ECO-EXP）项目第1、4名，谭立峰/王萌、姚祺/许锐立、莫衍/潘磊获得动力艇（ECO-TEAM）项目第1、2、5名。

(4) 2015年7月6日至14日世界航海模型仿真航行项目锦标赛在匈牙利本科举行，中国队获得2金3银3铜。阮国胜、陈海标获得仿真航行（F2A）项目第2、3名，陈海标获得仿真航行（F2B）项目第4名，周智勇、郑文雄获得仿真航行（F2C）项目第2、3名，梁杰峰、周智勇获得仿真航行（F4A）项目第1、6名，阮国胜、梁杰峰获得仿真航行（F4B）项目第1、2名，许劼、孙鹤峰获得仿真航行（F4C）项目第3、6名。

(5) 2015年7月17日至21日全国航海模型锦标赛在日照举行。22支代表队282名运动员参加团体、个人共26个项目比赛。

2014年6月28日至7月6日在保加利亚斯塔拉扎格拉举行，来自中国、法国、俄罗斯、白俄罗斯、乌克兰、意大利、波兰、捷克、克罗地亚、斯洛文尼亚、保加利亚、罗马尼亚等13个国家140余名运动员220艘仿真模型参加。中国队13名运动员22艘仿真模型参加C1、C2、C3、C4、C5、C6共六个级别项目比赛。

【沙滩排球】

（一）国际比赛

(1) 2015年6月26日至7月4日世界沙滩排球锦标赛在荷兰举行。中国选手王凡/岳园获得女子第5名。

(2) 2015年4月21日至26日世界沙滩排球公开赛福州站比赛在福建福州举行。中国选手陈诚/杨聪、吴佳欣/李健、李焯新/张立增、高鹏/李阳获得男子并列第25名，哈力克江/包健获得男子第41名；王凡/岳园获得女子第4名，林美媚/马园园获得女子17名，薛晨/夏欣怡获得女子第 25 名，陈春霞/魏兆晨代表山西参赛获得女子第 33 名，王鑫鑫/丁晶晶、王媛媛/唐宁雅获得女子并列第 41 名。

(3) 2015 年 5 月 12 日至 17 日世界沙滩排球公开赛卢塞恩站比赛在瑞士卢塞恩举行。中国选手吴佳欣/李健获得男子第 25 名，王鑫鑫/丁晶晶、王媛媛/唐宁雅获得女子并列第 41 名。

(4) 2015 年 5 月 20 日至 24 日世界沙滩排球公开赛布拉格站比赛在捷克布拉格举行。中国选手王媛媛/唐宁雅获得女子第 33 名，王鑫鑫/丁晶晶获得女子第 41 名。

(5) 2015 年 9 月 2 日至 6 日世界沙滩排球公开赛里约热内卢站比赛在巴西里约热内卢举行。中国选手王凡/岳园获得女子第 5 名，马园园/夏欣怡获得女子第 9 名，王媛媛/唐宁雅获得女子第 33 名。

(6) 2015 年 9 月 8 日至 13 日世界沙滩排球公开赛索契站比赛在俄罗斯索契举行。中国选手哈力克江/包健、李焯新/李健获得男子并列第 25 名；王凡/岳园获得女子第 5 名，马园园/夏欣怡获得女子第 9 名，王媛媛/唐宁雅获得女子第 25 名

(7) 2015 年 9 月 22 日至 27 日世界沙滩排球公开赛厦门站比赛在福建厦门举行。中国选手李焯新/李健获得男子第 9 名，高鹏/李阳获得男子第 17 名，哈力克江/包健、吴佳欣/张立增获得男子并列第 25 名，陈诚/杨聪获得男子第 33 名；王凡/岳园获得女子第 5 名，马园园/夏欣怡获得女子第 9 名，王媛媛/唐宁雅获得女子第 25 名，王鑫鑫/丁晶晶获得女子第 33 名，陈春霞/魏兆晨代表山西参赛获得女子第 41 名。

(8) 2015 年 10 月 20 日至 25 日世界沙滩排球公开赛安塔利亚站比赛在土耳其安塔利亚举行。中国选手哈力克江/包健获得男子第 33 名，李焯新/李健获得男子第 41 名；陈春霞/唐宁雅获得女子第 33 名，王鑫鑫/丁晶晶获得女子第 41 名。

(9) 2015 年 5 月 26 日至 31 日世界沙滩排球大满贯赛莫斯科站比赛在俄罗斯莫斯科举行。中国选手王凡/岳园获得女子第 4 名，林美媚/马园园获得女子第 41 名。

(10) 2015 年 6 月 17 日至 21 日世界沙滩排球大满贯赛圣彼得斯堡站比赛在美国圣彼得斯堡举行。中国选手王凡/岳园获得女子第 9 名，夏欣怡/马园园获得女子第 33 名。

(11) 2015 年 7 月 21 日至 26 日世界沙滩排球大满贯赛横滨站比赛在日本横滨举行。中国选手王凡/岳园获得女子第 9 名，马园园/夏欣怡获得女子第 33 名。

(12) 2015 年 8 月 18 日至 23 日世界沙滩排球大满贯赛长滩站比赛在美国洛杉矶长滩举行。中国选手王凡/岳园获得女子第 17 名，马园园/夏欣怡获得女子第 41 名。

(13) 2015 年 8 月 25 日至 30 日世界沙滩排球大满贯赛奥尔什丁站比赛在波兰奥尔什丁举行。中国选手王凡/岳园获得女子第 17 名，马园园/夏欣怡获得女子第 41 名。

(14) 2015 年 6 月 2 日至 6 日世界沙滩排球主系列赛波雷奇站比赛在克罗地亚波雷奇举行。中国选手王凡/岳园获得女子第 17 名，林美媚/马园园获得女子第 41 名。

(15) 2015 年 6 月 9 日至 13 日世界沙滩排球主系列赛斯塔万格站比赛在挪威斯塔万格举行。中国选手王凡/岳园获得女子第 17 名，林美媚/马园园获得女子第 41 名。

(16) 2015 年 7 月 7 日至 11 日世界沙滩排球主系列赛格施塔德站比赛在瑞士格施塔德举行。中国选手王凡/岳园、夏欣怡/马园园获得女子并列第 25 名。

(17) 2015 年 10 月 1 日至 4 日亚洲女子沙滩排球锦标赛在香港举行。中国选手马园园/夏欣怡获得女子第 3 名，陈春霞/唐宁雅获得女子第 4 名。

(18) 2015 年 4 月 30 日至 5 月 3 日越南下龙湾 (HaLong) 亚洲女子沙滩排球巡回赛在越南下龙湾举行。中国选手王媛媛/唐宁雅获得女子第 5 名，王鑫鑫/丁晶晶获得女子第 9 名。

(19) 2015年4月9日至11日亚洲沙滩排球巡回赛泰国洛坤府（NakhonSi）公开赛在泰国洛坤府（NakhonSiThammarat）Thungsong举行。中国选手吴佳欣/李健获得男子第2名，哈力克江/包健获得男子第17名；唐宁雅/王媛媛、王鑫鑫/丁晶晶获得女子并列第9名。

(20) 2015年4月14日至16日第16届“Samila-Chang”亚洲沙滩排球巡回赛在泰国宋卡（Songkhla）举行。中国选手哈力克江/包健获得男子第1名，吴佳欣/李健获得男子第9名；唐宁雅/王媛媛、王鑫鑫/丁晶晶获得女子并列9名。

(21) 2015年8月5日至7日亚排联洲沙滩排球杯东亚子区域赛在韩国保宁（Boryeong）举行。采用国家（地区）对国家（地区）的比赛办法。中国由王凡/岳园、马园园/夏欣怡（女子）和吴佳欣/李健、李焯新/李阳（男子）组队参加，获得男子第2名、女子第1名。

(22) 2015年10月8日至11日第1届印尼日惹（Jogjakarta）沙滩排球公开赛在印尼日惹举行。中国选手李焯新/李健获得男子第5名，哈力克江/包健获得男子第9名；陈春霞/唐宁雅获得女子第2名。

(23) 2015年10月14日至17日第4届印尼“南苏门答腊总督（SouthSumatraGovernor）杯”巨港（Palembang）沙滩排球公开赛在印尼巨港举行。中国选手李焯新/李健获得男子第1名，哈力克江/包健获得男子第5名；陈春霞/唐宁雅获得女子第3名。

(二) 国内比赛

(1) 2015年10月19日至26日第1届全国青年运动会沙滩排球决赛阶段比赛在福建福州仓山区举行。共有9个单位的56（男26、女30）名运动员参加。周朝威/颜廷洋（南通）、何晓峰/周志杰（杭州）、戴凌飞/陈祖航（福州）获得男子组前三名，夏欣怡/王婧哲（乌鲁木齐）、林美媚/颜云肖（海口）、陈佳莉/李娇妹（福州）获得女子组前三名。

(2) 2015年5月21日至24日“华泰锦安杯”全国沙滩排球巡回赛曲靖站比赛在云南曲靖举行。共有20个单位的140（男70、女70）名运动员参加。林武钦/陆则全（福建）、周顺/姜芝峰（八一）、胡天伦/窦甲夙（浙江）获得男子组前三名，陈春霞/魏兆辰（山西）、马珍妮/夏欣怡（新疆）、陈晨/张娜（山西）获得女子组前三名。

(3) 2015年5月28日至31日“好彩头杯”全国沙滩排球大满贯赛晋江站比赛在福建晋江举行。共有13个单位的66（男32、女34）名运动员参加。陈诚/李健（福建）、周浩/李磊（山东）、李焯新/张立增（辽宁）获得男子组前三名，陈春霞/魏兆辰（山西）、马珍妮/夏欣怡（新疆）、赵新/黄玉静（成都部队）获得女子组前三名。

(4) 2015年6月18日至21日“体彩杯”全国沙滩排球锦标赛在甘肃敦煌举行。共有19个单位的150（男82、女68）名运动员参加。陈诚/李健（福建）、李焯新/张立增（辽宁）、哈力克江/汪晓辉（八一）获得男子组前三名，陈春霞/魏兆辰（山西）、朱敏敏/赵新（成都部队）、王靖雯/王婧哲（新疆）获得女子组前三名。

(5) 2015年6月25日至28日全国沙滩排球巡回赛台山站比赛在广东台山举行。共有15个单位的106（男58、女48）名运动员参加。周顺/姜芝峰（八一）、高鹏/李阳（上海）、哈力克江/汪晓辉（八一）获得男子组前三名，陈春霞/吕媛媛（山西）、王婷婷/迟美（浙江）、王媛媛/唐宁雅（国家队）获得女子组前三名。

(6) 2015年8月27日至30日全国沙滩排球巡回赛威海站比赛在山东威海南海举行。共有19个单位的132（男68、女64）名运动员参加。周浩/李磊（山东）、林武钦/陆则全（福建）、韩胜威/赵昀龙（成都部队）获得男子组前三名，陈春霞/魏兆晨（山西）、徐韡/瞿彬泓（上海）、赵慧敏/邵婧妍（八一）获得女子组前三名。

(7) 2015年9月10日至13日全国沙滩

排球大满贯赛厦门站比赛在福建厦门举行。共有 13 个单位的 64（男 32、女 32）名运动员参加。周浩/李磊（山东）、韩胜威/努尔艾力（成都部队）、林武钦/陆则全（福建）获得男子组前三名，陈春霞/魏兆晨（山西）、蒋莉/白冰（八一）、陈晨/吕嫒嫒（山西）获得女子组前三名。

（8）2015 年 9 月 17 日至 20 日全国沙滩排球大满贯赛苏州站比赛在江苏苏州举行。共有 13 个单位的 64（男 32、女 32）名运动员参加。高鹏/李阳（上海）、周浩/李磊（山东）、赵昀龙/杨聪（成都部队）获得男子组前三名，陈春霞/魏兆晨（山西）、王鑫鑫/丁晶晶（国家队）、朱敏敏/袁吕雯（成都部队）获得女子组前三名。

（9）2015 年 10 月 11 日至 14 日全国沙滩排球巡回赛嵊泗站比赛在浙江舟山嵊泗举行。共有 14 个单位的 86（男 52、女 34）名运动员参加。周顺/姜芝峰（八一）、林武钦/陆则全（福建）、韩胜威/赵昀龙（成都部队）获得男子组前三名，王婧哲/夏欣怡（新疆）、陈晨/吕嫒嫒（山西）、朱敏敏/黄玉静（成都部队）获得女子组前三名。

（10）2015 年 8 月 20 日至 23 日全国青年 U-20 沙滩排球锦标赛在山东济南举行。共有 16 个单位的 80（男 42、女 38）名运动员参加。戴凌飞/陈祖航（福建）、芦政龙/刘伟铭（八一）、谭亚寸/秦成达（海口）获得男子组前三名，李娇妹/陈佳莉（福建）、林美媚/颜云肖（海口）、袁吕雯/王嘉希（南通）获得女子组前三名。

（11）2015 年 12 月 14 日至 16 日全国青年 U-21 沙滩排球锦标赛在海南文昌举行。共有 13 个单位的 72（男 40、女 32）名运动员参加。王源/那木吉力（八一）、武理想/秦成达（海南）、陶骋安/周玉庭（上海）获得男子组前三名，李娇妹/陈佳莉（福建）、王靖雯/王婧哲（新疆）、吴冬梅/颜云肖（海口）获得女子组前三名。

（体育年鉴）

海 洋 军 事

海洋军事成就

【我海军派船参与亚航失事客机搜寻打捞】 2015年1月5日，应印尼方请求，中国海军派出远洋打捞救生船“永兴岛”船赴爪哇海亚航客机失事海域，执行搜寻打捞黑匣子以及打捞失事飞机残骸和遇难人员遗体任务。

【海军建成全国首个海权文化展馆】 3月，一批驻地青年学生来到由北海舰队某猎潜艇大队精心布展的全国首个海权文化展馆进行参观。自2014年展馆建成以来，到此参观见学和交流互动的部队官兵及青年学生多达70余批次4000余人。

【海军首批“3+2”飞行学员夜航首飞成功】 3月18日20时整，随着航空兵学院某团指挥员一声令下，海军首批“3+2”飞行学员单飞考试展开，经过精心组织，这批学员成功完成夜航首飞。截至目前，该批学员起落航线带飞、特技、仪表、航行等课目训练阶段已经顺利完成。

【永暑礁开通手机4G信号】 3月19日，当高速便捷的4G网络在各大城市蓬勃发展时，驻守在祖国遥远南端的南沙守礁官兵也搭上这趟“信息快车”。远离祖国大陆1400多千米的南沙永暑礁上，首次开通手机4G信号。

【工程大学在国际航海技能竞赛中再次夺冠】 4月30日，第18届国际航海技能竞赛在土耳其伊斯坦布尔海军学院落下帷幕。工程大学6名学员组队代表海军参赛，经过激烈角逐，一举夺得团体总冠军，在4个单项比赛中，勇夺帆船和船艺两个单项第一，其中，在船艺比赛中以2分54秒的好成绩刷新该项赛事此前2分58秒的纪录。

【永暑礁气象观测站为过往中外船只提供可靠水文气象保障】 5月15日，南沙永暑礁海洋气象观测站建站27年来，共取得南沙海区水文气象观测数据500多万条，为过往南海的中外船只提供可靠的航海水文气象保障，为国际减灾和海洋气象预报研究、促进世界各国人民和平利用海洋资源方面发挥积极作用。

【海军紧急派出救援力量驰援“东方之星”】 6月2日，在“东方之星”客轮失事现场，工程大学救援分队先后将65岁乘客朱国梅和21岁船员陈书涵成功救出。随即，北海、东海、南海3个舰队和工程大学4支救援分队、235名救援人员，已分批火速赶赴救援现场。

【海军372潜艇官兵群体荣获“2014年度海洋人物”称号】 6月8日，以“依法治海、建设海洋生态文明”为主题的2015年世界海洋日暨全国海洋宣传日开幕式暨2014年度海洋人物颁奖仪式在海南省三亚市举行。海军“372”潜艇官兵群体获得“2014年度海洋人物”称号。

【海军舰机依法对进入我南沙群岛有关岛礁邻近海域的美舰进行跟踪监视和警告】 10月27日，美国海军“拉森”号驱逐舰进入我南沙群岛有关岛礁邻近海域，我海军舰艇和航空兵依法对美舰进行必要的、合法的、专业的跟踪、监视和警告。

【马伟明获何梁何利基金最高奖“科学与技术成就奖”】 11月6日，何梁何利基金2015年度颁奖大会在北京举行。中国工程院院士、海军工程大学教授马伟明，荣获该基金最高奖项“科学与技术成就奖”，成为海军首位获此殊荣的科学家。马伟明在舰船综合电力技术、电磁发射、新能源接入技术等领域开展一系列应用基础理论研究、关键技术攻关和重大装备研发，取得一批具有完全自主知识产权的原创性成果。

【中国和吉布提正就在吉建设保障设施进行协商】 11月26日，外交部发言人在例行记者会上表示，中国和吉布提正就在吉布提建设保障设施进行协商。这对中国军队有效履行国际义务，维护国际和地区和平与稳定，具有积极意义。

【海军举行主题活动纪念“海空雄鹰团”命名50周年】 12月29日，海军在东海舰队航空兵某部举行“矢志强军目标、传承红色基因、锻造海上劲旅”主题活动暨“海空雄鹰团”命名50周年纪念大会。“战斗英雄”麦贤得、一等功臣高翔、“航母战斗机英雄试飞员”戴明盟等66名海军各个时期、各个部队、各条战线的英模代表，与部队官兵进行深入座谈交流。

军事交流互访

【我海军舰艇时隔7年再访英国】 2015年1月12日，中国海军第十八批护航编队“长白山”舰、“运城”舰和“巢湖”舰在圆满完成48批135艘中外船舶的护航任务后，抵达英国朴茨茅斯港进行友好访问。这是我海军舰艇时隔7年再次访问英国。

【吴胜利司令员会见新西兰海军司令】 1月13日，中央军委委员、海军司令员吴胜利上将在京会见来访的新西兰海军司令斯蒂尔。

【吴胜利司令员会见英国第一海务大臣、海军参谋长】 1月19日，中央军委委员、海军司令员吴胜利上将在京会见来访的英国第一海务大臣、海军参谋长乔治·泽姆贝拉斯海军上将。

【中国海军第十八批护航编队访问德国】 1月19日，中国海军第十八批护航编队两栖船坞登陆舰“长白山”号、护卫舰“运城”号和综合补给舰“巢湖”号抵达德国汉堡港访问。

【中国海军第十八批护航编队访问荷兰】 1月26日，由“长白山”舰、“运城”舰和“巢湖”舰组成的中国海军第十八批护航编队抵达荷兰鹿特丹港，开始为期4天的友好访问。这是中荷两国建交以来中国海军舰队首次访荷。

【中国海军舰艇长代表团赴美访问】 2月1日，中国海军舰艇长代表团抵达美国华盛顿，开始为期一周的访问。此次出访的海军舰艇长代表团共29人，都来自海军水面舰艇、潜艇和飞行部队一线作战军官。

【泰国皇家海军训练舰编队访问南海舰队】 2月9日，泰国皇家海军训练舰编队在泰国皇家海军学院副院长特利斯特·潘斯特率领下抵达湛江某军港，开始对南海舰队进行为期4天的友好访问。

【海军第十八批护航编队访问希腊】 2月16日，海军第十八批护航编队16日抵达希腊比雷埃夫斯港，开始为期4天的正式友好访问。这是中国海军舰艇编队第3次访问希腊。

【吴胜利司令员会见巴基斯坦海军参谋长】 3月25日，中央军委委员、海军司令员吴胜利上将在海军机关举行仪式，欢迎巴基斯坦海军参谋长穆罕默德·扎考拉上将一行访华。双方就共同感兴趣的话题展开深入交流，为进一步推进中巴海军务实合作达成诸多共识。

【新加坡海军“坚决”号登陆舰首访上海】 4月7日到12日，新加坡海军“坚决”号登陆舰在舰长周克傧中校率领下，对上海进行为期6天的友好访问。这是“坚决”号首次访问上海，也是新加坡海军军舰第6次访问上海。

【澳军联合卫生部司令部沃克尔少将参观海军总医院】 4月15日，澳大利亚国防军联合卫生部司令部沃克尔少将一行4人访问团，来到海军总医院进行交流访问。双方围绕军队医疗卫生建设、人才培养、海外执行任务等方面进行深入交流。

【吴胜利司令与美国海军作战部长视频通话】 4月29日晚，中央军委委员、海军司令员吴胜利上将应约与美国海军作战部长格林纳特上将视频通话，就两国海军务实交流合作、美舰机抵近侦察、南沙岛礁建设等问题交换意见。这是中美两国海军领导人首次进行视频通话。

【法国海军舰艇编队访问上海】 5月9日，

由皮埃尔·德·布里昂松上校率领的法国海军“迪克斯莫德”号投送指挥舰和“阿克尼特”号护卫舰组成的舰艇编队驶抵吴淞某军港，开始对上海进行为期 7 天的友好访问。

【海军“竺可桢”船访问巴西萨尔瓦多】 5 月 17 日，正在执行环球航行和出访任务的海军海洋综合调查船“竺可桢”船抵达萨尔瓦多港，开始对巴西联邦共和国进行为期 5 天的友好访问。

【海军玉林舰抵达新加坡开展军事交流】 5月 18 日，应邀参加“2015 年亚洲国际海事防务展”及西太平洋海军论坛多边海上联合演习和“中新合作—2015”首次双边海上联合演习的海军导弹护卫舰“玉林”舰，抵达新加坡樟宜海军基地。

【中国海军第十九批护航编队访问意大利】 6月 7 日，由“临沂”舰、“潍坊”舰和“微山湖”舰组成的中国海军第十九批护航编队，抵达意大利塔兰托海军基地，开始进行为期 5 天的友好访问。这是中国海军舰艇第四次访问意大利。

【吴胜利司令员会见韩国海军参谋总长】 6月 11 日，中央军委委员、海军司令员吴胜利上将在北京会见来访的韩国海军参谋总长郑镐涉，双方就进一步发展友好关系、推动务实交往与合作等共同关心的问题进行深入交流探讨。

【中法海军在亚丁湾举行舰长级会面交流】 6 月 16 日，法国海军“絮库夫”号导弹护卫舰舰长弗拉耶利一行 4 人，乘直升机登上中国海军第 20 批护航编队“济南”舰，与舰长刘冕及指挥所部分人员会面交流。

【中国海军第二十批护航编队济南舰访问印度】 7 月 21 日，中国海军第二十批护航编队“济南”舰抵达印度孟买港，开始为期 4 天的友好访问。这是“济南”舰入列以来首次执行友好访问任务。

【中国海军首次对苏丹进行正式友好访问】 8月 25 日，执行环球访问任务的中国海军“152”舰艇编队抵达苏丹共和国苏丹港，开始对苏丹进行为期 5 天的友好访问。这是中国海军首次对苏丹进行正式友好访问。

【韩国海军舰艇编队访问上海】 8 月 29 日，由韩国海军“姜邯赞”号导弹驱逐舰和“大清”号补给舰组成的舰艇编队，在韩国海军士官学校副校长金锺三准将的率领下，驶抵上海吴淞军港码头，开始进行为期 4 天的友好访问。

【中国海军 152 舰艇编队访问埃及】 9 月 2 日，执行环球访问任务的中国海军“152”舰艇编队抵达亚历山大港，开始对埃及进行为期 5 天的友好访问。

【“郑和”舰抵达俄罗斯符拉迪沃斯托克访问】 9 月 2 日，“郑和”舰驶入符拉迪沃斯托克军港码头。俄海军太平洋舰队 36 水面舰艇副总队长别特拉契科夫鲁斯兰上校及我驻俄使领馆官员和华人华侨代表到码头迎接。

【中国海军导弹护卫舰“运城”舰赴印尼参加国际舰队检阅活动】 9 月 19 日，中国海军导弹护卫舰“运城”舰应邀参加印度尼西亚在托米尼湾海域举行庆祝独立 70 周年国际舰队检阅活动——“托米尼 2015 航行”。这是中国和印尼建立全面战略伙伴关系以来，两国海军开展的首次军事外交活动。

【中国海军舰艇编队结束对丹麦访问】 9 月 23 日，正在执行环球访问任务的中国海军“152”舰艇编队圆满结束对丹麦的友好访问，前往芬兰赫尔辛基进行友好访问。

【中国海军和平方舟医院船执行“和谐使命”任务】 9 月 23 日，刚刚完成中马“和平友谊—2015”实兵联演的中国海军“和平方舟”医院船驶离马来西亚巴生港码头，启程执行“和谐使命—2015”任务。10 月 7—11 日，“和平方舟”医院船将环太平洋出访澳大利亚、法属波利尼西亚、美国、墨西哥、巴巴多斯、格林纳达、秘鲁等 7 个国家和地区，开展军事外交、医学交流和文化宣传，并提供免费医疗和人道主义服务。

【中国海军舰艇编队访问瑞典】 10 月 4 日，执行环球访问任务的中国海军“152”舰艇编队圆满结束对瑞典的友好访问离开斯德哥尔摩港。瑞典是中国海军“152”舰艇编队环球访问第5站。

【中国海军舰艇编队首次访问波兰】 10月7日，中国海军“152”舰艇编队抵达格丁尼亚港，开始对波兰共和国进行为期5天的友好访问。这是中国海军舰艇首次访问波兰。

【法国海军“葡月”舰访问南海舰队】 10月27日，法国海军“葡月”号导弹护卫舰，在我海军导弹护卫舰运城舰的伴随引导下，缓缓驶入广东湛江某军港，开始对南海舰队进行为期4天的友好访问。南海舰队在军港码头举行欢迎仪式，湛江市相关领导以及法国驻华使馆人员出席欢迎仪式。

【吴胜利司令员与美国海军作战部长视频通话】 10月29日晚，中央军委委员、海军司令员吴胜利上将与美国海军作战部长约翰理查德森海军上将视频通话，对美海军舰艇10月27日擅自进入中国南沙群岛有关岛礁邻近海域事件表示严重关切。

【中国海军“郑和”舰抵达韩国镇海访问】 10月30日，执行远海实习访问任务的海军“郑和”舰抵达韩国镇海，开始为期4天的友好访问。韩国海军第五战团团长朴基敬准将在码头迎接。

【吴胜利司令员会见南非海军司令塞缪尔隆韦恩】 11月2日，中央军委委员、海军司令员吴胜利上将今天在京会见来访的南非海军司令塞缪尔隆韦恩。

【吴胜利司令员会见丹麦海军参谋长】 11月3日下午，中央军委委员、海军司令员吴胜利上将在海军机关举行仪式，欢迎丹麦海军参谋长弗兰克特罗扬少将一行访华。

【中国海军舰艇编队抵达美国访问】 11月5日，中国海军“152”舰艇编队抵达佛罗里达州杰克逊维尔梅波特港，开始对美国进行友好访问。

【吴胜利司令员出访马来西亚、印尼和马尔代夫】 11月9日，中央军委委员、海军司令员吴胜利上将率团前往马来西亚、印度尼西亚和马尔代夫进行访问。此访是中国海军司令员首次访问上述3国。吴胜利一行此次访问旨在推进我与东盟有关国家海军关系发展，并为推动“一带一路”战略发挥重要作用；加强我与到访国海军的交流对话和务实合作，表达我维护海上和平与安全、开展国际合作的积极意愿；进一步加强我与到访国海军在高层交往、军舰互访、联演联训、对话磋商、多边合作等方面的务实合作，增进解，促进互信，推动我与这些国家海军的务实友好合作关系快速健康发展。

【中国海军舰艇编队抵达古巴访问】 11月10日，中国海军“济南”舰驶入古巴哈瓦那港。当地时间11月10日，正在执行环球访问任务的中国海军“152”舰艇编队“济南”舰、“益阳”舰和“千岛湖”舰抵达哈瓦那港，开始对古巴共和国进行为期5天的友好访问。

【中国海军“152”舰艇编队圆满结束对古巴访问】 11月14日，正在执行环球访问任务的中国海军“152”舰艇编队圆满结束对古巴的友好访问，于14日下午离开哈瓦那港，前往墨西哥。哈瓦那是中国海军“152”舰艇编队环球访问的第九站。按照计划，编队将前往墨西哥阿卡普尔科—德华雷斯进行友好访问。

【吴胜利司令员会见美国海军太平洋舰队司令】 11月19日下午，中央军委委员、海军司令员吴胜利上将在京会见来访的美国海军太平洋舰队司令斯科特斯威夫特，就进一步深化中美两国海军务实合作交换意见，并要求美方珍视两国良好关系发展，停止南海挑衅行为，管控海上兵力行动。吴胜利对斯威夫特率舰来访表示欢迎，指出这充分体现双方对保持和发展中美新型大国关系和新型军事关系的高度重视，对深化两国海军务实合作的良好愿望，对于缓解当前南海局势、维护地区和平稳定具有积极作用。

【中国海军“152”舰艇编队通过巴拿马运河】 11月19日，正在执行环球访问任务的中国海军“152”舰艇编队于当地时间18日下午至19日凌晨，从加勒比海通过巴拿马运河进入太平洋。按计划，编队将沿太平洋东海岸北上，前往墨西哥阿卡普尔科进行友好访问。

【中国海军舰艇编队访问墨西哥】 11 月 25 日，正在执行环球访问任务的中国海军“152”舰艇编队抵达阿卡普尔科港，开始对墨西哥合众国进行为期 5 天的友好访问。这是中国海军舰艇第 3 次到访墨西哥。阿卡普尔科是中国海军 152 舰艇编队环球访问的第 10 站。

【“和平方舟”医院船首次访问格林纳达】 12 月 5 日 22 时许，执行“和谐使命—2015”任务的中国海军“和平方舟”医院船抵达格林纳达首都圣乔治，开始对格林纳达进行为期 7 天的友好访问，并提供免费医疗和人道主义服务，这是中国海军舰艇首次访问格林纳达。访问期间，任务指挥员管柏林计划拜会格总督塞茜尔拉格雷纳德、总理基思米切尔、外交部长克拉丽斯莫德斯特柯文、卫生部长尼古拉斯斯蒂尔、警察总监温斯顿詹姆斯等官员。

【“和平方舟”医院船离开格林纳达前往秘鲁】 12 月 11 日执行“和谐使命—2015”任务的中国海军“和平方舟”医院船圆满完成对格林纳达为期 7 天的友好访问和免费医疗与人道主义服务后离开圣乔治港，前往下一站秘鲁。

【海军“152”舰艇编队抵达夏威夷】 12 月 14 日中国海军“152”舰艇编队抵达夏威夷珍珠港，开始对美国进行为期 5 天的友好访问。这是中国海军“152”舰艇编队继 11 月上旬对杰克逊维尔进行友好访问之后，再次到访美国。

【海军“和平方舟”医院船从秘鲁起程返航】 12 月 26 日，执行“和谐使命—2015”任务的中国海军“和平方舟”医院船圆满完成对秘鲁为期 7 天的友好访问和免费医疗与人道主义服务，离开卡亚俄港起程返航。

军事训练演习

【中国海军远海训练向常态化实战化迈进】 新年伊始，参加西太平洋海域实兵对抗演练归来，海军三大舰队参演兵力负责人齐集一堂，突出问题导向，对此次演练课目逐项进行复盘评估。

【南海舰队航空兵某师提高多机种综合保障能力】 新年伊始，一场多兵种联合演练在某机场拉开帷幕，一架架满载弹药、油料的歼击机、轰炸机交替升空，呼啸着飞向海天……同场保障多种机型，对南海舰队航空兵某师来说已是轻车熟路。近年来，该师积极探索新型保障方法，加快推进一体化、基地化保障模式建设，综合保障能力明显提升。

【中国海军舰艇编队赴西太平洋海域训练】 2015 年 2 月 13 日，中国人民解放军海军于近日组织舰艇编队赴西太平洋有关海域进行远海训练。此次行动是根据今年海军年度训练计划做出的例行性安排。

【中俄“海上联合-2015(Ⅰ)”军事演习正式开始】 5 月 11 日，中俄“海上联合—2015（Ⅰ）”军事演习中方总导演、中国海军副司令员杜景臣海军中将和俄方总导演、俄海军副总司令费多坚科夫海军中将共同宣布演习开始。

【西太平洋海军论坛多边海上联合演习开幕】 5 月 19 日，由新加坡海军举办的西太平洋海军论坛多边海上联合演习，在樟宜海军基地指控中心举行开幕式。21 日至 22 日，各国参演舰艇将赴新加坡外海进行编队运动、海上监视、海上封锁、临检拿捕、海上搜救等课目的演习。

【海军“天文航海实习”海上训练任务完成】 5 月 11 日至 20 日，海军组织完成天文航海海上训练，取得良好效果。“天文航海实习”囊括海军五所院校教员、海军及各舰队航海业务长、海军各编队各型舰艇航海干部，旨在提高海军舰艇部队航海干部天文航海实作技能水平，同时为海军所属军事院校教员提供教学实践平台。

【演兵地中海：中俄“海上联合—2015(Ⅰ)”军事演习掠影】 5 月 11 日至 21 日，参加中俄“海上联合—2015（Ⅰ）”军事演习的导弹护卫舰临沂舰、“莫斯科”号导弹巡洋舰等 9 艘舰艇在地中海某海域围绕“维护远海航行安全”课题，圆满完成联合海上防御、联合海上补给、联合护航行动、保证航运安全联合行动、对海上目标进行联合火炮射击、实射火箭深弹等14个海上课目联合演练。

【“中新合作-2015”海上演习正式开始】 5月24日，海军“玉林”舰从新加坡樟宜基地解缆起航，标志着“中新合作—2015”海上演习正式开始。

【以“实战”为标尺锤炼部队“机动作战”能力】 五月下旬，北航某飞行团按照年度飞行计划安排，统一部署和协调，圆满完成人员、物资和装备在胶州、烟台和高密三地之间的转场飞行训练工作。

【井冈山舰参加东盟地区论坛第四次联合救灾演习速写】 5月27日，马来西亚槟城东南部海域，云飞浪涌。4个国家20余艘舰船齐聚该海域，参加东盟地区论坛第四次联合救灾演习。中国海军两栖船坞登陆舰井冈山舰，疾速航行在茫茫海天间，加入这场跨越大洋的联合搜救演习之中。

【海军航空兵远海训练实现常态化】 6月1日，海军近年来结合舰艇编队战备巡逻远海训练和实兵对抗演练等时机，先后组织多机型多批多架次，经宫古、巴士海峡赴西太平洋等海域开展训练。通过长时间、多课目、高强度的实战化训练，检验完善战法训法，锻炼摔打部队，为航空兵常态化远赴大洋遂行作战训练任务积累有益经验。

【海军在西太平洋海域开展远海舰机协同训练】 6月10日，中国海军航空兵飞机今天赴巴士海峡以东的西太平洋海空域，与航经该海域的海军远海巡航编队进行舰机协同训练。

【海军陆战队某旅组织抢滩登陆等课目演练】 6月16日，正在粤西某地海训的海军陆战队某旅组织两栖装甲装备、冲锋舟进行泛水编波、抢滩登陆等课目演练，锤炼部队打赢能力。

【俄罗斯国际军事比赛里海德比赛马项目拉开战幕我海军陆战队参赛】 8月3日10时，达基斯坦共和国马哈奇卡拉市某军营“蝎子”战术训练基地，铁甲列阵、军乐高奏，“2015俄罗斯国际军事比赛”里海德比赛马项目在这里拉开帷幕。

【中国海军陆战队在“里海赛马”竞速赛上勇夺第一】 8月7日，2015年俄罗斯国际军事比赛“里海赛马”竞速赛（追逐赛）在卡斯皮斯克的里海之滨进行。中国、俄罗斯、哈萨克斯坦等国家的海军陆战队参赛车组，根据竞赛规程和课目设置，驾驭步兵战车，在波浪起伏的海面和障碍密布的岸滩展开激烈竞争。中国海军陆战队参赛车组表现突出，分别以单车第一、第四和第五名的成绩，名列该竞赛项目第一。

【中俄海军举行“海上联合—2015(Ⅱ)军演】 8月24-25日，中俄“海上联合—2015（Ⅱ）”俄罗斯彼得大帝湾举行。24日，中俄参演兵力进行反水雷、联合防空、实际使用火箭深弹课目的军事演练。25日，双方投入各型水面舰船20多艘、潜艇2艘、固定翼飞机和舰载直升机10余架、陆战队员400余人、两栖装备30台，在克列尔卡角沿岸地区打响中俄海军联合演习史上规模最大的立体联合登陆之战演习。

【“和平友谊—2015”中马联合军事演习在南海举行】 9月12日，参加“和平友谊—2015”中马联合军事演习的中国海军舰艇编队从三亚某军港起航。这次演习的目的是深化中马两国全面战略伙伴关系，加强两军防务交流合作，提高双方共同应对现实安全威胁，共同维护地区海上安全的能力。

中国海军亚丁湾护航

【海军第十九批护航编队首次为商船随船护卫】 2015年1月15日中午，刚刚执行完第805批护航任务的第十九批护航编队，首次采取特战队员随船护卫的方式，成功将“振华8”号运输船安全护送至解护点。“振华8”号自发拉起“感谢中国海军”的横幅。

**【海军第十九批护航编队圆满完成我驻也门公

民撤离任务】 3 月 31 日，经过近 16 个小时的航渡，第十九批护航编队“潍坊”舰搭载 449 名中国公民和 6 名外籍人士安全抵达吉布提。至此，我护航编队圆满完成撤离中国驻也门人员任务，共分两批撤离 579 人，其中中国公民 571 人，外籍人员 8 人。

【海军第二十批护航编队首次进行海上补给】 4 月 14 日，正奔赴亚丁湾、索马里海域执行护航任务的海军第二十批护航编队在马六甲海峡以西海域成功进行海上液货和副食补给。这是“济南”舰“益阳”舰“千岛湖”舰自 4 月 3 日从浙江舟山起航以来，首次进行的海上补给。补给结束后，“济南”舰“益阳”舰“千岛湖”舰组成纵队，继续向亚丁湾、索马里海域进发。

【海军第二十批护航编队首次单独护航】 4月 25 日，中国海军第二十批护航编队首次单独执行护航任务，派出“益阳”舰护送 8 艘中国籍远洋渔船由亚丁湾海域 A 点向西进发。任务期间，益阳舰还将采取雷达警戒、红外观察、探照灯扫海等多种方式实时掌握周边海域情况，确保被护船舶安全。

【海军第二十批护航编队首次靠港补给休整】 5 月 4 日，第二十批护航编队“济南”舰抵达阿曼塞拉莱港，开始为期 5 天的靠港补给休整。这是编队自 4 月 3 日从浙江舟山起航以来首次靠港休整补给。

【海军第十九批护航编队航经苏伊士运河返航】 6 月 14 日，海军第十九批护航编队在结束对欧亚 3 国访问后返航。第十九批护航编队自 2014 年 12 月 2 日出航以来，先后完成 35 批 108 艘中外船舶护航任务。

【海军第二十一批护航编队从三亚启航赴亚丁湾】 8 月 4 日，中国海军第二十一批护航编队从三亚某军港解缆启航，奔赴亚丁湾、索马里海域接替第二十批护航编队执行护航任务。

【中国海军第二十批护航编队开始环球访问】 8 月 23 日，圆满完成亚丁湾、索马里海域护航任务的中国海军第二十批护航编队与第二十一批护航编队分航，驶离亚丁湾海域开始执行环球访问任务。

【海军第二十二批护航编队青岛起航亚丁湾护航将满 7 年】 12 月 6 日，海军第二十二批护航编队从青岛某军港起航奔赴亚丁湾、索马里海域接替第二十一批护航编队执行护航任务。到 12 月底，海军遂行亚丁湾护航任务满 7 年。

【海军第二十二批护航编队穿越大隅海峡进入太平洋】 12 月 8 日，由“大庆”舰“青岛”舰和“太湖”舰组成的第二十二批护航编队，穿越大隅海峡进入太平洋。编队航渡中举行“我为祖国去护航”宣誓签名仪式。

【中欧海军护航编队会面】 12 月 8 日，应欧盟 465 编队邀请，中国海军第 21 批护航编队指挥员一行登上意大利海军“卡拉布里亚”号护卫舰，进行会面交流。

【第二十批护航编队与法国海军举行联合演练】 10 月 14 日，第二十批护航编队途径法国罗斯科夫以北海域时，与法国海军举行联合军事演练。

【我海军护航编队累计完成 900 批中外船舶护航任务】 12 月 17 日，中国海军第 21 批护航编队顺利将两艘船只护送至亚丁湾东部的解护点。至此，中国海军赴亚丁湾、索马里海域护航编队，已累计完成 900 批 6096 艘中外船舶的护航任务。

【我海军第 22 批护航编队抵达亚丁湾与第 21 批编队组织联合护航】 12 月 29 日 9 时许，中国海军第 21、22 批护航编队在亚丁湾东部海域组成联合编队，共同执行第 904 批船舶护航任务。第 22 批护航编队自 12 月 6 日起航以来，先后穿越大隅海峡、萨兰加尼海峡、望加锡海峡、巽他海峡等海峡海道，经过 23 昼夜 8000 余海里的连续航行，于 29 日抵达亚丁湾东部，与第 21 批护航编队会合。

（海军军事学术研究所）

极地与国际海域

极　地　工　作

综　述

2015 年是我国极地考察事业发展的关键一年。在党中央、国务院的亲切关怀和正确领导下，全体极地考察工作者牢记重托、不辱使命、勇于担当、开拓进取，在组织极地考察项目实施、深化极地领域科学研究、强化极地考察管理保障、推动极地考察国际合作以及科普宣教等方面，开展大量卓有成效的工作，顺利完成各项年度目标任务，确保极地考察“十二五”圆满收官，为“十三五”良好开局奠定坚实的基础。

在现场任务执行方面，2015 年度中国极地考察共执行南北极、南大洋等科学考察、工程建设、后勤保障及科普宣传等具体项目共计 98 项。其中，第 31 次南极考察队深入开展南极周边重点海域陆域极地环境综合考察，并圆满完成南大洋考察各项任务；进一步完善泰山站的建设工作，基本完成昆仑站建设收尾工程；南极长城站、中山站常规科考项目稳步推进；顺利完成北极黄河站科学考察任务。

在极地领域科学研究方面，有序组织并推进有关极地地球科学、生命科学、物理科学等方面的研究；开展一系列有关极地保护和极地活动管理的社会科学研究；继续深化“南北极环境综合考察与评估”专项，细致梳理并有效集成“南极周边海域环境考察与评估”“南极周边大陆环境考察与评估”“北极环境综合考察与评估”以及“极地国家利益评估”等 4 方面的成果。

与此同时，极地考察能力建设持续推进，考察管理和后勤保障水平不断提升，国际合作与对外交流日益深化。完成维多利亚地新站地质勘查等相关任务；积极推进新建极地科学考察破冰船项目；完成南极考察固定翼飞机购置及南极现场测试飞行任务；推动签署《中华人民共和国政府与澳大利亚联邦政府关于南极与南大洋合作的谅解备忘录》《中华人民共和国政府和新西兰政府关于南极合作的安排》，并着手开展有关极地政策、科研、后勤及考察培训等方面的针对性落实工作。此外，极地立法、战略、规划等方面的研究也取得长足进展，南极立法研究工作进一步深入，极地考察“十三五”发展规划的编制工作全面启动。

2015 年 7 月 1 日施行的新《国家安全法》明确将极地安全列为国家安全的重要内容，《中共中央关于制定国民经济和社会发展第十三个五年规划的建议》也专门对极地工作作出重要部署，中央的系列决策部署为我国极地事业发展指明方向，也为我国海洋强国建设确立极地领域的新目标，极地事业迎来新的战略机遇期。

极地考察活动

【南极考察】 全面完成中国第 31 次南极考察及后勤保障工作。中国第 31 次南极考察队按照优先重点、统筹兼顾的原则，根据现有设施设备的支撑条件，综合考虑考察船、站及内陆车队等考察平台和年度预算经费的总体情况，在确保安全的前提下，全面实施“南北极环境综合考察与评估专项”（以下简称“极地专项”），继续推进国家极地考察能力建设在建项目等重点任务，完成南极考察后勤保障任务。

中国第31次南极考察队由277人组成，共执行“极地专项”、工程建设、后勤保障、科普宣传等71个项目，包括“极地专项”19项、国家自然科学基金项目5项、科技部项目2项、教育部项目1项。

承担内陆考察任务共计33人，用时55天，执行昆仑站二期建设收尾和全站设备试运行、泰山站主体建筑工程扫尾等工程建设任务。执行“极地专项”5项。开展了昆仑站深冰芯钻探、天文仪器安装及维护、冰川物理化学与极地气象观测等科考任务。

承担维多利亚地新建站工程地勘任务共计15人，执行维多利亚地新建站附近海域测深、地质勘探等任务。

承担南大洋科学考察任务共计42人（含1名泰国学者）。执行“极地专项”6项。在罗斯海开展海洋地质和地球物理考察，在普里兹湾开展物理海洋、海洋化学、海洋生物生态、生物资源调查等多学科综合考察。

承担长城站区域科学考察任务共计66人（含越冬13人）。执行“极地专项”4项，开展生态环境本底考察、地质调查、设施设备维护、一号栋文化建设等16项科考项目、2项常年科考观测项目、2项科普宣传和文化建设项目、4项工程建设项目。

承担中山站区域科学考察任务共计46人（含越冬18人）。执行“极地专项”4项，开展高空物理、海冰气象、垃圾清运、海冰输油等7项科考项目、8项后勤保障及工程建设项目。

此外，还承担地质调查的2个国际合作项目。

实施2015/2016年度中国第32次南极考察。根据国家海洋局批准的“第32次南极考察总体工作方案”，中国第32次南极考察队于2015年11月7日乘“雪龙”号从上海出发，执行“一船四站”（长城站、中山站、昆仑站、泰山站）任务。考察队共由252人组成，其中管理人员6人，科考人员102人，后勤保障与运行维护人员59人，固定翼机组14人，直升机组8人，派出国际合作13人，接待国际和双边合作2人，船员42人，随船气象保障、新闻宣传等6人。

第32次南极考察队计划执行固定翼飞机首航南极任务；在长城站执行生态环境本底考察、遥感调查、微生物多样性考察、地质调查等16项科学考察项目和通信基站建设、污水系统改造、站务运行管理等17项后勤保障项目；在中山站执行生态环境本底考察、高空物理等6项科学考察项目和码头修复、饮用水系统改造、垃圾整理等15项后勤保障项目；在昆仑站执行深冰芯钻探、天文观测等5项科学考察项目和建筑设备维护等2项后勤保障任务；在格罗夫山执行陨石收集、冰雷达观测等6项科学考察项目；在南大洋执行物理海洋、海洋地质、海洋化学、海洋生物、海洋地球物理等7项科学考察项目；在罗斯海执行新站优化选址、地质地貌勘察等4项后勤保障项目；通过国际合作执行海洋生物等2项科学考察项目。

【北极考察】 参加2015年度北极黄河站考察任务共计58人次，共执行27个考察项目，其中“极地专项”9项、国家自然科学基金项目5项、科技部项目1项。主要开展冰川监测研究、生态环境本底考察、大气空间环境监测、极地政策和法律、极地建筑技术新趋势等科研项目。

极地研究

【极地科学研究主要进展和成果】 **地球科学**

（1）海洋驱动下冰架的变薄可加剧南极冰架的崩解和退缩。本研究以直接观测数据为依据估算南极由冰架崩解和底部消融导致的物质损耗量。研究发现由高崩解率导致范围萎缩的冰架同时经历着由底部消融导致的厚度变薄，这揭示冰架的命运可能超出前人的预估，对海洋强迫更为敏感。该研究得到“国家自然科学基金”、“国家973计划”和“极地专项”支持，成果发表在*Proceedings of the National Academy of Sciences*。

(2) 南极大陆及相邻海域高精度三维地壳和岩石圈结构的获取。通过对国内外最新海量的数据分析和计算，完成国际上第一幅覆盖整个南极板块的高精度三维地壳和岩石圈结构图，获得如下全新的认识：地壳最厚达61千米的东南极冰下山脉是泛非期碰撞缝合带；南极半岛之下有大洋俯冲板片残余；大洋扩张速度对大洋岩石圈厚度有明显影响。该研究得到“极地专项”和“国家自然科学基金”支持，成果发表在*Journal of Geophysical Research: Solid Earth*。

(3) 西福尔丘陵格林维尔期麻粒岩化的发现及地质意义。在西福尔陆块西南部基性岩脉中发现不均匀麻粒岩化，首次在兰伯特裂谷以东获得格林维尔期变质作用的精确时代和P–T条件，证明西福尔陆块也卷入到导致印度克拉通与东南极陆块碰撞的雷纳造山作用过程，这项研究深化对南极大陆格林维尔期构造热事件的认识。该研究得到“极地专项”和“国家自然科学基金”的资助，成果发表在*Journal of Metamorphic Geology*。

(4) 东南极拉斯曼丘陵高级变质岩的P–T历史及其大地构造意义。本项研究通过详细的岩相学和热力学相图模拟，建立东南极拉斯曼丘陵高级变质岩完整的P–T演化轨迹，认为早期（M1）变质事件具有矛盾的P–T演化历史，反映其历史和北查尔斯王子山及雷纳杂岩有成因上的联系，而晚期（M2–M3）变质事件具有一致的减压P–T历史，实际上应该反映一次广泛的陆内造山事件。该研究结果发表在*Lithos*。

(5) 南极中山站—昆仑站断面雪层中NO_3^-现代沉积过程。在南极中山站—冰穹A（Dome A）断面采集7个雪坑样品进行NO_3^-稳定同位素分析工作，对NO_3^-沉积后过程的机制进行初步探讨。研究发现积累率是NO_3^-沉积后过程的最主要影响因素。目前获得的初步结果证明NO_3^-/NOx在雪—气界面中的转化非常活跃。该研究得到“国家自然科学基金”“极地专项”支持，研究成果发表在*Atmospheric Chemistry and Physics Discussions*。

(6) 冰盖底部特殊过程复冻结冰结构探测研究。本研究基于2012/2013年中国第29次南极考察队的150MHz冰雷达系统获得中山站—昆仑站冰盖考察断面雷达数据，发现一个典型的复冻结冰结构，该区域冰厚显著小于最早发现复冻结冰的Dome A区域的冰厚。冰盖底部反射特征与在Dome A发现的复冻结冰雷达图像类似，具有复冻结冰结构特征。该研究得到“国家自然科学基金”“极地专项”支持，成果发表在*Science Bulletin*。

(7) 中山站—Dome A断面表层雪过量氧–17研究。对中山站—Dome A断面表层雪过量氧–17进行测试，首次发现从南极大陆边缘向南极内陆过量氧–17具有显著的下降趋势，观测数据证实过去同位素理论计算的结果。此外，利用断面稳定同位素观测数据和混合云同位素模型（MCIM）计算Dome A地区雪冰稳定同位素对气候因子的敏感性，该结果为Dome A深冰芯稳定同位素古气候记录的定量恢复奠定理论基础。该研究得到“国家自然科学基金”和“极地专项”资助，成果发表在*Earth and Planetary Science Letters*。

(8) 东南极典型区域雪冰中痕量金属汞的时空分布及影响机制分析。研究东南极中山站—Dome A考察断面上痕量金属汞的时空分布及其影响机制。空间上，以600千米为界，近岸带雪冰中总汞浓度随着距海洋距离的增加呈现降低趋势，显示近岸海洋对汞具有重要贡献；内陆地区随着距离的增加则呈现增加趋势，显示经由平流层传输的中低纬度地区具有较高含量的汞；另外内陆地区特殊的降水方式可能也是导致Dome A地区雪层中汞浓度较高的重要因素。本研究还初步估计南极内陆高原地区及整个南极冰盖汞年均沉积的总量。该研究得到“极地专项”和

"国家自然科学基金"支持，成果发表在 *Tellus B*。

(9) 西南极地区环境样品中有机氯化合物（OCs）的手性特征。揭示西南极地区环境样品（大气，土壤，沉积物，地衣，苔藓）中有机氯化合物（OCs）的手性特征。大气中手性持久性有机污染物（POPs）的对映体分数（EFs）值与土壤样品中 EFs 的分布特征比较一致。土壤和大气中 α-HCH 和 PCB-183 的 EFs 偏离于外消旋体残留特征，表明它们在极地环境中发生对映异构体的选择性消耗。海水—大气交换可能是影响西南极手性 α-HCH 分布的重要因素。该研究得到"国家自然科学基金"支持，成果发表在 *Scientific Reports*。

(10) 西南极环境样品中有机氯农药的分布特征及来源解析。对西南极菲尔德斯半岛和阿德利岛多种环境介质中 23 种有机氯农药（OCPs）的浓度水平、分布特征及来源进行深入研究。OCPs 在该地区土壤和底泥、苔藓以及地衣样品中普遍检出，浓度处于较低水平。土壤和底泥样品中多种 OCP 化合物的浓度与土壤总有机碳（TOC）之间呈现出显著的线性相关关系。除污染物的长距离大气传输外，当地的生物活动也会对该地区 OCPs 的污染和空间分布起到一定的作用。该研究得到"国家自然科学基金"和"中国科学院先导科技专项"支持，成果发表在 *Environmental Pollution*。

(11) 南极火星陨石研究揭示火星近期曾存在地下水的 H 同位素。我国南极科考在格罗夫山发现两块火星陨石，其中一块命名为 GRV020090，约 2 亿年前由岩浆结晶形成。对该火星陨石的岩浆包裹体和磷灰石的水含量和 H 同位素离子探针分析，获得以下重要发现：证明火星在 2 亿年前可通过融化地下冰川形成地下水；获得地下水存在的时间可长达 25 万年，有利于生命的存在；证明有更多水从火星逃逸，因而也说明火星曾具有一个更深、更大的古海洋；估算出火星幔的水含量仅为 38-45 ppm，比地幔"干"得多。该研究得到"国家自然科学基金"的支持，成果发表在 *Geochimica Et Cosmochimica Acta*。

(12) 基于多基线 InSAR 和 ICESat 测高数据的南极地区 DEM 优化。提出联合利用多基线 InSAR 数据和 ICESat 激光测高数据获取高精度、高分辨率 DEM 的方法，有效降低冰面运动、卫星轨道误差以及与地形相关的大气层延迟的影响。这表明利用新的 InSAR DEM，基线长度将不再是限制 InSAR 技术获取高精度冰流速的因素。该研究得到"国家 863 计划"和"国家自然科学基金"支持，成果发表在 *Remote Sensing of Environment*。

(13) 北极斯瓦尔巴冰川融水中铁和铁的同位素经冰川前环境向近海的输送特征。该研究首次发现冰川融水中铁在冰川前环境中移除的现象，揭示冰川融水中铁的同位素组成，提出胶体态铁的絮凝是导致冰川融水中铁移除的主要原因，对进一步分析全球铁循环及其对大洋初级生产的影响具有重要意义。该研究得到"极地专项"和"河口海岸学国家重点实验室自主课题"的支持，成果发表在 *Earth and Planetary Science Letters*。

(14) 北极考察航线上大气 $\delta^{13}C-CH_4$ 变化及大气 CH_4 浓度的变化特征。分析大气样品获得 2012 年 7 月到 9 月间从中国近海（31°N）到中心北冰洋（最高 87°N）大气中 CH_4 和 $\delta^{13}C-CH_4$ 的分布水平。富 $\delta^{13}C$ 的输入减少以及其指示的羟基（OH）和氯（Cl）自由基的化学氧化作用，与 CH_4 纬度上的分布密切相关。它们具有复杂的混合来源，包括北冰洋内部和外部。分析显示在北欧海区域，含 OH 气团是其分布的主要影响因素。然而在中心北冰洋海域，主要受湿地排放的长距离传输影响。另外，通过光和无光试验发现，微生物在部分区域对 CH_4 的分布也起着重要作用。该研究得到"国家自然科学基金"和"极地专项"支持，成果发表在 *Scientific reports*。

(15) 北极斯瓦尔巴王湾地区海洋表层沉积物中传统持久性有机污染物和新型氯代阻

燃剂浓度水平和空间分布研究。完成北极斯瓦尔巴王湾地区海洋表层沉积物中传统持久性有机污染物（有机氯农药，如六氯环己烷、氯丹、硫丹）和新型氯代阻燃剂（得克隆，DP）浓度水平和空间分布研究。研究结果表明，α-HCH 是最主要的污染物。研究结果同时表明，大西洋洋流和冰川径流对不同污染物的影响作用不同，但 BDE-209 和 DP 受二者的影响程度不明显。该研究得到"国家自然科学基金"支持，成果发表在 *Chemosphere*。

（16）北极新奥尔松地区环境中 PCBs 的多介质迁移行为。对北极新奥尔松地区气态、气溶胶、土壤、沉积物、植被、海鸟粪、鹿粪和腐烂苔藓中的 PCBs 含量水平和组成特征开展研究，揭示 PCBs 在各环境相中的迁移规律。PCBs 在各环境相中均有检出，含量与其他极地地区含量水平相当。含量比值表明植物体内的 PCBs 可能主要来自大气；PCBs 在大气—粪便两个相中发生交换和迁移。该研究得到"国家自然科学基金""极地专项"和"中国极地战略基金"支持，成果发表于 *Marine Pollution Bulletin*。

（17）西北太平洋至北冰洋海洋沉积物中传统及新型持久性有机污染物（POPs）空间分布研究。完成白令海、楚科奇海至北极高纬海域海洋表层沉积物中多氯联苯（PCBs）、有机氯农药（OCPs）、多溴联苯醚（PBDEs）的浓度水平和空间分布研究。结果表明，PCBs 和 OCPs 浓度水平与 20 世纪 90 年代报道的浓度水平相当或略有降低，与中低纬度地区报道的持续降低趋势并不完全一致；但 PBDEs（BDE-209 除外）尽管浓度很低，与 2008 年报道结果相比，呈现明显的降低趋势。该研究得到"国家自然科学基金"支持，成果发表在 *Journal of Geophysical Research: Oceans*。

（18）CMIP5 耦合模式对南北极海冰模拟的评估。从海冰密集度、海冰覆盖范围、海冰厚度、海冰体积及其长期变化趋势等角度，系统评估所有参加 CMIP5（国际耦合模式比对计划，第五阶段）的耦合模式对南北极海冰的模拟情况，展示目前耦合模式对南北极海冰模拟的现状、优势和不足。该研究成果是首次对参加 CMIP5 的所有模式进行的一次系统评估，该评估对进一步利用 CMIP5 耦合模式结果开展 21 世纪南北极海冰预测和针对耦合模式的改进工作具有科学意义。该研究得到"极地专项"支持，成果发表在 *The Cryosphere*。

（19）大尺度大气环流影响的大气化学元素向极地的输移：空间分布与来源分析。在西太平洋—印度洋—南极上空大气中采集降雨和降雪样品，对其中的化学元素含量进行分析，并探讨相关大气环流对化学元素大尺度输移的影响。研究结果表明，大气中化学组分表现出显著的空间变异，纬度梯度分布明显，靠近人类活动区域含量相对较高，而在南印度洋区域含量最低。相关的空间分析结果表明，西印度洋热带辐合带（ITCZ）对半球尺度的化学元素输移影响显著，受哈德利环流上升的影响，北半球的化学元素很难被输送至南半球，进而导致南极雪冰中化学元素可能更多反映南半球的输入影响。该研究得到"极地专项支持"，研究成果发表在 *Global Biogeochemical Cycles*。

（20）南北极环境专题制图与标准底图服务的发布。研究不同尺度下南北极环境要素的制图表达模型与方法，编制《南北极环境地图集》部分图幅。编制标准基础地理底图 130 余幅，并发布标准底图服务，为用户提供在线定制和底图下载。编制出版《南极洲地名图册》。该研究得到"极地专项""中国地名研究项目"和"极地测绘地理信息公益性行业科研专项"支持。主要成果有：《南北极环境综合考察与评估标准底图发布系统》《南北极环境地图集》《南极洲地名图册》等。

生命科学 （1）人类对南极 Dome A 极端环境适应的生理心理表型变化与全基因组表达差异基因间的关联分析。通过研究人类对地球上气候最极端的地区之一南极 Dome A 地区适应的生理心理表型变化与全基因组表达差异基因间的关联分析，鉴定与情绪状态紊乱密切相关的70个差异基因，其中的42个已有报道，提示余下的这28个基因可能是与情绪状态紊乱机制相关的新基因。该研究为揭示人类表型变化与机制之间的联系提供新的方法，也为我国南极Dome A考察的医学保障提供重要依据。该研究得到“极地专项”和“国家973计划”支持，成果发表在*Molecular Psychiatry*。

（2）北冰洋中心区新开水域微微型浮游植物优势地位分析。利用HPLC-CHEMTAX及454高通量测序—生物信息学分析方法，对α-门捷列夫海脊及马克洛夫海盆附近海域微微型浮游植物的优势类群进行鉴别研究。结果表明微微型浮游植物为该海域的优势群落。青绿藻、硅藻、蓝细菌、金藻及甲藻为鉴定出的主要光合浮游生物纲。纬度和盐度是影响微微型浮游植物群落组成及分布的主要因素。该研究得到“极地专项”和“国家自然科学基金”支持，成果发表在*Polar Biology*。

（3）嗜冷菌新L-卤酸脱卤酶研究。该研究从北极海水嗜冷菌*Pseudoalteromonas sp.* BSW20308中发现并鉴定一个新的卤酸脱卤酶（HADIIBSW）。该HADIIBSW酶跟一些同样来自寒冷环境中的微生物脱卤酶具有较高的相似性。通过基因克隆与异源表达，获得该重组酶活性和酶学特性分析。该酶的发现与性质研究表明，来自极地环境中的酶可能具有独特的性质和催化活性特征，在低温环境中的应用可能具有一定的优势。该研究成果发表在*Polar Biology*。

（4）丝状噬菌体介导的假交替单胞菌适应海冰环境的机制研究。自北极海冰细菌*Pseudoalteromonas sp.* BSi20327中分离到一丝状噬菌体f327，并发现这一类的丝状噬菌体广泛分布在北极海冰的假交替单胞菌中。利用生长实验及转录组分析，发现f327可以减慢宿主的生长速率、降低宿主群落密度、削弱宿主对高盐和H_2O_2的耐受性，但是可以增强宿主的运动能力和趋化性。根据研究结果提出丝状噬菌体介导的假交替单胞菌适应海冰环境的机制，认为丝状噬菌体不裂解宿主，但是可以温和地调控宿主群落，使其适应北极海冰环境的季节性变化。该研究得到“国家自然科学基金”和“国家863计划”的支持，成果发表在*The ISME Journal*。

（5）海洋特有细菌属冰居菌属的比较基因组学研究。对冰居菌属所有种的模式菌株进行基因组测序并进行系统的比较基因组学分析。结果表明该属内的菌株，在基因组大小、DNA序列相似性以及基因内容方面有很大的不同。鉴于海洋环境的复杂性，这种基因组的异质性可能是非常普遍的。另外冰居菌属的菌株都具有与低温适应相关的基因组特征，这有利于其在海洋低温环境，如极地海水和海冰下更好的生长。该研究得到“国家自然科学基金”和“国家863计划”的支持，成果发表在*Environmental Microbiology*。

（6）假交替单胞菌适冷异源表达体系的建立。本研究利用北极海冰假交替单胞菌建立一套适冷的异源表达体系。选择*Pseudoalteromonas sp.* BSi20429中的木聚糖酶启动子，并构建表达载体pEV。利用载体pEV及宿主SM20429，成功表达在E. coli中无法成熟表达的适冷蛋白酶pseudoalterin。利用该表达体系，两个来自*Pseudoalteromonas sp.* SM9913的适冷酶也得到成功表达。该适冷异源表达体系可以为蛋白的表达，提供另外一种选择。该研究得到“国家自然科学基金”和“国家863计划”支持，成果发表在*PLOS ONE*。

（7）南极菲尔德斯半岛簇花松萝（*Usneaaur antiacoatra*）生长速率及气候指示意义。运用碳十四测年技术测定菲尔德斯半岛枝状地衣簇花松萝的年龄，计算得到其生长速率为4.3~5.5毫米/年，比南极松萝（*Usneaant arctica*）生长速率要快（0.4-1.1毫米/年）。揭示地衣生长速率的改变可能是对气候环境变化的响应。该研究得到“极地办国际合作项目”“中国科学院知识创新工程方向性项目”

和“国家自然科学基金”支持，成果发表在 *PLoS One*。

(8) 气候冷暖对罗斯岛 Cape Bird 地区阿德利企鹅迁徙的影响。通过四根采自 Cape Bird 企鹅粪土沉积物中生物标型元素的分析恢复该地区过去 1600 年企鹅数量的变化，并发现企鹅数量的峰值在 1400 AD 左右在不同沉积剖面出现接替现象，很可能指示一次区域内的迁徙。该研究揭示气候冷暖变化通过环境改造从而引起显著生态响应的一种可能的途径，对企鹅古生态和环境相互作用的研究有积极的推进作用。该研究得到“国家自然科学基金”和“极地专项”支持，成果发表在 *Scientific Reports*。

(9) 南极罗斯海地区企鹅粪土沉积物中氮同位素组成的环境意义：$\Delta^{15}N$ 作为指示海鸟活动的新指标。对盐酸处理前后沉积物样品氮同位素组成的检测显示两者的差异 ($\Delta^{15}N$) 在受企鹅粪影响强烈的剖面中显著，而在受企鹅粪影响较小的剖面中不显著。文章指出在特定的气候和环境条件下 $\Delta^{15}N$ 可能成为比传统 $\delta^{15}N$ 更加准确的海鸟活动替代性指标。该研究得到“国家自然科学基金”和“极地专项”的支持，成果发表在 *Chemical Geology*。

(10) 极地细菌新属和新种的分类研究。自极地海洋和土壤样品中分离、鉴定并获得国际承认 1 个新属以及 9 个新种。该研究得到“国家自然科学基金”，教育部、科技部项目和“极地专项”资助，系列成果发表在微生物分类学杂志 *International Journal of Systematic and Evolutionary Microbiology* 上。

(11) 不同生长模式南极地衣的光合能力测定揭示地衣共生藻对微生境的适应。选择共生藻均为共球藻属（*Trebouxia jamesii*）的三种不同生长模式的地衣—寒生肉疣衣（*Ochrolechia frigida*）、南极石耳（*Umbilicaria antarctica*）和簇花石萝（*Usnea aurantiaco-atra*）。测定三种地衣的净光合速率并结合光照和温度等环境因素，发现地衣的光合受到地衣体生长模式的影响，同种共生藻在不同种类地衣体中可能展现不同的光合能力。该研究得到“国家自然科学基金”的支持，成果发表在 *Polish Polar Research*。

(12) 东南极普里兹湾浮游植物群落和叶绿素 a 变化与 ENSO 的联系及其预测意义。分析普里兹湾实测的浮游植物和叶绿素 a 历史数据 (1990—2002)，结果显示在厄尔尼诺/拉尼娜期间，普里兹湾海水温度、盐度、营养盐和含氧量等发生很大变化，表现出极地海洋生态对海洋环境变化的敏感性。此外结合 2002—2011 年 (12~3 月) 时段卫星遥感数据进行研究，发现普里兹湾叶绿素 a 月际变化和浮游植物的旺发开始、结束时间存在明显差异，并对应着海冰消融、厄尔尼诺/拉尼娜事件和正常年份。在普里兹湾湾内陆架区浮游植物的旺发开始时间与封冰消融 (水域面积大小) 相对应，这在一定程度上对 ENSO 的发生具有预报意义。该研究得到“国家自然科学基金”“极地专项”支持，成果发表在 *SCIENCE CHINA Earth Sciences*。

(13) 两株具有抗真菌活性的细菌全基因组测序。完成具有显著抗植物病原真菌活性的来源于北极的 *Bacillus sp.* A053 和来源于南极的 *Bacillus sp.* Pc3 全基因组测序。*Bacillus sp.* A053 基因组大小约为 4.1 Mbp，GC 含量为 43.87%，编码蛋白基因 4221 个。*Bacillus sp.* Pc3 基因组大小约为 4.0 Mbp，GC 含量为 46.47%，编码蛋白基因 3992 个。该研究为进一步解析来源于极地微生物的抗菌活性化合物代谢途径和调控机理，以及极地微生物或其活性产物在农作物病害防治中的应用奠定基础。该研究得到“极地专项”支持，成果发表在 *Marine Genomics*。

物理科学 (1) 日侧弥散极光特性及其物理机制研究。在对黄河站连续 7 年极光数据分析基础上，首次完成对日侧弥散极光的统计研究，发现发生在磁正午附近的条带状弥散极光的走向与电离层对流方向一致；在条带状弥散极光的高纬端总会出现南北走向的分立极光弧与极光卵垂直相联。我们将这种分立极光弧首次定义为喉区极光，并且提出喉区极光是由磁层顶重联所致。该研究得到“国家自然科学基金”支持，成果发表在 *Journal of Geophysical Research*。

（2）日侧极光卵结构的半球不对称特征研究。中国北极黄河站和美国南极极点站的多波段极光成像仪观测数据统计结果显示，南北半球的日侧极光卵呈现出半球不对称的“双峰”结构。这种不对称性是由磁鞘密度的午前—午后变化和观测台站的局地电离层电导率联合作用导致的。这项研究表明极区电离层电导率在磁层-电离层耦合系统中起到非常重要的作用。该研究该研究得到“极地专项”支持，研究成果发表在 *Geophysical Research Letters*。

（3）太阳风动压对日侧弥散极光强度的调制。北极黄河站全天空成像仪在 2006 年 1 月 2 日 02:00—10:00 UT（05:00—13:00 MLT）时段内观测到的一段日侧弥散极光事件显示，在该时段内，日侧弥散极光的强度与太阳风动压呈现高相关性，最大相关系数达到 0.89。由于 Pc4-Pc5 频段的压缩脉动能调制哨声模的合声波的强度，因此太阳风动压可能是通过影响日侧合声波的活动以及相关的散射过程来调制日侧弥散极光。该研究该研究得到“极地专项”支持，研究成果发表在 *Journal of Geophysical Research*。

（4）北极黄河站观测到磁地方时正午的激波极光。利用北极黄河站的全天空成像仪和 SuperDARN 雷达网的观测数据对一个正午激波极光事件观测，结果显示激波与磁层相互作用后位于闭合磁力线的弥散极光对激波的响应极其迅速，而开闭合磁力线区的分立极光则响应相对缓慢。SuperDARN 对流图显示此时极区电离层表现为日侧极盖区的两个反转对流涡以及晨昏两侧的对流涡，即四涡对流结构。对流结果显示行星际激波触发（或者增强）高纬重联过程，而内磁层波粒相互作用的增强被认为是弥散极光增强的主要原因。该研究研究得到“极地专项”支持，研究成果发表在 *Earth, Planets and Space*。

（5）表层 CO_2 逸度（f CO_2）对南大洋环状模趋势转变的响应：区域差异。使用 1993—2011 年间在塔斯马尼亚以南区域收集的 14 个南半球夏季航次的观测数据，调查表层 CO_2 逸度（f CO_2）对南大洋环状模（SAM）趋势转变的响应。SAM 趋势转变对 PZ 和 PFZ 表层 f CO_2 的增加趋势有重要影响，而对 SAZ 影响不大。我们把这种不同的区域响应归结为区域海洋过程的差异。南大洋环状模趋势的转变可能已经逆转南大洋吸收 CO_2 的负趋势。该研究得到“国家自然科学基金”和“极地专项”支持，成果发表在 *Geophysical Research Letters*。

（6）普里兹湾 N_2O 分布特征及其调控机理。利用中国 27 次南极科学考察的站位数据，分析普里兹湾水体中 N_2O 分布特征。研究结果显示，普里兹湾陆架水 N_2O 呈不饱和状态。季节型垂直混合和表层海水持续的不饱和特征是维持该团水 N_2O 不饱和状态的驱动机制。不饱和的陆架水成为大气 N_2O 通过与绕极深层流混合下城形成深层水体，为大气 N_2O 提供一个重要汇和向大洋深层水的潜在输入机制。该研究成果发表在 *Journal of Geophysical Research*。

（7）北冰洋 N_2O 分布特征及其调控机理。运用中国第四次北极科学考察获得的 N_2O 数据，发现加拿大海盆 300 米以下水体存在以 1500 米为界限的浓度梯度以及加拿大海盆深层水体中存在的 N_2O 低值，通过分析其潜在来源发现格陵兰海为加拿大海盆中层水 N_2O 浓度记录 30 年前大气中 N_2O 信号，而底层水记录工业革命前大气中 N_2O 信号。该研究成果发表在 *Journal of Geophysical Research*。

（8）中山站含硫气溶胶年际变化原因分析。通过分析中山站 2005—2008 年含硫气溶胶数据发现，中山站临近冰间湖中浮游植物活动及其面积变化，对中山站含硫气溶胶的变化产生关键的影响。该成果对分析南极大陆边缘区域含硫气溶胶的来源具有重要的指示意义。该研究成果发表在 *Journal of Atmospheric Science*。

(9) 从大气的角度探讨多年代际两极地表温度变化的"跷跷板"现象的发生机制。研究表明，在北半球和热带地区地表温度变化的驱动下，南半球对流层上层的极地—赤道温度梯度发生变化，进而影响南半球西风带的强弱。南半球西风带的强弱变化进一步导致极地和高纬地区的地表温度的变化，产生两极"跷跷板"现象。这一发现也表明南极臭氧洞的形成也是全球变暖的产物。该研究得到"国家973计划""国家自然科学基金"和"国家气象局行业专项"支持，该研究成果发表在 *Scientific Reports*。

(10) 南极冰盖过去50年气温变化的再评估研究。对南极大陆上12个观测站近50年的地表温度观测资料进行详细的分析。结果表明，地表温度序列是否具有长期气候记忆性，主要取决于其与海洋之间相互作用的强弱。考虑长期记忆性的影响，发现12个站中只有3个站呈现出显著的温度变化趋势。该研究得到"极地专项"支持，成果发表在 *Journal of Climate*。

(11) 基于全天空F-P干涉仪反演热层垂直中性风。基于全天空法布里—珀罗干涉仪(FPI)对热层风场的观测，提出一种反演垂直中性风的方法。利用该方法，对北极黄河站全天空FPI观测数据进行垂直中性风的反演计算，结果表明垂直风日变化表现出明显的时间演变特性，且与地磁ap指数的变化有一定的相关性。该方法可用于垂直风的反演。该研究得到"国家863计划"支持，成果发表在《地球物理学报》。

(12) 南极亮星巡天望远镜（BSST）研制。从2013年12月至2015年4月研制完成南极亮星巡天望远镜（BSST），用于开展系外行星搜寻。在望远镜试运行阶段开展的已知系外行星HAT-P-3b观测结果，并与Asiago1.82米望远镜在R波段的高精度测光数据进行比较。该研究得到"极地专项"、"国家自然科学基金"和"国家973计划"支持，成果发表在 *Science Bulletin*。

【社会科学研究】 在国家海洋局极地考察办公室的支持下，2015年度极地社会科学研究项目及进展主要如下：

(1) 南极保护区问题研究。2015年主要对南极条约体系区域保护有关国际规则、措施和状况进行梳理；分析我国参与南极区域保护相关规则制定的现状；分析国内外现状，指出我国在该领域的主要差距以及我国在该领域的机遇和挑战。

(2) 加拿大北极原住民地区的资源开发政策与实践研究。2015年主要研究加拿大努纳武特地区资源概况及其开发现状；加拿大联邦政府北极资源政策及其管理等内容。详细探讨加拿大努纳武特地区的采矿、旅游、渔业等资源开发的现状以及在气候变暖的大背景下，这些资源开发所面临的机遇和挑战，以及加拿大联邦政府对这些资源的管理措施。

(3) 南极鸟类保护与管理问题研究。2015年项目修订《南极鸟类保护管理规定》的内容草案，并完成《南极长城站鸟类管理手册》（初稿）。

(4) 极地战略态势地图分析系统研究与开发。2015年主要对极地战略研究成果与相关专题地图数据进行整理与分析，针对极地战略态势分析的需求，完成相关专题地图的编制。目前已完成北极地缘政治格局图、自然环境示意图、油气等资源分布示意图、领土争端示意图，南极保护区（包括陆地和海洋）、专属经济区、200海里外大陆架划界等相关图件。

(5)《中华人民共和国南极活动法》立法咨询及技术服务。2015年根据我国的相关立法规划及南极活动的最新形势，课题组形成《中华人民共和国南极活动法》的立法建议稿，编写立法依据及编制说明，并且撰写专门的调研报告，提交给国家海洋局相关主管部门。

（6）极地国际事务与合作问题研究。2015年主要围绕极地国际合作的发展趋势及主要特征，中国参与极地国际合作成就、经验及难点，中国参与极地事务的目标和路径，未来中国极地事业的重要任务与展望，以及中国参与国际极地合作的保障措施等重要内容开展深入研究。共有3家科研院所、8位专家参与研究，出版论文集《亚洲国家与北极未来》论文集并提交研究报告1份。

（7）中国极地旅游与管理策略研究。2015年主要分析当前南极旅游活动的国际秩序，比较分析美国、德国、日本、英国、新西兰等国的极地（南极）旅游管理制度，分析我国可以借鉴的地方和应当注意的问题，初步提出我国南极旅游的发展模式及管理策略。完成调查报告1份，研究报告1份，学术论文1篇，相关图件5幅。

（8）南极植物保护与管理问题研究。2015年对长城站所在的菲尔德斯半岛上重要区域进行详细的植物调查，开展中山站站区植被的初步调查和维多利亚地恩克斯堡岛地区的野外植物调查工作，完善《南极植物保护及管理研究资料汇编》。

（9）北极理事会框架下的北极原住民组织参与北极事务方式与作用问题研究。2015年重点开展我国在北极理事会内与原住民组织接触的方式、渠道、总体政策建议等方面的研究，完成研究报告1份，发表论文1篇。

（10）北极国家北极战略政策研究。2015年完成《北欧五国及俄罗斯北极政策》和《美国、加拿大和俄罗斯北极政策》两份报告。

（11）极地文化及公共教育问题研究。2015年主要围绕“我国极地文化及公共教育的背景和意义”“中国极地文化及公共教育发展现状”“国外发达国家极地文化及公共教育建设的经验与启示”“我国极地文化及公共教育建设规划”进行研究。组织宁波大学等高校的海洋人文、文化产业、文化宣传等方面的专家参与研究，完成研究报告1份，公开发表论文1篇。

（12）北极航道与海上丝绸之路建设问题研究。2015年主要分析开辟和利用北极航道对于“一带一路”的促进作用，梳理开辟和利用北极航道的经济潜力、可行性和主要技术挑战，研究北极航道的法律和地缘环境变化及其不确定性，提出我国北极航道发展的战略目标、原则和路径，完成研究报告1份。

（13）加强我国在南极的软实力问题研究。2015年主要分析我国极地软实力的发展现状，比较研究主要国家的极地软实力政策及其对我国的启示，从理念、制度和政策等三个层面提出加强我国极地软实力建设的对策建议，并提出未来一段时期内的若干具体措施，完成研究报告1份。

（14）《关于环境保护的南极条约议定书》附件六“环境紧急状况下的责任”对南极活动影响问题研究。2015年主要研究南极条约体系的相关文件及其他跨界损害责任的条约内容、南极条约协商国相关的国内法内容，并比较分析不同类型和不同国家的南极活动，提出我国在进行各类南极活动过程中应当注意的事项以及相关国内立法和补偿制度建设的建议，提交中期研究报告1份。

（15）主要国家南极活动行政许可相关问题研究。2015年主要对美国、英国、澳大利亚、新西兰、阿根廷、智利、日本、韩国的南极活动许可的操作流程、相关法律问题以及遇到的相关困难和障碍等进行深入分析和研究，对上述国家的立法和实践进行比较，并对中国实施南极活动许可以及将来完善国内南极立法提供可资借鉴的意见和建议，提交研究报告1份。

在极地专项的支持下，“极地国家利益战略评估”专题2016年共出版《中国北极权益与政策研究》《极地科学前沿与热点顶级期刊论文摘要汇编（1990—2010）》《极地科考与海洋科学研究问题》《极地国家政策研究报告（2015—2016）》等重要学术专著，为国家极地事务的战略管理和实务决策提供了有效支撑。

【极地重点/共建实验室学术活动】 (1) 国家海洋局极地科学重点实验室。2015年度实验室承担在研项目57项，新立项目26项，实施开放研究基金课题6项。在国内外学术刊物上发表论文22篇，其中以第一单位第一作者发表SCI期刊论文11篇，申报科技成果3项。新引进博士学位研究人员5名，在站博士后4名。实验室共接待国外来访人员81人次，派出出国考察、参加会议人员84人次。2014年11月28日，实验室第三届学术委员会第二次会议在北京召开。2015年7月6日，国家海洋局极地科学重点实验室在上海举办"极地冰川与气候变化"极地夏季研讨班。

(2) 国家海洋局海洋—大气化学与全球变化重点实验室。2015年度实验室在研项目共23项，包含新增国家自然科学基金青年项目3项、科技部海洋酸化国际合作专项1项。在国内外学术期刊上发表论文15篇，其中以第一作者第一单位发表SCI论文7篇。获得国家发明专利1项。实验室与美国杜克大学签订合作备忘录1份。参加中韩温室气体合作研究研讨会，形成合作协议1份。在人才培养方面，实验室毕业博士研究生2名、硕士研究生2名，1名博士后出站；新招硕士研究生1名，博士后2名。2015年1月12日在厦门召开2014年度实验室年会。

(3) 武汉大学—国家海洋局极地办共建极地测绘遥感与全球环境变化实验室。实验室2015年承担国家自然科学基金项目、"国家973计划"子课题、"极地专项"等项目20项。发表学术论文27篇，其中三大检索论文14篇。人才引进和培养方面，引进博士后3名，招收硕士研究生12名、博士研究生8名，毕业硕士生10名、博士生3名。

(4) 中国海洋大学—国家海洋局极地办共建极地海洋过程与全球海洋变化重点实验室。2015年度实验室承担"国家自然科学基金""国家973计划""极地专项"等项目24项。在国内外学术刊物上发表论文53篇，其中以第一单位第一作者发表SCI期刊论文19篇。申请专利5项。新引进博士学位研究人员3名，在站博士后8名。建立智库网站"国际极地与海洋门户"。

(5) 中国科学技术大学—国家海洋局极地办共建极地生态地质联合实验室。2015年实验室承担"国家973计划"等项目30余项，在国内外学术刊物上发表论文33篇，其中以第一单位第一作者发表SCI期刊论文29篇。新进研究生6名，毕业博士生2名，硕士生3名。2015年4月23日，实验室第三届学术委员会临时动议会议在北京召开。

(6) 中国医学科学院基础医学研究所—国家海洋局极地办共建极地医学联合实验室。2015年度实验室参加"极地专项"和"国家973计划"项目，在国际权威刊物《分子精神病学》发表1篇原创性研究论文。2015年5月19日，实验室在北京召开2014—2015年度实验室学术委员会会议。2015年7月开展对第32次南极考察昆仑站预选队低氧易感队员的医学筛查并向主管部门呈交评估报告，为选拔合格的内陆考察队员提供科学依据。

【中国极地战略研究基金】 中国极地科学战略研究基金是国家海洋局利用极地考察社会赞助经费设立的专门用于支持极地基础科学和技术研究的专设基金。2014年资助自然科学重点项目3项，社会科学重点项目3项，自然科学青年基金项目10项，社会科学青年基金项目3项；总计资助项目19项，资助总金额119万元。2015年，完成2014年项目的中期检查工作，各项目进展顺利。

【中国极地考察重大项目年度情况】 (1) 南北极环境综合考察与评估专项 极地专项一级集成工作圆满完成。

①项目一"南极周边海域环境综合考察与评估"。依托中国第28次、29次、30次、31次南极考察，南极周边海域环境综合考察与评估，下设7个专题。通过专题的协作调查，摸清南极周边重点海域物理海洋与海洋气象、海洋地质、海洋地球物理、海洋化学与碳通量、海洋生物多样性和生态等海洋环

境要素的时空分布和变化规律，查明南极磷虾、主要鱼类和头足类资源的分布及变动规律，探索和构建南极磷虾等生物资源综合利用的技术体系，形成南极周边海域海洋环境的基础数据与图件。完成一级集成报告和图集 14 册，共计 175 万字。

②项目二“南极大陆环境综合考察与评估”。通过中国第 28 次、29 次、30 次和 31 次南极科学考察，依托南极长城站、中山站、昆仑站，南极大陆环境综合考察与评估项目下设 5 个专题。在南极大陆开展站基生物生态环境本底考察，冰盖断面及格罗夫山综合考察与 Dome A 深冰芯钻探，大气、空间环境及天文观测与研究，环境遥感综合考察，摸清南极大陆冰盖、基底、大气、空间、生物生态等环境要素的时空分布与变化规律，形成南极大陆环境的基础数据与图件。完成一级集成报告和图集 8 册，共计 101 万字。

③项目三“北极环境综合考察与评估”。通过中国第五、六次北极科学考察，北极环境综合考察与评估项目下设 5 个专题。以白令海、楚科奇海和加拿大海盆为重点，开展物理海洋与海洋气象、海洋地质、海洋地球物理、海洋化学与碳通量、海洋生物和生态等多学科环境综合考察，摸清北极海洋环境要素的时空分布和变化规律，形成北极海洋环境的基础数据与图件。完成一级集成报告和图集 10 册，共计 169 万字。

（2）中国南极新建考察站。2014 年 12 月 26 日至 2015 年 1 月 7 日，中国第 31 次南极科学考察队完成新建站区域地质勘查、恩克斯堡岛周边海域水下地形测绘、恩克斯堡岛环境调查、恩克斯堡岛拟建码头调查、恩克斯堡岛基础测绘、维多利亚地新站地质勘探等主要工作任务，进行现场勘探、岩芯钻探取芯以及水文气象等工作，绘制墨卡托投影大比例尺水深成果图和植物分布及密度示意图。极地办多次组织专家，就第 29 次南极科学考察队以来获取的新站站址环境调查的地质、海岸、测绘、气象、海冰、水文、湖泊、动植物等资料及数据进行分析和总结，完成《新建南极维多利亚地考察站阶段工作总结报告》。针对新站选址中提出的问题，在第 32 次南极科学考察队中，进一步安排相关现场考察工作。

（3）新建极地科学考察破冰船。2015 年 3 月 18 日，极地科学考察破冰船项目通过中国国际工程咨询公司组织的项目节能评估。6 月，国家海洋局新建极地科学考察破冰船项目领导小组办公室（以下简称“新船项目办”）向国家发展和改革委员会汇报项目进展总体情况。7 月，领导小组第九次会议审议原则通过项目初步设计报告和关键设备招标文件。8 月，项目初步设计报告报送国家海洋局。9 月，项目关键设备招标文件上报国家海洋局审核。12 月，完成新船关键设备国际招标工作。期间，新船项目办组织相关单位根据《关于调整重大技术装备进口税收政策的通知》等有关文件精神，积极探索落实项目免税工作；审核芬兰阿克北极技术有限公司第一批基本设计图纸；配合审计署审计极地科学考察破冰船项目；开展国家工信部《极地自破冰科学考察船基本设计关键技术研究》课题相关工作；完善内部制度建设，完成《极地科学考察破冰船项目实施工作手册》、极地科学考察破冰船船舶监造大纲、船舶监造工作业务手册和极地科学考察破冰船项目监造等材料编制工作。

（4）固定翼飞机建设。2015 年，购置的固定翼飞机完成机身建造，加装重力仪、冰雷达、磁力计等机载科考设备，定名“雪鹰 601”号，与加拿大 KBA 公司签署飞机托管协议，于 10 月 4 日通过最终验机和测试飞行，证照齐全，具备执行极地考察任务条件。与澳大利亚、英国、美国、俄罗斯签订南极现场飞机后勤支撑协议；派遣人员赴美国、加拿大进行机载科考设备操作和飞机安全运行与应急处置培训。11 月 15 日，“雪鹰 601”离开加拿大执行南极试飞任务，经英国南极罗斯拉站和美国南极点站，于 11 月 29 日安全抵达我国南极中山站，先后完成中山站—泰山站测试飞行以及中山站—昆仑站往返飞行任务和相关科学调查任务。

(5) 中国极地考察国内基地建设。中国极地考察国内基地国家极地档案馆业务楼正式开工，建筑面积7782.1平方米，已完成结构顶封顶；完成国内基地绿化工程，包括17500平方米绿化、6000平方米人工湖和2252平方米中轴路建设；环形道路开工，预计2016年3月完成；基地周边交通配套工程港建路延伸段已开工，上海市规划部门同意命名为“雪龙路”，预计2016年3月实现全线贯通。

极地国际合作

【国际事务】 (1) 第九届北极前沿（Arctic Frontier）论坛。2015年1月18—23日，第九届北极前沿论坛在挪威召开。会议以能源与气候变化为主题，从北极政策、科学、商业、环境等方面探讨在2030年之前将全球气温升高控制在2℃以内的挑战和相应对策。来自37个国家的1400余位政府官员、专家学者、企业家、原住民代表和媒体从业人员参会，其中美国、加拿大、俄罗斯、挪威、芬兰、瑞典等主要北极国家和部分观察员派国家元首或高官出席会议。国家海洋局、中国驻挪威大使馆、中国石油经济技术研究院、上海国际问题研究院、新华社、中国国际广播电台等国内单位派员与会，并做了有关专题报告。

(2) 2015年北极科学高峰周（ASSW）会议。2015年4月23—30日，2015年北极科学高峰周会议在日本召开，来自世界各国近700名科学家、政策制定者、研究管理人员及北极原住民参会。国家海洋局组团参加会议。同期举行专题国际研讨会（ISAR-4），中国极地研究中心主任杨惠根研究员做了主旨发言。会议围绕与北极气候、环境、生态、经济和可持续发展等相关的26个主题进行广泛研讨，并发表会议声明，强调应对北极环境变化及其影响，需要观察员、原住民及公众等各方力量的合作和参与。

(3) 《南极海洋生物资源养护公约》（CCAMLR）签署35周年研讨会。2015年5月6—8日，《南极海洋生物资源养护公约》（以下简称《公约》）签署35周年研讨会在智利召开。研讨会由智利、澳大利亚和美国三国共同主办，16个CCAMLR成员国（含欧盟）和4个观察员派员参会。外交部、国家海洋局和上海海洋大学专家组团参加会议。研讨会盘点CCAMLR35年来在南极海洋生物资源养护方面取得的成就，围绕对《公约》第二条的理解、生态系统方法和区域保护、气候变化及其影响、委员会和科委会工作机制、下个10年的变化挑战和应对等五个较有争议的重大议题展开讨论。我代表团做关于《公约》第二条的解释的主旨发言，参与气候变化等议题的讨论，并就部分议题与其他代表团成员进行沟通。

(4) 第38届南极条约协商会议（ATCM）和第18届南极环境保护委员会（CEP）会议。2015年6月1—10日，第38届南极条约协商会议和第18届南极环境保护委员会会议在保加利亚召开，29个南极条约协商国、12个缔约国（非协商国）以及南极海洋生物资源养护委员会等观察员组织派员参会。由外交部和国家海洋局组成的中国政府代表团参加会议。会议广泛讨论南极环境保护委员会未来工作战略计划、环境损害的补救与修复、气候变化对环境的影响、环境影响评价、区域保护与管理、动植物保护、国际视察、无人机的使用、搜救、旅游、宣传教育等议题，并审议通过19项有法律约束力的措施、6项决议和6项决定。我代表团积极参与南大洋观测系统、突出海洋价值、南极特别保护区和特别管理区预评估程序等重大提案的讨论。我代表团提议的修订第168号哈丁山南极特别保护区管理计划的提案获大会顺利通过，提议设立Dome A南极特别管理区的提案进入新一轮会间讨论。我代表团还利用会间时间与澳大利亚、美国、新西兰、韩国、俄罗斯和阿根廷等国举行双边磋商，并围绕我国对位于乔治王岛的各国考察站开展国际视察的计划与相关国家进行交流，取得丰硕成果。

(5) 国家南极局局长理事会（COMNAP）会议和“南极路线图挑战”研讨会。2015 年 8 月 26—28 日，第 27 届国家南极局局长理事会在挪威召开，除荷兰外的 29 个成员国派出 132 名代表参会，白俄罗斯、葡萄牙和委内瑞拉作为观察员，南极条约秘书处、南极研究科学委员会等组织代表作为特邀专家与会，国家海洋局极地办组团参加会议。全体大会讨论南极半岛科学信息数据库、船舶面临的海冰挑战、船位报告系统、考察站基础设施清单、远程医疗、搜救、越冬考察站运行和数据收集、无人机使用框架文件等议题；分组会议分区域讨论拉斯曼丘陵特别管理区、东南极区域、南极半岛区域、罗斯海区域相关问题，以及毛德皇后地航空网、安全、教育与科普、能源与技术等主题。会前，还举办由国家南极局局长理事会组织的“南极路线图挑战”研讨会。我代表团参加全体大会和各分组会议，宣介我国南极考察情况，了解动态，探讨合作事宜。会议期间，我代表团还分别与美国、挪威、新西兰、俄罗斯、澳大利亚、英国、德国、智利等代表团举行会谈，达成多项合作意向。

(6) 新奥尔松科学管理者委员会（NySMAC）第 43 次会议。2015 年 9 月 21—22 日，第 43 次新奥尔松科学管理者委员会会议在挪威召开，来自挪威、德国等管理和科研机构的 22 名代表参会。国家海洋局极地办派员参加会议。会议交流 2015 年新奥尔松地区各考察站科研项目、后勤支撑和科考管理系统的运行及次年科考计划的相关情况，讨论新的新奥尔松科学计划以及建立新奥尔松信息沟通论坛等议题。

(7) “我们的海洋”大会。2015 年 10 月 3—至 9 日，国家海洋局党组成员、人事司司长房建孟在率团赴智利出席“我们的海洋”大会期间，分别与智利外交部南极司司长和美国代表团有关成员就中智、中美南极与南大洋合作和海洋保护等议题进行双边会谈。

(8) 第 16 届极地科学亚洲论坛（AFoPS）会议。2015 年 10 月 13—14 日，第 16 届极地科学亚洲论坛（AFoPS）会议在韩国召开。会议由韩国极地研究所承办，中国、日本、韩国、印度、马来西亚五个成员国，泰国、越南、印度尼西亚和斯里兰卡四个观察员国共派出 34 名代表出席本次会议。中国极地研究中心组团参会。会议就成员国极地考察活动、极地科学研究亮点、极地考察运行和后勤保障能力建设、AFoPS 与其他国际组织的合作、观察员国极地考察活动、AFoPS 合作研究项目、AFoPS《极地科学》专刊进展、人员交流、AFoPS 机制和管理方面的改革等议题进行讨论和交流。

(9) 第三届北极圈论坛大会。2015 年 10 月 16—18 日，第 3 届北极圈论坛大会在冰岛召开，共有来自 50 多个国家的 1900 多名代表出席会议。应冰岛总统格里姆松对习近平主席的邀请，我国派出以外交部张明副部长为团长，由外交部、国家海洋局、中远集团、中石油集团和北京师范大学人员组成的高级别代表团出席大会。在论坛大会上，代表团组织以“中国贡献：尊重、合作与共赢”为主题的国别专场，举办“中国与北极”图片展。会议期间，冰岛总统会见代表团，中冰举行首轮北极事务磋商。会后，部分代表团成员赴中冰联合极光观测台建设现场考察，并与冰方讨论极光观测台后续建设及科研、宣传等工作计划。

(10) 第 34 届南极海洋生物资源养护委员会（CCAMLR）及科委会会议。2015 年 10 月 19—30 日，第 34 届南极海洋生物资源养护委员会及科委会会议在澳大利亚召开，除巴西外的 24 个成员国（组织）及观察员组织派员与会。由外交部、农业部、国家海洋局、香港特区政府和上海海洋大学专家组成的中国代表团参加会议，并深度参与海洋保护区、气候变化及其影响、磷虾渔业等议题的讨论和规则的制定。

(11) 第5届北极现状与未来国际论坛。2015年12月7—8日，由俄罗斯跨区域非政府组织“极地探索协会”主办的第5届“北极：现状与未来”在俄罗斯召开。俄罗斯联邦总统南北极国际合作特别代表担任论坛主席。来美国、加拿大、瑞典、挪威、芬兰、冰岛等北极国家和中国、日本、韩国、意大利、法国等北极理事会观察员国代表45人，以及大量俄罗斯北极各州政府、大学、科研院所和企业代表与会。会议主要就“俄罗斯北极地区的发展机遇”和“北极地区：俄罗斯的经济增长点”两个主题开展讨论，同时就俄罗斯北极地区创新发展、东北航道、资源开发、国际合作、生态安全和环境保护等27个议题展开讨论。国家海洋局组团参加主题讨论和11个分会场讨论，并访问俄罗斯南北极研究所，与我南极深冰芯钻探项目在俄的设备提供方就合同签订后续工作进行会谈。

(12) 中国南极视察。2015年12月22—2016年1月2日期间，根据《南极条约》及其《环保议定书》的规定，中国政府组织的南极视察团前往南极乔治王岛，对俄罗斯、韩国、乌拉圭、智利等国设立的考察站进行视察。这是我国自1990年首次开展南极视察之后，第二次行使条约赋予的视察权。视察团由外交部部长助理孔铉佑担任团长，国家海洋局国际合作司司长张海文任副团长，成员分别来自中央外办、国家海洋局和同济大学。视察对于实地解各国南极活动现状、提升我国在南极事务上的话语权、显示我负责任大国形象具有重要意义。

【国际合作和交流】 (1) 美国国务院助卿帮办大卫·博尔顿来访。2015年1月20日，国家海洋局副局长陈连增在北京会见美国国务院助卿帮办大卫·博尔顿一行。双方就继续落实第六轮中美战略与经济对话成果，加强海洋科技、海洋渔业、极地科研、海洋酸化、海洋执法等领域的合作进行交流。随行的美国务院海洋与极地事务办公室人员与国家海洋局国际合作司、极地办和环境保护司相关人员专门就南极罗斯海保护区、中美南极科研合作、美国北极政策、海洋酸化等具体领域进行进一步磋商和交流。

(2) 第二轮中俄北极事务对话。2015年1月21日，第二轮中俄北极事务对话在北京举行，中俄外交部和相关部门派专家与会。双方就北极事务和北极合作相关问题进行深入交流，国家海洋局派员参加会议。

(3) 加拿大极地委员会理事来访，加拿大使馆举办“中加对话之北极之旅”。2015年3月16—17日，加拿大极地委员会理事、国际北极科学委员会前主席、中国极地研究中心客座研究员大卫·希克博士分别访问国家海洋局极地办和中国极地研究中心，向中方介绍加拿大新成立的高北地区研究站以及加拿大北极机构整合的情况。双方就加强两国北极合作展开对话。在极地办支持下，加拿大大使馆于3月18日举办“中加对话之北极之旅”活动，通过中加两国科学家的对话，传递出加北极政策和科研优先领域，希望进一步推动中加两国在北极的合作。

(4) 美国国务院代理助理国务卿朱迪斯·嘉伯来访。2015年3月19日，美国国务院负责海洋及国际环境和科学事务局的代理助理国务卿朱迪斯·嘉伯访问国家海洋局。双方就南极罗斯海海洋保护区、中美南极合作等问题进行深入交流。此前，美方一行还访问外交部。

(5) 新西兰克莱斯特彻奇市市长和新西兰南极局局长来访。2015年3月27日，新西兰克莱斯特彻奇市市长莉安·达尔齐尔和新西兰南极局局长皮特·白格斯一行访问国家海洋局极地办。为推动落实《中新两国政府关于南极合作的安排》，双方就南极制度建设、环境保护、科研与后勤合作等事宜进行交流，达成多项具体合作意向。新方一行还访问中国科学院、中国极地研究中心、探路者公司等极地考察相关单位。

(6) 王宏会见澳大利亚塔斯马尼亚州州

长威尔·霍奇曼。2015 年 3 月 31 日，国家海洋局局长王宏在北京会见澳大利亚塔斯马尼亚州州长威尔·霍奇曼一行，双方就进一步加强在南极考察基础设施建设、科学研究和教育等领域的合作进行深入交流。双方一致同意应进一步扩大合作，共同为推动人类认知南极、保护南极、合理利用南极做出贡献。

（7）第六轮中美海洋法和极地事务对话。2015 年 4 月 8—9 日，第六轮中美海洋法和极地事务对话在位于美国西雅图的海岸警卫队第十三区总部举行。中美两国外交和涉海部门的专家围绕海洋问题、海洋法及极地事务等一系列问题进行沟通交流。双方同意进一步加强中美两国在海洋法及极地问题上的对话与交流。中美海洋法和极地事务对话始于 2010 年，自 2011 年起被纳入当年的中美战略与经济对话框架。

（8）国家海洋局代表团访问印度地球科学部。2015 年 4 月 20—21 日，应印度地球科学部的邀请，国家海洋局副局长陈连增率团访问该部，会见部长赛莱斯·纳亚克博士。双方一致同意加强海洋和极地领域的合作，适时签署关于海洋科技、气候变化、极地科学与冰冻圈领域的合作谅解备忘录，建立合作机制，加强人员交流。代表团一行还访问印度地球科学部下属的国家南极与海洋研究中心，就加强极地领域的合作进一步进行交流。

（9）COMNAP 海冰挑战研讨会。2015 年 5 月 12—13 日，COMNAP 海冰挑战研讨会在澳大利亚举行，澳大利亚、中国、新西兰、日本、美国、法国等 11 个国家的共 60 余人参会。此次会议是为增加对南大洋海冰的认识和理解，识别和量化南大洋海冰对南极考察站补给和船舶冰区航行安全的挑战，论证各种解决方案的可行性。国家海洋局极地办、中国极地研究中心、国家海洋环境预报中心及北京师范大学组成的代表团参会并做报告。

（10）第一届中美北极社科研讨会。2015 年 5 月 16—17 日，由国家海洋局极地办资助，同济大学承办的“第一届中美北极社科研讨会”在上海同济大学举行，美国战略与国际研究中心（CSIS）牵头美方相关研究机构参与。加拿大、挪威等国驻沪总领馆官员等旁听会议。中美专家围绕美国北极政策与美中在北极合作的可能性、北极环境变化对全球安全与中美安全的影响、北极地缘政治新变化与大国关系、北极航道开通及其对中国和美国的影响、北极治理与中美合作等专题进行广泛而深入的探讨。

（11）第三届中国—北欧北极合作研讨会暨中国—北欧北极研究中心圆桌会议。2015 年 5 月 26—28 日，由上海国际问题研究院和中国极地研究中心联合主办的第三届“中国—北欧北极合作研讨会”在上海举行，来自俄罗斯、芬兰等 7 国的 80 余位参会代表就北极政治、治理、法律、经济、航道利用等前沿热点问题展开研讨。其中，以“北极航道利用”为主题的圆桌会议吸引中国和北欧的造船、港口、航运行业领军企业和俄罗斯北方海航道主管部门。

（12）中冰联合极光观测台管理委员会会议。2015 年 5 月 29 日，中冰联合极光观测台管理委员会第三次会议在上海召开，会议审议观测台运行和科学观测情况、建设方案和新科学设施发展计划。该联合观测台由中国极地研究中心与冰岛科研机构共同成立，其管委会亦由中冰双方人员组成。

（13）第七轮中美战略与经济对话。2015 年 6 月 22—24 日，第七轮中美战略与经济对话在美国举行。中国国家主席习近平的特别代表、国务委员杨洁篪与美国总统奥巴马的特别代表、国务卿克里共同主持战略对话。双方就重大双边、地区和全球性问题达成一系列重要成果。6 月 24 日，国家海洋局局长王宏与美国国务院副国务卿诺维莉共同主持“保护海洋”特别会议，其中南极罗斯海海洋保护区及海洋法和极地事务合作分别列入战略与经济对话成果清单第 90 和 91 项。会议期间，王宏局长与美国副国务卿诺维莉女士举行工作会谈，就南极罗斯海保护区、海洋生态环境保护等问题交换意见，并会见美国商务部副部长、海洋大气局局长苏利文和美国北极事务特别代表派普上将。

(14) 国家海洋局—比利时科学政策办公室极地科学研讨会。2015年6月26日，国家海洋局—比利时科学政策办公室极地科学研讨会在上海举行，比利时科学政策办公室主任弗兰克·蒙特利出席会议。双方科研人员就共同感兴趣的极地科学问题进行研讨，并就双方进一步开展极地科学研究合作做出安排。

(15) 新西兰南极科学年会和中新南极合作研讨会。2015年6月29日—7月1日，根据中新两国南极合作谅解备忘录精神，应新西兰南极局邀请，国家海洋局组团参加在新西兰克莱斯特彻奇市举行的2015年新西兰南极科学年会，并与新西兰南极局和新西兰南极研究所举行南极合作研讨会。

(16) 亚洲国家北极战略研讨会。2015年7月14—16日，由美国丹尼尔·井上亚太安全研究中心和日本海洋政策研究所 & 笹川和平基金会联合主办的“保障变化中的北极地区海洋稳定、安全和国际合作”学术研讨会在日本东京举行。来自北冰洋沿岸5国和北极理事会5个亚洲观察员国的32名官员和学者参会。外交部、交通部、国家海洋局、上海交通大学和中国南海研究院等机构共6名代表与会。其中国家海洋局代表在工作组会议上做专题报告。

(17) 中韩海洋法和极地事务磋商。2015年8月17日，第19轮中韩海洋法和极地事务磋商会议在北京举行，中韩外交部和涉海部门相关专家与会。双方就当前海洋法和极地事务方面的热点问题进行深入交流。国家海洋局极地办提供谈参并派员参会。

(18) 第四轮中阿海洋法和南极事务协商。2015年8月25日，第四轮中国和阿根廷海洋法和极地事务协商会议在北京举行，中阿外交部和涉海部门相关专家与会。双方就当前海洋法和南极事务中的一系列重要法律问题进行深入交流，并一致同意进一步推进南极科研合作。国家海洋局极地办派员参会并提供会参。

(19) 国家海洋局代表团访问格陵兰。2015年9月8—11日，国家海洋局代表团访问格陵兰，与格陵兰教育、文化、研究和宗教部以及相关科研管理和研究机构共同举办北极科学研讨会，就双方的北极政策、法规、科研和机构情况进行深入交流，并探讨签署北极科研合作协议的问题。代表团还访问格陵兰自然资源和气候研究中心、地质环境调查研究所以及美国冰川观测研究站和北极极光观测站，实地了解格陵兰科研情况以及未来可建立观测站点的选址情况。

(20) 国家海洋局极地办派员参加新西兰南极环保、后勤和救援培训。2015年9月中下旬，根据3月份中新南极工作会谈达成的协议，国家海洋局极地办分别派出两批人员参加新西兰南极局举办的南极环保、后勤和救援培训。

(21) 南极罗斯海海洋保护区中、美、新磋商。2015年9月23—24日，美国和新西兰代表团来华，就其在南极海洋生物资源养护委员会框架下提议建立的罗斯海海洋保护区有关问题与我国进行磋商。

【双边或多边协议】 (1)《中华人民共和国国家海洋局和印度共和国地球科学部关于加强海洋科学、海洋技术、气候变化、极地科学与冰冻圈领域合作的谅解备忘录》。2015年5月15日，国家海洋局局长王宏与印度驻华大使康特在北京签署《中华人民共和国国家海洋局和印度共和国地球科学部关于加强海洋科学、海洋技术、气候变化、极地科学与冰冻圈领域合作的谅解备忘录》(以下简称《谅解备忘录》)。根据该《谅解备忘录》，双方将开展海气相互作用、气候波动与变化、海洋生物化学研究和生态系统、极地和冰冻圈等方面的合作。

(2) 中国极地研究中心和澳大利亚南极局签署《2015—2016年度南极后勤支持合作

协议》。2015 年 8 月 27 日，为支撑中国首架南极固定翼飞机“雪鹰 601”在南极的运行，中国极地研究中心与澳大利亚南极局签署《2015—2016 年度南极后勤支持合作协议》，合作内容包括机时交换、气象巡航油料地面支持、人员交流等。

（3）中国极地研究中心与塔斯马尼亚极地网络（TPN）签署《关于使用塔斯马尼亚技术服务中心的协议》。2015 年 9 月 9 日，澳大利亚塔斯马尼亚发展部部长马修·格鲁姆一行访问中国极地研究中心，探讨进一步加强南极合作事宜。极地中心与塔斯马尼亚极地网络签署《关于使用塔斯马尼亚技术服务中心的协议》。该协议涵盖机械车辆维修保养、货物进出口和通关等合作领域。

【对外合作项目支持】　为扩展极地领域对外合作渠道，推动对外合作项目的开展，国家海洋局极地办向一些对外合作项目提供部门经费支持。2016 年共收到申请 31 份，通过电话答辩、专家提问、专家评议、极地办审批等程序对项目进行评审，共资助 16 个项目，资助金额 109.6 万元。

极地考察管理及科普宣传

【南极立法】　为履行南极条约体系规定的相关义务，保护南极环境和生态系统，加强中国南极活动的规范化、制度化和科学化管理，促进南极的和平利用，自 1999 年起，国家海洋局开始着手《南极活动管理条例》（以下简称《条例》）的立法工作。2014 年已形成《条例（征求意见稿）》。2015 年，十二届人大三次会议环境与资源委员会审议《关于制定南极活动管理法》议案，该议案认为南极活动立法是维护我国权益、履行国际义务的必要手段，意义重大。为实施中央“海洋强国建设”以及“战略新疆域”等重要战略思想，适应我国南极活动全面蓬勃发展的现实需求，明确各职能部门的职责，特别是配合刚刚颁布的《国家安全法》中关于“极地安全”的能力建设以及工作机制的相关原则，国家海洋局在已有《条例》的相关成果基础上形成南极立法草拟稿。

2015 年 9 月和 12 月，极地办与全国人大环资委（以下简称“环资委”）就南极立法相关工作进行 2 次交流。环资委对下一步立法工作计划、工作方式以及论证材料的内容给予详细指导，并表示将大力支持并共同推进南极立法，争取将南极立法列入全国人大 2017 年立法计划。

【南极活动管理制度建设】　（1）南北极考察活动行政审批相关工作。2015 年，按照国家海洋局关于规范行政审批行为、改进行政审批工作的要求，极地办细化和规范南北极考察活动行政许可审批办理程序，先后编制“南、北极考察活动审批事项受理单（通知书）”“南、北极考察活动审批事项服务指南”“南、北极考察活动审批事项审查工作细则”等材料。在行政许可审批的办理依据、办理机构、办理流程、办理条件、办理时限、人员职责等方面做出相应规定。

按照国务院清理行政审批涉及的中介服务的要求，极地办对南、北极考察活动审批事项进行认真研究，采纳中编办的建议，取消南、北极考察活动环境影响预评估报告编制的中介服务事项，但南、北极考察活动行政许可项目申请书评审可委托有关机构提供技术性服务。

（2）《中国北极黄河站科学考察工作文件汇编》（暂行）。为加强中国北极黄河站规范化、科学化管理，极地办汇集现有的管理规定并参照以往实践经验，于 2015 年 4 月编纂印制《中国北极黄河站科学考察工作文件汇编》（暂行），并下发至中国北极黄河站，对考察现场工作进行有效指导。

（3）《中国南极科学考察工作文件汇编》。为加强南极科学考察的规范化管理，贯彻落实国家海洋局关于完善极地考察安全管理制度的要求，极地办组织有关部门在 2014 年 10 月编制的《中国南极科学考察工作文件汇编》的基础上，根据南极考察工作的现状，于

2015年10月重新修订印制新版《中国南极科学考察工作文件汇编》并下发至中国第32次南极科学考察队，对南极考察现场工作进行有效指导。该汇编对现有的南极考察工作管理文件进行梳理，特别是针对极地考察中的高危作业内容，着重强调完善安全管理制度在该项工作中的重要性与突出性，如冰上卸货，大洋考察，内陆考察，考察站周边野外考察，固定翼飞机与直升机、无人机在考察中的使用管理，信息安全管理等规章制度进行补充和完善。

【"十三五"发展规划前期研究】 2015年1月13日，极地办组织召开"十三五"发展规划编制领导小组会议，宣布领导小组的成立及其人员组成，并对规划大纲（草案）进行讨论。会后，极地办根据会议指示精神编制规划编写工作进程安排，并发给各有关单位执行。1月下旬，极地办与上海国际问题研究院签订《中国极地考察"十三五"发展规划研究合同》，委托其承担规划的研究论证工作，并提供相关报告及论证材料。2月初，根据国家海洋局有关要求，极地办填报拟以国家海洋局名义印发的专项规划编制工作方案。2—12月，规划编写组完成发展方向和重点研究报告、重大政策研究报告、重大项目（含"极地专项"）研究报告、重大工程研究报告、极地考察"十三五"发展规划关键指标概要、加强海洋生态环境保护和修复促进海洋经济可持续发展（极地部分）、"雪龙探极"工程相关材料等报告，并征求局属相关部门和专家的意见，初步形成《中国极地考察"十三五"发展规划（初稿）》。

【极地科普宣传教育】 （1）科普宣传教育平台。2015年6月26日，由国家海洋局极地办主办，青岛极地海洋世界承办的第二届极地科普教育基地会议在青岛召开。会议交流2014年《极地科普教育基地管理办法》实施后各极地科普教育基地开展科普工作的经验，介绍2015年全国海洋宣传工作的形式和任务，研究部署2015年度极地科普宣传工作。

（2）新闻宣传活动。中国第31次南极考察队围绕科考目标、特点和进程等方面，以雪龙船、中山站和内陆站为平台，通过电视、报刊、网络等渠道，开展多层面、多视角的宣传报道工作。中央电视台记者推出走基层系列、新媒体专题"南极记者手记"和节点性动态新闻三维报道，发稿总量近3万字。《中国海洋报》随船记者4次进入内陆出发基地，挺进内陆30千米，3次登上恩克斯堡岛，对考察站、考察船以及各阶段各专业队的考察活动进行及时全面的跟踪报道，开辟"南极纪行"专栏，发送新闻稿件79篇，约8.3万字，新闻图片近300张。新华社随船记者共发出文字通稿51条，图片通稿135条，电视通稿4条，手机新闻客户端、微信账号等新媒体稿件8条，专栏博客33篇，微博152条，三组报道在《人民日报》头版显著位置采用，舆论反响良好。

2015年10月1日至12日，《"魅力极地"——纪念我国极地科学考察30周年摄影大展》在北京王府井步行街开展，展出近300张珍贵图片，从"走进南极和北极"等四个方面反映我国极地考察的奋斗历程，展示我国极地科考工作者不畏艰险、顽强拼搏、勇于探索、甘于奉献的奋斗精神，吸引众多游客驻足观看。

（3）极地考察相关文化产品、出版物。在国家海洋局成立50周年，同时也是中国极地考察30周年之际，中国海洋报社推出由海洋出版社出版的《风雪极地人》《奋斗冰雪中》《极至》等"极行军"系列图书，客观、细致地再现中国人在极地科考中的拼搏奋斗，展示中国人昂扬向上的精神面貌。

海洋出版社出版《中国·极地考察三十年》，采用以"极地精神"主线贯穿、多侧面进行展示的基本思路，坚持"纪实性、资料性、艺术性"相融合的风格，同时辅以必要而新颖的表现手法，在内容上以丰富的图片配以生动的文字翔实地记录和展示我国极地考察30周年的各方面工作和取得的成绩。

为纪念中国北极科考20周年，极地办与《中国国家地理》合作出版《地球之冠：北极》，详细介绍北极的地理、气候等自然状况，北极众多的特有生物、北极居民的生活和近代北极的探险活动等，向读者介绍一个全面的北极，既叙述科学探索和利用，也介绍北极别样的生活，融合科普知识与北极的历史、文化等不同方面，展现北极无穷魅力和另类风情。

出版《“雪龙”纪实》，作为第30次南极科考队队员的作家殷允岭，深入南极，深入科考队员的生活，采访新老科学家，搜集大量一手资料，以“雪龙”号为主线，记载“雪龙”跨越印度洋、南太平洋和大西洋狂涛恶浪，抵达极地的真实过程；全景式地描写中国极地科考的光辉历程、伟大成就和科学家群英图，讴歌极地考察健儿为祖国、为科学，不畏艰难、顽强拼搏、勇于献身的创新精神。

出版《我的南极朋友》，描绘南极宝贵的企鹅和各种海鸟生态，并记录下每种动物在不同时节的求偶、生养、育儿等珍贵时刻，以及不同物种的个性与习惯，风趣幽默的文字更兼具科学知识与人性对自然的关怀。

出版《走吧，去南极》，描述作者随科考队亲赴南极考察的整个过程，从一个纪录片独立制作人、导演的视角及眼光来展示南极纯净的美，是读者对南极深入了解的一本科普图书。书中有关南极的照片，都是作者本人拍摄，十分珍贵和独特。

出版《遥远的地平线：南极格罗夫山启示录》，集结六次南极格罗夫山科考队员的集体智慧，初次系统地介绍格罗夫山的地理地质概况，格罗夫地区的壮美风光、科考成果，科考队员们在极地考察的生存状态，以及对格罗夫山未来科考工作的畅想，初次分享格罗夫科考队员们的一手珍贵图片和日记。

发行一套2枚的中国极地考察30周年纪念封、一套5枚的中国第31次南极科学考察纪念封，深受国内外集邮爱好者喜爱，很好地传播极地文化。

（国家海洋局极地考察办公室、
中国极地研究中心）

国 际 海 域

综 述

2015年，在“海洋强国”和“21世纪海上丝绸之路”战略构想指引下，中国大洋矿产资源研究开发协会（以下简称“中国大洋协会”）在国家海洋局和中国大洋协会常务理事会的正确领导下，积极组织协调、统筹谋划国际海域事务，我国深海大洋各项工作进展顺利，成绩斐然：深海海底区域资源勘探开发立法工作大力推进，进入全国人大常委会审议阶段；积极谋划深海事业发展，开展《国际海域资源调查与开发“十三五”规划》的编制工作；多金属结核勘探合同延期申请顺利提交，中国五矿集团公司成功获得多金属结核保留区矿区，进一步拓展和维护我国在国际海底区域权益；圆满完成中国大洋第33航次、34航次、35航次、36航次，海上调查成果丰硕，为勘探合同履行和新矿区申请提供坚实支撑，大洋第39航次、40航次顺利起航；深海装备技术稳步发展，完成深海资源自主勘查系统（4500米AUV）的研制、湖试及南海海试工作；综合支撑能力建设取得突破，大洋综合资源调查船、载人潜水器支持母船等两型新船可行性研究报告得到国家发展改革委批复。

中国大洋矿产资源研究开发协会活动

【中国大洋协会第六届常务理事会第十二次会议】 2015年2月6日，中国大洋协会第六届常务理事会第十二次会议在北京召开。协会常务理事、常务理事代表以及协会办公室相关人员出席会议。会议由国家海洋局副局长、中国大洋协会理事长王飞主持。会议审议《中国大洋协会2014年业务工作总结和2015年重点工作计划》《关于加快国际海底资源开发能力建设工作的请示》以及《国际海域资源调查与开发“十三五”规划基本思路及编制工作方案》；审议《国际海底区域地理实体命名管理规定》修改建议和《国际海底区域地理实体名录》发布建议；讨论秘书长变更、常务理事、理事单位增补及设立高级顾问事宜。

【中国大洋协会第六届常务理事会第十三次会议】 2015年7月6日，中国大洋协会第六届常务理事会第十三次会议暨国际海新资源工作领导小组第十三次会议在北京召开。会议由国家海洋局副局长、中国大洋协会理事长王飞主持，会议就矿区申请、新船建设项目进展情况和协会六届理事会五次会议总体安排等事项进行审议。

【中国大洋协会第六届理事会第五次会议】 2015年9月1—2日，中国大洋协会第六届理事会第五次会议在青岛召开。会议审议通过中国大洋协会理事长王飞代表常务理事会所作的《中国大洋协会第六届理事会第五次会议工作报告》；听取协会秘书长刘峰所作的《国际海域资源调查与开发“十三五”规划基本思路》、外交部条法司副司长马新民关于国际海底形势、全国人大环资委法案室主任翟勇关于大洋立法情况的报告；审议常务理事单位、理事单位增补及常务理事、理事更换事宜。与会代表就理事会工作报告、“十三五”规划基本思路等议题进行分组讨论，对协会2016年工作计划、“十三五”规划和大洋长远发展提出有益的意见和建议；并前往国家深海基地管理中心对中心的基础建设以及深海大型装备的维护使用情况开展调研。

我国国际海域事务进展

【战略规划全面展开】 2015年，中国大洋协会办公室组织专家对《国际海域资源调查与开发“十三五”规划》的基本思路、总体目标、重点任务、政策措施等开展深入研究，与课题组共同召开各类座谈会，多方征求各有关单位和专家意见，编写完成《国际海域资源调查与开发“十三五”规划》初稿。初稿对国际海域“十二五”工作进展情况进行回顾，梳理国际国内形势发展，提出“十三五”期间我国国际海域工作将以“海洋强国”和“21世纪海上丝绸之路”战略为引领，以深海资源调查和提高勘探开发能力为重点，以体制机制创新为保障，强化人才、技术和装备支撑能力，全面提升我国在国际海域的影响力。

【深海海底区域资源勘探开发法立法进展】 2015年，中国大洋协会办公室协助全国人大环境和资源委员会（以下简称“全国人大环资委”）组织专家重点对《深海海底区域资源勘探开发法》草案及立法说明进行修改完善，同时协助全国人大环资委邀请汪品先、吴有生等院士就深海资源开发和技术装备发展作专题讲座。2015年4—8月，全国人大环资委听取国务院相关部门和国内相关专家对立法草案及说明的意见，并就许可制度设立广泛征集相关部门和专家意见。6—7月，全国人大环资委全委会审议通过立法草案及说明，并同意提交全国人大常委会。10—11月，《深海海底区域资源勘探开发法》立法草案及说明顺利提交第十二届全国人大常委会第十七次会议审议，会议充分认可深海立法的必要性和紧迫性，普遍认为草案基本成熟，部分代表提出对立法草案进行修改完善后尽快再次提交审议。2015年年底，《深海海底区域资源勘探开发法》立法草案已进入全国人大常委会法工委修改完善阶段，并计划2016年2月提交全国人大常委会二审。

【大洋两型新船建设实质性推进】 大洋综合资源调查船和载人潜水器支持母船建造项目（大洋两型新船项目）可行性研究于2015年6月获国家发展改革委批复，同意项目投资金额约11亿，并下达项目前期经费。根据批复精神，组织编制新船项目设计建造阶段的工作总体方案并成立项目领导小组，按期完成两型新船初步设计及概算书的编制，并通过国家发展改革委的评审；组织完成大洋深水钻探系统关键技术和工艺方案及技术经济评价分析，编写大洋勘探工程船功能需求和概念设计方案。

【中国五矿集团公司获得国际海底区域新矿区】 中国五矿集团公司在财政部、外交部、国家海洋局等部委的大力支持下，于2015年2月，圆满完成国际海底多金属结核矿区申请的现场答辩。国际海底管理局法技委主席通过“法律和技术委员会就中国五矿集团公司请求核准多金属结核勘探工作计划的申请书提交海管局理事会的报告和建议”；2015年7月20日，矿区申请通过国际海底管理局第21届大会理事会核准，标志着中国五矿集团公司正式获得位于东北太平洋、面积约7.3万平方千米的多金属结核矿区。

【国际海底区域地理实体命名工作】 2015年，我国向国际海底地名分委会提交的10个海底地名提案获得审议通过。中国大洋协会组织编写完成《中国大洋海底地理实体名录2015》，收录223个规范化名称；10月9日，中国大洋协会通过新闻发布会向社会公布124个国际海底地理实体名称，其中太平洋101个、印度洋15个、大西洋8个，上述名称经国务院批准向社会公布使用。

中国在国际海底管理局活动情况

【国际海底管理局第21届会议】 国际海底管理局（管理局）第21届会议于2015年7月13日至24日在牙买加首都金斯敦举行。中国代表团由中国驻牙买加大使兼常驻国际海底管理局代表处代表董晓军为团长，外交部条法司副司长马新民为副团长。中国大洋协会秘书长刘峰作为中国代表团成员出席本次会议。会议批准中国五矿集团公司多金属结核勘探矿区申请，通过多金属结核勘探合同延期的标准及程序，讨论开发规章的制订、克拉里昂—克林伯顿环境管理计划执行情况等议题，并决定启动对国际海底制度的定期审查。

【多金属硫化物合同培训义务】 根据2011年中国大洋协会与国际海底管理局签订的《多金属硫化物勘探合同》，中国大洋协会作为合同承包者应履行为发展中国家培训深海勘探开发人员的义务。根据培训方案，培训任务分两部分进行。海上培训项目于2015年上半年在“大洋一号”西南印度洋航次中执行，为来自发展中国家的3名学员（分别来自喀麦隆、泰国、阿根廷）实施为期40多天的海上培训。陆上培训项目分为奖学金培训和工程技术培训两类，由国际海底管理局遴选的四名学员（分别来自古巴、墨西哥、格鲁吉亚和孟加拉国）分别参加两个项目的培训。2015年8月28日，陆上培训工程技术项目顺利完成，8月29日上午，结业仪式在杭州海洋二所举行，中国大洋协会办公室副主任何宗玉向学员颁发由中国大洋协会理事长王飞签发的结业证书。

【多金属结核勘探合同延期申请】 2001年5月22日中国大洋协会与国际海底管理局签订的《多金属结核勘探合同》于2016年5月21日到期。由于2008年下半年全球经济危机后，全球经济增长放缓,全球矿业发展进入“低谷期”。同时，技术发展距离满足商业开发的要求仍有较大差距，我国多金属结核合同区的勘探程度仍然偏低。中国大洋协会围绕勘探合同的履行及进入开发阶段的准备工作做出真诚努力，但是全球经济及技术条件仍不适合进入开采阶段。根据2015年7月23日国际海底管理局通过的“依照《关于执行1982年12月10日联合国海洋法公约第十一部分的协定》附件第1节第9段延长已核准勘探工作计划期限的程序和标准”（ISBA/21/C/19）,中国大洋协会向国际海底管理局提交多金属结核勘探合同延期5年的申请，并同时缴纳合同延期费用67000美元。

国际海底区域资源调查与研究

【中国大洋第33航次概况及主要成果】 中国大洋第33航次科考任务由“竺可桢”号调查船执行。该船自2015年2月9日从舟山启航，2015年8月6日返航舟山母港。航次分为3个航段，历时179天，总航程近40000海里。参航队员共150人，分别来自国内13家相关单位。本航次主要任务为西北印度洋和南大西洋多金属硫化物资源和环境调查、西太平洋多金属结核资源调查。本航次是“竺可桢”号调查船首次环球科考，大洋科考史上第四次环球科考，军地双方第三次合作航次。双方优势互补，合作范围进一步拓展，调查区域遍及三大洋，调查资源类型包括多金属硫化物和多金属结核，调查地貌单元涉及大洋中脊和大洋盆地海山区。

成果包括：（1）在卡尔斯伯格洋脊新发现2处热液活动区，初步评估其分布范围；发现50处热液异常区；获得卡尔斯伯格洋脊卧蚕和天休热液区底层流长期观测数据和沉降颗粒物样品。（2）在南大西洋发现5处热液区，发现多处热液异常区，对进一步认识南大西洋中脊多金属硫化物资源潜力以及成矿背景研究具有重要意义。

【中国大洋第34航次概况及主要成果】 中国大洋第34航次科考任务由“大洋一号”船执行。该船自2014年11月16日从三亚起航，2015年6月18日返航青岛。航次分为5个航段，历时215天，航程28125海里。参航队员共137人，分别来自国内外30家相关单位。本航次重点在合同区开展5个航段的海底多金属硫化物资源勘探工作，兼顾环境基线和生物资源调查，在印度洋海盆开展资源调查工作。

成果包括：（1）多金属硫化物资源勘探取得突破，初步圈定多处矿化异常区。对龙旂、断桥等典型热液区的分布范围和构造特征取得新认识。

（2）多金属硫化物勘探技术方法得到发

展，尝试在合同区开展沉积物化探、近底磁力等勘探方法探索，实现海底视像底质类型现场解释与填图，形成一套海底矿化异常区圈定的探测方法。

(3) 深海高新技术装备在海上成功应用，本航次利用我国自主研发的“进取者号”中深孔岩心取样钻机、电法探测仪在合同区进行勘探调查。获得断桥热液区岩心序列样品，显示该区具有较好的成矿条件。这两套装备的应用，为深海多金属硫化物勘探技术的突破积累经验。

(4) 中印度洋海盆首次发现大面积富稀土沉积物。根据现场元素测试数据并结合浅地层和多波束测量资料，在中印度洋海盆初步推断划出两个富稀土沉积区域，为下一步在印度洋开展稀土资源调查评价和环境演化研究奠定基础。

【中国大洋第 35 航次概况及主要成果】 2014—2015 年蛟龙号试验性应用航次（大洋 35 航次）是蛟龙号试验性应用阶段的第二个航次，也是蛟龙号在西南印度洋开展调查作业的首个航次。航次分为三个航段，其中第一航段与第二、三航段之间间隔 96 天。共有来自国内外 20 个单位的 113 名队员参加航次的调查，包括 2 名女潜航员学员在内的 6 名潜航员学员首次作为副驾驶完成下潜培训。

第二、三航段“向阳红 09”船从 2014 年 11 月 20 日驶离青岛母港至 2015 年 3 月 17 日返回青岛，历时 118 天，航程 19536 海里。在我国西南印度洋洋脊典型热液区、合同区及周边临近海域，开展 13 个潜次的下潜作业和 32 个站位的常规调查任务。首次利用蛟龙号开展西南印度洋洋脊不同类型的热液系统地质环境特征、热液流体、生物多样性特征等方面的精细调查、观测和对比研究。

成果包括：(1) 验证蛟龙号在海底地形复杂等深海极端环境下的高精度定位、定点取样能力，技术优势突出，展现其在深海资源勘探、环境评价、科学考察等方面的应用远景。

(2) 在西南印度洋多金属硫化物勘探合同区首次利用蛟龙号载人深潜器作业，在龙旂热液区成功下潜 9 次，基本探明龙旂热液区喷口的分布范围和特征。

【中国大洋第 36 航次概况及主要成果】 中国大洋第 36 航次科考任务由“海洋六号”船执行。该船自 2015 年 4 月 28 日从广州启航，2015 年 8 月 24 日靠泊夏威夷火奴鲁鲁港。航次分为三个航段，历时 120 天，航行里程 26155 海里。参加航次队员共 91 人，分别来自国内 8 家相关单位。本航次主要在太平洋开展富钴结壳资源和环境调查，期间开展“海马号”ROV 试验性应用、多波束回波勘探技术应用等任务。

成果包括：(1) 继续履行我国与国际海底管理局签订的富钴结壳勘探合同义务，取得大量的数据和样品资料。2015 年是勘探合同签订的第二年，本航次采用 ROV、多波束测量、浅地层剖面测量、深海浅钻、锚系等调查技术和手段，继续开展富钴结壳资源和环境调查，圆满完成预定任务。

(2) 首次成功将我国自主研制的 4500 米级无人遥控潜水器“海马”号应用于我国富钴结壳合同区调查，填补我国在海山区资源和环境调查手段方面的一项空白，成功获取高清海底视像资料和精确水下定位的实物样品，利用最新研制的小型钻机和切割机对海山富钴结壳进行原位钻取和切割试验，为进一步研制高精度定点取样特殊工具积累经验。

(3) 实现多波束回波勘探新技术在富钴结壳资源调查领域的推广应用，进一步拓展多波束探测技术的应用领域，大大提高资源勘探效率。

(4) 进一步扩展富钴结壳合同区环境调查范围，深化深海环境认知水平。采薇海山连续三年锚系观测结果表明，近底层流场以半日潮为主，海山地形对潮流有明显的加强作用。

【中国大洋第 39 航次(2015 年度)概况】 中国大洋第 39 航次科考任务由“大洋一号”船执行。该船自 2015 年 12 月 12 日从青岛起航，计划于2016年7月10日返回青岛。航次分为5个航段，航程约30000海里。调查区域在西南印度洋我国多金属硫化物勘探合同区，本航次前4个航段主要任务是切实履行“西南印度洋多金属硫化物资源勘探合同”，开展合同区的多金属硫化物勘探，兼顾环境基线和生物多样性等调查。第5航段任务是继续开展印度洋海盆区稀土资源调查。

【中国大洋第40航次(A段)(2015年度)概况】 中国大洋第40航次（A段）科考任务由“向阳红10”号船执行，该船自2015年12月16日从三亚起航，计划于2016年5月21日停靠莫桑比克的马普托港结束A段任务。航次分为4个航段，航程约13000海里。调查区域在西南印度洋我国多金属硫化物合同区，本航次主要任务是切实履行“西南印度洋多金属硫化物勘探合同”，对多金属硫化物进行合同区勘探，兼顾环境基线和生物多样性等调查。

【多金属结核合同区资源综合评价重大项目进展及研究成果】 2015年多金属结核资源评价项目主要完成工作如下：(1) 完成提交国际海底管理局《执行多金属结核勘探合同2015年年度报告》的编写；(2) 进行多金属结核勘探合同延期申请相关准备；(3) 对多金属结核合同区资源量类型进行划分，并估算合同区资源量；(4) 开展多金属结核自催化还原氨浸吨级规模连续试验线建设和试验，研究开展实验室分析；(5) 完成多金属结核项目绩效考核工作。

研究成果包括：(1) 在环境资源与研究方面，海水样品微量元素共完成3个站位总计60个样品的As、Cd、Cu和Zn的分析测试，获得有效数据159个。

(2) 采矿方面，研制出无堵塞多级离心泵工程样机，完成实验室100米水平管和20米立管的清水和矿浆输送试验。

(3) 验证小型试验参数的可靠性，进一步优化多金属结核和富钴结壳合并冶炼、还原熔炼和合并还原氨浸工艺。

(4) 对多金属结核相关金属市场继续进行跟踪与分析。

【富钴结壳资源评价重大项目进展及研究成果】 富钴结壳资源评价项目主要完成工作如下：(1) 完成提交国际海底管理局《执行富钴结壳勘探合同2015年年度报告》的编写；(2) 在勘探区进行富钴结壳勘查阶段划分，提出不同勘探阶段的勘查工作方案以及相应的评价指标体系；初步圈定不同级别的资源远景区，估算不同等级的资源量，初步开展区块选择和放弃的研究工作；(3) 在调查区尝试利用多波束回波技术应用于重点海山的资源远景区圈定工作；(4) 开展富钴结壳矿床成矿机制研究；(5) 开展勘探区海山及邻近区域的环境评价；(6) 开展富钴结壳选冶评价，总结富钴结壳勘查技术方法体系；(7) 完成富钴结壳资源评价重大项目绩效考核工作；(8) 完成富钴结壳资源评价项目及所属课题年度工作总结报告编写。

研究成果包括：(1) 提出一般勘探阶段和详细勘探阶段的勘探网度建议；成功地估计出海山富钴结壳厚度的空间分布；编制9个重点海山中重点区域地形图和地质图各60幅。

(2) 完成调查区资源评价工作，划分51个富钴结壳矿集区，并完成各个矿集区的资源量估算；圈定最具有资源潜景的4座海山，且指出1500~2500米水深段结壳伴生有用金属资源量较丰富。

(3) 初步构建富钴结壳胶体沉淀的动力学模型，并模拟富钴结壳结构的形成过程，指出微生物在结壳成矿过程中扮演重要角色。

(4) 建立采薇海山区及其邻近区域流场结构特征，查明底栖生物空间分布的控制因素。

(5) 根据初步配置的选冶方案，完成关键节点的验证实验，确定选、冶系统优化参数，完成不同调查区及不同类型富钴结壳的选冶性评价研究报告。

(6) 建立富钴结壳资源勘查方法体系。

【西南印度洋多金属硫化物合同区资源评价重大项目进展及研究成果】 西南印度洋多金属硫化物合同区资源评价项目主要完成工作如下：（1）完成提交国际海底管理局的《执行多金属硫化物勘探合同 2015 年年度报告》编写；（2）组织开展“慢速-超慢速扩张洋中脊多金属硫化物资源勘探和环境评价”特别专题研讨；（3）完成规模取样器的系统集成调试，并在实验室模拟条件下进行规模取样器的截割破碎、采集与测试实验；（4）完成重大项目年度工作总结报告编写和绩效考核工作。

研究成果包括：（1）编制西南印度洋合同区基础地质图集（2012—2015 年），组织编写《西南印度洋多金属硫化物合同区一般勘探规划（2014—2021）》。

（2）探索多金属硫化物资源立体勘探方法，提出合同区资源勘探方法和技术体系初步方案；获取断桥热液区的初步解释剖面图。

（3）初步获得沉积物地球化学 Fe、Mn、Si 等单个金属元素找矿指标和 Fe、Mn、Al 等组合找矿指标，并且通过重矿物颗粒鉴定和XRD分析测试结果，圈定可能存在的矿化区。

（4）完成 30 航次和 34 航次的海底视像资料解译工作，获得直接解译的原始数据点 2816个，插值数据点 12238 个，共计底质分类点位 15054 个。初步完成具深海视像资料区域的地质填图工作，共完成地质填图（草图）3 幅。

（5）研究发现热液流体中存在纳米级硫化物，纳米级硫化物进入热液流体后可长期搬运，影响海洋生态环境。

（6）发现龙旂热液区海水混合率值有明显的半日潮特征。

（7）初步了解合同区浮游生物、小型和巨型底栖生物的群落结构和多样性特征，尤其对不同热液口区底栖生物群落结构有新的认识，为构建合同区生物基线提供基础资料和科学依据。

【深海(微)生物勘探与资源潜力评价重大项目进展及研究成果】 深海（微）生物勘探与资源潜力评价项目完成工作如下：（1）召开大洋“十二五”生物重大项目年度工作会，讨论大洋“十三五”基因资源项目规划和主要工作任务及 2016 年相关工作；（2）召开大洋“十二五”生物重大项目课题验收准备会，确定大洋“十二五”生物重大项目课题验收办法；（3）完成中国大洋第 21、22、26 航次报告中的生物基因资源调查工作，完成航次报告的验收工作。

研究成果包括：（1）新获得微生物菌种资源 1300 株。

（2）在深海微生物酶、深海微生物活性物质、深海微生物系统进化分类与基因组学研究等多方面取得重要进展。新发表 SCI 论文（含接受）126 篇。

深海技术发展

【“潜龙一号”AUV 升级改造】 大洋“6000 米无人无缆潜器升级改造”项目的主要任务是面向大洋航次任务的实际需求，对“6000 米无人无缆潜器”（潜龙一号）进行技术升级与改造，使其性能更加稳定可靠，使用操作更加方便，充分发挥现有技术装备的使用效益，在深海大洋的矿产资源调查任务中更好地发挥作用。

2015 年初，对“潜龙一号”声学舱数据存储故障等进行故障归零工作，对在试验性应用中发现的不足进行设计更改和完善；2015 年 3 月，“潜龙一号”在千岛湖进行一次湖上验证试验。标定载体声学系统设备的安装误差，重点验证声学舱数据存储的可靠性，也对潜器全系统的各项功能进行验证；2015 年 4 月，“潜龙一号”搭载“海洋六号”船完成 4 个潜次的综合性能试验，水下作业 42.1 小时，航程 142.7 千米，最大工作水深达 3723 米。检测长基线定位、声学探测和光学探测实用化性能，完成“潜龙一号”海上验收试验大纲规定的全部内容；2015 年 7 月至 8 月，“潜龙一号”搭载“向阳红 10”船进行试航试验，对潜器无动力下潜、无动力上浮、深海耐压、声学探测、组合导航等潜器的综合性能进行验证，完成预定任务。试验证明，“向阳红 10”船可以作为“潜龙一号”的支持母船；“潜龙一号”的技术状态正常，具备执行任务的条件。

【“潜龙二号”进入海试验收阶段】 “潜龙二号”4500 米级深海资源自主勘查系统（4500 米 AUV）是国家“863 计划”“深海潜水器技术与装备”重大项目下属课题之一，其总体目标是自主研制出一套 4500 米水深的AUV 系统，以此为平台，集成热液异常探测、微地形地貌测量、海底照相和磁力探测等技术，形成一套实用化的深海探测系统，培养一支装备操作维护队伍，并应用于多金属硫化物等深海矿产资源勘探作业。

2015 年 5 月 29 日—6 月 24 日，课题组再次对“潜龙二号”进行千岛湖现场水下试验，补充完成全部单项性能试验和综合性能试验，重点考核推进单元的可靠性、航行控制性能和测深侧扫探测性能，验证长基线布阵测阵、光学照相、磁力探测和避碰功能，使系统整体充分具备海上试验条件。2015 年 7 月 16 日—8 月 18 日，课题组在我国南海海域正式开展对“潜龙二号”的首次海上试验工作。本次南海海试完成包括布放回收演练试验、深海航行试验、声学和光学探测试验、最大续航力试验、综合性能试验、最大深度航行试验、自主导航验证试验等在内的全部试验项，共计 15 个潜次，最大下潜深度 4446 米，最长续航力 31 个小时。课题组圆满完成课题任务书规定的第一阶段海上试验的全部测试内容。2015 年 12 月 16 日，“潜龙二号”随“向阳红 10”船赴西南印度洋多金属硫化物矿区执行中国大洋第 40 航次任务，开展该课题的第二、三阶段海试验收工作，并计划在现场验收结束后立即投入海上试验性应用，以验证其自主勘查能力。

【中深孔钻机应用性试验与改进】 钻探技术是多金属硫化物矿区勘查的主要手段，与电法探测相结合，可有效地实施矿区的圈定。目前我国深海多金属硫化物钻探的调查任务全部采用国内自主研发技术，最大作业水深为 4000 米，最大钻孔深度为 20 米。

2015 年 2—3 月，中深孔钻机在中国大洋第 34 航次西南印度洋合同区进行 3 个站位 4 个孔位的钻进作业，作业时间 27 小时。相对中国大洋第 30 航次的作业情况，作业时间缩短三分之一，作业效率显著提升；2015 年 5 月—2015 年 10 月，针对不同地质条件，中深孔钻机选配不同的钻具总成进行试验，以提高取芯率。对框架、控制桶、阀箱等进行轻量化设计并加工，从而减轻设备整体重量，以适应“大洋一号”船的起吊能力。更换全套液压油管，全套密封件，以及所有液压阀组，从而保证液压系统的正常运行，保证整套系统良好的密封性；2015 年 12 月，中深孔钻机进行陆地钻井试验后，随“大洋一号”船启航赴西南印度洋执行中国大洋第 39 航次任务。

【电法探测仪作业与升级】 电法探测是深海多金属硫化物资源勘查的主要技术手段，是实施钻探的主要依据之一。目前我国深海多金属硫化物矿区的电法探测任务全部采用国内自主研发技术，最大作业水深为 4000 米。

2015 年 1—3 月，电法探测仪在中国大洋第 34 航次第 2 和 3 航段西南印度洋合同区累计开展 6 条瞬变电磁法测线作业，其中 4 条探测测线获取有效数据，共计约 69 千米。第 2 航段在断桥矿化异常区分别开展 1 条测线的作业，由于仪器设备等原因，均未能获取有效数据。第 3 航段在断桥矿化异常区完成4 条测线，不同测线间的数据均方差约为 2.34%，获取有效探测数据；2015 年 5—10 月，电法探测仪在拖体姿态测量、发送和接收机、安装结构以及超短基线定位等方面实施升级改造；电法探测仪在进行陆地试验后，于 2015 年 12 月随“大洋一号”船启航赴西南印度洋执行中国大洋第 39 航次任务。

【“勘查取样 ROV”研制工作】 深海无人缆控潜水器（ROV）是开展深海科学调查和提高

矿区资源勘探能力的重要手段，也是国家深海技术发展水平的体现。

2015 年，研制工作取得实质性进展。基本完成勘查取样 ROV 以及配套的高清视频和高速调查设备支持系统的制造，开展 ROV 水池试验和主要部件的 3000~6000 米耐压测试，完成主要配套工具的设计。完成液压泵站样机、2 个五功能作业机械手、模块化液压系统和电控系统等研发。水下中央控制系统完成低温、高温、交变湿热、低温高湿、恒定湿热、振动等试验和第三方考核。配置高清摄像机、高清照像机、自动控位和巡线系统、大流量工具泵站等设备，具备近底声学调查设备和较大型工具的搭载和驱动能力。

大洋管理工作及能力建设

【国家深海基地一期建设基本完成】 2015 年国家深海基地在基础设施建设、保障能力发展等方面均取得显著成绩。载人潜水器维修车间、测试水池、机电维修车间、耐压测试车间、办公楼及基地码头等基础设施交付使用，深海中心职工已全部搬入深海基地办公。2015 年 3 月“蛟龙”号载人潜水器正式移交国家深海基地管理中心，中心先后完成“蛟龙”号的日常维修和水面支持系统大修，完成 390 吨试验辅助船建造和试航以及蛟龙号港池下潜作业演练等工作。

【中国大洋样品馆工作进展】 2015 年中国大洋样品馆主要开展以下工作：1、样品申请审批。受理中国大洋第 33 航次、34 航次、35 航次、36 航次、37 航次、39 航次、40 航次等 7 个航次、21 个航段现场样品使用申请 116 份，编制现场使用样品分配方案 11 批次，编制并上报分配方案 116 份，编制现场使用样品分配建议 454 条。

（2）提供样品保存条件保障。为中国大洋第 33 航次、36 航次、37 航次、39 航次、40 航次 5 个航次提供现场样品保存条件保障，累计提供样品周转箱 290 件次、浅钻岩心周转箱 7 件次、海水样品箱 45 只、海水样品瓶 1555 只、各种规格样品袋 4390 只、超纯酸 1450ml、各类标签及卡片 2350 张。

（3）开展大洋中国大洋第 33 航次、34 航次、36 航次、39 航次、40 航次等 5 个航次现场样品管理业务综合培训和管理员岗位培训，先后培训样品现场管理员 10 人次。为各航次提供大洋样品现场管理系统，维护各航次、航段基础信息和样品申请信息，并由专人就各航次现场样品管理系统运行中存在的问题提供技术支持。

（4）接收中国大洋第 35 航次第 2、3 航段、中国大洋第 33 航次、34 航次、36 航次等 4 个航次汇交的样品、样品相关资料、数据及样品现场管理数据库等。累计接收入馆岩石、硫化物、表层沉积物、插管沉积物等各类固体地质样品共计 220 箱、逾 10 吨，柱状沉积物样品 22 站，海水样品 12 框；接收样品相关各类资料 186 册、8738 页；接收样品相关各类数据共计 2688 个文档、11.73GB，接收样品现场管理数据库文件 4 个、856.55MB。

（5）航次现场信息数据校对与资料整理。完成各航次汇交及入馆产生电子文档、样品照片的归一化整理，维护大洋样品管理信息系统的数据；对中国大洋第 30 航次、32 航次、33 航次、34 航次、35 航次、36 航次等 6 个航次现场接收样品相关各类资料、室内样品整理相关资料进行排序整理，编制资料目录，累计复制装订资料112 册、9556 页。

（6）样品整理与编码入库。完成中国大洋第 32 航次、33 航次、34 航次、35 航次、36 航次等 5 个航次交接样品的清点整理。经样品清点与数据统计，各航次累计采集样品 506 站，实际交接入馆样品 377 站。

（7）样品申请审批与使用分配。接收大洋库存样品使用申请 49 份，编制并上报分配方案 12 批次，编制样品使用分配建议 90 条。先后为大洋航次报告及研究课题分取各类馆藏样品 39 批次，包括分取硫化物、氧化物、富钴结壳、多金属结核、岩石表层沉积物等各类固体地质样品 749 站、776 件、530 千克，分取岩心样品 50 站、101 件、7733 厘米。

（8）样品分析测试数据核查接收。接收中国大洋第 21 航次、22 航次、26 航次、27 航次、31 航次等 5 个航次任务使用样品分析测试数据及相关资料，累计接收 52 份申请汇交的样品分析测试数据电子文档 5631 个、10.7GB，纸质资料 1575 页；完成中国大洋第 21 航次、22 航次、26 航次、31 航次等 4 个航次任务使用样品分析测试数据的核查整理。

【中国大洋生物基因资源研究开发基地工作进展】 2015 年中国大洋生物基因资源研究开发基地主要开展以下工作：

（1）大洋微生物菌种库新增菌株 862 株，保藏冷冻干燥、超低温和液氮保藏菌种共 13031 支；为大洋项目参加单位提供资源共享 487 株。

（2）对来自样品库的 100 株放线菌进行化学成分筛选，分离获得 80 多个次级代谢产物，初步构建大洋微生物菌种库化合物分离纯化平台。

（3）开展深海微生物多样性、分类与系统进化分析。对库藏所有细菌进行 16SrRNA 基因重新分析，并对库藏菌种的名称进行全面的及时更新，发现库藏细菌可以归为 2222 个种，还有 600 多个潜在的新种。库藏微生物多样性非常丰富。对深海来源的蜡状芽孢杆菌组细菌和 Idiomarina 属细菌开展系统进化分析，发现大量潜在新种，及部分种具有特殊生态位特点。

（4）对中国大洋第 34 航次调查获得的大洋生物样品进行清点和入库。经统计，本航次共获得 41 个站位的样品。

（5）对中国大洋第 35 航次采集的大量的生物样品进行清点入库，包括 100 多只螺、7 只贻贝及硫化物等共计 20 个站位的重要生物样品。

（6）进一步完善《大洋生物样品管理系统》的软件基本建设，新增批量导入、申请者申请记录管理等功能。

（7）已完成库房的基本建设，库存样品共计 421 个站位，按照样品类型计算沉积物 303 个站位，大型生物 20 个站位，硫化物、岩石、氧化物等共计 100 个站位；2015 年入库61 个站位的样品，按照样品类型计算沉积物46 个站位，大型生物 8 个站位，硫化物和氧化物共 7 个站位。

（8）接受大洋“十二五”课题承担单位、公益性项目等共 7 次的样品申请；完善大洋生物样品管理系统的建设，为生物馆提供更加优质、高效的样品共享服务奠定基础。

【中国大洋样品馆科普宣传】 2015 年中国大洋样品馆主要开展以下宣传工作：

（1）接待各类来访 70 团次、1232 人次，其中国际访客 7 团次、53 人次，计有国家综合部门、国家海洋局、沿海省市与青岛市领导，专家学者、中小学师生，以及外宾和有关国际组织负责人等，完成各类重大接待活动 20 余次，面向社会各界宣传大洋工作、深海大洋知识。

（2）成功举办 6 月 8 日“2015 世界海洋日暨全国海洋宣传日开放活动”和全国科普日（9 月 19 日至 9 月 25 日）开放活动。

（3）为“国家深海基地展览”“海洋主题巡回展览展出”“2015 中国海洋经济博览会”等重大活动提供载人潜器模型及展品 9 批次。

【大洋资料中心工作进展】 2015 年大洋资料中心主要开展以下工作：

（1）修订完善《大洋航次调查现场资料整编汇交要求》和《大洋航次调查内业资料整编汇交要求》，并分别在中国大洋第 33 航次、34 航次、35 航次、36 航次、39 航次、40 航次共 6 个航次现场调查资料整编汇交和中国大洋第 21 航次、22 航次、26 航次、27 航次、30 航次、31 航次共 6 个航次内业资料整编汇交工作中试行。

（2）编制《大洋研究成果资料整编汇交要求》，在“十二五”重大项目成果资料整编汇交工作中试行。

（3）完成中国大洋第 35 航次第 2、3 航段、中国大洋第 33 航次、34 航次、36 航次共计 4 个航次的现场调查数据资料，中国大洋第 20 航次、21 航次、22 航次、26 航次、27 航次、30 航次共计 6 个航次的内业数据资料，以及 4 个“十二五”重大项目数据资料的接收、审核、整理、处理与备份。

（4）继续开展大洋数据管理与共享平台建设工作，开发大洋业务管理模块，并编写业务管理模块的详细设计书、用户手册和测试报告，实现从大洋资料接收、分发、处理与服务等主要业务环节的计算机管理。

（5）更新大洋资料中心网站的业务动态、下载中心、大洋科考、资料目录等模块内容，本年度共更新内容约 6000 条；加载中国大洋第 21 航次、22 航次、26 航次、30 航次、31 航次内业整编数据，更新加载各类整编数据约 20 万条记录。

（6）受理 10 批次数据资料使用服务申请，为 7 家单位提供 10 个批次的资料服务。

（7）修订航次成果验收办法、航次报告编写格式、航次调查管理暂行规定、内业资料整编汇交要求；依据保密范围，对海洋环境数据资料（大洋部分）的密级界定提出修改意见。

（中国大洋矿产资源研究开发协会）

海洋国际交流与合作

海洋国际交流与合作

综　述

2015年国家海洋局维护海洋权益与国际合作各项工作取得显著成果，为“十二五”期间工作划上圆满的句号。主要成果包括：

【局领导作为习近平主席特使出访】 7月10日，国家海洋局局长王宏作为国家主席习近平特使率团出席密克罗尼西亚总统及政府、议会新领导人联合就职典礼，并会见密联邦总统等政要和相关部门负责人。这是海洋局领导首次作为国家领导人特使出访，中密双方就加强两国海洋领域法律实施与执法交流、开展巡航执法合作、应对气候变化、海洋防灾减灾、海洋生态环境保护和可持续发展等领域深入交换意见。

【与“一带一路”沿线国家务实合作进一步拓展，取得多项新成果】 (1) 亚非国家海洋合作不断拓展。在国家领导人出访和接待外国领导来访期间，签署一系列合作协议。国家海洋局与巴基斯坦、印度、马来西亚分别签署合作协议。(2) 拓展与南亚国家海洋合作取得新突破。国家海洋局领导率团访问印度等东南亚国家，签署相关合作项目的实施协议。(3) 进一步夯实与东北亚国家海洋合作基础。国家海洋局与韩国海洋水产部召开中韩海洋科技合作联委会第12次会议和第二届黄海论坛，共同签署《中韩海洋领域合作五年规划》，举办中韩海洋科学共同研究中心成立20周年纪念活动和2015年中韩中心管委会会议，推动实施新项目。中方专家团赴朝鲜考察，商定下步合作事宜。(4) 与非洲国家海洋合作取得新突破。国家海洋局成为中非合作论坛峰会后续行动委员会成员，承担牵头落实海洋经济、海洋环保、海洋科研，以及组织召开中非海洋经济部长论坛等工作。国家海洋局领导访问桑给巴尔、肯尼亚和毛里求斯，取得合作新进展。(5) 国家海洋局有关单位与台湾海洋及水下技术协会成功举办“海峡两岸海洋论坛–第二次合作推动小组会议”，实现厦门至金门、基隆至马祖等八条客轮航线的预报合作。(6) 推动国家海洋局与澳门特区政府签署《关于澳门特别行政区管理范围内水域用海的合作安排》。与香港天文台实现南海气象浮标数据非实时共享。(7) 积极组织和参与“中国—东盟海洋合作年”相关活动，稳步推进与南海周边国家合作并取得丰富成果。在“博鳌亚洲论坛2015年会”期间，国家海洋局与外交部、海南省人民政府联合举办“共建21世纪海上丝绸之路分论坛暨中国—东盟海洋合作年启动仪式”。海洋议题首次纳入博鳌亚洲论坛正式议程。在中国—东盟博览会期间，我局与广西自治区政府共同举办中国—东盟海洋合作成果展。为庆祝中泰建交四十周年，中方与泰方共同实施安达曼海科学考察，与泰国、马来西亚等东南亚国家举行一系列合作会议，进一步充实中国—东盟海洋合作年活动。(8) 着力搭建海洋合作新平台。国家海洋局分别与山东省和福建省人民政府合作的“东亚海洋合作平台”和“中国—东盟海洋合作中心”建设工作稳步推进。由国家海洋局牵头实施的3个南海合作项目成为首批中国—东盟海上合作基金资助项目。

【对欧洲、美洲、大洋洲海洋合作出现新亮点】

(1) 成功举办“中希海洋合作年”。中希双方共开展近30项海洋合作活动，取得丰富成果。(2) 启动与南欧次区域海洋合作。国家海洋局与外交部共同举办主题为“推进海洋合作，共筑蓝色文明”的中国—南欧国家海洋合作部长级论坛，共同探讨未来海洋政策与合作。国家海洋局领导率团访问希腊、葡萄牙和马耳他，出席“欧洲海洋日”和“蓝色海洋周”部长级会议，就促进中希、中葡双边海洋合作，建立长期合作关系达成相关共识。(3) 我国与欧盟海洋合作进一步推进。国家海洋局领导与欧盟环境、海洋事务和渔业委员举行首次海洋事务高级别对话，就签署《中国—欧盟海洋综合管理高层对话机制谅解备忘录》行动计划、举办第二次对话、举办中国—欧盟“蓝色年”等事项达成重要共识。(4) 在中美战略与经济对话框架下，国家海洋局与美国国务院共同举办首次“保护海洋特别会议”。国家海洋局还与美国国家海洋大气局共同进行海洋保护区对口磋商，有13项涉海成果纳入第七轮中美战略与经济对话成果，是历届对话中最多的一次。双方就建立“伙伴城市”“姊妹保护区”、加强海洋环保、海上执法合作达成新共识。(5) 国家海洋局局长王宏首次以国家主席习近平特使身份出访密克罗尼西亚联邦，出席密联邦新任总统及政府、议会领导人联合就职仪式。

【组织参与国际和地区海洋事务并发挥积极影响】

(1) 积极整合国内海洋科研力量，在区域性组织内发挥积极作用。组建PICES中国委员会，接待PICES执行秘书访华，成功举办PICES 2015年大型年会，获得PICES及国内外与会者的高度好评。举办APEC海洋空间规划培训班、发展中国家部级海洋综合管理研讨班、海委会海洋动力与气候研讨班、国际海洋学院海洋管理培训班、海水淡化技术合作研讨与展会、中非海洋科技论坛、南海地震海啸危险性评估研讨等多种形式的培训交流活动，中外专家与学员参与人数达1000余人。

(2) 积极参与国际规则谈判进程。在联合国框架下，积极参与国家管辖范围外区域海洋生物多样性养护与可持续利用（BBNJ）谈判与磋商。

(3) 在多边机制下积极倡导蓝色经济合作。派团出席首届环印联盟蓝色经济部长级会议、APEC蓝色经济高级别对话会议、第五届东亚海大会及东亚海部长级论坛等活动，并与海委会、国际海洋学院、美国蓝色经济中心等机构探讨蓝色经济务实合作。联合APEC成员完成蓝色经济示范项目第一期，落实《厦门宣言》并推动蓝色经济合作纳入APEC有关机制战略规划。派员参加环印联盟蓝色经济核心工作组研讨会，推动印度洋国家与我在蓝色经济领域的合作。

(4) 推动我国海洋多边合作迈上新台阶。参与完成联合国全球海洋评估经常性程序报告初稿编写和审定工作。世界气象组织和海委会正式批准由我国承建全球海洋和海洋气候资料中心中国中心。我国成功竞选成为海委会执理会成员国。成功解决全球海洋通用制图计划规则修订问题。与非洲分委会联合主办第二届中非海洋科技论坛。海委会太平洋海啸预警系统政府间协调会议通过我提出的中国南海区域海啸预警中心业务流程标准。全面启动与环印度洋联盟、国际标准化委员会、国际能源署等国际组织的合作。我与环印联盟联合召开海水淡化技术合作国际专家研讨会及展会，与印度洋周边国家达成多项合作共识。

(5) 稳步推动国际援助资金项目实施。出席在越南召开的第五届东亚海大会和部长论坛，我国代表当选东海环境管理伙伴关系组织理事会政府间委员会联合主席，参与举办厦门海洋周活动。推动黄海大海洋生态系项目、河口项目的实施。在我国全球环境基金第六期份额中成功纳入我中华白海豚保护和滨海湿地两个项目。

(6) 加快国际组织人才培养和网络建设进程。2015年依托中国政府海洋奖学金继续招收来自发展中国家学员来华攻读学位。首次举办奖学金资助的留学生举行北京游学活动。选拔多名中方科学家赴海委会、《伦敦公约》和北太平洋海洋科学组织秘书处工作，选派多名中方专家到国际海洋学院、海委会西太办公室等机构参加培训。

【跟踪研判形势，为重大海洋维权活动提供决策支撑】 密切跟踪海上形势，配合开展重大海洋权益活动，及时提出对策建议。结合"纪念世界反法西斯战争胜利和中国抗日战争胜利70周年"活动，在国内有关省市举办7场钓鱼岛主权与历史图片系列宣传活动。在原有中文版本基础上，增加钓鱼岛网站英、日、法、德、西、阿拉伯等7个语种版本，对外宣传力度进一步增强。举办南海合作与发展国际研讨会、中欧海洋法研讨会，就国际法、海洋法热点问题进行交流，对外宣传我立场主张。举办东盟地区论坛海上溢油应急响应与处置研讨会，由我提出的建立溢油专家网络建议获得参会各方支持和参与，提升我在非传统海洋安全领域合作的影响力。组织编制和对外公布我在国际海底124个地理实体的地名命名，彰显我调查实力和在海底地名领域的影响力。我国提交的13个海底地名获得国际组织审议通过。

维护国家海洋权益

【钓鱼岛历史与主权图片展】 为纪念世界反法西斯战争暨抗日战争胜利胜利70周年，弘扬爱国主义精神，国家海洋局在国内部分省市开展钓鱼岛主权展览宣传活动，分别在北京、青岛、杭州、舟山和温州等地举办钓鱼岛图片资料展览，由国家海洋局北海分局、清华大学、国家海洋局第二海洋研究所、舟山市海洋与渔业局和温州图书馆分别承办。

【钓鱼岛专题网站发布多个外文版本】 钓鱼岛专题网站由国家海洋信息中心主办，2014年12月开通中文版，2015年3月开通英文和日文版。2015年8月15日，钓鱼岛专题网站同时开通法语、德语、西班牙语、俄语及阿拉伯语5个外文版本，加上此前开通的中文、英文、日文版，钓鱼岛专题网站目前共有8种语言版本同时运行。该网站以大量的历史文献和法律文件有力地证明钓鱼岛及其附属岛屿是中国的固有领土，中国对其拥有无可争辩的主权。为进一步宣示我主权，让国际社会了解事实真相，开通多语种版本，并增加历史文献和视频资料。

双多边交流与合作

【王飞副局长率团出访毛里求斯】 2015年1月21—23日，国家海洋局王飞副局长率团访问毛里求斯，拜会毛里求斯总理贾格纳特等领导，听取中国大洋35航次的工作汇报，检查、指导"向阳红09"船、"蛟龙"号的有关工作，并出席驻毛使馆举办的以"向阳红09"船为主题的春节招待会活动。在与毛方的会见中，双方同意共同努力，争取就中毛政府间海洋领域合作谅解备忘录文本早日达成一致。此访为下一步拓展中毛在海洋领域的合作奠定基础，全面部署大洋35航次第三航段的工作，增强队员圆满完成任务的信心。以"向阳红09"船为主题举办的一系列活动，很好地宣传我国取得的海洋科研成果，加深中毛之间的友谊。

【中日第三次海洋事务高级别磋商】 1月21日至24日，中日海洋事务高级别磋商第三轮磋商全体会议及工作组会议在日本横滨市举行。双方举行全体会议和政治法律、海上防务、海上执法与安全及海洋经济四个工作组会议，就中日关系、东海有关问题及海上合作深入交换意见，就海洋资源、能源、科考、海洋垃圾及放射性物质污染海洋等问题交换意见，并就下步合作达成多项共识。

【陈连增副局长会见中国候任驻斯里兰卡大使易先良】 2月4日，国家海洋局陈连增副局长在京会见即将赴斯里兰卡上任的中国候任驻斯里兰卡大使易先良，就进一步深化中斯两国在海洋领域的合作进行交流。陈连增回顾中斯两国在海洋领域的友好交流与合作，并就推动中斯两国下一步在海洋领域的务实合作提出六点具体建议。易先良表示，上任之后，将会与国家海洋局保持密切联系，继续做好中斯间的沟通协调工作，不断推动中斯海洋领域的交流和合作取得新成绩。

【中加第 7 届联委会会议】 2 月 11 日至 12 日，中国—加拿大海洋与渔业科技合作联委会第 7 次会议在加拿大首都渥太华举行。国家海洋局国际合作司副司长陈越和加拿大渔业海洋部生态系统和海洋科学司阿兰·韦奇纳司长共同主持会议。会议回顾联委会第六次会议以来互访交流情况及合作项目取得的主要成果，分别介绍各自部门的组织架构、主要职能、部门预算及海洋科研等情况，商讨确定今后三年双方合作项目，确定继续实施已有的两个海洋溢油合作项目，并致力于推动建设“中加海洋生态联合实验室”及进一步加强科研学术交流。

【王宏局长会见新加坡驻华大使罗家良】 3 月 6 日，国家海洋局王宏局长在京会见新加坡驻华大使罗家良。王宏表示，中新两国都是海洋国家，在建设“一带一路”的大背景下，开展海洋领域合作前景十分广阔。国家海洋局愿与新方以合作共赢为目标，在海洋环境保护、溢油应急处置、海洋政策与法律等方面开展务实合作。罗家良表示，新方期待与中方进一步加深海洋领域交流，愿积极推动新方有关部门与中国国家海洋局开展务实合作。同时，新加坡作为东盟轮值主席国，愿积极促进东盟国家与中方的海洋合作。

【共建 21 世纪海上丝绸之路分论坛暨中国—东盟海洋合作年启动仪式】 3 月 28 日，国家海洋局与外交部、海南省人民政府在海南博鳌联合举办“共建 21 世纪海上丝绸之路分论坛暨中国—东盟海洋合作年启动仪式”。中国国务委员杨洁篪、泰国副总理兼外长塔纳萨，菲律宾前总统拉莫斯、澳大利亚前总理陆克文、柬埔寨公共工程与运输部大臣陈尤德、中国国务院侨务办公室主任裘援平、海南省省长刘赐贵、博鳌亚洲论坛秘书长周文重、中国外交部部长助理刘建超出席论坛。会上，杨洁篪发表题为《深化互信、加强对接，共建 21 世纪海上丝绸之路》的演讲，并提出，希望中国—东盟全方位海洋合作成为共建 21 世纪海上丝路的样板。在蓝色经济与合作共赢的讨论中，王宏局长阐述对在建设 21 世纪海上丝路大背景下促进和发展蓝色经济的看法，还同与会嘉宾分享我国发展蓝色经济的经验。陈连增副局长主持论坛。出席论坛的还有来自文莱、柬埔寨、印尼、老挝、马来西亚、缅甸、菲律宾、泰国、越南以及中国的海洋管理部门代表，有关国家外交机构代表，中国和东盟 10 国有关省、市负责人，各国企业及媒体代表，共约 200 余人。海洋议题首次被纳入博鳌亚洲论坛正式议程。

【陈连增副局长会见泰国自然资源与环境部副常秘苏提拉】 3 月 28 日，国家海洋局陈连增副局长在海南省博鳌会见前来参加“共建 21 世纪海上丝绸之路分论坛暨中国—东盟海洋合作年启动仪式”的泰国自然资源与环境部副常秘苏提拉。陈连增对泰国支持和积极参与共建 21 世纪海上丝绸之路表达感谢，他指出，中泰海洋合作日益深化，成果显著，海洋合作已经成为中泰关系稳定健康发展的重要推动力和亮点，希望双方能够继续推动中泰气候与海洋生态系统联合实验室的建设和发展，鼓励双方海洋科研机构和专家发起新的合作项目，共同支持并参与海洋合作等相关事宜。苏提拉对中国国家海洋局积极推动中泰两国海洋领域务实合作所做的努力表示衷心感谢，希望双方能够继续在海岸侵蚀、海洋生态环境保护、海洋环境监测预报等方面加强合作，愿共同努力把海洋合作打造成中泰合作的亮点，共庆中泰建交 40 周年。

【中巴将建立联合海洋研究中心】 4 月 20 日，在国家主席习近平与巴基斯坦总理谢里夫的见证下，王宏局长与巴基斯坦科技部常秘卡姆兰签署《中华人民共和国国家海洋局与巴基斯坦伊斯兰共和国关于共建中巴联合海洋研究中心的议定书》（简称《议定书》）。根据该《议定书》，双方将设立中巴联合海洋研究中心（简称中巴中心）。同日，王宏局长访问巴基斯坦科技部，就推动下步合作事宜与巴方进行友好的交流。双方一致同意积极推动中巴中心建设和发展，使海洋科技合作成为中巴全天候战略合作伙伴关系发展新的增长点。

【陈连增副局长率团访问南亚三国】 4月19日至28日，国家海洋局陈连增副局长应邀出访印度、孟加拉和缅甸三国。4月20日，代表团访问印度地球科学部，与赛莱斯·纳亚克部长进行会谈。4月23日，陈连增会见孟加拉国外交部副部长阿拉姆，并与孟外交部、科技部、渔业与畜牧业部、航运部、林业与环境部、达卡大学、吉大港大学和拉赫曼海洋大学的高级别代表进行会晤。4月27日，陈连增访问缅甸交通部，与吴汉森副部长进行会晤。通过上述会晤，各方加深理解，就海洋合作达成多项共识。

【中韩海洋科学共同研究中心成立20周年】 5月11日至13日，中韩海洋科技合作研讨会暨中韩海洋科学共同研究中心成立20周年庆祝活动在青岛举行。此次活动包括开幕式和一系列的研讨会，具体包括第四届中韩海洋核安全监测及预测系统建设研讨会、第八届国际黄东海海洋科学研讨会和第六届中韩黄海及东中国海业务化海洋学研讨会。

【签署中印海洋合作文件】 5月15日，在国务院总理李克强与印度总理莫迪的见证下，国家海洋局局长王宏与印度驻华大使康特共同签署《中华人民共和国国家海洋局和印度共和国地球科学部关于加强海洋科学、海洋技术、气候变化、极地科学与冰冻圈领域合作的谅解备忘录》（简称《备忘录》）。该《备忘录》的签署，为亚洲两个重要的海洋国家开展海洋合作奠定坚实的基础，中印海洋合作迈上新台阶。

【中越海上低敏感领域合作】 6月3日至4日，中越海上低敏感领域合作专家工作组第七轮磋商在河内举行。双方就实施“中越北部湾海洋与岛屿环境综合管理合作研究项目”和相关议题举行对口磋商，讨论建立项目管理机制、申请项目经费、交换数据的类型、召开项目专题研讨会、双方专家互访等事宜，并达成一系列共识。

【国家海洋局领导访问希腊、葡萄牙和马耳他】 5月28日至6月7日，国家海洋局党组成员、时任局人事司司长房建孟访问希腊、葡萄牙、马耳他三国，出席“欧盟海洋日”活动和葡萄牙“蓝色周”海洋部长级会议。这是欧盟首次邀请欧盟国家之外政府代表团参加“欧盟海洋日”活动，出访加深中欧海洋领域交流。在“蓝色周”海洋部长级会议上，房建孟介绍海洋经济发展情况，并号召各国共同建设“21世纪海上丝绸之路”，得到与会各方积极响应。代表团与三国有关部门进行的双边会谈达成多项共识。

【王宏局长会见澳门特首崔世安】 6月17日，国家海洋局局长王宏在京会见澳门特别行政区行政长官崔世安一行。王宏表示，做好明确澳门习惯水域管理范围这项工作既要认真领会贯彻“一国两制”重要方针，又要细致考虑更好地促进粤澳双方共同发展，做到有利于特区政府依法施政，有利于推动澳门适度多元发展，有利于统筹粤澳两地合作共赢的大局。崔世安希望国家海洋局能一如既往地支持澳门特别行政区政府的工作，就海洋规划立法、海洋经济发展等方面提供技术指导和支持。国家海洋局将与澳门特区政府继续在海洋经济发展和“一带一路”建设方面加强沟通合作，推动粤澳两地的长期繁荣与发展。

【中美海洋合作成果创历年新高】 6月24日，“保护海洋”特别会议在华盛顿召开，会议由国家海洋局王宏局长与美国国务院副助理国务卿诺维莉共同主持，国务委员杨洁篪和美国务卿克里出席闭幕式并对会议做出高度评价，指出应把海洋合作打造成中美两国合作新的增长点。特别会议议题包括国际海洋事务、海洋垃圾、海洋酸化、海洋资源可持续性、加强海上执法合作以及南北极合作方向等，为继续深化两国海洋合作指明方向。“保护海洋”特别会议成为第七轮中美战略经济对话新亮点。本轮战略与经济对话在海洋方面共达成 13 项成果，占本轮对话成果总数的 10%，是历年最多的一次。

【中泰海洋领域合作联委会第四次会议】　7 月 17 日，中泰海洋领域合作联委会第四次会议在泰国攀牙府举行。国家海洋局副局长陈连增与泰国自然资源环境部副常秘韦嘉共同主持会议。陈连增高度评价双方为庆祝中泰建交 40 周年在普吉举行的中— 泰安达曼海联合科学考察航次，肯定双方在海洋环境预报系统建设方面的成果，就下步合作提出建议，并邀请泰方回访。

【张宏声副局长率团访问肯尼亚和桑给巴尔】 7 月 22 日，国家海洋局副局长张宏声率团访问肯尼亚气象局，与气象局局长詹姆士·孔格提就推动中肯海洋及气候领域合作、加强双方在海洋观测预报、防灾减灾、海洋科学研究、人员互换与交流等方面的合作深入交流，就联合开展西北太平洋和印度洋合作研究达成原则共识。7 月 24 日，张宏声副局长访问桑给巴尔畜牧渔业部，与畜牧渔业部副部长赛义德·穆罕默德就推进双方海洋合作进行工作会谈，双方商定将加强合作，并共同出席中桑联合海洋研究中心揭幕仪式。

【中桑联合海洋研究中心成立】　7 月 24 日，国家海洋局副局长张宏声、中国驻桑给巴尔总领事谢云亮、桑给巴尔畜牧渔业局副部长赛义德、国家海洋局第二海洋研究所党委书记沈家法等在桑给巴尔共同为中桑海洋联合研究中心举行揭牌仪式。

【菲律宾菲华联谊总会代表团来访】　7 月 30 日，国家海洋局副局长陈连增在京会见以杨思育为团长的菲律宾菲华联谊总会代表团，并就“一带一路”建设及促进中菲关系等话题进行座谈。陈连增表示，菲华联谊总会成立 41 年来，在弘扬中华文化、促进中菲关系方面，做很多积极工作，发挥重要作用。他希望菲华联谊总会紧紧抓住“一带一路”建设的机遇，进一步推动中菲两国交流合作，为两国的经济社会发展做出更大贡献。杨思育会长表示菲华联谊总会的宗旨是促进菲中的友谊和两地经济文化的交流，在国民外交方面有着较好的资源和基础，总会将努力做好国民外交工作，积极参与“一带一路”建设，为加强菲中经济文化交流贡献力量。

【中国—东盟海洋合作中心】　为落实国务院总理李克强在出席第十七次中国—东盟（10+1）领导人会议上提出的成立中国—东盟海洋合作中心的倡议，8 月 20 日，中国—东盟海洋合作中心（以下简称“中心”）领导小组成立暨第一次会议在京召开。国家海洋局副局长陈连增，福建省委常委、常务副省长张志南出席会议并任中心领导小组共同组长。本次会议就中心的定位、工作机制达成原则共识，会议还通过中心 2015 —2016 年工作计划和中心标识及挂牌仪式方案，确定领导小组和办公室人员名单，明确领导小组及其办公室的工作职责。

【陈越访问格陵兰并出席北极科学研讨会】　9月 8 日至 11 日，国家海洋局国际合作司副司长陈越率团访问格陵兰，与格教育、文化、研究和宗教部以及相关科研管理和研究机构共同举办北极科学研讨会，访问格自然资源和气候研究中心、地质环境调查所等。双方一致认为应建立长期合作关系，并在 2016 年适当时间签署双方部门间北极科研框架性合作协议。

【中国—东盟海洋合作成果展】　9 月 18 日，以“共建 21 世纪海上丝绸之路 共创海洋合作美好蓝图”为主题的中国—东盟海洋合作成果展在第十二届中国—东盟博览会上成功举办。本次中国—东盟海洋合作成果展作为中国—东盟博览会的重要会展活动之一，重点展示中国与东盟各个国家在海洋环保、海洋经济、海洋科技、海上联通、海洋人文交流等领域交流合作的成果，以及对未来海洋合作发展前景的美好规划。

【继续深化与太平洋岛国合作】 9月，国家海洋局副局长陈连增在国家海洋环境监测中心会见瓦努阿图总理萨托·基尔曼一行，就推进中瓦双方在海洋观测预报和海洋灾害预警、海洋生态环境保护、海洋资源勘探和开发及海洋科学研究等领域合作进行交流。为落实2014年在国家主席习近平见证下签署的《中国瓦努阿图两国政府关于海洋领域合作的谅解备忘录》，国家海洋局组织技术中心、预报中心、海洋一所专家赴瓦开展相关合作活动。

【国家海洋局领导出席"我们的海洋"大会】 10月5日，国家海洋局党组成员、时任人事司司长房建孟率团参加"我们的海洋"大会。会议由美国国务卿约翰·克里和智利外交部长埃拉尔多·巴伦苏埃拉主持，共有来自各国政府、学界、国际机构和非政府组织的500余名人士参会。海洋局代表就海洋酸化议题阐述中国的实践和立场，介绍已开展的海洋环境监测和研究工作，并呼吁国际社会应更多分享相关信息和经验，充分体现我负责任大国的形象。

【第三届中—马海洋科学技术研讨会】 10月10日至12日，第三届中—马海洋科学技术研讨会在厦门成功举办。此次会议围绕海岸带可持续发展与保护，海洋生态环境保护，海洋生物资源利用与产业化，海洋观测、预测与防灾减灾四个主题进行研讨。会上，中马两国的专家针对国家海洋环境预报中心开展的海上搜救应急业务以及赤潮、绿潮灾害预测业务进行热烈的讨论。

【国际海底地名分委会第28次会议】 国际海底地名分委会第28次会议于2015年10月12-16日在巴西水文和航海理事会召开。来自德国、美国、巴西、阿根廷、智利、中国、日本、韩国、加拿大、法国和新西兰等11个国家的20名委员和观察员参加会议。国家海洋局组织国内专家参会。本次会议上，中国提交的13个海底地名提案获得分委会审议通过。

【第二轮中国—欧盟海洋管理高级别对话】 根据2010年签署的《中华人民共和国政府与欧盟委员会关于在海洋综合管理方面建立高层对话机制谅解备忘录》，10月13日，国家海洋局局长王宏与欧盟环境、海洋事务和渔业委员卡梅奴·维拉在北京进行第二轮高级别对话，就进一步加强海洋环境保护、发展蓝色经济等合作问题进行交流，并就签署"执行《关于在海洋综合管理方面建立高层对话机制谅解备忘录》的行动计划"、设立"中国—欧盟蓝色年"等问题达成共识。双方将继续通过高层对话和人员互访交流，以及共同召开研讨会等方式开展务实合作。

【第三届南海合作与发展国际研讨会】 为阐述我在南海问题上的政策立场，对外展示我推进南海合作的诚意，在国家海洋局和外交部的支持下，国家海洋局海洋发展战略研究所联合武汉大学于2015年10月29-30日在武汉主办第三届南海合作与发展国际研讨会。来自英美等西方国家、南海周边国家以及中国大陆及台湾等13个国家（地区）和国际海洋法法庭法官等80多名专家学者参加会议。在为期两天的会议中，与会专家围绕南海的历史和法理问题、南海争端的和平解决、南海合作及前景等三个议题展开研讨和交流。会议取得多项成果，达到预期目的。

【首届中国—南欧国家海洋合作论坛召开】 11月7—8日，首届中国—南欧国家海洋合作论坛在厦门举行。论坛由国家海洋局和外交部共同主办，国家海洋局局长王宏出席论坛并作主旨发言，外交部部长助理钱洪山、厦门市政府市长裴金佳致辞，希腊、意大利、马耳他、葡萄牙和西班牙等多国政要出席论坛并致辞，强调开展海洋合作交流的重要性，并表达强烈的合作意愿。论坛促成多个南欧国家与我就建立政府间海洋领域合作机制达成共识。

【南海及周边海洋国际合作成果丰硕】 12月4日，南海及其周边海洋国际合作框架计划领导小组会议在京召开。自《南海及其周边海洋国际合作框架计划（2011—2015)》（以下简称《框架计划》）实施以来，国家海洋局通过双边联委会、海外合作平台管委会、地区合作研讨会等多层面的合作机制，依托联合国政府间海洋学委员会西太平洋分委会等国际组织，牵头发起并实施近70个合作项目，吸引150余位外方专家参与合作，共同开展68个联合航次调查，召开34次学术研讨会，在海洋研究期刊共发表245篇论文。合作得到南海及周边国家的积极响应，促进海洋合作伙伴关系。同时，我国先后与15个南海周边国家、印度洋和南太平洋国家共签署19份政府间及部门间海洋领域合作文件。国家海洋局还向多个国家提供海洋观测站的仪器设备，为南海及周边国家提供海洋环境预报公益服务，有力地促进当地社会经济发展。

【东亚海洋合作平台领导小组成立】 为落实国务院总理李克强在出席第16次东盟与中日韩领导人会议时提出建立东亚海洋合作平台的倡议，12月17日，东亚海洋合作平台（以下简称平台）领导小组成立暨第一次会议在京举行。国家海洋局副局长陈连增，山东省副省长赵润田出席会议并讲话，来自外交部和国家发展改革委相关部门的有关负责人出席会议。会议原则通过平台领导小组、办公室和工作推进小组的组成名单、职责和工作规则，听取平台建设进展、规划和工作方案的报告。明确工作目标是围绕海洋经济、海洋科技、海洋人文、海洋环保与防灾减灾等领域开展多层次国际合作，打造东亚国家海洋合作平台，维护地区海洋和平与稳定，共谋海洋经济繁荣发展，促进各国合作共赢，建设21世纪海上丝绸之路新起点。

【东盟地区论坛海上溢油应急管理与处置研讨会】 2015年12月17日至18日，东盟地区论坛海上溢油应急管理与处置研讨会在昆明成功主办。18个国家和国际组织的80余位官员和专家参加会议。在友好融洽的氛围中，参会人员围绕溢油应急的准备、监测、预警、处置和修复，从观念、原则、框架、技术等方面坦诚交换信息和经验。会议就建立海上溢油专家联络机制达成共识。通过相关报告，外方全面了解中方建设海洋生态文明的努力及成效，在海洋环境保护领域强化我负责任大国形象。

【王宏局长会见斯里兰卡渔业与水生资源开发部部长马欣达】 12月24日，国家海洋局局长王宏在京会见斯里兰卡渔业与水生资源开发部部长马欣达·阿玛拉维拉，共同见证国家海洋局第一海洋研究所与斯里兰卡渔业与水生资源研究开发局签署《关于开展海平面观测与灾害预报系统项目的实施协议》。

【中希海洋合作年成果丰硕】 2015年，中希两国首次举办以海洋为主题的双边合作年“中希海洋合作年”，得到两国领导人高度重视。国家海洋局作为牵头单位，成立由外交部、商务部、交通运输部、国家文物局、中国远洋集团公司、浙江、福建省和舟山、厦门市参加的中希海洋合作年组委会，制定工作方案、相互协调配合，有序推进相关合作活动。据不完全统计，海洋年期间共开展近30项合作交流活动，涉及海洋科技、海洋文化、港口和海运等多个领域，取得显著成效。3月，国务院副总理马凯和希腊政府特使、希副总理兹拉加萨基斯在北京出席开幕仪式。11月，国家海洋局局长王宏与希腊政府代表、海洋事务和岛屿政策部部长兹理察斯出席“中希海洋合作年”闭幕仪式，并共同为两国同步发行的中希海洋合作年纪念封和邮票揭幕。

【北太平洋海洋科学组织(PICES)前执行秘书长访华】 1月18—23日，PICES前执行秘书长Alex Bychkov来华，与国家海洋局国际合作司司长张海文进行工作会谈。在华期间，Bychkov还拜会国家海洋局第一海洋研究所、中国水产科学研究院、水产科学院黄海研究所、中科院海洋研究所等多家参与PICES组织的国内科研院所，推进中国各方参与PICES的有关工作。

【联合国大会“国家管辖范围以外区域海洋生

物多样性(BBNJ)养护与可持续利用问题”不限成员名额非正式特设工作组第九次会议】 1月20日至23日，联大BBNJ问题特设工作组第九次会议在纽约联合国总部召开，来自100多个成员国、政府间组织和非政府组织的200余名代表出席。会议提请第69届联大在《联合国海洋法公约》框架下就BBNJ问题启动谈判，制定具有法律约束力的国际协定，同时明确谈判的进程、步骤及工作任务。我国常驻联合国代表团、外交部条法司、国家海洋局派代表与会。

【亚太经合组织(APEC)海洋与渔业工作组第四次会议】 1月28日至30日，APEC海洋与渔业工作组（OFWG）第四次会议在菲律宾克拉克举行。来自16个APEC成员，APEC秘书处及相关机构的80余名代表出席。国家海洋局国际合作司、国家海洋局第三海洋研究所、国家海洋战略研究所、国家海洋信息中心等单位组团参会。会议讨论落实2014年APEC领导人会议及APEC第四届海洋部长会议有关成果、开展新项目申请、起草OFWG粮食安全行动计划、2016—2018年战略规划等议题，并讨论通过OFWG2015年工作计划。会议期间，我国与会代表团还与OFWG主席、APEC秘书处项目主管、美国、俄罗斯、日本、巴布亚新几内亚等成员代表举行双边会见。

【国家海洋局与保护国际基金会举行2014年度总结会】 2月5日至6日，国家海洋局与保护国际基金会（CI）举行2014年度总结会议。双方就2011年签署合作框架协议以来在海洋生物多样性、海洋自然保护区建设与管理、海洋自然资源生态补偿等领域开展的合作进行总结，并对2015年合作计划进行讨论。来自国家海洋局、沿海省市有关单位代表，以及CI驻华办公室人员参加此次会议。

【联合国教科文组织政府间海洋学委员会(IOC)ICG/PTWS-WGSCS第四次会议】 2月11—12日，IOC太平洋海啸预警与减灾系统政府间协调组中国南海区域工作组第四次会议（ICG/PTWS-WGSCS-IV）在印尼雅加达举行。来自菲律宾、泰国、越南、印度尼西亚、文莱、日本以及IOC雅加达办公室等国家和国际组织代表出席会议。国家海洋局预报减灾司、国际合作司，国家海洋环境预报中心和香港天文台组成的中国代表团参会。会议确定由菲律宾火山地震研究所（国家海啸预警中心）于2016年上半年承办WG-SCS第五次工作组会议。与会期间，中国代表团还访问印尼气象、气候和地球物理局，就共同关心的海洋领域合作深入交流看法。

【APEC海洋可持续发展中心管理委员会工作会议】 3月10日，APEC海洋可持续发展中心管理委员会工作会议在福建厦门召开。会议由国家海洋局副局长、APEC海洋中心管理委员会主任陈连增主持。外交部、国家发改委等部委代表，福建省有关部门负责人，国家海洋局、厦门市海洋与渔业局、有关涉海高校和科研院所、新闻单位等APEC海洋可持续发展中心管理委员会成员单位负责人和代表作参会并发言。会议对APEC海洋可持续发展中心2014年工作进行总结，部署2015年各项工作，并审议APEC海洋中心2015—2020年发展规划。

【PICES中国委员会成立】 3月20日，PICES中国委员会成立大会暨第一次全体会议在北京召开，委员会主任、国家海洋局副局长陈连增出席并讲话。会议审议通过《PICES中国委员会章程》，建立PICES中国委员会的组织机构，标志着PICES中国委员会正式成立。国家海洋局、教育部、农业部、中科院有关部门所属科研单位和相关高校等PICES中国委员会的副主任及委员单位负责人参加会议。

【东亚海环境伙伴关系组织(PEMSEA)第十六届执委会扩大会议】 3月23日至25日，PEMSEA第16届执委会扩大会议在菲律宾马尼拉召开。来自柬埔寨、中国、印度尼西亚、日本、韩国、老挝、菲律宾、新加坡、东汶、越南等国家成员以及UNDP驻曼谷办公室、

PEMSEA办公室共30余名代表参加会议，会议审议东亚海可持续发展战略修订草案、第五届部长论坛及东亚海大会等事宜。我方代表与PEMSEA执行主任讨论在东亚海大会上主办蓝色经济研讨会事宜。

【第十八届太平洋与亚洲边缘海国际学术会议】 4月21日至23日，第十八届太平洋与亚洲边缘海国际学术会议在日本冲绳召开。共有来自中国、韩国、日本、美国、泰国、菲律宾、印度尼西亚和俄罗斯等国家的200多人参加会议。会议共设13个海洋科学专题。来自国家海洋局第二海洋研究所的陈大可等中方代表全程参加所有专题的报告并做各自专题的报告，跟踪太平洋与亚洲边缘海研究的最新研究进展，在国际平台上展示我国的最新科研成果，增进与其他国家科研院所之间的科研交流。

【第二届中非海洋科技论坛】 4月9至10日，“第二届中非海洋科技论坛”在肯尼亚首都内罗毕举办。来自中国和安哥拉、贝宁、喀麦隆、科特迪瓦、埃及、肯尼亚、马达加斯加、莫桑比克、尼日利亚、塞内加尔、南非、多哥、突尼斯、坦桑尼亚等非洲国家及IOC非洲分委会等国际组织的近50名代表参加会议。国家海洋局国际合作司、国家海洋局第二海洋研究所、国家海洋信息中心、国家海洋预报中心、国家海洋标准计量中心、海岛中心、国家海洋局第一海洋研究所、国家海洋局第三海洋研究所、南京大学等单位专家组成的中国代表团参会。会后，中国代表团部分成员还参加IOC第五组（非洲和阿拉伯国家）海洋持续观测论坛和IOC非洲分委会第三次会议等会议。

【2015年《伦敦公约》及其《96议定书》科学组会议】 4月20日至24日，《伦敦公约》第38次科学组会议暨《96议定书》第9次科学组会议在英国伦敦召开。来自24个缔约国和5个观察员的代表参加会议。会议围绕废物评估指南、海洋地球工程、二氧化碳海底地质结构封存、倾倒活动报告、海洋环境监测与评价、放射性废物管理等16个议题展开。会议为2015年10月召开的缔约国会议奠定基础，我参会代表了解各国关于海洋倾废管理前沿的理念和具体研究成果，为我国的履约和海洋倾废管理工作提供技术参考。

【环印联盟成员国海水淡化技术合作国际专家研讨会暨展会】 5月5日至9日，“环印联盟成员国海水淡化技术合作国际专家研讨会暨展会”在天津召开。国家海洋局国际合作司张海文司长、外交部非洲司王世廷副司长、环印联盟区域科技转移中心墨兰贾德主任出席开幕式，并共同为环印联盟区域科技转移中心海水淡化技术协调中心揭牌。来自孟加拉国、塞舌尔、伊朗、肯尼亚、毛里求斯、莫桑比克、南非、斯里兰卡、坦桑尼亚、泰国等10个环印联盟成员国的政府官员、学者和企业代表等60余人参加会议。

【IOC西太平洋分委会第10次大会】 5月12日至15日，IOC西太平洋分委会（WEST-PAC）第10次大会在泰国普吉岛举行。IOC主席卞相庆博士、IOC新任执行秘书Vladimir Ryabinin博士及WESTPAC15个成员国、IOC非洲分委会、PICES、世界气候研究计划（WCRP）、PEMSEA、联合国环境规划署西北太平洋行动计划等国际组织代表100余人出席会议。国家海洋局国际合作司及相关局属单位、中国海洋大学、同济大学等单位专家组成的中国代表团与会。会议重点讨论2013年WESTPAC第9次大会以来相关工作情况、各项目进展、新项目建议以及2017年WEST-PAC科学大会筹备等议题，并选举Somki-atKhokiattiwong连任WESTPAC主席。我代表团提出“印-太海洋环境变异与海气相互作用”和“亚洲热带海洋濒危生物（哺乳动物和海龟）保护性区域研究”两个新项目并得到批准；并与IOC续签承建IOC-ODC中心的协议。

【PICES2015年科学局中期会议】 5月18日至20日，PICES2015年科学局中期会议在韩国釜山举行。国家海洋局国际合作司及相关局属单位组团与会。此次会议重点审议 2014 年年会以来 PICES 工作进展、2015 年 PICES 会议准备情况及 PICES 有关科学计划的重组和进展。会议期间，国家海洋局第一海洋研究所乔方利研究员荣获 2015 年度伍斯特奖，这是我国科学家首次获得该奖项。

【PEMSEA 海岸带综合管理标准体系认证专家研讨会】 5 月 20 至 21 日，PEMSEA 海岸带综合管理标准体系认证专家研讨会在厦门召开。此次会议由中国 PEMSEA 中心与 PEMSEA 秘书处联合举办，来自国内外专家 14 人参加会议。会议讨论和确定实施海岸带综合管理标准体系的技术路线和示范推广方案。

【2015 年中国政府海洋奖学金评选委员会会议】 5 月 22 日，2015 年中国政府海洋奖学金评选委员会会议在上海同济大学召开。来自国家海洋局国际合作司、财务装备司、国家海洋局第一海洋研究所、国家海洋局第二海洋研究所、国家海洋局第三海洋研究所、国家海洋环境预报中心和教育部国家留学基金委等单位，及中国海洋大学、同济大学、浙江大学、厦门大学等招生院校的代表 20 余人出席。会议根据《中国政府海洋奖学金评选办法》，评选出来自印度尼西亚、泰国、马来西亚、巴基斯坦、斯里兰卡、孟加拉国、尼日利亚、加纳、莫桑比克、喀麦隆、科摩罗等 14 个发展中国家的 18 名学生作为 2015 年中国政府海洋奖学金录取候选人。

【第 17 次世界气象大会通过建立全球海洋和海洋气候资料中心中国中心的决议】 5 月 25 日至 6 月 12 日，第 17 次世界气象大会在瑞士日内瓦召开。来自世界气象组织（WMO）技术委员会、WMO 成员国及非成员国、联合国及其附属机构、其他政府间及非政府组织的代表与独立专家共 700 余人参加会议。本次大会重点关注灾害和气候适应变化以及数据抢救、早期预警、减轻灾害风险、全球气候服务框架（GFCS）等议题，深入讨论世界气象组织未来四年战略计划、预算及各项业务、科研、服务、伙伴关系和能力发展等事项。会议通过在中国国家海洋信息中心建立全球海洋和海洋气候资料中心（CMOC）中国中心（CMOC/China）的决议，并将按照 WMO 的操作程序，将此决议结果通报 IOC 即将于 6 月中旬召开的第 28 次大会。

【PICES 中国委员会专家委员工作会议】 6 月 4 日，PICES 中国委员会下设专家委员会工作会议在青岛举行。会议为落实 PICES 中国委员会成立以来相关工作展开讨论。中国科学院海洋研究所、水科院黄海所、同济大学等副主任委员单位，部分专家委员会成员单位以及相关科研单位派代表参会。

【第 25 届《联合国海洋法公约》缔约国会议】 6 月 8—12 日，第 25 届《联合国海洋法公约》缔约国会议在美国纽约联合国总部召开。来自 143 个缔约国、包括美国在内的 7 个观察员国及相关国际组织派代表团与会。会议主要审议联合国三大机构“国际海洋法法庭”“大陆架界限委员会”和“国际海底管理局”等工作进展和财务审计情况，以及联合国秘书长关于海洋与海洋法问题的报告，补选克罗地亚水道测量研究所所长Nenadleder 博士为大陆架界限委员会新委员。

【海洋放射性监测与评价研讨会暨 PICES海洋放射性环境质量评价工作组（WG-AMR）成立会议】 6 月 16 日，“海洋放射性监测与评价研讨会暨 PICESWG-AMR 成立会议”在厦门召开。会议就 PICES WG-AMR 国内工作组的成立、工作组的成员、顾问和秘书组组成，以及工作组职责和工作计划（2015—2016）等进行审定。该工作组将为我参与 PICES 框架下海洋放射性有关研究和合作提供国内技术支撑。

【IOC 第 28 次大会】 6 月 18 日至 25 日，IOC 第 28 次大会在法国巴黎联合国教科文组织总部举行。6 月 16 日和 17 日还分别举行 IOC 执理会第 48 次会议和 IOC 科学日活动。国家海洋局国际合作司及局属单位派员参会。会议重点讨论 2013 年第 27 次大会以来 IOC 合作的各项相关事务，包括各地区委员会和各主要合作项目的进展，IOC行政管理、财政、能力建设、未来发展、与其他国际组织合作等问题，并选举挪威籍科学家Peter Haugen担任新一届IOC主席。中国在会议期间成功竞选连任2015—2017年IOC执理会成员国。会议批准由国家海洋信息中心承建全球海洋和海洋气候资料中心中国中心（CMOCChina）。此外，中国代表团正式对外宣布2017年4月中旬在青岛主办IOC西太平洋科学大会的初步安排。

【PEMSEA理事会第7次会议】 6月23日至25日，PEMSEA理事会第7次会议在菲律宾巴拉望召开。来自PEMSEA国家伙伴及非国家伙伴、联合国开发计划署（UNDP）和世界银行的50余位代表出席本次会议。国家海洋局国际合作司张海文司长率团与会并当选东亚海伙伴关系理事会政府间委员会联合主席。会议重点审议《东亚海可持续发展战略》（SDS-EAS）的实施进展和成果（2003—2015年）、修订后的SDS-EAS、SDS-EAS2015年后的目标及指标、第五届东亚海部长论坛等文件；听取越南关于第五届东亚海大会及东亚海部长论坛的筹备情况介绍；讨论PEMSEA的自我维持战略和实施计划；评议东亚海计划第四期项目（2014—2019）“深化SDS-EAS（2014—2019）实施”及全球环境基金/世界银行项目“东亚海及其沿岸大海洋生态系统的可持续发展（2013—2016）”的进展情况，并审议通过《东亚海可持续发展战略及后2015年目标》修订稿。

【国际海底管理局第21届会议】 7月13日至24日，国际海底管理局第21届会议在牙买加金斯顿召开。61个成员国、21个观察员国均派代表团出席本届大会。中国常驻海管局代表处、外交部条法司、国家海洋局、国家地质调查局、中国五矿集团公司等单位组成中国代表团。会议审议涉及国际海底管理局工作的多项议程，审核批准中国五矿集团公司提交的多金属结核保留区的矿区申请。

【美国蓝色经济中心主任Jason Scorse赴信息中心交流】 7月14日，美国蓝色经济中心主任Jason Scorse访问信息中心，就海洋经济未来发展前景、中美海洋经济领域合作等与中方进行交流。JasonScorse教授还在信息中心举办讲座。

【IOC西太分委会办公室主任朱文熙访问信息中心】 7月15日，IOC西太分委会（WESTPAC）办公室主任朱文熙访问信息中心，与中方就西太海洋数据和信息交换网络（ODINWESTPAC）、西太平洋国际海底地形图编制（IBCWP）、东北亚海洋观测系统（NEAR-GOOS）等合作项目的进展情况、存在的问题和未来发展思路进行深入交流。

【中国海洋研究委员会（SCOR）2015年年会】 8月18日至19日，中国SCOR2015年年会在山东海阳市举行。国家海洋局国际合作司、中国海洋研究委员会委员、SCOR国际海洋研究计划科学指导委员会委员或代表以及中国SCOR秘书处成员等共计25人参加此次会议。会议以“海洋科学的发展与未来”为主题，讨论SCOR工作及发展等议题。会议决定，国家海洋局第一海洋研究所戴德君研究员自2015年起担任中国SCOR秘书长。

【国家海洋局第二海洋研究所海底科学重点实验室主办国际海底管理局培训课程】 8月21日，由中国大洋协会组织的国际海底管理局培训项目在杭州举行。国际海底管理局法律官员蔡永胜、中国大洋协会办公室刘峰主任等为来自墨西哥、古巴、格鲁吉亚和孟加拉国等国的国际学员进行培训，培训内容题为“海洋前沿进展研究”。国家海洋局第二海洋研究所海底科学重点实验室相关科研人员也参加讲座。参训学员还赴浙江大学和中南大学进行理论学习和矿选冶技术相关培训。

【PICES中国委员会专家委员会第一次全体会议】 8月24日，PICES中国委员会专家委员会第一次全体会议在大连召开。来自国家海洋局、中国科学院、中国水产科学院下属科研院所及相关高校的50多名PICES中国委员会专家委员会委员及有关代表与会。会议就

PICES的参与机制、PICES主导的大型科学—FUTURE计划的新规划、我国主办2015年PICES年会等进行探讨，针对进一步编制专家委员会机制、中长期规划，通过PICES中国委员会推动跨部门、跨单位的海洋科学合作等达成基本共识。

【第七届全国微生物资源暨国际微生物系统研讨会】 8月28—29日，第七届全国微生物资源学术暨国际微生物系统与分类学研讨会在杭州召开。会议由中国微生物学会微生物资源专业委员会、国家微生物资源平台主办，国家海洋局第二海洋研究所与中国农业科学院农业资源与农业区划研究所、国家海洋局第三海洋研究所、浙江大学等单位共同承办。来自国内150多个单位的400余名专家和代表及美国、加拿大、日本、德国、英国、以色列等10个国家近30位国际同行参加。

【环印度洋联盟首届"蓝色经济"部长级会议】 9月2—3日，环印联盟首届“蓝色经济”部长级会议在毛里求斯举行。会议针对环印联盟框架下蓝色经济力推的四个领域，即渔业与养殖、海洋可再生能源、沿岸碳氢化合物和海底矿物、港口和航运进行探讨，形成并审议通过《毛里求斯蓝色经济宣言》。来自环印联盟成员国、对话伙伴国、相关国际组织共计约100余人出席。国家海洋局组团参会。会议期间，国家海洋局代表团还与环印联盟秘书长就海水淡化合作进行专门会谈，并拜会我驻毛里求斯大使。

【国际标准化组织船舶与海洋技术委员会海洋技术分委会(ISO/TC8/SC13)第二次会议】 9月17日，ISO/TC8/SC13第二次会议在杭州举行。国家海洋局第二海洋研究所作为TC8下设的海洋分委会（SC13）主席和秘书处承担单位组织此次会议。会议主要讨论海洋观测和海水淡化及综合利用等领域工作组的设置、新项目的立项，已成立的工作组进度，以及未来工作计划和安排等内容。来自中国和日本海洋标准化领域的30余位专家参加此次会议。

【IOC海洋动力学和气候培训与研究区域中心举办第五期培训班】 9月7日至18日，IOC海洋动力学和气候培训与研究区域中心第五期培训班在青岛成功举办。此次培训班由国家海洋局第一海洋研究所承办，主题为气候变化，美国、意大利、德国和中国的7位气候模式方面专家应邀授课，来自孟加拉、柬埔寨、中国、朝鲜、加纳、印度尼西亚、伊朗、日本、韩国、马来西亚、尼日利亚、秘鲁、苏丹、泰国、突尼斯和越南等16个国家的34名学员参加培训。培训班为考核通过的学员颁发结业证书，并评选出3名最佳学员作为下次培训班的重点资助对象。

【APEC粮食安全与蓝色经济高级别政策对话会议】 10月4—6日,APEC粮食安全与蓝色经济高级别政策对话会议在菲律宾伊洛伊洛市举行。该会议是2015年APEC东道主菲律宾在海洋领域主办的最高级别会议。14个APEC成员及太平洋经济合作理事会、APEC工商咨询理事会、APEC粮食安全伙伴关系、APEC粮食安全合作论坛等机构代表约80人出席。国家海洋局第三海洋研究所、APEC海洋可持续发展中心、国家海洋局信息中心组团参会。会议以“粮食安全与蓝色经济：实现包容性增长的基于海洋资源的可持续食物供应链”为主题，讨论通过《APEC粮食安全与蓝色经济高级别政策对话行动计划》。

【《1972年防止倾倒废物及其他物质造成海洋污染的公约》第37次缔约国协商会议暨《〈伦敦公约〉1996议定书》第10次缔约国会议】 10月12—16日，《伦敦公约》第37次缔约国协商会议暨《96议定书》第十次缔约国会议在英国伦敦国际海事组织总部举行，共有来自45个缔约国的125位代表参会，另有阿尔及利亚、柬埔寨、哥伦比亚、印度、印度尼西亚、利比里亚、马来西亚、新加坡、土耳其、越南、经济合作与发展组织、东北太平洋环境公约委员会、海洋保护咨询委员会、国际绿色和平组织、世界自然基金会、海洋工程科学与技术学会、世界疏浚协会的35位观察员列席。中国代表团由国家海洋局、外交部和交通部海事局代表组成。本次会议重点审议《伦敦公约》和《96议定书》的战略规划、科学组会议报告等文件，并就海洋地球工程与二氧化碳海底地质封存、技术援助与合作、放射性废物管理、监测以及其他海洋环境等问题进行讨论。中方在会前向大会提交《中国以国标形式发布两项废物海洋倾倒评价规范》文件。

【亚太脱盐技术国际论坛】 10月15日，2015年亚太脱盐技术国际论坛在北京举行。此次会议由亚太脱盐协会、中国膜工业协会、国家海洋局天津海水淡化与综合利用研究所共同主办。国家发展改革委、国家海洋局、科技部、工信部等部委领导出席论坛，来自中国、日本、韩国、印度、新加坡、中国台北等国家和地区的300余位政府官员、专家学者以及企业代表参加。本次论坛是亚太脱盐协会秘书处2014年挂靠国家海洋局天津海水淡化与综合利用研究所后，该秘书处在华主办首次大型学术交流活动。

【PICES第24届年会】 10月15—25日，PICES第24届年会在山东青岛举行。本届年会由国家海洋局与PICES联合主办，主题为"北太平洋的变化和可持续性"。有来自16个国家和地区的500多位专家参会。10月19日举行年会开幕式及欢迎仪式，国家海洋局局长王宏出席并致辞。国家海洋局副局长陈连增、青岛市副市长徐振溪、PICES主席劳拉·理查兹女士也出席开幕式。陈连增还会见包括劳拉·理查兹在内的PICES主要官员。年会期间举行包括PICES下设机制工作会议，专题会议、研讨会等在内的50余场活动，提交论文392篇，还组织科学墙报展示、PICES专家进校园科普、PICES科学家踢毽子比赛等场外活动，在营造海洋科学研究氛围的同时，提升公众的海洋科研与保护意识。本次年会是PICES在华举办的第四次年会，是历届年会中规模较大的一次，也是中方科学家参与人数最多的一次。

【我国科学家当选国际资料浮标合作组副主席暨亚洲区主席】 10月19—23日，第三十一届国际资料浮标合作组（DBCP）会议在瑞士日内瓦举行。本届DBCP年会由WMO和IOC共同主办，WMO总部承办。共有来自16个国家的60名代表参会。国家海洋信息中心、国家海洋标准计量中心组团与会。国家海洋信息中心于婷成功当选DBCP副主席暨亚洲区主席。这是中国科学家首次进入DBCP执行管理层，也是DBCP成立30余年来迎来的首位女性主席，体现DBCP对我国在浮标观测领域工作的认可和肯定，也为我国实质性参与和主导DBCP及相关海洋资料合作领域的发展提供机遇。

【王宏局长会见IOC执秘】 10月23日，国家海洋局局长王宏在京会见IOC执秘弗拉基米尔·拉宾宁。双方就进一步加强在海洋领域的沟通与合作进行交流。国家海洋局办公室、国际合作司、生态环境保护司、预报减灾司、科学技术司等有关部门负责人参加会见。

【国际海洋学院中国西太平洋区域中心海洋管理培训班】 10月26日，国际海洋学院中国西太平洋区域中心第三期海洋管理培训班在天津开幕。国际海洋学院名誉主席奥宁·贝南博士，国家海洋局国际合作司司长张海文，国家海洋信息中心党委书记、IOI中国西太中心主任石绥祥出席开幕式并致辞。本期培训班围绕《联合国海洋法公约》、国际海底开发制度、蓝色经济、海岸带综合管理和海洋环境保护等领域开展培训交流，并穿插实地考察和学术交流讨论。学员主要来自泰国、印度尼西亚、柬埔寨、马来西亚和中国。

【APEC企业/私营部门参与海洋环境可持续性第十六届圆桌会议】 10月28—30日，APEC企业/私营部门参与海洋环境可持续性第十六届圆桌会议在台北举行。主题为"海洋环境和资源的可持续管理"。该会议系APEC海洋与渔业工作组（OFWG）批准执行的重要项目,由中国台北主办，来自智利、中国、印尼、日本、秘鲁、菲律宾、中国台北、泰国和越南等9个经济体的40名政府官员、专家学者及企业的代表出席。国家海洋局第三海洋研究所与国家海洋信息中心专家组团参会。

【国家海洋局与商务部联合举办发展中国家海洋管理高级研讨班】 11月2日，2015年发展中国家海洋综合管理部级研讨班在京开班，这是国家海洋局与商务部连续第五次联合主办、福建海洋研究所承办的高级研讨班。国家海洋局副局长陈连增出席研讨班开幕典礼并致辞。来自巴哈马、黎巴嫩、马来西亚、伊拉克、斯里兰卡、泰国和汤加的22名高级官员参加研讨班。本次研讨班以21世纪海上丝绸之路国家海洋管理与蓝色经济发展为主题，向发展中国家代表介绍中国在海洋管理、蓝色经济、海洋可持续发展等领域的成果和经验。

【王宏局长会见发展中国家海洋综合管理部级研讨班学员代表】 11月5日，国家海洋局局长王宏会见前来参加2015年发展中国家海洋综合管理部级研讨班的学员代表，并就“一带一路”建设及海洋发展等话题进行座谈。国家海洋局有关部门负责人参加会见。

【2015厦门国际海洋周开幕】 11月6日，2015厦门国际海洋周在厦门正式开幕，主题为“共建21世纪海上丝绸之路：中国与海丝沿线国家的海洋合作”。国家海洋局局长王宏，福建省委常委、常务副省长张志南，中国—东盟中心秘书长杨秀萍出席开幕式并致辞。厦门市副市长林文生主持开幕式。2015海洋周的主要活动由国际海洋论坛、海洋展览洽谈和海洋活动三部分组成。论坛围绕发展蓝色经济合作进行交流，在加强海洋经济管理、生态环保、防灾减灾等方面推进合作，扩大中国与东盟及其他发展中国家在海洋领域的交流与合作。

【陈连增副局长接见参加中国政府海洋奖学金游学活动师生】 11月9日至13日，中国政府海洋奖学金第一次游学活动在北京举行。来自中国海洋大学、同济大学、浙江大学、厦门大学的51名师生（包括14个国家的44名留学生）参加。11月10日，国家海洋局副局长陈连增和教育部国际司、国家留学基金委等相关单位领导会见全体师生。活动期间，全体师生参观国家海洋环境预报中心；与国家海洋局国际合作司、极地考察办公室、中国大洋矿产资源研究与开发协会、国家卫星海洋应用中心等单位进行深入交流；召开留学生间的座谈会，交流在华学习、生活的经验；并参观故宫博物院和长城。

【浙江大学获批成立PEMSEA培训中心】 11月16—20日，PEMSEA2015年会在越南召开，浙江大学通过PEMSEA伙伴理事会评审，获批成立海岸带综合管理学习培训中心，正式成为PEMSEA培训体系的成员单位。浙江大学PEMSEA培训中心将落户新近投入使用的浙大舟山校区（海洋学院）。在国家海洋局的推动下，目前中国已有厦门大学、浙江大学和香港高校海洋研究联盟获批成立PEMSEA培训中心。

【2015年东亚海大会及第五届部长论坛】 11月16—21日，第五届东亚海大会在越南岘港举行。来自15个国家以及多个国际组织的800余名代表参加本次大会。此次大会主题为“响应全球承诺，实现区域共赢”，分为部长论坛、国际研讨会、青年论坛三个部分，会间还举行海洋环境展览、PEMSEA地方政府网络年会、东亚海高官会、PEMSEA伙伴理事会特别会议等活动。国家海洋局副局长陈连增率团出席部长论坛。另有来自战略所、海洋一所、财政部浙江大学、厦门大学等多个机构的学者参会。PEMSEA地方政府网络年会于11月20日下午举行，我国东营、青岛、温州、泉州、平潭、厦门、钦州、北海、防城港、海口、三亚的代表共30余人参会。厦门、东营、连云港、泉州、海口、防城港6个示范区获得海岸带综合管理标准第一阶段认证，浙江温州与福建平潭被会议接纳成为该网络正式成员。此外，浙江大学海洋学院与PEMSEA签署协议，成为PEMSEA的5个新的培训中心之一。

【2015 年 APEC 海洋空间规划培训研讨班】 12 月 2—7 日，2015 年 APEC 海洋空间规划培训研讨班在广西北海举行，本次培训班由国家海洋局、美国国家海洋与大气管理局、北海市政府等联合支持，APEC 海洋可持续发展中心、国家海洋局第三海洋研究所主办，北海市人民政府承办，北海海洋产业科技园区管理委员会协办。来自智利、中国、印度尼西亚、马来西亚、巴布亚新几内亚、秘鲁、菲律宾、泰国、美国等 9 个 APEC 经济体 30 余位教员与学员参加。培训班以海洋空间规划与滨海生态旅游为主题，主要就 APEC 区域全球海洋空间规划和滨海生态旅游的相关经验进行交流，并探讨下一步亚太区域海洋空间规划的发展趋势与实践需求。12 月 2 日，培训班举行开幕式，国家海洋局国际合作司、美国国家海洋与大气管理局、APEC 海洋可持续发展中心、北海市政府代表出席。

（国家海洋局国际合作司）

附　录

附录1　2015年海洋科研项目获奖成果

国家级成果奖项目

【海上稠油聚合物驱提高采收率关键技术及应用】 项目获得2015年国家科技进步二等奖，由中国海油所属中海油研究总院联合西南石油大学、中海石油（中国）有限公司天津分公司、中海油能源发展股份有限公司等单位完成。

【高效环保芳烃成套技术开发及应用】 项目获国家科学技术进步奖特等奖，由中石化联合中国海油所属中海油天津化工研究设计院等单位完成。

【废轮胎修筑高性能沥青路面关键技术及工程应用】 项目获国家科技进步奖二等奖，由国家交通运输部联合中国海油所属中海油气开发利用公司等单位完成。

（中国海洋石油总公司）

2015年海洋科学技术奖

一、特等奖

1. 中国近海二氧化碳通量遥感监测与示范系统

推荐单位：国家海洋局第二海洋研究所

主要完成单位：国家海洋局第二海洋研究所、厦门大学、国家海洋局东海环境监测中心、浙江大学、中国科学院海洋研究所、杭州师范大学、国家海洋局第三海洋研究所、国家海洋环境预报中心、国家海洋环境监测中心

主要完成人：白　雁、戴民汉、何贤强、项有堂、刘仁义、何宜军、周　斌、张远辉、乔　然、陈艳拢、于培松、朱乾坤、黄海清、陶邦一、龚　芳

二、一等奖

1. 苏北浅滩“怪潮”灾害监测预警关键技术研究及示范应用

推荐单位：国家海洋局东海分局

主要完成单位：国家海洋局东海预报中心、国家海洋局东海信息中心、南通海洋环境监测中心站、国家海洋局北海预报中心、上海海洋大学、南京大学、上海交通大学、南通市海洋信息中心、长江下游水文水资源勘测局

主要完成人：刘刻福、龚茂珣、费岳军、石少华、陈美榕、顾君晖、王丽琳、高　松、肖文军、邬惠明、黄冬梅、高　抒、梅　杰、仵彦卿、简慧兰

2. 全球业务化海洋学预报系统与应用

推荐单位：国家海洋环境预报中心

主要完成单位：国家海洋环境预报中心、中国海洋大学、国家海洋局第二海洋研究所、中国科学院大气物理研究所、山东科技大学

主要完成人：王　辉、仉天宇、管长龙、王彰贵、万莉颖、张　林、刘桂梅、杨学联、王　毅、刘　洋、李春花、陈幸荣、邢建勇、冯立成、孙晓宇

3. 我国近海底质调查与研究

推荐单位：国家海洋局第一海洋研究所

主要完成单位：国家海洋局第一海洋研究所、国家海洋局第三海洋研究所、国家海洋信息中心、国家海洋局第二海洋研究所

主要完成人：石学法、陈　坚、初凤友、刘焱光、殷汝广、乔淑卿、李西双、姚政权、刘升发、许　江、王昆山、李小艳、李传顺、胡利民、刘志杰

4. 黄渤海生物资源养护关键技术与应用示范

推荐单位：中国水产科学研究院黄海水产研究所

主要完成单位：中国水产科学研究院黄海水产研究所、烟台大学、中国海洋大学、山东省水生生物资源养护管理中心、辽宁省海洋水产科学研究院、河北省海洋与水产科学研究院、中国水产科学研究院北戴河中心实验站、莱州明波水产有限公司

主要完成人：金显仕、邱盛尧、张秀梅、王云中、董 婧、赵振良、柳学周、张 波、王 俊、杨立更、李 波、王伟继、孙中之、单秀娟、关长涛

5. 海洋无脊椎动物中活性物质的发现及关键技术

推荐单位：上海市海洋局

主要完成单位：中国人民解放军第二军医大学

主要完成人：张 文、孙 鹏、庄春林、易杨华、汤 华、刘宝姝、李 玲

6. 水生生物胶原蛋白研究开发及产业化

推荐单位：中国海洋大学

主要完成单位：中国海洋大学、山东东方海洋科技股份有限公司、上海海健堂集团有限公司、威海市宇王集团有限公司

主要完成人：李八方、侯 虎、赵 雪、刘云涛、郑元生、白义化、林 琳、庄永亮、闫鸣艳、刘尊英、赵元晖、薛 勇、王珊珊

三、二等奖

1. 渤海海洋生态红线划定技术与实践

推荐单位：国家海洋局北海分局

主要完成单位：国家海洋局北海环境监测中心、青岛海洋地质研究所、河北省海洋环境监测中心、辽宁省海洋水产科学研究院、国家海洋信息中心、河北师范大学

主要完成人：宋文鹏、赵 蓓、张继民、徐子钧、张海莉、曾昭爽、李金龙、路文海、曲 亮、滕 菲

2. 港口航运水动力环境保障示范系统

推荐单位：国家海洋信息中心

主要完成单位：国家海洋信息中心、国家海洋局东海预报中心、华东师范大学、上海河口海岸科学研究中心、国家海洋环境预报中心

主要完成人：牟 林、宋 军、李 琰、堵盘军、孔亚珍、戚定满、李 欢、高 佳、丁平兴、姜晓轶

3. 近海海水水质基准的研究与制定

推荐单位：国家海洋环境监测中心

主要完成单位：国家海洋环境监测中心、厦门大学、国家海洋局第三海洋研究所

主要完成人：王菊英、穆景利、张志锋、王新、王睿睿、胡莹莹、林 彩、王 莹、黄金良、靳 非

4. 海岛生态修复技术研究与示范

推荐单位：国家海洋局第二海洋研究所

主要完成单位：国家海洋局第二海洋研究所

主要完成人：毋瑾超、于 淼、谭勇华、程 杰

5. 我国近海沉积物中甲藻包囊分类及应用研究

推荐单位：国家海洋局第三海洋研究所

主要完成单位：国家海洋局第三海洋研究所

主要完成人：蓝东兆、顾海峰、方 琦、兰彬斌、罗肇河

6. 海水净化与污海水处理技术

推荐单位：国家海洋局天津海水淡化与综合利用研究所

主要完成单位：国家海洋局天津海水淡化与综合利用研究所

主要完成人：张雨山、王 静、邱金泉、王树勋、郝建安、任华峰、成 玉、寇希元、张秀芝、姜天翔

7. “黄官1号”食用海带新品种的培育及养殖推广

推荐单位：中国水产科学研究院黄海水产研究所

主要完成单位：中国水产科学研究院黄海水产研究所、福建省连江县官坞海洋开发

有限公司

主要完成人：王飞久、林哲龙、孙修涛、董志安、邱其樱、陈德富、汪文俊、刘福利、黄　健、林　枫

8. 合浦珠母贝良种选育技术

推荐单位：中国水产科学研究院南海水产研究所

主要完成单位：中国水产科学研究院南海水产研究所

主要完成人：喻达辉、范嗣刚、黄桂菊、郭奕惠、刘宝锁、陈明强、李有宁、吴开畅、张　博、姜　松

9. 海水鱼循环水高效低耗生产体系研发与应用

推荐单位：中国科学院海洋研究所

主要完成单位：中国科学院海洋研究所、中国科学院微生物研究所、天津市海发珍品实业发展有限公司、山东东方海洋科技股份有限公司

主要完成人：刘　鹰、李　勇、刘志培、张树森、王顺奎、王金霞、肖　鹏、周　毅、李　贤、孙国祥

10. 海水养殖鱼类细菌性疫病的免疫防控

推荐单位：中国科学院海洋研究所

主要完成单位：中国科学院海洋研究所

主要完成人：孙　黎、胡永华、李墨非、孙　云、张　敏、党　伟

11. 藻类光合组成及其对环境 (逆境) 因子的响应

推荐单位：中国科学院海洋研究所

主要完成单位：中国科学院海洋研究所、华南理工大学、山东省海洋生物研究院

主要完成人：王广策、邹定辉、牛建峰、高　山、林阿朋、黄爱优、顾文辉、解修俊、何林文、徐智广

12. 深海油气开采装备设计制造关键技术及工程应用

推荐单位：上海市海洋局

主要完成单位：美钻能源科技（上海）有限公司

主要完成人：张鹏举、冯建同、张浩楠、涂再军、汤有兵、梁　斌、施　佳、李　博、齐效文、汪伟俊

13. 高纯度深海鱼油产品研制与产业化

推荐单位：浙江省海洋与渔业局

主要完成单位：浙江兴业集团有限公司、浙江海洋学院、舟山新诺佳生物工程有限责任公司、浙江丰宇海洋生物制品有限公司

主要完成人：马永钧、陈小娥、劳敏军、方旭波、袁高峰、周小敏、余　辉、孙海燕、陈　洁、潘志杰

14. 海洋时空信息跨域协同处理技术及应用

推荐单位：浙江大学

主要完成单位：浙江大学、国家海洋局第二海洋研究所

主要完成人：杜震洪、张　丰、刘仁义、鄢　贞、王天愚、李荣亚、王章野、孙笑笑、赵贤威、王叶晨梓

15. 鹰式波浪能发电装置研究开发与示范

推荐单位：中国科学院广州能源研究所

主要完成单位：中国科学院广州能源研究所

主要完成人：盛松伟、游亚戈、王坤林、张亚群、李洪进、吝红军、叶　寅、王文胜、姜家强、黄圳鑫

16. 此项目涉密，不予对外公布

17. 近岸海域环境典型污染物监控及生物降解技术研究

推荐单位：宁波市海洋与渔业局

主要完成单位：宁波大学、宁波市海洋与渔业研究院、国家海洋局宁波海洋环境监测中心站、宁波检验检疫科学技术研究院、浙江万里学院

主要完成人：史西志、郑　丹、费岳军、湛　嘉、孙爱丽、刘　莲、杨　华、钟惠英、陈　炯、辛士河

18. 南海西北部环流及其与天气系统相互作用观测研究

推荐单位：中国海洋学会热带海洋分会

主要完成单位：中国科学院南海海洋研究所

主要完成人：王东晓、陈荣裕、王盛安、蔡树群、李毅能、曹文熙、尚晓东、陈　举、刘建国、陈　偿

2015年度海洋工程科学技术奖获奖项目名单

序号	奖励等级	项目名称	主要完成人	主要完成单位
1	特等奖	太平洋富钴结壳资源评价与我国矿区申请方案研究	何高文，马维林，宋成兵，程永寿，朱本铎，蒋训雄，张富元，周　宁，姚会强，刘季花，张学华，武光海，杨克红，梁德华，田赤英，郭丽华，任向文，杨　永，刘永刚，任江波	广州海洋地质调查局，国家海洋局第二海洋研究所，国家海洋局第一海洋研究所，国家海洋信息中心，北京矿冶研究总院
2	一等奖	深水半潜式钻井平台设计建造关键技术及应用	滕　瑶，杨忠华，李　磊，孙丽萍，贺昌海，赵　晖，韩华伟，薛彦卓，李天侠，刘富祥，张谭龙，闫发锁，高延柱，张　工，于长江	烟台中集来福士海洋工程有限公司，哈尔滨工程大学
3	一等奖	极区大气气溶胶和温室气体本底特征及其环境和气候效应研究	陈立奇，谢周清，詹力扬，卞林根，汪建君，李　伟，詹建琼，徐国杰，许苏清，黄自强，矫立萍，张远辉，杨绪林，林　奇，林红梅	国家海洋局第三海洋研究所、中国科学技术大学、中国气象科学研究院
4	一等奖	我国近海有害藻华应急处置技术与工程化应用	俞志明，曹西华，宋秀贤，宗殿瑞，李　玮，袁涌铨，韩笑天，崔恩周，邹景忠，马锡年，孙晓霞，张　波，李才文，吴在兴，程芳晋	中国科学院海洋研究所
5	一等奖	海洋工程结构水动力特性的分析研究	宁德志，滕　斌，吕　林，勾　莹，丛培文	大连理工大学
6	一等奖	水下信息无线传输技术及设备	乔　钢，周　锋，殷敬伟，孙宗鑫，刘凇佐，马　璐，尹艳玲，聂东虎，刘秉昊，李　慧，生雪莉，马雪飞，干书伟，邢思宇，桑恩方	哈尔滨工程大学
7	一等奖	我国大河三角洲的脆弱性调查及灾害评估技术研究	石学法，陈沈良，刘焱光，付世杰，乔淑卿，南青云，王国庆，徐兴永，刘大海，杨　刚，宋冬梅，龙江平，毕建强，胡利民，姚政权	国家海洋局第一海洋研究所，华东师范大学，国家海洋信息中心，国家海洋局第二海洋研究所，中国科学院海洋研究所，国家海洋局北海海洋工程勘察研究院，中国石油大学（华东）
8	一等奖	JU2000E型自升式钻井平台设计与建造	耿蔚翔，张　伟，宋金扬，马网扣，袁飞晖，孙雪荣，曾　骥，王　鹏，袁洪涛，周　佳，黄亦飞，陈　旭，王兆强，夏侯命胜，陈　霖	上海外高桥造船有限公司，中国船舶工业集团公司第七〇八研究所
9	一等奖	自升式海上风电安装平台研制及应用	张　钢，高宏飙，李　泽，张乐平，陈　强，唐永卫，季晓强，杨　光，罗雯雯	江苏海上龙源风力发电有限公司，江苏龙源振华海洋工程有限公司

续表

序号	奖励等级	项目名称	主要完成人	主要完成单位
10	二等奖	现代黄河水下三角洲地质灾害成因机制及其工程应用	李广雪，冯秀丽，徐继尚，曹立华，杨荣民，马妍妍，乔璐璐，刘　勇，林霖	中国海洋大学
11	二等奖	海岸带一体化测绘关键技术研究与应用	张志华，丁鹏辉，刘猋雄，张　健，鞠文征，冯义楷，邵成立，栾学科，崔孝伟	青岛市勘察测绘研究院，国家海洋局第一海洋研究所
12	二等奖	山东半岛蓝色经济区海岸带地质环境开发保护工程研究	袁西龙，孙永福，张建伟，陈　勇，姜文婷，孙惠凤，刘建霞，赵晓龙，路忠诚	青岛地质工程勘察院，国家海洋局第一海洋研究所
13	二等奖	长江口中华鲟保护技术研究与应用	赵　峰，庄　平，陈锦辉，章龙珍，刘鉴毅，刘　健，张　涛，冯广朋，郑跃平	中国水产科学研究院东海水产研究所，上海市长江口中华鲟自然保护区管理处
14	二等奖	深海浸矿微生物代谢的分子基础及硫化矿浸出机理研究	陈新华，周洪波，郭文斌，敖敬群，曾伟民，母尹楠，王玉光，仉丽娟，张惠军	国家海洋局第三海洋研究所，中南大学
15	二等奖	拟穴青蟹种质资源开发与人工繁养关键技术研究及应用	马凌波，乔振国，马洪雨，张凤英，马春艳，蒋科技，王建钢，陆建学，刘峰	中国水产科学研究院东海水产研究所
16	二等奖	工业化养殖高效节能关键技术及成套装备应用	孙建明，吴　垠，杨志平，吴　斌，马悦欣，徐　哲，王　华，赵新亚，田梅林	大连汇新钛设备开发有限公司，大连海洋大学
17	二等奖	渤海抗冰平台风险预警系统开发与应用	岳前进，张大勇，许　宁，王延林，季顺迎，毕祥军，李辉辉	大连理工大学，国家海洋环境监测中心，中海油信息科技有限公司北京分公司
18	二等奖	南海大型平台低位被动式浮托及牵引提升安装技术研究与应用	王　涛，钟文军，陶付文，虞明星，尹汉军，蔡元浪，祝皎琳，董宝辉，王圣强	海洋石油工程股份有限公司
19	二等奖	埕岛油田开发工程及关键装备安全评价技术体系	张洪山，杨冬平，龙凤乐，陈国明，牛更奇，文世鹏，邵永波，支景波，王振法	中国石化股份有限公司胜利油田分公司，中国石油大学（华东），烟台大学
20	二等奖	海洋模式高效并行集合调整卡尔曼滤波同化系统的研发与应用	乔方利，尹训强，夏长水，舒　启，王关锁，鲍　颖，宋亚娟，宋振亚，赵　伟	国家海洋局第一海洋研究所
21	二等奖	海洋浮标全方位图像目标探测识别系统	蔡成涛，王立辉，苏　丽，吕晓龙，梁燕华，朱齐丹，张　智，刘志林，栗　蓬	哈尔滨工程大学，黑龙江科技大学
22	二等奖	超声波防海生物装置研发及应用	郑晓涛，陈景峰，杨贵强，王　丹，吕立功，牛志刚，刘连进，董海杰，于超	中海油能源发展股份有限公司采油服务分公司
23	二等奖	海洋平台结构的快速无线检测与实时安全评估系统	喻　言，周道成，王　洁，侯吉林，赵雪峰，高庆华，欧进萍	大连理工大学，哈尔滨工业大学

续表

序号	奖励等级	项目名称	主要完成人	主要完成单位
24	二等奖	海上区域油田开发电力组网技术研究与应用	陈荣旗，王建丰，洪　毅，魏　澈，李　强，刘国锋，朱海山，李　毅，王祺皓	中海油研究总院
25	二等奖	船用低速柴油机节能改造技术研究	刘锋华，钱斌华，邱建林，朱　骏，张振山，解天宇，汝文斌，周秀亚，臧春杰	沪东重机有限公司
26	二等奖	海上电网运维核心技术研究与应用	李　毅，吕应刚，李松梅，周新刚，刘锦伟，何玉仓，王和顺，王雅乾，刘　萍	天津中海油工程设计有限公司
27	二等奖	海域无人机遥感监测技术研究与业务化示范	赵建华，曹　可，张志华，赵新生，刘　惠，高　宁，王　飞，谢伟军，方朝晖	国家海洋环境监测中心，连云港市海域使用保护动态管理中心，国家海洋技术中心，江苏省海域使用动态监视监测中心，辽宁省海域和海岛使用动态监视监测中心
28	二等奖	全国市县级海洋功能区划编制研究及应用示范	夏登文，刘百桥，岳　奇，徐　伟，曹　东，杨　亮，董月娥，胡蓓蓓，贾旭飞	国家海洋技术中心，天津师范大学

2015年中国海洋大学海洋科研获奖成果

序号	获奖名称	奖种	获奖等级	获奖单位	完成人（限前五位）
1	深海大洋能量传递的过程与机制及其对大气动力过程影响研究	高等学校科学研究优秀成果奖（科学技术）自然科学奖	一等	中国海洋大学	吴立新；王　伟；林霄沛；甘波澜；陈朝晖
2	黄河水下三角洲地质灾害成生机制及防治关键技术	高等学校科学研究优秀成果奖（科学技术）科技进步奖	二等	中国海洋大学	贾永刚；刘红军；刘　涛；许国辉；郭秀军
3	海带良种种质创制及其养殖应用	高等学校科学研究优秀成果奖（科学技术）科技进步奖	二等	中国海洋大学，荣成海兴水产有限公司，福建省霞浦三沙鑫晟海带良种有限，福建省三沙渔业有限公司，蓬莱市渤海育苗有限公司，汕头市海洋与水产研究所	刘　涛；金振辉；宋洪泽；张　静；李春晓
4	水生生物胶原蛋白研究开发及产业化	海洋科学技术奖	一等	中国海洋大学、山东东方海洋科技股份有限公司、上海海健堂集团有限公司、威海市宇王集团有限公司	李八方；侯　虎；赵　雪；刘云涛；郑元生
5	现代黄河水下三角洲地质灾害成因机制及其工程应用	海洋工程科学技术奖	二等	中国海洋大学	李广雪；冯秀丽；徐继尚；曹立华；杨荣民

附录 2 中国海洋学术团体及活动

【中国海洋学会】 2015 年，在主管部门和挂靠单位的大力支持下，在学会理事会的带领下，中国海洋学会围绕“提升中国海洋学会在亚太地区海洋学科能力建设方面的引领作用，并逐步将学会发展成为在国际上具有学术影响力的一流科技社团”这一项目总目标，群策群力，取得积极进展和进步，学会运营能力有显著增强。2015 年中国海洋学会被中国科协确定为“承能”工作扩大试点单位。中国海洋学会被中国科协评为全国学会科普工作优秀单位和全国科普日特色活动组织单位，学会共有 5 家科普基地被评为 2013—2015 年度全国优秀科普基地。

组织建设方面 继续加强中国海洋学会基础能力建设，通过系统构建学会奖励体系、积极承接政府转移的系列科技评价等购买服务，不断提升学会服务政府和社会的能力。

【组织召开第八次全国会员代表大会】 10 月 25 日，中国海洋学会在北京召开第八次全国会员代表大会。国家海洋局党组书记、局长王宏，中国科学技术协会党组成员、书记处书记王春法等领导出席会议并作重要讲话。会议选举产生新一届的学会领导班子成员，圆满完成学会换届工作。国家海洋局党组成员、副局长陈连增当选为学会第八届理事会理事长，国家海洋局科技司司长、中国海洋学会办公室主任雷波当选为常务副理事长兼秘书长，于志刚、窦希萍、孙松、张海文、罗季燕、蒋兴伟、戴民汉当选为副理事长。大会同时还对获得第七届优秀分支机构、优秀科普基地和优秀学会工作者颁发证书和奖牌。

【指导各分支机构按时组织换届工作】 2015 年中国海洋学会所属分支机构海洋经济分会、海洋物理分会、海冰专业委员会等 5 家分支机构完成换届工作。在各分支机构换届工作中，中国海洋学会及时靠前指导，传达中国科协、民政部关于有关社会团体的政策要求，做好监督检查落实，适当给予经费支持，完成各项报批工作，较好的完成当年各分支机构的换届组织工作任务。

【组织成立中国海洋学会海洋旅游分会暨海洋旅游学术研究会】 为主动适应海洋工作对学会建设发展的需要，中国海洋学会结合国家海洋事业的中心任务，着眼于海洋科技创新和海洋经济发展的现实和长远需要，学会于 11 月在青岛召开中国海洋学会海洋旅游分会成立大会。同月还与 OI 国际历展共同主办海洋装备技术设备国际展览会，并应海南省政府邀请作为支持单位参加海南国际旅游高端学术论坛活动。

【组织召开 2014 年度海洋科学技术奖奖励委员会第三次会议及 2015 年度项目申报工作】 5 月 20—21 日，海洋科学技术奖奖励委员会第三次会议在北京召开。2014 年度海洋科学技术奖是在经过形式审查、网络初评、专业组评审、大会终评以及 30 天的项目公示，交由奖励委员会核准。最终评出获奖项目 28 项（含海洋优秀科技图书 6 项）。其中一等奖 6 项、二等奖 22 项。获奖幅度约为 40%。会议还就完善海洋科学技术奖奖励体系和优化程序，如何提高效率，加强宣传及扩大影响等提议进行讨论。

【组织召开 2014 年度颁奖会并颁发 2014 年度获奖证书】 10 月 26—27 日，2014 年度海洋科学技术奖颁奖会议在北京召开，国家海洋局党组成员、副局长陈连增主持会议，15 位奖励委员会委员及专家为2014 年度获奖项目颁发获奖证书，其中单位证书 84 项，个人证书 273 项，图书证书23 项。

【组织对 2015 年度海洋科学技术奖申报项目进行形式审查、初评，并组织召开 2015年度海

洋科学技术奖评审会议】 按照海洋科学技术奖奖励办法规定，2月召开年度奖励工作动员会议，3月组织项目申报工作，4月组织召开形式审查工作，6月进行网络专家遴选配备及年度专家库补录入工作，7—8月组织网络初审，并对相关重大项目组织会议初审，9月对初审结果进行公示，10月进行会议评审专家的遴选配备工作。11月26—27日在上海召开2015年度海洋科学技术奖评审委员会评审会。会议对经过初审的59项科技成果和29部海洋优秀科技图书进行评审。经过专家认真评阅和评审委员会无记名投票，按获奖比例要求和得票数的规定原则评选出研究类特等奖1项，一等奖4项、二等奖11项。转化类一等奖2项，二等奖7项。12月14日，审核通过的拟获奖项目在国家海洋局、中国海洋学会等网站以及《中国海洋报》上进行公示。异议期结束后，将组织召开海洋科学技术奖奖励委员会第四次会议审核拟获奖项目，经确认后的获奖项目，由学会正式发文批准获奖项目。

【承办转移的"海洋优秀科技图书评选",发挥学会同行评议作用】 2015年11月在上海组织开展海洋优秀科技图书评选工作，截至2015年，中国海洋学会已连续组织实施评选五届，形成一整套形之有效的评审机制和奖励表彰办法。海洋优秀科技图书评选已在全海洋领域产生较大的社会影响。

【承办转移的"海洋科技专项招投标实施",创新学会科技评价功能】 2015年4月，中国海洋学会在北京组织召开全球变化与海气相互作用专项任务和年度任务公开招投标工作。通过依靠专家力量，认真的履行合同，圆满完成任务，较好地扩大学会的科技评价影响力和权威性。

【撰写编制中国海洋学会"十三五"规划提纲，全面谋划和安排八届理事会的工作】 新一届理事会产生后，11月，中国海洋学会组织专家及秘书处相关人员参加撰写编制中国海洋学会"十三五"规划提纲。规划提纲紧紧围绕中国科协有关"十三五"规划方案的通知要求，全面统筹安排八届理事会工作。着眼于现实"十三五"的目标，作理论思考和海洋工作新的实践，围绕国家经济社会和海洋科学技术最新发展，明确下一届理事会的工作中心，重点和主要任务。对需要新开展的工作，需要延续的工作以及需要完善的工作，进行认真的梳理，本着围绕中心，确保重点的原则，做出科学安排，尤其要针对目前工作的薄弱环节，研究出切实可行的措施，推动学会各项工作再上新的台阶。

学术交流方面 提升中国海洋学会学术会议品牌质量，增强学会服务创新能力，扩大学会在海洋科学界的影响力，加快成为建设海洋强国目标中的重要角色。

2015年度中国海洋学会在学术交流工作中，突出"精品"和"融合"意识。学会全年共开展学术活动13次，共涉及参与人员上千人，形成论文集714篇。推荐第十四届中国青年科技奖候选人3人，并且继续参与海洋科技十大进展的评选。2015年学会努力建立学术期刊群联盟发展，以《海洋学报》为凝聚力，团聚8类海洋领域内的学术期刊结成互动联络机制。在中国科协精品科技期刊工程第四期项目评审活动中，《海洋学报》继第三期项目之后继续获得该项目的资助。

【主办中国海洋学会2015年学术年会暨海洋科学技术奖颁奖仪式】 中国海洋学会主办的学术年会是国内海洋科学界同仁提供的最高层次、最为广泛的交流平台的品牌学术会议。学术年会至今共举办30届、颁奖仪式共举办3届。

2015年学术年会暨海洋科学技术奖颁奖仪式于10月26—27日在北京举行。来自国内海洋科技领域的500余名专家汇聚一堂，围绕"'一带一路'战略与海洋科技创新"的会议主题进行研讨。年会的5个分会场分别就相关海洋热点问题做了65个专题报告。海洋科学技术奖励委员会有关领导专家向540名获奖者及单位的40名代表颁发奖励证书。

【联合中国太平洋学会、中国海洋湖沼学会举办 2015 年度中国海洋十大科技进展评选活动】 该次活动由中国海洋学会科普部与学术部分工协作、共同开展。在分别对 2015 年度媒体相关信息筛选的同时，发挥各自资源优势，学术部组织《海洋学报》等期刊从学术论文角度进行推荐；科普部则组织召集分支机构的专家组成专家评议小组参与审核与评议。其他两家学会也按照评选标准从各自实际出发认真组织。三家学会之间以及内部建立分工协作组织模式，保障整个活动顺利开展。

评选过程中，中国海洋学会积极联系常务理事、理事，充分发挥专家团队的优势，最大限度的组织科研院所（校）、涉海企业等单位、联系相关专业学会按照推荐、评议、投票等评选程序开展海洋十大科技进展的评选活动。学会的分支机构、理事单位等相关单位积极组织推荐、并参与评议审核，保证入选科技进展的准确性、专业性、权威性。

【主办 2015(第三届)西湖国际海水淡化与水再利用院士高峰论坛】 中国海洋学会及所属海水淡化与水再利用分会联合中国工程院和新加坡国立大学共同主办“2015（第三届）西湖国际海水淡化与水再利用院士高峰论坛暨《水处理技术》创刊四十周年庆典仪式”。论坛以“创新驱动发展，环境改变未来”为主题，围绕海水淡化、五水共治、水分离与资源化管理等行业热点话题展开讨论。中国工程院院士塞喜高、曲久辉、高从堦和新加坡工程科学院院士钟台生及来自国内外多所知名院校的院士、教授及企业负责人及行业资深人士作了超过 40 个专题报告，分享我国海水淡化及水务行业的发展现状，应用情况和趋势。中国、新加坡、日本等多个国家（地区）的高校、科研院所和企业代表共 400 余名嘉宾出席论坛。

【主办 2015·中国航海日文化论坛】 为进一步提高对“21 世纪海上丝绸之路”的认识和积极参与，推进“一带一路”的开发战略，探索中国发展区域共赢合作的有效途径，5 月 13 日，中国海洋学会联合中国太平洋学会在上海海事大学举办“2015·中国航海日文化论坛”报告会。同济大学教授夏立平在会上引入共生系统理论概念，提出共生理论可以对推进“一带一路”的建设发挥重要参考作用，并对“21 世纪海上丝绸之路”的基本定位及内涵进行解读，列举实施“21 世纪海上丝绸之路”需要优先处理的关系。

【主办第十二届军事海洋战略与发展论坛】 为进一步推进国防建设、战场海洋环境建设与保障以及海洋科技的发展。11 月 5—6 日，中国海洋学会在湖南省长沙市主办第十二届军事海洋战略与发展论坛。各专家围绕“军民融合条件下的战场海洋环境建设与保障”主题，展示自己对国防建设、战场海洋环境建设与保障、海洋技术发展的最新思考和最新成果。

【主办海洋学术期刊编辑部交流会】 为进一步加强主办期刊质量建设，培育精品科技期刊，学会集中优势力量，不断提升《海洋学报》精品科技期刊的学术地位和影响力。1 月 16 日，《海洋学报》特邀国际著名期刊《加拿大渔业和水产科学》（Canadian Journal of Fish-erisand AquaticScience）主编、美国缅因大学教授陈勇就中加科技期刊合作进行交流和研讨。陈勇详细介绍《加拿大渔业和水产科学》的稿件处理流程，分享大量国际化办刊经验，并对《海洋学报》的发展提出建议。

【主办第一届海峡两岸海上丝绸之路学术研讨会】 为促进港澳台专家学者在海洋领域的科学技术交流与合作，增进感情交流与互信、技术合作与共赢，中国海洋学会与港澳台涉海民间组织建立交流合作机制。并根据双方商定，隔年交叉在所在地共同主办学术研讨会议。

10 月 15—18 日，中国海洋学会代表团参加台湾地区高雄海洋科技大学和台湾民俗学会主办的“2015·海洋文化国际学术论坛暨海峡两岸海洋文化学术研讨会”。大会设置特邀报告、专题报告、口头报告等形式。100余位专家、学者对大陆海洋科技发展历史、现状及其发展进行交流。

10月18—20日，中国海洋学会与淡江大学共同举办第一届海峡两岸海上丝绸之路学术研讨会。会议以“21世纪海上丝绸之路：地缘战略、文化及两岸与挑战”为主题。100多位专家、学者参加会议。与会专家、学者结合21世纪海上丝绸之路与区域发展、“一带一路”战略与美国“亚太再平衡”的互动关系、21世纪海上丝绸之路对台湾的影响与挑战等进行探讨。

【主办第五届中韩海洋科学技术学术研讨会】 为深入贯彻党的十八大提出建设海洋强国目标，必须加强国际海洋科学界的交流与合作，参与世界关注的海洋科学共同话题，树立我国建设海洋强国的正面形象。在此背景下，中国海洋学会国际交流事务日益迫切频繁。并先后与美国、英国、韩国、日本、东南亚等国家以及台湾、香港地区的海洋科学组织建立交流机制，通过交流与合作，充分体现中国的海洋科学基础研究在国际及区域中的地位。

2015年11月初，第五届中韩海洋科学技术学术研讨会在韩国群釜山举行，中国海洋学会代表团应邀参加学术会议。此次研讨会围绕“推动海洋科技创新，支撑蓝色经济发展”这一共同关注的问题，从海洋环境及气候变化、海洋资源开发利用、海洋综合管理等方面进行学术探讨。在40余位中韩专家代表的共同努力下，双方形成联合更多科学组织解决全球共同关注的海洋重大科学问题，将海洋基础研究与两国海洋合作紧密结合起来的共识。

【承办中国海洋科学学科发展研讨会暨《2014—2015中国海洋科学学科发展报告(第二稿)》评审会】 2014—2015中国海洋科学学科发展报告（第二稿)》（以下简称《发展报告》）评审会于8月31日在青岛召开。《发展报告》对我国海洋科学自2009年以来特别是2014—2015年所取得主要进展和国家的重大需求作了系统梳理和分析，并与世界主要海洋国家的海洋科学发展做了比较研究，提出未来几年我国海洋科学学科发展的战略方向。会上，专家组建议编写组根据专家意见修改后，按计划报送中国科协审议出版，并围绕研究动态、前沿性成果等方面，针对海洋学科发展情况进行研讨，提出学科发展战略。

【各分支机构开展多层次专题学术交流会议取得丰硕成果】 在中国海洋学会补助经费支持下，学会各分支机构发挥专业特色优势，积极开展活动。11月28日，中国海洋学会海水淡化与水再利用分会联合《水处理技术》编辑部举办“中国海洋学会第七届海洋青年科学家论坛暨首届海水淡化与膜技术研究青年科学家论坛”。中国海洋学会海洋经济分会承办“青岛市与淮安市产业对接暨经济合作研究会”。集各方面的优势力量，各分支机构开展的学术活动在促进科研交流、成果转化、社会服务、科学普及等方面的工作，起到十分明显的促进作用。

科普工作方面 2015年，中国海洋学会围绕海洋工作重点任务，整合学会现有科普资源，加强学会科普能力建设。2015年，学会新发展全国海洋科普教育基地12家。开展近500场次的科普活动，参与活动的科技人员有203人，其中专家有67人。制作科普挂图4种，科普动漫作品1套。学会科普工作被中国科协评为“2015年度全国学会科普工作优秀单位”“2015年度全国科普日特色活动组织单位”。学会新成立18个海洋学科首席科学家传播团队，涉及海洋化学、海洋物理、海洋遥感等多个学科。

【完善制定海洋科普教育发展长期规划】 围绕推进海洋强国建设，提高公众的海洋意识，中国海洋学会继续完善制定《中国海洋学会海洋科普教育工作重点工作任务（2014—2024年)》，提出全民海洋科普教育“一”“十”“百”“千”“万”工程。目前，学会正在抓紧制定完善相关任务分解和实施方案，并按照年度逐步实施。

【加强海洋科普组织和保障能力建设】 2015年，中国海洋学会根据工作需要，面向北京高校大学生招聘海洋科普助理人员，为学生提供实习岗位，鼓励大学生兼职做科普，为科普注入新生力量，海洋科普队伍不断扩大，已突破1万余人。为适应海洋科普形式发展，更好地指导学会开展海洋科普工作，学会对原有海洋科普工作委员会进行调整，吸收更多热爱海洋的科普人士加入，委员会的规模增加至30多人。

中国海洋学会积极争取中国科协和国家海洋局科普政策和经费支持，获得中国科协学会能力提升三等奖的奖建资助。同时，学会制定的海洋科普规划已被纳入国家海洋意识规划纲要，2015年国家海洋局给予学会60多万元海洋科普经费支持。

【组织"防灾减灾日"海洋科普活动】 "5·12防灾减灾日"期间，中国海洋学会根据"科学减灾依法应对"的主题，整合编写海洋防灾减灾相关材料，并下发到各海洋科普教育基地，各海洋科普教育基地根据实际情况积极组织进校园、开放场馆，面向公众开展海洋防灾减灾知识宣传、防灾减灾演练等活动。

【组织"6·8海洋日"海洋科普活动】 "6·8海洋日"期间，各海洋科普基地积极响应，分别开展形式多样、内容丰富的科普活动。其中，杭州水处理技术中心联合所在地高校、研究所的志愿者们共同发起"关爱海洋·绿色骑行"海洋科普公益宣传活动，用低碳骑行的方式向市民宣传普及海洋知识。青岛同安路小学组织"我是小小海岛设计师"汇报会等活动。中国"海监83号"船等场馆类科普基地在海洋日面向社会公众开放、举办科普讲座等。

【组织海洋科普进校园、海洋环境保护等科普公益活动】 中国海洋学会邀请海洋极地、大洋、卫星领域的中青年专家走进革命老区西柏坡中学，为西柏坡中学的师生做专题报告，并为学校捐赠海洋模型、书籍。北京向东小学邀请海洋专家作"保护海洋环境，拒绝海洋权益"的科普报告。全国科普日期间，北京农科院附小邀请海洋卫星专家作"海洋卫星—蓝色家园国土"专题报告。组织开展"清洁沙滩，保护蔚蓝"海洋环保公益活动。2015年，各沿海科普基地在积极组织开展清洁沙滩活动的同时，部分高校社团也参与其中，通过这项环保公益实践活动，宣传保护海洋环境的重要性，提高公众保护海洋的意识。

【开展特色"全国科普日"海洋科普活动】 全国科普日期间，中国海洋学会周密策划、组织一系列海洋科普宣传活动，精准科普定位，通过展览、讲座、互动等方式分别将海洋知识带进了海岛、社区。其中联合海域海岛分会、天津科技馆组织"保护蓝海绿岛，共建生态文明"为主题的海洋科普进校园活动，联合学院路街道地大一社区、中国地质大学（北京）蓝色海洋协会组织"普及海洋知识，'慧'及百姓生活"为主题的海洋科普进社区活动。与此同时，各科普基地结合自身特点，组织开展形式多样的海洋科普活动。例如，青岛同安路小学继续开展"小学生，大研究"登岛科考活动，通过小学生的视角探索海洋的奥秘；西安曲江海洋极地公园通过线上线下活动相结合的方式，一方面走进学校、社区开展科普活动，向内陆公众传播海洋知识，另一方面通过微信公众平台，开设"Exploration海洋极地探索"频道，通过移动端进行海洋科普，创新科普传播方式；大连圣亚海洋世界举办海洋文化节大型科普系列活动，通过海洋创意赛、亲子海洋秀等主题活动，以趣味、创新、互动体验的方式拉近公众与海洋的距离。

【举办第二届大学生慢跑暨全国海洋科普志愿者招募活动】 "·8海洋日"期间，中国海洋学会积极与局共建高校、高校社团联系，吸收更多的高校加入，使参与活动主办高校增至14所。学会制定活动方案广泛征求各高校的意见和建议，根据各高校建议调整活动时间，继续坚持统一服装、统一时间、统一发出倡议书等形式，在全国同步开展。各高校积极响应和配合慢跑活动，在招募热衷海洋事业的海洋科普志愿者同时，还分别策划丰富特色的海洋日活动。第二届慢跑活动的规模和影响都超过第一届，整个活动取得良好的效果。

【积极创新，加强与兄弟学会合作】 2015 年中国海洋学会与中国造船工程学会等单位共同主办第四届全国海洋航行器设计与制作大赛，吸引 29 所国内高校和台湾高雄大学参加，共有 340 件参赛作品进入决赛环节，活动取得圆满成功，产生良好的社会效益。学会还参与天津大学承办、中国海洋大学协办的中国—东盟海洋科学与技术创新成果展，并邀请国家海洋局第三海洋研究所参展交流。学会通过和相关单位的合作、交流，积累参与组织大型的赛事、展览活动的经验，扩大视野。

【加强海洋科普期刊建设】 对《海洋世界》加强指导，加大支持力度。中国海洋学会主办的《海洋世界》是国内海洋领域办刊时间最长的海洋科普期刊，为满足科普形势发展需要，我会不断对其加强业务指导，通过项目委托与合作的形式，加大资金和政策支持力度，不断提升办刊质量，扩大影响力，打造一个全新的可以听的海洋科普杂志。

（中国海洋学会）

【中国渔业协会】 **承担中韩、中日、中越北部湾三个渔业协会的日常管理工作** 中国渔业协会顺利完成中韩、中日、中越渔业联合委员会年会及其筹备会的会务工作；完成我国渔船赴韩、日专属经济区管理水域入渔作业通报工作；完成我国渔船赴韩、日专属经济区管理水域和中越共同渔区入渔许可证的审核、变更、寄送工作；为韩国渔船入渔我国专属经济区管理水域办理捕捞许可证千余份。协会还完成涉韩入渔违规和每季度渔获量报告的统计整理工作，及时将数据和分析情况转发给有关单位，并编印寄发《协定水域作业须知》《程序规则》和《资料汇编》等五本涉外渔业资料。协会还积极应对入渔活动中的突发事件，针对工作中发现的各类问题，及时向部渔业局汇报并提出有关建议。

开展涉韩违规渔船担保工作 中国海洋协会与韩国水产会合作，全年为近 50 起违规案件进行担保。这些案件中，有的渔船需要修理，船员需要就医；有的因浸泡导致网眼缩水，被韩方以网目尺寸违规为由扣押；有的因忘记携带许可证，被韩方以无证捕捞为由要处以重罚，协会均通过各种渠道进行协调，全力保障我渔民的安全和权益，使我渔民的损失降到最低。在部渔业局的支持下，协会还实现涉韩违规渔船担保金缴纳唯一渠道的权威性。随着这项工作的深入开展，协会在涉外渔民中树立起良好口碑，赢得他们的信任，全年共有 168 艘渔船加入协会。

开展涉外渔民培训与座谈 6 月、7 月和 12 月，中国渔业协会应邀分别到辽宁营口、浙江瑞安和山东石岛，对这些地区的涉韩入渔渔民进行专题培训，就涉韩渔业的发展和新情况、安全作业基本常识、捕捞日志填写及程序规则的变化等进行讲解，帮助渔民掌握好有关专业知识，切实避免因发生违规作业或意外事件所造成的损失，共同维护好中韩海上安全作业秩序。11 月，协会和大连市渔业主管部门还在山东石岛召开涉韩渔民座谈会，了解他们的作业和渔获情况，听取他们对相关法规、程序规则和韩方执法等方面的意见建议，并解答有关问题。协会下一步将向韩方提出我渔民反映的问题，并加以推动解决。

开展渔业专项调研 赴福建、安徽、河南、广东等省，就渔民合作社的培育、渔业法修订立法和推进实施以船为家渔民上岸安居工程三个专项进行调研，并向部渔业局反馈调研情况，为他们下一步的工作提供有益参考。

开展国际交流与合作 （1）执行中日、中韩民间渔业安全作业议定书的有关工作。10 月，中国渔业协会组团前往韩国釜山参加中日韩民间渔业协议会，就维护三国海上安全作业秩序、海洋渔业资源管理和民间渔业交流合作等议题与日、韩两国水产会进行商讨。会后，还组织地方涉外渔业协会人员赴韩国东海、西海渔业管理团进行座谈交流，以利有效减少涉韩违规案件发生。11 月，中国渔业协会在福州组织召开中韩民间渔业协议会，就海上安全作业、养护海洋渔业资源、涉韩渔船担保等工作与韩国水产会进行磋商，达成一系列共识。

(2) 协助我渔船伤员在日救治。2015 年，发生多起我国渔船在公海作业时，船员意外受伤急需救治的事件。中国渔业协会均与日方进行积极的联络协调，确保我伤员的及时救治和康复回国。

(3) 加强与国际合作社渔业组织（ICFO）的联系，下一步将做好国内渔业合作社与亚太地区各大渔业合作社的交流与对接，为我国渔业从业者争取获得国外的信息、技术和资金。

加强与会员的联系并提升服务水平　(1) 与中央电视台《农广天地》栏目合作，赴福建、河南、浙江、江苏走访 6 家会员单位，对他们养殖的大黄鱼、鲈鱼、黄河鲤、青蟹、河蟹等水产品种进行专题拍摄，介绍产品优势，普及养殖技术。同时对会员单位发展状况和其对协会的需求进行调研。

(2) 继续发挥好会刊《渔业文摘》和中国渔业协会网站的信息平台作用，及时转发国家渔业政策和信息，发布协会通知公告和工作动态，推广各地的创新做法和经验，刊载会员单位的新闻动态，为会员单位及其产品做宣传广告。协会还开通公众微信号，定期推送各类信息，开辟为会员提供信息服务的新渠道。

(3) 在河南、陕西、四川等省举办六期渔业培训班，内容涉及水产健康养殖与池塘生态种养技术、渔业安全生产管理、基层水产技术推广体系建设、水产标准化健康养殖及鱼病防治技术等。根据不同地区的需求，有针对性地邀请专家授课答疑，受到广大渔业从业者尤其是基层工作者的欢迎。培训班也得到各地渔业主管部门、推广站和行业协会的支持，增进彼此合作。

(4) 积极践行国家“互联网+”行动，与有关单位合作，努力搭建起会员企业与电子商务服务商的桥梁，探索帮助会员企业通过电子商务加速发展。

(5) 努力通过设立分支代表机构的方式，不断扩大协会工作的覆盖面，大力发展会员，并为会员提供区域化和专业化的服务。12 月，协会设立大连代表处，具体负责在大连发展和服务会员，组织开展有关活动，协助秘书处开展工作。秘书处还就设立渔船渔港分会、对虾分会、渔文化分会、水产养殖分会、鲈鳜鱼分会和多个地区代表处，开展前期调研和筹备成立工作。

推动渔业品牌建设　(1) 关注行业热点，与地方渔业主管部门和有关单位合作，通过组织展览和会议的形式，推动地方渔业经济和特色产业的发展，同时也广泛宣传协会品牌。2015 年，协会主办或参与主办首届中国（福州）仿生食品营养与科学研讨会、第三届中国大黄鱼产业发展论坛、中国（青岛）第四届世界海洋大会、中国（北京）国际渔业博览会、中国（厦门）国际休闲渔业博览会，协办中国（福州）国际渔业博览会。

(2) 继续开展优势水产品区域命名工作，根据地方政府提出的申请，经协会专家委员会组织实地考察并评审通过，授予浙江舟山市普陀区“中国·沈家门—东方渔都”、山东聊城市高唐县“中国锦鲤第一县”荣誉称号。

(3) 经审核，协会为 3 家会员单位申报中国驰名商标，向国家工商总局发出推荐函。

(4) 针对会员反映在北京多家水产批发市场发现注水大黄鱼销售一事，委托大黄鱼分会进行调查取证，并向北京市食品药品监督管理局等有关部门发函举报，坚决维护大黄鱼产业的形象和会员企业的合法权益，遏制大黄鱼注水、染色等不法行为。

南海渔业分会活动 由于机构改革的原因，原农业部南海区渔政局整合至中国海警局。在整合过程中，南海渔业分会于年初将财务独立出来移交到中国渔业互保协会南海区办事处，南沙渔业日常管理工作移交到中国水产科学院南海水产研究所专门成立的渔业中心。分会在业务过渡时期继续使用南沙船位监控平台为南沙渔业生产者提供有效的服务和安全保障。分会还与中国渔业互保协会南海区办事处积极配合开展南沙渔业现状调研，加强与各南沙渔业有关单位的沟通联系，为渔民提供涉外安全教育。

（中国渔业学会）

附录3　2015年新增海洋界两院院士、全国海洋界先进集体和人物

一、2015年新增海洋界两院院士

2015年，国家海洋局第二海洋研究所李家彪研究员当选新一届中国工程院院士（环境与轻纺工程学部），陈大可研究员当选新一届中国科学院院士（地学部），中国海洋大学宋微波教授当选中国科学院院士（生命科学和医学学部）。

（一）李家彪

李家彪，1961年生，浙江杭州人，海洋地质学博士，国家海洋局第二海洋研究所所长，国务院政府特殊津贴专家，浙江省特级专家。现任国际大洋中脊科学组织（InterRidge）联合主席、国际标准化组织海洋技术专业委员会（ISOTC8-SC13MarineTechnology）主席，国际大陆边缘科学组织（InterMAGINS）科学指导委员会委员、国际大洋发现计划（IODP）科学评估工作组（SEP）专家。

长期从事海底科学与海底探测工程研究，在大陆架划界和国际海底硫化物圈矿方面取得重要成果和贡献，开拓海洋维权应用新领域。是中国边缘海两期“973项目：首席科学家、中国大陆架划界和中国大洋中脊调查研究专项首席科学家。

曾获科技部、中国大洋协会“突出贡献奖”、浙江省突出贡献中青年科学家，全国五一劳动奖章、浙江省劳动模范，国家海洋局二等功、三等功。获得省部级科技成果特等奖3次、一等奖7次，授权发明专利6项，发表学术论文150篇（其中SCI/EI论文78篇），出版专著4部、专业图集1部、论文集9部，合译海洋法公约著作1部。

其主要研究成果包括：

（1）系统开展中国边缘海地质研究，发展完善动力学演化理论知识。作为两轮“973项目”首席科学家，开展形成演化及其动力机制等基础问题研究，建立新的动力模式和新方法。出版《中国边缘海形成演化与资源效应》等4部专著和图集，主编5部边缘海形成演化系列研究论文集。

（2）实现海底科学与海洋法学的交叉研究，创建我国大陆架划界技术理论体系。作为我国大陆架划界国家专项首席科学家，创建外大陆架划界技术体系。联合创办大陆架与区域制度的科学与法律问题国际研讨会，推动国际划界理论与实践的发展。

（3）推动我国大洋中脊调查研究的跨越发展，实现国际海底硫化物找矿重大突破。从2005年起担任中国大洋中脊综合调查研究首席科学家，通过全球洋中脊科学调查，推动我国在洋中脊研究领域的起步和发展，使我国成为第一个向联合国国际海底管理局提交此类矿种申请的国家。

（4）促进多波束测深技术的应用和发展，建立完善我国海洋调查的技术标准体系。率先在我国开展多波束探测技术方法学的研究，研发具有自主知识产权的数据处理与成图系统，出版的相关著作被广泛用于高校教材，制订2007年我国首部多波束调查国家标准。2014年，担任国际ISO组织海洋技术分委会主席，推动我国海洋技术标准化工作走向世界。

（二）陈大可

陈大可，1957年生，湖南人，物理海洋学博士，我国首批“千人计划”学者，卫星海洋环境动力学国家重点实验室主任。现任AOGS海洋分会主席、PAMS指导委员会主

席、JGR-Oceans 编委。曾担任两轮“973 项目”首席科学家，多次主持重点基金项目，并任国家自然科学基金委创新研究群体学术带头人、地学部及国际合作专家咨询委员会委员。

长期从事物理海洋学基础研究，在近海、大洋和气候研究领域都有深厚造诣和重要建树，他以 ENSO 和海洋混合这两个显著影响学科发展并极具应用价值的焦点问题为主线，取得系统的原创性成果，推动物理海洋学基础研究的发展。

发表学术论著和技术报告 150 余篇，包括 *Nature*、*Science* 及多个 *Nature* 系列刊物的第一和通讯作者文章，研究成果具有显著的学术影响和应用价值。主导或参与撰写多份国家层面的战略研究报告，为我国物理海洋学的学科建设和发展做出实质性贡献。

其主要研究成果包括：

(1) 系统开发 ENSO 预测模式，突破限制 ENSO 预测水平和可预测性评估的关键瓶颈，推动 ENSO 研究的发展进程。

厄尔尼诺—南方涛动（ENSO）是地球气候系统里信号最强、对人类影响最大的年际变化，因而理解和预测 ENSO 是众多大型国际计划的聚焦点。陈大可从 20 世纪 90 年代初参与“热带海洋与全球大气”（TOGA）国际计划以来，一直致力于 ENSO 的预测和可预测性研究特别是基于哥伦比亚大学的第一代 ENSO 模式，从新的学术思想和技术角度出发，主持开发第二至第五代 ENSO 预测系统。这些系统在过去十多年里被广泛应用于实验性和业务化预测，是国际气候与社会研究所（IRI）及美国海洋大气局（NOAA）发布预测的主要依据之一。

(2) 系统阐释海洋混合机制，创建一个新颖有效的混合模型，为攻克混合这一物理海洋学重大难题提供新的理论和方法。

湍流混合是流体力学的经典难题，也是现代物理海洋学研究的热点和难点之一。海洋模式中对混合过程的表达直接影响模式对大洋环流、生态系统乃至气候变化的模拟能力。从 20 世纪 80 年代末开始，陈大可系统而深入地研究海洋混合的机制、模型和作用，解决海洋混合研究的若干理论和方法问题。此外，他还针对湍流混合创建一个基于机制研究的垂向混合模型，被广泛应用于各类海洋与气候模式系统。同时，陈大可还研究热带太平洋的季节变化以及一系列关于近海混合及其动力和生态效应的原创性研究。

（三）宋微波

宋微波，男，1958 年 12 月生，江苏睢宁人。1978 年 9 月—1985 年 7 月在山东海洋学院（今中国海洋大学）水产系就读，先后获学士、硕士学位；1985 年 7 月留校任教至今；1986 年 9 月—1989 年 1 月于联邦德国波恩大学获博士学位。现任中国海洋大学海洋生物多样性与进化研究所所长。宋微波教授带动中国的纤毛虫学研究从昔日的默默无闻，发展成为今天国际纤毛虫学研究最重要的中心之一。

宋微波教授是国家首届“杰出青年科学基金”获得者，教育部“长江学者奖励计划”特聘教授。目前任国际原生生物学家学会常务执委、亚洲原生动物学会主席、中国动物学会副理事长、中国动物学会原生动物学分会理事长，国际主流刊物《真核微生物学报》《欧洲原生生物学报》《系统学与生物多样性》等杂志编委。

宋微波教授在国际主流刊物发表论文290余篇，出版专著、专集 5 部。所主持完成的成果先后获 1 项国家自然科学成果二等奖、4 项教育部自然科学/科技进步成果一等奖以及 1 项国家海洋局科技进步成果一等奖。曾获国际原生生物学家学会 Foissner 基金奖和纤毛虫学 Cravat 奖；2002 年以来先后获“中国青年科学家奖”、全国劳模、全国模范教师等荣誉称号。

其主要研究成果包括：

(1) 主要从事纤毛虫原生动物生物学研究，先后涉及海洋纤毛虫的分类学、细胞学、系统学等分支领域。从事纤毛虫学研究30年来，带领团队深入、系统地完成我国沿海以及南极地区纤毛虫的分类与区系研究，填补西太及东亚海洋环境中纤毛虫多样性研究的空白，促进全球海洋纤毛虫研究新格局的形成。

(2) 在纤毛虫的细胞结构分化、模式构建领域，开展对腹毛类等重要类群的细胞发生学研究，揭示大量新的细胞分化-去分化新现象，首次建立凯毛虫等大量代表性种属的个体发育模式，构成国际相关领域近20年来的核心成果。

(3) 在纤毛虫分子系统发育领域，主持完成对纤毛门内纲目级阶元的系统探讨和标记基因的测序工作，建立全球最大、覆盖所有海洋类群的DNA库，成为国际纤毛虫分类学—系统学—基因组学等开展研究的重要档案库。

二、全国海洋界先进集体和人物

(一) 全国海洋系统先进集体名单(35个)

天津市海洋局海洋经济管理处；河北省海洋局海洋环境保护处；辽宁省海洋水产科学研究院；辽宁省葫芦岛市海洋与渔业局；上海市海洋管理事务中心；中国海警“2113”船；浙江省海洋与渔业执法总队；浙江省舟山市海洋勘测设计院；福建省福州市海洋与渔业局；福建省海洋预报台；山东省东营市海洋环境预报中心；中国海监威海市支队；广东省湛江市海洋与渔业环境监测站；中国海警“3111”船；广西北仑河口国家级自然保护区管理处；中国海监“2168”船；中国海监大连市支队；宁波市海洋与渔业执法支队；厦门市海洋与渔业局海域与海岛管理处；青岛市海洋与渔业局海域和海岛管理处；中国海监广东省总队深圳支队；中国海警“1112”舰；中国海警“2506”舰；中国海警“32019”艇；中国海警“45101”舰；中国海监第一支队；国家海洋局秦皇岛海洋环境监测中心站；国家海洋局崇武海洋环境监测站；中国海警“2350”船；国家海洋局南海海洋工程勘察与环境研究院；中国海监南海维权执法支队；国家海洋局国际合作司国际组织处；国家海洋信息中心海洋环境信息保障技术重点实验室；国家海洋环境预报中心海洋气象预报室；国家海洋局天津海水淡化与综合利用研究所海水淡化技术研究室。

(二) 全国海洋系统先进工作者名单(29个)

王振祥　天津市海洋局大港海洋管理处处长

曹东昌　河北省国土资源执法监察局海洋执法监察处处长、河北省海监总队副总队长

牛向军　中国海监丹东市支队支队长、党支部书记

汤永辉　上海市金山区海洋局规划建设科科长、助理工程师

周德山　江苏省连云港市海洋环境监测中心主任、研究员级高级工程师

王振东　中国海监响水县大队大队长

张月霞（女）　浙江省海洋监测预报中心工程师

洪国联　福建省泉州市海洋与渔业局资源环保科科长、高级工程师

马兆虎　山东省烟台市海洋环境监测预报中心主任、高级工程师

叶四化　广东省海洋与渔业环境监测中心测试分析室主任、高级工程师

李常亮（壮族）　广西壮族自治区海洋局主任科员、工程师

韩秋燕（女）　海南省儋州市海洋与渔业局海洋管理科副科长

王　炜　大连市庄河市海洋与渔业局海洋管理科科长

章志鸿　宁波市象山县海洋与渔业局局长、党委书记

池信才　厦门市海洋与渔业局科技与海洋经济发展处处长、副研究员

张　建　青岛市城阳区海洋与渔业局局长、党委书记

李喻春　深圳市规划和国土资源委员会

（市海洋局）海洋管理处处长
伍胜波 中国海警“3411”船轮机长
伊兆振 中国海警“37101”舰航通班班长
李成皓 中国海警“33101”舰舰长
曹业政 中国海监第一支队“大洋一号”船船长
曹丛华(女) 国家海洋局北海预报中心主任、工程技术带头人
徐韧 国家海洋局东海环境监测中心主任、工程技术带头人
孙利平 中国海监东海航空支队支队长助理
罗培史 国家海洋局三亚海洋环境监测站副站长、工程师
雷英良 中国海监南海航空支队航空执法队队长
宗兆霞(女) 国家海洋局政策法制与岛屿权益司行政复议办公室副主任
陈建芳 国家海洋局第二海洋研究所海洋生态与环境实验室主任、研究员
张志锋 国家海洋环境监测中心主任助理、副研究员

附录4　部分涉海机构、单位简介

【国家海洋局北海分局】　国家海洋局北海分局成立于1965年，座落于青岛，是国家海洋局派驻青岛并代表其在渤黄海海域实施海洋行政管理的机构。负责国家海洋法律、法规在本海区的监督实施，依法对黄、渤海海域实施海洋行政管理，完成国家下达的维护海洋权益、保障海洋资源的合理开发与利用、保护海洋环境、预防及减少海洋灾害等任务。北海分局负责管辖苏鲁交界的绣针河口以北中国海域。拥有大量的管理和科技人才，学科涉及管理、法律、海洋经济、水文、气象、物理、生物、化学、地质、电子信息等专业。

北海分局认真履行国家赋予的神圣职责，以海洋行政管理、执法监察为主体，以海洋科技调查和海洋公益服务为两翼，全方位地积极开展工作，努力为国民经济建设和国防建设服务。

近年来，北海分局根据国家海洋局的指示先后多次出色地组织完成对外国船舶在我国专属经济区进行科技调查等活动的跟踪监视任务，为维护国家的海洋权益做出突出的贡献，确立中国海监开展海上执法，维护国家海洋权益的主体地位，充分展示国家海上执法监察能力。

在海洋行政管理、执法监察中，北海分局先后开展海洋石油勘探开发环境保护管理、海洋倾废区选划与海洋废弃物倾倒管理、海底电缆管道铺设管理、海域使用规划与管理及涉外海洋科学研究管理；组织实施海域使用联合执法行动、北海区海域使用执法大检查、北海区海砂执法大检查以及海洋石油勘探开发执法大检查等；承担并完成海岸带和海涂资源调查、海岛资源调查、全国第一、二次海洋污染基线调查、中国大陆架及专属经济区调查；参加“中日黑潮合作调查”“大洋多金属结核勘查”、联合国世界气象组织的“全球大气试验”“大型海洋资料浮标的研制开发”“联合国UNDP项目”和中美、中法联合研究；承揽并完成“中韩光缆路由调查”“埕岛天然气集输工程路由调查”“辽河油田水深勘测”、核电厂选址等海洋工程项目；组织完成黄渤海海区各地三类废弃物倾倒区选划；开展“胶州湾陆源排污入海总量控制研究”“渤海溢油对海洋生物影响的研究”“海上溢油估算及飘移扩散规律的研究”“赤潮航空高光谱遥感监测技术研究”（国家“863计划”“818”主题），并6次远征南极，完成南极建站物资运输和南大洋考察，为维护国家海洋权益、开发海洋资源、保护海洋环境和防灾减灾做出重要贡献。

国家海洋局北海分局（中国海监北海总队）设16个处室，包括北海分局机关11个、北海总队机关5个，下辖5个参公单位和11个事业单位。

【国家海洋局南海分局】　国家海洋南海分局成立于1965年3月18日，是国家海洋局在广州设立的南海区海洋行政主管机构，依法履行南海三省（区）有关海洋监督管理职责。主要承担海洋事务的综合协调、海域使用、环境保护、调查研究、维护海洋权益、管理海监队伍等职能。南海分局和南海总队机关内设16个职能处室，下辖国家海洋局南海调查技术中心（原名国家海洋局南海工程勘察中心）、国家海洋局南海规划与环境研究院（原名南海海洋工程勘察与环境研究院），国家海洋局南海环境监测中心、南海预报中心、南海信息中心、南海标准计量中心，国家海洋局深圳、汕尾、珠海、北海、海口、三沙海洋环境监测中心站，中国海监第七、第八、第九、第十支队，中国海监南海航空支队、南海维权执法支队，分局机关服务中心等单位；拥有海洋水文、化学、地质、气象、生物、遥测浮标、海洋计量检定、海洋环境质量评价、海洋信息服务、海洋执法检查、公务船舶管理、海洋战略政策法律规划研究等专业队伍，并有遍布三省区沿海观测站网和遥测海洋环境数据的浮标网。拥有38艘装备比较先进的公务船只，其中含17艘执法快艇；4架巡航执法飞机。

【国家海洋局第二海洋研究所】 国家海洋局第二海洋研究所创建于1966年，是一座学科齐全、科技力量雄厚、设备先进的综合型公益性海洋研究机构，隶属于国家海洋局。主要从事中国海、大洋和极地海洋科学研究；海洋环境与资源探测、勘查的高新技术研发与应用。

该所作为国内从事海洋调查与研究的主要单位之一，建有一个国家重点实验室—卫星海洋环境动力学国家重点实验室和三个国家海洋局重点实验室—国家海洋局海底科学重点实验室、海洋动力过程与卫星海洋学重点实验室、国家海洋局海洋生态系统与生物地球化学重点实验室，与浙江省共建浙江省海洋科学院。此外，还建有检测中心、海洋标准物质中心、海洋科技信息中心等技术服务机构和技术支撑体系，在浙江临安建有分析测试基地。

该所现有海底科学与深海勘测技术、海洋动力过程与数值模拟技术、卫星海洋学与海洋遥感、海洋生态系统与生物地球化学、工程海洋学5个重大研究领域和19个重点研究方向，基本形成适应国家需求和立足海洋科技发展前沿的科技创新体系和科研群体。

该所与浙江太和航运有限公司共建一条4500吨级的海洋综合科考船—向阳红10，该船满足深海海洋科学多学科交叉研究需求，于2014年3月入列国家海洋调查船队，2015年首航西南印度洋承担中国大洋矿产资源调查任务。同时，二所在浙江舟山长峙岛建有具备服务深海大洋勘探开发能力的装备研发基地。

该所拥有国家级海洋工程勘察设计甲级证书、海洋工程设计甲级证书和海洋测绘甲级证书等资质，通过国家计量认证的资质认定和国际质量管理体系ISO9001：2008标准认证。拥有与国际接轨的、可用于近岸到深海海洋调查研究所需的、总价值上亿元的多专业内外业仪器设备。主编出版海洋综合性国内学术核心期刊《海洋学研究》。

2015年，该所拥有专业技术人员400余人，其中中国科学院院士2人，中国工程院院士3人，浙江省特级专家3人，正高级专业技术人员92人，副高级专业技术人员131人；有26人享受政府特殊津贴，国家“千人计划”高层次人才3人（含青年“千人计划”1人），2人入选国家“百千万人才工程”，3人入选国家“万人计划”，4人次担任973首席科学家，近70人分别进入国家海洋局“双百人才工程”和浙江省“151人才工程”。海洋二所是国务院学位委员会1981年首批批准的理学硕士学位授予单位；拥有物理海洋学、海洋地质学、海洋遥感、海洋化学、海洋生物学等10多个学科专业分别依托国内外著名大学、研究所招收博士研究生，具有单独招收博士后研究人员的博士后科研工作站，与国内众多涉海大学及科研院所合作开展博士联合培养工作。

2015年，该所共发表科技论文284篇，其中SCI/EI论文191篇，撰写专著/译著10部，完成工程类报告199份，获得发明专利20项，实用新型专利3项，计算机软件著作登记权2项。该所作为第一完成单位的“中国海大陆架划界关键技术研究与应用”项目获得国家科技进步二等奖；潘德炉院士荣获浙江省2015年度科学技术重大贡献奖。1人当选中国工程院院士，1人当选中国科学院院士；1人入选2014年度国家百千万人才工程，并被授予有突出贡献中青年专家称号；1人入选第四批浙江省特级专家；1人获得“全国海洋系统先进工作者”称号；1人入选万人计划青年拔尖人才；1人入选2015年海洋领域优秀科技青年；2人入选151人才工程第三层次。全年共接待来自美国、德国、英国、法国、加拿大、澳大利亚、西班牙、韩国、以色列、丹麦、台湾等11个国家和地区23批共52人来访开展学术交流或参加国际会议。

面对机遇与挑战，海洋二所将不断增强学术创新能力，加强科技研究水平，努力打造成为国家重大需求的科技智库和海洋领军人才的成长摇篮，为国家海洋事业做出新的贡献。

【国家海洋局海洋减灾中心】　国家海洋局海洋减灾中心（以下简称“减灾中心”）于2011年12月由中编办正式批复设立，是国家海洋局直属的正司级财政补助事业单位，主要职责是：拟订全国海洋减灾业务发展规划、管理制度和标准规范，对全国海洋减灾工作实施业务指导和协调；承担海洋防灾减灾管理、政策、法规、预案及对策研究；承担海洋应急指挥平台的建设和运行管理，开展海洋灾害和环境突发事件应急响应等相关工作；承担国家海洋减灾业务系统的建设和运行管理，开展海洋减灾公共服务和决策服务；承担海洋灾害风险评估和区划、海洋灾害重点防御区划定技术工作；承担海洋灾害调查和影响评估，承担重大海洋灾情会商、灾情核查和统计工作，建设管理海洋灾情信息库，编制《中国海洋灾害公报》；开展海洋防灾减灾领域科学技术研究和装备研发、应用、推广工作；开展海洋防灾减灾宣传教育、国际交流与合作等。

减灾中心坐落于北京市海淀区西山凤凰岭脚下，占地面积12公顷（180余亩），建筑面积约2万平米。内设9个处级部门，包括：办公室、业务处、财务处、人事处4个机关部门，发展研究部、风险管理部、调查评估部、信息网络部、综合保障部5个业务部门。具有高级专业技术职称11人，博士13人，硕士23人。专业范围涵盖物理海洋、自然灾害、海洋地质、海洋生态、海洋经济、海洋管理、气象、地理信息系统等。

2015年，按照国家海洋局部署，减灾中心组织开展海洋预报减灾领域“十三五”基本思路“提升海洋灾害防范能力政策”研究报告编写工作。启动海洋减灾工作“十三五”规划编制工作，组织开展多次规划编制调研及座谈研讨，形成《海洋减灾业务发展“十三五”规划》（征求意见稿）。编制《实施“南红北柳”生态工程促进海洋生态文明建设》报告，为“南红北柳”生态工程列入国家“十三五”规划纲要和国家海洋局“十三五”规划奠定良好基础。启动海洋灾害防御条例预研工作，开展海洋防灾减灾体制机制和法律法规现状研究。加强海洋减灾标准建设，编制并修订《风暴潮灾害风险评估和区划技术导则》，编制《风暴潮灾害重点防御区划定技术导则》；联合国家海洋局北海预报中心启动“海洋防灾减灾术语”标准申报工作，已通过全国海洋标准化技术委员会审核；编制完成《海洋减灾综合示范区海洋减灾标识设置指南》和《风暴潮、海浪灾害现场调查技术规程》。

减灾中心把建设海洋减灾业务平台作为推动海洋减灾业务体系、提升减灾辅助决策支撑能力的重要抓手。在全面调研地方对海洋减灾业务平台建设的需求和系统梳理中心海洋减灾业务基础上，完成《海洋减灾业务平台规划和海洋减灾中心业务平台总体设计实施方案》，以中心数据平台建设为核心，以“海洋自然灾害风险评估与区划系统”“海洋环境灾害和突发事件辅助决策系统”“海洋灾情预评估和损失评估”等应用为重点，建设海洋减灾业务平台。2015年底已完成项目招标工作，进入研发阶段。

围绕海洋减灾业务工作中的关键技术问题和实际需求，持续推进海洋减灾科技研发。推进“海洋灾情快速评估和综合研判系统研发与应用示范”海洋公益专项，启动“风暴潮灾害重点防御区划定技术研究与应用示范”专项；重点围绕海洋灾害风险防控和调查评估业务需求，委托和合作开展风暴潮灾害等级划分、风暴潮灾害应急疏散图研制、海堤溃堤风险分析等研究项目。通过合作研发，凝聚和推动国内相关科研机构持续关注海洋减灾科技问题，形成具有较高水平的海洋减灾科研队伍，发挥科技研发对海洋减灾业务工作的支撑作用。

【中国海洋减灾网】　（网址 www.hyjianzai.gov.cn 以下简称“减灾网”）由国家海洋局主办、国家海洋局海洋减灾中心承办的专业业务网站，网站全面反映国家海洋减灾体系中各相关单位在海洋防灾减灾方面的工作动态、最新进展、技术成果及应急期间的应对工作等情况，是国家海洋防灾减灾宣传教育门户和业务门户。2015 年减灾中心继续承担减灾网运行与维护工作。完成信息报送管理工作，及时发布联络员报送的新闻、预警报信息，在互联网中搜索相关信息，保证网站持续更新。制作 4 期灾情动态专题，共发布新闻 327 篇，预警报 347 篇。在天津“8·12”爆炸事件中，发挥信息公开门户的作用，持续追踪报到并发布相关监测结果。通过减灾网新闻采编专题业务交流，进一步规范信息报送流程，统一报送信息的格式，更新信息联络员联系方式，并与信息联络员交流素材采集、新闻编写及摄影方面的经验。按照国办相关要求完成减灾网的摸底工作。2015 年，通过充分调研和需求分析，完成《中国海洋减灾网二期设计方案》，正式启动减灾网二期建设工作。

【国家海洋环境预报中心】　国家海洋环境预报中心（以下简称“预报中心”）是财政补助事业单位，主要职能是负责我国海洋环境预报、海洋灾害预报和警报的发布及业务管理，为人民生产与生活、海洋经济发展、海洋管理、国防建设、海洋防灾减灾等提供服务和技术支撑。预报中心组建于 1965 年，其前身为国家海洋局海洋水文气象预报总台，1983 年更名为国家海洋环境预报中心，1984 年加挂国家海洋环境预报研究中心，1985 年开始以国家海洋预报台对外发布预报，2013 年 9 月，联合国教科文组织政府间海洋学委员会太平洋海啸预警系统政府间协调组正式批复由国家海洋环境预报中心筹建中国南海区域海啸预警中心。

预报中心提供的海洋预报服务主要包括海洋灾害预警报、海洋环境预报和海上突发事件应急预报。海洋灾害预警报主要有：海浪、风暴潮、海冰、海啸预警报以及赤潮、绿潮等海洋环境灾害分析预测；海洋环境预报主要有：海流、海温、盐度、海洋气象预报、海洋气候、厄尔尼诺等；海上突发事件应急预报主要是指针对海上搜救、溢油、污染物等制作发布漂移轨迹、扩散路径等分析预测结果。预报服务范围从全球大洋到我国管辖海域，实现无缝覆盖。常规海洋预报产品时效可达 5 天，厄尔尼诺和海洋气候、海平面上升等长期预测产品时间尺度可达 1~3 月。此外，预报中心还开展海洋灾情调查与评估、预报业务系统运行与管理、预报警报发布、标准规范制定、技术开发、专业培训与咨询服务等项工作。

在国家海洋局的大力支持下，预报中心在海洋预警报支撑能力建设上取得跨越式的发展。拥有现代化、高水平的国家海洋预警报业务平台。建设国家海洋实时数据管理平台，实现对国家海洋局立体观测网实时海洋观测（监测）数据可视化集成监控。作为全国海洋预警报视频会商的主会场，实现与全国各级地方海洋预报机构之间的互联互通。为保障国家海洋数值预报系统的高性能计算需求，预报中心现拥有神威 3000A+高性能计算机系统和 IBM 刀片集群系统，总计算能力约 60 万亿次，总存储能力约为550 万亿字节。建立用于数据处理及预报产品制作的业务专网，数据管理应用效率及安全性大幅提升。牵头建设国家海洋局实时海况视频监控系统，实现对海洋站周边及海洋灾害易发海域海况的实时显示。建设高清影视制作及虚拟演播系统，产品制作发布能力显著提高。预警报产品发布渠道涵盖电视、广播、报纸、手机短彩信、传真、卫星（VSAT）及地面专线等，在中央电视台、凤凰卫视、中央人民广播电台、中国国际广播电台等主流广播电视媒体开设有专门的海洋预报栏目，并在互联网新媒体如微博、微信等平台开通海洋预报官方频道。

通过 50 年的发展，海洋环境预报中心已经成为我国从事海洋环境和海洋灾害预报警报、科学研究和咨询服务的国家级权威机构，同时承担海洋环境保障、海洋工程计算、大气和海洋边界层探测与评价等多种技术服务任务，为蛟龙号深潜试验航次、亚丁湾护航、雪龙号极地科考、海上油气生产、港珠澳岛隧工程等重大海上活动和重大涉海工程提供及时准确的保障服务，取得良好的社会效应。

附录5 2015年国家海洋局司局级以上机构变动及干部任免情况及现职领导干部名录

国家海洋局

局领导

（一）局　长　王　宏
　　副局长　孟宏伟　陈连增　张宏声
　　　　　　王　飞

（二）党组书记　王　宏
　　党组副书记　孟宏伟
　　纪委书记　吕　滨
　　党组成员　孟宏伟　陈连增
　　　　　　　张宏声　王　飞
　　　　　　　吕　滨　房建孟

变动情况

2015年1月29日，中央批准王宏同志任国家海洋局局长、党组书记。

总工程师

孙书贤

中国海警局

局领导

局　长　孟宏伟
政　委　王　宏
副局长　孙书贤　陈毅德

变动情况

2015年1月29日，中央批准王宏同志任中国海警局政委。

2015年6月26日，根据公安部公武任字[2015] 220号文，免去杨隽的中国海警局副局长职务。

国家海洋办公室

主　任　石青峰
副主任　王　斌　王　群　律志武

战略规划与经济司

司　　长　张占海
副 司 长　翁立新　沈　君
副巡视员　魏国旗

政策法制与岛屿权益司

司　　长　李晓明
副 司 长　樊祥国　古　妩

海警司（海警司令部、中国海警指挥中心）

司　　长（参谋长、主任）　王洪光
副 司 长（副参谋长、副主任）
　　　　贾建军　张春儒　胡学东
　　　　肖惠武
副巡视员　刘晓燕　张　冰　马为军

变动情况

1. 2015年7月3日，根据国家海洋局国海人字[2015] 398号文，任命刘晓燕、张冰、马为军为国家海洋局海警司（海警司令部、中国海警指挥中心）副巡视员。

2. 2015年9月1日，根据国家海洋局国海人字[2015] 428号文，免去朱继思的国家海洋局海警司（海警司令部、中国海警指挥中心）副司长（副参谋长、副主任）职务。

生态环境保护司

司　　长　于青松
副 司 长　许国栋　王孝强

海域综合管理司

司　　长　潘新春
副 司 长　丁　磊　司　慧
副巡视员　刘立芬

预报减灾司

司　　长　曲探宙

副 司 长　王　华　于福江

科学技术司

司　　长　雷　波

副 司 长　辛红梅

副巡视员　彭晓华

国际合作司(港澳台办公室)

司长（主任）　张海文

巡视员、副司长（副主任）　陈　越

副巡视员　梁凤奎

人事司(海警政治部)

司　　长（主任）　房建孟

人事司副司长　李东旭

海警政治部副主任　徐训高

人事司副巡视员　闫国林

财务装备司(海警后勤装备部)

财务装备司司长　刘建成

海警后勤装备部部长　王秋彧

副司长（副部长）　居　礼　吴　平　陈　颖

财务装备司副巡视员　孙春季

财务装备司（海警后勤装备部）副巡视员　周效鲁

变动情况

2015年11月23日，根据国家海洋局国海人字［2015］620号文，任命周效鲁为国家海洋局财务装备司（海警后勤装备部）副巡视员。

机关党委

书　　记　房建孟

专职副书记兼直属机关纪委书记　李永昌

副巡视员（保留部委副司级）　郭利伟

副巡视员　潘　杰

变动情况

1. 2015年5月7日，根据国家海洋局国海党发［2015］17号文，任命潘杰同志为国家海洋局机关党委副巡视员。

2. 2015年8月17日，中共国土资源部直属机关党委批复，任命房建孟同志为国家海洋局直属机关党委委员、常委、书记，免去吕滨同志的国家海洋局直属机关党委书记职务。

3. 2015年7月30日，根据国家海洋局国海党发［2015］34号文，任命李永昌同志为国家海洋局直属机关党委委员、常委、专职副书记兼国家海洋局直属机关纪委委员、书记。

4. 2015年10月，根据国家海洋局国海人字［2015］603号文，任命郭利伟为国家海洋局机关党委副巡视员（保留部委副司级）。

国家海洋局纪委、监察部驻国家海洋局监察局

纪委书记　吕　滨

监察局局长兼纪委副书记　张力群

纪委巡视员　赵凤东

纪委副司级纪律检查员、监察局副司级监察专员　张志刚

离退休干部局

局　长　高增田

国家海洋局极地考察办公室

党委书记兼纪委书记、副主任（兼）秦为稼

副主任　吴　军　夏立民

大洋矿产资源研究开发协会办公室

主　任　刘　峰

党委书记兼纪委书记　沈继刚

副主任　李　波　何宗玉

国家海洋局学会办公室

主　任　雷　波

国家海洋局北海分局

局长、党委副书记（兼），中国海监北海总队政委（兼） 滕征光

党委书记、副局长（兼） 郭明克

巡视员、副局长 吕彩霞

副局长 陈力群 陈武军

党委副书记兼纪委书记 杜继鹏

副局长 孙利佳

变动情况

2015年5月7日，根据国家海洋局国海人字［2015］217号文，任命孙利佳为国家海洋局北海分局副局长，试用期一年。

国家海洋局东海分局

局长、党委副书记（兼），中国海监东海总队总队长（兼） 刘刻福

党委书记、副局长（兼），中国海监东海总队政委（兼） 周振华

巡视员、副局长 王 锋

副局长 魏泉苗 邱志高

党委副书记兼纪委书记 袁 丁

副局长 黄海波

变动情况

2015年4月29日，根据国家海洋局国海人字［2015］178号文，免去潘增弟的国家海洋局东海分局副巡视员职务。

国家海洋局南海分局

局长、党委副书记（兼），中国海监南海总队政委（兼） 钱宏林

党委书记、副局长（兼） 徐 胜

副局长 杨炼锋

副局长，中国海监南海总队常务副总队长 陈怀北

副局长 于 斌

党委副书记兼纪委书记 林 端

副局长 刘高潮

变动情况

2015年1月23日，根据国家海洋局国海人字［2015］43号文，免去成纯发的国家海洋局南海分局巡视员职务。

国家海洋信息中心

主任、党委副书记（兼） 何广顺

党委书记、副主任（兼） 石绥祥

副主任 赵光磊 相文玺

党委副书记兼纪委书记 刘小强

变动情况

1. 2015年2月28日，根据国家海洋局国海人字［2015］70号文，免去曲绍生的国家海洋信息中心副主任职务。

2. 2015年5月7日，根据国家海洋局国海党发［2015］16号文，免去赵光磊同志的中共国家海洋信息中心委员会副书记兼纪律检查委员会书记、纪委委员职务。

3. 2015年5月7日，根据国家海洋局国海人字［2015］187号文，任命赵光磊为国家海洋信息中心副主任。

4. 2015年5月7日，根据国家海洋局国海党发［2015］20号文，任命石绥祥同志为中共国家海洋信息中心委员会书记；任命何广顺同志为中共国家海洋信息中心委员会副书记（兼）；任命刘小强同志为中共国家海洋信息中心委员会委员、常委、副书记兼纪律检查委员会委员、书记。

5. 2015年5月7日，根据国家海洋局国海人字［2015］218号文，任命何广顺为国家海洋信息中心主任；任命石绥祥为国家海洋信息中心副主任（兼）；任命相文玺国家海洋信息中心副主任，试用期一年。

国家海洋环境监测中心

主任、党委副书记（兼） 关道明

党委书记、副主任（兼） 隋吉学

副主任 韩庚辰 于 建

国家海洋环境预报中心

主任、党委副书记（兼） 王 辉

党委书记、副主任（兼） 吴 强

党委副书记兼纪委书记 王亚杰

副主任　易晓蕾

国家卫星海洋应用中心

主任、党委副书记（兼）　蒋兴伟

副主任　林明森　刘建强

国家海洋技术中心

主　任　罗续业

副主任　侯纯扬

党委副书记兼纪委书记　卜玉兵

副主任　夏登文

国家海洋标准计量中心

党委书记兼纪委书记、副主任（兼）　边鸣秋

副主任　姚　勇　隋　军

中国极地研究中心

主　任　杨惠根

党委书记、副主任（兼）　袁绍宏

副主任　刘顺林　李院生

党委副书记兼纪委书记　朱建钢

副主任　孙　波

国家深海基地管理中心

主任、党委副书记（兼）　于洪军

党委书记兼纪委书记、副主任（兼）　刘保华

副主任　王为群　邬长斌

国家海洋局海洋减灾中心

主任、党委副书记（兼）高忠文

党委副书记兼纪委书记　李晨阳

副主任　张义钧

国家海洋局海洋海岛研究中心

主　任　蔡　锋

临时党委书记（兼）　余兴光

副主任　高　文　李文君

国家海洋局第一海洋研究所

所　长　马德毅

党委书记、副所长（兼）　乔方利

副所长　高振会

党委副书记兼纪委书记　孙永福

副所长　王宗灵　魏泽勋

变动情况

2015年5月7日，根据国家海洋局国海人字［2015］219号文，任命王宗灵、魏泽勋为国家海洋局第一海洋研究所副所长，试用期一年。

国家海洋局第二海洋研究所

所长、党委副书记（兼）　李家彪

党委书记、副所长（兼）　沈家法

副所长　郑玉龙　石建左　黄大吉

党委副书记兼纪委书记　王小波

变动情况

1. 2015年2月5日，根据国家海洋局国海党发［2015］1号文，免去钱金玉同志的中共国家海洋局第二海洋研究所委员会书记、委员职务。

2. 2015年2月5日，根据国家海洋局国海人字［2015］48号文，免去钱金玉的国家海洋局第二海洋研究所副所长（兼）职务。

3. 2015年2月28日，根据国家海洋局国海党发［2015］4号文，免去沈伟林同志的中共国家海洋局第二海洋研究所委员会副书记、委员兼纪律检查委员会书记、委员职务。

4. 2015年5月7日，根据国家海洋局国海党发［2015］25号文，任命沈家法同志为中共国家海洋局第二海洋研究所委员会书记；任命王小波同志为中共国家海洋局第二海洋研究所委员会委员、副书记兼纪律检查委员会委员、书记。

5. 2015年5月7日，根据国家海洋局国海人字［2015］243号文，任命沈家法为国家海洋局第二海洋研究所副所长（兼）。

国家海洋局第三海洋研究所

所　长　余兴光

党委书记、副所长（兼）　吴日升

副所长　陈玉荣　张海峰　陈　彬

党委副书记兼纪委书记　陈建宁

变动情况

1. 2015年5月5日，根据国家海洋局国海党发［2015］15号文，免去尹卫平的中共国家海洋局第三海洋研究所委员会书记、委员职务。

2. 2015年5月5日，根据国家海洋局国海人字［2015］186号文，免去尹卫平兼任的国家海洋局第三海洋研究所副所长职务。

3. 2015年5月7日，根据国家海洋局国海党发［2015］23号文，任命吴日升同志为中共国家海洋局第三海洋研究所委员会书记；任命陈建宁同志为中共国家海洋局第三海洋研究所委员会委员、副书记兼纪律检查委员会委员、书记。

4. 2015年5月7日，根据国家海洋局国海人字［2015］237号文，任命吴日升为国家海洋局第三海洋研究所副所长（兼）；任命陈彬为国家海洋局第三海洋研究所副所长，试用期一年。

国家海洋局天津海水淡化与综合利用研究所

所　长　李琳梅

党委书记、副所长（兼）　韩家新

党委副书记兼纪委书记　赵　楠

总工程师　阮国岭

副所长　康　健

国家海洋局海洋发展战略研究所

所长、党委副书记（兼）　高之国

党委书记兼纪委书记、副所长（兼）贾　宇

副所长　商乃宁

国家海洋局海洋咨询中心

主任、党委副书记（兼）　屈　强

党委书记兼纪委书记、副主任（兼）柯　昶

副主任　李　涛　向友权

变动情况

1. 2015年3月24日，根据国家海洋局国海人字［2015］111号文，免去许丽娜的国家海洋局海洋咨询中心副主任职务。

2. 2015年5月7日，根据国家海洋局国海人字［2015］220号文，任命李涛、向友权为国家海洋局海洋咨询中心副主任，试用期一年。

国家海洋局宣传教育中心

主　任　盖广生

党委副书记兼纪委书记　李　航

副主任　朱德洲　王　忠

中国海洋报社

社长兼总编辑、党委副书记（兼）赵晓涛

党委书记兼纪委书记、副总编（兼）翟亚娜

副社长　苏　涛

国家海洋局机关服务中心

主任、党委副书记（兼）　王文明

副主任　叶加平　张正树

海洋出版社

社长、党委副书记（兼）　杨绥华

党委书记兼纪委书记、副社长（兼）阿　东

副社长　牛文生

图书在版编目（CIP）数据

2016中国海洋年鉴 / 《中国海洋年鉴》编纂委员会编.
-- 北京 : 海洋出版社, 2017.5
ISBN 978-7-5027-9785-0

Ⅰ. ①2… Ⅱ. ①中… Ⅲ. ①海洋－中国－2016－年鉴 Ⅳ. ①P7-54

中国版本图书馆CIP数据核字(2017)第120995号

中国海洋年鉴

（1982年创刊）

编　　辑：《中国海洋年鉴》编辑部
地址：天津市河东区六纬路93号　邮编：300171
电话：（022）24010853　传真：（022）24011262
E-mail：coy@mail.nmdis.gov.cn
责任编辑：张 荣
出　　版：海洋出版社
网址：http：//www.oceanpress.com.cn
地址：北京市海淀区大慧寺路8号　邮编：100081
印　　刷：国家海洋信息中心印刷厂
开本：787mm×1092mm　1/16　字数：710千字
印张：29（插页：14页）　印数：1～2000册
版次：2017年6月第1版　2017年6月第1次印刷
定价：220.00元（精）